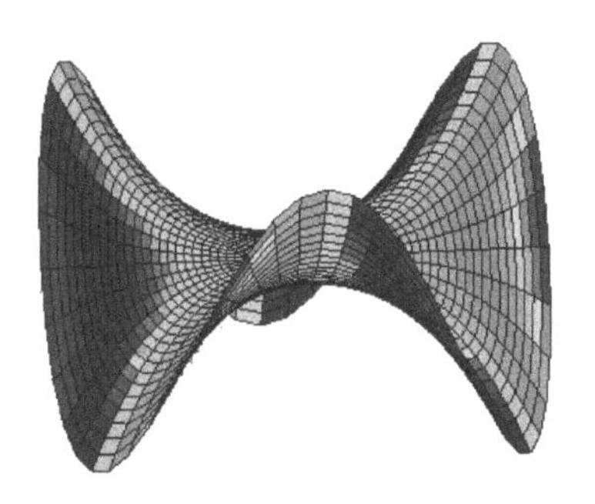

MATLAB R2016a 通信系统建模与仿真 28个案例分析

◎ 吴茂　编著

清華大學出版社
北京

内容简介

MATLAB及其Simulink通信、信号处理专业函数库和专业工具箱越来越成熟，并逐渐为广大通信技术领域的专家、学者和工程师所熟悉，在通信理论研究、算法设计、系统设计、建模仿真和性能分析验证等方面的应用也越来越广泛。本书以MATLAB R2016a为平台，在讲解各实现方法中给出相应的实例，使得本书应用性更强，实用价值更高。

全书共28章，主要介绍通信系统的信源与信道、通信系统滤波器、通信系统的调制与解调、通信系统的锁相环与扩频、MATLAB-Simulink系统建模与仿真、通信系统的实际应用和信号处理技术等内容。MATLAB以其独特的魅力，成为通信技术领域强有力的工具。

本书主要作为通信工程、电子信息工程等领域的广大科研人员、学者、工程技术人员的参考用书，也可作为高等院校相关专业及领域本科生、研究生的学习用书。

图书在版编目(CIP)数据

MATLAB R2016a通信系统建模与仿真28个案例分析/吴茂编著. —北京：清华大学出版社，2018(2020.8重印)
(精通MATLAB)
ISBN 978-7-302-47570-5

Ⅰ. ①M…　Ⅱ. ①吴…　Ⅲ. ①Matlab软件—应用—通信系统—系统建模 ②Matlab软件—应用—通信系统—系统仿真　Ⅳ. ①TN914

中国版本图书馆CIP数据核字(2017)第151014号

责任编辑：刘　星　梅栾芳
封面设计：刘　键
责任校对：焦丽丽
责任印制：沈　露

出版发行：清华大学出版社
网　址：http://www.tup.com.cn，http://www.wqbook.com
地　址：北京清华大学学研大厦A座　　邮　编：100084
社 总 机：010-62770175　　邮　购：010-62786544
投稿与读者服务：010-62776969，c-service@tup.tsinghua.edu.cn
质量反馈：010-62772015，zhiliang@tup.tsinghua.edu.cn
课件下载：http://www.tup.com.cn，010-83470236
印 装 者：三河市龙大印装有限公司
经　销：全国新华书店
开　本：185mm×260mm　　**印　张**：28.75　　**字　数**：682千字
版　次：2018年3月第1版　　**印　次**：2020年8月第4次印刷
印　数：2501～3000
定　价：89.00元

产品编号：074830-01

前言

MATLAB是当今最优秀的科技应用软件之一，它以强大的科学计算与可视化功能、简单易用的特点、开放式可扩展环境，特别是所附带的30多种面向不同领域的工具箱支持，使得它在许多科学领域成为计算机辅助设计与分析、算法研究与应用开发的基本工具和首选平台。它具有其他高级语言难以比拟的一些优点，如编写简单、编程效率高、易学易懂等，因此MATLAB语言也被通俗地称为演算纸式科学算法语言。在通信、信号处理、控制及科学计算等领域，MATLAB应用广泛，已经成为可有效提高工作效率、改善设计手段的工具软件。掌握了MATLAB，就好比掌握了开启这些专业领域大门的钥匙。

Simulink是MATLAB的一个工具包，其建模与一般程序建模相比更为直观，操作也更为简单，不必记忆各种参数——命令的用法，只要用鼠标就能够完成非常复杂的工作。Simulink不但支持线性系统仿真，还支持非线性系统仿真；不仅支持连续系统仿真，还支持离散系统甚至混合系统仿真；不仅本身功能非常强大，而且还是一个开放性体系，用户可以自己开发模块来增强Simulink的功能。对于同一个系统模型，利用Simulink可以采用多个不同的采样速率，不但能够实时地显示计算结果，还能够显示模型所表示实物的实际运动形式。

目前，通信技术领域是一个非常热门的领域，无论是有线通信技术还是无线通信技术，都已应用到人们生活的各个方面，通信系统正向着宽带化方向迅速发展。使用MATLAB-Simulink进行通信系统建模与仿真设计，已经成为广大通信工程师必须研究、掌握的技术之一。

为了满足通信技术发展的需要，结合MATLAB的功能特点，作者编写了本书。本书在以下几方面做了努力。

（1）结构紧凑、分析全面。本书介绍了通信系统的信源与信道、通信系统滤波器、通信系统的调制与解调、通信系统的锁相环与扩频、MATLAB-Simulink系统建模与仿真、通信系统的实际应用和信号处理技术等内容。

（2）内容翔实，实用性强。书中每介绍一个案例都给出了详细说明，读者可快速掌握MATLAB在具体案例中的应用。

（3）图文并茂。对于程序的运行结果，本书给出了大量的图形。本书不仅注重基础知识的讲解，而且非常注重实践，可使读者迅速掌握MATLAB在每个案例中的应用。

通过本书的学习，读者不仅可以全面掌握MATLAB的编程和开发技术，还可以提高快速分析和解决实际问题的能力，从而能够在最短的时间内，最快地解决实际工作中所遇到的问题，提升工作效率。

本书主要由吴茂编写，此外参加编写的还有赵书兰、周品、曾虹雁、邓俊辉、陈添威、邓耀隆、高泳崇、李嘉乐、李锦涛、梁朗星、梁志成、梁恩庆、梁仲轩、杨平和许兴杰。

前言

本书主要作为通信工程、电子信息方面的广大科研人员、学者、工程技术人员的参考用书，也可作为高等院校相关专业及领域本科生、研究生的学习用书。

由于作者水平有限，书中疏漏之处在所难免。在此，诚恳地期望得到各领域专家和广大读者的批评指正。

作　者

2017年11月

目录

第 1 章　通信仿真的 MATLAB 函数实现 …… 1
1.1　信源产生函数 …… 1
1.1.1　randerr 函数 …… 1
1.1.2　randint 函数 …… 2
1.1.3　randsrc 函数 …… 3
1.1.4　wgn 函数 …… 4
1.2　信源编码/解码函数 …… 5
1.2.1　arithenco/arithdeco 函数 …… 5
1.2.2　dpcmenco/dpcmdeco 函数 …… 5
1.2.3　compand 函数 …… 6
1.2.4　lloyds 函数 …… 7
1.2.5　quantiz 函数 …… 7
1.3　信道函数 …… 8
1.3.1　awgn 函数 …… 8
1.3.2　bsc 函数 …… 9

第 2 章　地震及雷达信号的 MATLAB 实现 …… 11
2.1　地震观测系统的仿真和地面运动的恢复 …… 11
2.1.1　基本理论 …… 11
2.1.2　地震观测系统的 MATLAB 应用 …… 12
2.2　雷达信号的产生 …… 20
2.2.1　脉冲幅度调制 …… 20
2.2.2　线性调频信号 …… 21
2.2.3　相位编码信号 …… 23
2.2.4　相位编码内线性调频混合调制信号 …… 24

第 3 章　通信系统模拟线性调制的 MATLAB 实现 …… 27
3.1　双边带调幅与解调 …… 27
3.2　常规双边带调幅 …… 32
3.3　抑制载波双边带调幅 …… 33
3.4　单边带调幅与解调 …… 35

第 4 章　雷达信号中的数字处理技术 …… 41
4.1　雷达回波信号随机热噪声分析 …… 41

目录

4.1.1 服从高斯分布的热噪声 …… 41
4.1.2 服从均匀分布的热噪声 …… 42
4.1.3 服从指数分布的热噪声 …… 44
4.1.4 服从瑞利分布的热噪声 …… 45
4.2 数字处理技术在雷达信号中的应用 …… 46
4.2.1 固定对消 …… 46
4.2.2 动目标显示与检测 …… 47
4.2.3 恒虚警处理 …… 50
4.2.4 积累处理 …… 53

第 5 章 扩频通信系统的 MATLAB 实现 …… 56
5.1 扩频通信系统的仿真 …… 56
5.2 伪随机码产生 …… 56
5.2.1 m 序列 …… 57
5.2.2 伪随机数序列相关函数 …… 58
5.2.3 Gold 序列 …… 61
5.3 直接序列扩频系统 …… 62
5.4 利用 MATLAB 仿真演示直扩信号抑制余弦干扰 …… 62
5.5 跳频扩频系统 …… 65
5.6 BFSK/FH 系统性能仿真 …… 66

第 6 章 随机信号及参数建模分析 …… 69
6.1 倒谱分析 …… 69
6.2 时域建模 …… 70
6.2.1 三种参数模型 …… 70
6.2.2 时域建模原理 …… 72
6.2.3 线性预测方法 …… 79
6.3 频域建模 …… 84
6.3.1 模拟滤波器的频域建模 …… 84
6.3.2 数字滤波器的频域建模 …… 85

第 7 章 通信系统设计的 MATLAB 实现 …… 87
7.1 设计通信系统的发射机 …… 87
7.2 设计通信系统的接收机 …… 93
7.3 通信系统的 MATLAB 实现 …… 95

目录

第 8 章 信号突变点检测算法研究 …… 102

8.1 信号的突变性与小波变换 …… 102

8.2 信号的突变点检测原理 …… 103

8.3 实验结果与分析 …… 104

8.3.1 Daubechies 5 小波用于检测含有突变点的信号 …… 104

8.3.2 Daubechies 6 小波用于检测突变点 …… 106

第 9 章 MIMO-OFDM 通信系统设计的 MATLAB 实现 …… 109

9.1 MIMO-OFDM 通信系统设计 …… 109

9.2 MIMO 系统 …… 109

9.3 OFDM 技术 …… 110

9.4 MIMO-OFDM 系统 …… 112

9.5 空间分组编码 …… 113

9.6 STBC 的 MIMO-OFDM 系统设计 …… 114

9.6.1 STBC 的 MIMO-OFDM 系统模型 …… 114

9.6.2 分析 STBC 的 MIMO-OFDM 系统性能 …… 115

9.7 STBC 的 MIMO-OFDM 系统的 MATLAB 实现 …… 116

第 10 章 模拟角度调制的 MATLAB 实现 …… 121

10.1 频率调制 …… 121

10.2 相位调制 …… 123

第 11 章 仿真系统 Simulink 模块创建过程 …… 126

11.1 Simulink 主要特点 …… 126

11.2 Simulink 工作原理 …… 127

11.2.1 动态系统计算机仿真 …… 127

11.2.2 Simulink 求解器 …… 128

11.2.3 求解器参数设置 …… 130

11.3 一个 Simulink 实例 …… 135

第 12 章 通信系统锁相环的 MATLAB 实现 …… 141

12.1 锁相环构建 …… 141

12.2 锁相环 Simulink 模块 …… 144

目录

12.2.1 基本锁相环模块 …… 144
12.2.2 压控振荡器模块 …… 145
12.2.3 设计并仿真一个频率合成器 …… 147

第 13 章 利用 MATLAB 及 Simulink 系统进行建模 …… 149
13.1 MATLAB 建模 …… 149
13.1.1 静态系统 …… 149
13.1.2 动态系统 …… 151
13.2 Simulink 建模 …… 155
13.2.1 线性系统建模 …… 155
13.2.2 二阶微分方程 …… 157
13.2.3 状态方程 …… 160
13.2.4 非线性建模 …… 161

第 14 章 小波变换在信号特征检测中的算法研究 …… 166
14.1 小波信号特征检测的理论分析 …… 166
14.1.1 自相似信号小波变换的特点 …… 166
14.1.2 小波变换与信号的突变性 …… 167
14.2 实验结果与分析 …… 168
14.2.1 突变性检测 …… 168
14.2.2 自相似性检测 …… 173
14.2.3 趋势检测 …… 173

第 15 章 通信系统调制/解调的 MATLAB 实现 …… 177
15.1 载波提取分析 …… 177
15.1.1 幅度键控分析 …… 177
15.1.2 相移键控分析 …… 177
15.1.3 频移键控分析 …… 180
15.1.4 正交幅度调制 …… 180
15.2 调制/解调的 Simulink 模块 …… 183
15.2.1 DSB-AM 调制/解调 …… 183
15.2.2 SSB-AM 调制/解调 …… 185
15.2.3 DSBSC-AM 调制/解调 …… 186
15.2.4 FM 调制/解调 …… 188
15.2.5 PM 调制/解调 …… 190

目录

第 16 章 Simulink 与 MATLAB 的接口 …… 192
16.1 Simulink 与 MATLAB 的数据交互 …… 192
16.2 命令行方式进行动态仿真 …… 196
16.2.1 命令行动态系统仿真 …… 196
16.2.2 模型线性化 …… 203
16.2.3 平衡点求取 …… 205

第 17 章 信源编译码的 MATLAB 模块实现 …… 206
17.1 信源编译码 …… 206
17.1.1 信源编码 …… 206
17.1.2 信源译码 …… 209
17.2 MATLAB-Simulink 通信系统仿真实例 …… 212
17.2.1 MATLAB 编码实例 …… 212
17.2.2 Simulink 信道实例 …… 218
17.2.3 MATLAB-Simulink 信道实例 …… 223

第 18 章 数字基带调制/解调的 Simulink 模块实现 …… 228
18.1 数字幅度调制/解调 …… 228
18.2 数字频率调制/解调 …… 232
18.3 数字相位调制/解调 …… 234
18.4 调制/解调的 Simulink 应用 …… 238

第 19 章 信号加噪的 MATLAB 实现及观测设备 …… 246
19.1 信道模块的信号加噪 …… 246
19.1.1 加性高斯白噪声信道 …… 246
19.1.2 多径瑞利退化信道 …… 248
19.1.3 多径莱斯退化信道 …… 249
19.2 信号观测设备 …… 250
19.2.1 离散眼图示波器 …… 251
19.2.2 星座图 …… 254
19.2.3 离散信号轨迹图 …… 256
19.2.4 误码率计算器 …… 257

目录

第 20 章 信号与信道的 MATLAB-Simulink 产生 …… 259

20.1 随机数据信号源 …… 259

20.1.1 伯努利二进制信号产生器 …… 259

20.1.2 泊松分布整数产生器 …… 262

20.1.3 随机整数产生器 …… 265

20.2 序列产生器 …… 266

20.2.1 PN 序列产生器 …… 266

20.2.2 Gold 序列产生器 …… 267

20.2.3 Walsh 序列产生器 …… 269

20.3 噪声源发生器 …… 270

20.3.1 均匀分布随机噪声产生器 …… 270

20.3.2 高斯随机噪声产生器 …… 272

20.3.3 瑞利噪声产生器 …… 274

20.3.4 莱斯噪声产生器 …… 277

第 21 章 滤波器的 Simulink 模块设计 …… 279

21.1 数字滤波器设计模块 …… 279

21.2 模拟滤波器设计模块 …… 282

21.3 理想矩形脉冲滤波器模块 …… 283

21.4 升余弦发射滤波器模块 …… 285

21.5 升余弦接收滤波器模块 …… 288

21.6 滤波器设计实例 …… 290

第 22 章 信号分解与重构的 MATLAB 实现 …… 296

22.1 小波快速算法设计原理与步骤 …… 296

22.2 小波分解算法 …… 296

22.3 对称小波分解算法 …… 297

22.4 小波重构算法 …… 298

22.5 对称小波重构算法 …… 298

22.6 MATLAB 程序设计实现 …… 299

第 23 章 S-函数及其作用 …… 309

23.1 S-函数的相关概率 …… 309

23.2 S-函数模块 …… 310
23.3 S-函数工作原理 …… 311
23.4 M 文件 S-函数模板 …… 312
23.5 S-函数应用 …… 315

第 24 章 通信系统滤波器的 MATLAB 函数实现 …… 327
24.1 模拟滤波器的 MATLAB 函数实现 …… 327
24.1.1 设计模拟滤波器 …… 327
24.1.2 求模拟滤波器的最小阶次 …… 333
24.1.3 滤波器的传递函数 …… 336
24.2 数字滤波器的 MATLAB 函数实现 …… 341
24.2.1 窗函数 …… 341
24.2.2 数字滤波器频率响应函数 …… 343
24.3 特殊滤波器的 MATLAB 函数实现 …… 350

第 25 章 Subsystem 模块创建子系统 …… 353
25.1 子系统 …… 353
25.1.1 创建子系统 …… 353
25.1.2 浏览下层子系统 …… 355
25.1.3 条件执行子系统 …… 355
25.1.4 控制流系统 …… 370
25.2 子系统封装 …… 381

第 26 章 通信系统滤波器设计的 MATLAB 实现 …… 387
26.1 滤波器简介 …… 387
26.2 模拟滤波器结构 …… 388
26.3 数字滤波器结构 …… 391

第 27 章 故障信号检测的 MATLAB 实现 …… 395
27.1 故障信号检测的理论分析 …… 395
27.2 实验结果与分析 …… 397
27.2.1 利用小波分析检测传感器故障 …… 397
27.2.2 小波类型的选择对于检测突变信号的影响 …… 400
27.3 小波类型选择 …… 404

目录

第 28 章　MATLAB 在电信工程实际问题中的应用 …… 405
28.1　工具箱提供的信号函数 …… 405
28.2　离散时间信号 …… 411
28.2.1　离散系统的卷积和相关 …… 413
28.2.2　离散系统的差分方程 …… 417
28.3　信号参数的测量和分析 …… 419
28.3.1　信号的能量和功率 …… 419
28.3.2　信号直流分量和交流分量 …… 420
28.3.3　离散时间信号的统计参数 …… 420
28.3.4　信号的频域参数 …… 423

附录　MATLAB R2016a 安装说明 …… 440

参考文献 …… 446

第1章 通信仿真的MATLAB函数实现

通信系统一般由信源、信宿（收信者）、发端设备、收端设备和传输媒介等组成。

通信系统都是在有噪声的环境下工作的。设计模拟通信系统时采用最小均方误差准则，即收信端输出的信号噪声比最大。设计数字通信系统时，采用最小错误概率准则，即根据所选用的传输媒介和噪声的统计特性，选用最佳调制体制，设计最佳信号和最佳接收机。

MATLAB 通信系统工具箱中提供了许多与通信系统有关的函数命令，其中包括信号源产生函数、信源编码/解码函数、信道模型函数、调制/解调函数、滤波器函数等。下面对这些函数进行介绍。

1.1 信源产生函数

在 MATLAB 中，提供了 randerr、randint、randsrc 及 wgn 函数用于产生信源。下面分别对这几个函数进行简要介绍。

1.1.1 randerr 函数

该函数用于产生误比特图样。其调用格式为

out = randerr(m)：产生一个 m×m 维的二进制矩阵，矩阵中的每一行有且只有一个非零元，且非零元素在每一行中的位置是随机的。

out = randerr(m,n)：产生一个 m×n 维的二进制矩阵，矩阵中的每一行有且只有一个非零元，且非零元素在每一行中的位置是随机的。

out = randerr(m,n,errors)：产生一个 m×n 维的二进制矩阵，参数 errors 可以是一个标量、行向量或只有两行的矩阵。

- 当 errors 为一个标量时，产生的矩阵的每一行中 1 的个数等于 errors；
- 当 errors 为一个行向量时，产生的矩阵的每一行中 1 的个数由 errors 的相应元素指定；

• 当 errors 为两行矩阵时，第一行指定出现 1 的可能个数，第二行说明出现 1 的概率，第二行中所有元素的和应该等于 1。

out = randerr(m,n,prob,state)：参数 prob 为 1 出现的概率；参数 state 为需要重新设置的状态。

out = randerr(m,n,prob,s)：使用随机流 s 创建一个二进制矩阵。

【例 1-1】 利用 randerr 的不同调用格式创建一个二进制的误比特图样。

```
>> clear all;
>> out = randerr(8,7,[0 2])
out =
     0     1     0     0     0     1     0
     0     1     0     0     0     1     0
     0     0     0     0     0     0     0
     0     0     0     0     0     1     1
     0     0     0     0     0     0     0
     0     0     0     0     0     0     0
     0     0     1     0     0     0     1
     0     0     1     0     1     0     0
out2 = randerr(8,7,[0 2; .25 .75])
out2 =
     0     0     0     0     1     0     1
     0     1     0     0     0     0     1
     0     0     1     0     0     1     0
     0     1     0     0     1     0     0
     1     0     0     0     1     0     0
     0     0     0     0     0     0     0
     0     0     0     0     0     0     0
     0     0     0     0     0     0     0
```

1.1.2 randint 函数

该函数用于产生均匀分布的随机整数矩阵。其调用格式为

out = randint：产生一个不是 0，就是 1 的随机标量，且 0,1 等概率出现。

out = randint(m)：产生一个 m×m 的整数矩阵，矩阵中的元素为等概率出现的 0 和 1。

out = randint(m,n)：产生一个 m×n 的整数矩阵，矩阵中的元素为等概率出现的 0 和 1。

out = randint(m,n,rg)：产生一个 m×n 的整数矩阵，如果 rg 为 0，则产生 0 矩阵；否则矩阵中的元素是 rg 所设定范围内整数的均匀分布。此范围为

• [0,rg−1]，当 rg 为正整数时；
• [rg+1,0]，当 rg 为负整数时；
• 从 min 到 max，包括 min 和 max，当 rg=[min,max]或[max,min]。

【例 1-2】 利用 randint 函数产生均匀分布的随机整数矩阵。

```
>> clear all;
>> out = randint(6,5,8)
```

```
out =
      3     1     2     5     3
      7     5     1     0     3
      4     2     5     4     3
      7     5     6     3     6
      5     5     2     7     2
      7     0     6     0     6
>> out = randint(6,5,[0,7])
out =
      3     2     2     5     5
      0     4     6     4     7
      1     1     1     3     1
      5     5     2     5     5
      3     1     0     5     1
      1     7     4     5     0
```

1.1.3 randsrc 函数

该函数根据给定的数字表产生一个随机符号矩阵。矩阵中包含的元素是数据符号，它们之间相互独立。其调用格式为

out = randsrc：产生一个随机标量，这个标量是1或−1，且产生1和−1的概率相等。

out = randsrc(m)：产生一个 m×m 的矩阵，且此矩阵中的元素是等概率出现的1和−1。

out = randsrc(m,n)：产生一个 m×n 的矩阵，且此矩阵中的元素是等概率出现的1和−1。

out = randsrc(m,n,alphabet)：产生一个 m×n 的矩阵，矩阵中的元素为 alphabet 中所指定的数据符号，每个符号出现的概率相等且相互独立。

out = randsrc(m,n,[alphabet; prob])：产生一个 m×n 的矩阵，矩阵中的元素为 alphabet 集合中所指定的数据符号，每个符号出现的概率由 prob 决定。prob 集合中的所有数据相加必须等于1。

【例 1-3】 利用 randsrc 函数产生一个随机符号矩阵。

```
>> clear all;
>> out = randsrc(7,10,[-3 -1 1 3])
out =
    -1    -1    -1     3     1    -3     3     3     3     1
    -3     3     1     1     3     1     1    -3    -3    -3
     3     3    -1     3     3    -1     3     3    -1     1
    -1    -1     3     1    -1    -3     1     1     3    -3
     3    -3     3    -3     1    -1     1     3     1     1
    -1     3    -3    -3    -3    -3     3     1     3     1
     3     3     3    -1    -3    -3     3    -1     1     1
>> out = randsrc(7,10,[-3 -1 1 3; .25 .25 .25 .25])
out =
```

```
     3    -3    -3    -3     1     3     3    -3     3    -3
     3     3     1    -3    -1    -1    -3     3     3     3
     3    -1    -1    -3     1    -3    -3     1     3    -1
     1     3    -3    -3    -1     1    -3     1     1    -1
     3    -3    -1     1    -3     1    -3    -3    -3    -1
     1     1    -3    -1    -1    -1     1     3    -1    -1
    -3     1    -3     1     3    -3     1     3    -3     1
```

1.1.4 wgn 函数

该函数用于产生高斯白噪声(White Gaussian Noise)。通过 wgn 函数可以产生实数形式或复数形式的噪声,噪声的功率单位可以是 dBW(分贝瓦)、dBm(分贝毫瓦)或绝对数值。其中

$$10\lg 1\mathrm{W}=0\mathrm{dBW}=30\mathrm{dBm}$$

加性高斯白噪声是最简单的一种噪声,它表现为信号围绕平均值的一种随机波动过程。加性高斯白噪声的均值为 0,方差表现为噪声功率的大小。

wgn 函数的调用格式为

y = wgn(m,n,p):产生 m 行 n 列的白噪声矩阵,p 表示输出信号 y 的功率(单位:dBW),并且设定负载的电阻为 1Ω。

y = wgn(m,n,p,imp):生成 m 行 n 列的白噪声矩阵,功率为 p,指定负载电阻 imp(单位:Ω)。

y = wgn(m,n,p,imp,state):参数 state 为需要重新设置的状态。

y = wgn(…,powertype):参数 powertype 指明了输出噪声信号功率 p 的单位,这些单位可以是 dBW、dBm 或 linear。

y = wgn(…,outputtype):参数 outputtype 用于指定输出信号的类型。当 outputtype 被设置为 real 时,输出实信号;当设置为 complex 时,输出信号的实部和虚部的功率都为 p/2。

【例 1-4】 利用 wgn 函数产生高斯白噪声。

```
>> clear all;
>> y1 = wgn(10,1,0)
y1 =
   -0.1815
   -0.4269
    0.3801
    1.5804
   -0.6620
   -0.1699
    0.3929
   -2.0945
   -0.9653
   -0.0417
>> y1 = wgn(2,6,0)
y1 =
    0.4543    0.6344   -0.5145   -0.3616    0.3742   -0.7158
   -0.7841   -3.7003    0.3443    0.3838    0.9805    0.5870
```

1.2 信源编码/解码函数

MATLAB 提供了一些常用信源编码/解码函数。下面分别对这些函数进行介绍。

1.2.1 arithenco/arithdeco 函数

arithenco 函数用于实现算术二进制编码。函数 arithdeco 用于实现算术二进制解码。它们的调用格式为

code = arithenco(seq,counts)：根据指定向量 seq 对应的符号序列产生二进制算术代码，向量 counts 代表信源中指定符号在数据集合中出现的次数。

dseq = arithdeco(code,counts,len)：解码二进制算术代码 code，恢复相应的 len 符号列。

【例 1-5】 利用 arithenco/arithdeco 函数实现算术二进制编码/解码。

```
>> clear all;
counts = [99 1];
len = 1000;
seq = randsrc(1,len,[1 2; .99 .01]);            % 随机序列
code = arithenco(seq,counts);                   % 编码
dseq = arithdeco(code,counts,length(seq));      % 解码
isequal(seq,dseq)                               % 检查 dseq 是否与原序列 seq 一致
```

运行程序，输出为

```
ans =
     1
```

由以上结果可知，检查解码与编码的序列是一致的，当返回结果为 0 时，即表示不一致。

1.2.2 dpcmenco/dpcmdeco 函数

dpcmenco 函数用于实现差分调制编码；dpcmdeco 函数用于实现差分调制解码。它们的调用格式为

index = dpcmenco(sig,codebook,partition,predictor)：参数 sig 为输入信号；codebook 为预测误差量化码本；partition 为量化阈值；predictor 为预测期的预测传递函数系数向量；返回参数 index 为量化序号。

[index,quants] = dpcmenco(sig,codebook,partition,predictor)：返回参数 quants 为量化的预测误差；partition 为量化阈值。

sig = dpcmdeco(index,codebook,predictor)：返回参数 sig 为输出信号；index 为量化序号；codebook 为预测误差量化码本；predictor 为预测期的预测传递函数系数向量。

[sig,quanterror] = dpcmdeco(indx,codebook,predictor)：返回参数 quanterror 为量化的预测误差。

【例 1-6】 用训练数据优化 DPCM 方法，对一个锯齿波信号数据进行预测量化。

```
>> clear all;
t = [0:pi/60:2 * pi];
x = sawtooth(3 * t);                                % 原始信号
initcodebook = [ - 1:.1:1];                         % 初始化高斯噪声
% 优化参数，使用初始序列 initcodebook
[predictor,codebook,partition] = dpcmopt(x,1,initcodebook);
% 使用 DPCM 量化 x
encodedx = dpcmenco(x,codebook,partition,predictor);
% 尝试从调制信号中恢复 x
[decodedx,equant] = dpcmdeco(encodedx,codebook,predictor);
distor = sum((x - decodedx).^2)/length(x)           % 均方误差
plot(t,x,t,equant,' * ');
```

运行程序，输出如下，得到预测量化误差如图 1-1 所示。

```
distor =
    8.1282e-04
```

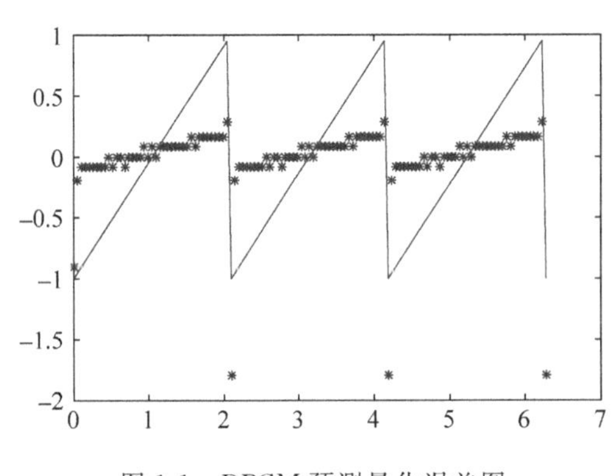

图 1-1　DPCM 预测量化误差图

1.2.3　compand 函数

该函数按 Mu 律或 A 律对输入信号进行扩展或压缩。其调用格式为

out = compand(in,param,v)

out = compand(in,param,v,method)

参数 param 指出 Mu 或 A 的值；v 为输入信号的最大幅值；method 决定具体采用哪种方式进行扩展或压缩。

out = compand(in,Mu,v,'mu/compressor')：利用 Mu 律对信号进行压缩。

out = compand(in,Mu,v,'mu/expander')：利用 Mu 律对信号进行扩展。

out = compand(in,A,v,'A/compressor')：利用 A 律对信号进行压缩。

out = compand(in,A,v,'A/expander')：利用 A 律对信号进行扩展。

【例 1-7】 利用 compand 函数对给定输入信号使用 A 律的 compressors 及 expanders 方法进行压缩与扩展。

```
>> clear all;
>> compressed = compand(1:5,87.6,5,'a/compressor')      % 压缩
expanded = compand(compressed,87.6,5,'a/expander')     % 扩展
```

运行程序，输出如下：

```
compressed =
    3.5296    4.1629    4.5333    4.7961    5.0000
expanded =
    1.0000    2.0000    3.0000    4.0000    5.0000
```

1.2.4 lloyds 函数

该函数能够优化标量量化的阈值和码本。它使用 lloyds_max 算法优化标量量化参数，用给定的训练序列向量优化初始码本，使量化误差小于给定的容差。其调用格式为

[partition,codebook] = lloyds(training_set,initcodebook)：参数 training_set 为给定的训练序列；initcodebook 为码本的初始预测值。

[partition,codebook] = lloyds(training_set,len)：len 为给定的预测长度。

[partition,codebook] = lloyds(training_set,…,tol)：tol 为给定容差。

[partition,codebook,distor] = lloyds(…)：返回最终的均方差 distor。

[partition,codebook, distor, reldistor] = lloyds(…)：返回有关算法的终止值 reldistor。

【例 1-8】 通过一个 2 位通道优化正弦传输量化参数。

```
>> clear all;
>>% 产生正弦信号的一个完整周期
>> x = sin([0:1000] * pi/500);
>> [partition,codebook,distor,reldistor] = lloyds(x,2^2)
```

运行程序，输出如下：

```
partition =
   -0.5715    0.0037    0.5761
codebook =
   -0.8520   -0.2910    0.2984    0.8539
distor =
    0.0210
reldistor =
     0
```

1.2.5 quantiz 函数

该函数用于产生一个量化序号和输出量化值。其调用格式为

index = quantiz(sig,partition)：根据判断向量 partition,对输入信号 sig 产生量化索引 index,index 的长度与 sig 向量的长度相同。

[index,quants] = quantiz(sig,partition,codebook)：根据给定的向量 partition 及码本 codebook,对输入信号 sig 产生一个量化序号 index 和输出量化误差 quants。

[index,quants,distor] = quantiz(sig,partition,codebook)：返回参数 distor 为量化的预测误差。

【例 1-9】 用训练序列和 lloyd 算法,对一个正弦信号数据进行标量量化。

```
>> clear all;
N = 2^4;                                    % 以 4 位传输信道
t = [0:100] * pi/20;
u = sin(t);
[p,c] = lloyds(u,N);                        % 生成分界点向量和编码手册
[index,quant,distor] = quantiz(u,p,c);      % 量化信号
plot(t,u,t,quant,'+');
```

运行程序,效果如图 1-2 所示。

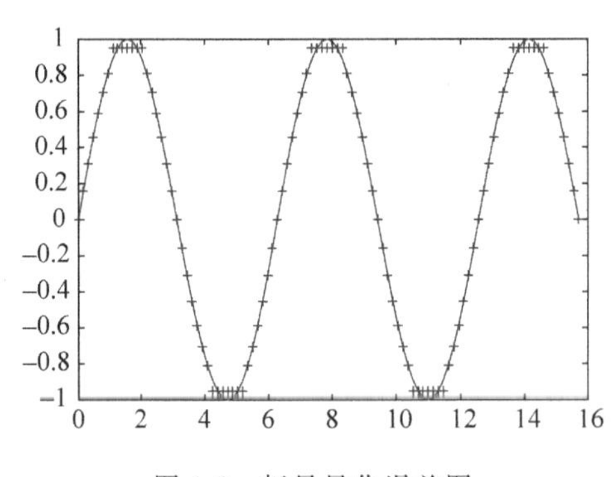

图 1-2 标量量化误差图

1.3 信道函数

对于最常用的两种信道——高斯白噪声信道和二进制对称信道,MATLAB 为其提供了对应的函数,下面进行介绍。

1.3.1 awgn 函数

该函数在输入信号中叠加一定强度的高斯白噪声,噪声的强度由函数参数确定。其调用格式为

y = awgn(x,SNR)：在信号 x 中加入高斯白噪声。信噪比 SNR 以 dB 为单位。x 的强度假定为 0dBW。如果 x 是复数,就加入复噪声。

y = awgn(x,SNR,SIGPOWER)：如果 SIGPOWER 是数值,则其代表以 dBW 为单位的信号强度；如果 SIGPOWER 为'measured',则函数将在加入噪声之前测定信号强度。

y = awgn(x,SNR,SIGPOWER,STATE)：重置 RANDN 的状态。

y = awgn(…,POWERTYPE)：指定 SNR 和 SIGPOWER 的单位。POWERTYPE 可以是'dB'或'linear'。如果 POWERTYPE 是'dB'，那么 SNR 以 dB 为单位，而 SIGPOWER 以 dBW 为单位。如果 POWERTYPE 是'linear'，那么 SNR 作为比值来度量，而 SIGPOWER 以 W 为单位。

【例 1-10】 对输入的锯齿波进行高斯白噪声叠加。

```
>> clear all;
t = 0:.1:10;
x = sawtooth(t);                          % 产生锯齿波信号
y = awgn(x,10,'measured');                % 添加高斯白噪声
plot(t,x,t,y)                             % 绘制原始信号和输出信号
legend('原始信号','叠加高斯白噪声信号');
```

运行程序，效果如图 1-3 所示。

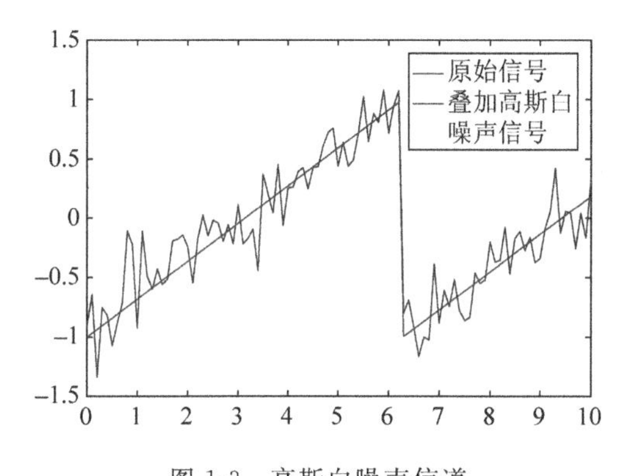

图 1-3　高斯白噪声信道

（图中线条颜色以实际为准，下同）

1.3.2　bsc 函数

该函数通过二进制对称信道以误码概率 p 传输二进制输入信号。该函数的调用格式为

ndata = bsc(data,p)：给定输入信号 data 及误码概率 p，返回二进制对称信道误码率。

ndata = bsc(data,p,s)：参数 s 为一个任意的有效随机流。

ndata = bsc(data,p,state)：参数 state 指定状态。

[ndata,err] = bsc(…)：err 指定返回的误差。

【例 1-11】 对输入的二进制信号进行对称信道后，再利用 biterr 函数计算误比特率。

```
>> clear all;
z = randi([0 1],100,100);                 % 随机矩阵
nz = bsc(z,.15);                          % 二进制对称信道
[numerrs, pcterrs] = biterr(z,nz)         % 计算误比特率
```

运行程序，输出如下：

```
numerrs =
        1509
pcterrs =
    0.1509
```

由结果可得，错误码数为1509，误码率为0.1509。

第2章 地震及雷达信号的MATLAB实现

2.1 地震观测系统的仿真和地面运动的恢复

2.1.1 基本理论

一个系统可以用它的系统函数或脉冲响应来表示：

$$y(t) = h(t) \otimes x(t) \tag{2-1}$$

式中：$x(t)$为输入信号，对于地震观测系统来讲为地面运动；$y(t)$为系统的输出，对于地震观测系统来讲为地震记录；$h(t)$为系统的脉冲响应。在频率域内，根据卷积定理，该式可以表示为

$$Y(\omega) = H(\omega)X(\omega) \tag{2-2}$$

式中：$H(\omega)$为系统的传递函数；$X(\omega)$、$Y(\omega)$分别为$X(t)$和$Y(t)$的傅里叶变换。

现在设想一个频带范围很宽的线性系统，如宽带地震仪，其系统函数为$H(\omega)$；另一个频带较窄的系统，如短周期地震仪，其系统函数为$H_1(\omega)$，对于同样的输入$X(\omega)$有

$$Y(\omega) = H(\omega)X(\omega), \quad Y_1(\omega) = H_1(\omega)X(\omega) \tag{2-3}$$

式中：$Y_1(\omega)$为频带较窄系统记录的频谱；$H_1(\omega)$为频带较窄系统的传递函数。比较前面两式可得

$$Y_1(\omega) = \frac{H_1(\omega)Y(\omega)}{H(\omega)} \tag{2-4}$$

将式(2-4)变换到时间域就得到频带较窄系统的输出$y_1(t)$。也就是说，如果知道了宽带和窄带系统的传递函数$H(\omega)$和$H_1(\omega)$，原则上可以从宽带系统的输出推测出频带较窄系统的输出。但如果知道窄带系统的输出及其两种系统的传递函数，则无法得到宽带系统的输出。这样就使得在记录某种信号时采用宽带记录，然后仿真到其他各种窄带的记录仪器上对信号进行分析。

如果已知地震仪的输出和地震仪的传递函数，可以求出地面运动为

$$X(\omega) = Y(\omega)/H(\omega) \tag{2-5}$$

下面举例给出将宽带系统的输出仿真到窄带输出及地面运动恢

复的方法。

2.1.2 地震观测系统的 MATLAB 应用

【例 2-1】 设计一个巴特沃斯模拟宽带带通滤波器,设计指标为:通带频率为 1～40Hz,低端阻带边界为 0.2Hz,高端阻带边界为 42.5Hz,通带波纹为 1dB,阻带衰减为 20dB。再设计一个窄带带通滤波器,设计指标为:通带频率为 5～7Hz,低频段过渡带宽为 1.5Hz,高频段过渡带宽为 0.5Hz,通带波纹为 1dB,阻带衰减为 20dB。假设一个信号 $x(t)=\sin 2\pi f_1 t+0.5\cos 2\pi f_2 t+0.5\sin 2\pi f_3 t$,其中 $f_1=6\text{Hz}$,$f_2=10\text{Hz}$,$f_3=19\text{Hz}$。信号的采样频率为 50Hz。

(1) 模拟输入信号通过宽带滤波器的输出信号并与原信号进行比较。

(2) 运用宽带滤波器的传递函数和输出得到输入信号,并与原始输入信号进行比较(恢复地面运动)。

(3) 模拟输入信号通过窄带滤波器的输出信号并与原信号进行比较。

(4) 将宽带滤波器的模拟输出信号仿真到窄带滤波器上并与(3)的结果进行比较。

其实现的 MATLAB 程序代码如下:

```
clear all;
Fs = 100;dt = 1/Fs;                         %给定模拟输入信号采样间隔
f1 = 6;f2 = 10;f3 = 19;                     %模拟输入信号的频率成分
N = 500;                                    %数据点数
t = [0:N-1] * dt;                           %模拟输入信号的时间序列
x = sin(2 * pi * f1 * t) + 0.5 * cos(2 * pi * f2 * t) + 0.5 * sin(2 * pi * f3 * t);  %模拟输入信号
X = fft(x);                                 %得到输入信号的傅里叶变换
%设计宽带 Butterworth 模拟滤波器
wp = [1 40] * 2 * pi;                       %通带截止频率
ws = [0.2 42.5] * 2 * pi;                   %阻带截止频率
Rp = 1; Rs = 20;                            %通带波纹和阻带衰减
[order,wn] = buttord(wp,ws,Rp,Rs,'s');      %求解巴特沃斯滤波器的最小阶数
w = linspace(0,Fs/2,N/2) * 2 * pi;          %设置绘制幅频特性的频率
[b1,a1] = butter(order,wn,'s');             %设计巴特沃斯带通滤波器
H = freqs(b1,a1,w);                         %计算带通滤波器的频率响应
magH = abs(H);phaH = unwrap(angle(H));      %求得振幅谱和相位谱
figure;
subplot(311);plot(w/(2 * pi),20 * log10(magH));
xlabel('频率/Hz');ylabel('振幅/dB');
ylim([-100 0]);xlim([0 50]);
title('宽带模拟带通滤波器');
grid on;
%模拟输出
H = freqs(b1,a1,w);                         %滤波器的幅频响应
H1 = zeros(1,N);
for i = 1:N/2
    H1(i) = H(i);
    H1(N-i) = conj(H1(i));
end
X = fft(x);                                 %将原始信号进行傅里叶变换
Y = zeros(1,N);
```

```
for i = 1:N
    Y(i) = X(i). * H1(i);
end
y = real(ifft(Y));
subplot(312);plot(t,x);
title('输入信号');
subplot(313);plot(t,y);
title('宽带滤波器的模拟输出信号');
xlabel('时间/s');
%恢复地面运动
XX = zeros(1,N);
for i = 1:N
    if(abs(H1(i))> 1.0e - 1);
        XX(i) = Y(i)./H1(i);
    end
end
xx = real(ifft(XX));                          %转换到时间域
figure(2);
plot(t,x,t,xx,':r');
legend('原始信号','恢复信号',1);
title('原始信号和恢复信号');
xlabel('时间/s');
%窄带滤波器的设计
wp = [5 7] * 2 * pi;ws = [3.5 7.5] * 2 * pi;
%窄带滤波器的通带和阻带边界频率
Rp = 1;Rs = 20;                               %窄带滤波器的通带波纹和阻带衰减
[order,wn] = buttord(wp,ws,Rp,Rs,'s');
w = linspace(0,Fs/2,N/2) * 2 * pi;
[b2,a2] = butter(order,wn,'s');
H = freqs(b2,a2,w);
magH = abs(H); phaH = unwrap(angle(H));
figure(3);
subplot(311);plot(w/(2 * pi),20 * log10(magH));
xlabel('频率/Hz');ylabel('振幅/dB');
ylim([ - 100 0]);xlim([0 50]);
title('窄带模拟滤波器');
grid on;
%模拟输出
H = freqs(b2,a2,w);
H2 = zeros(1,N);
for i = 1:N/2
    H2(i) = H(i);
    H2(N - i) = conj(H2(i));
end
X = fft(x);
Y1 = zeros(1,N);
for i = 1:N
    Y1(i) = X(i). * H2(i);
end
y1 = real(ifft(Y1));
subplot(312);plot(t,x);
title('输入信号');
subplot(313);plot(t,y1);
title('窄带滤波器的模拟输出');
```

```
xlabel('时间/s');
%运用宽带仪器的输出仿真得到窄带仪器上的输出
figure(4);
XY = zeros(1,N);
for i = 1:N
    if(abs(H1(i))> 1.0e - 2);
        XY(i) = Y(i) * H2(i)/H1(i);
    end
end
xy = real(ifft(XY));
plot(t,y1,t,xy,':r');
legend('窄带输出','仿真输出',1);
xlabel('时间/s');
```

程序的输出如图 2-1～图 2-4 所示。

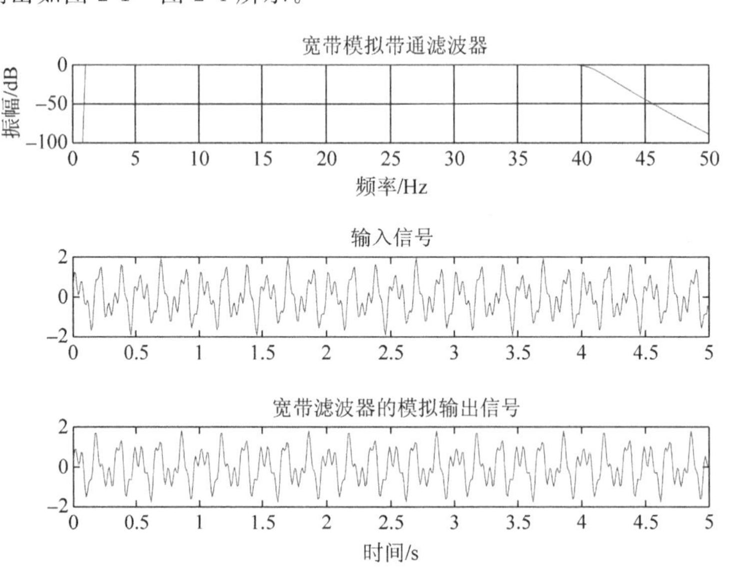

图 2-1　宽带滤波器幅频响应、输入信号和输出信号

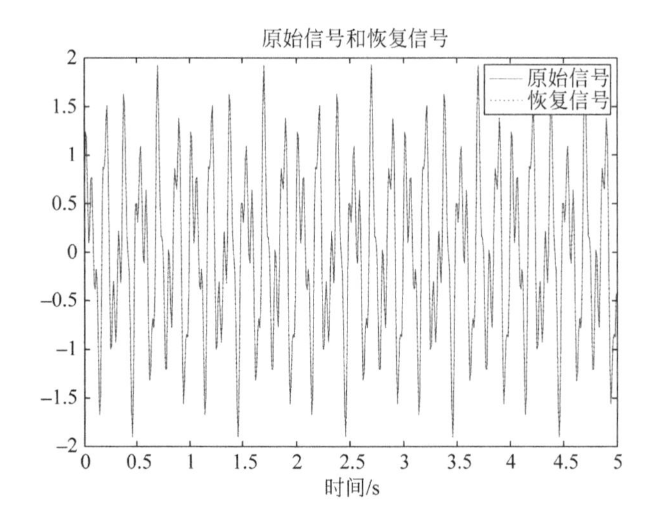

图 2-2　输入信号，并与原输入信号进行比较

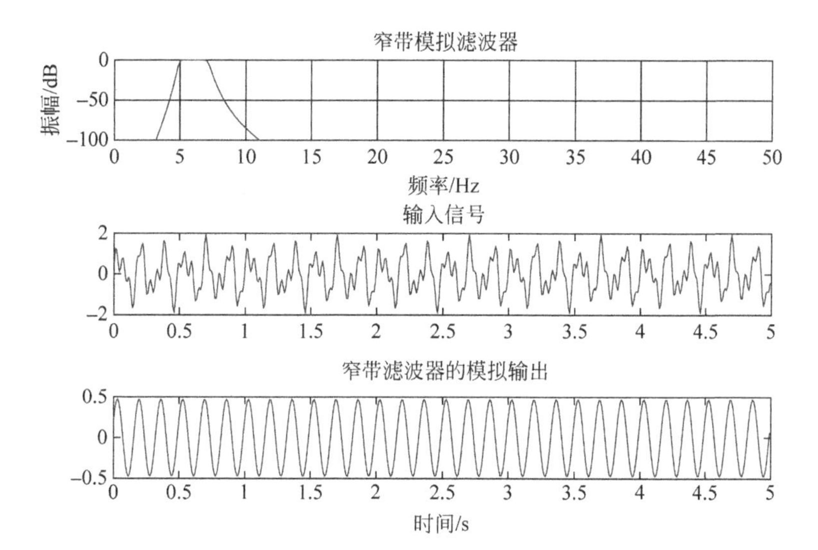

图 2-3 窄带滤波器幅频响应、输入信号和输出信号

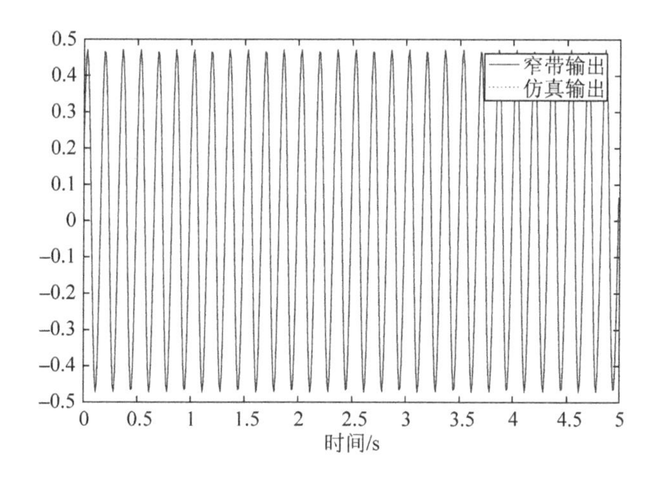

图 2-4 输出(仿真),并与原窄带仪器的输出进行比较

可见运用宽带仪器响应和其输出信号,可以较为精确地恢复地面运动(见图 2-2);将宽带滤波器的输入仿真到窄带滤波器上,得到和窄带滤波器一样的波形(见图 2-4),验证了上述方法的正确性。

下面用某地震数据和数字滤波器方法来揭示地面运动恢复和向窄带地震仪上的仿真。

【例 2-2】 以某地的地震记录文件 hns 数据为例,运用椭圆滤波器来提示地面运动恢复和仿真的概念。宽带仪器的通带边界频率为[0.001 24.8]Hz,阻带边界频率为[0.00001 24.9]Hz,通带波纹为 1dB,阻带衰减为 50dB。相当于短周期地震仪的窄带仪器的阻带边界频率为[0.01 4.5]Hz,通带边界频率为[0.1 3.8]Hz,通带波纹为 1dB,阻带衰减为 20dB;相当于长周期地震仪的窄带仪器用低通滤波器来表示,阻带边界频率为 0.1Hz,通带边界频率为 0.02Hz,通带波纹为 1dB,阻带衰减为 30dB。

(1) 采用宽带仪器传递函数和输出信号,恢复输入信号(地面运动)。

(2) 将宽带仪器的输出仿真到短周期窄带仪器上,并与窄带仪器的输出进行比较。

(3) 将宽带仪器的输出仿真到长周期窄带仪器上,并与窄带仪器的输出进行比较。

其实现的 MATLAB 程序代码如下:

```
load noisbump;
Xt = noisbump;
Fs = 50;
dt = 1/Fs;
N = length(Xt);
t = [0:N-1] * dt;
ws = [0.00001 24.9] * 2/Fs;
wp = [0.001 24.8] * 2/Fs;
Rp = 1;Rs = 50;Nn = 512;
[order,wn] = ellipord(wp,ws,Rp,Rs);
[b,a] = ellip(order,Rp,Rs,wn);
figure(1);
[H,f] = freqz(b,a,Nn,Fs);
subplot(211);plot(f,20 * log10(abs(H)));
xlabel('频率/Hz');ylabel('振幅/dB');
grid on;
subplot(212);plot(f,180/pi * unwrap(angle(H)));
xlabel('频率/Hz');ylabel('相位/^o');
grid on;
y = filtfilt(b,a,Xt);
figure(2);
subplot(211);plot(t,Xt);
xlabel('时间/s');ylabel('振幅');
title('输入信号');
grid on;
subplot(212);plot(t,y);
xlabel('时间/s');ylabel('振幅');
title('输出信号');
grid on;
[H,f] = freqz(b,a,N,Fs,'whole');
Y = fft(y);
XX = zeros(1,N);
for i = 1:N
    if(H(i)>1.0e-4)
        XX(i) = Y(i)./H(i);
    end
end
disp = real(ifft(XX));
figure(3);plot(t,Xt,t,disp,'r:');
legend('原始信号','恢复地面运动',1);
xlabel('时间/s');ylabel('振幅');
grid on;
ws = [0.01 4.5] * 2/Fs;
wp = [0.1 3.8] * 2/Fs;
Rp = 1;Rs = 20;Nn = 512;
```

```
[order,wn] = ellipord(wp,ws,Rp,Rs);
[b,a] = ellip(order,Rp,Rs,wn);
%按最小阶数、截止频率、通带波纹和阻带衰减设计滤波器
figure(4)
[H1,f] = freqz(b,a,Nn,Fs);
subplot(211);plot(f,20 * log10(abs(H1)));
xlabel('频率/Hz');ylabel('振幅/dB');
grid on;
subplot(212);plot(f,180/pi * unwrap(angle(H1)));
xlabel('频率/Hz');ylabel('相位/^o');
grid on;
figure(5);
y1 = filtfilt(b,a,Xt);
[H1,f] = freqz(b,a,N,Fs,'whole');
XX1 = zeros(1,N);
for i = 1:N
    if(H(i)> 1.0e - 4)
        XX(i) = Y(i). * H1(i)/H(i);
    end
end
x1 = ifft(XX1)
plot(t,y1,t,real(x1),'r:');
legend('实际输出','仿真输出',1);
xlabel('时间/s');ylabel('振幅');
grid on;
%仿真到长周期地震仪上,长周期地震仪用一个窄带椭圆滤波器来表示
ws = 0.1 * 2/Fs;wp = 0.02 * 2/Fs;
Rp = 1;Rs = 30;Nn = 512;
[order,wn] = ellipord(wp,ws,Rp,Rs);
[b,a] = ellip(order,Rp,Rs,wn);
%按最小阶数、截止频率、通带波纹和阻带衰减设计滤波器
figure(6);
y1 = filtfilt(b,a,Xt);
[H1,f] = freqz(b,a,N,Fs,'whole');
XX1 = zeros(1,N);
for i = 1:N
    if(abs(H(i))> 1.0e - 4)
        XX1(i) = Y(i). * H1(i)./H(i);
    end
end
x1 = ifft(XX1);
plot(t,y1,t,real(x1),'r - .');
legend('实际输出','仿真输出',1);
xlabel('时间/s');ylabel('振幅');
grid on;
```

图 2-5 为宽带仪器的频率响应,我们设计了较宽的频带,几乎包含了输入信号的所有频率。输入信号经过宽带仪器输出后波形基本未变,但幅值发生了一些改变(见图 2-6)。运用宽带仪器的输出及传递函数恢复的地面运动与原输入信号相关很小(见图 2-7)。图 2-8 为相对短周期窄带仪器的频率特性,宽带仪器输出信号、窄带仪器的传递函数仿真到窄带仪器上信号与原始信号经窄带仪器的滤波结果相关性很小(见图 2-9),由于是短周期仪器,因此仿真结果中短周期体波成分较为丰富,几乎看不到面波成分。宽带仪器

输出信号、窄带周期仪器的传递函数仿真到窄带仪器上的信号与原始信号经窄带仪器的滤波结果相差不大(见图 2-10),由于是长周期仪器,因此仿真结果中短周期体波成分很小,长周期面波成分较为丰富。

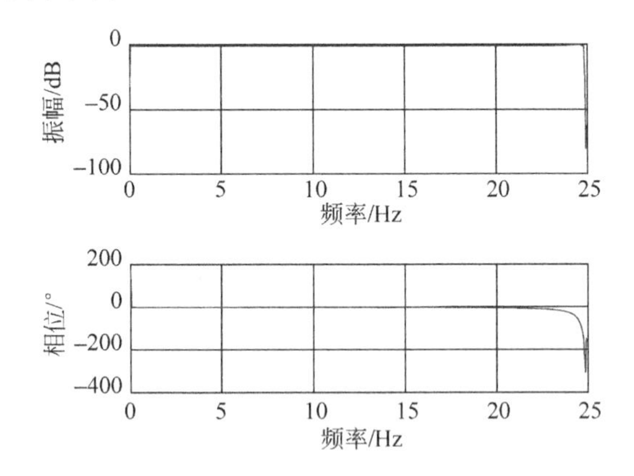

图 2-5　宽带仪器的频率特性

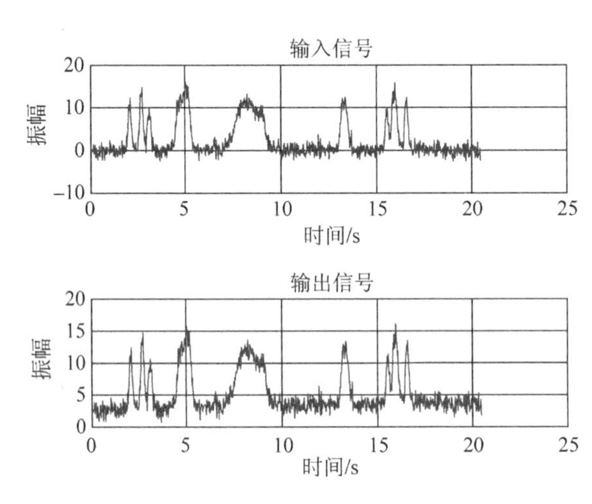

图 2-6　输出和原输入信号的比较

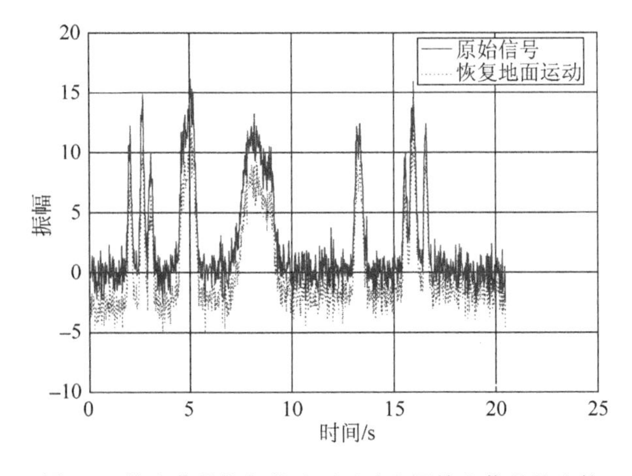

图 2-7　输出信号恢复的地面运动和原输入信号的比较

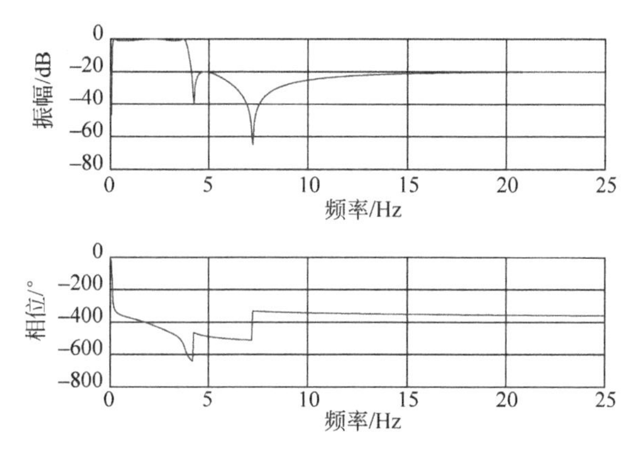

图 2-8　短周期窄带仪器的频率特性

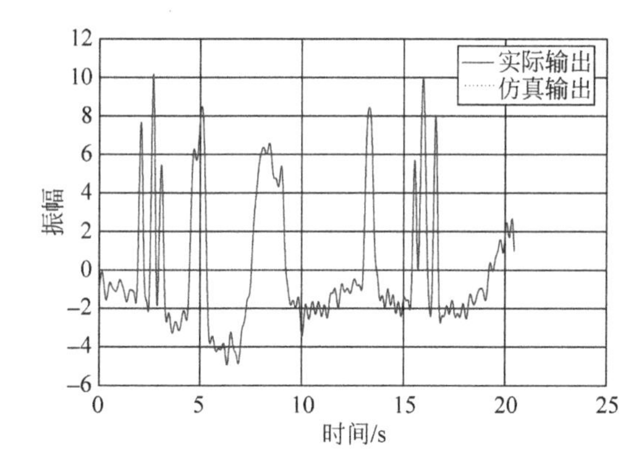

图 2-9　短周期输出仿真并与实际输出进行比较

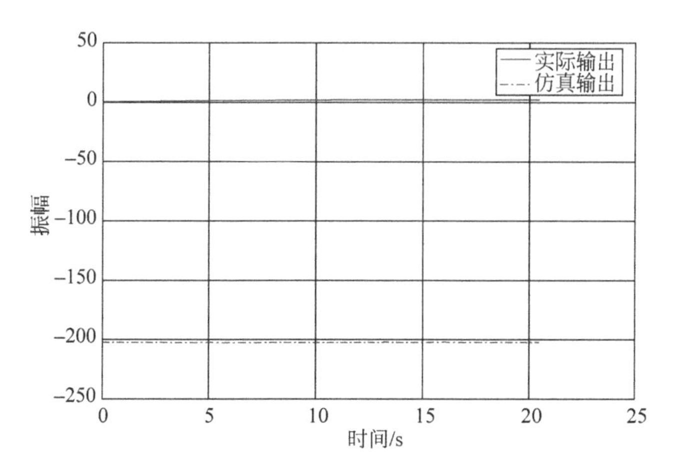

图 2-10　长周期输出仿真与实际输出进行比较

2.2 雷达信号的产生

现代雷达的体制多种多样，根据雷达体制不同，可选用各种各样的信号形式。雷达信号形式的不同，对发射机的射频部分和调制器的要求也不同。对于常规雷达的简单脉冲波形而言，调制器主要满足脉冲宽度、脉冲重复频率和脉冲波形（脉冲上升边、下降边和顶部的不稳定）的要求，一般困难不大，但是对于复杂调制，射频放大器和调制器往往要采用一些特殊的措施才能满足要求。雷达常用的信号形式如表 2-1 所示。

表 2-1 雷达常用的信号形式

波形类型	调制类型	工作比/%
简单脉冲	脉冲幅度调制	0.01～1
脉冲压缩	线性调频	0.1～10
	脉内相位编码	
	线性调频相位编码混合调制	
高工作比多普勒	脉冲调频	30～50
高频多普勒	线性调频	100
	正弦调频	
	相位编码	
连续波	线性调制	100

2.2.1 脉冲幅度调制

脉冲幅度调制或者脉冲调制（PAM）是指脉冲序列的幅度随信号线性变化的一种调制方式。类比于正弦波的调幅信号，PAM 信号可以表示为

$$s_{\text{pam}}(t) = [A_0 + f(t)]s_{\text{p}}(t) \tag{2-6}$$

式中：A_0 为常数，代表直流电平；$f(t)$ 为信息信号，通常为正弦波；$s_{\text{p}}(t)$ 为脉冲序列，其波形可以是任意的，但在一般分析和实际应用中，多采用矩形波，且单极性更为广泛。

实际脉冲幅度调制的方法比较简单，一般将信号 $[A_0 + f(t)]$ 与矩形脉冲序列 $s_{\text{p}}(t)$ 直接相乘而得到的信号就是 PAM 信号。

因此根据 PAM 的定义，可以写出产生 PAM 信号的仿真程序：

```
function sp = pam(t,fc,fp,fs,tao,pha)
% 该程序用来产生 PAM 信号
% 参数 t 是所要产生 PAM 信号的时间，单位为 s
% 参数 fc 为脉内信号的频率，单位为 Hz
% 参数 fp 为脉冲信号的频率，单位为 Hz
% 参数 fs 为采样时钟频率，单位为 Hz
% 参数 tao 为脉冲信号的占空比，单位为 %
% 参数 pha 为信号的初始相位，单位为 rad
```

```
if nargin <= 6;                              % 如果不输入 tao 和 pha
    tao = 50;
    pha = 0;
end;
n = 0:1/fs:1/fp;
tn = 0:1/fs:t;
m = t/(1/fp);
spt = (square(2 * pi * fp * n) + 1)/2;
st = cos(2 * pi * fc * n);
sq1 = st. * spt;
sp = repmat(sq1,1,m);
```

【例 2-3】 如果需要产生以下参数要求的波形，可以调用该函数，输出结果如图 2-11 所示。

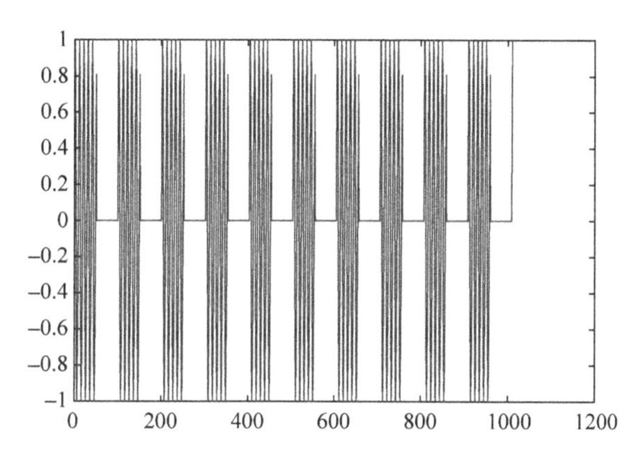

图 2-11 脉冲调制信号显示效果

输入参数：脉冲调制信号时间长度 $t=100\mu s$；脉冲内正弦信号频率 $f_c=1MHz$；脉冲重复频率 $f_p=100kHz$；采样频率 $f_s=10MHz$；脉冲占空比 $\tau=50\%$；初始相位 $\theta=\pi/3$。

执行以下程序：

```
t = 0.0001;
fc = 1000000;
fp = 100000;
fs = 10000000;
pha = pi/3;
tao = 50;
sp = pam(t,fc,fp,fs,tao,pha);
figure;plot(sp);
```

2.2.2 线性调频信号

频率调制是指载波信号的瞬时频率偏移调制信号 $f(t)$线性变化的调制，即

$$\omega(t) = \omega_0 + K_{FM} f(t) \tag{2-7}$$

式中：K_{FM}称为调频器的灵敏度，单位为 rad/(s·V)。因此，调制信号的瞬时相位为

$$\theta(t) = \int^t \omega(t)\mathrm{d}\tau = \omega_0 + K_{FM}\int^t f(t)\mathrm{d}\tau \tag{2-8}$$

式中：$K_{FM}f(t)$称为瞬时频率偏移，最大频偏为

$$\Delta\omega_{FM} = K_{FM} \mid f(t) \mid_{max} \tag{2-9}$$

因此，频率调制信号可以表示为

$$S_{FM}(t) = A\cos\left[\omega_0 t + K_{FM}\int^t f(t)\mathrm{d}\tau\right] \tag{2-10}$$

线性调频就是载波随时间作线性变化的调制信号。

线性调频矩形脉冲信号的复数表达式为

$$s(t) = u(t)\exp(\mathrm{j}2\pi f_0 t) = \frac{1}{\sqrt{T}}\mathrm{rect}\left(\frac{t}{T}\right)\exp[\mathrm{j}2\pi(f_0 t + kt^2/2)] \tag{2-11}$$

式中：$u(t)$为信号复包络。

$$u(t) = \frac{1}{\sqrt{T}}\mathrm{rect}\left(\frac{t}{T}\right)\exp(\mathrm{j}\pi kt^2) \tag{2-12}$$

式中：T 为脉冲宽度。

由式(2-11)可知，信号的瞬时频率可写成

$$f(t) = \frac{1}{2\pi}\frac{\mathrm{d}}{\mathrm{d}t}[2\pi(f_0 t + kt^2/2)] = f_0 + kt \tag{2-13}$$

瞬时频率 $f(t)$与时间呈线性关系，因此称为线性调频信号。其中，$k=B/T$ 称为调频斜率，B 为调频带宽，即信号的带宽。

MATLAB 提供了 modulate 函数，可以方便地产生线性调频信号。modulate 函数的调用格式如下：

y = modulate(x,fc,fs,'method')

y = modulate(x,fc,fs,'method',opt)

[y,t] = modulate(x,fc,fs)

参数 x 为调制信号序列；fc 为载波频率；fs 为采样频率；method 参数用来决定进行何种调制。method 的选择形式如下：

'amdsb_sc'或'am'：抑制载波双边带幅度调制。

'amssb'：载波传输单边带幅度调制。

'fm'：调频。

'pm'：调相。

'ppm'：脉内调制。

'pwm'：脉宽调制。

'qam'：正交幅度调制。

'amssb-tc'：载波传输双边带幅度调制。

下面通过一个例子来说明 modulate 函数的用法。

【例 2-4】 产生一个线性调频信号的起始频率为 100MHz，调频脉宽为 2MHz，采样频率为 10MHz，脉宽为 10μs 的线性调频信号。

其实现的MATLAB程序代码如下：

```
clear all;close all;
t = 10e - 6;
fs = 100e6;
fc = 10e6;
B = 2e6;
ft = 0:1/fs:t - 1/fs;
N = length(ft);
k = B/fs * 2 * pi/max(ft);
y = modulate(ft,fc,fs,'fm',k);
y_fft_result = fft(y);
figure;
subplot(211);plot(ft,y);
xlabel('单位:秒');ylabel('单位:伏');
title('线性调频信号 y(t)');
subplot(212);plot((0:fs/N:fs/2 - fs/N),abs(y_fft_result(1:N/2)));
xlabel('频率 f(单位:Hz)');
title('线性调频信号 y(t)的频谱');
```

运行程序，效果如图2-12所示。

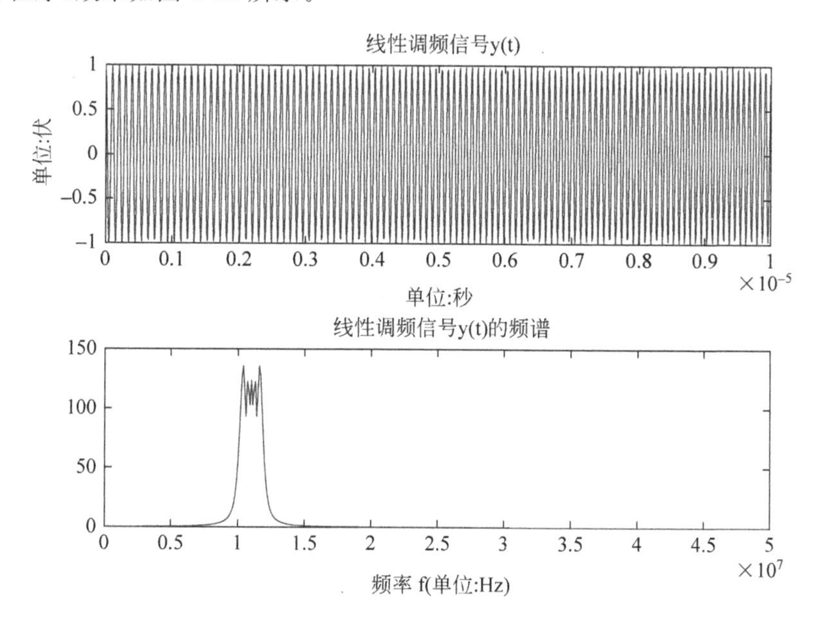

图2-12　载波10MHz，带宽2MHz的线性调频信号及其频谱

如果要产生初始相位不是0的线性调频信号，则不能调用modulate函数，因为modulate函数所产生的线性调频信号的初始频率固定为0相位。

2.2.3　相位编码信号

线性调频信号、非线性调频信号的调制函数是连续的，属于"连续型"信号；而相位编码信号，其相位调制函数是离散的有限状态，属于“离散型”编码脉冲压缩信号。由于相位编码采用伪随机序列，因此这类信号也称为伪随机编码信号。

数字相位编码调制是利用载波相位的变化来表达数字信号信息的一种调制方法，也叫相移键控。常用的相位编码调制信号有二相码(2PSK)和四相码(4PSK)。

在二相码中，通常用两个相反的相位 0°或 180°来表示数字信息 0 或者 1，即

$$\begin{cases}\varphi = 0, & \text{表示数字 } 0\\ \varphi = \pi, & \text{表示数字 } 1\end{cases} \quad \text{或者} \quad \begin{cases}\varphi = \pi, & \text{表示数字 } 0\\ \varphi = 0, & \text{表示数字 } 1\end{cases}$$

因此，二相码可以表示为

$$S_{2PSK}(t) = A\cos(\omega_0 t + \varphi) \tag{2-14}$$

式中的 φ 由数字信息码 1 或 0 来决定是 0°或 180°。当然，φ 并不是说只能用 0°或 180°，也可以用 90°或 270°来表示。

四相码与二相码基本是一样的，只不过四相码采用 4 个正交的相位来表示 4 个不同的数字信息。在雷达系统中，相位编码信号采用得比较多的是二相码，四相码在通信领域内应用得较多。常用的二相编码信号有 m 序列、L 序列、双素数序列、巴克码序列等。

利用 MATLAB 实现二相编码比较简单。通过下面这个例子就可以说明。

【例 2-5】 产生 7 位巴克码编码的二相码，采样频率为 100MHz，载波为 10MHz，码宽为 0.5μs。

其实现的 MATLAB 程序代码如下：

```
clear all;close all;
co = [1 1 1 0 0 1 0];
ta = 0.5e - 6;
fc = 10e6;
fs = 100e6;
t_ta = 0:1/fs:ta - 1/fs;
n = length(co);
pha = 0;
t = 0:1/fs:7 * ta - 1/fs;
s = zeros(1,length(t));
for i = 1:n
    if co(i) == 1
        pha = 1;
    else
        pha = 0;
    end
    s(1,(i - 1) * length(t_ta) + 1:i * length(t_ta)) = cos(2 * pi * fc * t_ta + pha);
end
figure;plot(t,s);
xlabel('t(单位:秒)');title('二相码(7 位巴克码)');
```

运行程序，效果如图 2-13 所示。

2.2.4 相位编码内线性调频混合调制信号

二相编码信号对多普勒频率比较敏感，只适用于多普勒频率比较小的场合，但是由

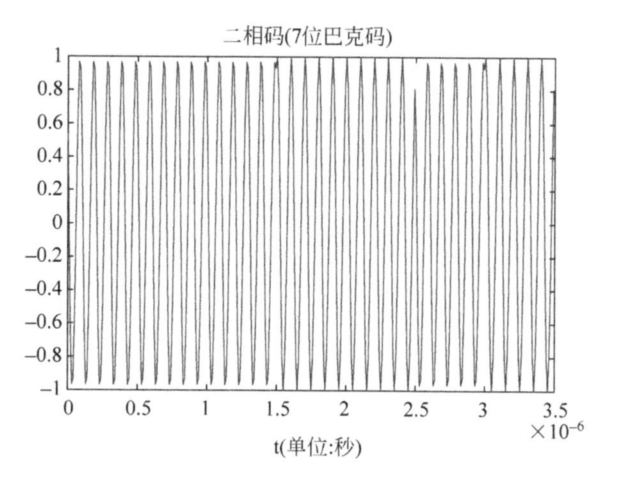

图 2-13　二相码(7 位巴克码)波形图

于其优越的抗截获性能,常常与线性调频信号组合起来,用于各种低截获概率雷达系统中。需要说明的是,纯粹的13位巴克码信号是没有实用意义的,只适用理论分析,在实际中可以用组合巴克码方式作为脉冲压缩信号。

混合信号是结合调频信号和相位编码信号的优点,把两种信号组合起来,在相位编码信号的每个码元内再进行线性调频信号调制,而形成一种新型适用于脉冲压缩雷达的信号。混合信号对多普勒信号基本不敏感,只是增益略有下降,也没有产生明显的峰值偏移现象,具有相位编码和线性调频两种信号的优点,又能弥补两种信号各自的不足。

设线性调频信号的数字表达式为

$$u_{\mathrm{L}}(t)=\frac{1}{\sqrt{T}}\exp(\mathrm{j}\pi kt^2)[\varepsilon(t)-\varepsilon(t-T)] \tag{2-15}$$

二相编码的脉冲函数为

$$u_{\mathrm{B}}(t)=\frac{1}{\sqrt{P}}\sum_{m=0}^{P-1}c_m\delta(t-mT) \tag{2-16}$$

式中:$\varepsilon(t)$为阶跃函数;$\delta(t)$为冲激函数;T为子脉冲宽度;P为码长;k为线性调频调制斜率;c_m为一随机序列,取$\{c_m=\pm1\}$;混合脉冲信号为线性调频与二相编码脉冲函数的卷积形式为

$$\begin{aligned}u(t)&=u_{\mathrm{L}}(t)\otimes u_{\mathrm{B}}(t)\\&=\frac{1}{\sqrt{PT}}\sum_{m=0}^{P-1}c_m\{\exp(\mathrm{j}\pi kt^2)[\varepsilon(t)-\varepsilon(t-T)]\}\otimes\delta(t-mT)\\&=\frac{1}{\sqrt{PT}}\sum_{m=0}^{P-1}\exp[\mathrm{j}\pi k(t-mT)^2]c_m\{\varepsilon(t-mT)-\varepsilon[t-(m+1)T]\}\end{aligned} \tag{2-17}$$

利用MTALAB产生混合调制信号的方法和产生二相码的方法基本相似,差别在于二相码是单片信号,而混合调制信号脉冲内是线性调频信号。

【例2-6】 产生7位巴克码和线性调频的混合调制信号,码元宽度为10μs,线性调频的起始频率为500kHz,调频带宽为1MHz。

其实现的 MATLAB 程序代码如下：

```
clear all;close all;
co = [1 1 1 0 1 0 1];
ta = 10e - 6;
fc = 0.5e6;
fs = 10e6;
t_ta = 0:1/fs:ta - 1/fs;
N = length(t_ta);
B = 1e6;
k = B/fs * 2 * pi/max(t_ta);
n = length(co);
pha = 0;
s = zeros(1,n * N);
for i = 1:n
    if co(i) == 1
        pha = 1;
    else
        pha = 0;
    end
    s(1,(i - 1) * N + 1:i * N) = cos(2 * pi * fc * t_ta + k * cumsum(t_ta) + pha);
end
t = 0:1/fs:7 * ta - 1/fs;
figure;subplot(211);
plot(t,s);xlabel('t(单位:秒)');
title('混合调制信号(7 位巴克码 + 线性调频)');
y_fft_result = abs(fft(s(1:N)));
subplot(212);plot((0:fs/N:fs/2 - fs/N),abs(y_fft_result(1:N/2)));
xlabel('频率 f(单位:Hz)');title('码内信号频谱');
```

运行程序，效果如图 2-14 所示。

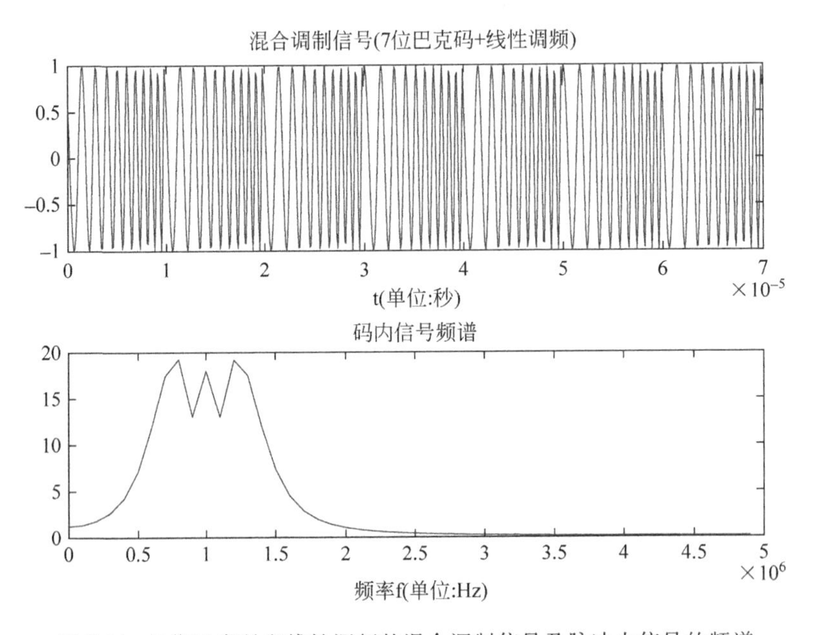

图 2-14　7 位巴克码和线性调频的混合调制信号及脉冲内信号的频谱

第3章 通信系统模拟线性调制的MATLAB实现

数字调制按方法可以分为多进制幅度键控(M-ASK)、正交幅度键控(QASK)、多进制频率键控(M-FSK)以及多进制相位键控(M-PSK)。数字调制包括数模转换和模拟调制两部分,如图3-1所示。

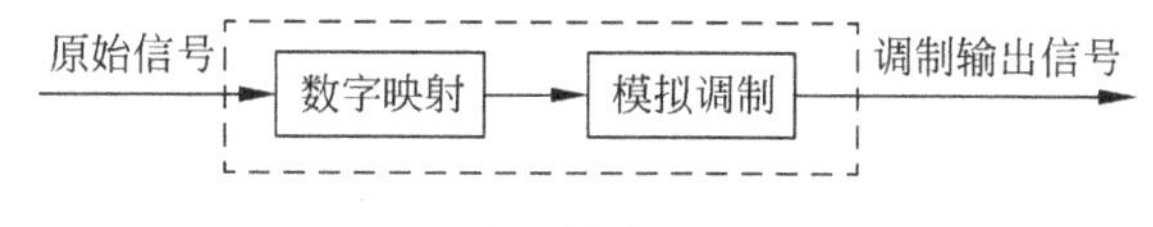

图3-1 数字调制过程

在数字信号通信快速发展以前主要是模拟通信。为了合理使用频带资源,提高通信质量,需要使用模拟调制技术。通常,连续波的模拟调制是以正弦信号为载波的调制方式,分为线性调制和非线性调制。线性调制是指调制后的信号频谱为调制信号的频谱的平移或线性变换,而非线性调制则没有这个性质。

每一种调制都通过以下几个特点来表征。

(1) 调制信号的时域表达式。

(2) 调制信号的频域表达式。

(3) 调制信号的带宽。

(4) 调制信号的功率分布。

(5) 调制信号的信噪比。

3.1 双边带调幅与解调

1. 双边带调幅

在双边带调幅(DSB-AM)中,已调信号的时域表示为

$$u(t) = m(t)c(t) = A_c m(t)\cos(2\pi f_c t + \phi_c) \tag{3-1}$$

式中:$m(t)$是消息信号;$c(t)=A_c\cos(2\pi f_c t+\phi_c)$为载波;$f_c$是载波的频率;$\phi_c$是初始相位。为了讨论方便,取初相$\phi_c=0$。

对$u(t)$作傅里叶变换,即可得到信号的频域表示

$$U(f) = \frac{A_c}{2}M(f-f_c) + \frac{A_c}{2}M(f+f_c) \tag{3-2}$$

传输带宽 B_T 是消息信号带宽 W 的两倍，即 $B_T=2W$。

【例 3-1】 某消息信号 $m(t)=\begin{cases}1, & 0\leqslant t\leqslant t_0/3 \\ -2, & t_0/3<t\leqslant 2t_0/3 \\ 0, & 其他\end{cases}$，用信号 $m(t)$ 以 DSB-AM 方式调制载波 $c(t)=\cos(2\pi f_c t)$，所得到的已调信号记为 $u(t)$。设 $t_0=0.15\text{s}$，$f_c=250\text{Hz}$。试比较消息信号与已调信号，并绘制它们的频谱。

其实现的 MATLAB 程序代码如下：

```
>> clear all;
t = 0.15;                                   % 信号保持时间
ts = 0.001;                                 % 采样时间间隔
fc = 250;                                   % 载波频率
fs = 1/ts;                                  % 采样频率
df = 0.3;                                   % 频率分辨率
t1 = [0:ts:t];                              % 时间向量
m = [ones(1,t/(3*ts)), -2*ones(1,t/(3*ts)),zeros(1,t/(3*ts)+1)];   % 定义信号序列
y = cos(2*pi*fc.*t1);                       % 载波信号
u = m.*y;                                   % 调制信号
[n,m,df1] = fftseq(m,ts,df);                % 傅里叶变换
n = n/fs;
[ub,u,df1] = fftseq(u,ts,df);
ub = ub/fs;
[Y,y,df1] = fftseq(y,ts,df);
f = [0:df1:df1*(length(m)-1)] - fs/2;      % 频率向量
subplot(221);
plot(t1,m(1:length(t1)));                   % 未解调信号
title('未解调信号');
subplot(222);
plot(t1,u(1:length(t1)));                   % 解调信号
title('解调信号');
subplot(223);
plot(f,abs(fftshift(n)));                   % 未解调信号频谱
title('未解调信号频谱');
subplot(224);
plot(f,abs(fftshift(ub)));                  % 解调信号频谱
title('解调信号频谱');
```

该程序运行后得到的信号和调制信号及信号调制前后的频谱对比如图 3-2 所示。

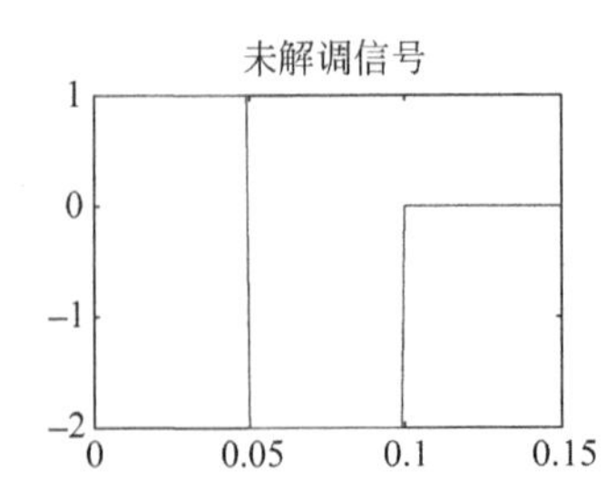

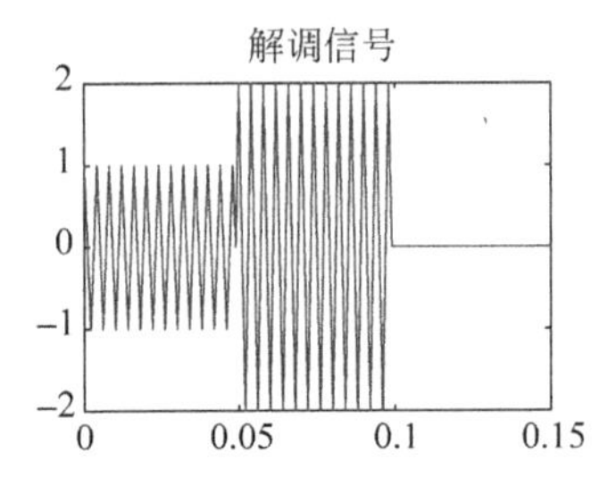

图 3-2 DSB-AM 得到的信号和调制信号及信号调制前后的频谱图

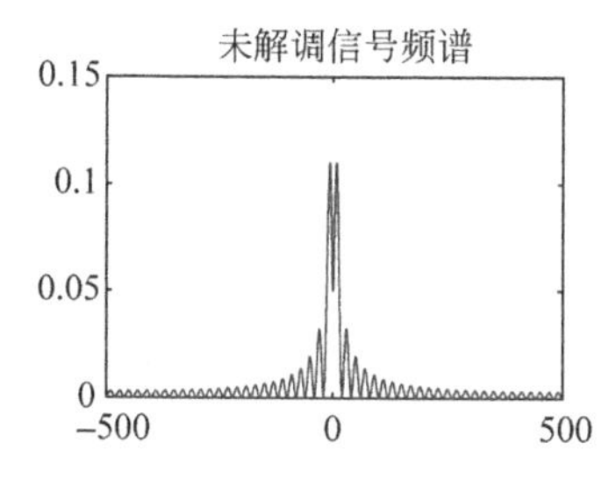

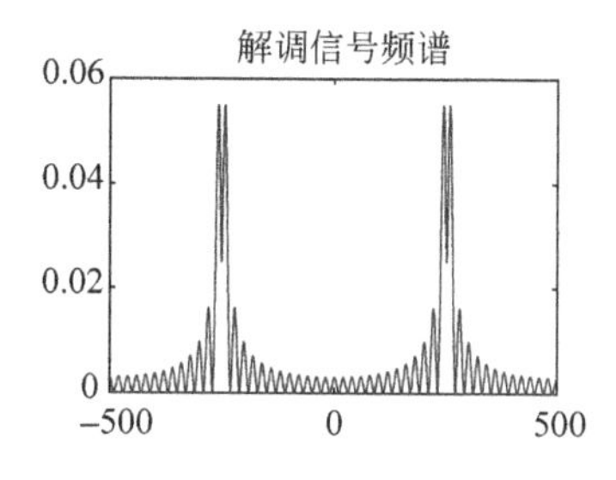

图 3-2 （续）

在以上代码中调用的自定义函数的代码如下：

```
function [M,m,df] = fftseq(m,tz,df)
fz = 1/tz;
if nargin == 2                              % 判断输入参数的个数是否符合要求
    n1 = 0;
else
    n1 = fz/df;                             % 根据参数个数决定是否使用频率缩放
end
n2 = length(m);
n = 2 ^ (max(nextpow2(n1),nextpow2(n2)));
M = fft(m,n);                               % 进行离散傅里叶变换
m = [m,zeros(1,n - n2)];
df = fz/n;
function p = ampower(x)
% 此函数用作计算信号功率
p = (norm(x)^2)/length(x);                  % 计算出信号能量
t0 = 0.15;
tz = 0.001;
m = zeros(1,501);
for i = 1:1:125                             % 计算第 1 段信号值的功率
    m(i) = i;
end
for i = 1:126:1:375                         % 计算第 2 段信号值的功率
    m(i) = m(125) - i + 125;
end
for i = 376:1:501                           % 计算第 3 段信号值的功率
    m(i) = m(375) + i - 375;
end
m = m/1000;                                 % 功率归一化
n_hat = imag(hilbert(m));
```

DSB-AM 调制信号的解调过程如图 3-3 所示。

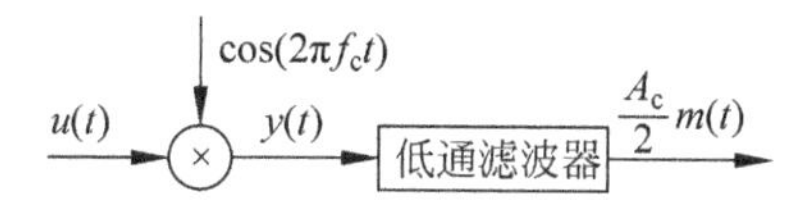

图 3-3 DSB-AM 调制信号的解调

调制信号 $u(t)=A_c m(t)\cos(2\pi f_c t)$ 与接收机本地振荡器所产生的正弦信号 $\cos(2\pi f_c t)$ 相乘，可得混频器输出为

$$y(t)=A_c m(t)\cos^2(2\pi f_c t)=\frac{A_c}{2}m(t)+\frac{A_c}{2}m(t)\cos(4\pi f_c t) \tag{3-3}$$

它的傅里叶变换为

$$Y(f)=\frac{A_c}{2}M(f)+\frac{A_c}{2}M(f-2f_c)+\frac{A_c}{2}M(+2f_c) \tag{3-4}$$

可见，混频器输出由一个低频分量$\frac{A_c}{2}M(f)$和$\pm f_c$处的两个高频分量组成。

2. 双边带解调

将 $y(t)$通过带宽为 W 的低通滤波器，高频分量被滤除，而与消息信号成正比的低通分量$\frac{A_c}{2}m(t)$被解调。如果调制相位 ϕ_c 未知，则需使用 Costas 环解调方法来恢复接收信号的相位信息。Costas 环解调法如图 3-4 所示。

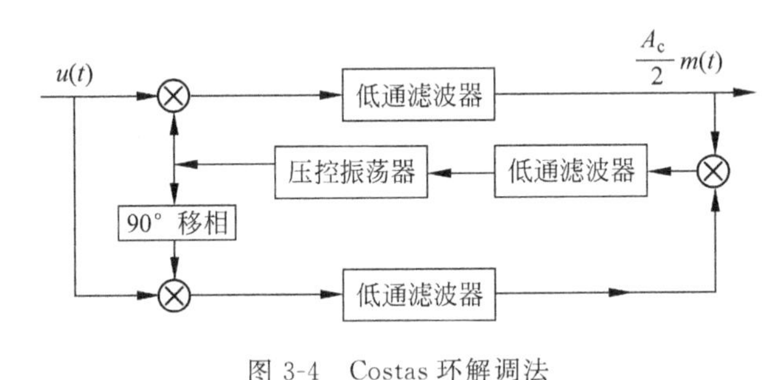

图 3-4　Costas 环解调法

【例 3-2】 对例 3-1 的单边带调制信号进行双边带解调，并绘制消息信号的时频域曲线。

其实现的 MATLAB 代码如下：

```
>> clear all;
t = 0.15;                                   % 信号保持时间
ts = 1/1500;                                % 采样时间间隔
fc = 250;                                   % 载波频率
fs = 1/ts;                                  % 采样频率
df = 0.3;                                   % 频率分辨率
t1 = [0:ts:t];                              % 时间向量
m = [ones(1,t/(3 * ts)), - 2 * ones(1,t/(3 * ts)),zeros(1,t/(3 * ts) + 1)];   % 定义信号序列
c = cos(2 * pi * fc. * t1);                 % 载波信号
u = m. * c;                                 % 调制信号
y = u. * c;                                 % 缩放
[n,m,df1] = fftseq(m,ts,df);                % 傅里叶变换
n = n/fs;
[ub,u,df1] = fftseq(u,ts,df);
ub = ub/fs;
[Y,y,df1] = fftseq(y,ts,df);
```

```
Y = Y/fs;
f_c_off = 150;                                %滤波器的截止频率
n_c_off = floor(150/df1);                     %设计滤波器
f = [0:df1:df1 * (length(m) - 1)] - fs/2;     %频率向量
h = zeros(size(f));
h(1:n_c_off) = 2 * ones(1,n_c_off);
h(length(f) - n_c_off + 1:length(f)) = 2 * ones(1,n_c_off);
dem1 = h. * Y;                                %滤波器输出的频率
dem = real(ifft(dem1)) * fs;                  %滤波器的输出
subplot(221);
plot(t1,m(1:length(t1)));                     %未解调信号
title('未解调信号');
subplot(222);
plot(t1,dem(1:length(t1)));                   %解调信号
title('解调信号');
subplot(223);
plot(f,abs(fftshift(n)));                     %未解调信号频谱
title('未解调信号频谱');
subplot(224);
plot(f,abs(fftshift(dem1)));                  %解调信号频谱
title('解调信号频谱');
```

运行程序,效果如图 3-5 所示。

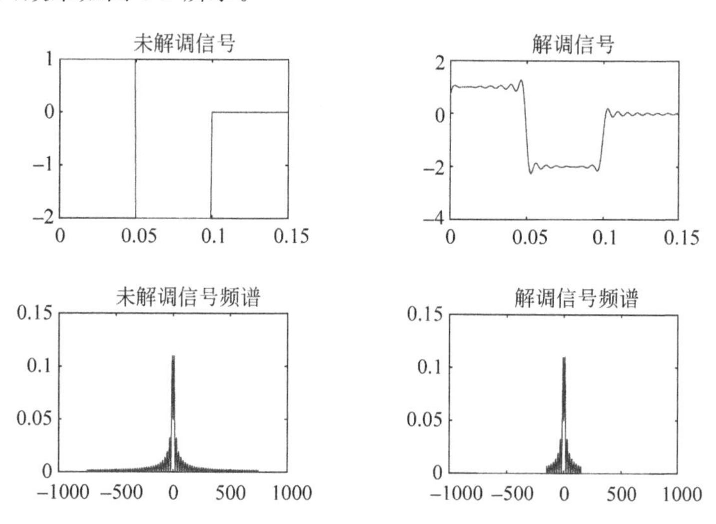

图 3-5　未调制信号、解调信号及其相应的频谱比较

为了恢复消息信号 $m(t)$,将混频信号 $y(t)$ 通过一个带宽为 150Hz 的低通滤波器。这里,滤波器带宽的选择可以具有一定的任意性,这是因为被调信号没有严格的带限。对于有严格带限的被调信号,低通滤波器带宽的最佳选择为 W,即被调信号的带宽。因此,本例所用的理想低通滤波器为

$$H(f)=\begin{cases}1, & |f|\leqslant 150\\ 0, & \text{其他}\end{cases}$$

3.2 常规双边带调幅

常规双边带调幅(AM)在很多方面与双边带幅度调制类似。不同的是,用 $1+am_n(t)$ 代替 $m(t)$。在此,a 是调制指数,$m_n(t)$ 是经过归一化处理的消息信号。

在常规 AM 中,调制信号的时域表示为

$$u(t)=A_c[1+am_n(t)]\cos(2\pi f_c t) \tag{3-5}$$

对 $u(t)$ 作傅里叶变换,即可得到信号的频域表示

$$U(f)=\frac{A_c}{2}[\delta(f-f_c)+aM(f-f_c)+\delta(f+f_c)+aM(f+f_c)] \tag{3-6}$$

传输带宽 B_T 是消息信号带宽的 2 倍,即 $B_T=2W$。

【例 3-3】 对例 3-1 中提供的信号进行常规 AM 调制,给定调制指数 $a=0.6$,试绘制信号和调制信号的频谱。

其实现的 MATLAB 程序代码如下:

```
>> clear all;
t = 0.15;                                    % 信号保持时间
ts = 0.001;
fc = 250;                                    % 载波频率
fs = 1/ts;                                   % 采样频率
df = 0.3;                                    % 频率分辨率
a = 0.6;                                     % 调制系数
t1 = [0:ts:t];                               % 时间向量
m = [ones(1,t/(3 * ts)), - 2 * ones(1,t/(3 * ts)),zeros(1,t/(3 * ts) + 1)];   % 定义信号序列
c = cos(2 * pi * fc. * t1);                  % 载波信号
m1 = m/max(abs(m));                          % 调制信号
u = (1 + a * m1). * c;                       % 调制信号载波
[n,m,df1] = fftseq(m,ts,df);                 % 傅里叶变换
n = n/fs;
[ub,u,df1] = fftseq(u,ts,df);
ub = ub/fs;
f = [0:df1:df1 * (length(m) - 1)] - fs/2;    % 频率向量
subplot(221);
plot(t1,m(1:length(t1)));                    % 未解调信号
title('未解调信号');
subplot(222);
plot(t1,u(1:length(t1)));                    % 解调信号
title('解调信号');
subplot(223);
plot(f,abs(fftshift(n)));                    % 未解调信号频谱
title('未解调信号频谱');
subplot(224);
plot(f,abs(fftshift(ub)));                   % 解调信号频谱
title('解调信号频谱');
```

运行程序,效果如图 3-6 所示。

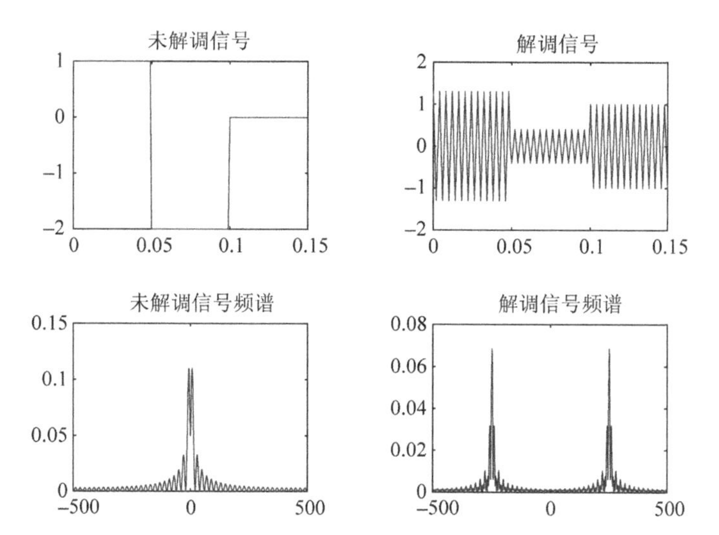

图 3-6 常规幅度调制信号的频谱

3.3 抑制载波双边带调幅

由于常规 AM 调制的效率太低，耗用了大量功率，在小功率场合很不方便，而抑制载波双边带调幅(DSB-SC)就克服了效率低的缺点，它的特点是直接将未调信号与载波相乘，而不是先叠加一个直流在未调信号上再相乘。时域表达式为

$$S_{\mathrm{DSB}}(t)=Af(t)\cos(\omega_c t+\theta_c) \quad (3\text{-}7)$$

抑制载波双边带调幅的频谱与常规调幅类似，但没有载频的冲激分量。如果记$F(f)$为调制信号的频域表达式，则已调信号的频域表达式为

$$S_{\mathrm{DSB}}(f)=\frac{A}{2}F(f-f_c)+\frac{A}{2}F(f+f_c) \quad (3\text{-}8)$$

从频域表达式可看出，已调信号的频带宽度仍是调制信号的频带的 2 倍：$B_T=2W$，如图 3-7 所示。

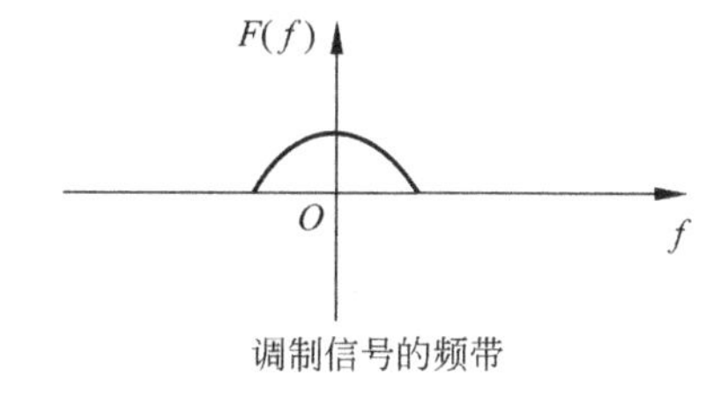

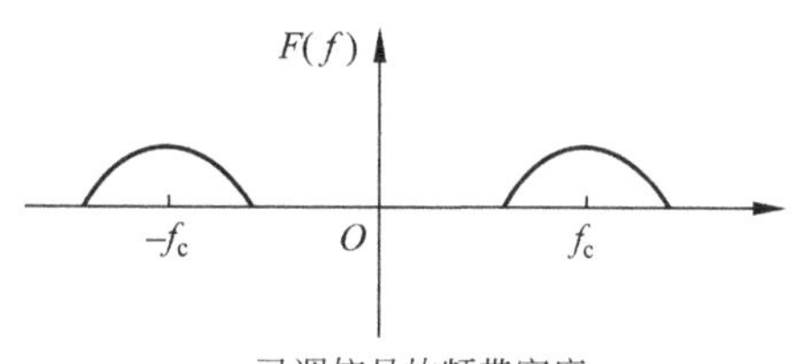

图 3-7 抑制载波调幅的频谱图

【例 3-4】 已知未调制信号为 $S(t)=\begin{cases}\mathrm{sin}c(200t), & |t|\leqslant t_0\\ 0, & \text{其他}\end{cases}$，其中，$t_0$ 取 2s；载波为 $C(t)=\cos 2\pi f_c t$，$f_c=100\mathrm{Hz}$，用抑制载波调幅来调制信号，给出调制信号 $M(t)$的波形，画出 $S(t)$与 $M(t)$的频谱。

其中，$M(t)=S(t)C(t)$，即

$$M(t)=\begin{cases}3\mathrm{sin}c(10t)\cos(400\pi t), & |t|\leqslant 0.1\\ 0, & \text{其他}\end{cases}$$

其实现的MATLAB代码如下：

```
>> clear all;
t0 = 2;                                         % 信号持续时间
ts = 0.001;                                     % 采样时间间隔
fc = 100;                                       % 载波频率
fs = 1/ts;
df = 0.3;                                       % 频率分辨率
t = [ - t0/2:ts:t0/2];                          % 定义时间序列
%以下三解为定义信号序列
x = sin(200 * t);
m = x./(200 * t);
m(1001) = 1;                                    % 避免产生无穷大的值
c = cos(2 * pi * fc. * t);                      % 载波
u = m. * c;                                     % 抑制载波调制
[M,m,df1] = fftseq(m,ts,df);                    % 傅里叶变换
M = M/fs;
[U,u,df1] = fftseq(u,ts,df);                    % 傅里叶变换
U = U/fs;                                       % 频率压缩
f = [0:df1:df1 * (length(m) - 1)] - fs/2;
subplot(2,2,1);plot(t,m(1:length(t)));          % 作出未调信号的波形
axis([ - 0.4,0.4, - 0.5,1.1]);
xlabel('时间'); title('未调信号');
subplot(2,2,3);plot(t,c(1:length(t)));
axis([ - 0.1,0.1, - 1.5,1.5]);
xlabel('时间');title('载波');
subplot(2,2,2);plot(t,u(1:length(t)));
axis([ - 0.2,0.2, - 1,1.2]);
xlabel('时间');title('已调信号');
figure;
subplot(2,1,1);plot(f,abs(fftshift(M)));
xlabel('频率');title('未调信号的频谱');
subplot(2,1,2);plot(f,abs(fftshift(U)));
xlabel('频率');title('已调信号的频谱');
```

运行程序，得到抑制载波调幅波形如图3-8所示，得到的抑制载波调幅频谱图如图3-9所示。

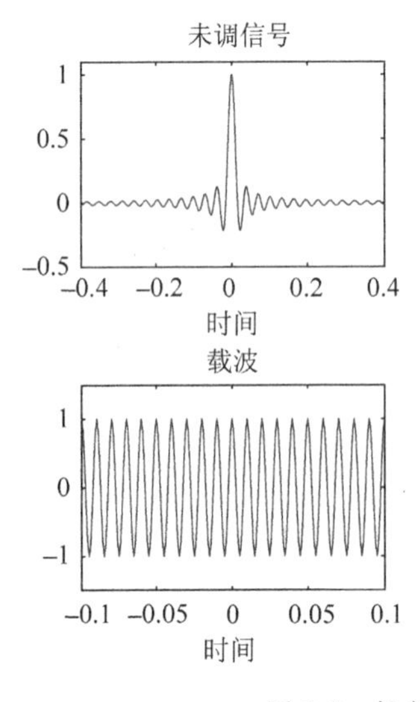

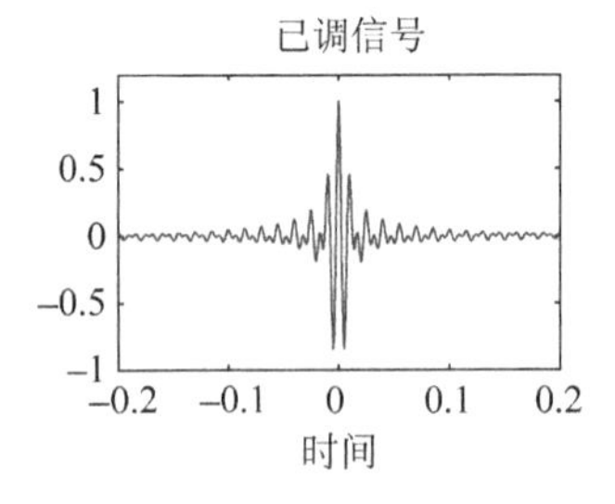

图3-8　抑制载波调幅波形图

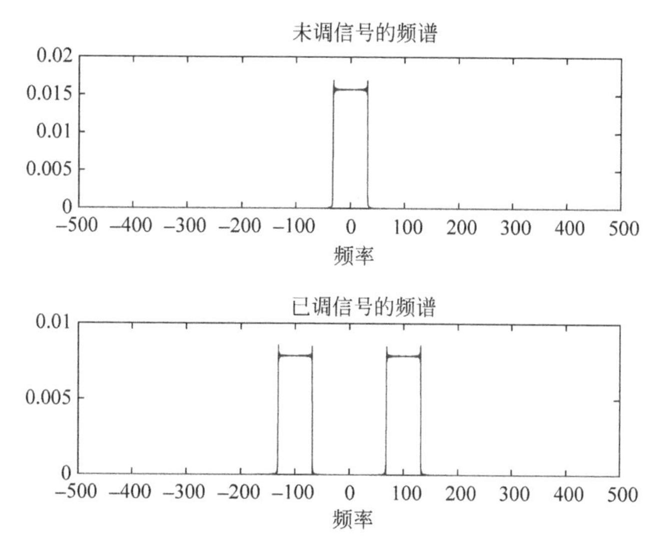

图 3-9 抑制载波调幅频谱图

3.4 单边带调幅与解调

1. 希尔伯特变换

实信号 $x(t)$的希尔伯特变换就是将该信号中所有频率成分的信号分量移相 $-\pi/2$ 而得到的新信号，记为$\hat{x}(t)$。对于单频率正弦信号，设 $m(t)=A\cos(2\pi ft+\phi)$，则其希尔伯特变换为

$$\hat{m}(t)=A\cos\left(2\pi ft+\phi-\frac{\pi}{2}\right)=A\sin(2\pi ft+\phi) \tag{3-9}$$

对于任意实周期信号 $x(t)$，可用周期傅里叶级数展开表示为

$$x(t)=\sum_{n=0}^{\infty}a_n\cos(2\pi nft+\phi_n) \tag{3-10}$$

其希尔伯特变换为

$$\begin{aligned}\hat{x}(t)&=\sum_{n=0}^{\infty}a_n\cos\left(2\pi nft+\phi_n-\frac{\pi}{2}\right)\\&=\sum_{n=0}^{\infty}a_n\sin(2\pi nft+\phi_n)\end{aligned} \tag{3-11}$$

实信号 $x(t)$的解析信号 $y(t)$是一个复信号，其实部为信号 $x(t)$本身，虚部为 $x(t)$的希尔伯特变换$\hat{x}(t)$，即

$$y(t)=x(t)+\mathrm{j}\,\hat{x}(t) \tag{3-12}$$

MATLAB 中提供了希尔伯特变换函数 hilbert 利用 FFT 来计算任意离散时间序列的解析信号序列。函数的调用格式为

x=hilbert(xr)：xr 是实信号序列；返回参数 x 是一个复数信号序列，x 的实部就是 xr，x 的虚部则是 xr 的希尔伯特变换序列。

x=hilbert(xr, n)：n 作为 FFT 的点数。

【例 3-5】 对 $x(t)=\sin(t)$进行希尔伯特变换。

其实现的 MATLAB 代码如下：

```
>> clear all;
t = 0:0.1:30;
y = sin(t);
s_y = hilbert(y);                          %希尔伯特变换
plot(t,real(s_y),t,imag(s_y),'r:');
legend('原始信号','希尔伯特变换结果');
```

程序执行后得出的原始信号和希尔伯特变换信号如图 3-10 所示。

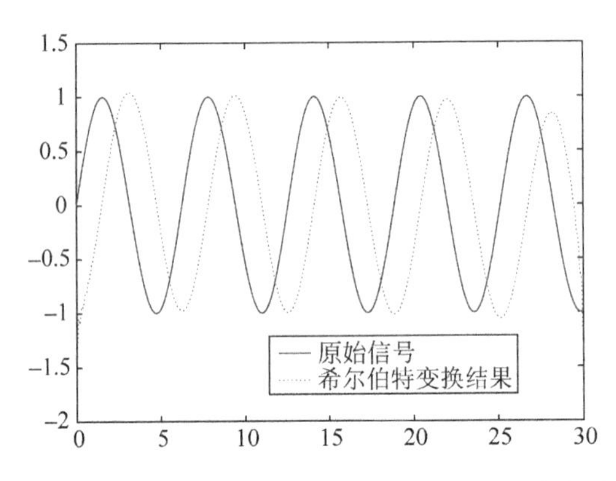

图 3-10　信号 $x(t)=\sin(t)$及其希尔伯特变换结果

2. 单边带调幅

去掉双边带幅度调制(DSB-AM)的一边就得到 SSB-AM。依据所保留的边带是上边还是下边，可以分为 USSB 和 LSSB 两种不同的方式，此时信号的时域表示为

$$u(t)=A_c m(t)\cos(2\pi f_c t)/2 \mp A_c \hat{m}(t)\sin(2\pi f_c t)/2 \tag{3-13}$$

在频域表示为

$$U_{\mathrm{USSB}}(f)=\begin{cases} M(f-f_c)+M(f+f_c), & f_c \leqslant |f| \\ 0, & \text{其他} \end{cases} \tag{3-14}$$

$$U_{\mathrm{LSSB}}(f)=\begin{cases} M(f-f_c)-M(f+f_c), & f_c \leqslant |f| \\ 0, & \text{其他} \end{cases} \tag{3-15}$$

这里$\hat{m}(t)$是$m(t)$的希尔伯特变换，定义为$\hat{m}(t)=m(t)*(1/\pi t)$，频域表示为$\hat{m}(f)=-\mathrm{j}\,\mathrm{sgn}(f)M(f)$。SSB 幅度调制占 DSB-AM 一半的带宽，即等于信号带宽：$B_T=W$。

【例 3-6】 设基带信号为一个在 150～400Hz 内、幅度随频率逐渐递减的音频信号，载波信号为 1000Hz 的正弦波，幅度为 1，仿真采样频率设为 10 000Hz，仿真时间为 1s。求 SSB 调制输出信号波形和频谱。

其实现的 MATLAB 程序代码如下：

```
>> clear all;
Fs = 10000;                                %仿真的采样频率
t = 1/Fs:1/Fs:1;                           %仿真时间点
```

```
m_t(Fs * 1) = 0;                            % 基带信号变量初始化
for f = 150:400                             % 基带信号发生: 频率 150～400Hz
    m_t = m_t + 0.01 * sin(2 * pi * f * t) * (400 - f);                     % 幅度随线性递减
end
m_t90shift = imag(hilbert(m_t));            % 基带信号的希尔伯特变换
carriercos = cos(2 * pi * 1000 * t);        % 1000Hz 载波 cos
carriersin = sin(2 * pi * 1000 * t);        % 1000Hz 正交载波 sin
S_SSB1 = m_t. * carriercos - m_t90shift. * carriersin;                       % 上边带 SSB
S_SSB2 = m_t. * carriercos + m_t90shift. * carriersin;                       % 下边带 SSB
% 下面作出各波形以及频谱
figure;
subplot(421);
plot(t(1:100),carriercos(1:100),t(1:100),carriersin(1:100),':m');      % 载波
subplot(422);
plot([0:9999],abs(fft(carriercos)));        % 载波频谱
axis([0 2000  - 500 12000]);
subplot(423);
plot(t(1:100),m_t(1:100));                  % 基带信号
subplot(424);
plot([0:9999],abs(fft(m_t)));               % 载波频谱
axis([0 2000  - 500 12000]);
subplot(425);
plot(t(1:100),S_SSB1(1:100));               % SSB 波形上边带
subplot(426);
plot([0:9999],abs(fft(S_SSB1)));            % SSB 波形上边带
axis([0 2000  - 500 12000]);
subplot(427);
plot(t(1:100),S_SSB2(1:100));               % SSB 波形下边带
subplot(428);
plot([0:9999],abs(fft(S_SSB2)));            % SSB 波形下边带
axis([0 2000  - 500 12000]);
```

运行程序，效果如图 3-11 所示，其中作出了 0～0.01s 内的信号时域波形和 0～2000Hz 内的幅度频谱。由图可知，单边带调制是对基带信号的线性频谱搬移，调制前后频谱仅仅是位置发生变化，频谱形状没有改变。但是，基带信号和单边带调制输出信号在时域波形上没有简单的对应关系。

3. 单边带解调

单边带信号的解调方法是双边带解调，设接收机中本地载波为

$$c(t) = \cos[2\pi(f_c + \Delta f)t + \Delta\phi] \tag{3-16}$$

式中：Δf 和 $\Delta\phi$ 分别为本地载波和发送端调制载波之间的频率误差和相位误差。双边带解调器的相乘输出信号为

$$\begin{aligned} s_{\mathrm{DSB}}(t)c(t) &= \frac{A}{2}\sum_{n=0}^{\infty} a_n \cos[2\pi(f_c + nf)t + \phi_n]\cos[2\pi(f_c + \Delta f)t + \Delta\phi] \\ &= \frac{A}{2}\sum_{n=0}^{\infty} a_n \cos\{[2\pi(nf - \Delta f)t + (\phi_n - \Delta\phi)]\} + \text{高频分量} \end{aligned} \tag{3-17}$$

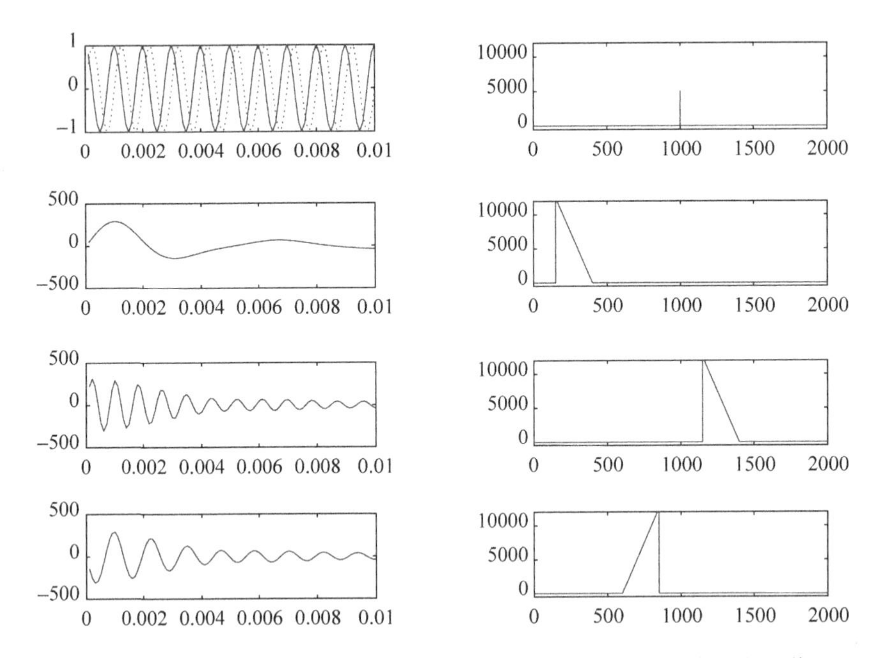

图 3-11 利用希尔伯特变换进行单边带调制的信号波形及对应幅度频谱

经过低通滤波器后，高频分量被滤除，最后得到解调输出为

$$\tilde{m}(t)=\frac{A}{2}\sum_{n=0}^{\infty}a_n\cos[2\pi(nf-\Delta f)t+(\phi_n-\Delta\phi)] \tag{3-18}$$

对比发送基带信号 $m(t)$，解调输出信号中的频率分量存在一定的频率偏移和相位偏移。人耳对于话音波形的相位失真是不敏感的，频率失真会影响语音音色，但若频率偏移较小（几赫兹到几十赫兹内），对语音的可懂度就不会造成大的影响。在实际的话音单边带通信机中，一般采用一个高稳定度的晶体振荡器或频率合成器来产生本地解调载波，而不像双边带的解调那样需要用锁相环（PLL）来恢复载波，这就大大降低了单边带接收机的技术复杂度和成本。

【例 3-7】 对例 3-6 产生的单边带（上边带）信号进行相干解调，仿真其解调波形和幅度频谱。

其仿真程序代码如下：

```
>> clear all;
FS = 10000;
t = 1/FS:1/FS:1;
m_t(FS * 1) = 0;                              % 基带信号变量初始化
for f = 150:400                               % 基带信号发生：频率 150～400Hz
    m_t = m_t + 0.01 * sin(2 * pi * f * t) * (400 - f);        % 幅度随线性递减
end
m_t90shift = imag(hilbert(m_t));              % 基带信号的希尔伯特变换
carriercos = cos(2 * pi * 1000 * t);          % 1000Hz 载波 cos
carriersin = sin(2 * pi * 1000 * t);          % 1000Hz 正交载波 sin
S_SSB1 = m_t. * carriercos - m_t90shift. * carriersin;     % 上边带 SSB
out = S_SSB1. * carriercos;                   % 相干解调
[a,b] = buffer(4,500/(FS/2));                 % 低通滤波设计为 4 阶，截止频率为 500Hz
demsig = filter(a,b,out);                     % 解调输出
```

```
%下面作出各滤波形以及频谱
figure(1);
subplot(321);
plot(t(1:100),S_SSB1(1:100));                 %SSB 波形
subplot(322);
plot([0:9999],abs(fft(S_BBS1)));              %SSB 频谱
axis([0 2000  - 500 12000]);
subplot(323);
plot(t(1:100),out(1:100));                    %相干解调波形
subplot(324);
plot([0:9999],abs(fft(out)));                 %相干解调频谱
axis([0 2000  - 500 12000]);
subplot(325);
plot(t(1:100),demsig(1:100));                 %低通输出信号
subplot(326);
plot([0:9999],abs(fft(demsig)));              %低通输出频谱
axis([0 2000  - 500 12000]);
```

单边带信号的相干解调中的低通滤波器用于将相关乘法器输出的载波二次谐波分量滤除，程序中滤波器设计为4阶巴特沃斯低通，截止频率为500Hz。程序执行后输出的解调波形和幅度频谱如图3-11所示。对比图3-12中的发送基带信号，可见解调输出时域波形是发送基带信号波形的近似。如果单边带解调时使用的本地载波与发送调制载波之间存在频差和相位差，那么解调输出的时域波形将产生严重失真。但是，解调信号的幅度谱与发送基带信号幅度谱之间失真不大。对于话音信号，实验表明，单边带解调相干载波频差和相位差引起的解调波形失真对话音信号的可懂度影响较小。下面的程序仿真了单边带解调时本地载波与发送调制载波之间存在频差和相位差的情况，仿真结果如图3-13所示。

```
>> clear all;
FS = 10000;
t = 1/FS:1/FS:1;
m_t(FS * 1) = 0;                              %基带信号变量初始化
for f = 150:400                               %基带信号发生：频率150～400Hz
    m_t = m_t + 0.01 * sin(2 * pi * f * t) * (400 - f); %幅度随线性递减
end
m_t90shift = imag(hilbert(m_t));              %基带信号的希尔伯特变换
carriercos = cos(2 * pi * 1000 * t);          %1000Hz 载波 cos
carriersin = sin(2 * pi * 1000 * t);          %1000Hz 正交载波 sin
S_SSB1 = m_t. * carriercos - m_t90shift. * carriersin;          %上边带 SSB
out = S_SSB1. * cos(2 * pi * 2018 * t + 1);   %存在频率误差的相位误差时间的相干解调
[a,b] = buffer(4,500/(FS/2));                 %低通滤波设计4阶,截止频率为500Hz
demsig = filter(a,b,out);                     %解调输出
%下面作出各滤波形以及频谱
figure(1);
subplot(321);
plot(t(1:100),S_SSB1(1:100));                 %SSB 波形
subplot(322);
plot([0:9999],abs(fft(S_SSB1)));              %SSB 频谱
axis([0 2000  - 500 12000]);
subplot(323);
plot(t(1:100),out(1:100));                    %相干解调波形
subplot(324);
plot([0:9999],abs(fft(out)));                 %相干解调频谱
```

```
axis([0 2000 -500 12000]);
subplot(325);
plot(t(1:100),demsig(1:100));              % 低通输出信号
subplot(326);
plot([0:9999],abs(fft(demsig)));           % 低通输出频谱
axis([0 2000 -500 12000]);
```

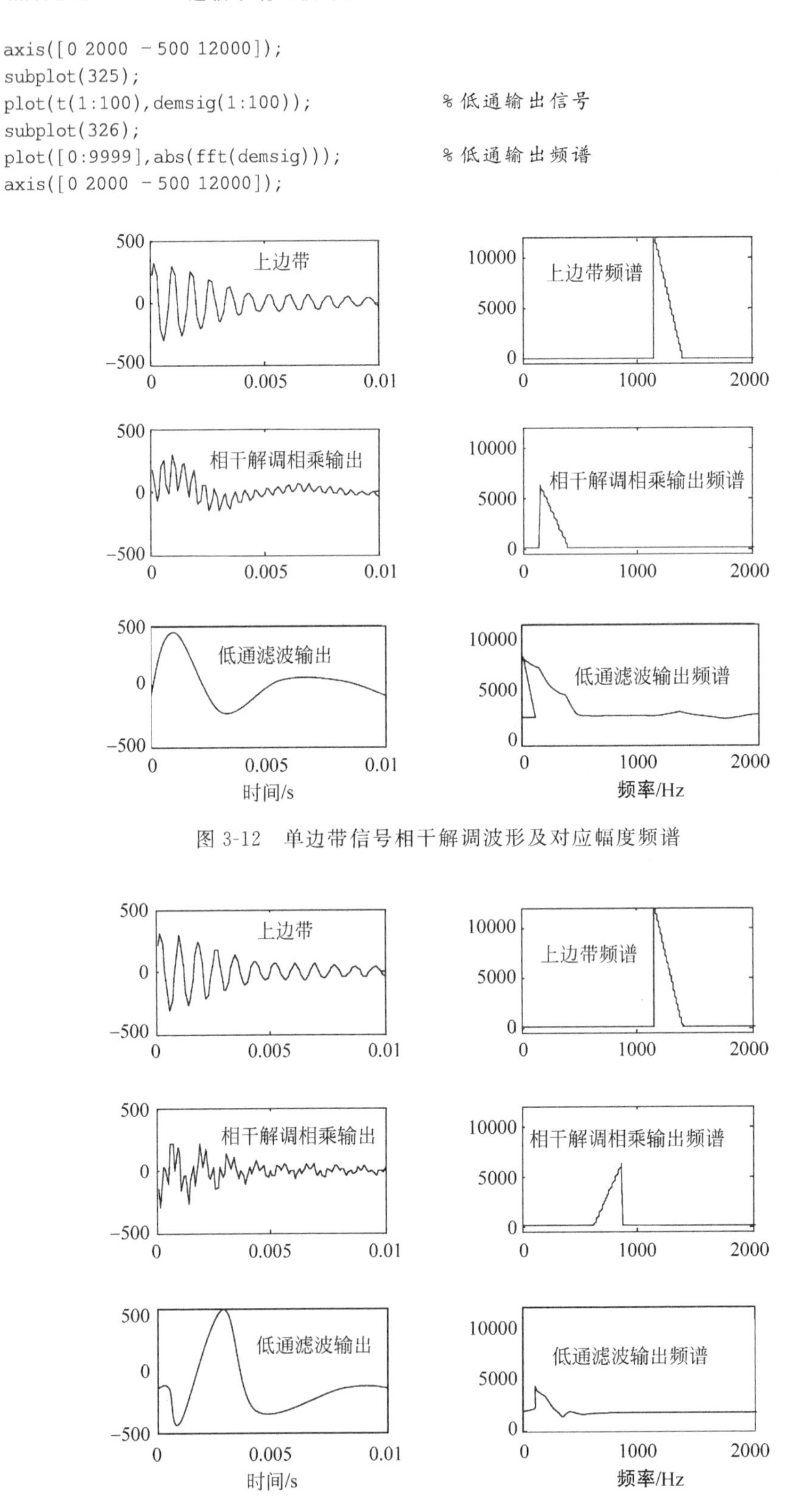

图 3-12　单边带信号相干解调波形及对应幅度频谱

图 3-13　存在频差和相位差情况下的单边带信号相干解调波形及对应幅度频谱

第4章 雷达信号中的数字处理技术

4.1 雷达回波信号随机热噪声分析

在实际的雷达回波信号中，不仅有目标的反射信号，同时还有接收机的热噪声、地物杂波、气象杂波等各种噪声和杂波的叠加。由于噪声和杂波都不是确知信号，所以只能通过统计特性来分析。

随机热噪声有多种，常见的有概率密度函数服从高斯分布、均匀分布、指数分布以及T分布的热噪声。

4.1.1 服从高斯分布的热噪声

均值为 x_0 的高斯分布的概率密度函数为

$$p(x)=\frac{1}{\sqrt{\pi}\sigma}\mathrm{e}^{-\frac{x^2}{2\sigma^2}} \tag{4-1}$$

MATLAB本身自带了标准高斯分布的内部函数randn，其调用格式为

```
Y = randn
Y = randn(n)
Y = randn(m,n)
Y = randn([m n])
Y = randn(m,n,p,…)
Y = randn([m n p…])
Y = randn(size(A))
randn(method,s)
s = randn(method)
```

Y = randn：函数产生的随机序列服从均值 $m=0$，方差 $\sigma^2=1$ 的高斯分布。

Y = randn(n)：产生的是一个 n×n 的随机序列矩阵，而 Y = randn(m,n)和 Y = randn([m n])产生的是 m×n 的随机序列矩阵，Y = randn(size(A))产生的是与矩阵 A 同样大小的随机序列矩阵。

Y = randn(m,n,p,…)或 Y = randn([m n p…])：产生维数为 m×n×p×…的随机序列多维数组。

randn(method,s)：设置产生随机序列的状态，s 为指令可以将产生器设置的状态；method 可取值为：

- 'state'：表示状态，MATLAB 5 以后使用，当 s 取 0 时，则可以将正态随机数产生器的状态恢复到初始状态。
- 'seed'：表示状态，供 MATLAB 4 或更早版本使用。

因此，利用 randn 函数可以非常简单快捷地产生出服从高斯分布的随机序列。

【例 4-1】 利用 randn 函数产生高斯分布序列。

其实现的 MATLAB 程序代码如下：

```
clear all; close all;
y = randn(1000);
subplot(211);plot(y);
title('服从高斯分布的随机序列信号');
subplot(212);hist(y);
title('服从高斯分布的随机序列信号直方图');
```

运行程序，效果如图 4-1 所示。

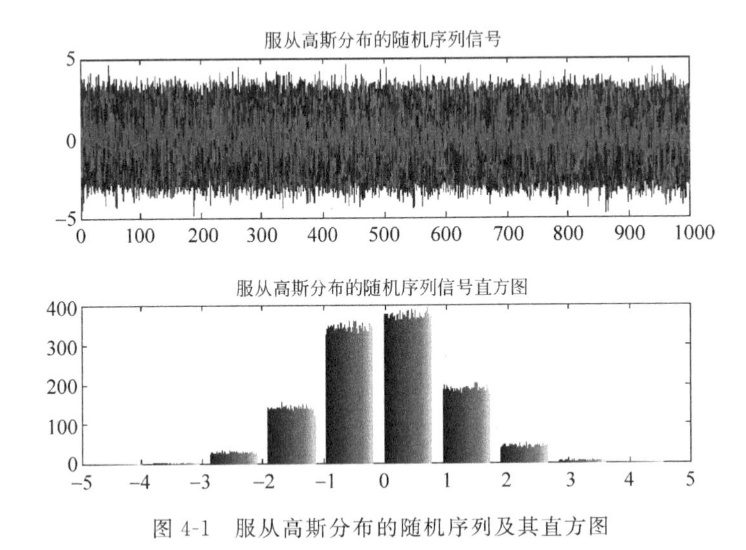

图 4-1 服从高斯分布的随机序列及其直方图

4.1.2 服从均匀分布的热噪声

a-b 均匀分布的概率密度函数为

$$p(x)=\frac{1}{b-a} \tag{4-2}$$

根据 a-b 均匀分布的概率密度函数和0-1均匀分布的概率密度函数可以推导出它们之间的关系为

$$u=\frac{\xi-a}{a-b} \quad 或 \quad \xi=(b-a)\times u+a \tag{4-3}$$

式中：u 服从0-1单位均匀分布；ξ 服从 a-b 均匀分布。

所以，根据式(4-3)，可以先产生一个服从0-1单位均匀分布的信号，然后再经过式(4-3)的变换，就可以得到一个服从 a-b 均匀分布的信号了。

同样，MATLAB本身也自带了0-1单位均匀分布的内部函数rand，其调用格式为

```
Y = rand(n)
Y = rand(m,n)
Y = rand([m n])
Y = rand(m,n,p,…)
Y = rand([m n p…])
Y = rand(size(A))
rand(method,s)
s = rand(method)
```

rand函数产生的随机序列服从0-1单位均匀分布。其他调用格式参考randn的调用格式。

【例4-2】 利用rand函数产生服从 a-b 均匀分布的随机序列。

其实现的MATLAB程序代码如下：

```
clear all; close all;
a = 2;                          %(a-b)均匀分布下限
b = 3;                          %(a-b)均匀分布上限
fs = 1e7;                       %采样频率,单位:Hz
t = 1e-3;                       %随机序列长度,单位:s
n = t * fs;
rand('state',0);                %把均匀分布伪随机发生器置为0状态
u = rand(1,n);                  %产生0-1单位均匀信号
x = (b-a) * u + a;              %广义均匀分布与单位均匀分布之间的关系
subplot(211);plot(x);           %输出信号图
title('均匀分布信号');
subplot(212);hist(x,a:0.02:b);  %输出信号的直方图
title('均匀分布信号直方图');
```

运行程序，效果如图4-2所示。

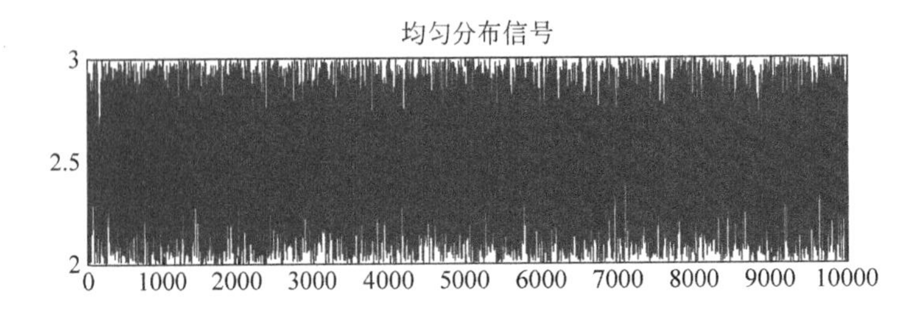

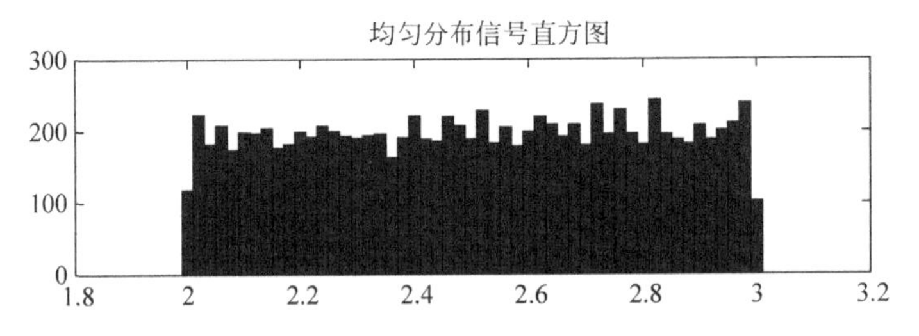

图 4-2　服从 a-b 均匀分布的随机序列及其直方图

4.1.3　服从指数分布的热噪声

参数为 λ 的指数分布的概率密度函数为

$$p(x) = \lambda e^{-\lambda x} \tag{4-4}$$

根据指数分布的概率密度函数和 0-1 单位均匀分布的概率密度函数可以推导出它们之间的关系为

$$u = 1 - e^{-\lambda\xi} \quad 或 \quad \xi_i = -\frac{1}{\lambda}\ln(1 - u_i) \tag{4-5}$$

由于 u_i 服从 0-1 单位均匀分布，所以$(1 - u_i)$仍然服从 0-1 单位均匀分布，所以式(4-5)可以简化为

$$\xi_i = -\frac{1}{\lambda}\ln u_i \tag{4-6}$$

式中：u 服从 0-1 单位均匀分布；ξ 服从参数为 λ 的指数分布。

根据式(4-6)，可以先产生一个服从 0-1 单位分布的信号，再将其经过式(4-6)的变换，就可以得到一个服从参数为 λ 的指数分布的信号了。

【例 4-3】 服从指数分布的热噪声随机序列的实现。

其实现的 MATLAB 程序代码如下：

```
clear all; close all;
dba = 2.5;                              % 指数分布参数
fs = 1e7;                               % 采样频率,单位:Hz
t = 1e - 3;                             % 随机序列长度,单位:s
n = t * fs;
rand('state',0);                        % 把均匀分布伪随机发生器置为 0 状态
u = rand(1,n);                          % 产生 0-1 单位均匀信号
x = log2(1 - u)/( - dba);               % 广义均匀分布与单位均匀分布之间的关系
subplot(211);plot(0:1/fs:t - 1/fs,x);   % 输出信号图
```

```
xlabel('t(单位:s)');
title('指数分布信号');
subplot(212);hist(x,0:0.05:4);                %输出信号的直方图
title('指数分布信号直方图');
```

运行程序,效果如图 4-3 所示。

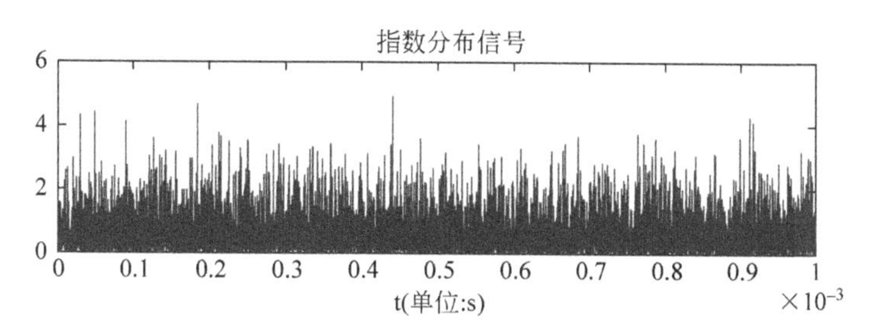

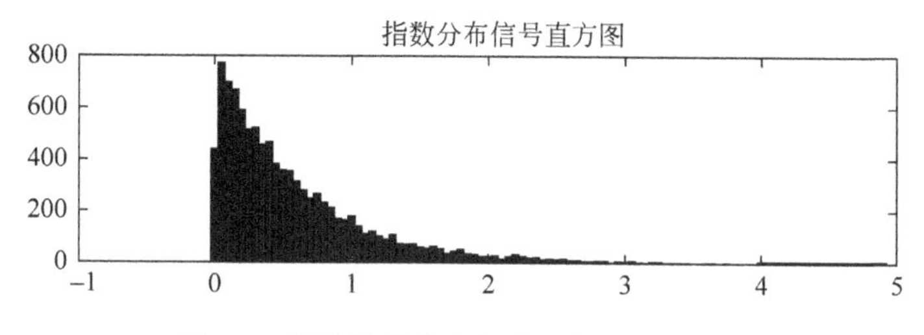

图 4-3　服从指数分布的随机序列及其直方图

4.1.4　服从瑞利分布的热噪声

瑞利(Rayleigh)分布的概率密度函数为

$$p(x)=\begin{cases}\dfrac{x}{\sigma^2}\mathrm{e}^{-\frac{x^2}{2\sigma^2}}, & x\geqslant 0\\ 0, & x<0\end{cases} \tag{4-7}$$

根据瑞利分布的概率密度函数和 0-1 单位均匀分布的概率密度函数可以推导出它们之间的关系为

$$\xi_i=\sigma\sqrt{2\times\ln\frac{1}{u_i}} \tag{4-8}$$

式中：u 服从 0-1 单位均匀分布；ξ 服从瑞利分布。

根据式(4-8),可以先产生一个服从 0-1 单位均匀分布的信号,再将其经过式(4-8)的变换,就可以得到一个服从瑞利分布的信号了。

【例 4-4】 产生瑞利分布的热噪声。

其实现的 MATLAB 程序代码如下：

```
clear all; close all;
sigma = 2;                                    %瑞利分布参数 sigma
fs = 1e7;                                     %采样频率,单位:Hz
t = 1e - 3;                                   %随机序列长度,单位:s
t1 = 0:1/fs:t - 1/fs;
```

```
n = length(t1);
rand('state',0);                          %把均匀分布伪随机发生器置为 0 状态
u = rand(1,n);                            %产生 0-1 单位均匀信号
x = sqrt(2 * log2(1./u)) * sigma;         %广义均匀分布与单位均匀分布之间的关系
subplot(211);plot(x);                     %输出信号图
xlabel('t(单位:s)');
title('瑞利分布信号');
subplot(212);hist(x,0:0.2:20);            %输出信号的直方图
title('瑞利分布信号直方图');
```

运行程序,效果如图 4-4 所示。

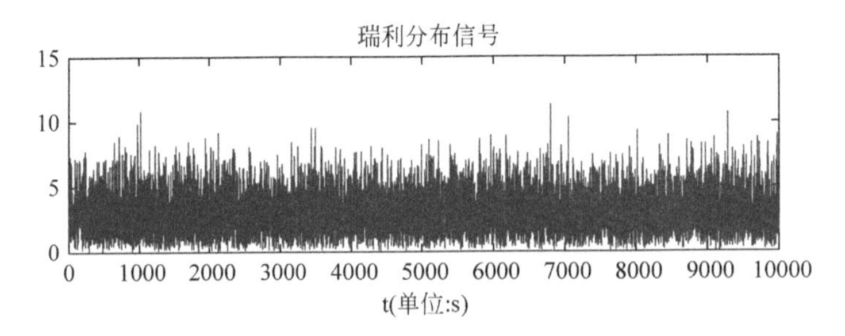

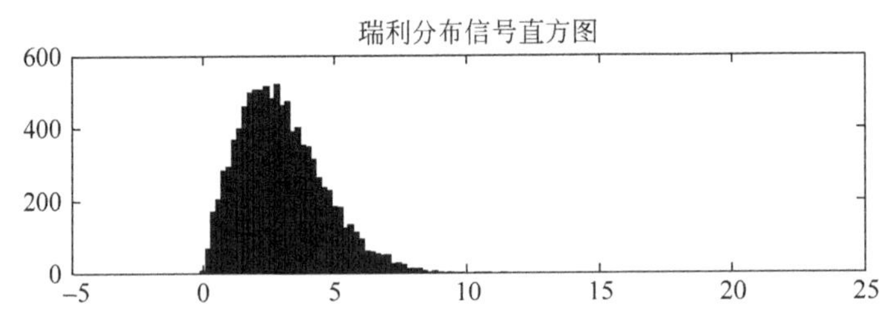

图 4-4　服从瑞利分布的热噪声及其直方图

4.2　数字处理技术在雷达信号中的应用

在雷达回波中,除了目标回波外,还有地物杂波和气象杂波等回波信号。同有源干扰信号不同,这些杂波的回波信号具有压缩作用,因此脉冲压缩对信杂比没有明显改善。当雷达要探测的是运动目标时,可以利用杂波与目标在速度上的区别,首先采用固定目标对消处理,然后利用动目标显示(MTI)以及动目标检测(MTD)来抑制杂波。为了使雷达目标检测具有特定的系统虚警概率和检测概率,还需要进行恒虚警处理。

4.2.1　固定对消

用于抑制固定地物杂波的滤波器称为固定对消器。它利用固定地物的多普勒频率为零的特点,采用跨周期相消方式抑制掉回波中的固定地物杂波。

固定一次对消器的传递函数为

$$H(z) = 1 - z^{-1} \tag{4-9}$$

固定一次对消器比较简单,实际工程应用得比较多的是由两个固定一次对消器级联

的固定二次对消器。固定二次对消器的传递函数为

$$H(z)=(1-z^{-1})(1-z^{-1})=(1-z^{-1})^2 \tag{4-10}$$

时域表达式为

$$y(n)=x(n)-2x(n-1)+x(n-2) \tag{4-11}$$

如果采用多次对消器级联,将使滤波器阻带展宽,可提高固定对消性能,但通常性能会变坏。这时可以采取多级延时加权求和对消器,只要适当选取加权系数 $K_i(i=1,2,\cdots,N)$,就可以得到比较好的幅频特性。固定对消的仿真程序比较简单,利用固定二次对消器的时域表达式可以非常容易地实现固定二次对消,这里不单独列出程序了。

4.2.2 动目标显示与检测

动目标检测是为了弥补 MTI 的缺陷,并根据最佳滤波器理论发展起来的。由于 MTI 对地物杂波的抑制能力有限,因此在 MTI 后串接一窄带多普勒滤波器组来覆盖整个重复频率的范围,以达到动目标检测的目的。其实质上相当于对不同通道进行相参积累处理。

相参积累可表示为

$$y(n)=\sum_{l=0}^{N-1} w_l x(n-lT_r) \tag{4-12}$$

式中:T_r 为雷达重复周期;N 为积累的脉冲数;w_l 是加权系数。对每次回波,加权系数按如下规律变换:

$$w_{lk}=\mathrm{e}^{-\mathrm{j}2\pi lk/N},\quad l=0,2,\cdots,N-1 \tag{4-13}$$

式中:l 表示第 l 个系数输出,每一个 k 值对应不同的加权值,相对应一个不同的多普勒滤波器响应,这就是 MTD 处理。

脉冲响应函数为

$$h_k(t)=\sum_{l=1}^{N-1}\delta(t-T_r)\mathrm{e}^{-\mathrm{j}2\pi lk/N} \tag{4-14}$$

频率响应函数为

$$H_k(f)=\mathrm{e}^{-\mathrm{j}2\pi ft}\sum_{l=0}^{N-1}\mathrm{e}^{\mathrm{j}2\pi l(fT-k/N)} \tag{4-15}$$

滤波器振幅特性是频率响应取幅值,即

$$\begin{aligned}|H_k(f)| &= \left|\sum_{L=0}^{N-1}\mathrm{e}^{\mathrm{j}2\pi l(fT_r-k)/N}\right| \\ &= \left|\frac{\sin[\pi N(fT_r-k/N)]}{\sin[\pi(fT_r-k/N)]}\right|\end{aligned} \tag{4-16}$$

窄带多普勒滤波器组实现的方法有两种:一种是在时域采用 FIR 滤波器组实现;另一种是利用 DFT 或者 FFT 在频域实现滤波器组。

从运算量的角度衡量,滤波器组最简单的实现方法是采用离散傅里叶变换(DFT)或者 FFT 来实现,但是 DFT 滤波器的零频附近没有凹陷,因而无法很好地抑制地物杂波,使滤波器组输出的检测性能受到影响。所以,必须在 DFT 滤波器组之前加上固定对消

或者 MTI 处理，这样可以先抑制地物杂波，再用 FFT 滤波器组进行滤波处理。如果采用 FFT 滤波器组，要达到较高的检测精度，则需要增加 FFT 变换的点数，同时也就要求更多的回波脉冲串，但在实际的雷达工程中，回波脉冲数并不是可以任意增加的。

每一个 k 值决定一个独立的滤波器响应，全部的滤波器响应覆盖了从零到重复频率的范围，由于信号的取样性质，其余的频带按同样的响应周期覆盖，因而会在频率上产生模糊。每个滤波器的形状相同，只是滤波器的中心频率偏移了 MTD 处理。

【例 4-5】 实现 MTD 处理示例。

其实现的 MATLAB 代码如下：

```
clear all; close all;
fz = 10e3;
tz = 1/fz;
fs = 8e6;
ts = 1/fs;
f_doppler = 2.5e3;
N = round(tz/ts);
%产生雷达回波
s_pc_1 = [zeros(1,100),1,1,zeros(1,N - 102)];
s_pc = repmat(s_pc_1,1,16);
n = 1:16 * N;
s_doppler = cos(n * f_doppler/fs * 2 * pi);
s_pc = s_pc. * s_doppler;
s_noise = 0.1 * rand(1,N * 16);
s_pc = s_pc + s_noise;
figure;
plot(0:ts:(16 * N - 1) * ts,s_pc);
xlabel('t(单位:s)');title('回波信号');
%采用 FIR 法进行 MTD 处理
B = fz/16;
[b(1,:),a(1,:)] = fir1(50,B/fz);
[b(2,:),a(2,:)] = fir1(50,[eps,1 * B/fz]);
[b(3,:),a(3,:)] = fir1(50,[1 * B/fz,2 * B/fz]);
[b(4,:),a(4,:)] = fir1(50,[2 * B/fz,3 * B/fz]);
[b(5,:),a(5,:)] = fir1(50,[3 * B/fz,4 * B/fz]);
[b(6,:),a(6,:)] = fir1(50,[4 * B/fz,5 * B/fz]);
[b(7,:),a(7,:)] = fir1(50,[5 * B/fz,6 * B/fz]);
[b(8,:),a(8,:)] = fir1(50,[6 * B/fz,7 * B/fz]);
[b(9,:),a(9,:)] = fir1(50,[7 * B/fz,8 * B/fz]);
[b(10,:),a(10,:)] = fir1(50,[8 * B/fz,9 * B/fz]);
[b(11,:),a(11,:)] = fir1(50,[9 * B/fz,10 * B/fz]);
[b(12,:),a(12,:)] = fir1(50,[10 * B/fz,11 * B/fz]);
[b(13,:),a(13,:)] = fir1(50,[11 * B/fz,12 * B/fz]);
[b(14,:),a(14,:)] = fir1(50,[12 * B/fz,13 * B/fz]);
[b(15,:),a(15,:)] = fir1(50,[13 * B/fz,14 * B/fz]);
[b(16,:),a(16,:)] = fir1(50,[14 * B/fz,15 * B/fz]);
%FIR 滤波器组频率响应
figure;
freqz(b(1,:),a(1,:));hold on;
freqz(b(2,:),a(2,:));hold on;
```

```
freqz(b(3,:),a(3,:));hold on;
freqz(b(4,:),a(4,:));hold on;
freqz(b(5,:),a(5,:));hold on;
freqz(b(6,:),a(6,:));hold on;
freqz(b(7,:),a(7,:));hold on;
freqz(b(8,:),a(8,:));hold on;
freqz(b(9,:),a(9,:));hold on;
freqz(b(10,:),a(10,:));hold on;
freqz(b(11,:),a(11,:));hold on;
freqz(b(12,:),a(12,:));hold on;
freqz(b(13,:),a(13,:));hold on;
freqz(b(14,:),a(14,:));hold on;
freqz(b(15,:),a(15,:));hold on;
freqz(b(16,:),a(16,:));hold on;
```

运行程序,效果如图 4-5 及图 4-6 所示。

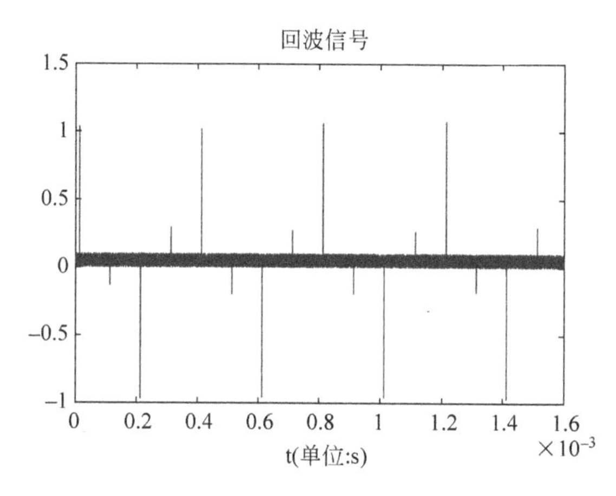

图 4-5 回波信号

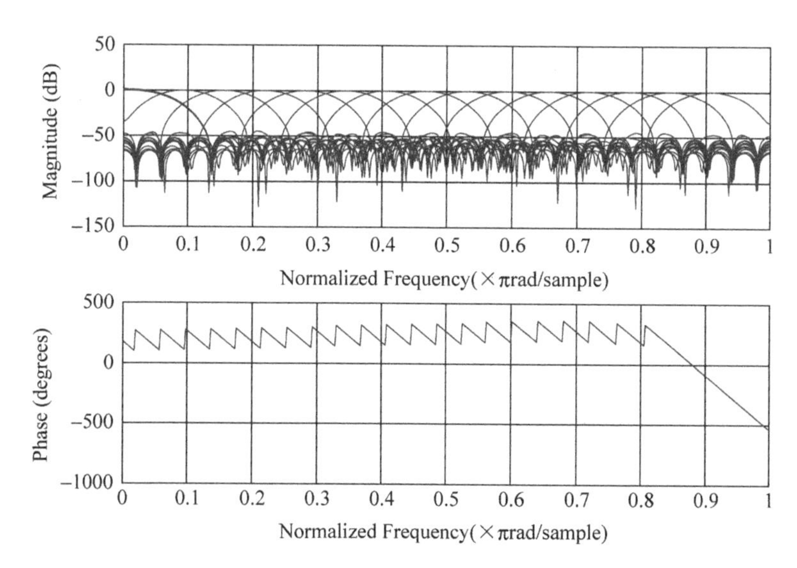

图 4-6 16 个 FIR 滤波器频率响应

4.2.3 恒虚警处理

恒虚警是雷达信号处理的重要组成部分，雷达信号的检测总是在干扰背景上进行，这些干扰包括接收机内部的热噪声，以及地物、雨雪、海浪等杂波干扰。在自动检测系统中，对于一定的检测门限，如果干扰电平增大了几分贝，将大量地增加虚警概率。这时即使有足够大的信噪比，也不可能作出正确的判断。因此，在强干扰中提取信号，不仅要求有一定的信噪比，而且必须有恒虚警处理设备。恒虚警处理的目的是保持信号检测时的虚警概率恒定，这样才能使处理器不致因虚警太多而过载，有时是为了经过恒虚警处理达到反饱和或损失一点检测能力而在强干扰下仍能工作。当门限 V_T 确定后，由于噪声电平的变化，将明显地改变虚警概率。在进行恒虚警处理时，根据处理对象的不同分为慢门限恒虚警和快门限恒虚警。慢门限恒虚警主要针对接收机内部噪声，快门限恒虚警则针对杂波环境下的雷达自动检测。

1. 慢门限恒虚警

慢门限恒虚警针对接收机内部噪声电平的恒虚警处理电路。内部噪声由于温度、电源等因素而改变，它的变化是缓慢的，因此这种处理是慢门限恒虚警处理。

求模前噪声为高斯分布，高斯噪声检波后振幅为瑞利分布，其概率密度函数为

$$p(x) = \frac{1}{\sigma^2}\mathrm{e}^{-x^2/2\sigma^2} \tag{4-17}$$

引入新变量 $y=x/\sigma$，则此时对瑞利分布来讲，y 的概率密度函数为

$$p(y) = y\mathrm{e}^{-y^2/2} \tag{4-18}$$

因此，将变量 x 归一化为变量 y，则噪声强度变化时将保持输出恒虚警。瑞利分布的统计平均值为

$$M(x) = \int_0^{\infty} xp(x)\mathrm{d}x = \sqrt{\pi/2}\sigma \tag{4-19}$$

由式(4-19)可知，可采用如图 4-7 所示的处理方式，通过计算杂波的均值得到 σ。

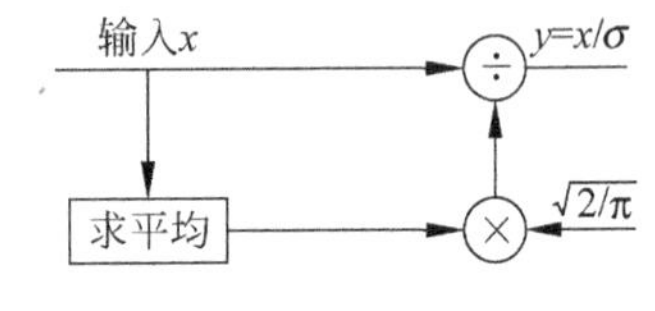

图 4-7 计算杂波的均值

2. 快门限恒虚警

在低分辨率的脉冲雷达中，雨雪等分布的杂波可以被看作很多独立照射单元回波的叠加，因而杂波包络的分布也接近瑞利分布。这样分布的特性和噪声相类似，得到恒虚警的途径也相同，就要求得瑞利分布的平均值估值，然后用它对输出取归一化。

由于杂波通常只存在于一定的方位和距离范围内，在估计这些杂波平均值时，不能在多次扫掠周期内进行，也不允许在一次距离扫掠的全程里进行，而只能在检测点邻近距离单元内，且邻近单元的长度应短于杂波散射体所占的实际长度。邻近单元平均恒虚警电路的组成和噪声电平恒定恒虚警电路类似，如图 4-8 所示。

这些邻近单元是为求得杂波平均值估值的参考单元。参考单元输出和的平均值作

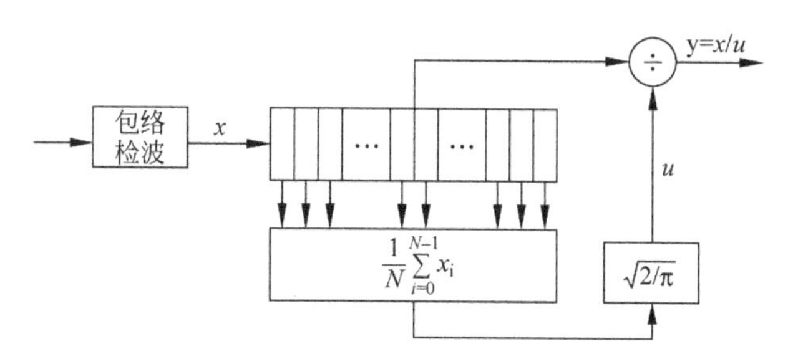

图 4-8 邻近单元平均恒虚警电路

为杂波平均值的估值，用来和检测点的输出作比较处理，可以得到恒虚警效果。由于杂波的区域性，邻近单元平均恒虚警电路所用的参考单元数不可能很多，通常只有几个到十几个距离单元。经过处理后的变量 x/u 超过门限 $V_T(x>V_T u)$ 的虚警概率与输入强度无关，因为输入 x 服从瑞利分布，而平均值估值 u 为 N 个概率分布相同的独立随机变量的平均。当参考单元数较多(如 $N>10$)时，平均值估值 u 的起伏很小，处理后即能得到恒虚警的效果。如果按通常取 $N\geqslant 8$ 的有限值，可以根据 x 和 u 的概率分布，计算得到 $x\geqslant V_T u$ 的虚警概率，所得结果只决定于门限 V_T 和单元数 N，而与杂波强度 σ 无关。但是若采用邻近单元平均恒虚警电路，则会存在边缘效应。计算结果表明，平稳条件下虚警概率为 10^{-6}，当阶跃杂波为 20dB 时，杂波边缘引起虚警概率增大 3～4 个数量级。为了消除杂波边缘内侧虚警概率显著增大的现象，可以采用改进处理方法，即采用邻近单元平均选大恒虚警电路，如图 4-9 所示。

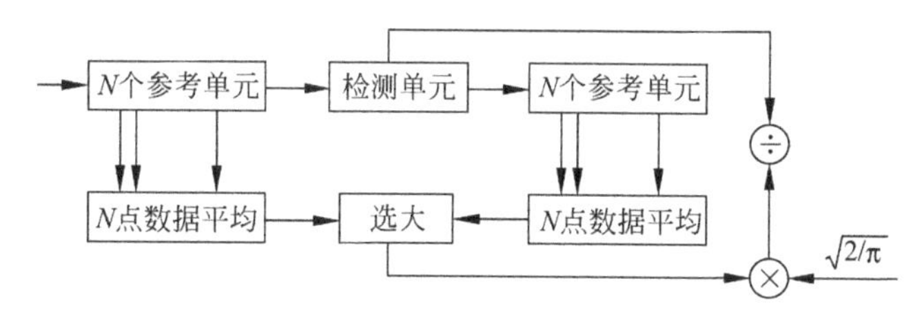

图 4-9 邻近单元平均选大恒虚警电路

在图 4-9 中，检测点两侧的距离单元分别求平均后送到选大值电路，将两者之间较大者取出作为相除的参考量。虚警的增大是由于强杂波达到检测点，而一侧的取样点仍被弱杂波区占据，使其输出的平均值偏小而产生的。将该检测点前后的参考单元分别平均估值，并选用其中较大值者作为平均值估值输出，这时可以解决杂波边缘内侧虚警概率增大的问题，但杂波边缘外侧信号检测能力的损失也将相应增大。

由于参考单元距离有限，引起平均值估值产生起伏，单元数 N 越少，起伏越大。经过处理后，平均值估值的起伏将引起输出噪声起伏加大。检测门限一定时，噪声起伏加大将引起虚警概率的增加。如果要维持输出虚警概率不变，则应根据参考单元数目适当提高检测门限，这时需要保持原来的检测概率，必须提高输入的信噪比。这个所需提高的信噪比，称为恒虚警损失 L_{CFAR}。当参考单元数大于 10，相关处理周期大于 16 时，恒虚警损失为 1～3dB。

【例 4-6】 某雷达帧周期为 1ms，设在 7.5～30km 处有一服从瑞利分布的杂波回波，且在 15km 处有一个点目标，仿真该雷达的恒虚警处理(这里应用慢处理法)。

其实现的 MATLAB 程序代码如下：

```
%产生瑞利噪声
sigma = 2;                                    %瑞利分布参数
t = 1e - 3;                                   %杂波时间长度
fs = 1e6;                                     %采样频率
ts = 1/fs;
t1 = 0.05e - 3:1/fs:0.2e - 3 - 1/fs;
n = length(t1);
rand('state',0);
u = rand(1,n);
r_noise = sqrt(2 * log2(1./u)) * sigma;      %产生瑞利杂波
%产生目标回波
N = round(t/ts);
s_p_c = [zeros(1,100),1,zeros(1,N - 101)]; %点数目回波
noise = rand(1,N);
r_clutter = [zeros(1,50),r_noise,zeros(1,N - 200)];      %产生叠加了瑞利杂波、热噪声的点
                                                          %目标回波
s_pc = s_p_c + 0.1 * r_clutter + 0.1 * noise;
figure;plot((0:ts:t - ts),s_pc);
xlabel('t(单位: s)');
title('叠加了瑞利分布杂波、热噪声的目标回波');
%慢门限恒虚警处理
c_result = zeros(1,N);
c_result(1,1) = s_pc(1,1);
for i = 2:N
    c_result(i) = s_pc(1,i)/mean(s_pc(1,1:i));
end
figure;plot((0:ts:t - ts),c_result);
xlabel('t(单位:s)');
title('采用慢门限恒虚警处理结果');
```

运行程序，效果如图 4-10 及图 4-11 所示。在此没有给出快门限程序，请读者自行编写快门限程序，观察其效果并与慢门限比较。

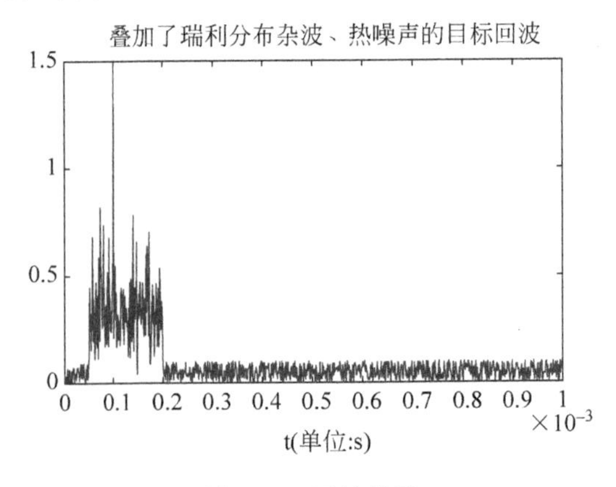

图 4-10　回波信号

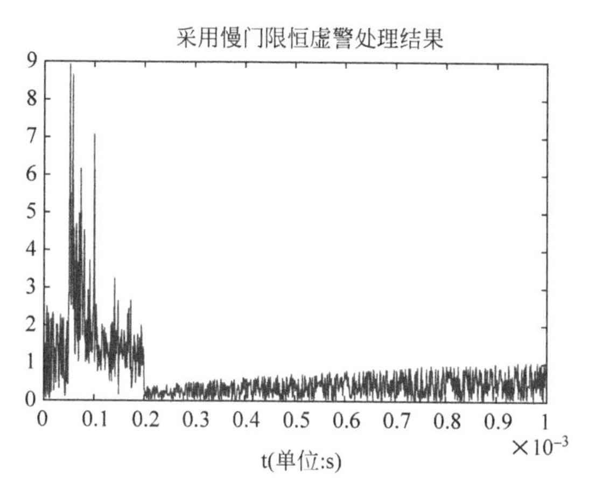

图 4-11　采用慢门限恒虚处理结果

4.2.4　积累处理

现在的雷达都是在多脉冲观测的基础上进行检测的,对于多脉冲观测的结果就是一个积累过程。可以将积累简单地理解为多个脉冲叠加起来的作用。多个脉冲积累后可以有效地提高信噪比,从而改善雷达的检测能力。

积累处理可以在包络波前完成,称为检波前积累或者中频积累。信号在中频积累时要求信号间有严格的相位关系。也就是说,信号是相参的,所以也称为相参积累。此外,积累过程也可以在包络检波后完成,称为检波后积累或者视频积累。由于信号在包络检波后失去了相位信息而只保留了幅度信息,所以检波后积累处理就不需要信号间有严格的相位关系,因此这种积累又称为非相参积累。

将 M 个等幅相参中频脉冲信号进行相参积累,理论上可以使信号的信噪比提高 M 倍(M 为积累脉冲数)。这是因为相邻周期中的中频回波信号按照严格的相位关系进行叠加,因此积累叠加的结果为:信号的幅度可以提高 M 倍,相应的信号功率提高 M^2 倍,而噪声是随机的,对每一个距离单元来说,相邻重复周期的噪声满足统计独立条件,积累的效果使平均功率叠加,从而使噪声的总功率提高 M 倍,因此采用相参积累可以使信噪比提高 M 倍。

M 个脉冲在包络检波后进行积累处理时,信噪比的改善实际上达不到 M 倍。这是因为包络检波具有非线性作用,当信号和噪声的叠加通过检波器时,还将增加信号与噪声的相互作用,从而影响输出端的信噪比。特别是当检波器输入端的信噪比比较低的时候,在检波器输出端信噪比的损失就更大。非相参积累处理后的信噪比的改善一般在 $M\sim\sqrt{M}$,当脉冲积累数很大时,信噪比的改善趋近于 $\sqrt{M}$。虽然非相参积累的信噪比的改善不如相参积累,但在许多场合还是经常使用,因为非相参积累在工程上实现起来比较简单,对系统没有严格的相参性要求,并且对于大多数运动目标来说,其回波的起伏将明显破坏相邻回波信号的相位相参性,因此就是在雷达系统相参性很好的条件下,起伏回波也难以获得理想的相参积累。

1. 非相参积累

实现非相参积累的方法有很多,不论是 FIR 积累器还是反馈积累器,均需要记录不同重复周期的数据，所以每个距离单元的延时时间是雷达的重复周期。

1）抽头延时线积累（FIR 积累）

雷达的每个距离单元都可以采用抽头延时线积累，其优点是可以方便地对每个脉冲进行任意加权，只要对每个迟延线抽头，在输出时插入适当的增益控制即可。

此外，雷达接收机内部的噪声一般都认为是高斯噪声，且是平稳随机过程，而回波脉冲的幅度调制还受天线双程场强波瓣图调制。如果天线场强波瓣图（单程）是 $\sin x/x$ 的形式，则天线主瓣内的脉冲将以如下的权函数进行函数加权：

$$h(n)=\frac{\sin^4(n\alpha\Delta\theta)}{n\alpha\Delta\theta},\quad -N\leqslant n\leqslant N \tag{4-20}$$

式中：$\alpha=1.3916/\theta_{0.5}$；$2\theta_{0.5}=\theta_{\mathrm{A}}$，为 3dB 滤瓣宽度；$\Delta\theta=2\pi T_{\mathrm{r}}/T_{\mathrm{A}}$，为一个重复周期内天线波瓣扫描的角度，$T_{\mathrm{r}}$ 为雷达重复周期，T_{A} 为天线扫描周期；$N=\pi/(\alpha\Delta\theta)$。

这种积累对每一个距离单元都必须将连续的 $2N+1$ 个重复周期的同一距离单元的回波信号进行加权处理，所以，一个距离单元实现 FIR 积累需要存储 $2N+1$ 个脉冲回波，然后做 $N+1$ 次乘法和 $2N$ 次加法。

2）延时线反馈积累

FIR 积累需要大量的存储设备，一个简化的方法就是用延时时间脉冲重复周期的单根延时线组成反馈积累，如图 4-12 所示。每次新的回波和积累器中过去各次回波的值相加形成新的积累值。

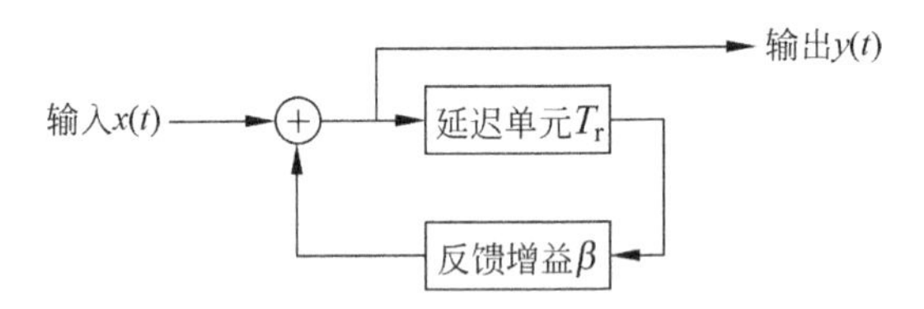

图 4-12　单回路反馈积累器

传递函数为

$$H(z)=\frac{X(z)}{Y(z)}=\frac{1}{1+\beta z^{-1}} \tag{4-21}$$

幅频特性为

$$|H(\mathrm{j}\omega)|=\frac{1}{[(1+\beta)^2-2\beta\cos(\omega T_{\mathrm{r}})]^{\frac{1}{2}}} \tag{4-22}$$

由于单回路积累器的加权函数为指数型的，与高斯型相差较远，因此在实际应用中常采用双回路积累器。

3）双极点积累

双极点积累是一种双回路积累器。它利用两个特定的反馈系数，使之对非相参积累脉冲串接近于匹配滤波器，从而实现积累。

双极点积累器结构如图 4-13 所示。

双极点积累器传递函数为

$$H(z)=\frac{z^{-1}}{1-k_1z^{-1}+k_2z^{-2}} \tag{4-23}$$

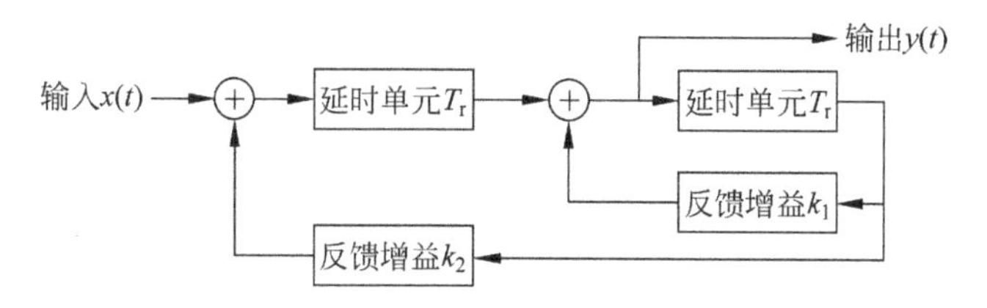

图 4-13 双极点积累器结构图

幅频特性为

$$|H(j\omega)| = \frac{1}{\{[k_2 + (1-k_1)\cos(\omega T_r)]^2 + (1-k_1)^2\sin^2(\omega T_r)\}^{\frac{1}{2}}} \tag{4-24}$$

它的两个极点是

$$Z_{1,2} = \frac{1}{2}(k_1 \pm \sqrt{k_1^2 - 4k_2}) \tag{4-25}$$

通常取 $k_1^2<4k_2$ 且 $k_2<1$,得到一对共轭极点。根据滤波器输出信噪比为最大的要求,由匹配滤波器理论可以求出 k_1 和 k_2 的最佳值 k_{opt1} 和 k_{opt2} 为:

$$\begin{cases} k_{\mathrm{opt1}} = 2\mathrm{e}^{-1.78/N}\cos(2.2/N) \\ k_{\mathrm{opt2}} = \mathrm{e}^{-3.57/N} \end{cases} \tag{4-26}$$

双极点积累器的两个共轭极点距单位圆的距离比其他积累器的双重极点距单位圆的距离要远,因此它具有更高的稳定性。另外,由于反馈网络的作用,反馈回路积累器的输出会存在拖尾的现象。

2. 相参积累

假设一个相参回波脉冲可以表示为

$$s(t) = u(t)\cos(\omega_0 t) \tag{4-27}$$

式中:$u(t)$为调制函数。

$$u(t) = \mathrm{rect}\left(\frac{t}{\tau}\right) + \mathrm{rect}\left(\frac{t-T_r}{\tau}\right) + \cdots + \mathrm{rect}\left(\frac{t-NT_r}{\tau}\right) + \mathrm{rect}\left(\frac{t+T_r}{\tau}\right) + \mathrm{rect}\left(\frac{t+2T_r}{\tau}\right) + \cdots + \mathrm{rect}\left(\frac{t+NT_r}{\tau}\right) \tag{4-28}$$

式中:$\mathrm{rect}(x)$为矩形函数;T_r 为脉冲重复周期;ω_0 为数字中心频率。

当满足脉冲重复周期为中频周期的整数倍时,每个中频脉冲的起始相位相同,该相参脉冲串的频谱呈梳齿状,包络是 sinc 函数。

知道了相参脉冲串的频谱,根据匹配滤波器理论就可以得到它的匹配滤波器。该匹配滤波器可以由单个脉冲的匹配滤波器在串接积累组成。积累器的频谱是梳齿状的,完成对脉冲串的匹配滤波。通过相参积累在检测前就将脉冲串能量集中起来,这样可以减少检波过程中的信号损失。

在具有相干解调的系统中,由于零中频信号和中频信号具有相同的相位信息,对零中频信号的相参积累完全可以等效为对中频信号的相参积累,因此相参积累可以在相干解调之后进行。

第5章 扩频通信系统的MATLAB实现

5.1 扩频通信系统的仿真

数字扩频通信技术具有抗干扰能力强，信号发送功率低，以及多个用户可在同一信道内传输信号等优点，已广泛地应用在移动通信和室内无线通信等各种商用应用系统中。图5-1所示为一个数字扩频通信系统的基本框图。其中信道编码器、信道解码器、调制器和解调器是传统数字通信系统的基本构成单元。在扩频通信系统中除了这些单元外，还应用了两个相同的伪随机序列发生器，分别作用在发送端的调制器与接收端的解调器上。这两个序列发生器产生伪随机噪声(PN)二值序列，在调制端将传送信号在频域进行扩展，在解调端解扩该扩频发送信号。

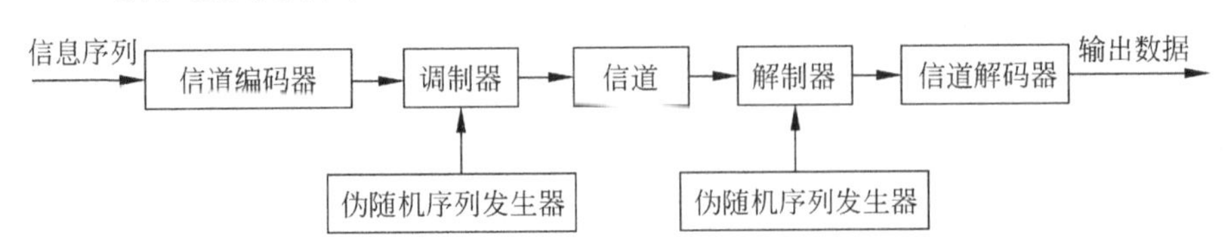

图5-1　数字扩频通信系统基本框图

为了正确地进行信号的扩频解扩处理，必须使接收机的本地PN序列与接收信号中所包含的PN序列建立时间同步。扩频通信系统按其工作方式的不同可分为下列几种：直接序列扩频系统、跳频扩频系统、跳时扩频系统、混合式扩频系统。

5.2 伪随机码产生

在扩频系统中，信号频谱的扩展是通过扩频码(伪随机码)实现的。扩频系统的性能与扩频码的性能有很大关系，对扩频码通常提出下列要求：

(1) 易于产生。

(2) 具有随机性。

(3) 扩频码应该具有尽可能长的周期,使干扰者难以从扩频码的一小段中重建整个码序列。

(4) 扩频码应该具有双键自相关函数和良好的互相关特性,以利于接收时的捕获和跟踪,以及多用户检测。

扩频码中应用最广的是 m 序列,又称最大长度序列,其他还有 Gold 序列、L 序列和霍尔序列等。

5.2.1 m序列

一个 r 级二进制移位寄存器最多可以取 2^r 个不同的状态。对于线性反馈(模二加运算),其中全零状态将导致反馈始终为零,成为一个全零状态列循环。若剩余的 2^r-1 个状态构成一个循环,即该循环以 $N=2^r-1$ 为周期,则称该循环输出序列为最大周期线性移位寄存器序列(简称 m 序列)。

不是任意的特征多项式对应的反馈连线都能够生成 m 序列。能够产生 m 序列的充分必要条件是其特征多项式必须为本原多项式(Primitive Polynomial),即 r 次特征多项式 $F(x)$应同时满足下列 3 个条件:

(1) $F(x)$是不可约的(Irreducible),即不能再进行因式分解。

(2) $F(x)$可整除 $1+x^N$,其余 $N=2^r-1$。

(3) $F(x)$除不尽 $1+x^q$,其中 $q<N$。

寻找本原多项式的计算较复杂。MATLAB 的通信工具箱提供了计算和判别本原多项式的函数,可计算的多项式次数 r 在 2~16 范围内。

primpoly 函数用于根据次数为 r 的多项式求取原多项式。其调用格式为

pr = primpoly(r):得出所有 r 次本原多项式。

pr = primpoly(r,'min'):得出反馈抽头数量少(多项式非零系数最少)的 r 次本原多项式。

pr = primpoly(r,'max'):得出反馈抽头数量最大的 r 次本原多项式。

pr = primpoly(r,'all'):得出反馈所有抽头的 r 次本原多项式。

例如:

```
pr2 = primpoly(5,'min')                    %得出5阶4次本原多项式
Primitive polynomial(s) =
D^5+D^2+1
pr2 =
    37
>> pr2 = primpoly(5,'max')                 %得出5阶4次本原多项式
Primitive polynomial(s) =
D^5+D^4+D^3+D^2+1
pr2 =
    61
>> pr2 = primpoly(5,'all')                 %得出5阶4次本原多项式
Primitive polynomial(s) =
D^5+D^2+1
```

```
D^5+D^3+1
D^5+D^3+D^2+D^1+1
D^5+D^4+D^2+D^1+1
D^5+D^4+D^3+D^1+1
D^5+D^4+D^3+D^2+1
pr2 =
    37
    41
    47
    55
    59
    61
```

以上得出的多项式结果 pr2 的值都是用十进制表示的。如果需要用八进制或二进制表示，可用函数 dec2base 实现。其调用格式为

str = dec2base(d, base)：base 参数为指定进制数；d 为指定的参数。

例如：

```
>> str = dec2base(20,2)
str =                                   %20 的二进制形式
10100
>> str = dec2base(20,8)                 %20 的八进制形式
str =
24
```

如果给定多项式整数表示，判别对应的是否为本原多项式，可通过 isprimitive 函数实现。其调用格式为

isprimitive(a)：a 为指定的多项式十进制系数表示，如果返回 1，表明判断的多项式 a 为本原多项式；如果返回 0，则表明判断的多项式 a 非本原多项式。

例如：

```
>> a = primpoly(3,'all');               %本原多项式
Primitive polynomial(s) =
D^3+D^1+1
D^3+D^2+1
>> isp1 = isprimitive(a)                %判断
isp1 =                                  %返回结果
     1
     1
>> isp1 = isprimitive(12)               %12 为数值
isp1 =                                  %返回结果
     0
```

5.2.2 伪随机数序列相关函数

周期 N，取值$\{\pm1\}$的两个电平序列$\{a|a_1,a_2,\cdots,a_N,a_{N+1},\cdots\}$和$\{b|b_1,b_2,\cdots,b_N,b_{N+1},\cdots\}$的互相关函数定义为

$$R_{ab}(j)=\sum_{i=1}^{N}a_i b_{i+j}$$

以序列周期进行归一化后得到的互相关函数定义为

$$\rho_{ab}(j)=\frac{1}{N}\sum_{i=1}^{N}a_i b_{i+j}$$

如果$\{a\}$，$\{b\}$为同一序列，则记$R_{ab}(j)$为$R_a(j)$，$\rho_{ab}(j)$为$\rho_a(j)$，称为自相关函数和自相关系数。计算序列的相关函数时，应注意其周期性质，即对于周期为N的序列，有$a_{N+b}=a_k$。

【例 5-1】 计算特征多项式

$$F(x)=x^9+x^6+x^4+x^3+1$$

的 m 序列的自相关函数。

对于周期N的序列，其自相关系数是偶函数，即$\rho(-j)=\rho(j)$，而且也是以N为周期的周期函数。周期为N的 m 序列的自相关系数理论值为

$$\rho(j)=\begin{cases}1, & j=kN \\ -\dfrac{1}{N}, & j\neq kN\end{cases}\quad(k=0,1,2,\cdots)$$

式中：k为整数。本例中 m 序列的周期为$N=2^9-1=511$。先计算出一个周期的 m 序列，再根据自相关系数的定义进行计算，计算中应注意将二进制输出的 m 序列转换为取值$\{\pm1\}$的双极性序列，再求相关函数。其实现的 MATLAB 代码为

```
>> clear all;
reg = ones(1,9);                                 % 寄存器初始状态：全 1,寄存器级数为 9
coeff = [1 0 0 1 0 1 1 0 0 1];                   % 抽头系数 cr, …,c1,c0,取决于特征多项式
N = 2 ^ length(reg) - 1;                         % 周期
for k = 1:N                                      % 计算一个周期的 m 序列输出
    a1 = mod(sum(reg. * coeff(1:length(coeff) - 1)),2);    % 反馈系数
    reg = [reg(2:length(reg)),a1];               % 寄存器位移
    out(k) = reg(1);                             % 寄存器最低位输出
end
out = 2 * out - 1;                               % 转换为双极性序列
for j = 0:N - 1
    rho(j + 1) = sum(out. * [out(1 + j:N),out(1:j)])/N;
end
j = - N + 1:N - 1;
rho = [fliplr(rho(2:N)),rho];
plot(j,rho);
axis([ - 10 10  - 0.1 1.2]);
```

运行程序，效果如图 5-2 所示。

【例 5-2】 计算$r=6$时本原多项式 97 和 115(八进制表示)对应的两个 m 序列的互相关函数序列。

八进制 97 和 115 转换为二进制分别为 1100001 和 1110011，对应 m 序列的特征多项式以向量形式表示为[1,1,0,0,0,0,1]和[1,1,1,0,0,1,1]。

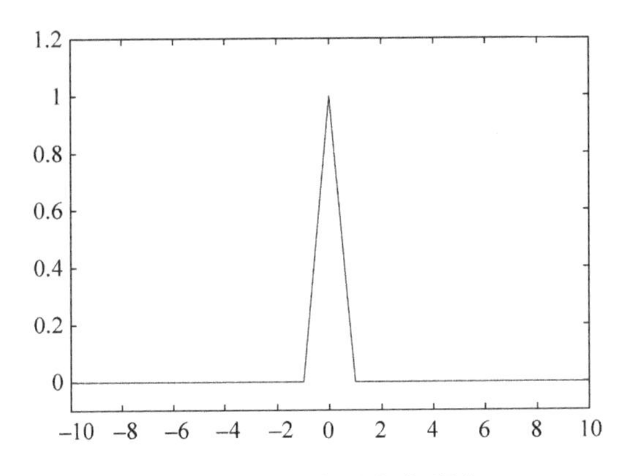

图 5-2　特征多项式波形图

其实现的 MATLAB 代码为

```
>> clear all;
reg = ones(1,6);                              % 寄存器初始状态: 全 1,寄存器级数为 9
coeff = [1,1,0,0,0,0,1];                      % 抽头系数 cr, …,c1,c0,取决于特征多项式
N = 2 ^ length(reg) - 1;                      % 周期
for k = 1:N                                   % 计算一个周期的 m 序列输出
    a1 = mod(sum(reg. * coeff(1:length(coeff) - 1)),2);    % 反馈系数
    reg = [reg(2:length(reg)),a1];            % 寄存器位移
    out1(k) = 2 * reg(1) - 1;                 % 寄存器最低位输出,转换为双极性序列
end
reg = ones(1,6);
coeff = [1,1,1,0,0,1,1];                      % 抽头系数
for k = 1:N                                   % 计算一个周期的 m 序列输出
    a1 = mod(sum(reg. * coeff(1:length(coeff) - 1)),2);    % 反馈系数
    reg = [reg(2:length(reg)),a1];            % 寄存器位移
    out2(k) = 2 * reg(1) - 1;                 % 寄存器最低位输出,转换为双极性序列
end
% 得出两个双极性电平的 m 序列
for j = 0:N - 1
    R(j + 1) = sum(out1. * [out2(1 + j:N),out2(1:j)]);    % 相关指数计算
end
j = - N + 1:N - 1;                            % 相关系数自变量
R = [fliplr(R(2:N)),R];                       % 用相关系数的偶函数特性计算 j 为负值的情况
plot(j,R);
axis([ - N N  - 20 20]);
xlabel('j'); ylabel('R(j)')
max(abs(R))                                   % 计算相关函数绝对值的最大值
```

运行程序,输出如下:

```
ans =
    17
```

运行程序,效果如图 5-3 所示。

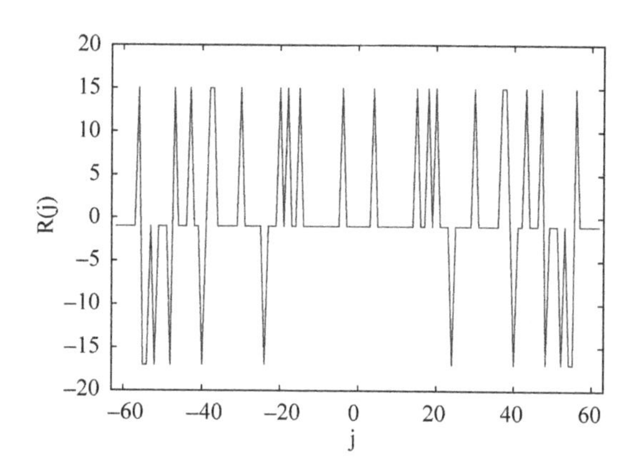

图 5-3 两个 m 序列的互相关函数计算波形图

相同周期的不同 m 序列间的互相关函数绝对值的最大值$|R_{ab}|_{\max}$是不同的，互相关值越小越好。如果一对同周期的 m 序列的互相关值满足如下不等式，则称这对 m 序列构成一对优选对：

$$|R_{ab}(j)|_{\max} \leqslant \begin{cases} 2^{\frac{r+1}{2}}+1, & r\text{ 为奇数} \\ 2^{\frac{r+2}{2}}+1, & r\text{ 为偶数,但不能被 4 整除} \end{cases}$$

5.2.3 Gold 序列

虽然 m 序列具有良好的伪随机性和相关特性，且使用简单，但是 m 序列的个数相对较少，很难满足作为系数地址码的要求。Gold 码继承了 m 序列的许多优点，而可用码的个数又远大于 m 序列，是一种良好的码型。

Gold 码是 R. Gold 提出的用优选对的复合码。所谓 m 序列优选对，是指在 m 序列集中，其互相关函数最大值的绝对值小于某个值的两条 m 序列。而 Gold 码是由两个长度相同、速率相同，但码字不同的 m 序列优选对模 2 加后得到的，具有良好的自相关性及互相关特性。因为一对序列优选对可产生 2^r+1 对 Gold 码，所以 Gold 码的条数远远大于 m 序列。

Gold 码具有三值相关函数，其值为

$$-\frac{1}{p}t(r), \quad -\frac{1}{p}, \quad \frac{1}{p}[t(r)-2]$$

其中，

$$p = 2^r - 1$$

$$t(r) = \begin{cases} 1+2^{\frac{r+1}{2}}, & r\text{ 为奇数} \\ 2^{\frac{r+2}{2}}+1, & r\text{ 为偶数,但不能被 4 整除} \end{cases}$$

当 r 为奇数时，Gold 码族中约有 50％的码序列归一化相关函数值为$-\frac{1}{p}$。当 r 为偶数但又不是 4 的倍数时，约有 75％的码序列归一化互相关函数值为$-\frac{1}{p}$。

Gold 码的自相关函数也是三值函数，但是出现的频率不同。另外，同族 Gold 码的互相关函数为三值，而不同族间的互相关函数是多值函数。

产生 Gold 码有两种方法：一种方法是将对应于优选对的两个移位寄存器串联成 $2r$ 级的线性移位寄存器；另一种方法是将两个移位寄存器并联后模 2 相加。

在优选对产生的 Gold 码末尾添加一个 0，使序列长度为偶数，即生成正交 Gold 码（偶数）。

5.3 直接序列扩频系统

假设采用 BPSK 方式发送二进制信息序列的扩频通信，信息速率为 Rbps，码元间隔为 $T_b=1/R_s$，传输信道的有效带宽为 $B_c(B_c \gg R)$，在调制器中，将信息序列的带宽扩展为 $W=B_c$，载波相位以 W 次每秒的速率按伪随机序列发生器序列改变载波相位，这就是直接序列扩频。具体实现如下。

信息序列的基带信号表示为

$$v(t)=\sum_{n=-\infty}^{\infty} a_n g_T(t-nT_b)$$

式中：$\{a_n=\pm 1,-\infty<n<\infty\}$；$g_T(t)$为宽度是 T_b 的矩形脉冲。该信号与 PN 序列发生器输出的信号相乘，得到

$$c(t)=\sum_{n=-\infty}^{\infty} c_n p(t-nT_c)$$

式中：$\{c_n\}$表示取值为± 1的二进制 PN 序列；$p(t)$为宽度是 T_c 的矩形脉冲。

直扩信号的解调框图如图 5-4 所示。接收信号先与接收端的 PN 序列发生器产生的与之同步的 PN 序列相乘，此过程称为解扩，相乘的结果可表示为

$$A_c v(t)c^2(t)\cos 2\pi f_c t = A_c v(t)\cos 2\pi f_c t$$

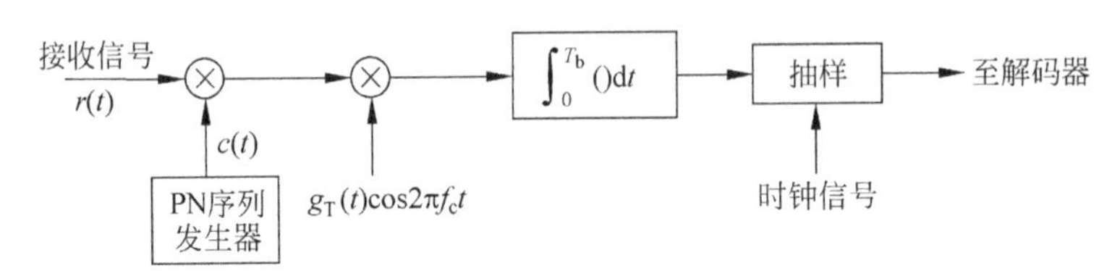

图 5-4 二进制信息序列扩频通信的解调框图

由于 $c^2(t)=1$，因此解扩处理后的信号 $A_c v(t)\cos 2\pi f_c t$ 的带宽约为R，与发送前信息序列的带宽相同。由于传统的解调器与解扩信号有相同的带宽，这样落在接收信息序列信号带宽的噪声成为加性噪声干扰解调输出。因此，解扩后的解调处理可采用传统的互相关器或匹配滤波器。

5.4 利用 MATLAB 仿真演示直扩信号抑制余弦干扰

【例 5-5】 利用 MATLAB 仿真演示直扩信号抑制余弦干扰的效果。

1. 建立仿真框图

根据直扩原理，采用如图 5-5 所示的系统进行仿真。

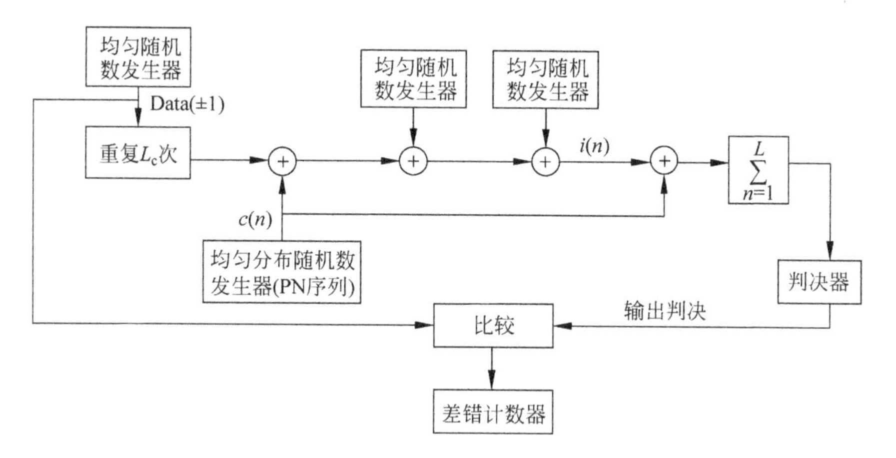

图 5-5　直扩信号抑制余弦干扰系统

首先由随机数发生器产生一系列二进制信息数据(±1)，每个信息比特重复 L_c 次，L_c 对应每个信息比特所包含的伪码片数，包含每一比特 L_c 次重复的序列与另一个随机数发生器产生的 PN 序列 $c(n)$ 相乘。然后在该序列上叠加方差 $\delta^2=N_0/2$ 的高斯白噪声和形式为 $i(n)=A\cos\omega_0 n$ 的余弦干扰，其中 $0<\omega_0<\pi$，且余弦干扰信号的振幅满足条件 $A<L_c$。在解调器中进行与 PN 序列的互相关运算，并且将组成各信息比特的 L_c 个样本进行求和(积分运算)。加法器的输出送到判决器，将信号与门限值 0 进行比较，确定传送的数据为+1 还是−1，计数器用来记录判决器的错判数目。

2. MATLAB 实现

其实现的 MATLAB 程序代码如下：

```
>> clear all;
Lc = 20;                                   % 每比特码片数目
A1 = 3;                                    % 第一个余弦干扰信号的幅度
A2 = 7;                                    % 第二个余弦干扰信号的幅度
A3 = 12;                                   % 第三个余弦干扰信号的幅度
A4 = 0;                                    % 第四种情况,无干扰
w0 = 1;                                    % 以弧度表达的余弦干扰信号频率
SNRindB = 1:2:30;
for i = 1:length(SNRindB)                  % 计算误码率
    s_er_prb1(i) = li8_5_fun(SNRindB(i),Lc,A1,w0);
    s_er_prb2(i) =  li8_5_fun(SNRindB(i),Lc,A2,w0);
    s_er_prb3(i) =  li8_5_fun(SNRindB(i),Lc,A3,w0);
end
SNRindB4 = 0:1:8;
for i = 1:length(SNRindB4)                 % 计算无干扰情况下的误码率
     s_er_prb4(i) =  li8_5_fun (SNRindB4(i),Lc,A4,w0);
end
semilogy(SNRindB,s_er_prb1,'p-',SNRindB,s_er_prb2,'o-');
hold on;
semilogy(SNRindB,s_er_prb3,'v-',SNRindB4,s_er_prb4,'+-');
```

运行程序，效果如图 5-6 所示。

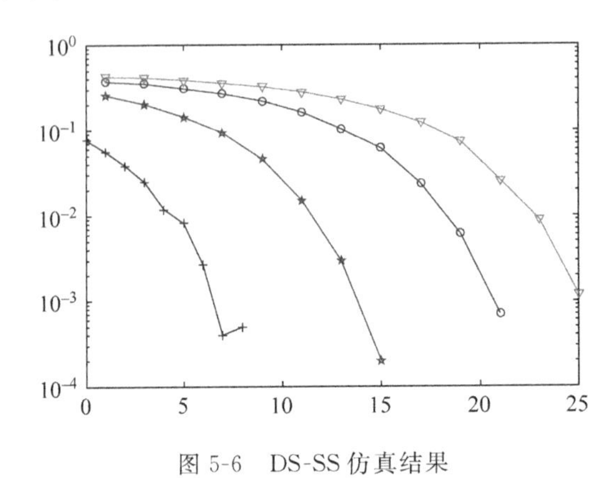

图 5-6　DS-SS 仿真结果

在运行程序过程中调用了自定义编写的 li8_5_fun. m 文件，其源代码如下：

```
function [p] = li8_5_fun(snr_in_dB,Lc,A,w0)
%运算得出的误码率
snr = 10 ^ (snr_in_dB/10);
sgma = 1;                                   %噪声的标准方差设置为固定值
Eb = 2 * sgma ^ 2 * snr;                    %达到设定信噪比所需要的信号幅度
E_c = Eb/Lc;                                %每码片的能量
N = 10000;                                  %传送的比特数目
num_of_err = 0
for i = 1:N
    temp = rand;
    if(temp < 0.5),
        data = - 1;
    else
        data = 1;
    end
    for j = 1:Lc                            %将其重复 Lc 次
        repeated_data(j) = data;
    end
    for j = 1:Lc                            %产生比特传输使用的 PN 序列
        temp = rand;
        if(temp < 0.5)
            pn_seq(j) = - 1;
        else
            pn_seq(j) = 1;
        end
    end
    trans_sig = sqrt(E_c) * repeated_data. * pn_seq;        %发送信号
    noise = sgma * randn(1,Lc);             %方差为 sgma ^ 2 的高斯白噪声
    n = (i - 1) * Lc + 1:i * Lc;            %干扰
    interference = A * cos(w0 * n);
    rec_sig = trans_sig + noise + interference;              %接收信号
    temp = rec_sig. * pn_seq;
```

```
    decision_variable = sum(temp);
    if(decision_variable < 0)              % 进行判决
        decision = -1;
    else
        decision = 1;
    end
    if(decision ~= data)                   % 如果存在传输中的错误,计数器累加操作
        num_of_err = num_of_err + 1;
    end;
end;
p = num_of_err/N;
```

5.5 跳频扩频系统

跳频扩频系统将传输带宽 W 分为很多互不重叠的频率点，按照信号的时间间隔在一个或多个频率点上发送信号，根据伪随机发生器的输出，传输的信号选择相应的频率点，即载波的频率在"跳变"，"跳变"的规则由伪随机序列决定。跳频系统发射和接收部分框图如图 5-7 所示。跳频系统的数字调制方式可选择 BFSK 或 MFSK。如果采用 BFSK 调制方式，调制器在某一时刻选择 f_0 和 f_1 这一对频率中的一个表示 0 和 1 进行传输，合成出的 BFSK 信号发生器输出的载波频率为 f_c，然后将这个频率变化的载波调制信号再送入信道。从 PN 序列发生器中得到 m 个比特就可以通过频率合成器产生 2^m-1 个不同频率的载波。

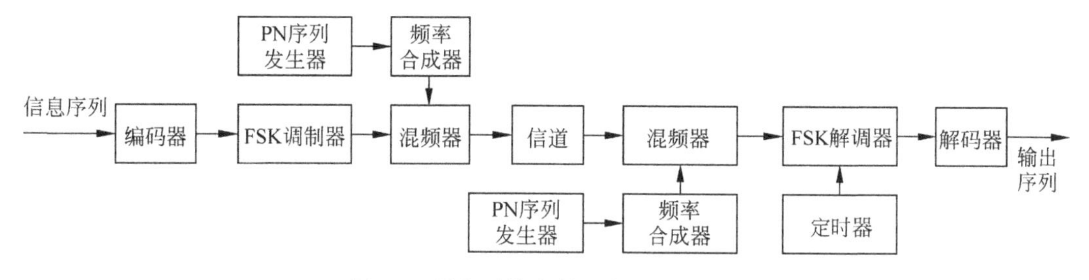

图 5-7 跳频系统发射和接收部分框图

在接收机有一个与发射部分相同的 PN 序列发生器，用于控制频率合成器输出的跳变载波与接收信号的载波同步。在混频器中将信号进行下变频完成跳频的解跳处理。中频信号通过 FSK 解调器解调输出信息序列。在无线信道情况下，要保持跳频频率合成器的频率同步和信道中产生的信号在跳变时的线性相位是很困难的。因此，跳频系统中通常选用非相干解调的 FSK 调制。

对于跳频通信系统的有效干扰之一则是部分边带干扰，设干扰占据信道带宽的比值为 α，干扰机制可以选取一个 α 值以实现最佳干扰，即误码率最大化。对于 BFSK/FH 通信系统，最佳的干扰方案为

$$\alpha^* = \begin{cases} 2/\rho_b, & \rho_b \geq 2 \\ 1, & \rho_b < 2 \end{cases}$$

相应的误码率为

$$P=\begin{cases}\mathrm{e}^{-1}/\rho_b, & \rho_b \geqslant 2 \\ 0.5\mathrm{e}^{-1}/\rho_b, & \rho_b < 2\end{cases}$$

式中：$\rho_b=E_b/J_0$，E_b 为每比特能量，J_0 为干扰的功率谱密度。

5.6　BFSK/FH 系统性能仿真

【例 5-6】 采用非相干扰解调平方律判决器(即包络判决器)，利用 MATLAB 仿真 BFSK/FH 系统在最严重的部分边带干扰下的性能。

1. 建立仿真框图

根据跳频通信系统原理及部分边带干扰机制，BFSK/FH 系统在最严重的部分边带干扰下的性能仿真框图如图 5-8 所示。

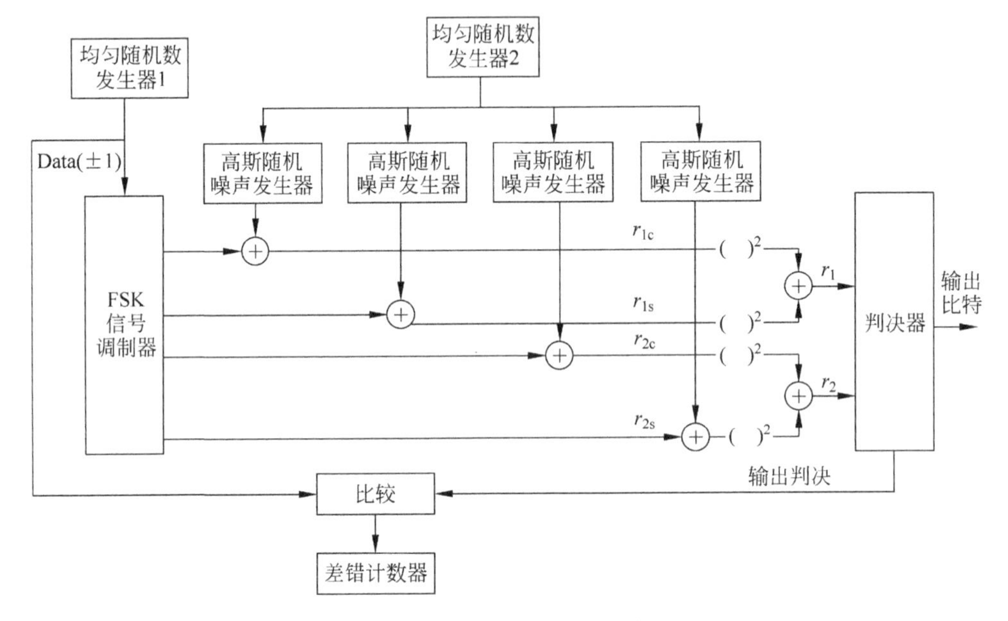

图 5-8　BFSK/FH 系统性能仿真框图

首先由一个均匀随机数发生器产生二元(0、1)信息序列作为 FSK 调制的输入。FSK 调制器的输出以概率 $\alpha(0<\alpha<1)$ 被加性高斯噪声干扰，第二个均匀随机数发生器用来确定何时有噪声干扰信号，何时无干扰信号。

当噪声出现时，检测器的输出为(假设发送 0)

$$r_1=(\sqrt{E_b}\cos\varphi+n_{1c})^2+(\sqrt{E_b}\sin\varphi+n_{1s})^2$$
$$r_2=n_{2c}^2+n_{2s}^2$$

式中：φ 表示信道相移；E_b 为每比特能量；n_{1c}、n_{1s}、n_{2c}、n_{2s} 表示加性噪声分量。当噪声出现时，有

$$r_1 = E_b, \quad r_2 = 0$$

因此，在检测器中无差错产生，每一个噪声分量的方差为 $\delta^2 = J_0/2\alpha$。为了处理方便，可以设 $\varphi=0$ 并且将 J_0 归一化为 $J_0=1$，从而 $\rho_b=E_b/J_0=E_b$。

2. MATLAB 实现

其实现的 MATLAB 程序代码如下：

```
>> clear all;
rho_b1 = 0:5:35;                              % rho in dB 代表仿真的误码率
rho_b2 = 0:0.1:35;                            % rho in dB 代表理论计算得出的误码率
for i = 1:length(rho_b1)
    s_err_prb(i) = li8_6_fun(rho_b1(i));      % 仿真误码率
end;
for i = 1:length(rho_b2)
    temp = 10 ^ (rho_b2(i)/10);
    if(temp > 2)
        t_err_rate(i) = 1/(exp(1) * temp); % rho > 2 的理论误码率
    else
        t_err_rate(i) = (1/2) * exp( - temp/2);       % rho < 2 的理论误码率
    end
end
semilogy(rho_b1,s_err_prb,'rp',rho_b2,t_err_rate,' - ');
```

运行程序，效果如图 5-9 所示。

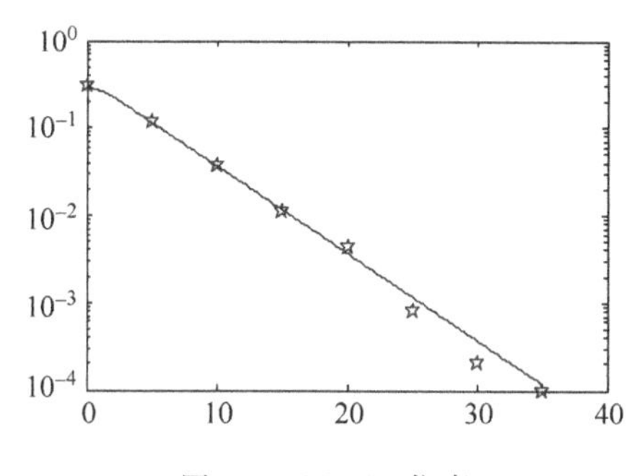

图 5-9　FH-SS 仿真

在运行程序过程中调用了用户自定义编写的 li8_6_fun.m 文件，其源代码如下：

```
function [p] = li8_6_fun(rho_in_dB)
% 子程序得出运算误码率,用 dB 值表示的信噪比为子程序的输入变量
rho = 10 ^ (rho_in_dB/10);
Eb = rho;                                     % 每比特能量
if(rho > 2)                                   % 如果 rho > 2 优化 alpha
    alpha = 2/rho;
else                                          % 如果 rho < 2 优化 alpha 结束
    alpha = 1;
end
sgma = sqrt(1/(2 * alpha));                   % 噪声标准方差
N = 10000;                                    % 传输的比特数
```

```
for i = 1:N                                   % 产生数据序列
    temp = rand;
    if(temp < 0.5)
        data(i) = 1;
    else
        data(i) = 0;
    end
end
for i = 1:N                                   % 查找接收信号
    if(data(i) == 0)                          % 传输信号
        r1c(i) = sqrt(Eb);r1s(i) = 0;
        r2c(i) = 0;r2s(i) = 0;
    else
        r1c(i) = 0;r1s(i) = 0;
        r2c(i) = sqrt(Eb);r2s(i) = 0;
    end
    if(rand < alpha)                          % 以概率 alpha 加入噪声并确定接收信号
        r1c(i) = r1c(i) + gnagauss(sgma);
        r1s(i) = r1s(i) + gnagauss(sgma);
        r2c(i) = r2c(i) + gnagauss(sgma);
        r2s(i) = r2s(i) + gnagauss(sgma);
    end
end
    num_of_err = 0;                           % 进行判决并计算错误数目
    for i = 1:N
        r1 = r1c(i)^2 + r1s(i)^2;             % 第一判决变量
        r2 = r2c(i)^2 + r2s(i)^2;             % 第二判决变量
        if(r1 > r2)
            decis = 0;
        else
            decis = 1;
        end
        if(decis ~ = data(i))                 % 如果存在错误,计数器计数
            num_of_err = num_of_err + 1;
        end
    end
    p = num_of_err/N;                         % 计算误码率
```

第6章 随机信号及参数建模分析

6.1 倒谱分析

倒谱分析(Cepstrum Analysis)是一种非线性信号处理技术，它在语言、图像和噪声处理领域中都有广泛的应用。

倒谱可分为复倒谱和功率谱两类。MATLAB 信号处理工具箱提供了复倒谱分析的工具箱函数。

复倒谱(Complex Cepstrum)的定义为

$$\hat{x}(n)=\frac{1}{2\pi}\int_{-\pi}^{\pi}\{\ln[X(e^{j\omega})]\}e^{j\omega n}d\omega \tag{6-1}$$

由式(6-1)可见，复倒谱实际上是序列 $x(n)$ 的傅里叶变换取自然对数，再取傅里叶逆变换，得到的复倒谱仍然是一个序列。也就是说，复倒谱是 $x(n)$ 从时间域至频率域、频率域至频率域、频率域至时间域的三次变换。

MATLAB 信号处理工具箱提供 cceps 函数用于估计一个序列 x 的复倒谱，其调用格式为

xhat = cceps(x)：返回序列 x(假定为实数)的复倒谱。通过使用线性相位方法使输入在 $\pm\pi$ 弧度处没有相位间断性。

[xhat,nd] = cceps(x)：在求出复倒谱之前，返回附加在 x 上的延时的采样点数 nd。

[xhat,nd,xhat1] = cceps(x)：使用另一种求根算法返回复倒谱 xhat1。对于可被求根且在单位圆上没有 0 的短序列，xhat1 可用于验证 xhat。

[…] = cceps(x,n)：对 x 补 0 到长度 n，返回 x 的长度为 n 的复倒谱。

MATLAB 信号处理工具箱还提供了序列实倒谱函数 rceps，调用格式为

rceps(x)：返回实序列 x 的实倒谱。

[y,ym] = rceps(x)：返回输入序列的实倒谱 y，同时返回其最小相位重构版本 ym。

由此可知，不能从序列 x 的实倒谱重构原始序列，因为实倒谱是

根据序列傅里叶变换的幅值计算的，丢失了相位方面的信息。但如果需要，可采用最小相位模式估计原始序列。

由于复倒谱从复频谱计算得到，不损失相位信息，因此复倒谱是可逆的，实倒谱过程是不可逆的。

MATLAB 信号处理工具箱提供了实现复倒谱的可逆函数 icceps。其调用格式为

x = icceps(xhat,nd)：返回序列 xhat(假定为实数序列)去掉 nd 个采样点的延时后的逆倒谱分析。

如果 xhat 是用 cceps(x)得到的，那么附加在 x 上的延时量是对应于 π 弧度的 round (unwrap(angle(fft(x)))/pi)的元素。

倒谱分析技术广泛地应用于语言信号分析、同态滤波中。

【例 6-1】 设原始信号是一个 45Hz 的正弦波，在传播过程中遇到障碍产生回声，回声振幅误差为原始信号的 0.5，并与原始信号有 0.2s 的延时。在某测点测到的信号是原始信号和回声信号的叠加。试用复倒谱分析该测点的信号。

其实现的 MATLAB 程序代码如下：

```
clear all;
Fs = 100;                                   %数据采样频率
t = 0:1/Fs:1.27;                            %采样时间
%原始信号为 45Hz 的正弦波
s1 = sin(2 * pi * 45 * t);
%回声振幅衰减为原始信号的 0.5,并与原始信号有 0.2s 延时
s2 = s1 + 0.5 * [zeros(1,20) s1(1:108)];
c = cceps(s2);                              %回声信号的复倒谱
plot(t,c)                                   %绘制其复倒谱
grid on;
```

运行程序，效果如图 6-1 所示。

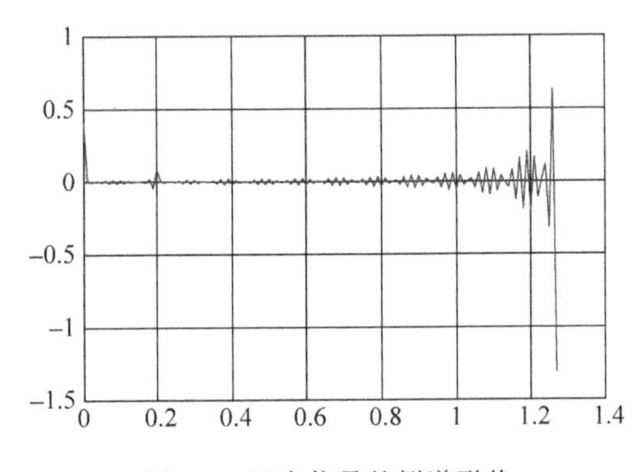

图 6-1　回声信号的倒谱形状

6.2　时域建模

6.2.1　三种参数模型

AR 模型(Auto-regression Model，自回归模型)，MA 模型(Moving Average Model，

滑动平均模型)和 ARMA 模型(Auto-regression-moving Average Model,自回归滑动平均模型)是平稳随机信号的三种标准线性模型。将均值为零的白噪声序列通过全极型、全零型和零极型滤波器就可以分别产生 AR、MA 和 ARMA 过程。这些过程在时间序列分析中十分重要,因为许多实际过程可以近似表示为 AR、MA 或 ARMA 过程,从而使它们的分析大为简化。例如,现代谱估计的一个重要方法就是将被观测过程表示为一个 AR 过程,通过对过程参数的估计,可直接计算其功率谱密度。

1. AR 模型

随机信号 $x(n)$由本身的若干次过去值 $x(n-k)$和当前的激励值 $\omega(n)$线性组合产生,即

$$x(n)=\omega(n)-\sum_{k=1}^{p}a_k x(n-k) \tag{6-2}$$

该模型的系统函数为

$$H(z)=\frac{1}{1+\sum_{k=1}^{p}a_k z^{-k}} \tag{6-3}$$

p 是系统阶数,系统函数中只有极点,无零点,也称为全极点模型。由于极点的原因,要考虑系统的稳定性,因而要注意极点的分布位置,用 AR(p)来表示。

2. MA 模型

随机信号 $x(n)$由当前激励 $\omega(n)$和若干次过去的激励 $\omega(n-k)$线性组合产生,即

$$x(n)=\sum_{k=0}^{q}b_k\,\omega(n-k) \tag{6-4}$$

该模型的系统函数为

$$H(z)=\frac{X(z)}{W(z)}=\sum_{k=0}^{q}b_k z^{-k} \tag{6-5}$$

q 表示系统阶数,系统函数只有零点,没有极点,所以该系统一定是稳定的系统,也称为全零点模型,用 MA(q)表示。

3. ARMA 模型

ARMA 是 AR 和 MA 模型的结合:

$$x(n)=\sum_{k=0}^{q}b_k\,\omega(n-k)-\sum_{k=1}^{p}a_k x(n-k) \tag{6-6}$$

该模型的系统函数为

$$H(z)=\frac{\sum_{k=0}^{q}b_k z^{-k}}{1+\sum_{k=1}^{p}a_k z^{-k}} \tag{6-7}$$

它既有零点又有极点,所以也称为极零点模型,要考虑极零点的分布位置,保证系统的稳定,用 ARMA(p,q)表示。

在随机信号时域分析中，提出了许多数学模型用来在已知最大不确定原则下预测将来值，其优点是只需要很少的已知值，但是它不能用在信号是确定性的场合，在确定信号的情形下，信号是由确定的数学方程预测的，这点要特别注意。

6.2.2 时域建模原理

随机信号的建模法在信号处理中应用相当普遍。根据 Wold 的证明：任何平稳的 ARMA 模型或 MA 模型均可用无限阶或阶数足够的 AR 模型去近似。实际中选用哪一种模型要考虑计算量，因为建立 AR 模型的计算量较小，故应用较多。其他两种模型参数的估计可以通过适当转换得到。选定模型后，剩下的任务就是用适当的算法估计模型参数(a_k, b_k, p, q)，以便用模型对随机信号进行预测。

下面以 AR 模型为例进行参数的估计。

1. AR 模型参数和自相关函数的关系

我们已经知道，AR 模型的系统函数为 $x(n)=\omega(n)-\sum_{k=1}^{p}a_k x(n-k)$，在该式两边同时乘以 $x(n-m)$，然后求均值，即

$$E[x(n)x(n-m)]=E\left[\omega(n)x(n-m)-\sum_{k=1}^{p}a_k x(n-k)x(n-m)\right] \tag{6-8}$$

因为自相关函数

$$\begin{aligned}R_{xx}(m)&=E[x(n)x(n+m)]=E[x(k-m)x(k)]\\&=Ex(n)x(n-m)=R_{xx}(-m)\end{aligned} \tag{6-9}$$

所以自相关函数呈现偶对称，式(6-9)化为

$$R_{xx}(m)=R_{x\omega}(m)-\sum_{k=1}^{p}a_k R_{xx}(m-k) \tag{6-10}$$

系统的单位脉冲响应 $h(n)$是因果的，所以输出的平稳随机信号和输入的白噪声之间的互相关函数的推导如下：

$$R_{x\omega}(m)=E[x(n)\omega(n+m)] \tag{6-11}$$

$$x(n)=\omega(n)*h(n)=\sum_{k=0}^{\infty}h(k)\omega(n-k) \tag{6-12}$$

$$\begin{aligned}R_{x\omega}(m)&=E\left[\sum_{k=0}^{\infty}h(k)\omega(n-k)\omega(n+m)\right]\\&=\sum_{k=0}^{\infty}h(k)E[\omega(n-k)\omega(n+m)]\\&=\sum_{k=0}^{\infty}h(k)R_{\omega\omega}(m+k)\\&=\sum_{k=0}^{\infty}h(k)\sigma_{\omega}^{2}\delta(m+k)=\sigma_{\omega}^{2}h(-m)\end{aligned} \tag{6-13}$$

所以

$$R_{x\omega}(m)=\begin{cases}0, & m>0\\ \sigma_\omega^2 h(-m), & m\leqslant 0\end{cases} \tag{6-14}$$

代入式(6-10),得到

$$R_{xx}(m)=\begin{cases}-\sum_{k=1}^{p}a_kR_{xx}(m-k), & m>0\\ -\sum_{k=1}^{p}a_kR_{xx}(m-k)+h(0)\sigma_\omega^2, & m=0\\ R_{xx}(-m), & m<0\end{cases} \tag{6-15}$$

由于 $H(z)=\dfrac{1}{1+\sum_{k=1}^{p}a_kz^{-k}}$,转换到时域得:$h(n)+\sum_{k=1}^{p}a_kh(n-k)=\sigma(n)$,因而 $h(0)=1$。显然,AR 模型输出信号的自相关函数具有递推的性质,即

$$R_{xx}(m)=-\sum_{k=1}^{p}a_kR_{xx}(m-k) \tag{6-16}$$

式(6-16)就是著名的 Yule-Walker(Y-W)方程,将式(6-16)变换为

$$0=R_{xx}(m)+\sum_{k=1}^{p}a_kR_{xx}(m-k),\quad m>0 \tag{6-17}$$

从式(6-15)求得输入的白噪声方差为

$$\sigma_\omega^2=R_{xx}(0)+\sum_{k=1}^{p}a_kR_{xx}(-k),\quad m=0 \tag{6-18}$$

将式(6-17)和式(6-18)结合,把该式的下标简化并写成矩阵的形式,可以写成单一的正规矩阵方程:

$$\begin{bmatrix}R(0) & R(-1) & \cdots & R(-p)\\ R(1) & R(0) & \cdots & R(-p+1)\\ \vdots & \vdots & \ddots & \vdots\\ R(p) & R(p-1) & \cdots & R(0)\end{bmatrix}\begin{bmatrix}1\\ a_1\\ \vdots\\ a_p\end{bmatrix}=\begin{bmatrix}\sigma_\omega^2\\ 0\\ \vdots\\ 0\end{bmatrix} \tag{6-19}$$

式(6-19)方程组的系数都是自相关矩阵$[R]_{p+1}$,由于自相差函数是偶对称函数:$R_{xx}(m)=R_{xx}(-m)$,因而自相关矩阵是对称矩阵,与主对角线平行的斜对角线上的元素都是相同的,是$(p+1)\times(p+1)$的维托毕兹(Toeplitz)矩阵,所以存在高效算法,其中应用广泛的有 Levinson-Durbin(L-D)算法。Yule-Walker(Y-W)方程表明,只要已知输出平稳随机信号的自相关函数,就能求出 AR 模型中的参数$\{a_k\}$,并且需要的观测数据较少。

【例 6-2】 已知自回归信号模型 AR(3)为

$$x(n)=\frac{14}{24}x(n-1)+\frac{9}{24}x(n-2)-\frac{1}{24}x(n-3)+\omega(n)$$

式中 $\omega(n)$是具有方差 $\sigma_\omega^2=1$ 的平稳白噪声,求:

(1) 自相关序列 $R_{xx}(m)$,$m=0,1,2,3,4,5$。

(2) 用 a 求出的自相关序列来估计 AR(3)的参数$\{\hat{a}_k\}$,以及输入白噪声的方差 $\hat{\sigma}_\omega^2$ 的大小。

(3) 利用给出的 AR 模型,用计算机仿真给出 32 点观测值 $x(n)=[0.4282\quad 1.1454$

1.5597　1.8994　1.6854　2.3075　2.4679　1.9790　1.6063　1.2804　−0.2083　0.0577　0.0206　0.3572　1.6572　0.7488　1.6666　1.9830　2.6914　1.2521　1.8691　1.6855　0.6242　0.1763　1.3490　0.6955　1.2941　1.0475　0.4319　0.0312　0.5802　−0.6177]，用观测值的自相关序列直接估计AR(3)的参数$\{\hat{a}_k\}$以及输入白噪声的$\hat{\sigma}_\omega^2$。

解：

(1) 已知模型参数$\{a_k\}$，$a_1=-14/24$，$a_2=-9/24$，$a_3=-1/24$，求自相关序列。利用式(6-19)

$$\begin{bmatrix} R(0) & R(-1) & \cdots & R(-p) \\ R(1) & R(0) & \cdots & R(-p+1) \\ \vdots & \vdots & \ddots & \vdots \\ R(p) & R(p-1) & \cdots & R(0) \end{bmatrix} \begin{bmatrix} 1 \\ a_1 \\ \vdots \\ a_p \end{bmatrix} = \begin{bmatrix} \sigma_\omega^2 \\ 0 \\ \vdots \\ 0 \end{bmatrix}$$

把$\{a_k\}$代入，利用自相关函数的偶对称，得到一个4×4的矩阵：

$$\begin{bmatrix} R(0) & R(1) & R(2) & R(3) \\ R(1) & R(0) & R(1) & R(2) \\ R(2) & R(1) & R(0) & R(1) \\ R(3) & R(2) & R(1) & R(0) \end{bmatrix} \begin{bmatrix} 1 \\ -14/24 \\ -9/24 \\ 1/24 \end{bmatrix} = \begin{bmatrix} 1 \\ 0 \\ 0 \\ 0 \end{bmatrix}$$

解线性方程组得

$$R(0)=4.9377,\quad R(1)=4.3287,\quad R(2)=4.1964,\quad R(3)=3.8654$$

利用式(6-17)，即$R_{xx}(m)=-\sum_{k=1}^{p}a_kR_{xx}(m-k)$，$m>0$，可以求出$R(4)$，$R(5)$，…

$$R_{xx}(4)=-\sum_{k=1}^{3}a_kR_{xx}(4-k)=3.6481,$$

$$R_{xx}(5)=-\sum_{k=1}^{3}a_kR_{xx}(5-k)=3.4027$$

当然还可以求出无穷多的自相关序列值。

(2) 已知自相关序列值，估计3阶AR模型的参数$\{\hat{a}_k\}$以及$\hat{\sigma}_\omega^2$。利用式(6-19)得到矩阵：

$$\begin{bmatrix} R(0) & R(1) & R(2) & R(3) \\ R(1) & R(0) & R(1) & R(2) \\ R(2) & R(1) & R(0) & R(1) \\ R(3) & R(2) & R(1) & R(0) \end{bmatrix} \begin{bmatrix} 1 \\ \hat{a}_1 \\ \hat{a}_2 \\ \hat{a}_3 \end{bmatrix} = \begin{bmatrix} \hat{\sigma}_\omega^2 \\ 0 \\ 0 \\ 0 \end{bmatrix} \tag{6-20}$$

解线性方程组得

$$\hat{a}_1=-14/24,\quad \hat{a}_2=-9/24,\quad \hat{a}_3=1/24,\quad \hat{\sigma}_\omega^2=1$$

可以发现对AR模型参数是无失真的估计，因为已知AR模型，可以得到完全的输出观测值，因而求得的自相关函数没有失真，当然也就可以不失真地估计。

(3) 利用给出的32点观测值，先求自相关序列(按照自相关定义$R_{xx}(m)=\frac{1}{n}n\sum_{i=1}^{3}x_iX_{i+m}$计算)，由于偶对称，只给出$m=1,2,\cdots,31$的$R_{xx}(m)=[$1.9271　1.6618

1.5381 1.3545 1.1349 0.9060 0.8673 0.7520 0.8058 0.8497 0.8761 0.9608 0.8859 0.7868 0.7445 0.6830 0.5808 0.5622 0.5134 0.4301 0.3998 0.3050 0.2550 0.1997 0.1282 0.0637 0.0329 −0.0015 −0.0089 −0.0143 −0.0083]。

把前4个相关序列值代入矩阵(6-20)求得估计值

$$\hat{a}_1=-0.6984,\quad \hat{a}_2=-0.2748,\quad \hat{a}_3=0.0915,\quad \hat{\sigma}_\omega^2=0.4678$$

与真实AR模型的参数误差为：$e_1=0.1151$，$e_2=0.1002$，$e_3=0.0498$，原因在于我们只有一部分的观测数据，使得自相关序列值与理想的完全不同。输入信号的方差误差比较大：$e_\sigma=0.5322$，造成的原因比较多，计算机仿真的白噪声由于只有32点长，32点序列的方差不可能刚好等于1。给出一段观测值求AR模型参数这样的直接解方程组，阶数越高时直接解方程组计算就越复杂，因而要用特殊的算法使得计算量减小且精确度高。

2. Y-W方程的解法——L-D算法

在求解例6-2时要得到更精确的估计值，就要建立更高阶的AR模型，直接用观测值的自相关序列来求解Y-W方程计算量太大，因此把AR模型和预测系统联系起来，换个方法来估计参数。

从AR模型的时域表达式 $x(n)=\omega(n)-\sum_{k=1}^{p}a_k x(n-k)$，知道模型的当前输出值与它过去的输出值有关。预测是推断一个给定序列的未来值，即利用信号前后的相关性来估计未来的信号值。

若序列的模型已知而用过去观测的数据来推求现在和未来的数据称为前向预测器，表示为

$$\hat{x}(n)=-\sum_{k=1}^{m}a_m(k)x(n-k) \tag{6-21}$$

式中，$\{a(k)\}$，$k=1,2,\cdots,m$，代表 m 阶预测器的预测系数，负号是为了与技术文献保持一致。显然，预测出来的结果与真实的结果存在预测误差或前向预测误差，设误差为 $e(n)$

$$e(n)=x(n)-\hat{x}(n)=x(n)+\sum_{k=1}^{m}a_m(k)x(n-k) \tag{6-22}$$

把 $e(n)$ 看成是系统的输出，$x(n)$ 看成是系统的输入，得到系统的函数。

$$\frac{E(z)}{X(z)}=1+\sum_{k=1}^{m}a_m(k)z^{-k} \tag{6-23}$$

假如 $m=p$，且预测系数和AR模型参数相同，把预测误差系统框图和AR模型框图给出，如图6-2所示，即有 $w(n)=e(n)$，即前向预测误差系统中的输入为 $x(n)$，输出为预测误差 $e(n)$ 等于白噪声。也就是说，前向预测误差系统对观测信号起了白化的作用。由于AR模型和前向预测误差系统有着密切的关系，两者的系统函数互为倒数，所以求AR模型参数就可以通过求预测误差系统的预测系数来实现。

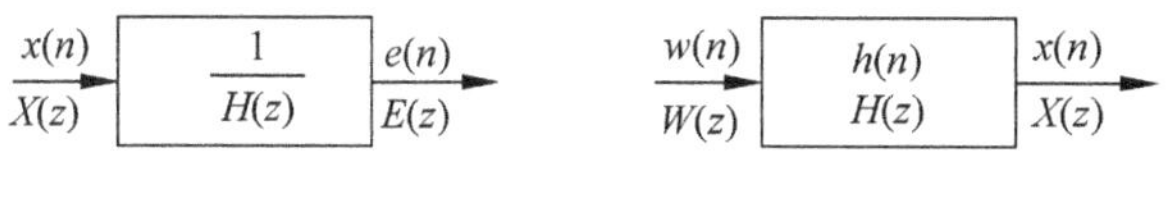

$x(n)$, $X(z)$ → [$\frac{1}{H(z)}$] → $e(n)$, $E(z)$　　　$w(n)$, $W(z)$ → [$h(n)$, $H(z)$] → $x(n)$, $X(z)$

图6-2 预测误差系统和AR模型

对式(6-22)求预测误差均方值

$$E[e^2(n)]=E\Big[\Big(x(n)+\sum_{k=1}^{m}a_m(k)x(n-k)\Big)^2\Big]$$
$$=R_{xx}(0)+2\Big[\sum_{k=1}^{m}a_m(k)R_{xx}(k)\Big]$$
$$+\sum_{k=1}^{m}\sum_{l=1}^{m}a_m(l)a_m(k)R_{xx}(l-k) \tag{6-24}$$

要使得均方误差最小,将式(6-24)右边对预测系数求偏导并且等于零,得到 m 个等式

$$R_{xx}(l)=-\sum_{k=1}^{m}a_m(k)R_{xx}(l-k),\quad l=1,2,\cdots,m \tag{6-25}$$

将式(6-25)代入式(6-24),求得最小均方误差

$$E_m[e^2(n)]=R_{xx}(0)+\sum_{k=1}^{m}a_m(k)R_{xx}(k) \tag{6-26}$$

或

$$E_p[e^2(n)]=R_{xx}(0)+\sum_{k=1}^{p}a_kR_{xx}(k) \tag{6-27}$$

$$a_k=a_m(k),\quad m=p \tag{6-28}$$

也就是 p 阶预测器的预测系数等于 p 阶 AR 模型的参数,由于 $w(n)=e(n)$,所以最小均方预测误差等于白噪声方差,即 $E_p[e^2(n)]=\sigma_\omega^2$。

有了上面的知识后,我们回来看怎样估计 AR 模型参数,也即要估计参数$\{a_k,p,\sigma_\omega^2\}$,这里介绍应用广泛的 L-D 算法。L-D 算法的基本思想就是根据 Y-W 方程式或式(6-25)、式(6-26)、式(6-27),以及自相关序列的递推性质,其算法就是模型阶数逐渐加大的一种算法,先计算阶次 $m=1$ 时的预测系数$\{a_m(k)\}=a_1(1)$和 $\sigma_{\omega1}^2$,然后计算 $m=2$ 时的$\{a_m(k)\}=a_1(1),a_2(1)$以及 $\sigma_{\omega2}^2$,一直计算到 $m=p$ 阶时的 $a_p(1),a_p(2),\cdots a_p(p)$以及 $\sigma_{\omega p}^2$。这种递推算法的特点是,每一阶次参数的计算是从低一阶次的模型参数推算出来的,既可减少工作量又便于寻找最佳的阶数值,满足精度时就停止递推。

例如,按照式(6-25)、式(6-26),取 $m=1$,代入,简化下标,则有

$$\begin{cases}R(1)=-a_1(1)R(0) & (1)\\ E_1=R(0)+a_1(1)R(1) & (2)\end{cases} \tag{6-29}$$
$$\Rightarrow\quad \sigma_{\omega1}^2=E_1=R(0)[1-a_1^2(1)]$$

$m=2$,

$$\begin{cases}R(1)=-a_2(1)R(0)-a_2(2)R(1)\\ R(2)=-a_2(1)R(1)-a_2(2)R(0)\end{cases} \tag{6-30}$$

将式(6-29)的(1)代入式(6-30)得到

$$\begin{cases}a_2(1)=\dfrac{-R(1)-a_2(2)R(1)}{R(0)}=a_1(1)+a_2(2)a_1(1) & (1)\\ a_2(2)=-\dfrac{R(2)+a_2(1)R(1)}{R(0)}=-\dfrac{R(2)+[a_1(1)+a_2(1)a_1(1)]R(1)}{R(0)} & (2)\end{cases} \tag{6-31}$$

$$\Rightarrow a_2(1)=-\frac{R(2)+a_1(1)R(1)}{R(0)+a_1(1)R(1)}=-\frac{R(2)+a_1(1)R(1)}{E_1}$$

根据式(6-27),估计的方差为

$$\begin{aligned}E_2 &= R(0)+a_2(1)R(1)+a_2(2)R(2)\\ &= R(0)+a_2(1)R(1)+a_2(2)[-a_2(1)R(1)-a_2(2)R(0)]\end{aligned}$$

将式(6-31)的(1)代入

$$\begin{aligned}E_2 &= R(0)+a_2(1)[1-a_2(2)]R(1)-a_2^2(2)R(0)\\ &= R(0)+a_1(1)[1+a_2(2)][1-a_2(2)]R(1)-a_2^2(2)R(0)\\ &= [1-a_2^2(2)][R(0)+a_1(1)R(1)]=[1-a_2^2(2)]E_1\end{aligned} \tag{6-32}$$

这样递推下去,可以得到预测系数和均方误差估计的通式

$$\begin{cases}a_m(k)=a_{m-1}(k)+a_m(m)a_{m-1}(m-k) & (1)\\ a_m(m)=-\dfrac{R(m)+\sum\limits_{k=1}^{m-1}a_{m-1}(k)R(m-k)}{E_{m-1}} & (2)\\ E_m=\sigma_{\omega n}^2=[1-a_m^2(m)]E_{m-1}=R(0)\prod\limits_{k=1}^{m}[1-a_k^2(k)] & (3)\end{cases} \tag{6-33}$$

式中 $a_m(m)$ 称为反射系数,从式(6-33)知道整个迭代过程需要已知自相关函数,给定初始值 $E_0=R(0)$,$a_0(0)=1$,以及 AR 模型的阶数 p,就可以进行估计了。

L-D 算法的优点就是计算速度快,求得的 AR 模型必定稳定,且均方预测误差随着阶次的增加而减小(见式(6-33)的(3))。L-D 算法的缺点是,由于在求自相关序列时,假设除了观测值之外的数据都为零,必然会引入较大误差。

【例 6-3】 已知自回归信号模型 AR(3)为

$$x(n)=\frac{14}{24}x(n-1)+\frac{9}{24}x(x-2)-\frac{1}{24}x(n-3)+\omega(n)$$

式中 $\omega(n)$ 是具有方差 $\sigma_\omega^2=1$ 的平稳白噪声,利用给出的 AR 模型,用计算机仿真给出 32 点观测值 $x(n)$=[0.4282 1.1454 1.5597 1.8994 1.6854 2.3075 2.4679 1.9790 1.6063 1.2804 −0.2083 0.0577 0.0206 0.3572 1.6572 0.7488 1.6666 1.9830 2.6914 1.2521 1.8691 1.6855 0.6242 0.1763 1.3490 0.6955 1.2941 1.0475 0.4319 0.0312 0.5802 −0.6177],用 L-D 算法来估计 AR(3)的参数$\{\hat{a}_k\}$以及输入白噪声的方差 $\hat{\sigma}_\omega^2$。

解:

步骤 1:

利用给出的 32 点观测值,先求自相关序列,由于偶对称,只给出 $m=1,2,\cdots,31$ 的 $R_{xx}(m)$=[1.9271 1.6618 1.5381 1.3545 1.1349 0.9060 0.8673 0.7520 0.8058 0.8497 0.8761 0.9608 0.8859 0.7868 0.7445 0.6830 0.5808 0.5622 0.5134 0.4301 0.3998 0.3050 0.2550 0.1997 0.1282 0.0637 0.0329 −0.0015 −0.0089 −0.0143 −0.0083]。

步骤 2:

初始化:

$$E_0=R_{xx}(0)=1.9271,\quad a_0=1$$

步骤 3：

根据式(6-33)计算

$$m=1:\begin{cases}a_1(1)=\dfrac{R(1)}{E_0}=-\dfrac{1.6618}{1.9271}=-0.8623\\E_1=R(0)[1-a_1^2(1)]=0.4942\end{cases}$$

$$m=2:\begin{cases}a_2(2)=\dfrac{R(2)+a_1(1)R(1)}{E_1}=-0.2127\\a_2(1)=a_1(1)[1+a_2(2)]=-0.6789\\E_2=E_1[1-a_2^2(2)]=0.4718\end{cases}$$

$$m=3:\begin{cases}a_3(3)=\dfrac{R(3)+a_2(1)R(2)+a_2(2)R(1)}{E_2}=-0.2127\\a_3(2)=a_2(2)+a_3(3)a_2(1)=-0.2748\\a_3(1)=a_2(1)+a_3(2)a_2(2)=-0.6983\\E_3=E_2[1-a_3^2(3)]=0.4679\end{cases}$$

因而，当 $p=3$ 时，估计到的 AR 模型参数为$\hat{a}_1=-0.6983$，$\hat{a}_2=-0.2748$，$\hat{a}_3=0.0914$，估计的输入信号的方差为 $\hat{\sigma}_w^2=E_3=0.4679$。和例 6-2 的第三点结果其中一致，误差分析也一样。当要计算的阶数比较高时，可以利用递推程序来实现。

MATLAB 有专门的函数实现 L-D 算法的 AR 模型参数估计：[a, E]=aryule(x, p)，输入 x 表示观测信号，输入 p 表示要求的阶数，输出参数 a 表示估计的模型参数，E 表示噪声信号的方差估计。例如本题用该函数计算结果为

```
[a e] = aryule(x,3)
a =
     1.0000      - 0.6984      - 0.2748      0.0915
e =       0.4678
```

这里 a 的第一个值等于 1，指的是 a_0，依次是$\hat{a}_1$，$\hat{a}_2$，$\hat{a}_3$。

假如用更高阶的 AR 模型来估计：

```
>> [a e] = aryule(x,12)
a =
  Columns 1 through 9
 1.0000  - 0.6703  - 0.3254  - 0.0793  0.1407  0.3676  - 0.2451  0.0483  - 0.0912
  Columns 10 through 13
  - 0.0522  0.0515  0.0186  - 0.0955
e =      0.3783
```

e =0.3783 表明阶数越高，均方误差越来越小。

给定观测序列后很容易用 L-D 算法进行 AR 模型参数的估计。下面简单介绍如何确定阶数，以及 L-D 算法存在的缺点如何克服。

3. AR 模型参数估计的各种算法的比较和阶数的选择

为了克服 L-D 算法导致的误差，1968 年 Burg 提出了 Burg 算法，其基本思想是对观测的数据进行前向和后向预测，然后让两者的均方误差之和为最小作为估计的准则，用

以估计反射系数，进而通过 L-D 算法的递推公式求出 AR 模型参数。Burg 算法的优点是，求得的 AR 模型是稳定的，且拥有较高的计算效率，但递推还是用 L-D 算法，因此仍然存在明显的缺点。

MATLAB 中有专门的函数实现 Burg 算法的 AR 模型参数估计：[a e]=arburg(x, p)。例如例 6-3 用 Burg 算法的结果为

```
>> [a e] = arburg(x,3)
a =     1.0000     - 0.6982     - 0.2626     0.0739
e =     0.4567
```

而 a 的结果与 L-D 算法结果略有不同，$\hat{a}_3$ 估计得更精确些。

高阶模型也是一样计算：

```
[a e] = arburg(x,12)
a =
  Columns 1 through 9
   1.0000  - 0.6495  - 0.3066  - 0.0934  0.0987  0.4076  - 0.1786  - 0.0126  - 0.0805
  Columns 10 through 13
  - 0.0899   0.0382   0.1628   - 0.2501
e =     0.3237
```

1980 年，Marple 在前人的基础上提出一种高效算法。Marple 算法也称不受约束的最小二乘法(LS)。该算法的思想是：让每一个预测系数的确定直接与前向、后向预测的总的平方误差最小，这样预测系数就不能由低一阶的系数递推确定了，所以不能用 L-D 算法求解。实践表明，该算法比 L-D、Burg 算法优越。该算法是从整体上选择所有的模型参数达到总的均方误差最小，与自适应算法类似，缺点是该算法不能保证 AR 模型的稳定性。

AR 模型的阶数选择不同得到的模型也不同，效果相差较大，因而如何选择阶数很重要。因此，国内外学者在这方面都做了许多研究工作，其中基于均方误差最小的最终预测误差(Final Predidyion Error，FPE)准则是确定 AR 模型阶次比较有效的准则。

最终预测误差准则定义为：给定观测长度为 N，从某个过程的一次观测数据中估计到了预测系数，然后用该预测系数构成的系统处理另一次观察数据，则有预测均方误差，该误差在某个阶数 p 时为最小，其表达式为

$$\mathrm{FPE}(p) = \hat{\sigma}_{\omega p}^{2}\left(\frac{N+p+1}{N-p-1}\right) \tag{6-34}$$

式(6-34)中估计的方差随着阶数的增加而减小，而括号内的值随着 p 的增加而增加，因而能找到最佳的 p_{opt}，使得 FPE 最小。

6.2.3 线性预测方法

1. 线性预测函数 lpc

线性预测方法用于函数 lpc(AR 模型)的参数估计。假设一个信号的每个输出样本 $x(k)$是过去 n 个样本的线性组合，即

$$x(k)=-a(2)x(k-1)-a(3)x(k-2)-\cdots-a(n+1)x(k-a) \tag{6-35}$$

在 MATLAB 中,可以用函数 lpc 实现对该系统全极点模型系数进行估计,调用格式为

[a g]=lpc(x, n)

其中:x 是要建模的信号;n 为模型的阶数;在返回值中,a 为全极点 IIR 滤波器系数;g 为滤波器的增益。如果不指定 n,则 lpc 使用默认值 n=length(x)−1。

【例 6-4】 试用一个 3 阶前向预测器来估计数据级数,并与最初的信号进行比较。

```
%首先,需要产生一批数据,用白噪声驱动自回归模型,并用 AR 输出最后 4096 点数据
randn('state',0);
noise = randn(50000,1);                   %正态高斯白噪声
x = filter(1,[1 1/2 1/3 1/4],noise);
x = x(45904:50000);
%调用线性预测函数 lpc,计算预测系数,并估算预测误差以及预测误差的自相关
a = lpc(x,3);
est_x = filter([0 -a(2:end)],1,x);        %信号估算
e = x - est_x;                            %预测误差
[acs,lags] = xcorr(e,'coeff');            %预测误差的 ACS
%比较预测信号和原始信号,如图 6-3 所示
plot(1:97,x(4001:4097),1:97,est_x(4001:4097),'--');
title('Original Signal vs.LPC Estimate');
xlabel('Sample Number');ylabel('Amplitude');
grid on;
legend('Original Signal','LPC Estimate');
%分析预测误差的自相关,如图 6-4 所示
plot(lags,acs);
title('Autocorrelation of the Prediction Error');
xlabel('Lags');
ylabel('Normalized Value');
grid on;
```

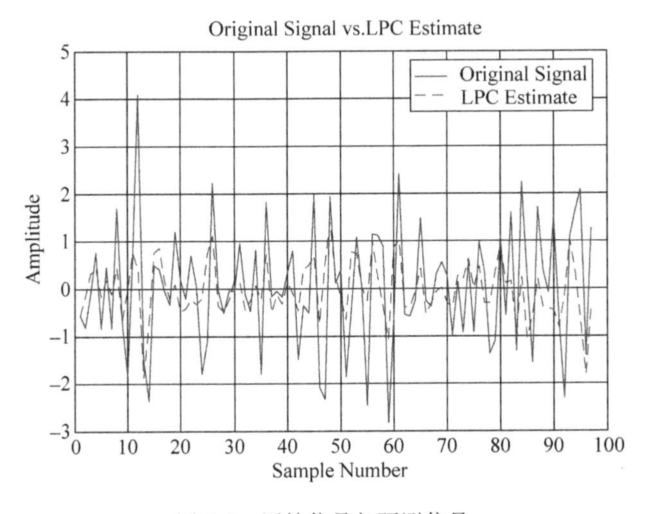

图 6-3　原始信号与预测信号

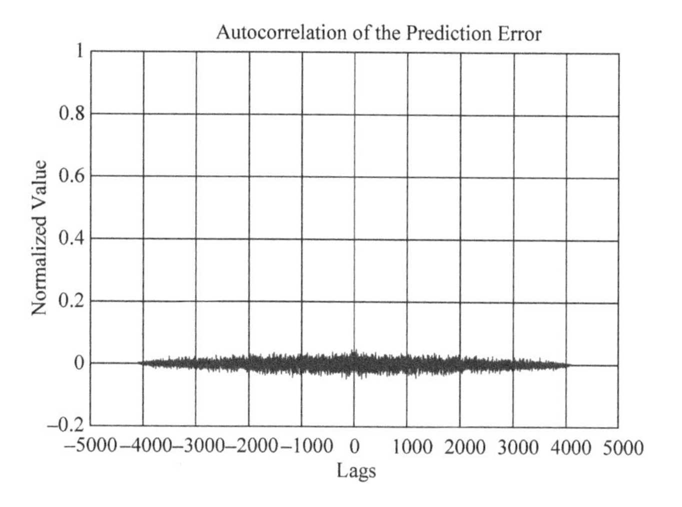

图 6-4 预测误差的自相关

2. Prony 法(ARMA 模型)

Prony 方法用于时域 IIR 滤波器设计,用指定数量的极点和零点为信号序列建模。MATLAB 信号处理工具箱提供了函数 prony,其调用格式为

[b, a]=prony(h, n, m)

其中,参数 n 和 m 分别表示滤波器的分子阶数和分母阶数;h 是时域的脉冲响应序列,如果 h 的长度小于 n 和 m 的最大值,h 将用零填补。调用后,返回滤波器系数向量 a 和 b,长度分别为 n+1 和 m+1。滤波器系数在 z 域中按降序排列

$$H(z)=\frac{B(z)}{A(z)}=\frac{b(1)+b(2)z^{-1}+\cdots+b(n+1)z^{-n}}{a(1)+a(2)z^{-1}+\cdots+a(n+1)z^{-m}} \tag{6-36}$$

当然,返回的滤波器不一定稳定,但是如果数据序列是一个给定阶数的自回归滑动平均过程,则 Prony 方法有可能精确地恢复出系数。

【例 6-5】 建立一个 4 阶巴特沃斯原始滤波器,并从脉冲响应巴特沃斯过滤器中恢复出它的系数。

其实现的 MATLAB 程序代码如下:

```
>> [b,a] = butter(4,0.2)
b =
    0.0048    0.0193    0.0289    0.0193    0.0048
a =
    1.0000   - 2.3695    2.3140   - 1.0547    0.1874
>> h = filter(b,a,[1 zeros(1,25)]);
>> [bb,aa] = prony(h,4,4)
bb =
    0.0048    0.0193    0.0289    0.0193    0.0048
aa =
    1.0000   - 2.3695    2.3140   - 1.0547    0.1874
```

以上结果表明,用函数 prony 所建立的新滤波器脉冲和原始滤波器 h 完全吻合。

3. Steiglitz-McBride 法

对于系统函数如式：

$$H(z)=\frac{B(z)}{A(z)}=\frac{b(1)+b(2)z^{-1}+\cdots+b(nb+1)z^{-nb}}{a(1)+a(2)z^{-1}+\cdots+a(na+1)z^{-na}} \tag{6-37}$$

利用 Steiglitz-McBride 迭代法（ARMA 模型）进行建模，将使系统 $H(z)$ 的脉冲响应 x' 和输入信号 x 的均方误差最小。

在 MATLAB 信号处理工具箱中，可以使用函数 stmcb 来计算一个线性模型，其调用格式为

[b,a]=stmcb(h, nb, na)

[b, a]=stmcb(y, x, nb, na)

[b, a]=stmcb(h, nb, na, niter)

[b, a]=stmcb(y, x, nb, na, niter)

[b,a]=stmcb(h, nb, na, niter, ai)

[b, a]=stmcb(y, x, nb, na, niter, ai)

【例 6-6】 建立一个 6 阶巴特沃斯脉冲响应滤波器，并利用 stmcb 函数对该滤波器进行预测。

```
%建立一个 6 阶巴特沃斯脉冲响应滤波器，其幅频 - 相频特性如图 6-5 所示
[b,a] = butter(6,0.2);
h = filter(b,a,[1 zeros(1,100)]);
freqz(b,a,128);
%利用 stmcb 函数进行预测，如图 6-6 所示
[bb,aa] = stmcb(h,4,4);
freqz(bb,aa,128);
```

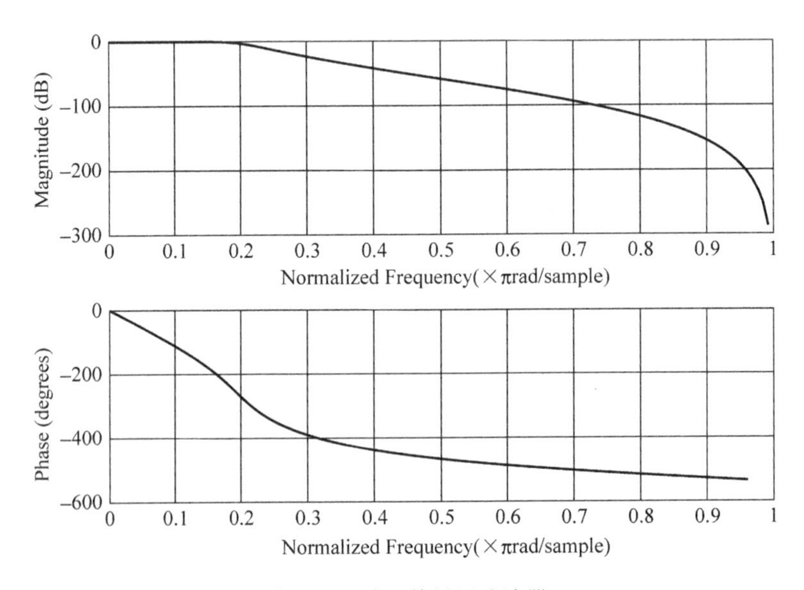

图 6-5　6 阶巴特沃思滤波器

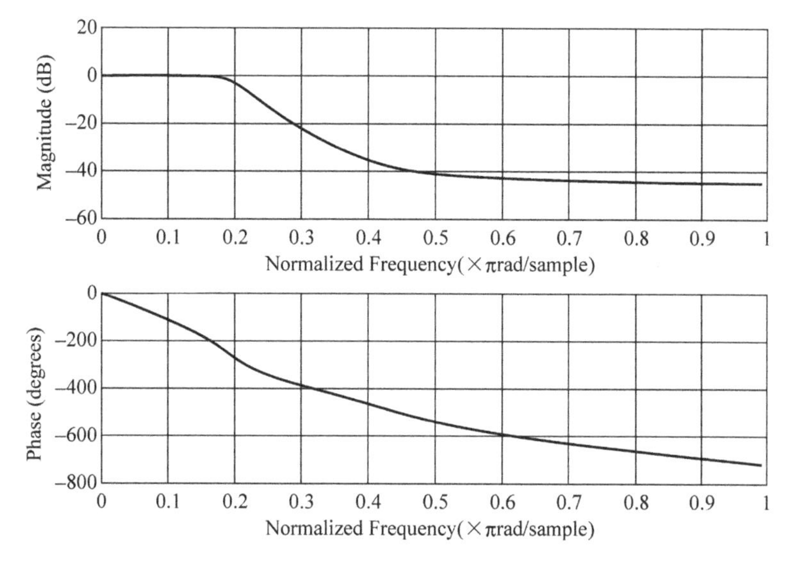

图 6-6 stmcb 预测的滤波器特性

此外，也可以利用 stmcb 函数，对给定输出和输入序列的系统进行估计识别。例如，存在某系统，其输入序列为 x=[1 1 1 1]，通过系统滤波器后，输出为 y，即

```
>> y = filter(1,[1 1],x);                    % 产生输出信号
```

利用 stmcb 函数对系统进行识别，有

```
>> [b,a] = stmcb(y,x,0,1)
b =      1.0000
a =
      1     1
```

可见，stcmb 正确识别了由 x 输出 y 的系统，得到的参数与 filter 中的参数相同。

【例 6-7】 比较函数 lpc、prony 及 stmcb 的效果，计算出每种情况下的信号误差。

```
>> randn('seed',0);
aa = [1 0.1 0.1 0.1 0.1];
bb = 1;
x = impz(bb,aa,10) + randn(10,1)/10;
a1 = lpc(x,3);
[b2,a2] = prony(x,3,3);
[b3,a3] = stmcb(x,3,3);
[x - impz(1,a1,10) x - impz(b2,a2,10) x - impz(b3,a3,10)]
```

运行程序输出如下：

```
ans =
      0.1165         0      0.0000
     - 0.0058         0    - 0.0190
     - 0.0535    0.0000      0.0818
      0.0151    0.0000    - 0.0176
```

```
  -0.1473   -0.1143   -0.0476
   0.2005    0.1897    0.0869
   0.0233    0.0154   -0.0103
   0.1901    0.1669   -0.0093
   0.0275    0.0251    0.0294
   0.0808    0.0751    0.0022
>> sum(ans.^2)
ans =
   0.1226    0.0834    0.0182
```

对于给定阶次的 IIR 滤波器，最终的结果显示 stmcb 执行效果最好，prony 次之，lpc 最差。

6.3 频域建模

6.3.1 模拟滤波器的频域建模

模拟波滤器传递函数的一般形式为

$$H(z)=\frac{B(z)}{A(z)}=\frac{b(1)s^{nb}+b(2)s^{nb-1}+\cdots+b(nb+1)}{a(1)s^{na}+a(2)s^{na-1}+\cdots+a(na+1)} \tag{6-38}$$

MATLAB 信号处理工具箱提供了 invfreqs 函数用于对给定的频率响应数据求形如式(6-38)的模拟滤波器传递函数，调用格式为

[b,a] = invfreqs(h,w,n,m)

[b,a] = invfreqs(h,w,n,m,wt)

[b,a] = invfreqs(h,w,n,m,wt,iter)

[b,a] = invfreqs(h,w,n,m,wt,iter,tol)

[b,a] = invfreqs(h,w,n,m,wt,iter,tol,'trace')

[b,a] = invfreqs(h,w,'complex',n,m,…)

若已知复频率响应的幅值向量 mag 和相位向量 phase，在 MATLAB 中要采用 h= mag.*exp(j*phase)将其复合为复数形式。

如下的语句用来从一个简单的数字滤波器的频率响应中恢复出原始滤波器的系数：

```
a = [1 2 3 2 1 4]; b = [1 2 3 2 3];          %滤波器的初始模型
[h,w] = freqs(b,a,64);                      %计算频率响应
[bb,aa] = invfreqs(h,w,4,5)                 %频域建模
bb =
    1.0000    2.0000    3.0000    2.0000    3.0000
aa =
    1.0000    2.0000    3.0000    2.0000    1.0000    4.0000
[bbb,aaa] = invfreqs(h,w,4,5,[],30)
bbb =
    0.6816    2.1015    2.6694    0.9113   -0.1218
aaa =
    1.0000    3.4676    7.4060    6.2102    2.5413    0.0001
```

6.3.2 数字滤波器的频域建模

数字滤波器传递函数的一般形式为

$$H(z)=\frac{B(z)}{A(z)}=\frac{b(1)+b(2)z^{-1}+\cdots+b(nb+1)z^{-nb}}{a(1)+a(2)z^{-1}+\cdots+a(na+1)z^{-na}} \tag{6-39}$$

MATLAB 信号处理工具箱提供了 invfreqz 函数用于对给定的频率响应数据求形如式(6-39)的数字滤波器的传递函数，调用格式为

[b,a] = invfreqz(h,w,n,m)

[b,a] = invfreqz(h,w,n,m,wt)

[b,a] = invfreqz(h,w,n,m,wt,iter)

[b,a] = invfreqz(h,w,n,m,wt,iter,tol)

[b,a] = invfreqz(h,w,n,m,wt,iter,tol,'trace')

[b,a] = invfreqz(h,w,'complex',n,m,…)

函数 invfreqs 和 invfreqz 利用等误差方法由给定的频率响应数据来辨识最佳模型，当 iter 缺省时，函数利用下面的算法：

$$\min_{b,a}\sum_{k=1}^{n}wt(k)\mid h(k)A(w(k))-B(w(k))\mid^2 \tag{6-40}$$

式中：$A(w(k))$和 $B(w(k))$分别表示多项式 a、b 在频率 $w(k)$处的傅里叶变换；wt 为权系数向量；n 为频率点数(h 和 w 的长度)。这种算法不能保证辨识模型的稳定性。当迭代次数 iter 确定后，函数用输出误差迭代算法进行运算

$$\min_{b,a}\sum_{k=1}^{n}wt(k)\left|h(k)-\frac{A(w(k))}{B(w(k))}\right|^2 \tag{6-41}$$

这样可保证辨识模型的稳定性，且提高了辨识模型的精度。

为使用这一算法，需要在权向量参数之后指定迭代次数。此算法的滤波结果总是稳定的。看下面的 MATLAB 示例。

```
[b,a] = butter(4,0.4);                %设计一个4阶巴特沃斯低通滤波器,归一化转换频率为0.4
[h,w] = freqz(b,a,64);
wt = ones(size(w));
[bbb,aaa] = invfreqz(h,w,3,3,wt,30)         %30次迭代
bbb =
    0.0464     0.1829     0.2572     0.1549
aaa =
    1.0000    - 0.8664     0.6630    - 0.1614
```

用频率响应的图像比较以上两种算法和原始巴特沃斯滤波器的结果，如图 6-7 所示。

```
[b,a] = butter(4,0.4);               %设计一个4阶巴特沃斯低通滤波器,归一化转换频率为0.4
[h,w] = freqz(b,a,64);                      %计算频率响应
[bb,aa] = invfreqz(h,w,3,3);                %频域建模 nb = 3,na = 3
wt = ones(size(w));
[bbb,aaa] = invfreqz(h,w,3,3,wt,30);        %30次迭代
[H1,W1] = freqz(b,a);
```

```
[H2,W2] = freqz(bb,aa);
[H3,W3] = freqz(bbb,aaa);
plot(W1/pi,abs(H1),W2/pi,abs(H2),':',W3/pi,abs(H3),'-.');
legend('原始滤波器','第一个估计','第二个估计');
grid on;
>> fvtool(b,a,bb,aa,bbb,aaa);
```

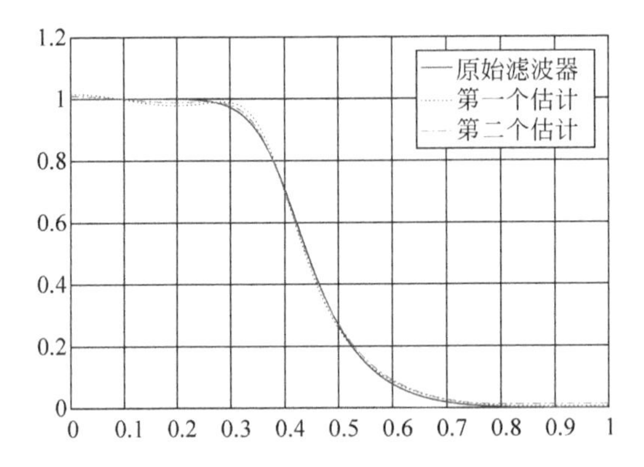

图 6-7　频率域模型参数估计的频率响应比较

使用 FVTool 工具(选择 Analysis 菜单下的 Magnitude and Phase Responses 选项，并选中 View 菜单下的 Legend 选项)来比较以上两种算法和原始巴特沃斯滤波器的结果，如图 6-8 所示。

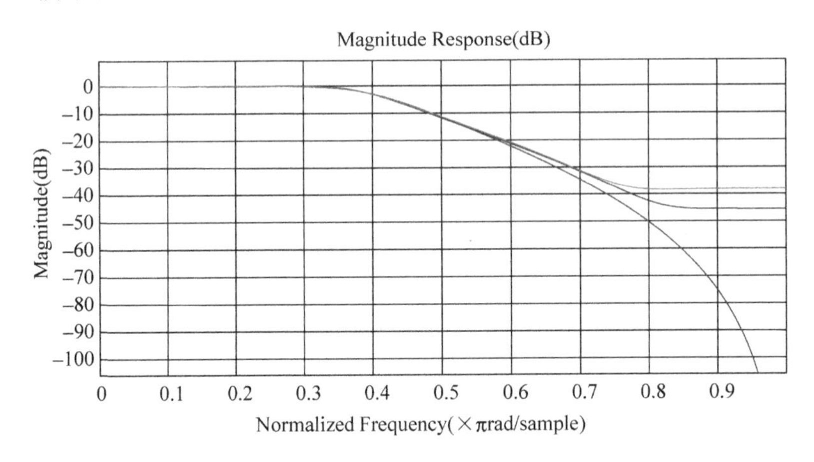

图 6-8　频率域模型参数估计的幅度和相位响应比较

如果要定量比较估计 1 和估计 2 的效果，可按如下操作：

```
sum(abs(h - freqz(bb,aa,w)).^2)          % 算法 1 的总误差
sum(abs(h - freqz(bbb,aaa,w)).^2)        % 算法 2 的总误差
```

运行程序输出如下：

```
ans =      0.0200
ans =      0.0096
```

第7章 通信系统设计的MATLAB实现

7.1 设计通信系统的发射机

1. 利用直接序列扩频技术设计发射机

直接序列扩频通信系统的发射机如图 7-1 所示。

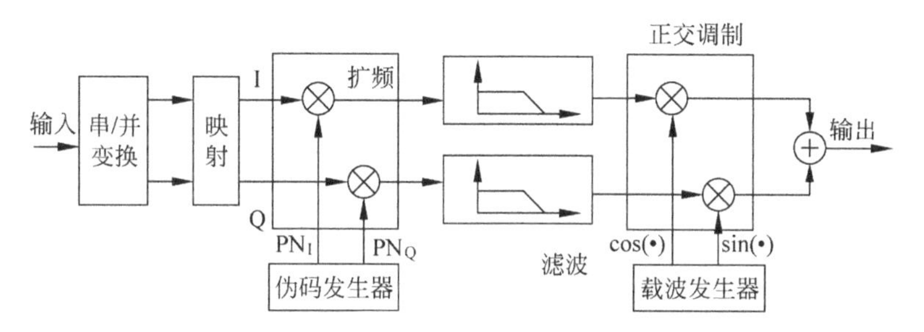

图 7-1 扩频通信系统发射机框图

1）串/并变换

本节采用正交调制方式，所以要进行串/并变换分成 I、Q 两路，同时为了消除相位模糊，可以加入差分编码。

2）映射

差分编码后出来的 I 路和 Q 路数据是由 0 和 1 组成的，需要把 I 路和 Q 路数据联合映射到星座图上的点。

3）扩频

将 I、Q 两路数据分别与伪码产生器的伪码相乘，得到的新的数据速率为伪码速率的二进制基带数据，达到扩展频谱的作用。

4）滤波

数字信号在传输时需要一定的带宽。为了经济地利用频带资源，我们希望信号占用的频带尽可能窄，并且频谱间不应引起码间干扰(ISI)，这就需要对数字信号进行频谱成型滤波。

5）正交调制

I 路和 Q 路信号分别与两个正交的载波信号相乘，将频谱搬移到便于传输的中频段，再将两者相加。

2. 利用 IS-95 前向链路技术设计发射机

在 IS-95 CDMA 系统中,信号在信道中是以帧的形式来传送的,帧结构随着信道种类的不同和数据率的不同而变化。

图 7-2 所示是前向业务信道的帧结构。其中,F 表示循环冗余检验帧质量指标器;T 表示编码器拖尾位。传输速率为 9600bps,在 20ms 的帧持续时间内可以发送 192bit。这 192bit 由 172bit 信息位、12bit 帧质量指示位和 8bit 编码拖尾位组成。帧质量指标比特就是奇偶检验比特,应用于循环冗余编码的系统检错方案中。

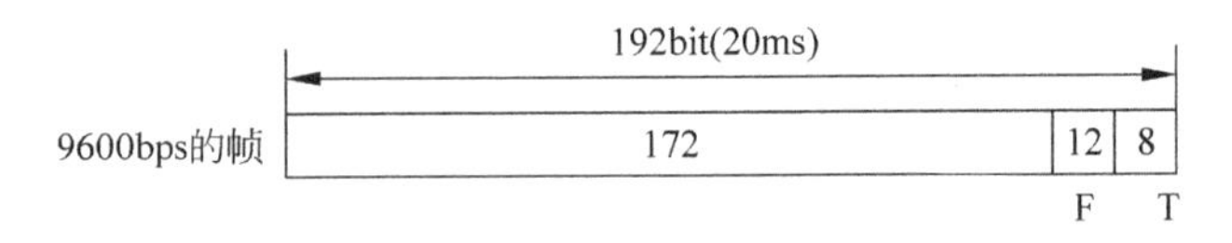

图 7-2 前向业务信道 9600bps 的帧结构

根据 IS-95 前向业务信道结构框图,发射机部分所采用的系统设计框图如图 7-3 所示。

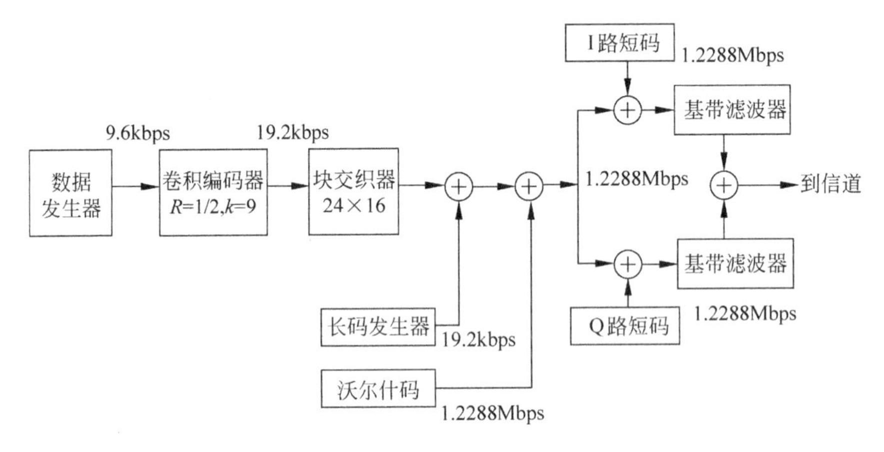

图 7-3 发射机系统框图

1) 卷积编码

卷积码是将发送的信息序列通过一个线性的、有限状态的移位寄存器产生的。通常,该移位寄存器由 k 级(每级 k bit)和 n 个线性的代数函数构成。二进制数据移位输入到编码器,沿着移位寄存器每次移动 k bit。每一个 k bit 的输入序列对应一个 n bit 的输出序列。因此其编码效率定义为 $R_c=k/n$。参数 k 称为卷积码的约束长度。

从 IS-95 前向链路业务信道图中可以看出,前向链路使用的卷积编码率为 1/2,约束长度 $k=9$。IS-95 规定了产生这种码的编码器。这种码的生成函数为

$$g_0 = (111101011) = (753)_0$$

$$g_1 = (101110001) = (561)_0$$

对输入到编码器的每个数据位,生成两个码符号。这些码符号应由生成函数 g_0 编码的码符号 c_0 先输出,由生成函数 g_1 编码的码符号 c_1 后输出。初始化时,卷积编码器

应该是全零状态。初始化后的第一个码符号应该由生成函数 g_0 编码。

2）块交织

交织常与编码或重复相结合，是一种防止突发错误的时间分集形成。符号在进入突发信道之前被改变顺序或进行交织。如果传送时发生突发错误，恢复原序就可以在时间上分散信号。如果交织器设计良好，那么错误将会随机交织，用编码的技术就更容易纠正。

最常用的交织技术有两类：最常见的类型是块交织，这种方式常在数据分块分帧的情况下使用，如IS-95系统；另一种卷积交织是对连续数据流来说比较实用的类型。块交织很容易实现，而卷积交织有很好的性能。

一个(I,J)的块交织器可以被看作一个 I 行 J 列的存储矩阵。数据按列写入，按行读出。符号从矩阵的左上角开始写入，从右下角开始读出。连续的数据处理要求有两个矩阵：一个用于数据写入，另一个用于数据读出。解交织过程也要求有两个矩阵，用于反转交织过程。

3）数据加扰

无线通信的一个主要问题是任何传输都可被窃听者轻易地获得。为了加强IS-95传输的保密性，加扰过程将一串密码加到外发数据上。编码过程由称为长码的密钥来完成。只有知道正确的随机数初始值，接收机才能重建长码并解密消息。

长PN码序列的速率为1.2288Mbps，通过对每64个PN码片进行一次采样，速率降低为19.2kbps。长PN码是用42阶移位寄存器来产生的，周期是 $2^{42}-1\approx4.4\times10^{12}$ 码片（在1.2288Mbps的速率下将持续41天），其线性递归所依据的特征多项式为

$$
\begin{aligned}
p(x)=&x^{42}+x^{35}+x^{33}+x^{31}+x^{27}+x^{26}+x^{25}+x^{22}+x^{21}+x^{19}\\
&+x^{18}+x^{17}+x^{16}+x^{10}+x^{7}+x^{6}+x^{5}+x^{3}+x^{2}+x+1
\end{aligned}
$$

4）正交复用

在前向链路中，每个信道通过其专用的正交沃尔什序列来区别于其他信道。前向链路的信道由导频信道、同频信道、寻呼信道和业务信道组成。每个信道由信道特定的沃尔什序列调制，沃尔什序列记为 H_i，其中 $i=0,1,\cdots,63$。IS-95标准将 H_0 分配给导频信道，将 H_{32} 分配给同频信道，H_1 到 H_7 分配给寻呼信道，其余的 H_i 分配给业务信道。

沃尔什序列是维数为2的幂的哈达玛矩阵中的某一行，当在一个周期长度上进行相关时它们是正交的。$2N$ 阶哈达玛矩阵可以由递推公式产生：

$$H_1=[1]$$

$$H_2=\begin{bmatrix}1 & 1\\1 & -1\end{bmatrix}$$

$$H_{2N}=\begin{bmatrix}H_N & H_N\\H_N & \overline{H_N}\end{bmatrix}$$

这里规定$\overline{H_N}$为 H_N 取负（为其补值）。

在前向业务信道中，19.2kbps的数据流中的每一输入比特与指定的64阶沃尔什序列逐个进行模2加，映射为64bit。因而，这个过程的输出速率为1.2288Mbps。

5）正交扩频

IS-95 中使用了两个修正后的短 PN 序列，用于对 QPSK 的同相与正交支路进行扩频。两个短 PN 码是由 15 阶移位寄存器产生的 m 序列，并且每个周期在 PN 序列的特定位置插入一个额外的 0。因此修正后的短 PN 码周期为 $2^{15}=32\,768$ 个码片。该序列称为引导 PN 序列，作用是识别不同的基站。不同的基站使用相同的引导 PN 序列，但是各自采用不同的相位偏置。

IS-95 中采用在长为 $n-1$ 的行程后面插入一个 0，这样做有两个目的：一是使不同的基站使用的 PN 序列有一部分保持正交；二是使 15 级 PN 序列发生器的周期变为 $2^{15}=32\,768$ 个码片。这样，当 PN 序列的时钟频率为 1.2288Mbps 时，每 2s 的间隔内序列发生器可以循环 75 次。

同相支路（I 路）所使用的短 PN 码的特征多项式为

$$p_{\mathrm{I}}(x)=x^{15}+x^{13}+x^{9}+x^{8}+x^{7}+x^{5}+1$$

正交支路（Q 路）所使用的短 PN 码的特征多项式为

$$p_{\mathrm{Q}}(x)=x^{15}+x^{11}+x^{11}+x^{10}+x^{6}+x^{5}+x^{4}+x^{3}+1$$

6）基带滤波

在现代数字通信系统中，数字化的数据信号必须通过某种适当波形的连续脉冲成型进行发射以完成它在信道内的传播。满足频谱在限定的频带内同时减少或消除 ISI（符号间干扰）是基带波形设计的核心问题。

IS-95 系统中使用的基带成型滤波器满足图 7-4 限制的频率响应 $S(f)$，即通带（$0\leqslant f\leqslant f_{\mathrm{p}}=590\mathrm{kHz}$）波纹不大于 1.5dB，阻带（$f>f_{\mathrm{s}}=740\mathrm{kHz}$）衰减不大于 40B。除了这些频域的限制，IS-95 还规定滤波器的冲激响应与响应为 $h(k)$ 的 48 抽头的 FIR 滤波器相近。

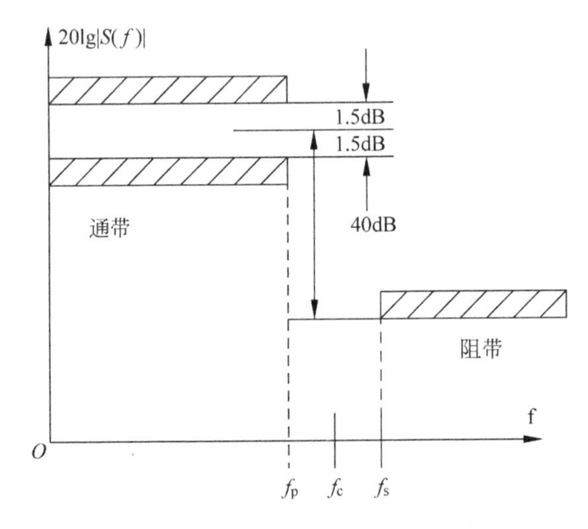

图 7-4　基带滤波器频率响应限制

7）信道设计

与其他通信信道相比，移动信道是最为复杂的一种。复杂、恶劣的传播条件是移动信道的特征，这是由在运动中进行无线通信这一方式本身决定的。

数字通信信道中用于分析的最简单的模型是加性高斯白噪声信道(Additive White Gaussian Noise,AWGN)。在加性高斯白噪声信道模型中,假定除了高斯白噪声的加入外,不存在失真和其他影响。高斯白噪声是由接收机中的随机电子运动产生的热噪声。在如图 7-5 所示的模型中,发送信号 $s(t)$被加性高斯白噪声过程 $n(t)$恶化,接收信号 $r(t)$表示为

$$r(t) = s(t) + n(t) \tag{7-1}$$

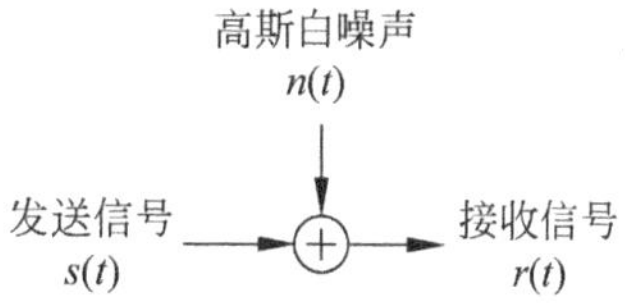

图 7-5 加性高斯白噪声信道

可以使用如下所述的方法产生高斯分布的随机变量作为噪声源。高斯分布的概率密度函数由下式给出:

$$f(C) = \frac{1}{\sqrt{2\pi}\sigma} \mathrm{e}^{-C^2/(2\sigma^2)}, \quad -\infty < C < \infty$$

式中: σ^2 是 C 的方差。概率分布函数 $F(C)$是在区间$(-\infty, C)$内 $f(C)$下所包围的面积,即

$$F(C) = \int_{-\infty}^{C} f(x)\mathrm{d}x$$

由概率论知道,具有概率分布函数为

$$F(R) = \begin{cases} 0, & R < 0 \\ 1 - \mathrm{e}^{R^2/(2\sigma^2)}, & R \geqslant 0 \end{cases}$$

的瑞利分布的随机变量 R 与一对高斯随机变量 C 和 D 是通过如下变换:

$$C = R\cos\theta$$

$$D = R\sin\theta$$

关联的。这里 θ 是在$(0, 2\pi)$内均匀分布的变量,参数 σ^2 是 C 和 D 的方差。可求出逆函数,令

$$F(R) = 1 - \mathrm{e}^{R^2/(2\sigma^2)} = A$$

则

$$R = \sqrt{2\sigma^2 \ln\left(\frac{1}{1-A}\right)}$$

式中: A 是在$(0, 1)$内均匀分布的随机变量。现在,如果产生了第 2 个均匀分布的随机变量 B,而定义

$$\theta = 2\pi B$$

可求出两个统计独立的高斯分布随机变量 C 和 D。

3. 利用 OFDM 技术设计发射机

本系统设计的发射机的框图如图 7-6 所示。

1) 信道编码

信道编码采用卷积编码和交织编码进行信道级联编码。卷积编码率为 1/2,仿真时设置 $k=1$,$G=[1\ 0\ 1\ 1\ 0\ 1\ 1;1\ 1\ 1\ 1\ 0\ 0\ 1]$,将输入的 90 个 0、1 二进制数经过卷积编码后可得到 192 个 0、1 二进制数。交织编码采用 24 行 8 列的矩阵,按行写入,按列读出,交织编码可以有效地抗突发干扰。

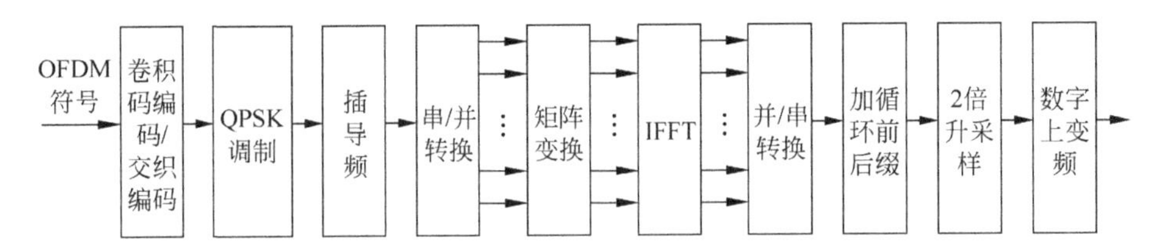

图 7-6　OFDM 通信系统发射机框图

2）QPSK 调制

在数字信号的调制方式中，使用了 QPSK（四相移键控），这种调制方式具有较高的频谱利用率以及较强的抗干扰性，在电路上实现也较为简单，而且具有较好的 PAPR 抑制性能。

3）插导频

导频数据是在进行矩阵变换之前插入有效数据的，在系统设计中每 8 个有效数据插入一个导频，但是数据中间位置不插入导频。96 个复数据插入 10 个导频之后，一帧数据长度为 106。

4）矩阵变换

矩阵变换模块是为了降低系统的 PAPR，这里的矩阵大小为 106×128，滚降系数 $\alpha=0.22$。通过这种方法，可以显著地改善 OFDM 通信系统的 PAPR 分布，大大降低峰值信号出现的概率以及对功率放大器的要求，节省成本。在接收端恢复原始信号只需要在 FFT 运算之后乘上一个发端矩阵的逆矩阵即可。

5）IFFT 变换

经过矩阵乘模块后，一帧数据长度为 128，由于子载波个数为 256，所以需要在数据后面补 128 个零。补零之后，考虑到频谱利用率的问题需要对数据进行搬移（索引为 1～64 的数据搬移到数据最后）。

6）加循环前后缀与升采样

数字上变频完成的功能是将基带信号进行线性频谱搬移，实质上就是将基带成型信号（I、Q 两个支路）乘以一个载波信号（同样分为 I、Q 两个支路），再把两个支路相加即可。但为了抑制已调信号的带外辐射，在同相和正交支路上还分别增加一个具有线性相位特性的低通滤波成型滤波器 FIR。另外，为了使产生的基带信号与后面的采样频率相匹配，在进行正交调制前还必须通过 CIC 内插滤波器将基带信号进行 20 倍升采样处理，整个实现过程如图 7-7 所示，数字上变频模块中包含了基带成型滤波器、梳状内插滤波器和数控振荡器。

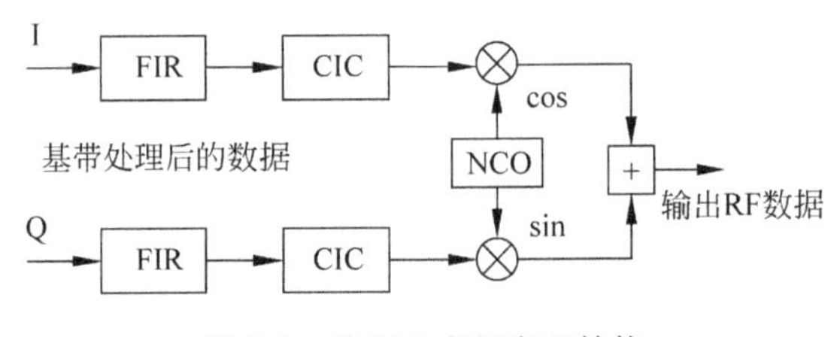

图 7-7　数字上变频实现结构

(1) FIR 滤波器。

由于在基带信号送往数字上变频器之前,经过两倍升采样,所以频谱产生了两次的镜像,需要用一个基带滤波器滤除带外的杂散频率。此数字上变频模块中的基带成型滤波器采用 FIR 低通滤波器实现。

综合考虑系统的需要和资源的占用,为了达到性能指标(采样截止频率为 128kHz,通带截止频率为 20kHz,阻带截止频率为 40kHz,带内纹波动小于 1dB,带外衰减 100dB),经 MATLAB-Simulink 工具箱设置出 FIR 滤波器的阶数为 19 阶。

(2) CIC 内插滤波器。

由于射频的采样频率需要与射频端进行速率匹配,在上变频之前还需要对数据进行 20 倍升采样。在这个阶段升采样使用的是 CIC 内插滤波器。它是由 E. B. Hogenauer 首先提出来的一种级联积分梳状滤波器,也称为 Hogenauer 滤波器,主要用于高采样频率转换的滤波器设计。

整个 CIC 内插滤波器的传递函数是所有梳状滤波器和积分滤波器共同作用的结果。N 级 CIC 内插滤波器的传递函数为

$$H(z)=H_I^N(z)H_C^N(z)=\frac{(1-z^{-RM})^N}{(1-z^{-1})^N}=\left(\sum_{k=0}^{RM-1}z^{-k}\right)^N$$

下面设计的 CIC 内插滤波器的参数取为 $R=20,M=1,N=2$。

(3) 直接数字频率合成器。

数控振荡器是采用直接数字频率合成器(Direct Digital Sythesis,DDS)的方式完成的。DDS 具有超高速的频率转换时间、极高的频率分辨率和较低的相位噪声,在频率改变与调频时,DDS 能够保持相位的连续,因此很容易实现频率、相位和幅度调制。

DDS 的原理框图如图 7-8 所示。图中相位累加器可在每一个时钟周期来临时将频率控制字所决定的相位增量 M 累加一次,如果计数大于累加器位宽则自动溢出,而只保留后面的 N 位数字于累加器中。正弦查询表 ROM 用于实现从相位累加器输出的相位值到正弦幅度值的转换,然后送到 D/A 转换器中将正弦幅度值的数字量转变为模拟量,最后通过滤波器输出一个很纯净的载波信号。

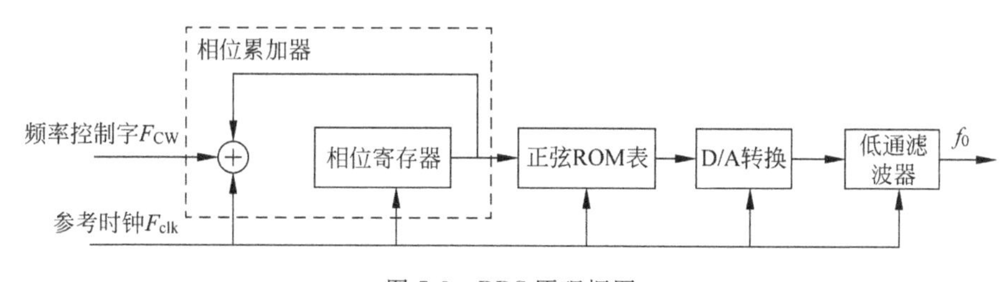

图 7-8　DDS 原理框图

7.2　设计通信系统的接收机

1. 利用直接序列扩频技术设计接收机

直接序列扩频通信系统的接收机如图 7-9 所示。

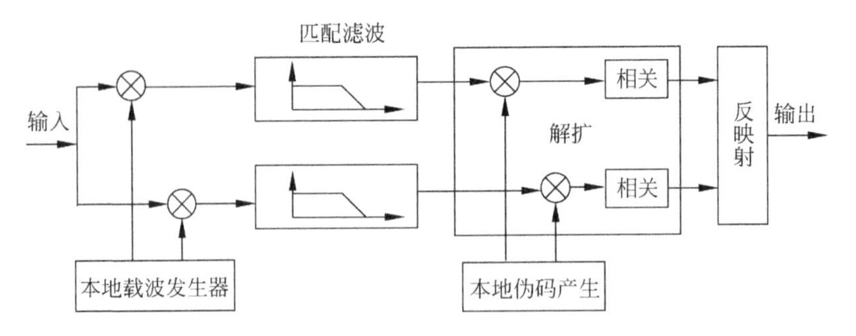

图 7-9 扩频通信系统接收机框图

1）相干解调

数字信号经过两路正交的载波进行下变频之后重新得到基带信号。

2）Nyquist 滤波

该滤波器的作用有两点：①经过 A/D 转换和下变频的信号含有许多寄生频谱，因而必须用一个低通滤波器予以消除；②对接收到的信号进行匹配滤波。

3）解扩

将接收机的信号与本地伪码进行相关运算，以恢复出原始传输数据。

4）反映射

将解扩后的数据通过符号判决重新对应为星座图上的点，再对应为 0 和 1 表示的二进制数据。

2. 利用 IS-95 前向链路技术设计接收机

接收部分从信道接收信号。经基带滤波、短码解扩、沃尔什解调、解扰、去交织和维特比译码，输出解调后的信号。各通信模块和发射机的相关模块设计类似。

3. 利用 OFDM 技术设计接收机

OFDM 系统设计的接收机框图如图 7-10 所示。

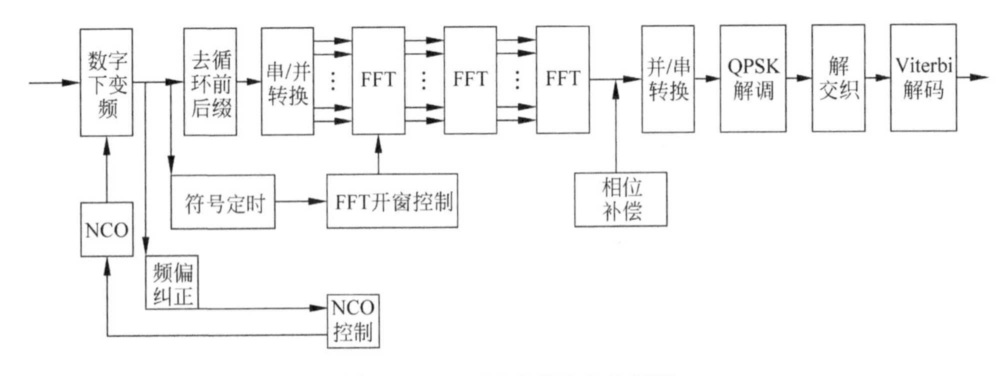

图 7-10 OFDM 系统接收机框图

接收机的很多通信处理模块都与发射机的相关模块功能相似，这里不再一一介绍。接收机主要增加了同频模块。

7.3 通信系统的 MATLAB 实现

下面列出 IS-95 前向链路系统的 MATLAB 仿真程序：

```
>> % 数据速率 = 9600 kbps
clear all
global Zi Zq Zs show R Gi Gq
show = 0; SD = 0;                          % 选择软/硬判决接收
% 主要的仿真参数设置
BitRate = 9600; ChipRate = 1228800;
N = 184; MFType = 1;                       % 匹配滤波器类型升余弦
R = 5;
% Viterbi 生成多项式
G_Vit = [1 1 1 1 0 1 0 1 1; 1 0 1 1 1 0 0 0 1];
K = size(G_Vit, 2);L = size(G_Vit, 1);
% Walsh 矩阵代码
WLen = 64;
Walsh = reshape([1;0] * ones(1, WLen/2), WLen , 1);
% Walsh = zeros(WLen ,1);
% 扩频调制 PN 码的生成多项式
Gi_ind = [15, 13, 9, 8, 7, 5, 0]';
Gq_ind = [15, 12, 11, 10, 6, 5, 4, 3, 0]';
Gi = zeros(16, 1);
Gi(16 - Gi_ind) = ones(size(Gi_ind));
Zi = [zeros(length(Gi) - 1, 1); 1];
% I 路信道 PN 码生成器的初始状态
Gq = zeros(16, 1);
Gq(16 - Gq_ind) = ones(size(Gq_ind));
Zq = [zeros(length(Gq) - 1, 1); 1];
% Q 路信道 PN 码生成器的初始状态
% 扰码生成多项式
Gs_ind = [42, 35, 33, 31, 27, 26, 25, 22, 21, 19, 18, 17, 16, 10, 7, 6, 5, 3, 2, 1, 0]';
Gs = zeros(43, 1);
Gs(43 - Gs_ind) = ones(size(Gs_ind));
Zs = [zeros(length(Gs) - 1, 1); 1];
% 长序列生成器的初始状态
% AWGN 信道
EbEc = 10 * log10(ChipRate/BitRate);
EbEcVit = 10 * log10(L);
EbNo = [-2 : 0.5 : 6.5];                   % 仿真信噪比范围(dB)
% 实现主程序
ErrorsB = []; ErrorsC = []; NN = [];
if (SD == 1)
   fprintf('\n SOFT Decision Viterbi Decoder\n\n');
else
   fprintf('\n HARD Decision Viterbi Decoder\n\n');
end
for i = 1:length(EbNo)
   fprintf('\nProcessing                    % 1.1f (dB)', EbNo(i));
```

```
    iter = 0;ErrB = 0; ErrC = 0;
    while (ErrB<300) & (iter<150)
        drawnow;
        % 发射机实现
        TxData = (randn(N, 1)>0);
        % 速率为 19.2kbps
        [TxChips, Scrambler] = PacketBuilder(TxData, G_Vit, Gs);
        % 速率为 1.2288Mbps
        [x PN MF] = Modulator(TxChips, MFType, Walsh);
        % 实现信道代码
        noise = 1/sqrt(2) * sqrt(R/2) * ( randn(size(x)) + j * randn(size(x))) * ...
10^( - (EbNo(i) - EbEc)/20);
        r = x+noise;
        % 实现接收机代码
        RxSD = Demodulator(r, PN, MF, Walsh)% 软判决,速率为 19.2kbps
        RxHD = (RxSD>0);                  % 定义接收码片的硬判决
        if (SD)
          [RxData Metric]= ReceiverSD(RxSD, G_Vit, Scrambler);        % 软判决
        else
          [RxData Metric]= ReceiverHD(RxHD, G_Vit, Scrambler);        % 硬判决
        end
        if(show)
           subplot(311); plot(RxSD, '-o'); title('Soft Decisions');
           subplot(312); plot(xor(TxChips, RxHD), '-o'); title('Chip Errors');
           subplot(313); plot(xor(TxData, RxData), '-o');
           title(['Data Bit Errors. Metric = ', num2str(Metric)]);
         end
        if(mod(iter, 50)==0)
           fprintf('.');
           save TempResults ErrB ErrC N iter
        end
        ErrB = ErrB + sum(xor(RxData, TxData));
        ErrC = ErrC + sum(xor(RxHD, TxChips));
        iter = iter+ 1;
    end
    ErrorsB = [ErrorsB; ErrB];
    ErrorsC = [ErrorsC; ErrC];
    NN = [NN; N*iter];
    save SimData *
end
% 实现误码率计算
PerrB = ErrorsB./NN; PerrC = ErrorsC./NN;
Pbpsk= 1/2*erfc(sqrt(10.^(EbNo/10)));
PcVit= 1/2*erfc(sqrt(10.^((EbNo-EbEcVit)/10)));
Pc =   1/2*erfc(sqrt(10.^((EbNo-EbEc)/10)));
% 实现性能仿真显示代码
figure;
semilogy(EbNo(1:length(PerrB)), PerrB, 'b-*'); hold on;
xlabel('信噪比/dB');
ylabel('误码率');
grid on;
```

运行程序，得到前向链路系统仿真效果图如图 7-11 所示。

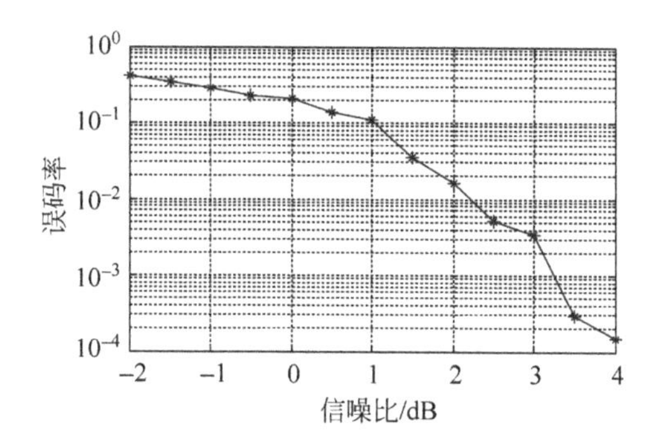

图 7-11　前向链路系统仿真效果图

在运行程序过程中，调用到以下用户自定义编写的函数，它们的源代码分别如下：

```
function [ChipsOut, Scrambler] = PacketBuilder(DataBits, G, Gs);
% 此函数用于产生 IS - 95 前向链路系统的发送数据包
% DataBits 为发送数据(二进制形式),G 为 Viterbi 编码生成多项式
% Gs 为长序列生成多项式(扰码生成多项式)
% ChipsOut 为输入到调制器的码序列(二进制形式),Scrambler 为扰码
global Zs
K = size(G, 2); L = size(G, 1);
N = 64 * L * (length(DataBits) + K - 1);            % 码片数 (9.6kbps -> 1.288Mbps)
chips = VitEnc(G, [DataBits; zeros(K - 1,1)]); % Viterbi 编码
% 实现交织编码
INTERL = reshape(chips, 24, 16);                  % IN: 列, OUT: 行
chips = reshape(INTERL', length(chips), 1);      % 速率 = 19.2kbps
% 产生扰码
[LongSeq Zs] = PNGen(Gs, Zs, N);
Scrambler = LongSeq(1:64:end);
ChipsOut = xor(chips, Scrambler);
function y = VitEnc(G, x);
% 此函数根据生成多项式进行 Viterbi 编码
% G 为生成多项式的矩阵,x 为输入数据(二进制形式),y 为 Viterbi 编码输出序列
K = size(G, 1); L = length(x);
yy = conv2(G, x'); yy = yy(:, 1:L);
y = reshape(yy,K * L, 1); y = mod(y, 2);
function [y, Z] = PNGen(G, Zin, N);
% 此函数是根据生成多项式和输入状态产生长度为 N 的伪随机序列
% G 为生成多项式,Zin 为移位寄存器初始化,N 为 PN 序列长度
% y 为生成的 PN 码序列,Z 为移位寄存器的输出状态
L = length(G); Z = Zin;                          % 移位寄存器的初始化
y = zeros(N, 1);
for i = 1:N
   y(i) = Z(L);
   Z = xor(G * Z(L), Z);
   Z = [Z(L); Z(1:L - 1)];
end
function [TxOut, PN, MF] = Modulator(chips, MFType, Walsh);
```

```
% 此函数用于实现 IS-95 前向链路系统的数据调制
% chips 为发送的初始数据,MFType 为成型滤波器的类型选择,Walsh 为 walsh 码
% TxOut 为调制输出信号序列,PN 为用于扩频调制的 PN 码序列,MF 为匹配滤波器参数
global Zi Zq show R Gi Gq
N = length(chips) * length(Walsh);
% 输入速率 = 19.2kbps, 输出速率 = 1.2288Mbps
tmp = sign(Walsh-1/2) * sign(chips' - 1/2);
chips = reshape(tmp, prod(size(tmp)), 1);
[PNi Zi] = PNGen(Gi, Zi, N);
[PNq Zq] = PNGen(Gq, Zq, N);
PN = sign(PNi-1/2) + j * sign(PNq-1/2);
chips_out = chips. * PN;
chips = [chips_out, zeros(N, R-1)];
chips = reshape(chips.' , N * R, 1);
% 成型滤波器
switch (MFType)
case 1
   % 升余弦滤波器
   L = 25; L_2 = floor(L/2);
   n = [-L_2:L_2]; B = 0.7;
   MF = sinc(n/R). * (cos(pi * B * n/R)./(1-(2 * B * n/R).^2));
   MF = MF/sqrt(sum(MF.^2));
case 2
   % 矩形滤波器
   L = R; L_2 = floor(L/2);
   MF = ones(L, 1);
   MF = MF/sqrt(sum(MF.^2));
case 3
   % 汉明滤波器
   L = R; L_2 = floor(L/2);
   MF = hamming(L);
   MF = MF/sqrt(sum(MF.^2));
end
MF = MF(:);
TxOut = sqrt(R) * conv(MF, chips)/sqrt(2);
TxOut = TxOut(L_2+1: end - L_2);
if (show)
   figure;
   subplot(211); plot(MF, '-o'); title('Matched Filter'); grid on;
   subplot(212); psd(TxOut, 1024, 1e3, 113); title('Spectrum');
end
function [SD] = Demodulator(RxIn, PN, MF, Walsh);
% 此函数是实现基于 RAKE 接收机的 IS-95 前向信链路系统的数据包的解调
% RxIn 为输入信号,PN 为 PN 码序列(用于解扩),MF 为匹配滤波器参数
% Walsh 为用于解调的 Walsh 码,SD 为 RAKE 接收机的软判决输出
global R
N = length(RxIn)/R; L = length(MF);
L_2 = floor(L/2); rr = conv(flipud(conj(MF)), RxIn);
rr = rr(L_2+1: end - L_2);
Rx = sign(real(rr(1:R:end))) + j * sign(imag(rr(1:R:end)));
Rx = reshape(Rx, 64, N/64);
```

```
Walsh = ones(N/64, 1) * sign(Walsh' - 1/2);
PN = reshape(PN, 64, N/64)'; PN = PN. * Walsh;
% 输入速率 = 1.2288 Mbps, 输出速率 = 19.2 kbps
SD = PN * Rx;
SD = real(diag(SD));
function [DataOut, Metric] = ReceiverSD(SDchips, G, Scrambler);
% 此函数用于实现基于 Viterbi 译码的发送数据的恢复
% SDchips 为软判决 RAKE 接收机输入符号,G 为 Viterbi 编码生成多项式矩阵
% Scrambler 为扰码序列,DataOut 为接收数据(二进制形式),Metric 为 Viterbi 译码最佳度量
if (nargin == 1)
   G = [1 1 1 1 0 1 0 1 1; 1 0 1 1 1 0 0 0 1];
end
% 速率 = 19.2 kbps
SDchips = SDchips. * sign(1/2 - Scrambler);
INTERL = reshape(SDchips, 16, 24);
SDchips = reshape(INTERL', length(SDchips), 1)% 速率 = 19.2 kbps
[DataOut Metric] = SoftVitDec(G, SDchips, 1);
function [xx, BestMetric] = SoftVitDec(G, y, ZeroTail);
% 此函数是实现软判决输入的 Viterbi 译码
% G 为生成多项式的矩阵,y 为输入的待译码序列,ZeroTail 为判断是否包含 0 尾
% xx 为 Viterbi 译码输出序列,BestMetric 为最后的最佳度量
L = size(G, 1);                                  % 输出码片数
K = size(G, 2);                                  % 生成多项式的长度
N = 2 ^(K - 1);                                  % 状态数
T = length(y)/L;                                 % 最大栅格深度
OutMtrx = zeros(N, 2 * L);
for s = 1:N
    in0 = ones(L, 1) * [0, (dec2bin((s - 1), (K - 1)) - '0')];
    in1 = ones(L, 1) * [1, (dec2bin((s - 1), (K - 1)) - '0')];
    out0 = mod(sum((G. * in0)'), 2);
    out1 = mod(sum((G. * in1)'), 2);
    OutMtrx(s, :) = [out0, out1];
end
OutMtrx = sign(OutMtrx - 1/2);
PathMet = [100; zeros((N - 1), 1)];              % 初始状态 = 100
PathMetTemp = PathMet(:,1);
Trellis = zeros(N, T); Trellis(:,1) = [0 : (N - 1)]';
y = reshape(y, L, length(y)/L);
for t = 1:T
    yy = y(:, t);
    for s = 0:N/2 - 1
        [B0 ind0] = max( PathMet(1 + [2 * s, 2 * s + 1]) + [OutMtrx(1 + 2 * s, 0 + [1:L])...
* yy; OutMtrx(1 + (2 * s + 1), 0 + [1:L]) * yy] );
        [B1 ind1] = max( PathMet(1 + [2 * s, 2 * s + 1]) + [OutMtrx(1 + 2 * s, L + [1:L])...
* yy; OutMtrx(1 + (2 * s + 1), L + [1:L]) * yy] );
        PathMetTemp(1 + [s, s + N/2]) = [B0; B1];
        Trellis(1 + [s, s + N/2], t + 1) = [2 * s + (ind0 - 1); 2 * s + (ind1 - 1)];
    end
   PathMet = PathMetTemp;
end
xx = zeros(T, 1);
```

```
if (ZeroTail)
    BestInd = 1;
else
    [Mycop, BestInd] = max(PathMet);
end
BestMetric = PathMet(BestInd);
xx(T) = floor((BestInd - 1)/(N/2));
NextState = Trellis(BestInd, (T + 1));
for t = T: - 1:2
    xx(t - 1) = floor(NextState/(N/2));
    NextState = Trellis( (NextState + 1), t);
end
if (ZeroTail)
    xx = xx(1:end - K + 1);
end
function [DataOut, Metric] = ReceiverHD(HDchips, G, Scrambler);
% 此函数用于实现基于 Viterbi 译码的硬判决接收机
% SDchips 为硬判决 RAKE 接收机输入符号,G 为 Viterbi 编码生成多项式矩阵
% Scrambler 为扰码序列,DataOut 为接收数据(二进制形式),Metric 为 Viterbi 译码最佳度量
if (nargin == 1)
   G = [1 1 1 1 0 1 0 1 1; 1 0 1 1 1 0 0 0 1];
end
% 速率 = 19.2kbps
HDchips = xor(HDchips, Scrambler);
INTERL = reshape(HDchips, 16, 24);
HDchips = reshape(INTERL', length(HDchips), 1);
[DataOut Metric] = VitDec(G, HDchips, 1);
function [xx, BestMetric] = VitDec(G, y, ZeroTail);
% 此函数是实现硬判决输入的 Viterbi 译码
% G 为生成多项式的矩阵,y 为输入的待译码序列,ZeroTail 为判断是否包含 0 尾
% xx 为 Viterbi 译码输出序列,BestMetric 为最后的最佳度量
L = size(G, 1);                                   % 输出码片数
K = size(G, 2);                                   % 生成多项式长度
N = 2 ^ (K - 1);                                  % 状态数
T = length(y)/L;                                  % 最大栅格深度
OutMtrx = zeros(N, 2 * L);
for s = 1:N
    in0 = ones(L, 1) * [0, (dec2bin((s - 1), (K - 1)) - '0')];
    in1 = ones(L, 1) * [1, (dec2bin((s - 1), (K - 1)) - '0')];
    out0 = mod(sum((G. * in0)'), 2);
    out1 = mod(sum((G. * in1)'), 2);
    OutMtrx(s, :) = [out0, out1];
end
PathMet = [0; 100 * ones((N - 1), 1)];
PathMetTemp = PathMet(:,1);
Trellis = zeros(N, T);
Trellis(:,1) = [0 : (N - 1)]';
y = reshape(y, L, length(y)/L);
for t = 1:T
    yy = y(:, t)';
    for s = 0:N/2 - 1
```

```
        [B0 ind0] = min( PathMet(1 + [2 * s, 2 * s + 1]) + [sum(abs(OutMtrx(1 + 2 * s, 0 +
[1:L])... - yy).^2); sum(abs(OutMtrx(1 + (2 * s + 1), 0 + [1:L]) - yy).^2)] );
        [B1 ind1] = min( PathMet(1 + [2 * s, 2 * s + 1]) + [sum(abs(OutMtrx(1 + 2 * s,...
L + [1:L]) - yy).^2); sum(abs(OutMtrx(1 + (2 * s + 1), L + [1:L]) - yy).^2)] );
        PathMetTemp(1 + [s, s + N/2]) = [B0; B1];
        Trellis(1 + [s, s + N/2], t + 1) = [2 * s + (ind0 - 1); 2 * s + (ind1 - 1)];
    end
   PathMet = PathMetTemp;
end
xx = zeros(T, 1);
if (ZeroTail)
    BestInd = 1;
else
    [Mycop, BestInd] = min(PathMet);
end
BestMetric = PathMet(BestInd);
xx(T) = floor((BestInd - 1)/(N/2));
NextState = Trellis(BestInd, (T + 1));
for t = T: - 1:2
    xx(t - 1) = floor(NextState/(N/2));
    NextState = Trellis( (NextState + 1), t);
end
if (ZeroTail)
    xx = xx(1:end - K + 1);
end
```

第8章 信号突变点检测算法研究

利用小波多分辨分析的特性将突变信号进行多尺度分解，然后通过分解后的信号来确定突变信号的突变位置。Lipschitz 指数被用来定量描述函数的奇异性。当小波变换尺度越来越精细时，小波变换模的极大值信号的突变点，其衰减速度取决于信号在突变点的 Lipschitz 指数。小波变换不仅可以确定突变点发生的时间，而且可以进一步判断突变的性质。

长期以来，傅里叶变换是研究信号奇异性的主要工具，其方法是研究信号在傅里叶变换域的衰减以推断信号是否具有奇异性及奇异性大小。但傅里叶变换缺乏空间局部性，它只能确定一个信号突变性的整体性质，而难以确定突变点在空间的位置及分布情况。由于小波具有空间局部性，它能"聚焦"于信号的局部结构，因此利用小波变换来确定信号的突变性位置更有效。

8.1 信号的突变性与小波变换

S. Mallat 将函数(信号)的局部奇异性与小波变换后的模局部极大值联系起来。通过小波变换后的模极大值在不同尺度上的衰减速度来衡量信号的局部奇异性。

定理 1 设小波 $\psi(t)$ 是实函数且连续，具有衰减性：$|\psi(t)|\leqslant K(1+|t|)^{-2-\varepsilon}$，$\varepsilon>0$，$f(t)\in L^2(R)$ 在区间 I 上是一致 Lipschitz 指数 $\alpha(-\varepsilon<\alpha\leqslant 1)$，则存在常数 $c>0$，使得对 $\forall\, a,b\in I$，其小波变换满足

$$|(Wf)(a,b)|\leqslant ca^{\alpha+\frac{1}{2}} \tag{8-1}$$

反之，若对于某个 $\alpha(-\varepsilon<\alpha\leqslant 1)$，$f\in L^2(R)$ 的小波变换满足式(8-1)，则 f 在 I 上具有一致 Lipschitz 指数 α。

若 t_0 是 $f(t)$ 的奇异点，则 $|(Wf)(a,b)|$ 在 $b=t_0$ 处取得极大值，即此时式(8-1)等号成立。

在二进制小波变换情况下，式(8-1)变成

$$|(Wf)(2^j,b)|\leqslant c\times 2^{j\left(\alpha+\frac{1}{2}\right)} \tag{8-2}$$

在信号和图像处理中，常常使用卷积型小波变换。为此，这里引入卷积型小波变换的概念。

定义1 设$f(t),\psi(t)\in L^2(R)$，记

$$\psi_s(t)=\frac{1}{s}\psi\left(\frac{t}{s}\right),\quad s>0 \tag{8-3}$$

则称

$$(Wf)(s,b)=f*\psi_s(b)=\frac{1}{s}\int_{-\infty}^{+\infty}f(t)\psi\left(\frac{b-t}{s}\right)\mathrm{d}t \tag{8-4}$$

为$f(t)$的卷积型小波变换，也称为$f(t)$的小波变换。

在定理1中，如果将$f(t)$的小波变换理解成卷积型小波变换，则式(8-1)和式(8-2)就变成

$$|(Wf)(s,b)|\leqslant cs^{\alpha} \tag{8-5}$$

及

$$|(Wf)(2^j,b)|\leqslant c2^{j\alpha} \tag{8-6}$$

式(8-1)或式(8-2)表明，若$\alpha>-\frac{1}{2}$，则小波变换模极大值随着尺度j的增大而增大；若$\alpha<-\frac{1}{2}$，则小波变换极大值随着尺度j的增大反而减小。这种情况说明，该信号比不连续信号(如阶跃信号，$\alpha=0$)更加奇异，这正是噪声对应的情况。上述情况说明，可以利用小波变换模的极大值随尺度变化的情况来推断信号的突变点类型。

8.2 信号的突变点检测原理

信号的突变性检测是先对原始信号在不同尺度上进行“磨光”，再对磨光后信号的一阶或二阶导数检测其极值点或过零点。对信号进行磨光处理，主要是为消除噪声而不是边缘，因此磨光函数应是局部化的。常用的磨光函数(也称为平滑函数)$\theta(t)$可选取Gauss函数或B-样条函数。磨光函数满足

$$\int_{-\infty}^{+\infty}\theta(t)\mathrm{d}t=1 \tag{8-7}$$

$$\lim_{t\to\infty}\theta(t)=0 \tag{8-8}$$

式(8-8)表示$\hat{\theta}(0)=1$，即$\theta(t)$可理解为低通滤波器。

由定义1及卷积的性质，有

$$f*\psi_s^{(1)}(t)=f*\left(s\frac{\mathrm{d}\theta_s}{\mathrm{d}t}\right)=s\frac{\mathrm{d}}{\mathrm{d}t}(f*\theta_s(t)) \tag{8-9}$$

$$f*\psi_s^{(2)}(t)=f*\left(s^2\frac{\mathrm{d}^2\theta_s}{\mathrm{d}t^2}\right)=s^2\frac{\mathrm{d}^2}{\mathrm{d}t^2}(f*\theta_s(t)) \tag{8-10}$$

式(8-9)和式(8-10)中的卷积$f*\theta_s(t)$，也称为磨光(或平滑)算子，表示$f(t)$经算子作用后的一个信号。直观的意思是$f(t)$的“角点”被磨成光滑弧，从而使$f(t)$变成一个光滑函数$f*\theta_s(t)$。

式(8-9)和式(8-10)表示，$f(t)$的小波变换$(Wf)(s,t)=f*\psi_s^{(1)}(t)$与$f*\theta_s(t)$的一阶导数成正比。而$(Wf)(s,t)=f*\psi_s^{(2)}(t)$与$f*\theta_s(t)$的二阶导数成正比。这样结合定理1，就可以说明小波变换用于突变点检测的基本原理，即选取光滑函数$\theta(t)$以后，信号

$f(t)$的突变点，可以通过检测小波变换 $f*\psi_s^{(1)}(t)$和 $f*\psi_s^{(2)}(t)$的模极大值而得到。

利用上述原理，还可以进一步确定突变点的类型。若 t_0 点是 $f(t)$的阶跃突变点，则 $f*\psi_s^{(1)}(t)$在 t_0 处取得非零极大值，从而 t_0 是$\frac{d}{dt}[f*\theta_s(t)]$的非零极大值点或 $f*\theta_s(t)$的拐点；若 t_0 是 $f(t)$的局部极值点(或脉冲点)，则 t_0 是$\frac{d^2}{dt^2}[f*\theta_s(t)]$的非零极大值点，即$\frac{d}{dt}[f*\theta_s(t)]$的过零点。于是对于给定的尺度 s，$f*\psi_s^{(1)}(t)$的非零极大值点是 $f(t)$的阶跃突变点，$f*\theta_s^{(2)}(t)$的非零极大值点是 $f(t)$的局部极值点。

结合 $\theta(t)$选取 Guass 函数来说，常用反对称小波 $\psi^{(1)}(t)$检测阶跃突变点，用对称小波 $\psi^{(2)}(t)$检测局部极值点。在实际应用中，仅在一个尺度下检测突变点还很难确定真正的突变点的位置和类型，因此需要多尺度检测。只有在多个尺度上都是极值点的位置才是真正的突变点所在位置。

8.3 实验结果与分析

输入：一维信号$\{f[n]\}$，$n=0,1,\cdots,N-1$。

输出：突变点位置及类型。

算法步骤：

(1) 选择小波 ψ，分解层次 J 和阈值 T。

(2) 对$\{f[n]\}$进行二进制小波变换，得各层小波系数：$\{(W_1f)[k]\}$，$\{(W_2f)[k]\}$，…，$\{(W_Jf)[k]\}$。

(3) 对$\{(W_jf)[k]\}(j=1,\cdots,J)$进行阈值处理，即若$|(W_jf)[k]|<T$，则$(W_jf)[k]=0$。

(4) 检测$\{(W_jf)[k]\}(j=1,\cdots,J)$的模极大值点，即如果 $k=m$ 是极大值点，则应满足下面 3 个条件。

① $|(W_jf)[m]|\geqslant T$。

② $|(W_jf)[m]|\geqslant|(W_jf)[m-1]|$且$|(W_jf)[m]|\geqslant|(W_jf)[m+1]|$。

③ $|(W_jf)[m]|>|(W_jf)[m-1]|$或$|(W_jf)[m]|>|(W_jf)[m+1]|$。

可得 $t_j[0],t_j[1],\cdots,t_j[l_j]$，$j=1,2,\cdots,J$。

(5) 对由步骤(4)得到的点逐一检查是否是各尺度上的极值点，得到突变点 $t[0]$，$t[1]$，…，$t[s]$。

(6) 根据所选择的小波是反对称的还是对称的，确定得到的点是阶跃边缘点还是局部极值点。

(7) 输出结果。

8.3.1 Daubechies 5 小波用于检测含有突变点的信号

图 8-1(a)所示的原始时域信号是一个含有突变点的信号，图 8-1(b)是利用傅里叶变换对原始信号进行处理得到的图像。从图 8-1(a)上看信号是一条光滑的直线，但是信号

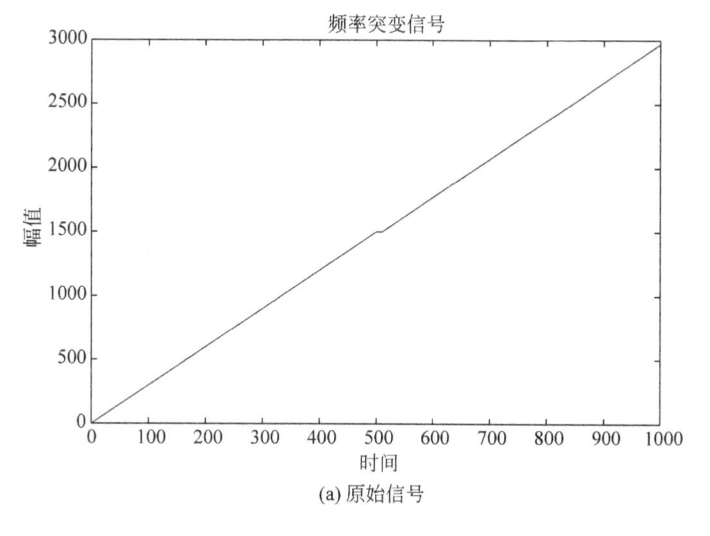

(a) 原始信号

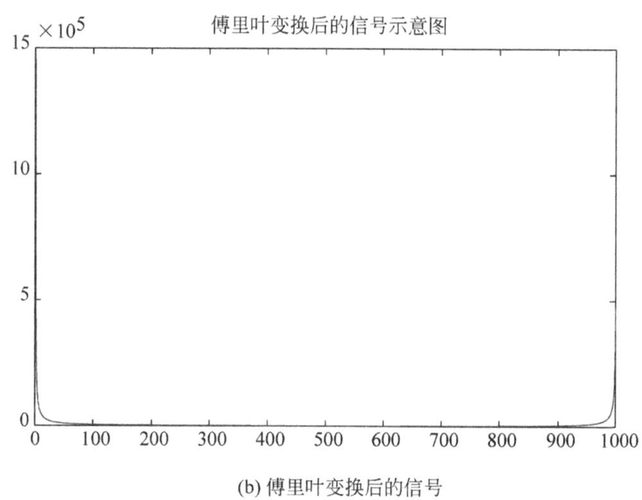

(b) 傅里叶变换后的信号

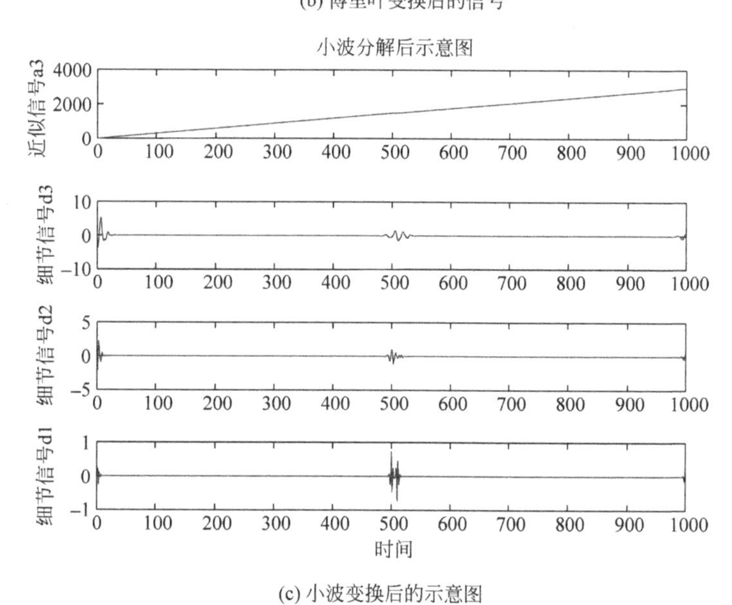

(c) 小波变换后的示意图

图 8-1 检测含有突变点的信号

在时间为 500 附近存在突变点，为了确定阶跃信号的突变点，采用 Daubechies 5 小波对信号进行处理，以便确定突变点的位置。

利用傅里叶变换对原始信号进行处理，可以得到如图 8-1(b)所示的图像。从图 8-1(b)中可以看出：信号经过傅里叶变换后能够清楚地确定出原始信号包含的频率值的大小，但是对于确定频率突变点的位置，傅里叶变换却没有这种能力。

【例 8-1】 Daubechies 5 小波用于检测含有突变点的信号。

```
clear                                         %清除以前的数据
load nearbrk;                                 %载入原始信号的波形数据
whos;                                         %显示数据的基本信号
figure(1);
plot(nearbrk)
xlabel('时间');ylabel('幅值');                %自定义坐标轴
title('频率突变信号');                        %自定义坐标
figure(2);
f = fft(nearbrk);                             %对信号进行傅里叶变换
plot(abs(f));                                 %显示处理后的信号图像
title('傅里叶变换后的信号示意图')             %自定义标题程序运行结果如图 8-1 所示
figure(3);
[d,a] = wavedec(nearbrk,3,'db5');             %对原始信号进行 3 层小波分解

a3 = wrcoef('a',d,a,'db5',3);                 %重构 3 层近似系数
d3 = wrcoef('d',d,a,'db5',3);                 %重构 1~3 层细节系数
d2 = wrcoef('d',d,a,'db5',2);
d1 = wrcoef('d',d,a,'db5',1);
subplot(411);plot(a3);ylabel('近似信号 a3');  %显示各层小波系数
title('小波分解后示意图');
subplot(412);plot(d3);ylabel('细节信号 d3');
subplot(413);plot(d2);ylabel('细节信号 d2');
subplot(414);plot(d1);ylabel('细节信号 d1');
xlabel('时间');
```

程序运行结果如图 8-1 所示。

利用小波变换对原始信号进行处理，可以得到如图 8-1(c)所示的小波分解示意图。从图 8-1(c)中可见，Daubechies 5 小波分解后的 3 层高频重构图形可清楚地确定突变点的位置，而傅里叶变换却没有这种能力。

从图 8-1(c)中同样可以看出，第一层分解的 d1 高频系数重构的图像比 d2、d3 高频系数重构的图像更清楚地确定了信号的突变点的位置。

8.3.2 Daubechies 6 小波用于检测突变点

图 8-2(a)所示的原始信号是含有突变点的信号。为了确定该突变点的时间，采用 Daubechies 6 小波进行连续变换后，再对系数进行分析处理，以便确定突变点所在的时间。对原始信号用 Daubechies 6 进行 5 层小波分解，分解层数 1～5 对应的尺度为 2、4、8、16 和 32。相应系数绝对值的图像如图 8-2(b)所示。

对原始信号使用Daubechies 6小波在尺度1～32上进行连续小波变换。相应系数绝对值的图像如图8-2(c)所示。

【例8-2】 Daubechies 6小波用于检测突变点。

```
clear                                          %清除以前的数据
load cuspamax;                                 %载入原始信号的波形数据
whos;                                          %显示数据的基本信号
figure(1)
plot(cuspamax)
xlabel('时间');ylabel('幅值');                  %自定义坐标轴
title('频率突变信号');                          %自定义坐标
figure(2)
[c,l] = wavedec(cuspamax,5,'db6');
cfd = zeros(5,1024);
for k = 1:5
    d = detcoef(c,l,k);
    d = d(ones(1,2^k),:);
    cfd(k,:) = wkeep(d(:)',1024)
end
cfd = cfd(:);
I = find(abs(cfd)< sqrt(eps));
cfd(I) = zeros(size(I));
cfd = reshape(cfd,5,1024);
colormap(pink(64));
img = image(flipud(wcodemat(cfd,64,'row')));
set(get(img,'parent'),'YtickLabel',[]);
title('离散小波变换系数的绝对值')
ylabel('层数')
figure(3)
ccfs = cwt(cuspamax,1:32,'db6','plot');
title('连续小波变换系数的绝对值')
colormap(pink(64));
ylabel('尺度')
xlabel('时间(或者空间)')
```

程序运行结果如图8-2所示。

从图8-2(c)的原始信号连续小波变换系数示意图可以清楚地看出，在$t=710$时，小波系数出现了一个倒锥形的区域，因此可以推断在该区域存在突变点。本实验再次说明小波分析在检测信号突变点(奇异点)应用中具有傅里叶变换无法比拟的优越性。

小波变换优越于傅里叶变换的地方在于，小波变换能够同时在时域和频域突出信号的局部特性。几乎所有的信号都能够根据从原始数据中提取出来的某些特征来表现信号。小波变换用于信号的突变点的检测，无论采用小波变换系数的模极大点还是过零点方法，都应在多尺度上做综合分析和判断，才能够准确地确定突变点的位置。通常，较小尺度下的小波变换能够减小频率混叠现象，判断突变点位置准确度较高。

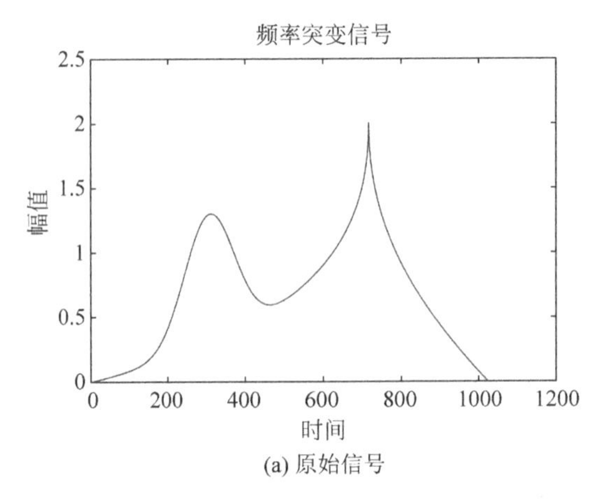

(a) 原始信号

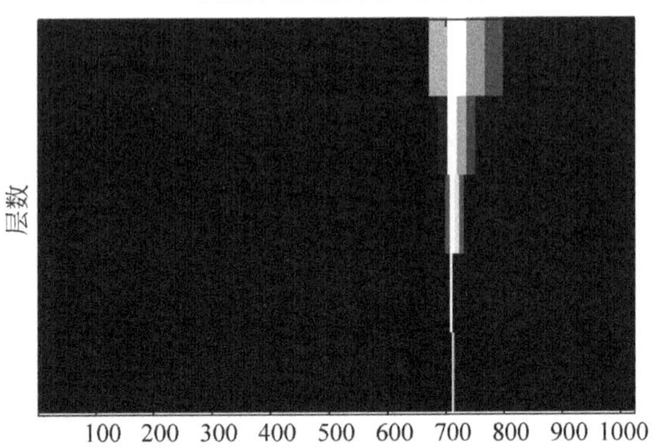

(b) Daubechies 6离散小波变换系数

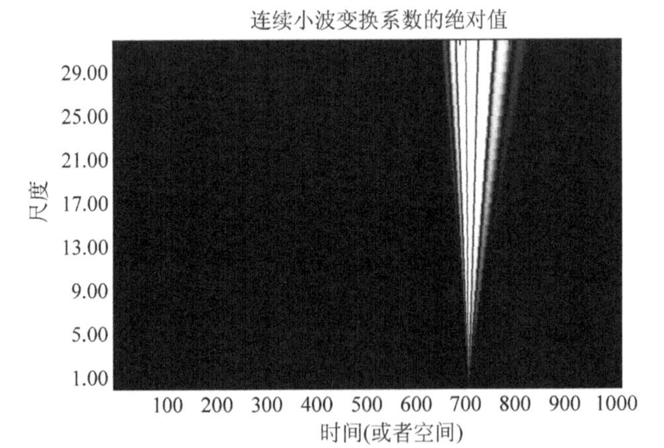

(c) Daubechies 6连续小波变换系数

图 8-2　小波用于检测突变点

第9章 MIMO-OFDM通信系统设计的MATLAB实现

9.1 MIMO-OFDM 通信系统设计

OFDM 技术通过将频率选择性多径衰落信道在频域内转换为平坦信道，减小了多径衰落的影响。但用 OFDM 技术提高传输速率，就要增加带宽、发送功率和子载波数目，这对带宽和功率受限的无线通信系统是不现实的，子载波数目的增加也会使系统更为复杂。

MIMO 技术能够在空间中产生独立的并行信道来同时传输多路数据流，频率选择性提高了系统的传输速率，即在不增加系统带宽的情况下增加频谱效率，但对于频率选择性深衰落依然是无能为力。

将 OFDM 和 MIMO 两种技术相结合，就能达到两种效果：一种是实现很高的传输速率；另一种是通过分集实现很强的可靠性，从而很好地解决两种技术单独使用时所面临的问题。

9.2 MIMO 系统

多输入多输出技术(Multiple-Input Multiple-Output，MIMO)是指在发射端和接收端分别使用多个发射天线和接收天线，使信号通过发射端与接收端的多个天线传送和接收，从而改善通信质量。它能充分利用空间资源，通过多个天线实现多发多收，在不增加频谱资源和天线发射功率的情况下，可以成倍地提高系统信道容量，显示出明显的优势，被视为下一代移动通信的核心技术。

假定一个点对点的 MIMO 系统有 n_T 根发射天线、n_R 根接收天线，采用离散时间的复基带线性系统模型描述，系统框图如图 9-1 所示。用 $n_T \times 1$ 的列向量 $\boldsymbol{x}$ 表示每个符号周期内的发射信号，其中第 i 个元素 x_i 表示第 i 根天线上的发射信号。

对于高斯信道，按照信息论，发射信号的最佳分布也是高斯分布。因此，$\boldsymbol{x}$ 的元素是零均值独立同分布的高斯变量。发射信号的协方差矩阵为

$$\boldsymbol{R}_{xx} = \boldsymbol{E}\{\boldsymbol{x}\boldsymbol{x}^{\mathrm{H}}\}$$

式中：$\boldsymbol{E}\{\}$为均值；$\boldsymbol{x}^{\mathrm{H}}$ 表示矩阵的厄米特(Hermitian)转置矩阵，即 $\boldsymbol{A}$ 的复共轭转置矩阵。

不管发射天线数 n_{T} 为多少，总的发射功率限制为 P，可表示为

$$P = \mathrm{tr}(\boldsymbol{R}_{xx})$$

式中：$\mathrm{tr}(\boldsymbol{R})$代表矩阵 $\boldsymbol{R}$ 的迹，可以通过对 $\boldsymbol{R}$ 的对角元素求和得到。

如果信道状态信息(Channel State Information，CSI)在发射端未知，则假定从各个天线发射的信号都有相等的功率 P/n_{T}。发射信号的协方差矩阵为

$$\boldsymbol{R}_{xx} = \frac{P}{n_{\mathrm{T}}}\boldsymbol{I}_{n_{\mathrm{T}}}$$

式中：$\boldsymbol{I}_{n_{\mathrm{T}}}$ 为 $n_{\mathrm{T}} \times n_{\mathrm{T}}$ 的单位矩阵。

用 $n_{\mathrm{R}} \times n_{\mathrm{T}}$ 的复矩阵 $\boldsymbol{H}$ 描述信道。h_{ij} 为矩阵 $\boldsymbol{H}$ 的第 $i \times j$ 个元素，代表从第 j 根发射天线到第 i 根接收天线之间的信道衰落系数。用 $n_{\mathrm{R}} \times 1$ 的列向量描述接收端的噪声，表示为 $\boldsymbol{n}$。它的元素是统计独立的复高斯随机变量，零均值，具有独立的、方差相等的实部和虚部。接收噪声的协方差矩阵为

$$\boldsymbol{R}_{nn} = \sigma^2 \boldsymbol{I}_{n_{\mathrm{R}}}$$

用 $n_{\mathrm{R}} \times 1$ 的列向量描述接收信号，表示为 $\boldsymbol{y}$。使用线性模型，可将接收向量表示为

$$\boldsymbol{y} = \boldsymbol{H}\boldsymbol{x} + \boldsymbol{n}$$

接收信号的协方差矩阵定义为 $\boldsymbol{E}\{\boldsymbol{y}\boldsymbol{y}^{\mathrm{H}}\}$，由上式可得接收信号的协方差矩阵为

$$\boldsymbol{R}_{yy} = \boldsymbol{H}\boldsymbol{R}_{xx}\boldsymbol{H}^{\mathrm{H}} + \boldsymbol{R}_{nn}$$

而总接收信号功率可表示为 $\mathrm{tr}(\boldsymbol{R}_{yy})$。

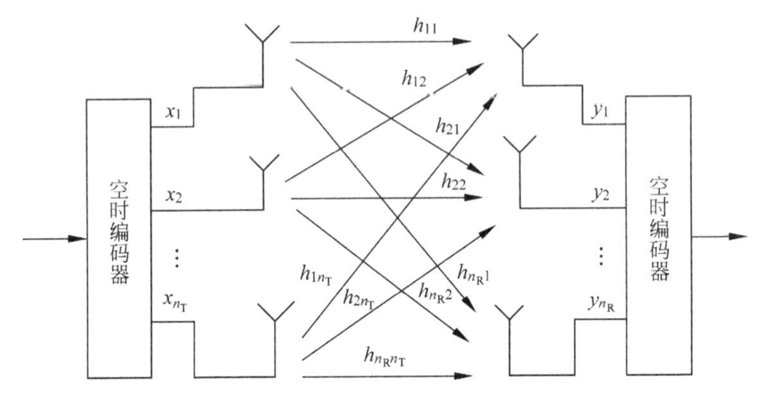

图 9-1 MIMO 系统框图

9.3 OFDM 技术

OFDM(Orthogonal Frequency Division Multiplexing)即正交频分复用技术，实际上 OFDM 是 MCM(Multi Carrier Modulation)多载波调制的一种。OFDM 技术是多载波传输方案的实现方式之一，它的调制和解调是分别基于 IFFT 和 FFT 来实现的，是实现复杂度最低、应用最广的一种多载波传输方案。

在通信系统中，信道所能提供的带宽通常比传送一路信号所需的带宽要宽得多。如

果一个信道只传送一路信号是非常浪费的，为了能够充分利用信道的带宽，可以采用频分复用的方法。

一个 OFDM 符号由多个经过调制的子载波信号合成，其中每个子载波可以采用相移键(Phase Shift Keying，PSK)或正交幅度调制(Quadrature Amplitude Modulation，QAM)符号的调制。如果 N 表示子载波的个数，T 表示 OFDM 符号的宽度，$d_i(i=0,1,\cdots,N-1)$是分配给每个子载波的数据符号，f_c 是第 0 个子载波的载波频率，$\mathrm{rect}(t)=1$，$|t|\leqslant T/2$，则从 $t=t_s$ 开始的 OFDM 符号可表示为

$$s(t)=\left\{\mathrm{Re}\left[\sum_{i=0}^{N-1}d_i\,\mathrm{rect}\left(t-t_s-\frac{T}{2}\right)\mathrm{e}^{\mathrm{j}2\pi\left(f_c+\frac{i}{T}\right)(t-t_s)}\right]\right\},\quad t_s\leqslant t\leqslant t_s+T$$

采用复等效基带信号来描述 OFDM 的输出信号，可表示为

$$s(t)=\begin{cases}\sum_{i=0}^{N-1}d_i\,\mathrm{rect}\left(t-t_s-\frac{T}{2}\right)\mathrm{e}^{\mathrm{j}2\pi\frac{i}{T}(t-t_s)}, & t_s\leqslant t\leqslant t_s+T\\ 0, & t<t_s\wedge t>t+t_s\end{cases}\tag{9-1}$$

图 9-2 给出了 OFDM 系统基本模型框图，其中 $f_i=f_c+\dfrac{i}{T}$。

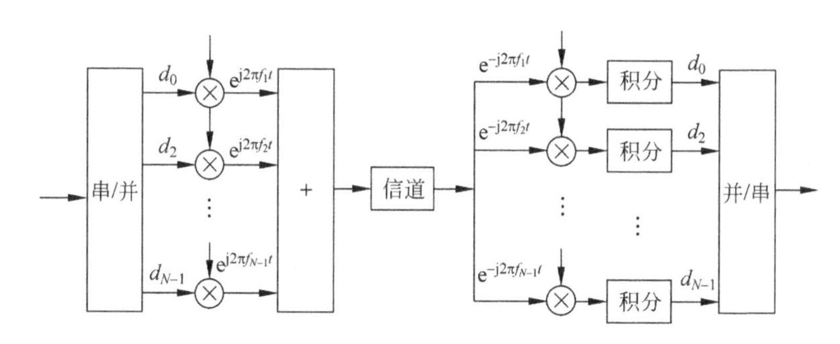

图 9-2 OFDM 系统基本模型框图

每个子载波在一个 OFDM 符号周期内都包含整数倍周期，而且各个相邻的子载波之间相差 1 个周期。这一特性可以用来解释子载波之间的正交性，即

$$\frac{1}{T}\int_0^T \mathrm{e}^{\mathrm{j}\omega_n t}\cdot\mathrm{e}^{-\mathrm{j}\omega_n t}\,\mathrm{d}t=\begin{cases}1, & n=m\\ 0, & n\neq m\end{cases}$$

对式(9-1)中的第 j 个子载波进行解调，然后在时间长度 T 内进行积分，有

$$\begin{aligned}\hat{d}_j&=\frac{1}{T}\int_{t_s}^{t_s+T}\mathrm{e}^{-\mathrm{j}2\pi\frac{i}{T}(t-t_s)}\sum_{i=0}^{N-1}d_i\mathrm{e}^{\mathrm{j}2\pi\frac{i}{T}(t-t_s)}\,\mathrm{d}t\\ &=\frac{1}{T}\sum_{i=0}^{N-1}d_i\int_{t_s}^{t_s+T}\mathrm{e}^{\mathrm{j}2\pi\frac{i-j}{T}(t-t_s)}\,\mathrm{d}t=d_j\end{aligned}\tag{9-2}$$

由式(9-2)可看到，对第 j 个子载波进行解调可以恢复出期望符号。而对其他载波来说，由于在积分间隔内，频率相差$\dfrac{i-j}{T}$可产生整数倍个周期，所以积分结果为零。

当 N 很大时，需要大量的正弦波发生器、滤波器、调制器和解调器等设备，因此系统非常昂贵。为了降低 OFDM 系统的复杂度和成本，通常考虑用离散傅里叶变换(Discrete Fourier Transform，DFT)和离散傅里叶逆变换(Inverse Discrete Fourier

Transform,IDFT)来实现上述功能。对式(9-1)中等效复基带信号以$\frac{T}{N}$的速率进行采样,即信号$t=\frac{kT}{N}(k=0,1,\cdots,N-1)$,则可得

$$s_k = s\frac{kT}{N} = \sum_{i=0}^{N-1} d_i \mathrm{e}^{\mathrm{j}2\pi\frac{ik}{N}}, \quad 0 \leqslant k \leqslant N-1$$

可见,s_k 即是对 d_i 进行 IDFT 运算,则在接收端同样可以用 DFT 恢复原始的数据信号,在接收端对接收到的 s_k 进行 DFT 变换,有

$$d_i = \sum_{i=0}^{N-1} s_k \mathrm{e}^{-\mathrm{j}2\pi\frac{ik}{N}}, \quad 0 \leqslant i \leqslant N-1$$

在 OFDM 系统的实际运用中,可采用更加方便快捷的 IFFT/FFT。N 点 IDFT 运算需要实施 N^2 次的复数乘法,而 IFFT 可显著地降低运算的复杂度。

9.4 MIMO-OFDM 系统

利用 MIMO 技术和 OFDM 技术两者各自的特点,结合形成的 MIMO-OFDM 系统,将空间分集、时间分集以及频率分集有机地结合起来,从而能够大大地提高无线通信系统的信道容量和传输速率,有效地抗信道衰落和抑制干扰,被业界认为是构建未来宽带无线通信系统最关键的物理层传输方案。

如图 9-3 所示,在 MIMO-OFDM 系统中,每根发射天线的通路上都有一个 OFDM 调制器,每根接收天线的通路上也都有一个 OFDM 解调器。

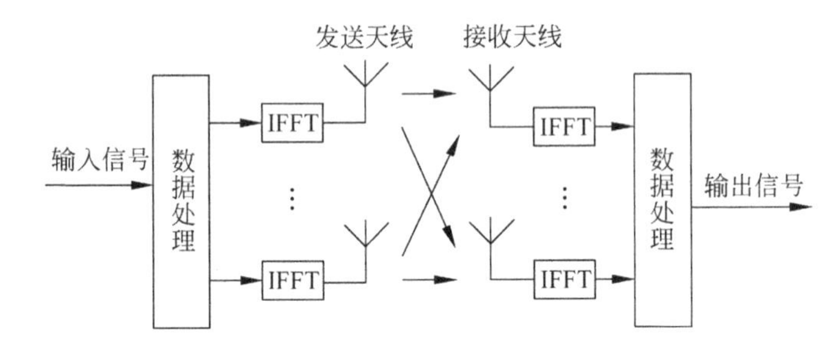

图 9-3 MIMO-OFDM 系统结构图

由于 OFDM 技术能够将频率选择性衰落信道转换为若干平坦衰落的并行子信道,因此,MIMO-OFDM 系统中任意一个子载波上的输入输出关系相当于一个平坦衰落信道 MIMO 系统,可表示为

$$\boldsymbol{y}_k[t] = \boldsymbol{H}_k[t]\boldsymbol{x}_k[t] + \boldsymbol{n}_k[t]$$

式中:$\boldsymbol{y}_k[t]$为第 t 个时隙(此处一个时隙指一个 OFDM 符号),第 k 个 OFDM 子载波上 $N_r\times 1$ 的接收符号向量;N_r 为接收天线数目;$\boldsymbol{x}_k[t]$为第 t 个时隙,第 k 个子载波上 $N_t\times 1$ 的发射符号向量;N_t 为发射天线数目;$\boldsymbol{H}_k[t]$表示第 t 个时隙,第 k 个子载波上 $N_t\times N_r$ 的 MIMO 复信道系数矩阵,在此假定信道系数在每个 OFDM 符号周期内保持不变;$\boldsymbol{n}_k[t]$表示第 t 个时隙,第 k 个子载波上 $N_r\times 1$ 的接收天线上复高斯噪声向量,其每个元素的均值为 0,方差为 σ^2。这里,向量 $\boldsymbol{n}_k[t]$满足 $E\{\boldsymbol{n}_k[t]\boldsymbol{n}_k[t]^{\mathrm{H}}\}=\sigma^2\boldsymbol{I}_{N_r}$,$\boldsymbol{I}_{N_r}$ 表示 $N_t\times N_r$

的单位阵，$E\{\}$表示数学期望，$\boldsymbol{n}_k[t]^{\mathrm{H}}$ 表示 $\boldsymbol{n}_k[t]$的共轭转置。

9.5 空间分组编码

为了克服空时格栅译码过于复杂的缺陷，Alamouti 在 1998 年发明了使用两个天线发射的空时分组编码(STBC)。

简单的发送分集方案如图 9-4 所示。

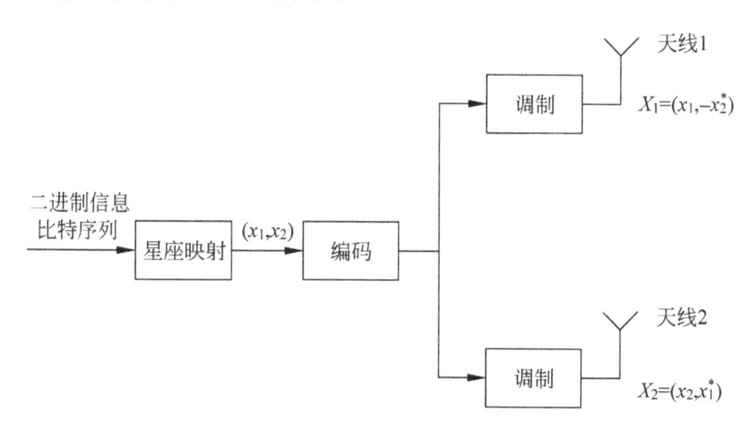

图 9-4 Alamouti 发送分集空时编码方案

信源发送的二进制信息比特首先进行调制(星座映射)。假设采用 M 进制的调制星座，有 $m=\log_2 M$。把从信源来的二进制信息比特每 m bit 分一组，对连续的两组比特进行星座映射，得到两个调制符号 x_1、x_2。然后把这两个符号送入编码器，并按照以下方式编码

$$\begin{bmatrix} x_1 & x_2 \\ -x_2^* & -x_1^* \end{bmatrix} \tag{9-3}$$

经过编码后的符号分别从两副天线上发送出去：在第一个发送时刻，符号 x_1 与 x_2 分别从发送天线 1 与发送天线 2 上同时发送出去；第二个发送时刻，符号 $-x_2^*$ 与 $-x_1^*$ 分别从发送天线 1 和发送天线 2 上同时发送出去，如图 9-4 所示。从编码过程可看出，由于在时间和空间域同时进行编码，因此命名为空时编码，从两副发送天线上发送信号批次存在着一定的关系，因此这种空时码是基于发送分集的。式(9-3)的编码矩阵满足

$$\boldsymbol{XX}^* = \begin{bmatrix} |x_1|^2+|x_2|^2 & 0 \\ 0 & |x_1|^2+|x_2|^2 \end{bmatrix} = (|x_1|^2+|x_2|^2)\boldsymbol{I}_2 \tag{9-4}$$

因此其是满足列正交的，即同一符号内，从两副发送天线上发送的信号满足正交性。记 X_1 和 X_2 分别为从发送天线 1 和发送天线 2 上发送的符号，则有

$$\begin{cases} X_1 = (x_1, -x_2^*) \\ X_2 = (x_2, -x_1^*) \\ X_1X_2^* = x_1x_2^* - x_1x_2^* = 0 \end{cases} \tag{9-5}$$

空时分组码也正是由于满足式(9-4)和式(9-5)的正交性才使得译码相对简单，这一点可从后面的验证码方法中看出。

图 9-5 是在接收端有一副接收天线时 Alamouti 空时码的接收机。假设在时刻 t 发送天线 1 和发送天线 2 到接收天线的信道误差系数分别为 $h_1(t)$ 和 $h_2(t)$，再考虑快衰落信道假设，有

$$h_1(t) = h_1(t+T) = h_1 = |h_1| e^{j\theta}$$
$$h_2(t) = h_2(t+T) = h_2 = |h_2| e^{j\theta}$$

$|h_i|$ 和 $\theta_i(i=1,2)$ 为发送天线 i 到接收天线信道的幅度响应与相位偏转，T 表示符号间隔。记接收天线在时刻 t 与 $t+T$ 的接收信号分别为 r_1 和 r_2，有

$$r_1 = h_1 x_1 + h_2 x_2 + n_1$$
$$r_2 = -h_1 x_2^* + h_2 x_1^* + n_2$$

n_1 和 n_2 表示接收天线在时刻 t 与 $t+T$ 的独立复高斯白噪声，假设噪声的均值为 0，每维的方差为 $\frac{N_0}{2}$。

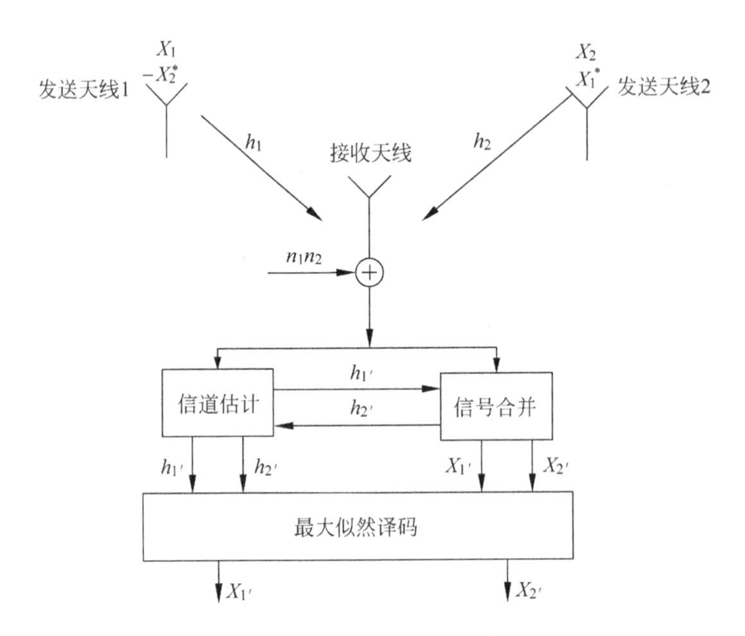

图 9-5　Alamouti 空时码的接收机

9.6　STBC 的 MIMO-OFDM 系统设计

下面着重讨论空时编码技术与 OFDM 技术的结合，对其性能进行详细分析，并给出基于 STBC 的 MIMO-OFDM 系统设计。

9.6.1　STBC 的 MIMO-OFDM 系统模型

有 N 副发射天线、M 副接收天线的 STBC-OFDM 系统框图如图 9-6 所示。信号经过 MIMO 频率选择性衰落信道。设系统总带宽被划分为 K 个相互重叠的子信道。每个空时码字包含 NK 个码符号，在一个 OFDM 码字持续时间内同时发送，每个码符号用某

一发射天线在某一 OFDM 的子载波上发送，假定衰落是准静态的，即在 OFDM 的一帧内衰落保持不变且不同的发射天线和接收天线对之间的衰落是不相关的。

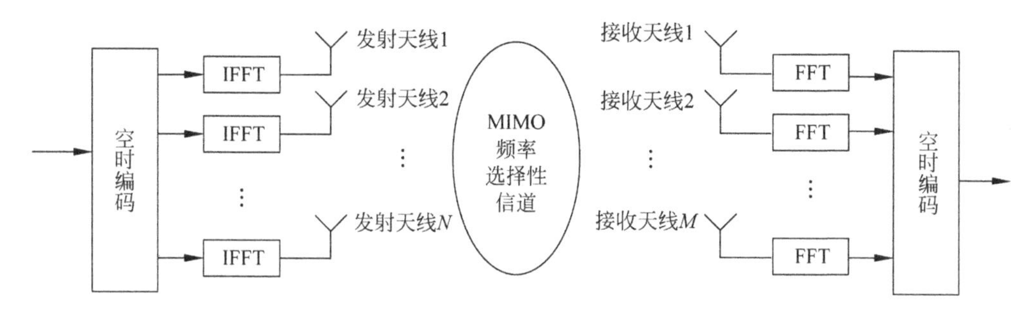

图 9-6　STBC-MIMO-OFDM 系统框图

为了消除由于信道时延扩展而引起的发码间干扰 ISI，OFDM 系统中通常引入循环前缀，假定循环前缀长度大于信道最大时延扩展，且系统收发端完全同步，那么，接收天线 $j(j=1,2,\cdots,M)$ 上的接收信号经符号速率采样，去循环前缀及 FFT，解调后为

$$R_{jk}^{t}=\sum_{i=1}^{N}H_{ijk}^{t}c_{ik}^{t}+N_{jk}^{t},\quad k=0,1,\cdots,K-1 \tag{9-6}$$

式中：H_{ijk}^{t} 为 t 时刻从第 i 副发射天线到第 j 副接收天线之间的信道在第 k 个子载波频率处的频率响应；N_{jk}^{t} 表示接收端噪声和干扰的复高斯随机变量。

9.6.2　分析 STBC 的 MIMO-OFDM 系统性能

为分析简单起见，把接收信号式(9-6)表示为矩阵形式：

$$\boldsymbol{Y}[k]=\boldsymbol{H}[k]\boldsymbol{X}[k]+\boldsymbol{Z}[k],\quad k=0,1,\cdots,K \tag{9-7}$$

式中：$\boldsymbol{H}[k]\in C^{M\times N}$ 为第 k 个子载波处的复信道频率响应矩阵；$\boldsymbol{X}[k]\in C^{N}$ 和 $\boldsymbol{Y}[k]\in C^{M}$ 分别为第 k 个子载波上的发射信号和接收信号；$\boldsymbol{Z}[k]\in C^{M}$ 为加性噪声，设其为具有单位方差的复高斯随机变量。

第 j 副发射天线与第 i 副接收天线之间的信号响应，其时域脉冲响应用抽头延时线模拟(仅考虑非零抽头)可表示为

$$h_{ij}(\tau;t)=\sum_{l=1}^{L}a_{ij}(l;t)\delta\left(\tau-\frac{n_l}{K\Delta f}\right) \tag{9-8}$$

式中：$\delta()$ 为冲激函数；L 为非零抽头的个数；$a_{ij}(l;t)$ 为第 l 个非零抽头的复幅值，其延时为 $\frac{n_l}{K\Delta f}$，n_l 为整数；Δf 为 OFDM 系统的各子载波之间的频率间隔。由于已假设信道为准静态的，故在 OFDM 的一帧内衰落保持不变。

由式(9-8)可知，第 j 副发射天线与第 i 副接收天线之间的信道在第 k 个子载波处的频率响应，也就是式(9-7)中 $\boldsymbol{H}[k]$ 的第 i 行第 j 列的元素为

$$H_{ij}[k]=H_{ij}[k\Delta f]=\sum_{l=1}^{L}h_{ij}(l)\mathrm{e}^{-\mathrm{j}2\pi kn_l/k}=h_{ij}^{*}w_f(k)$$

式中：$h_{ij}(l)=a_{ij}(l)$，$h_{ij}(l)=[a_{ij}(1),a_{ij}(2),\cdots,a_{ij}(L)]^{*}$ 为包含所有非零抽头的时域频

率响应的 L 维向量；$w_f(k)=[e^{-j2\pi kn_1/K}, e^{-j2\pi kn_2/K}, \cdots, e^{-j2\pi kn_L/K}]$则包含相应的离散傅里叶变换的系数。

9.7 STBC 的 MIMO-OFDM 系统的 MATLAB 实现

下面列出基于 STBC 的 MIMO-OFDM 通信系统的 MATLAB 仿真程序代码，程序运行结果如图 9-7 所示。

```
>> clear all
i = sqrt( - 1);
IFFT_bin_length = 512;                    % 傅里叶变换采样点数目
carrier_count = 100;                      % 子载波数目
symbols_per_carrier = 66;                 % 符号数/载波
cp_length = 10;                           % 循环前缀长度
addprefix_length = IFFT_bin_length + cp_length;
M_psk = 4;
bits_per_symbol = log2(M_psk);            % 位数/符号
O = [1  - 2  - 3;2 + j 1 + j 0;3 + j 0 1 + j;0  - 3 + j 2 + j];
co_time = size(O,1);
Nt = size(O,2);                           % 发射天线数目
Nr = 2;                                   % 接收天线数目

num_X = 1;
for cc_ro = 1:co_time
    for cc_co = 1:Nt
        num_X = max(num_X,abs(real(O(cc_ro,cc_co))));
    end
end
co_x = zeros(num_X,1);
for con_ro = 1:co_time
    for con_co = 1:Nt                     % 用于确定矩阵 O 中元素的位置、符号以及共轭情况
        if abs(real(O(con_ro,con_co)))~ = 0
            delta(con_ro,abs(real(O(con_ro,con_co)))) = sign(real(O(con_ro,con_co)));
            epsilon(con_ro,abs(real(O(con_ro,con_co)))) = con_co;
            co_x(abs(real(O(con_ro,con_co))),1) = co_x(abs(real(O(con_ro,con_co))),1) + 1;
            eta(abs(real(O(con_ro,con_co))),co_x(abs(real(O(con_ro,con_co))),1)) = con_ro;
            coj_mt(con_ro,abs(real(O(con_ro,con_co)))) = imag(O(con_ro,con_co));
        end
    end
end
eta = eta.';
eta = sort(eta);
eta = eta.';
carriers  =  (1: carrier_count)  +  (floor(IFFT_bin_length/4)  -  floor(carrier_count/2));
conjugate_carriers = IFFT_bin_length - carriers + 2;
tx_training_symbols = t_y(Nt,carrier_count);
baseband_out_length  =  carrier_count  *  symbols_per_carrier;
snr_min = 3;                              % 最小信噪比
snr_max = 15;                             % 最大信噪比
```

```
graph_inf_bit = zeros(snr_max - snr_min + 1,2,Nr);      %绘图信息存储矩阵
graph_inf_sym = zeros(snr_max - snr_min + 1,2,Nr);
for SNR = snr_min:snr_max
  clc
  disp('Wait until SNR = ');disp(snr_max);
  SNR
  n_err_sym = zeros(1,Nr);
  n_err_bit = zeros(1,Nr);
  Perr_sym = zeros(1,Nr);
  Perr_bit = zeros(1,Nr);
  re_met_sym_buf = zeros(carrier_count,symbols_per_carrier,Nr);
  re_met_bit = zeros(baseband_out_length,bits_per_symbol,Nr);
  %生成随机数用于仿真
  baseband_out = round(rand(baseband_out_length,bits_per_symbol));
  %二进制向十进制转换
  de_data = bi2de(baseband_out);
  %PSK调制
  data_buf = pskmod(de_data,M_psk,0);
  carrier_matrix = reshape(data_buf,carrier_count,symbols_per_carrier);
  %取数为空时编码做准备,此处每次取每个子载波上连续的两个数
  for tt = 1:Nt:symbols_per_carrier
     data = [];
     for ii = 1:Nt
     tx_buf_buf = carrier_matrix(:,tt + ii - 1);
     data = [data;tx_buf_buf];
     end

     XX = zeros(co_time * carrier_count,Nt);
     for con_r = 1:co_time                    %进行空时编码
        for con_c = 1:Nt
           if abs(real(O(con_r,con_c)))~ = 0
             if imag(O(con_r,con_c)) == 0
                XX((con_r - 1) * carrier_count + 1:con_r * carrier_count,con_c) = data
((abs(real(O(con_r,con_c))) - 1) * carrier_count + 1:abs(real(O(con_r,con_c)))...
                * carrier_count,1) * sign(real(O(con_r,con_c)));
             else
XX((con_r - 1) * carrier_count + 1:con_r * carrier_count,con_c) = conj(data((abs(real(O(con_r,
con_c))) - 1) * carrier_count + 1:abs(real(O(con_r,con_c)))...
                * carrier_count,1)) * sign(real(O(con_r,con_c)));
             end
          end
        end
     end                                      %空时编码结束
    XX = [tx_training_symbols;XX];            %添加训练序列
    rx_buf = zeros(1,addprefix_length * (co_time + 1),Nr);
    for rev = 1:Nr
       for ii = 1:Nt
         tx_buf = reshape(XX(:,ii),carrier_count,co_time + 1);
         IFFT_tx_buf = zeros(IFFT_bin_length,co_time + 1);
         IFFT_tx_buf(carriers,:) = tx_buf(1:carrier_count,:);
         IFFT_tx_buf(conjugate_carriers,:) = conj(tx_buf(1:carrier_count,:));
```

```
            time_matrix = ifft(IFFT_tx_buf); time_matrix = [time_matrix((IFFT_bin_length - cp_
length + 1):IFFT_bin_length,:);time_matrix];
            tx = time_matrix(:)';
            % 信道
            tx_tmp = tx;
            d = [4,5,6,2;4,5,6,2;4,5,6,2;4,5,6,2];
            a = [0.2,0.3,0.4,0.5;0.2,0.3,0.4,0.5;0.2,0.3,0.4,0.5;0.2,0.3,0.4,0.5];
            for jj = 1:size(d,2)
               copy = zeros(size(tx)) ;
               for kk = 1 + d(ii,jj): length(tx)
                 copy(kk) = a(ii,jj) * tx(kk - d(ii,jj)) ;
               end
               tx_tmp = tx_tmp + copy;
            end
            txch = awgn(tx_tmp,SNR,'measured');    %添加高斯白噪声
            rx_buf(1,:,rev) = rx_buf(1,:,rev) + txch;
        end
      % 接收机
      rx_spectrum = reshape(rx_buf(1,:,rev),addprefix_length,co_time + 1);
      rx_spectrum = rx_spectrum(cp_length + 1:addprefix_length,:);
      FFT_tx_buf = zeros(IFFT_bin_length,co_time + 1);
      FFT_tx_buf = fft(rx_spectrum);
      spectrum_matrix = FFT_tx_buf(carriers,:);
      Y_buf = (spectrum_matrix(:,2:co_time + 1));
      Y_buf = conj(Y_buf');
      spectrum_matrix1 = spectrum_matrix(:,1);
      Wk = exp(( - 2 * pi/carrier_count) * i);
      L = 10;
      p = zeros(L * Nt,1);
      for jj = 1:Nt
           for l = 0:L - 1
               for kk = 0:carrier_count - 1
                      p(l + (jj - 1) * L + 1,1) = p(l + (jj - 1) * L + 1,1) + spectrum_matrix1(kk + 1,
1) * conj(tx_training_symbols(kk + 1,jj)) * Wk ^ ( - (kk * l));
               end
           end
       end
      h = p/carrier_count;
      H_buf = zeros(carrier_count,Nt);
      for ii = 1:Nt
         for kk = 0:carrier_count - 1
            for l = 0:L - 1
               H_buf(kk + 1,ii) = H_buf(kk + 1,ii) + h(l + (ii - 1) * L + 1,1) * Wk ^ (kk * l);
            end
         end
      end
      H_buf = conj(H_buf');
      RRR = [];
      for kk = 1:carrier_count
          Y = Y_buf(:,kk);
          H = H_buf(:,kk);
```

```
        for co_ii = 1:num_X
            for co_tt = 1:size(eta,2)
                if eta(co_ii,co_tt)~ = 0
                    if coj_mt(eta(co_ii,co_tt),co_ii) == 0
                        r_til(eta(co_ii,co_tt),:,co_ii) = Y(eta(co_ii,co_tt),:);
                        a_til(eta(co_ii,co_tt),:,co_ii) = conj(H(epsilon(eta(co_ii,co_
tt),co_ii),:));
                    else
                        r_til(eta(co_ii,co_tt),:,co_ii) = conj(Y(eta(co_ii,co_tt),:));
                        a_til(eta(co_ii,co_tt),:,co_ii) = H(epsilon(eta(co_ii,co_tt),
co_ii),:);
                    end
                end
            end
        end
        RR = zeros(num_X,1);
       for iii = 1:num_X                          %接收数据的判决统计
          for ttt = 1:size(eta,2)
             if eta(iii,ttt)~ = 0
                RR(iii,1) = RR(iii,1) + r_til(eta(iii,ttt),1,iii) * a_til(eta(iii,ttt),
1,iii) * delta(eta(iii,ttt),iii);
             end
          end
       end
       RRR = [RRR;conj(RR')];
    end
     r_sym = pskdemod(RRR,M_psk,0);
     re_met_sym_buf(:,tt:tt + Nt - 1,rev) = r_sym;
    end
  end
  re_met_sym = zeros(baseband_out_length,1,Nr);
  for rev = 1:Nr
    re_met_sym_buf_buf = re_met_sym_buf(:,:,rev);
    re_met_sym(:,1,rev) =  re_met_sym_buf_buf(:);
    re_met_bit(:,:,rev) = de2bi(re_met_sym(:,1,rev));
    for con_dec_ro = 1:baseband_out_length
       if re_met_sym(con_dec_ro,1,rev)~ = de_data(con_dec_ro,1)
          n_err_sym(1,rev) = n_err_sym(1,rev) + 1;
          for con_dec_co = 1:bits_per_symbol
             if re_met_bit(con_dec_ro,con_dec_co,rev)~ = baseband_out(con_dec_ro,con_dec_co)
                n_err_bit(1,rev) = n_err_bit(1,rev) + 1;
             end
          end
       end
    end
    %误码率计算
    graph_inf_sym(SNR - snr_min + 1,1,rev) = SNR;
    graph_inf_bit(SNR - snr_min + 1,1,rev) = SNR;
    Perr_sym(1,rev) = n_err_sym(1,rev)/(baseband_out_length);
    graph_inf_sym(SNR - snr_min + 1,2,rev) = Perr_sym(1,rev);
    Perr_bit(1,rev) = n_err_bit(1,rev)/(baseband_out_length * bits_per_symbol);
```

```
    graph_inf_bit(SNR - snr_min + 1,2,rev) = Perr_bit(1,rev);
  end
end
%性能仿真图
for rev = 1:rev
  x_sym = graph_inf_sym(:,1,rev);
  y_sym = graph_inf_sym(:,2,rev);
  subplot(Nr,1,rev);
  semilogy(x_sym,y_sym,'b- * ');
  axis([2 16 0.0001 1]);
  xlabel('信噪比/dB');
  ylabel('误码率');
  grid on
end
```

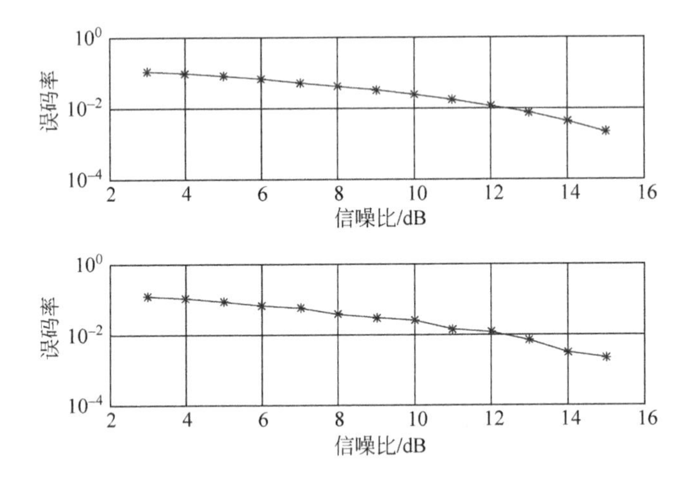

图 9-7　MIMO-OFDM 通信系统的 MATLAB 仿真效果图

第10章 模拟角度调制的MATLAB实现

模拟角度调制与线性调制(幅度调制)不同,角度调制中已调信号的频谱与调制信号的频谱之间不存在对应关系,而是产生了与频谱搬移不同的新频率分量,因而呈现非线性过程的特征,又称为非线性调制。

角度调制包括频率调制和相位调制,通常使用较多的是频率调制,频率调制与相位调制可以互相转换。

10.1 频率调制

频率调制(FM)也称为等振幅调制。在频率调制过程中,输入信号控制载波的频率,使已调信号 $u(t)$ 的频率按输入信号的规律变化。调制公式为

$$u(t)=\cos(2\pi f_c t+2\pi\theta(t)+\phi_c)$$

式中: $u(t)$ 为调制后的信号; f_c 为载波的频率(单位赫兹 Hz); ϕ_c 为初始相位; $\theta(t)$ 为瞬时相位,随着输入信号的振幅变化。$\theta(t)$ 的计算公式为

$$\theta(t)=k_c\int_0^t m(t)\,\mathrm{d}t$$

式中: k_c 为比例常数。频率调制的解调过程使用锁相环方法,如图 10-1 所示。

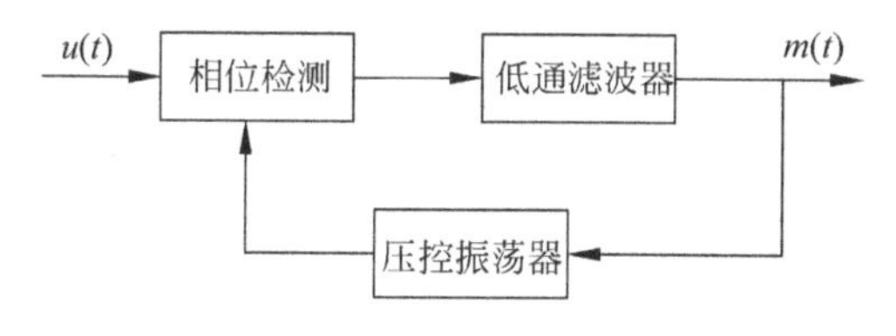

图 10-1 FM 的解调框图

【例 10-1】 已知信号 $S(t)=\begin{cases}1, & 0<t<t_0/3\\ -2, & t_0/3<t<2t_0/3\\ 0, & 2t_0/3<t<t_0\end{cases}$,采用载

波$C(t)=\cos 2\pi f_c t$进行调频，$f_c=200\text{Hz}$，$t_0=1.5\text{s}$，偏移常数$K_F=50$，调制信号的时域表达式为$M(t)=A_c\cos\left(2\pi f_c t+2\pi K_F\int_{-\infty}^{t}S(\tau)\mathrm{d}\tau\right)$，绘制调频波的波形及频谱图。

其实现的MATLAB代码为

```
>> clear all;
t0 = 0.15;                                  % 信号持续时间
tz = 0.0005;                                % 采样时间间隔
fc = 200;                                   % 载波频率
kf = 50;                                    % 调制系数
fz = 1/tz;
t = [0:tz:t0];                              % 定义时间序列
df = 0.25;                                  % 频率分辨率
% 定义信号序列
m = [ones(1,t0/(3 * tz)), - 2 * ones(1,t0/(3 * tz)),zeros(1,t0/(3 * tz) + 1)];
int_m(1) = 0;                               % 对 m 积分,以便后面调频
for i = 1:length(t) - 1
    int_m(i+1) = int_m(i) + m(i) * tz;
end
[M,m,df1] = fftseq(m,tz,df);                % 傅里叶变换
M = M/fz;
f = [0:df1:df1 * (length(m) - 1)] - fz/2;
u = cos(2 * pi * fc * t + 2 * pi * kf * int_m);  % 调制信号调制在载波上
[U,u,df1] = fftseq(u,tz,df);                % 傅里叶变换
U = U/fz;                                   % 频率压缩
figure;
subplot(2,1,1);plot(t,m(1:length(t)));      % 作出未调信号的波形
axis([0,0.15, - 2.1,2.1]);
xlabel('时间'); title('未调信号');
subplot(2,1,2);plot(t,u(1:length(t)));
axis([0,0.15, - 2,2.1]);
xlabel('时间');title('调频信号');
figure;
subplot(2,1,1);plot(f,abs(fftshift(M)));
xlabel('频率');title('信号的频谱');
subplot(2,1,2);plot(f,abs(fftshift(U)));
xlabel('频率');title('调频信号的频谱');
```

运行程序，得到调频波的波形如图10-2所示，得到的调频波的频谱图如图10-3所示。

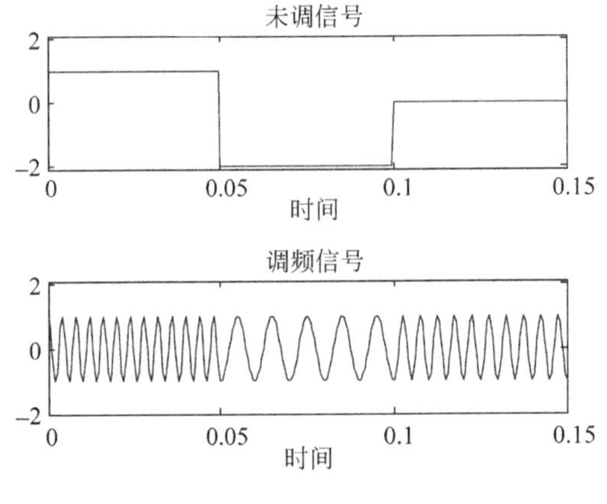

图10-2　调频波的波形

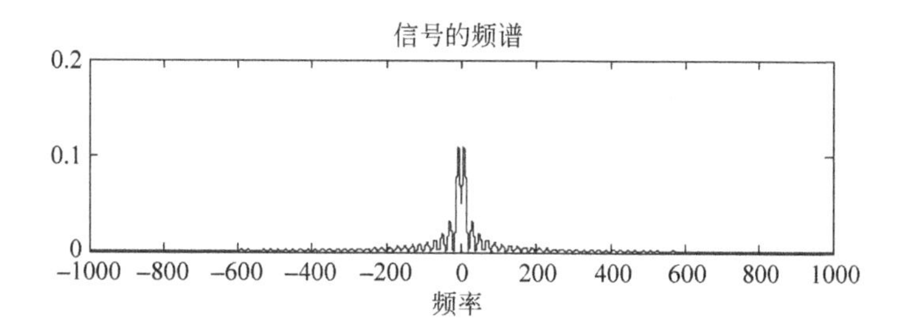

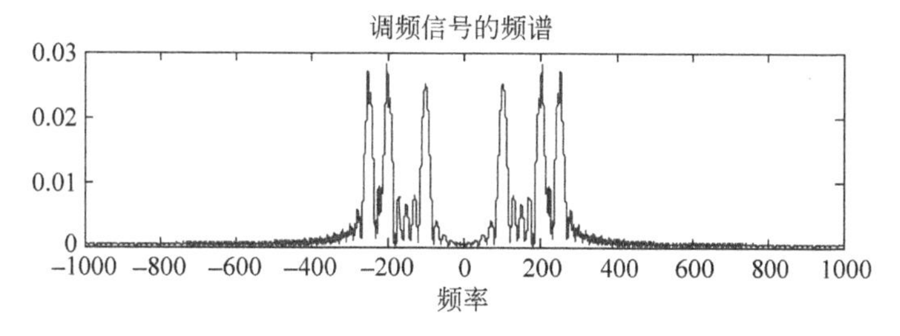

图 10-3 调频波的频谱图

10.2 相位调制

相位调制(PM)则是利用输入信号 $m(t)$ 控制已调信号 $u(t)$ 的相位,控制规律为

$$u(t) = \cos(2\pi f_c t + 2\pi\theta(t) + \phi_c)$$

式中:$u(t)$ 为调制后的信号;f_c 为载波频率(单位为 Hz);ϕ_c 为初始相位;$\theta(t)$ 为瞬时相位,它随输入信号的振幅而变化,有

$$u(t) = k_c m(t)$$

式中:k_c 为比例常数,称为调制器的灵敏度。相位调制的解调过程如图 10-4 所示。

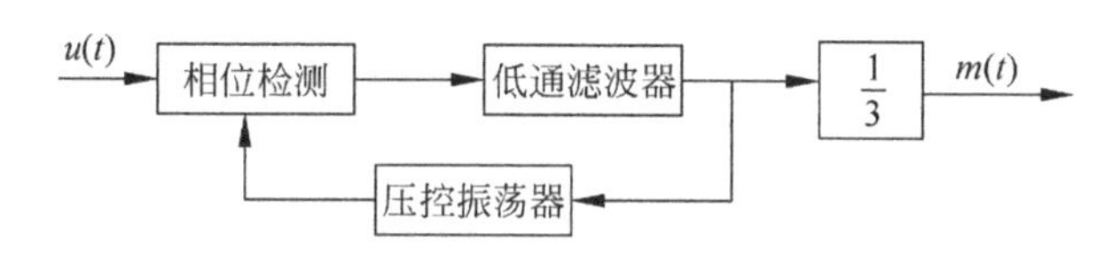

图 10-4 PM 解调框图

【例 10-2】 已知信号 $S(t)=\begin{cases} 40t, & 0<t<t_0/4 \\ -40t+10t_0, & t_0/4<t<3t_0/4 \\ 40t-40t_0, & 3t_0/4<t<t_0 \end{cases}$,现用调相将其调制到载波 $f(t)=\cos(f_c t)$ 上,其中,$t_0=0.25\text{s}$,$f_c=50\text{Hz}$,绘制波的调相波形及频谱图。

其实现的 MATLAB 代码为

```
>> clear all;
t0 = 0.25;                          % 信号持续时间
tz = 0.0005;                        % 采样时间间隔
fc = 200;                           % 载波频率
kf = 50;                            % 调制系数
fz = 1/tz;
```

```
t = [0:tz:t0];                              % 定义时间序列
df = 0.25;                                  % 频率分辨率
% 定义信号序列
m = zeros(1,501);
for i = 1:1:125;                            % 前 125 个点值为对应标号
    m(i) = i;
end
for i = 126:1:375;                          % 中央的 250 个点值呈下降趋势
    m(i) = m(125) - i + 125;
end
for i = 367:1:501                           % 后 125 个点值又用另一条直线方程
    m(i) = m(375) + i - 375;
end
m = m/50;
[M,m,df1] = fftseq(m,tz,df);                % 傅里叶变换
M = M/fz;
f = [0:df1:df1 * (length(m) - 1)] - fz/2;
for i = 1:length(t)                         % 便于进行相位调制和作图
    mn(i) = m(i);
end
u = cos(2 * pi * fc * t + mn);              % 相位调制
[U,u,df1] = fftseq(u,tz,df);                % 傅里叶变换
U = U/fz;                                   % 频率压缩
figure;
subplot(2,1,1);plot(t,m(1:length(t)));
axis([0,0.25, - 3,3]);
xlabel('时间'); title('信号波形');
subplot(2,1,2);plot(t,u(1:length(t)));
axis([0,0.15, - 2.1,2.1]);
xlabel('时间');title('调相信号的时域波形');
figure;
subplot(2,1,1);plot(f,abs(fftshift(M)));
xlabel('频率');title('信号的频谱');
subplot(2,1,2);plot(f,abs(fftshift(U)));
xlabel('频率');title('调相信号的频谱');
```

运行程序,得到三角波调相波的波形如图 10-5 所示,三角波调相波的频谱图如图 10-6 所示。

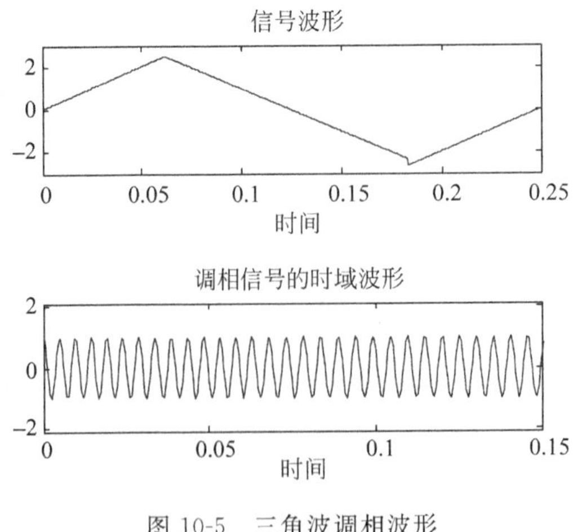

图 10-5　三角波调相波形

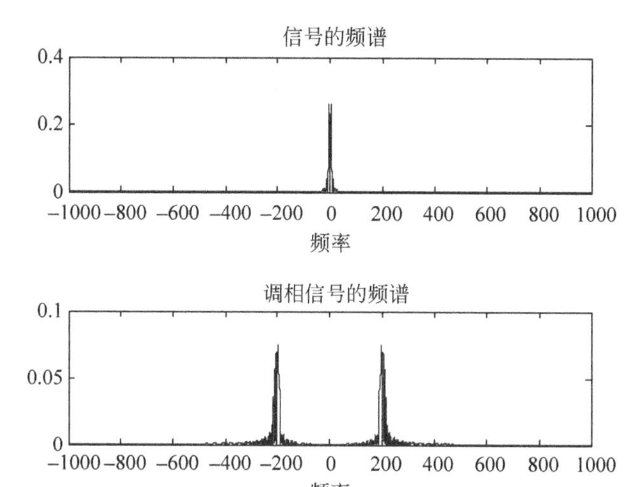

图 10-6　三角波调相波的频谱图

第11章 仿真系统Simulink模块创建过程

11.1 Simulink 主要特点

Simulink 是 MATLAB 提供的用于对动态系统进行建模、仿真和分析的工具包。Simulink 提供了专门用于显示输出信号的模块，可以在仿真过程中随时观察仿真结果。同时，通过 Simulink 的存储模块，仿真数据可以方便地以各种形式保存到工作空间或文件中，以供用户在仿真结束之后对数据进行分析和处理。另外，Simulink 把具有特定功能的代码组织成模块的方式，并且这些模块可以组织成具有等级结构的子系统，因此具有内在的模块化设计要求。Simulink 作为一种通用的仿真建模工具，广泛用于通信仿真、数字信号处理、模糊逻辑、神经网络、机械控制和虚拟现实等领域中。

作为一款专业仿真软件，Simulink 具有以下特点。

（1）基于矩阵的数值计算。

（2）高级编程语言以及可视化的图形操作界面。

（3）包含各个领域的仿真工具箱，使用方便快捷并可以扩展。

（4）丰富的数据 I/O 接口。

（5）提供与其他高级语言的接口。

（6）运行多平台（PC/UNIX）。

根据输出信号与输入信号的关系，Simulink 提供 3 种类型的模块：连续模块、离散模块和混合模块。连续模块是指输出信号随着输入信号发生连续变化的模块；离散模块则是输出信号固定间隔变化的模块。对于连续模块，Simulink 采用积分方式计算输出信号的数值，因此，连续模块主要涉及数值的计算及其积分。离散模块的输出信号在下一个采样到来之前保持恒定，这时，Simulink 只需要以一定的间隔计算输出信号的数值。混合模块是根据输入信号的类型来确定信号类型的，它既能够产生连续输出信号，也能够产生离散输出信号。

如果一个仿真模型中只包含离散模块，这时，Simulink 采用固定步长的方式进行仿真（即每隔一定的间隔计算一次输出信号）。当所有的离散模块都有相同的采样间隔时，Simulink只需要按照这个间隔实施仿真；否则，Simulink采用多速率方式进行仿真。多速率仿真模式的一种方案是选取一个最大可用间隔，使之适用于所有的离散模块。这个间隔一般是各个离散模块采样间隔的最大公约数。对于可变步长方式，多速率仿真模型按照各个模块的采样间隔列出系统可能的仿真时刻，在仿真时刻到来的时候，只对相应的离散模块实施仿真，从而在一定程度上提高了仿真的效率。

如果仿真模型中包含了连续模块，Simulink将采用连续方式对模块进行仿真。如果模块中既包括连续模块，又包含离散模块，Simulink采用两种仿真步长进行仿真。对于其中的离散模块，Simulink可以按照离散模块的方式进行仿真，这个仿真步长称为主步长。在每个步长仿真中，Simulink使用小步长间隔，通过积分运算得到连续状态的当前输出信号。

11.2 Simulink工作原理

11.2.1 动态系统计算机仿真

为了能全面、正确地理解系统仿真，需要对系统仿真所研究的对象进行概要的了解。在此对系统与系统模型进行简单的介绍。

1. 系统

系统是指具有某些特定功能并且相互联系、相互作用的元素集合。此处的系统是指广义的系统，泛指自然界的一切现象与过程。它具有两个基本特征：整体性和相关性。整体性是指系统作为一个整体存在而表现出某项特定的功能，它是不可分割的。

对于任何系统的研究都必须从如下3个方面考虑。

(1) 实体：组成系统的元素、对象。

(2) 属性：实体的特征。

(3) 活动：系统由一个状态到另一个状态的变化过程。

组成系统的实体之间相互作用而引起的实体属性的变化，通常用状态变量来描述。研究系统主要研究系统的动态变化。除了研究系统的实体属性活动外，还需要研究影响系统活动的外部条件，这些外部条件称为环境。

2. 系统模型

系统模型是对实际系统的一种抽象，是对系统本质(或系统的某种特性)的一种描述。模型可视为对真实世界中物体或过程的信息进行形式化的结果。模型具有与系统相似的特性，可以以各种形式给出用户所感兴趣的信息。

模型可以分为实体模型和数学模型。实体模型又称为物理效应模型，是根据系统之间的相似性而建立起来的物理模型。实体模型最常见的是比例模型，如风筒吹风实验常用的翼型或建筑模型。

数学模型包括原始系统数学模型和仿真系统数学模型。原始系统数学模型是对系统的原始数学描述。仿真系统数学模型是一种适合在计算机上演算的模型,主要是指根据计算机的运算特点、仿真方式、计算方法、精度要求,将原始系统数学模型转换为计算机程序。

数学模型可以分为许多类型,按照状态变化可分为动态模型和静态模型。用以描述系统状态变化过程的数学模型称为动态模型;而静态模型仅仅反映系统在平衡状态下系统特征值间的关系,这种关系常用代数方程来描述。

按照输入和输出的关系可将模型分为确定模型和随机模型。如果一个系统的输出完全可以用它的输入来表示,则称为确定系统;如果系统的输出是随机的,即对于给定的输入存在多种可能的输出,则该系统是随机系统。

离散系统是指系统的操作和状态变化仅在离散时刻产生的系统,如交通系统、电话系统、通信网络系统等,常常用各种概率模型来描述。

连续系统模型还可分为集中参数和分布参数,线性和非线性,时变和时不变,时域和频域,连续时间和离散时间等。表 11-1 列出了各种类型的数学模型及其数学描述。

表 11-1 数学模型分类

<table>
<tr><th rowspan="3">模型类型</th><th rowspan="3">静态系统模型</th><th colspan="4">动态系统模型</th></tr>
<tr><th colspan="3">连续系统模型</th><th rowspan="2">离散系统模型</th></tr>
<tr><th>集中参数</th><th>分布参数</th><th>离散时间</th></tr>
<tr><td>数学描述</td><td>代数方程</td><td>微分方程
状态方程
传递函数</td><td>偏微分方程</td><td>差分方程
离散状态方程</td><td>概述分布排队论</td></tr>
</table>

归纳起来,仿真技术的用途主要有如下几方面。

(1) 优化系统设计。在实际系统建立前,通过改变仿真模型结构和调整系统参数来优化系统设计。例如,控制系统、数字信号处理系统的设计经常要靠仿真来优化系统性能。

(2) 系统故障再现,发现故障原因。实际系统故障的再现必然会带来某种危害性,这样做是不安全的和不经济的,而利用仿真来再现系统故障则是安全的和经济的。

(3) 验证系统设计的正确性。

(4) 对系统或其子系统进行性能评价和分析,多为物理仿真,如飞机的疲劳试验。

(5) 训练系统操作员。常见于各种模拟器,如飞行模拟器、坦克模拟器等。

(6) 为管理决策和技术提供支持。

11.2.2 Simulink 求解器

Simulink 求解器是 Simulink 进行动态系统仿真的核心所在,因此要想掌握 Simulink 系统仿真的原理,必须对 Simulink 的求解器有所了解。

1. 离散求解器

离散系统的动态行为一般可以由差分方程描述。众所周知，离散系统的输入与输出仅在离散的时刻上取值，系统状态每隔固定的时间才更新一次，而 Simulink 对离散系统的仿真核心是对离散系统差分方程的求解。因此，Simulink 可以做到对离散系统的绝对精确(除有限的数据截断误差外)。

在对纯粹的离散系统进行仿真时，需要选择离散求解器对其进行求解。打开求解器的方法如图 11-1 所示。用户只需选择 Simulink 的 Parameters 对话框中的 Solver(求解器)选项卡中的 discrete(no continuous states)选项，即没有连续状态的离散求解器，即可以对离散系统进行精确的求解与仿真。离散求解器的设置如图 11-2 所示。

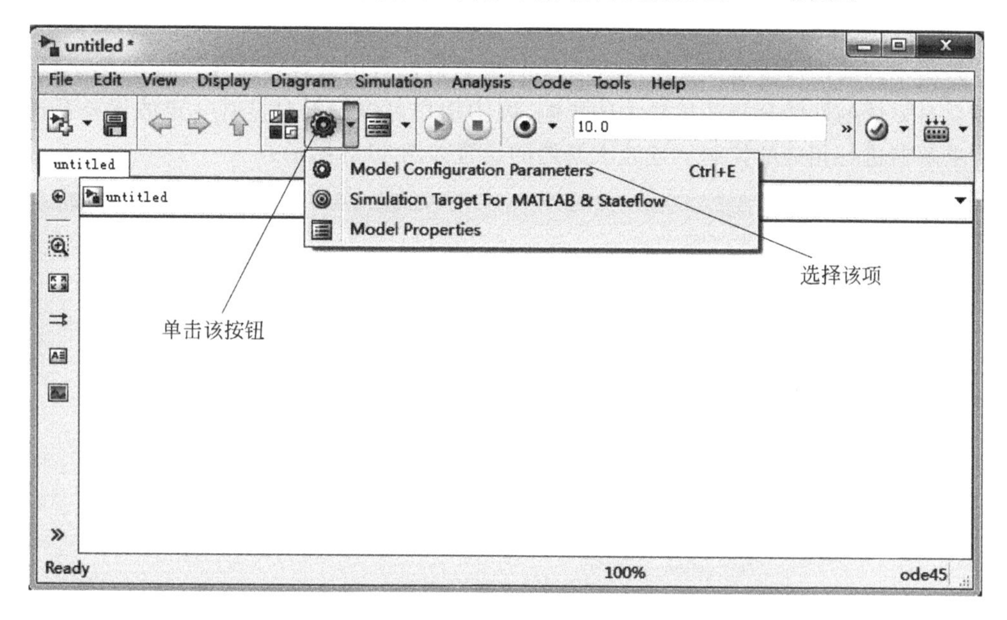

图 11-1 打开求解器操作

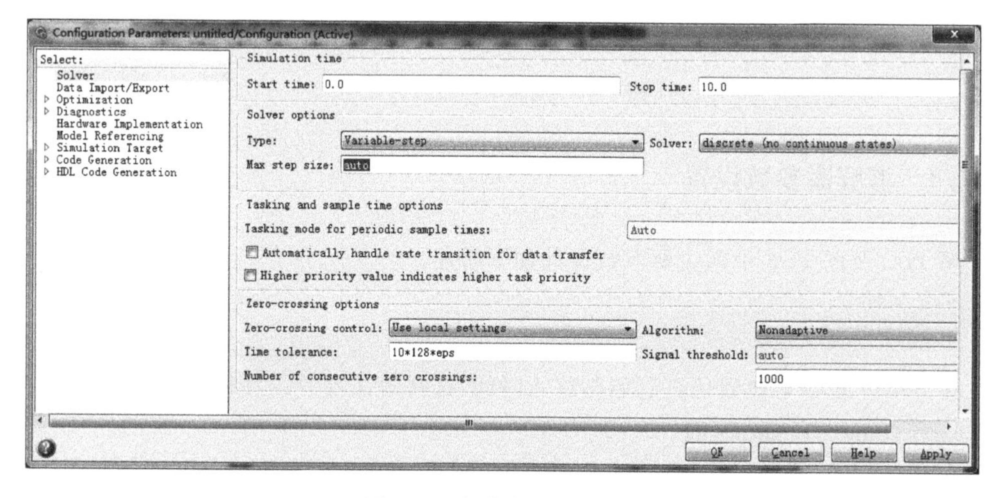

图 11-2 离散求解器的设置

2. 连续求解器

与离散系统不同,连续系统具有连续的输入与输出,并且系统中一般都存在连续的状态设置。连续系统中存在的状态变量往往是系统中某些信号的微分或积分,因此连续系统一般由微分方程或与之等价的其他方式进行描述。这就决定了使用数字计算机不可能得到连续系统的精确解,而只能得到系统的数字解(即近似解)。

Simulink 在对连续系统进行求解仿真时,其核心是对系统微分或偏微分方程进行求解。因此,使用 Simulink 对连续系统进行求解仿真时所得到的结果均为近似解,只要此近似解在一定的误差范围内即可。

对微分方程的数字求解有不同的近似解,因此 Simulink 的连续求解器有多种不同的形式,如变步长求解器 ode45、ode23、ode113,以及定步长求解器 ode5、ode4、ode3 等。

采用不同的连续求解器会对连续系统的仿真结果与仿真速度产生不同的影响,但一般不会对系统的性能分析产生较大的影响,因为用户可以设置对具有一定的误差范围的连续求解器进行相应的控制。连续求解器的设置如图 11-3 所示。

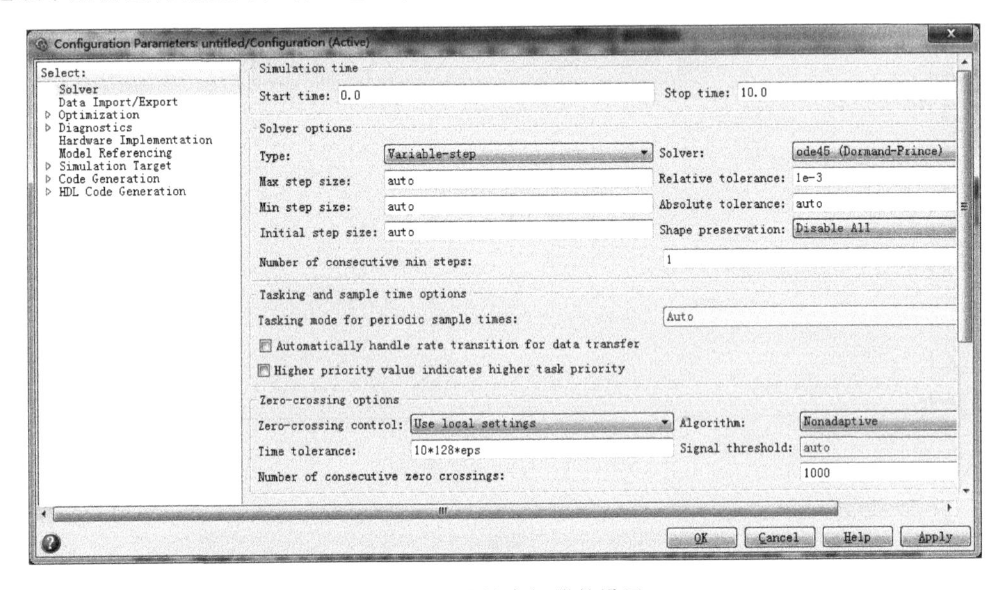

图 11-3　连续求解器的设置

11.2.3　求解器参数设置

图 11-2 及图 11-3 中的主要参数设计如下所述。

1. Sovler 项

在 Solver 里需要设置仿真起始与终止时间、选择解法器并设置相关的参数。

1) Simulation time 区域

在 Start time 和 Stop time 文本框内可以输入仿真的起始时间和终止时间,默认的起始时间为 0.0s,终止时间为 10.0s。事实上,仿真时间与实际的时钟时间并不是相同的。

例如，运行 10s 的仿真过程实际并不会花费 10s，机器运行的时间取决于很多因素，包括模型的复杂程序、算法步长的大小以及计算机的速度等。

2）Solver options

Simulink 模型的仿真要计算整个仿真过程中各采样点的输入值、输出值以及状态变量值，Simulink 利用用户选择的算法来执行这个操作，当然，一种算法不可能适应所有的模型，因此 Simulink 对算法进行了分类，每一种算法用来解决不同的模型类型。用户可以选择的算法有 4 类：定步长连续算法、变步长连续算法、定步长离散算法和变步长离散算法。

用户可以在 Type 下拉框中指定仿真的步长选取方式，可供选择的有 Variable-step（变步长）和 Fixed-step（固定步长）两种方式。

（1）定步长连续算法。

这个算法在整个仿真过程中以相等的时间间隔计算模型的连续状态，算法使用数值积分方法来计算系统的连续状态，每个算法使用不同的积分方法，因此，用户可以选择最适合自己模型的计算方法。为了选择定步长连续算法，首先在 Type 列表框内选择 Fixed-step 选项，然后在相邻的积分方法列表中选择算法，可以选择的定步长连续算法如表 11-2 所示。

表 11-2　定步长仿真的连续算法

算　法	说　明
ode5（默认值）	固定步长的高阶龙格-库塔法，适用于大多数连续或离散系统，不适用于刚性系统
ode4	固定步长的四阶龙格-库塔法，具有一定的计算精度
ode3	固定步长的二/三阶龙格-库塔法，与 ode4/5 类似，但算法精度没有 ode4/5 高
ode2	改进欧拉法
ode1	欧拉法

（2）变步长连续算法。

Simulink 提供了变步长连续仿真算法，当系统的连续状态变化很快时，这些算法减小仿真步长以提高精度；当系统的连续状态变化较慢时，这些算法会增加仿真步长以节省仿真时间。要指定变步长连续算法，在 Type 列表框内选择 Variable-step 选项，然后在相邻的积分方法列表中选择算法，可以选择的变步长连续算法如表 11-3 所示。

表 11-3　变步长仿真的连续算法

算　法	说　明
ode45（默认值）	四/五阶龙格-库塔法，适用于大多数连续或离散系统，但不适用于刚性系统
ode23	二/三阶龙格-库塔法，与 ode45 类似，但算法精度没有 ode45 高
ode113	即 adams 项算法
ode15s	即 NDF 算法，适用于刚性系统
ode23s	基于龙格-库塔法的一种算法，专门应用于刚性系统
ode23t	若是刚性系统，且不要求有衰减，可以使用这个方法
ode23tb	即 TR-BDF2 实现，类似于 ode23s，这个算法比 ode15s 更精确

(3) 定步长离散算法。

Simulink 提供了一种不执行积分运算的定步长算法,它适用于求解非线性连续状态模型和只有离散状态的模型。

(4) 变步长离散算法。

Simulink 提供了一种变步长离散算法,如果用户未指定固定步长离散算法,而且模型又没有连续状态,那么 Simulink 使用这个默认的算法。

2. Data Import/Export 项

该面板主要用于向 MATLAB 工作空间输出模型仿真结果数据或者从 MATLAB 工作空间读入数据到模型,效果如图 11-4 所示,主要完成以下工作。

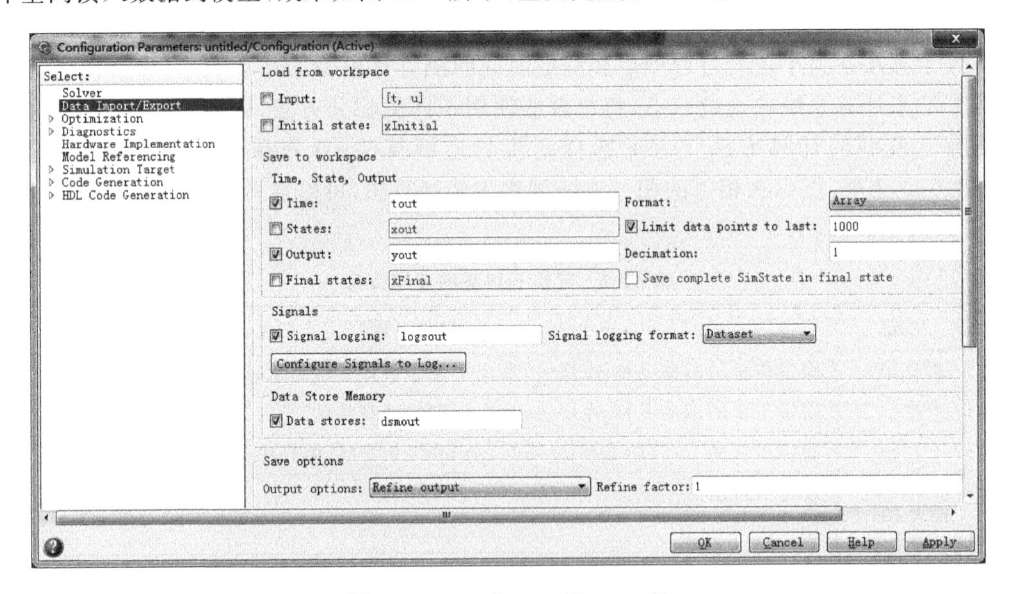

图 11-4　Data Import/Export 项

- Load from workspace:从 MATLAB 工作空间向模型导入数据,作为输入与系统的初始状态。
- Save to workspace:向 MATLAB 工作空间输出仿真时间、系统状态、系统输出与系统最终状态。
- Save options:向 MATLAB 工作空间输出数据的输出格式、数据量、存储数据的变量名及生成附加输出信号数据等。

3. Optimization 项

该面板用于设置各种选项来提高仿真性能和由模型生成代码的性能。其页面如图 11-5 所示。

Optimization 项主要完成以下操作。

- Block reduction:设置用时钟同步模块来代替一组模块,以加速模型的运行。
- Conditional input branch execution:用来优化模型的仿真与代码的生成。

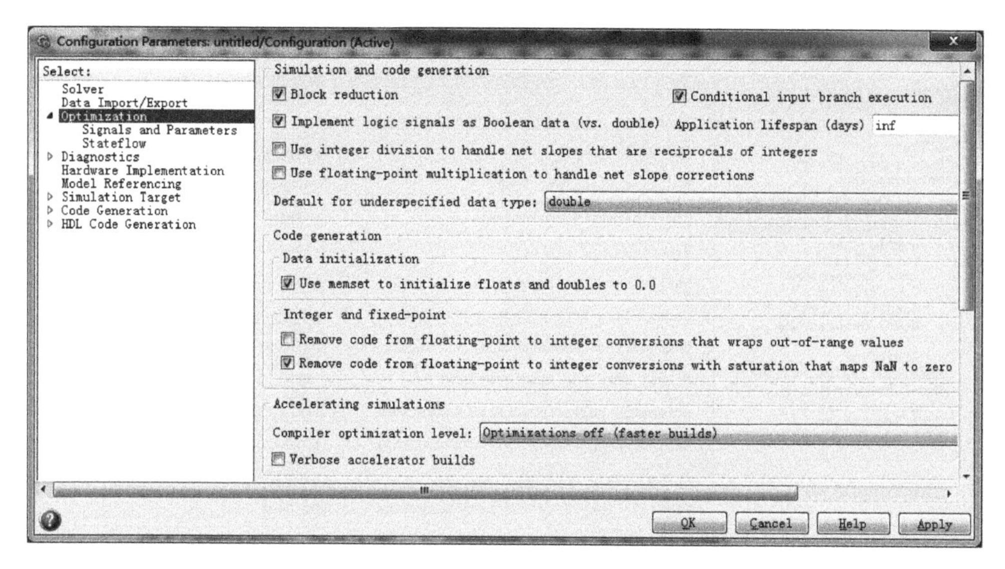

图 11-5 Optimization 项

- Inline parameters：选中该选项如图 11-6 所示，可以使得模型的所有参数在仿真过程中不可调，如果用户想使某些变量参数可调，可以单击 Configure 按钮打开 Model Parameter Configuration 对话框，将这些变量设置为全局变量。

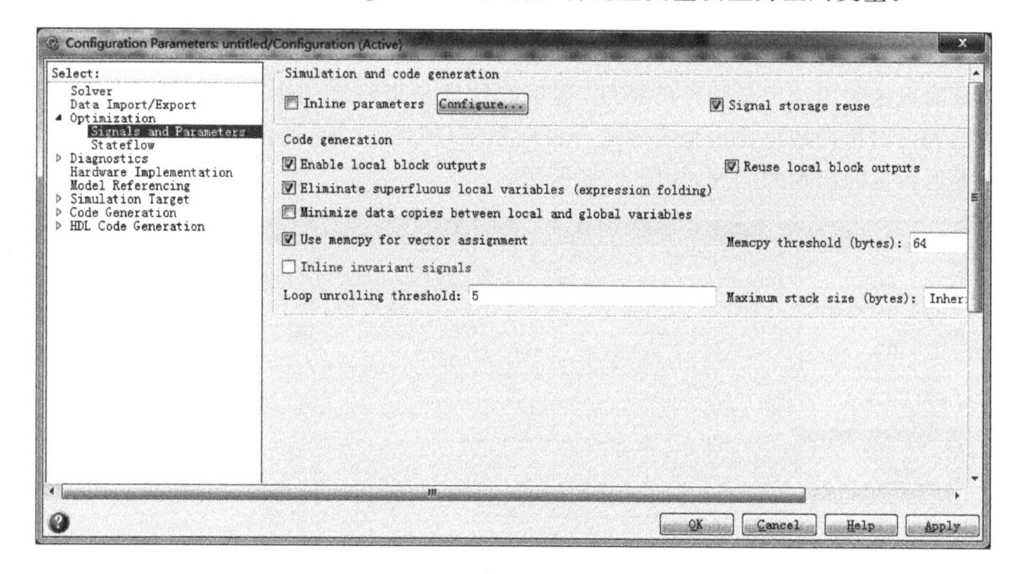

图 11-6 信号及参数窗口

- Implement logic singals as Boolean data(vs. double)：使得接收布尔值输入的模块只能接收布尔类型，如果该项没有被选，则接收布尔输入的类型也能接收 double 类型的输入。

4. Diagnotics 项

该面板主要用于设置当模块在编译与仿真遇到突发情况时，Simulink 采用哪种诊断动作，如图 11-7 所示。该面板还将各种突发情况的出现原因分类列出。

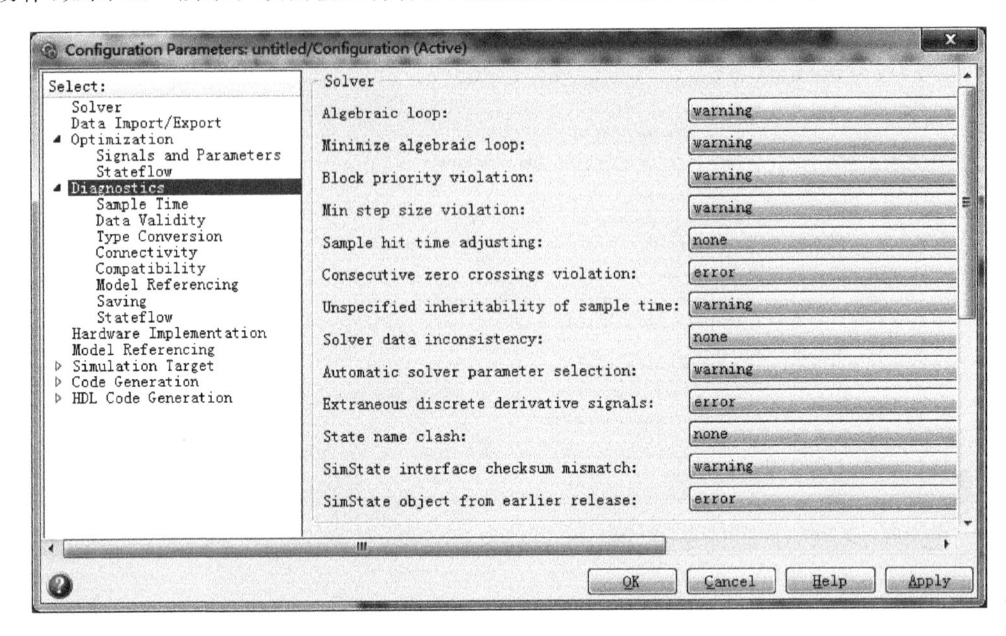

图 11-7　Diagnotics 项

5. Hardware Implementation 项

该面板主要用于定义硬件的特性，这里的硬件是指将来用来运行模型的物理硬件。这些设置可以帮助用户在模型实际运行目标系统（硬件）之前，通信仿真检测到以后目标系统上运行可能出现的问题，如图 11-8 所示。

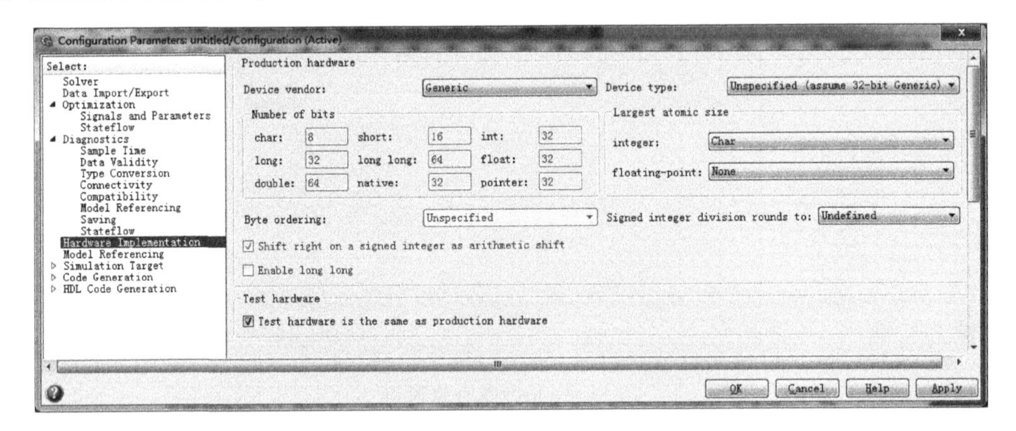

图 11-8　Hardware Implementation 项

6. Model Referencing 项

该面板用于生成目标代码、建立仿真以及定义当此模型中包含其他模型或者其他模型引用该模型时的一些选项参数值，如图 11-9 所示。

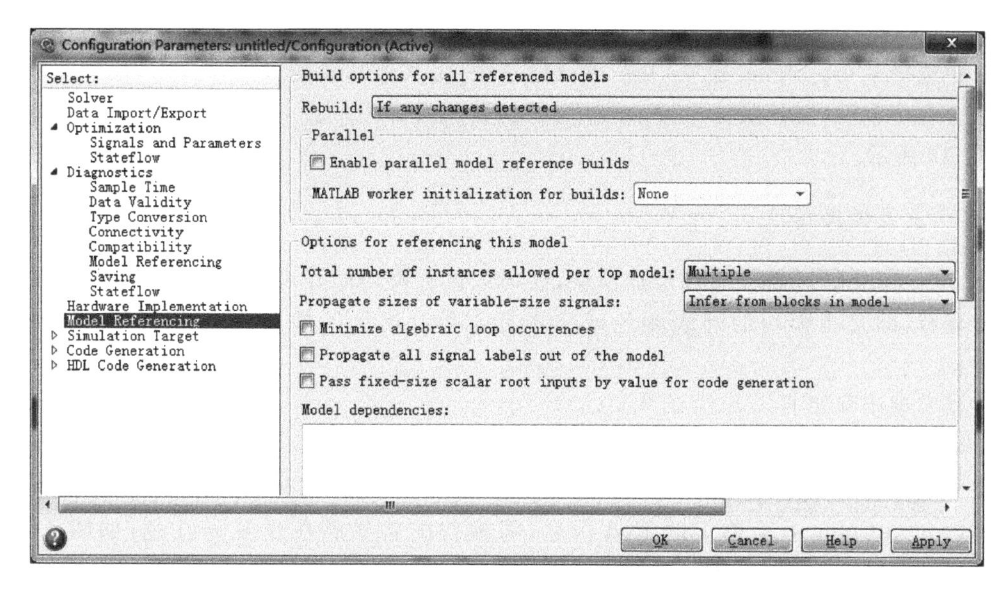

图 11-9　Model Referencing 项

11.3　一个 Simulink 实例

本节介绍一个简单的仿真系统,演示创建 Simulink 仿真系统的典型过程。

1. 添加模块

其实现步骤如下。

(1) 单击 Simulink Library Browset 窗口中的“新建”按钮,或选择 File→New→Model 选项,打开一个空白模型窗口,如图 11-10 所示。

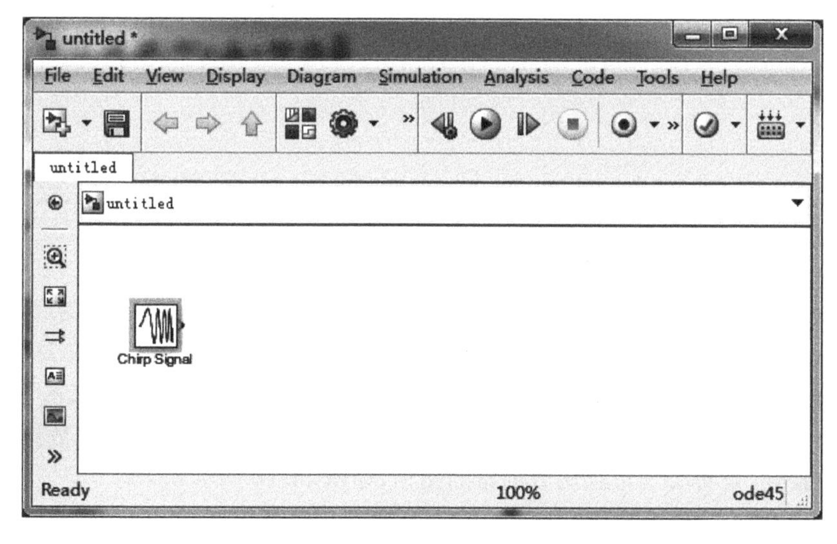

图 11-10　添加 Chirp Signal 模块

(2) 选择 Chirp Signal 信号源。选择图 11-10 左窗格的 Sources 模块库，然后在右侧窗口中选择 Chirp Signal 模块，并按下鼠标左键，将其拖到新建模型窗口中，拖到新建模型中合适位置后，松开鼠标左键，在对应的位置就会显示用户添加的信号模块，效果如图 11-10 所示。

2. 设置模块属性

在 Simulink 中，除了可以添加模块，还可以设置模块的外观和运算属性。外观属性很好理解，即是指模块的外表颜色或文本标志等。运算属性主要是指仿真的各种参数等。

其实现步骤如下。

(1) 编辑 Chirp Signal 模块的外观属性。选中 Chirp Signal 模块，当模块出现对应的模块柄后，按下鼠标并进行拖动，改变模块大小；然后选择 Diagram 菜单栏下的 Background Color 子菜单下的 Red 命令，将模块的背景颜色设置为红色，如图 11-11 所示。

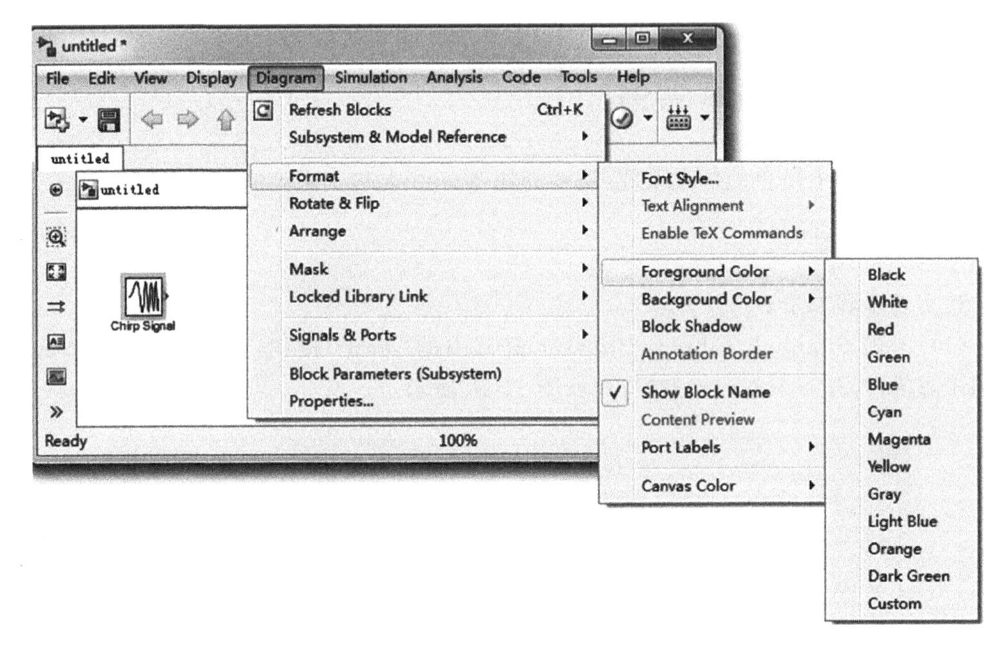

图 11-11　模块的外观属性设置

(2) 设置 Chirp Signal 模块的参数。双击模块窗口的 Chirp Signal 模块，打开 Source Block Parameters:Chirp Signal 参数设置窗口，设置模块的相关参数，效果如图 11-12 所示。

(3) 根据需要在模型窗口中添加 Sine Wave 模块，并设置其外观。双击 Sine Wave 模块窗口，打开参数设置窗口，设置效果如图 11-13 所示。在打开的模块参数设置窗口中单击 Help 按钮，查看关于正弦函数的帮助文档，如图 11-14 所示。

(4) 添加数学运算符模块，并设置相应的属性。选择 Simulink 库浏览器左窗格的 Math Operations 模块库，然后在右窗格中选择 Add 模块，并将模块添加到模型窗口中，对其进行外观属性设置。

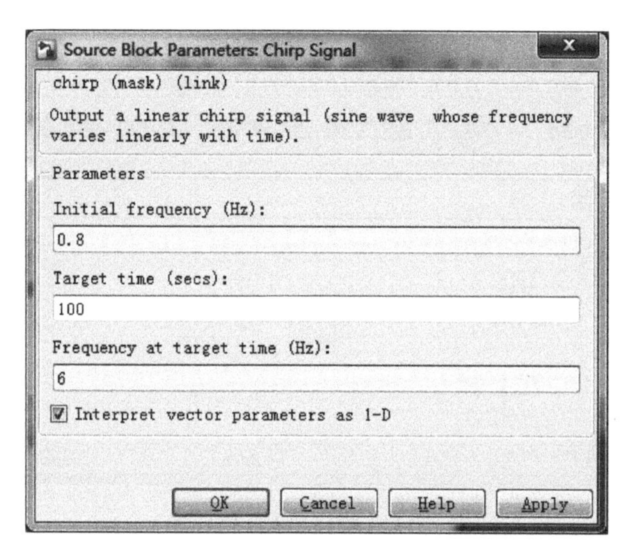

图 11-12 模块参数设置窗口

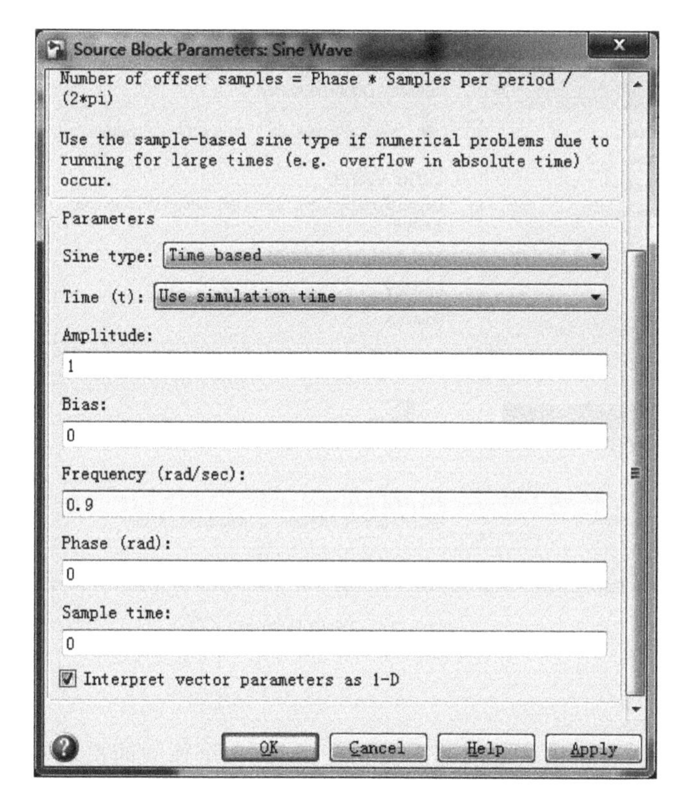

图 11-13 Sine Wave 模块参数设置

(5) 添加显示屏模块，并设置其相应的属性。选择选择 Simulink 库浏览器左窗格的 Sinks 模块库，然后在右窗格中选择 Scope 模块，并将模块添加到模型窗口中，对其进行外观属性设置，效果如图 11-15 所示。

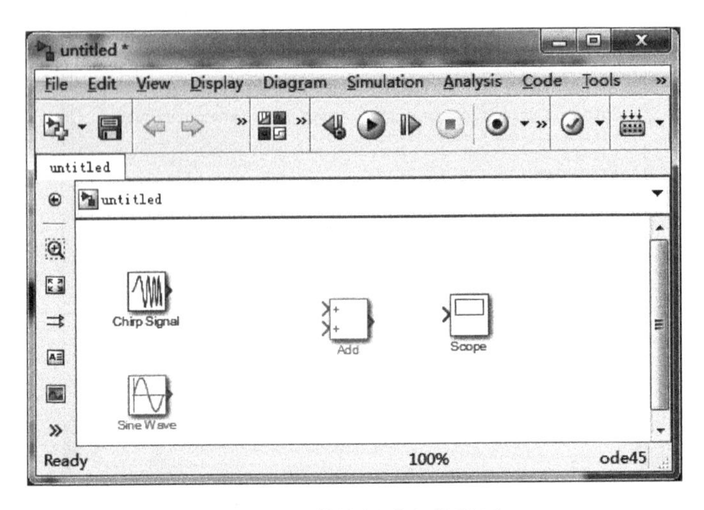

图 11-14　模块帮助文档界面

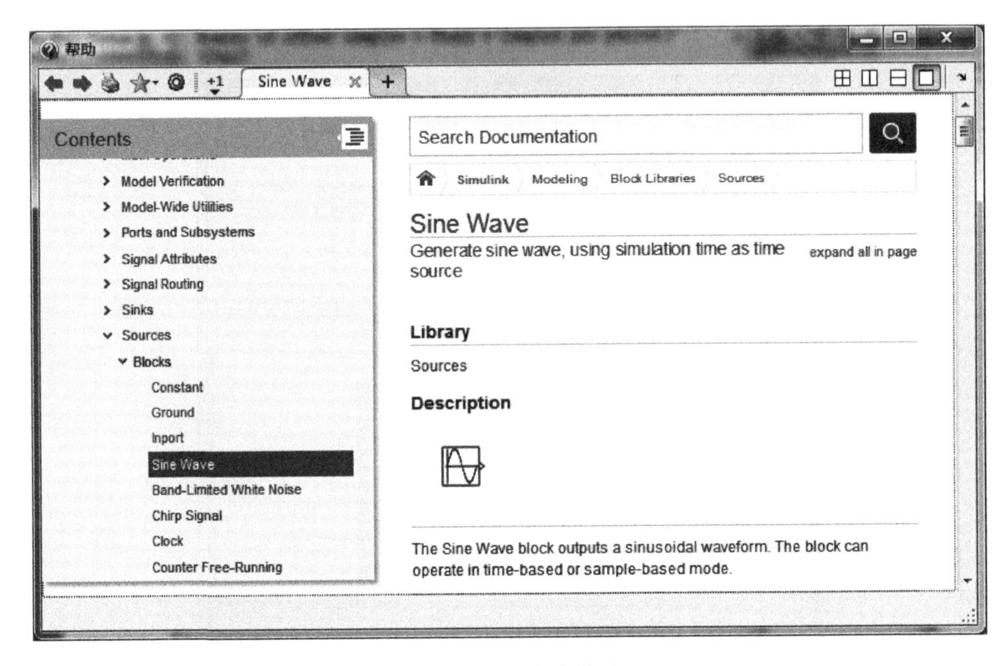

图 11-15　加模块效果

3. 连接模块

在 Simulink 中,各个模块之间都需要相互关联,一个孤立的模块不能完成仿真。同时,在 Simulink 中,模块之间的连接关系就相当于是运算关系。

实现步骤如下。

(1) 连接程序模块。将鼠标指向 Chirp Signal 模块的右侧输出端,当光标变为十字形时,按住鼠标左键,将其移到 Add 模块左侧的数步输入端。

(2) 连接其他模块。使用以上的方法,连接其他的程序模块,然后单击模型窗口中的按钮,模块即自动调整位置,得到的效果如图 11-16 所示。

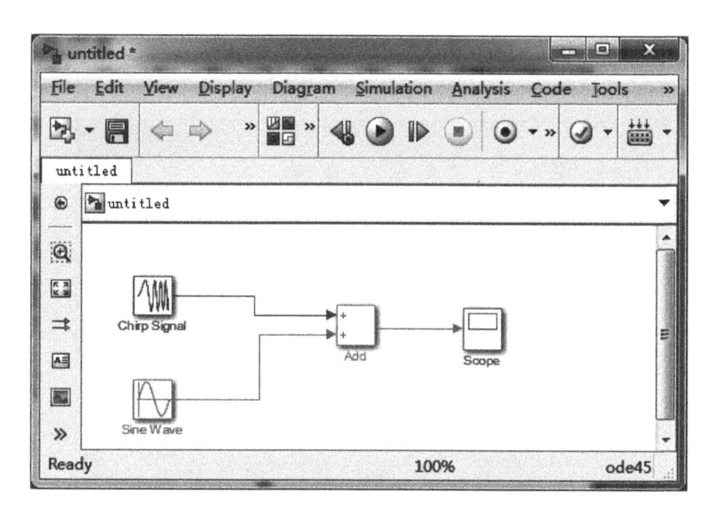

图 11-16　模块完成连接的模型窗口

此外，如果要对模块进行删除，可选中需要删除的模块，然后按键盘上的 Delete 键进行删除，或选中模块后，选择 Edit 菜单下的 Delete 或 Cut 选项即可。

如果要翻转模块，则选中模块，选择 Diagram 菜单下的 Rotate & Flip 子菜单下的 Flip Block 选项，可以将模块旋转 180°。如果选中 Rotate Block 选项即可将模块旋转 90°。

4. 仿真器设置

在模型文件窗口中，打开 Simulink 仿真器设置窗口，仿真的起始时间为 0，终止时间为 10s，求解器 Solver 默认为 ode45。

5. 运行仿真

Simulink 仿真的最后一步即是运行前面的仿真模型。其实现步骤如下。

(1) 查看仿真结果。单击模型窗口中的 ▶ (运行)按钮，或选择 Simulink→Run 选项，即对模型进行运行，然后双击模型窗口中的 Scope 图标，得到如图 11-17 所示的信号波形。

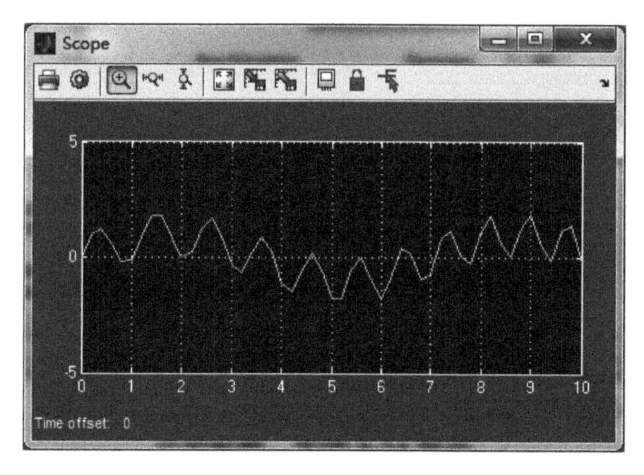

图 11-17　仿真结果

(2) 修改仿真显示结果。单击图 11-17 中的(自动刻度)按钮图标,将波形充满整个坐标框,如图 11-18 所示。

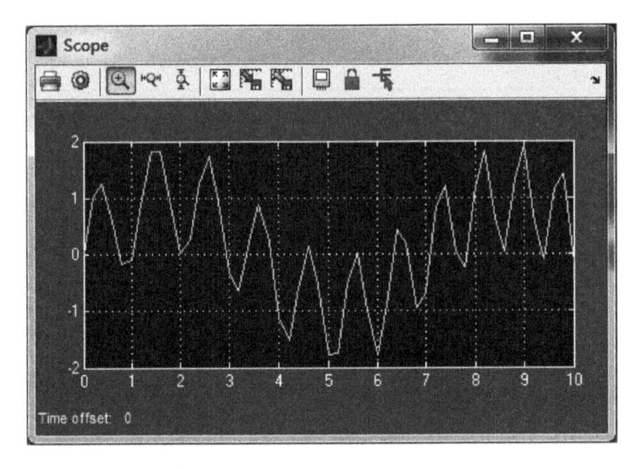

图 11-18 修改仿真结果

(3) 添加说明。在图 11-18 中右击,在弹出的快捷菜单中选择 Axes Properties 选项,弹出如图 11-19 所示的 Scope properties 对话框,在对话框中,在 Title(%<SignalLable>' replaced by signal name)下的文本框中可为仿真窗口添加标注,在 Y-min 及 Y-max 右侧的文本框中可修改仿真窗口的 Y 轴坐标大小。

(4) 修改仿真参数。在默认情况下,模型仿真的时间为 10s,可以修改该仿真时间。例如,改为 25s,重新进行仿真,得到的仿真效果如图 11-20 所示。

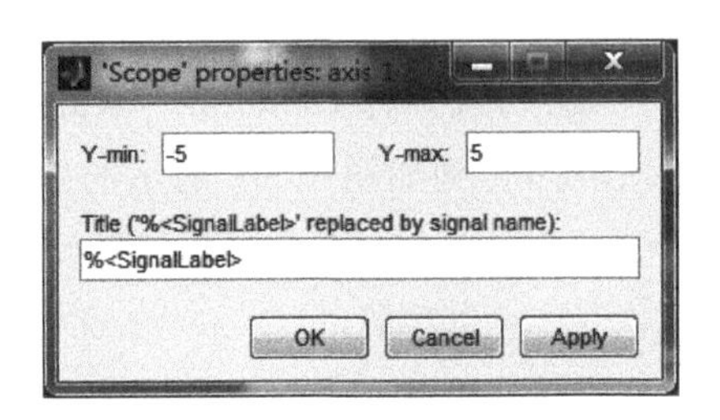

图 11-19 Scope Properties 对话框

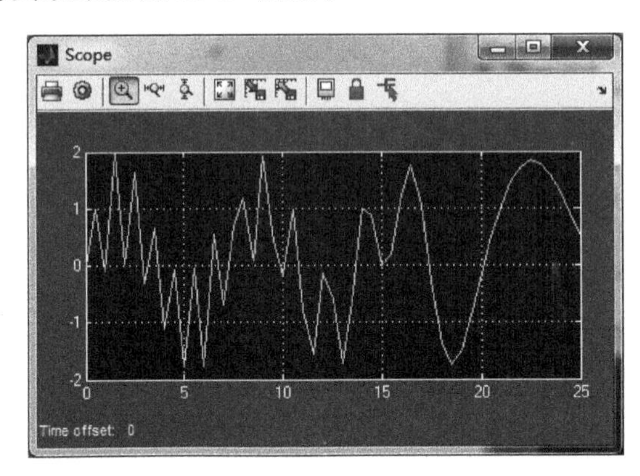

图 11-20 仿真时间为 25s 的仿真结果

第12章 通信系统锁相环的MATLAB实现

在通信系统中,同步具有非常重要的作用。所谓同步就是收发双方在时间上步调一致,在频率和相位上也一致。同步是信息传递的前提,通信系统能否有效可靠的工作,在很大程度上依赖于有无良好的同步系统。

而系统的锁相环(PLL)与扩频同属于同步。

12.1 锁相环构建

锁相环是一种周期信号的相位反馈跟踪系统。锁相环由鉴相器、环路滤波器以及压控振荡器组成,如图12-1所示。鉴相器通常由乘法器来实现,鉴相器输出的相位误差信号经过环路滤波器滤波后,作为压控振荡器的控制信号,而压控振荡器的输出又反馈到鉴相器,在鉴相器中与输入信号进行相位比较。PLL是一个相位负反馈系统,当PLL锁定后,压控振荡器的输出信号相位将跟踪输入信号的相位变化,这时压控振荡器输出信号的频率与输入信号频率相等,而相位保持一个微小误差。

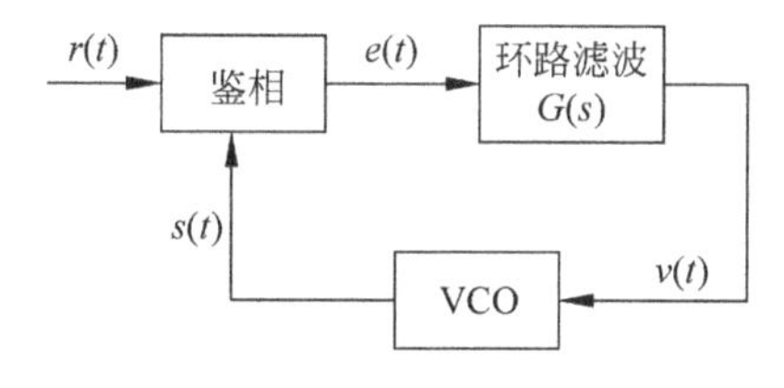

图12-1 锁相环的构成图

设输入信号为一个正弦信号 $r(t)=\cos[2\pi ft+\phi(t)]$,VCO的输出信号为 $s(t)=\sin[2\pi ft+\hat{\phi}(t)]$,其中 $\hat{\phi}(t)$ 是输入信号相位 $\phi(t)$ 的估计值。如果鉴相器采用乘法器实现,则鉴相器输出相应误差信号 $e(t)$ 为

$$\begin{aligned} e(t) &= r(t)s(t) \\ &= \cos(2\pi ft+\phi)\sin(2\pi ft+\hat{\phi}) \\ &= \frac{1}{2}\sin(\hat{\phi}-\phi)+\frac{1}{2}\sin(4\pi ft+\hat{\phi}+\phi) \end{aligned}$$

环路滤波器将滤除 2 倍频分量$\frac{1}{2}\sin(4\pi ft+\hat{\phi}+\phi)$。当相位误差$(\hat{\phi}-\phi)$很小的时候，即$\frac{1}{2}\sin(\hat{\phi}-\phi)\approx\frac{1}{2}(\hat{\phi}-\phi)$时，可得到锁相环的线性模型。

简单的环路滤波器是一个一阶低通滤波器，其传递函数为

$$G(s)=\frac{1+\tau_2 s}{1+\tau_1 s}$$

其中控制环路带宽的参数$\tau_1\gg\tau_2$。环路滤波器的输出信号$v(t)$作为VCO的控制信号，VCO输出的瞬时频率偏移$\frac{\mathrm{d}}{\mathrm{d}t}\hat{\phi}(t)$正比于控制信号$v(t)$，即

$$\frac{\mathrm{d}}{\mathrm{d}t}\hat{\phi}(t)=Kv(t)$$

或写为积分形式

$$\hat{\phi}(t)=K\int_{-\infty}^{t}v(t)\mathrm{d}t$$

式中：K为比例系数，称为环路增益，单位为(rad/s)/V，当环路其他部分增益为1时，K也即VCO的控制灵敏度(Simulink中VCO的控制灵敏度定义为$k_c=K/(2\pi)$(单位为Hz/V)。忽略鉴相器倍频项，并以相位信号$\phi(t)$作为输入变量，可得出锁相环的等效闭环模型以及进一步近似后的线性化模型。

对于线性化的锁相环模型，可用线性系统理论进行分析，将$\phi(t)$视为系统输入信号，而将VCO的相位信号$\hat{\phi}(t)$视为系统输出，则直接根据梅森规则写出系统的传递函数为

$$H(s)=\frac{\hat{\Phi}(s)}{\Phi(s)}=\frac{G(s)K/s}{1+G(s)K/s}$$

如果环路滤波器是直通的，即$G(s)=1$，则$G(s)=\frac{K/s}{1+K/s}$是一阶的，这样的锁相环称为一阶锁相环路。若环路滤波器传递函数为一阶低通滤波器传递函数，则此时构成二阶锁相环路，其传递函数为

$$H(s)=\frac{1+\tau_2 s}{1+(\tau_2+1/K)s+(\tau_1/K)s^2}=\frac{(2\xi\omega_{\mathrm{n}}-\omega_{\mathrm{n}}^2/K)s+\omega_{\mathrm{n}}^2}{s^2+2s\omega_{\mathrm{n}}s+\omega_{\mathrm{n}}^2}$$

式中：$\xi=(\tau_2+1/K)\omega_{\mathrm{n}}^2/2$称为环路阻尼因子，$\xi>1$时为过阻尼系统，$\xi=1$时为临界阻尼系统，$\xi<1$时为欠阻尼系数；$\omega_{\mathrm{n}}=\sqrt{K/\tau_1}$称为环路固有解频率。

工程上，一般将锁相环设计为临界阻尼或过阻尼系统。当系统处于临界阻尼时，锁相环的3dB带宽约为环路固有频率的2.5倍左右。设计时可根据锁相环的带宽指标估算出环路滤波器参数τ_1和τ_2。

【例 12-1】 设计并仿真实现一个用于调频鉴频的二阶锁相环。输入调频信号参数为：载波$f_c=4$MHz，最大频偏$\Delta f=80$kHz，被调基带信号频率范围为50～15kHz，输入PLL的调频信号振幅和VCO输出信号振幅均为1V。

首先根据锁定频率范围来设计VCO控制灵敏度。在乘法鉴相器的两个输入正弦信号幅度均为1的条件下，鉴相器输出信号的最大值为0.5，设环路滤波器在通带内增益为1，则VCO控制信号的取值范围为[−0.5,0.5]。要求VCO的最大频偏大于$\Delta f=$

80kHz,这样才能保证对输入调频信号的锁定范围。因此 VCO 控制灵敏度估算为

$$k_c = \frac{\Delta f}{|v(t)|_{max}} = 160 \times 10^3 \text{Hz/V}$$

将环路设计为临界阻尼状态,取 $\xi=1$,则由 $\omega_n = \sqrt{K/\tau_1}$ 和 $\xi=(\tau_2+1/K)\omega_n^2/2$ 可计算出环路滤波器 $G(s)$ 的参数,其中环路增益 $K=2\pi(0.5\times k_c)$,得

$$\tau_1 = K/\omega_n^2$$

$$\tau_2 = 2\xi/\omega_n - 1/K$$

其实现的 MATLAB 代码如下：

```
>> clear all;
kc = 160e3;                                    % Hz/V VCO 控制灵敏度
omega_n = 2 * pi * 16e3/2.5;                   % PLL 自然解频率
K = 2 * pi * (0.5 * kc);                       % 估算环路增益
zeta = 1;                                      % 临界阻尼
tau1 = K/((omega_n).^2);
tau2 = 2 * zeta/omega_n - 1/K;
freq = 0:10:100e3;                             % 计算频率范围为 0～100kHz
s = j * 2 * pi * freq;
Gs = (1 + tau2 * s)./(1 + tau1 * s);           % 环路滤波器传递函数
figure(1);semilogx(freq,(abs(Gs)));            % 作出环路滤波器的频率响应
xlabel('频率/Hz'); ylabel('|G(s)|');
grid on;
b = [tau2,1];                                  % 环路滤波器分子系数向量
a = [tau1,1];                                  % 环路滤波器分母系数向量
Hs = (Gs * K./s)./(1 + Gs * K./s);             % 作出闭环频率响应
figure(2);semilogx(freq,20 * log10(abs(Hs)));
xlabel('频率/Hz');ylabel('20log||H(s)/dB');
grid on;
```

运行程序,将计算出环路滤波器 $G(s)$ 的分子分母系数向量,并作出环路滤波器 $G(s)$ 幅频响应以及 PLL 线性相位模型的闭环频率响应曲线,效果如图 12-2 及图 12-3 所示。

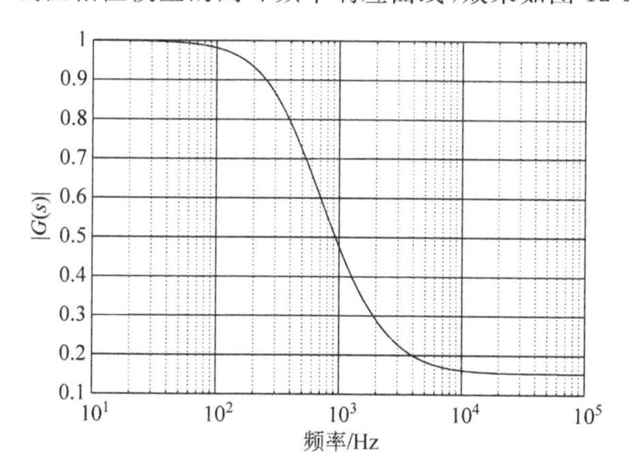

图 12-2　环路滤波器幅频响应曲线效果图

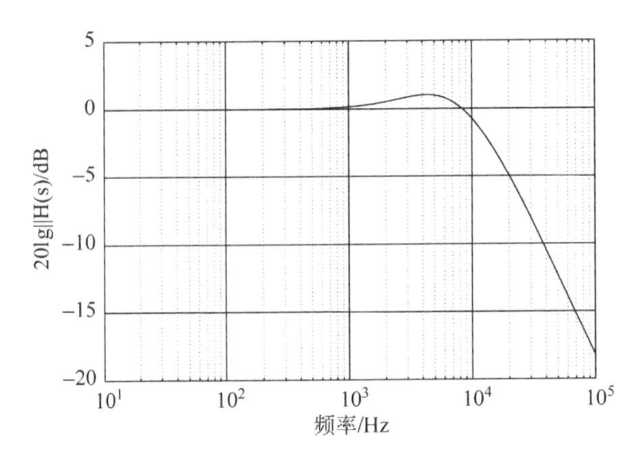

图 12-3　PLL 线性相位模型闭环响应曲线效果图

12.2　锁相环 Simulink 模块

12.2.1　基本锁相环模块

锁相环在同步中应用广泛，利用锁相环的跟踪能力，可以获得具有极小的相位差的同步信号；利用锁相环的记忆功能，可以获得足够长的同步保持信号；利用锁相环的窄带滤波特性，可以滤除数据调制带来的白噪声及减小加性噪声的影响。Simulink 中提供了多个锁相环模块，包括 Phase-Locked Loop、Linearized Baseband PLL、Charge Pump PLL、Baseband PLL 等。

(1) Phase-Locked Loop 模块执行锁相环来恢复输入信号的相位。该模块能够自动地修正本地信号的相位来匹配输入信号的相位，最适用于窄带输入信号。

(2) Linearized Baseband PLL(锁相环线性化等效低通模块)。该模块设置参数和输出信号同 Basedband PLL 模块。

(3) Baseband PLL(锁相环的等效低通模块)。其设置参数包括环路滤波器系数和压控灵敏度。该模块的输出信号为鉴相器输出、环路滤波器输出以及 VCO 输出。

(4) Charge Pump PLL(使用数字鉴相器的充电泵式锁相环模块)。设置参数和输出信号同 Phase-Locked Loop 模块。

此处只对 Phase-Locked Loop 模块作介绍。

Phase-Locked Loop 模块包括三个部分：一个用于相位检测的乘法器、一个滤波器和一个压控振荡器。Phase-Locked Loop 模块及参数设置对话框如图 12-4 所示。

Phase-Locked Loop 模块参数设置对话框包含以下几个参数。

(1) Lowpass filter numerator：低通滤波器转移函数的分子项，该项为向量，表示按照 S 的降序排列的多项式的系数。

(2) Lowpass filter denominator：低能滤波器转移函数的分母项，该项为向量，表示按照 S 的降序排列的多项式的系数。

(3) VCO input sensitivity(Hz/V)：该项用于衡量 VCO 的输入，进而衡量 VCO

quiescent frequency 值的变化，单位为 Hz/V。

(4) VCO quiescent frequency(Hz)：电压为 0 时 VCO 信号的频率，该项应该与输入信号的载波频率相同。

(5) VCO initial phase(rad)：该项表示 VCO 信号的初始相位。

(6) VCO output amplitude：该项表示 VCO 信号的输出振幅。

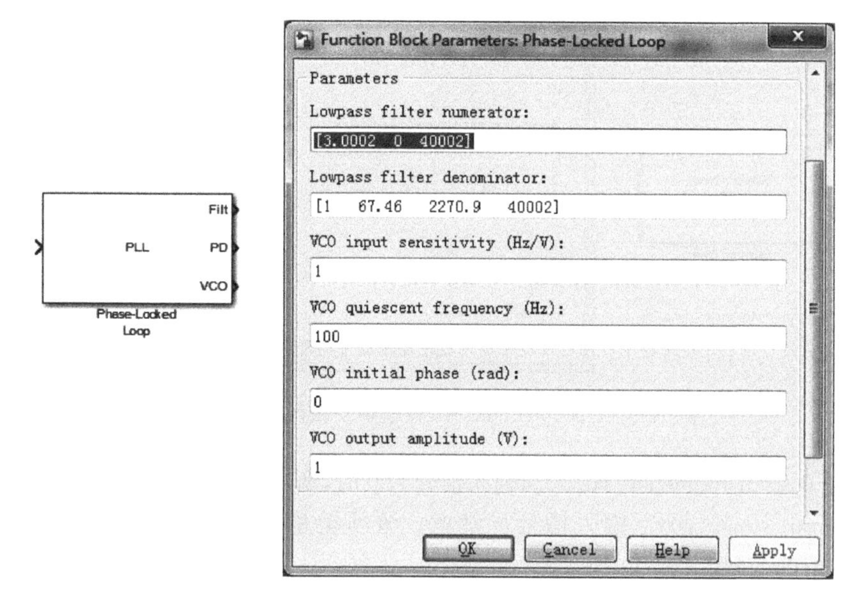

图 12-4 Phase-Locked Loop 模块及参数设置对话框

12.2.2 压控振荡器模块

压控振荡器(VCO)是指输入信号的频率随着输入信号幅度的变化而发生相应变化的设备，其工作原理可表示为

$$y(t) = A_c \cos\left[2\pi f_c t + 2\pi K_c \int_0^t u(\tau)\mathrm{d}\tau + \varphi\right]$$

式中：$u(\tau)$为输入信号；$y(t)$为输出信号；A_c 为信号幅度；f_c 为振荡频率；K_c 为输入信号灵敏度；φ 为初始相位。由于输入信号的频率取决于输入信号电压的变化，因此称为“压控振荡器”。

Simulink 中提供了两种压控振荡器，分别为离散压控振荡器和连续时间压控振荡器。两者的差别在于前者对输入信号 $u(\tau)$采用离散方式进行积分，而后者采用连续积分。

1. 离散时间压控振荡器模块

离散时间压控振荡器(Discrete-Time VCO)模块及其参数设置对话框如图 12-5 所示。

Discrete-Time VCO 模块参数设置对话框包含以下若干个参数。

(1) Output amplitude：输出信号幅度项。

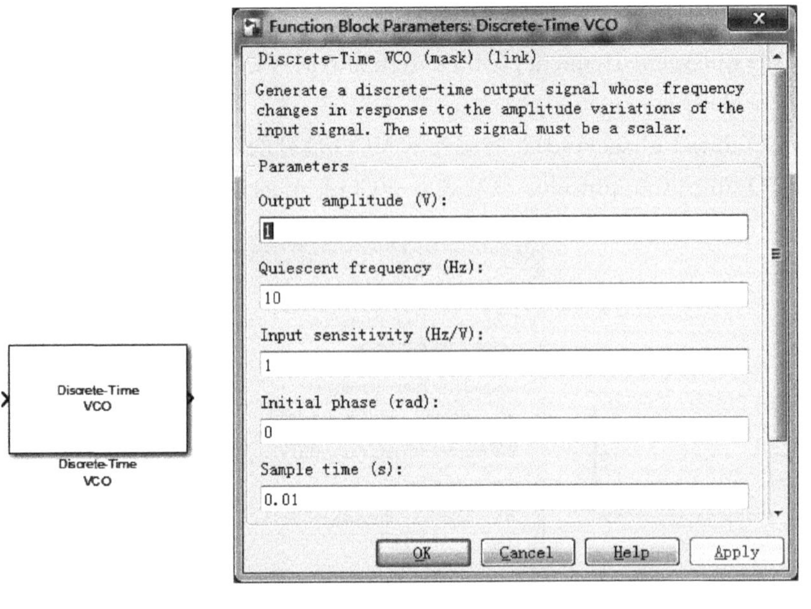

图 12-5　Discrete-Time VCO 模块及参数设置对话框

(2) Quiescent frequency(Hz)：当输入信号为 0 时，离散时间压控振荡器的输出频率。

(3) Input sensitivity：输入信号灵敏度。该项衡量输入电压，进而衡量 Quiescent frequency 值的变化。

(4) Initial phase(rad)：离散时间压控振荡器的初始相位。

(5) Sample time：采样时间项，表示离散积分的采样间隔。

2. 连续时间压控振荡器模块

连续时间压控振荡器(Continuous-Time VCO)模块及参数设置对话框如图 12-6 所示。

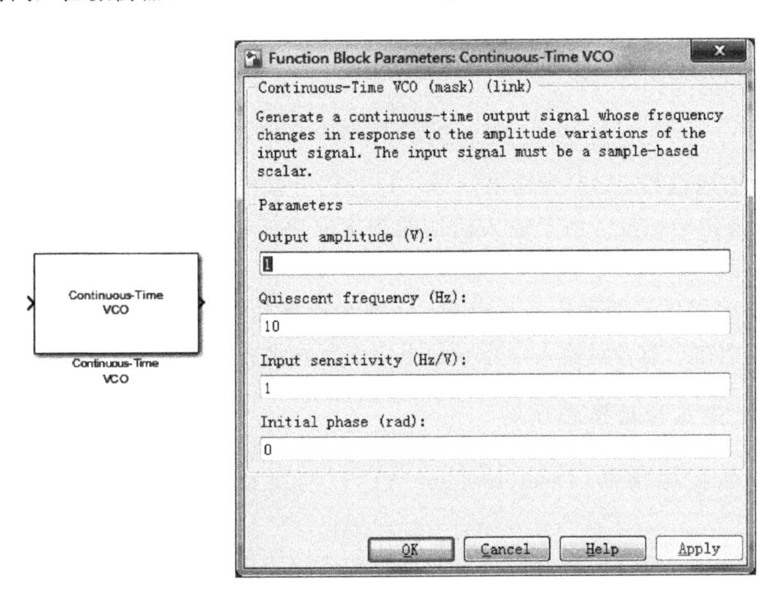

图 12-6　Continuous-Time VCO 模块及参数设置对话框

Continuous-Time VCO 模块参数设置对话框包含若干个参数。

(1) Output amplitude：输出信号幅度项。

(2) Quiescent frequency：当输入信号为0时，连续时间压控振荡器的输出频率。

(3) Input sensitivity：输入信号灵敏度，该项衡量输入电压，进而衡量 Quiescent frequency 值的变化。

(4) Initial phase(rad)：连续时间压控振荡器的初始相位。

12.2.3 设计并仿真一个频率合成器

【例 12-2】 设参考频率源的频率为1kHz，要求设计并仿真一个频率合成器，其输出频率为4kHz。

(1) 建立仿真框图。

根据要求，锁相环内可变分频比 $N=4$，VCO 中心频率设置为4kHz左右。据此建立如图12-7所示的Simulink 仿真模型框图。

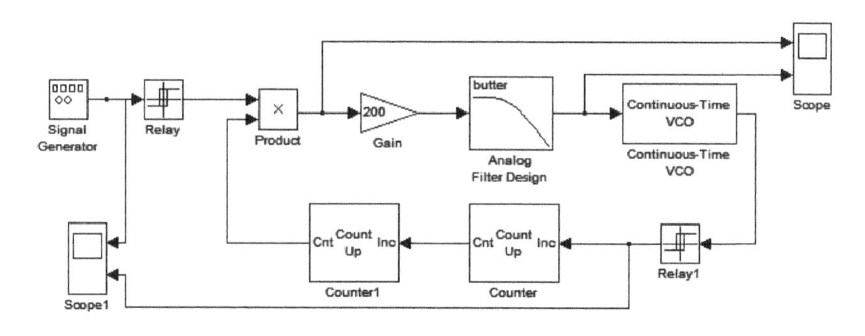

图 12-7 锁相4倍频简单频率合成器模型

(2) 设置参数。

1kHz 的正弦信号通过 Relay 模块转换为双极性矩形脉冲。Relay 模块的门限设置为0，通断时输出分别为±1。锁相环路滤波器为1阶的，截止频率在0.5～1000Hz内可调。环路增益采用 Gain 模块设置，其设置为200。VCO 的中心频率设置为4.02kHz，与4kHz之间有一定误差是为了观察锁定过程，VCO 的压控灵敏度为1Hz/V。Relay1 模块将 VCO 输出的正弦波转换为单极脉冲以便计数器进行计数。两个计数器完成4分频功能，且分频输出为占空比0.5的矩形脉冲，以满足鉴相器要求。

环路低通滤波器 Analog Filter Design 的截止频率设置越高，则锁相环进入锁定的时间就越短，但是输出控制电压上高频成分较多，会导致 VCO 输出信号的频率稳定度下降；反之，如果设置较低的截止频率，则锁相环进入锁定所需的时间较长，而输出控制电压上高频成分相对较小，这时 VCO 输出信号的频率稳定度将提高。

(3) 运行仿真。

系统仿真步长设计为 1×10^{-5}。运行仿真将从示波器 Scope1 上观察到 PLL 输入信号和 VCO 输出的4倍频率信号，效果如图12-8所示。在 Scope1 可观察到鉴相器输出信号以及环路滤波器输出的 VCO 控制信号，效果如图12-9所示，其分别显示了环路滤波器截止频率为 1Hz 和 20Hz 时的波形。

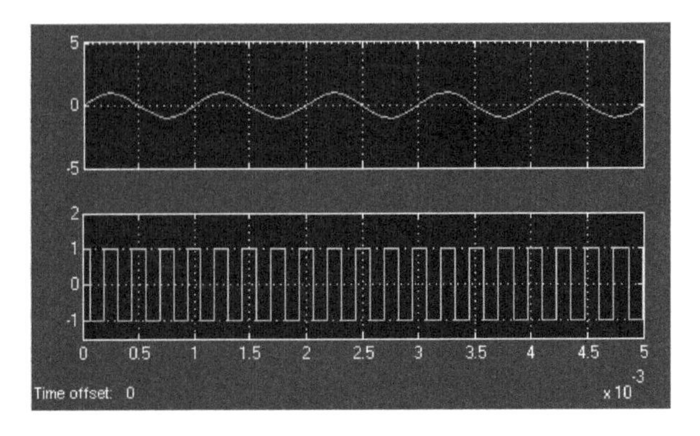

图 12-8　PLL 输入与输出信号波形

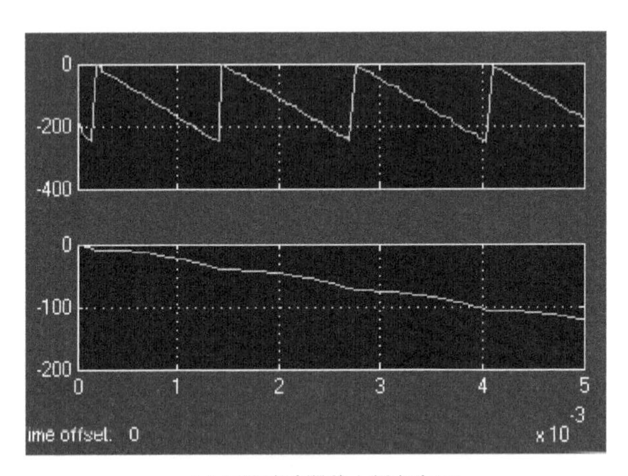

(a) 环路滤波器截止频率为1Hz

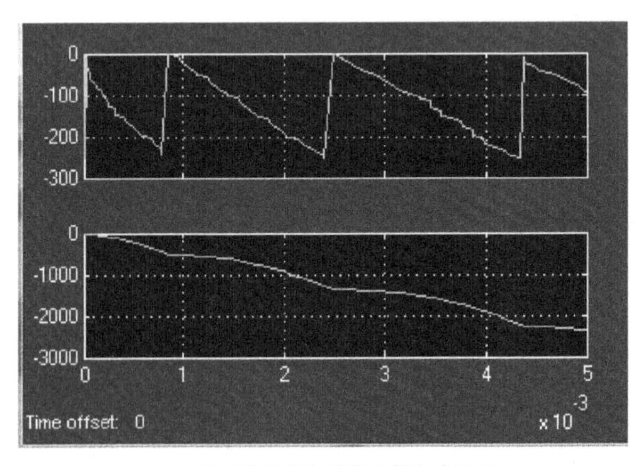

(b) 环路滤波器截止频率为20Hz

图 12-9　VCO 控制信号输出效果

第13章 利用MATLAB及Simulink系统进行建模

本章将分别介绍利用 MATLAB 及 Simulink 系统进行建模。

13.1 MATLAB 建模

本节利用 MATLAB 建立静态系统与非静态系统。

13.1.1 静态系统

静态系统的仿真过程就是相应代数方程的数值计算或求解过程。下面以幅度调制作为示例来讲解。

【例 13-1】 试仿真得出一个幅度调制系统的输入输出波形。设输入被调制信号是一个幅度为 2V，频率为 1000Hz 的余弦波，调制度为 0.6，调制载波信号是一个幅度为 5V，频率为 10kHz 的余弦波，所有余弦波的初相位为 0。

1）数学模型

根据题目，该调幅系统的输入输出关系表达式为

$$y(t) = (M + m_a M\cos 2\pi f_m t) \times A\cos\pi f_c t \tag{13-1}$$

式中：$M=2$ 是被调信号的振幅，$f_m=1000$ 是其频率；$A=5$ 是载波信号的幅度，$f_c=10^4$ 是其频率；$m_a=0.5$ 是调制度。

2）编程实现

连续函数必须进行离散化才能够存储于计算机中。只要时间离散化过程满足取样定理，那么就不会引起失真。在这个系统中的信号最高工作频率为$(f_m+f_c)=11$kHz，根据取样定理，只要离散取样率高于该频率的 2 倍即可无失真。在计算量和数据存储量许可的条件下，取样率可以设置更高，以使仿真计算的结果波形图显示更加光滑。本例将取样率设置为 10^5，即在一个载波周期上取样 10 次，相应的取样间隔为 $\Delta t=10^{-5}$s。本例中，取样间隔也作为仿真步进。

其实现的 MATLAB 代码为：

```
>> clear all;
dt = 1e - 5;
```

```
T = 3 * 1e - 3;
t = 0:dt:T;
input = 2 * cos(2 * pi * 1000 * t);
ca = 5 * cos(2 * pi * 1e4 * t);
output = (2 + 0.5 * input). * ca;
% 作图：观察输入信号，载波以及调制输出
subplot(311);
plot(t, input);
xlabel('时间/s'); ylabel('被调信号');
subplot(312);
plot(t,ca);
xlabel('时间/s'); ylabel('载波');
subplot(313);
plot(t,output);
xlabel('时间/s'); ylabel('调幅输出');
```

以上程序代码非常简洁，并且表达上与数学形式很接近。值得指出的是，程序结构采用了 MATLAB 常用的矩阵形式，而没有采用传统计算机语言所必须采用的循环结构，因此采用矩阵计算的效率更高。仿真程序执行的结果如图 13-1 所示，图中同时画出了输入、载波和调幅输出。从图中可以看出，载波的包络随着被调信号的变化而变化，这样被调信号的变化信息就携带在了载波的振幅上，因此称为幅度调制。

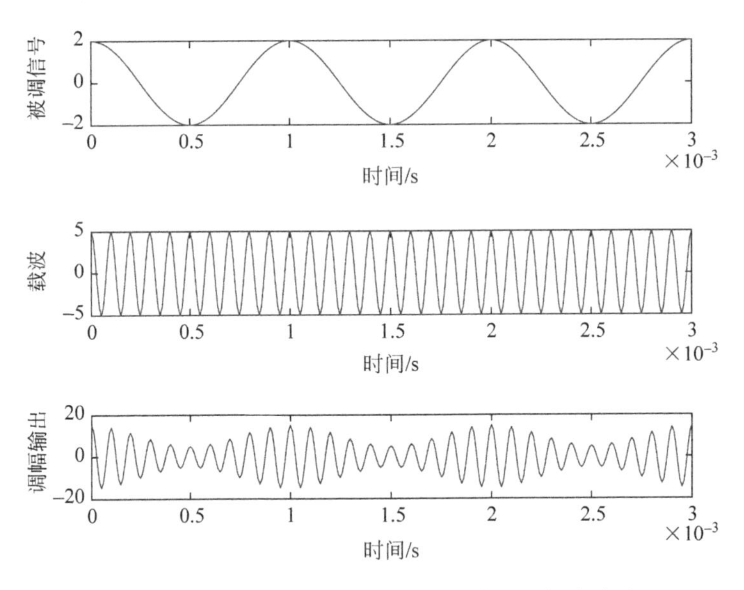

图 13-1　被调信号、载波和调幅输出信号的仿真波形

3）另外一种编程实现方式

在上面的程序中，首先计算出了仿真时间区间内的输入信号在各取样时刻的取值并存储在一个矩阵变量 input 中，然后计算载波信号并存储在矩阵 ca 中，最后再计算出调制输出。仿真中各信号是顺序产生的，并按照信号在系统中的流通先后进行顺序计算。这是一种基于数据流仿真方法的典型例子。然而，在实际调制系统中，在某时刻上输入信号和载波以及调制输出信号是同时产生的。如果在仿真程序中也根据仿真步进时间

的推进，分别在各个取样点上"同时"计算生成系统中各逻辑点上的信号样值，那么就是一种基于时间流的仿真过程。下面的代码用循环结构实现了基于时间流的调幅仿真过程，结果与图 13-1 相同。

其实现的 MATLAB 代码为：

```
>> clear all;
dt = 1e-5;
T = 3 * 1e-3;
t = 0:dt:T;
for i = 1:length(t)
    input(i) = 2 * cos(2 * pi * 1000 * t(i));
    ca(i) = 5 * cos(2 * pi * 1e4 * t(i));
    output(i) = (2 + 0.5 * input(i)). * ca(i);
end
% 作图：观察输入信号，载波以及调制输出
subplot(311);
plot(t,input);
xlabel('时间/s'); ylabel('被调信号');
subplot(312);
plot(t,ca);
xlabel('时间/s'); ylabel('载波');
subplot(313);
plot(t,output);
xlabel('时间/s'); ylabel('调幅输出');
```

13.1.2 动态系统

动态系统分为连续动态系统及离散动态系统两种。

1. 连续动态系统的 MATLAB 仿真

连续动态系统以微分方程(组)进行数学描述，其仿真过程就是对微分方程的编程表达和数值求解过程。下面首先通过示例来了解这一建模过程和编程的思路，然后总结出更一般的连续动态模型和求解方法。

【例 13-2】 单摆运动过程的建模和仿真。

1）单摆的数学模型

设单摆摆线的固定长度为 l，摆线的质量忽略不计，摆锤质量为 m，重力加速度为 g，系统的初始时刻为 $t=0$，在任意 $t\geqslant 0$ 时刻摆锤的线速度为 $v(t)$，角速度为 $\omega(t)$，角位移为 $\theta(t)$。以单摆的固定位置为坐标原点建立直角坐标系，水平方向为 x 轴方向，如图 13-2 所示。

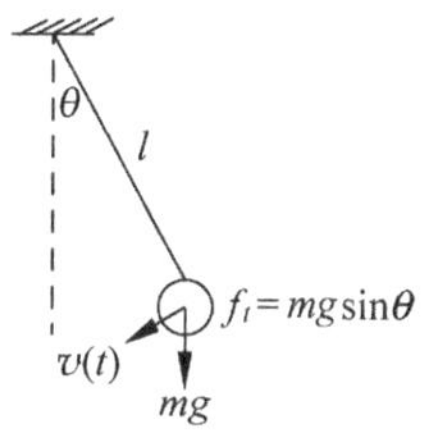

图 13-2 重力场中的单摆受力分析示意图

在 t 时刻，摆锤所受切向力 $f_t(t)$ 是重力 mg 在其运动圆弧切线方向上的分力，即

$$f_t(t) = mg\sin\theta(t) \tag{13-2}$$

如果忽略空气阻力因素，根据牛顿第二运动定律，切向加速度为

$$a(t) = g\sin\theta(t) \tag{13-3}$$

因此得到单摆的运动微分方程组

$$\frac{\mathrm{d}v(t)}{\mathrm{d}t} = g\sin\theta(t) \tag{13-4}$$

$$\frac{\mathrm{d}\theta(t)}{\mathrm{d}t} = -\omega(t) = -\frac{v(t)}{l} \tag{13-5}$$

如果考虑空气阻力，可设单摆在摆动中受到阻力 f_z，显然阻力与摆锤的运动速度有关，即阻力是单摆线速度的函数：$f_z = f(v)$，为简单起见，可设

$$f_z(t) = -kv(t) \tag{13-6}$$

式中：$k \geqslant 0$ 为阻力比例系数；式中的负号表示阻力方向与摆锤运动方向相反。切向加速度由切向合力 $f_t + f_z$ 产生，根据牛顿第二运动定律，有

$$a(t) = g\sin\theta(t) - \frac{kv(t)}{m} \tag{13-7}$$

因此得到修正后的单摆的运动微分方程组

$$\frac{\mathrm{d}v(t)}{\mathrm{d}t} = g\sin\theta(t) - \frac{kv(t)}{m} \tag{13-8}$$

$$\frac{\mathrm{d}\theta(t)}{\mathrm{d}t} = -\frac{v(t)}{l} \tag{13-9}$$

2）数值求解

仍然使用欧拉算法求解。将 $\mathrm{d}v(t) = v(t+\mathrm{d}t) - v(t)$ 和 $\mathrm{d}\theta(t) = \theta(t+\mathrm{d}t) - \theta(t)$ 代入式(13-8)及式(13-9)中，并以仿真步进量 Δ 作为 $\mathrm{d}t$ 的近似，得到基于时间的递推方程

$$v(t+\Delta) = v(t) + \left(g\sin\theta(t) - \frac{kv(t)}{m}\right)\Delta \tag{13-10}$$

$$\theta(t+\Delta) = \theta(t) - \frac{v(t)}{l}\Delta \tag{13-11}$$

其实现的MATLAB代码为

```
>> clear all;
dt = 0.0001;                          % 仿真步进
T = 15;                               % 仿真时间长度
t = 0:dt:T;                           % 仿真计算时间序列
g = 9.8;
L = 1.5;
m = 10;
k = 3;                                % 空气阻力比例系数
th0 = 3.1;                            % 初始摆角设置
v0 = 0;                               % 初始摆速设置
v = zeros(size(t));                   % 程序存储变量预先初始化,可提高执行速度
th = zeros(size(t));
v(1) = v0;
th(1) = th0;
for i = 1:length(t)                   % 仿真求解开始
    v(i+1) = v(i) + (g * sin(th(i)) - k./m. * v(i)). * dt;
    th(i+1) = th(i) - 1./L. * v(i). * dt;
end
% 使用双坐标系统来作图,注意作图和图标标注的技巧
[AX,B1,B2] = plotyy(t,v(1:length(t)),t,th(1:length(t)),'plot');
set(B1,'LineStyle','p');              % 设置图线型
```

```
set(B2,'LineStyle','p');
set(get(AX(1),'Ylabel'),'String','线速度 v(t)m/s'); % 作标注
set(get(AX(2),'Ylabel'),'String','角位移\th(t)/rad');
xlabel('时间 t/s');
legend(B1,'线速度 v(t)',2);
legend(B2,'角位移\th(t)',1);
```

程序中,故意将初始角位移设置为$\theta(0)=3.1$,接近弧度π,即摆锤初始位置接近最高点,这样系统将出现明显的非线性特征。空气阻力比例系数设为$k=3$,摆锤初始速度为零,质量为10kg,摆线长度为$l=1.5$m,则仿真结果如图13-3所示。起始阶段由于摆锤接近最高位置,所以启动速度缓慢,图中线速度在时间起始阶段增长缓慢,当角位移到达$\pi/2$时,摆锤上的加速度达到最大,当角位移等于0时(即摆锤位于最低点),其线速度接近最大值(注意:这是由于考虑了空气阻力的缘故,当忽略空气阻力作用后,则线速度在摆锤最低点达到最大值)。由于空气阻力,摆动逐渐衰竭。由于仿真输出的两个变量的物理量纲不同,本程序使用了双坐标系统来作图。

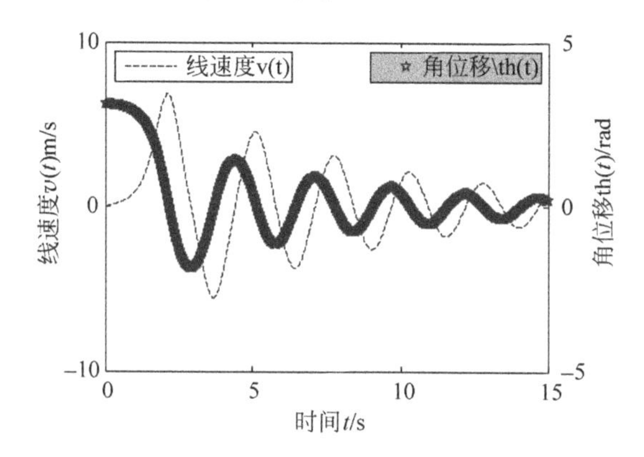

图 13-3 单摆运动的线速度和角位移仿真曲线

图13-4给出了忽略空气阻力作用($k=0$)后的摆动波形,初始角位移设置为$\theta(0)=3$。由于没有能量损失,摆动将永远进行下去。可以看出,摆锤的运动不是正弦规律的,这是因为摆锤的运动微分方程不是线性的。当初始角位移设置较小时,摆动才能近似为正弦的。读者可修改程序中参数的设置,自行实验来观察不同的摆锤质量、摆线长、初始速

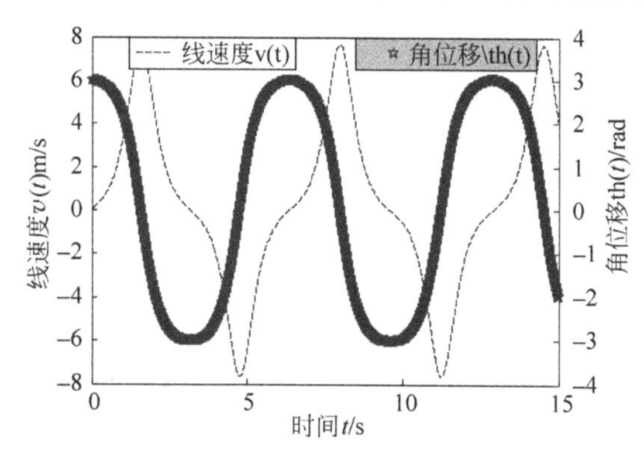

图 13-4 忽略空气阻力后单摆运动的线速度和角位移仿真曲线

度、位置和阻力系数下，摆动波形的频率和衰减情况。

2. 离散动态系统的 MATLAB 仿真

在数学上，时间离散信号可以用一个数列表示，称为离散时间序列。数列中元素的取值就是对应离散时刻序号处的信号值。如果这些信号取值也是离散的，那么就称这样的信号序列为数字信号。由于数字计算机的计算字长数是有限整数，存储空间也是有限的整数，因此本质上，计算机只能够直接处理数字信号。从以上内容可知，对连续信号和连续系统的数值计算和仿真，事实上是离散化的近似计算，即以适当步长进行的时间离散的计算过程，计算结果也是在设定的计算机存储精度下的离散值。因此，计算机仿真实质上是对数字信号和数字系统的仿真。

数列中元素之间的关系可以通过数列的一个或多个起始元素以及数列的递推公式来描述，数列的递推公式也称为差分方程。对于关系比较简单的数列，可以通过数字分析找出通项公式，即差分方程的解。

离散动态系统的数学描述是差分方程或差分方程形式的状态方程组，对离散动态系统的仿真就是根据其差分方程和初始状态进行递推，求出序列在给定仿真离散时间范围内的全部元素值。从这个意义上说，与连续系统仿真相比较，离散动态系统的仿真更为简单直接。

连续时间信号可以通过均匀采样转换为离散时间信号。如果 $f(t)$ 是一个连续时间信号，那么通过取样时间间隔为 T 的模/数转换器将把它转换成离散时间信号 $f[n]$（这里忽略了模/数转换器的信号幅度量化误差），在不引起含义混淆的情况下，一般将 $f[n]$ 简写为下角标形式 f_n，并引入延时算子 D 来表示对离散时间信号延时一个取样时间间隔，即

$$f_n = f[n] = f(nT) \tag{13-12}$$

$$f_{n-1} = f[n-1] = Df(n) \tag{13-13}$$

为了保证离散信号能够不失真地表示输入信号，非常重要的一点就是需要根据输入模拟信号的频率范围选取采样频率。根据采样定理，离散时间信号所包括的最高频率是 $1/(2T)$。如果输入信号的频率范围超过该最大频率，就会造成频谱混叠，所得出的离散信号就是严重失真的。

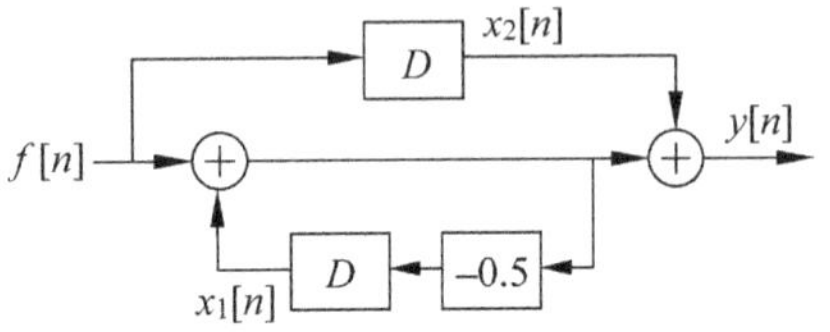

图 13-5　一个离散时间系统示例

【例 13-3】 试建立如图 13-5 所示的离散时间系统的状态方程和输出方程，通过仿真求解系统的单位数字冲激响应。

其实现的 MATLAB 代码如下：

```
>> clear all;
n = 5;                                    % 仿真计算的时间序列点数
f = [1,zeros(1,n-1)];                     % 输入：单位数字冲激信号
x = zeros(2,n+1);                         % 状态变量存储矩阵初始化
x(:,1) = [0;0];                           % 初始状态赋值
for i = 1:n
    x(1,i+1) = -0.5.*(x(1,i)+f(i));       % 状态方程 1
    x(2,i+1) = f(n);                      % 状态方程 2
    y(n) = x(1,i)+x(2,i)+f(i);            % 输出方程
end
```

```
t = 0:n - 1;                             %得到序列对应的离散时间点并作出波形
subplot(411);
stem(t,f);                               %输入信号波形
axis([ - 1 n 0 1.5]);
subplot(412);
stem(t,x(1,1:n));                        %状态 1 的波形
axis([ - 1 n - 0.6 0.6]);
subplot(413);
stem(t,x(2,1:n));                        %状态 2 的波形
axis([ - 1 n 0 1.5]);
subplot(414);
stem(t,y);                               %输入信号波形
axis([ - 1 n - 0.5 1.2]);                %输出信号波形
```

运行程序,效果如图 13-6 所示。

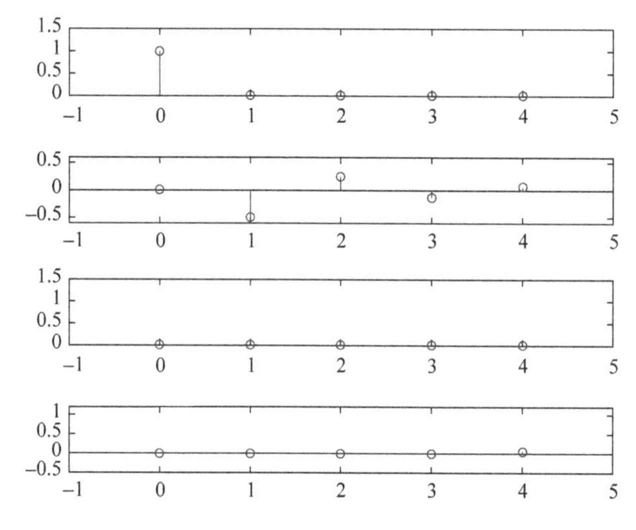

图 13-6 离散时间系统数字冲激响应的仿真结果

图 13-6 中分别给出了输入序列、两个状态序列以及输出序列的计算结果。由于仿真目的是求解系统的冲激响应,所以在程序中将系统的两个状态变量的初始值均设置为零。图中,状态 $x_1[n]$是反馈输出端的波形,而状态 $x_2[n]$显然是输入信号 $f[n]$延时了一个单位时间的结果。输出信号 $y[n]$则是输入信号与两个状态信号叠加的结果,对应了系统方框图。

13.2 Simulink 建模

在很多领域中,如物理等都是连续时间的,连续时间系统又可以分为两类:线性和非线性。下面选择几个常用的模块来介绍怎样创建连续系统的模块及非连续系统的模块。

13.2.1 线性系统建模

相对于非线性系统而言,线性系统比较简单,所涉及的模块也比较简单。

【例 13-4】 创建一个 Simulink 系统,演示向上抛投小球的运动轨迹。其实现步骤如下。

(1) 根据需要,建立如图 13-7 所示的模型窗口。

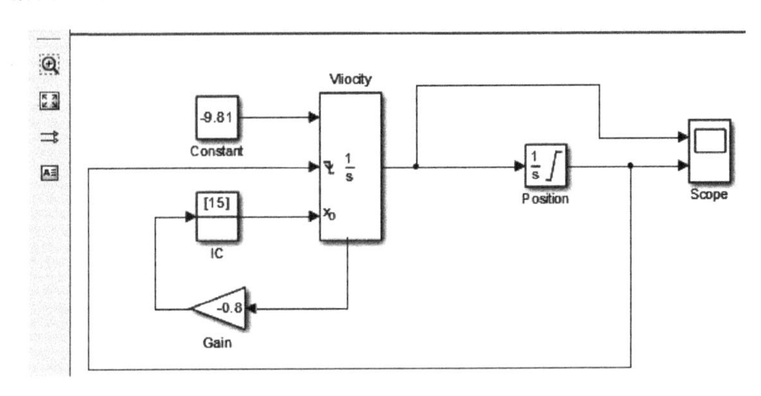

图 13-7　抛投小球的轨迹模型窗口

(2) 在 Continuous 模块库中拖放两个 Integrator Limited 模块到模型窗口中,打开第一个积分模块,参数设置如图 13-8(a)所示,命名为 Velocity。该积分器的功能是积分得到小球抛投的速度,为了能够更逼真地模拟该抛投运动,需要为该程序进行外部初始条件的设置,并为其设置新的重设条件端口。因此需要选中所有的相关端口。双击第二个积分器,打开积分器的参数设置窗口,设置效果如图 13-8(b)所示,命名为 Position。在系统中,第二个积分器模块的功能是由速度积分得到的小球运动的高度。

(3) 设置 Scope 模块属性。双击 Scope 模块,弹出 Scope 界面,单击界面中的快捷按钮,弹出 Scope 参数设置窗口,设置效果如图 13-9 所示。

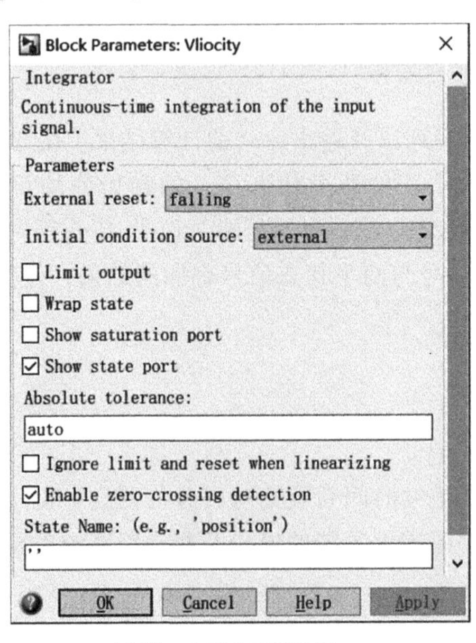

(a) 第一个积分参数设置

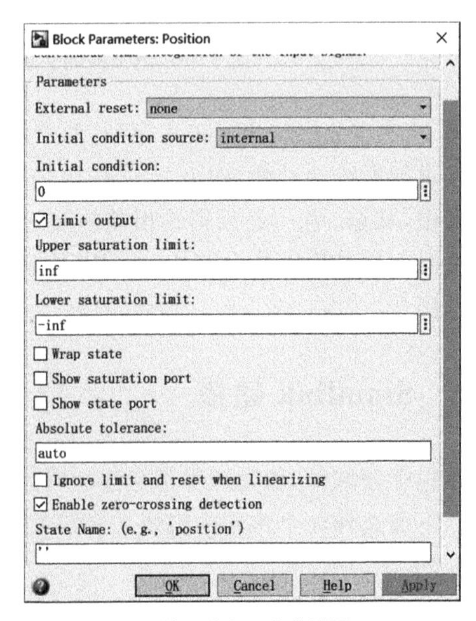

(b) 第二个积分参数设置

图 13-8　积分参数设置

(4) 仿真。将系统的仿真时间设置为20,然后对模型进行仿真,效果如图13-10所示。

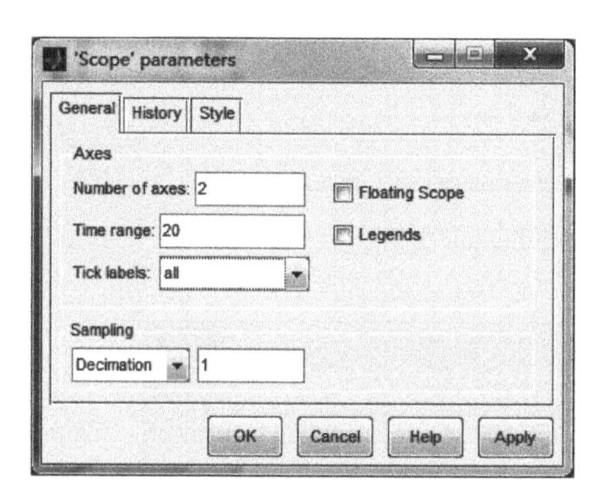

图 13-9　示波器参数设置

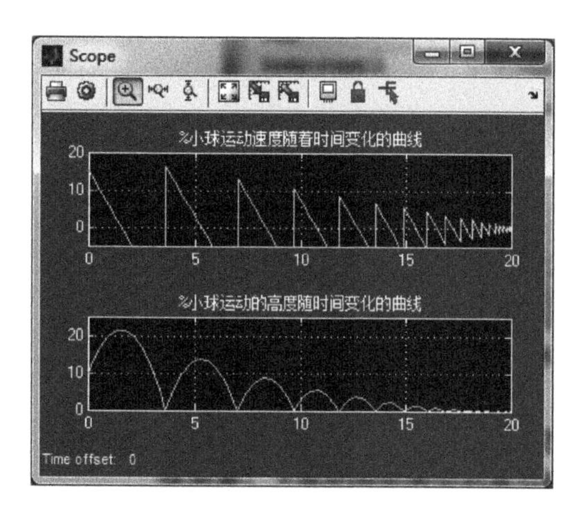

图 13-10　仿真结果

在图13-10的仿真结果中,上面的图形表示的是小球运动速度随着时间变化的曲线,大致符合线性关系;下面的图形表示的是小球运动的高度随时间变化的曲线,大致符合二次抛物线的关系。

系统的原理为:本系统分析的是在初始高度为10m的地方以初始速度15m/s向上抛投小球的运动轨迹。选择重力加速度为9.81m/s^2。同时,考虑到空气阻力对小球运动的影响,每次进行积分时,将积分后的时间步(Time Step)速度转换为前一个时间步的0.8倍,相当于用速度的减少来替代能量的损失,得到的结果即为包含了衰减的小球运动轨迹图形和速度图形。

13.2.2　二阶微分方程

在高等数学中,微分方程是一个重要的组成部分。在MATLAB中,为求解微分方程提供了专门的命令。但是,同样可以使用Simulink来求解二阶微分方程。下面通过Simulink来演示典型的二阶微分方程的求解。

【例13-5】 已知二阶微分方程 $x''(t)+0.4x'(t)+0.9x(t)=0.7u(t)$,其中 $u(t)$ 为脉冲信号,试用Simulink来求解该二阶函数 $x(t)$。

(1) 将所求解的二阶微分方程改写为如下形式

$$-0.4x'(t)-0.9x(t)+0.7u(t)=x''(t)$$

(2) 利用Simulink创建二阶微分方程模型框图,效果如图13-11所示。

(3) 设置模块参数。

双击系统模型中的Pulse Generator模块,其模块参数设置如图13-12所示。

双击系统模型中的Sum模块,在弹出的参数设置对话框中的List of signs文本框中输入"++−"。

双击几个Gain模块,在弹出的参数设置对话框中的Gain文本框中分别输入0.7、

Pulse Generator
0.7
Gain
Integrator
Integrator1
Scope
0.4
Gain1
-0.9
Gain2

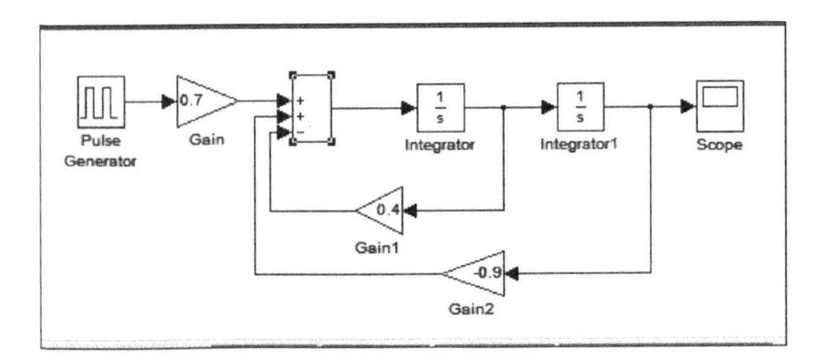

图 13-11 二阶微分方程的 Simulink 框图

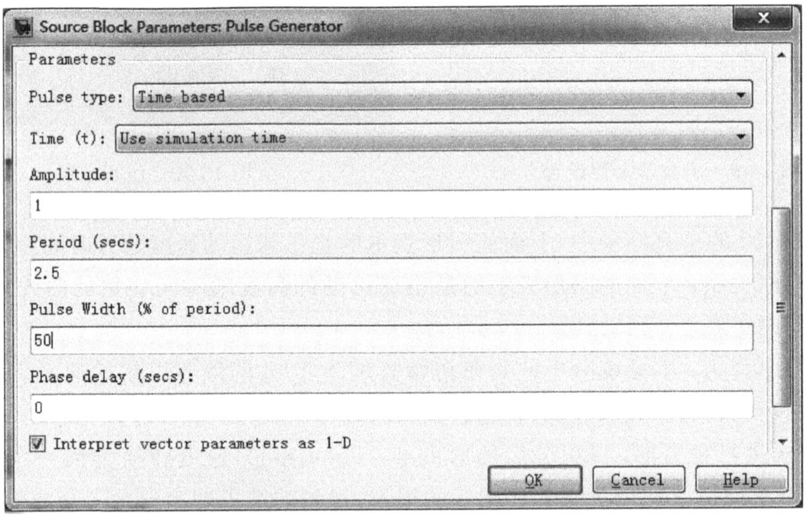

Source Block Parameters: Pulse Generator
Parameters
Pulse type: Time based
Time (t): Use simulation time
Amplitude:
1
Period (secs):
2.5
Pulse Width (% of period):
50
Phase delay (secs):
0
Interpret vector parameters as 1-D
OK
Cancel
Help

图 13-12 Pulse Generator 模块参数设置

0.4、−0.9。

(4) 运行仿真。

系统的仿真参数采用默认值，然后运行模型窗口，得到如图 13-13 所示的仿真效果。

0.6
0.5
0.4
0.3
0.2
0.1
0
0
2
4
6
8
10

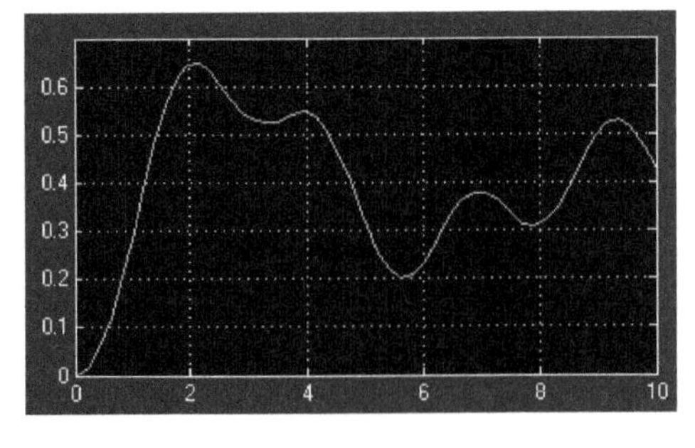

图 13-13 仿真效果图

(5) 添加新模块，将仿真结果传输到 MATLAB 的工作空间中。

在图 13-11 所示的模型框图中添加 Clock 和 To Workspace 模块，将仿真的结果传输到工作空间中，其效果如图 13-14 所示。

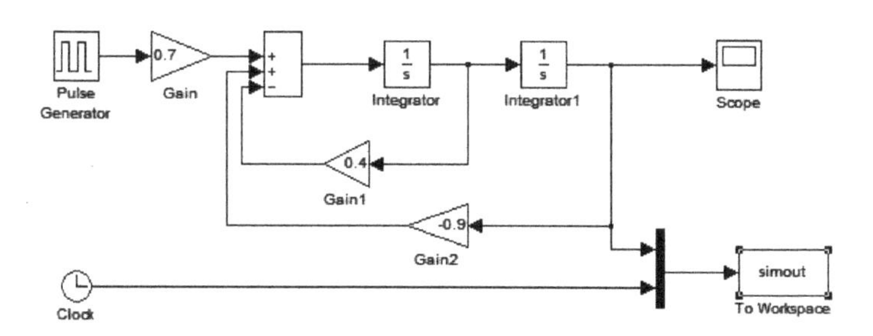

图 13-14 添加新模块效果图

其中,Clock 模块的功能是产生系统仿真的时间变量 t,在模块中将该时间变量和系统积分得到的 x(t),通过 To Workspace 模块传递给工作空间中的变量 Simout。

(6) 设置 To Workspace 模块参数。

双击 To Workspace 模块,打开模块的参数设置对话框,其设置效果如图 13-15 所示。

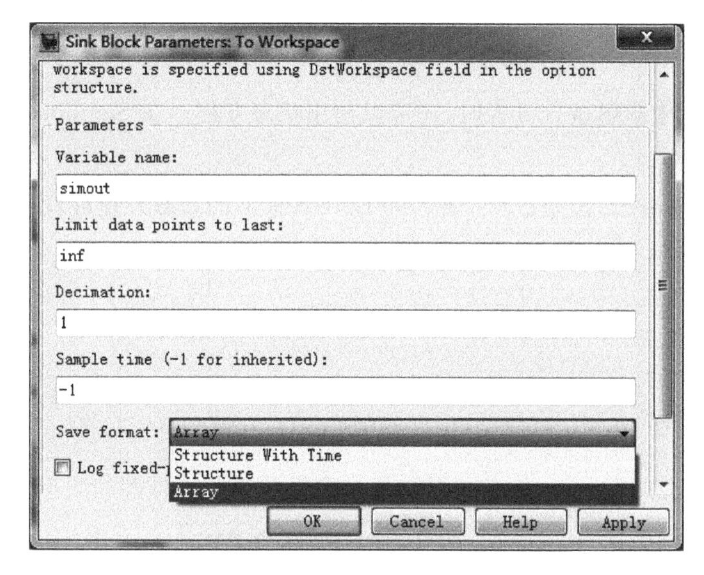

图 13-15 To Workspace 模块参数设置

在该对话框中,将保存数据的格式设置为 Array,即将仿真结果按照数组的格式输出数值结果。

(7) 处理输出数据。

首先运行重新设置的仿真系统,然后在 MATLAB 命令窗口输入如下代码:

```
>> t = simout(:,2);
x = simout(:,1);
[xm,km] = max(x);
plot(t,x,'g','LineWidth',2.5);
hold on;
plot(t(km),xm,'rv','MarkerSize',25);
hold off;grid on;
```

运行程序,效果如图 13-16 所示。

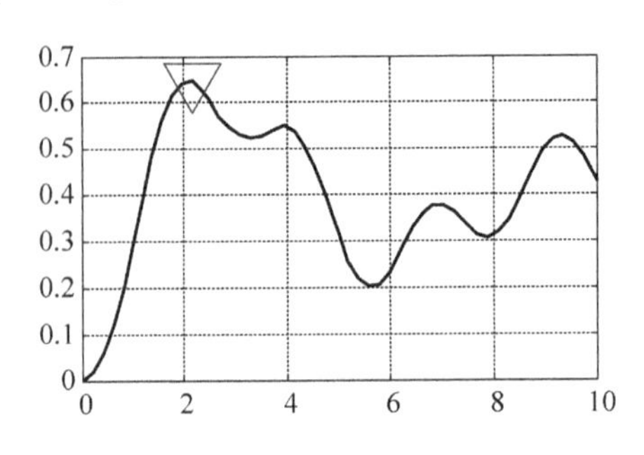

图 13-16　绘制仿真效果图

从图 13-16 可看出,通过常用的 MATLAB 绘图语句得到的图形结果与仿真系统得到的图形完全相同,说明系统传递数据成功。

13.2.3　状态方程

在 Simulink 中求解微分方程时,还可以使用状态方程。在 Simulink 中,专门提供了状态方程模块。

【例 13-6】 Lorenz 模型仿真:著名的 Lorenz 模型的状态方程可表示为

$$\begin{bmatrix}\dot{x}_1(t)\\ \dot{x}_2(t)\\ \dot{x}_3(t)\end{bmatrix}=\begin{bmatrix}-\beta & 0 & x_2(t)\\ 0 & -\sigma & \sigma\\ -x_2(t) & \rho & -1\end{bmatrix}\begin{bmatrix}x_1(t)\\ x_2(t)\\ x_3(t)\end{bmatrix}$$

Lorenz 模型中 $\beta=\frac{8}{3}$,$\sigma=10$,$\rho=28$,模型的初始值 $\boldsymbol{x}_0=[18,4,-4]^{\mathrm{T}}$。

根据要求建立的 Lorenz 状态方程的 Simulink 模型仿真框图如图 13-17 所示。

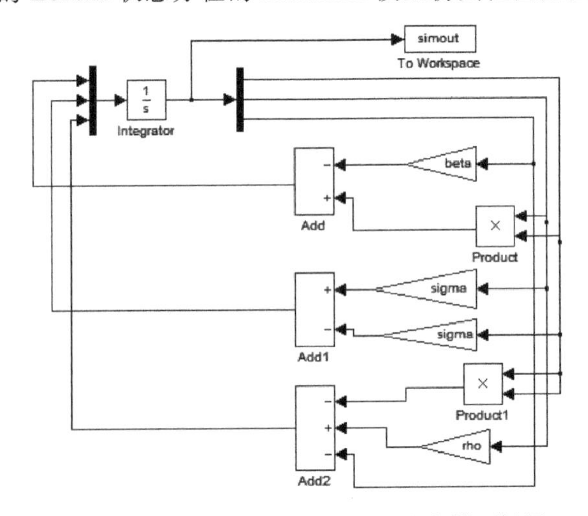

图 13-17　Lorenz 状态方程的 Simulink 模型框图

根据要求将图 13-17 中的 Integrator 模块的初始值设置为[18 4 −4]行向量。在命令窗口中输入初始化 beta=8/3，sigma=10，rho=28，设置仿真算法为 ode45 算法，仿真时间为 100s，最大的步长(Max step size)设置为 1e-3s。运行仿真，在 MATLAB 命令窗口中输入以下代码：

```
>> plot3(simout.signals.values(:,1),simout.signals.values(:,2),simout.signals.values
(:,3));
grid on;
set(gcf,'color','w');
```

即可得到状态变量的三维曲线图，效果如图 13-18 所示。

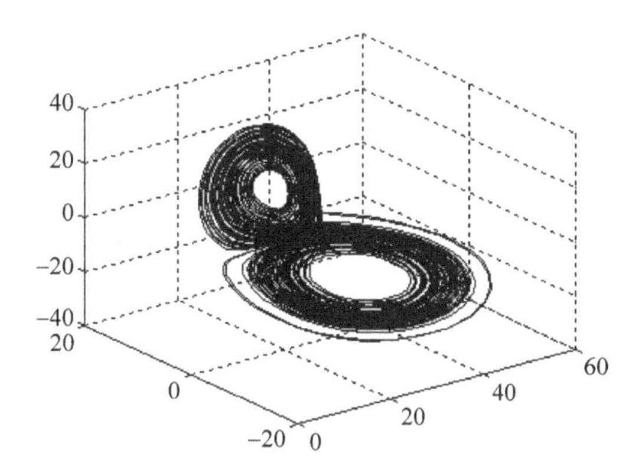

图 13-18　Lorenz 状态方程仿真效果图

对于 Lorenz 状态方程，同样可以用 M 文件来进行仿真，先建立 Lorenz 的状态方程：

```
function xd = li4_6fun(t,x)
beta = 8/3;
sigma = 10;
rho = 28;
xd = [ - beta * x(1) + x(2) * x(3); - sigma * x(2) + sigma * x(3); - x(1) * x(2) + rho * x(2) - x(3)];
```

采用 ode45 算法求解微分方程，并绘制相空间三维图形，其实现的 MATLAB 代码如下：

```
>> clear all;
x0 = [18 4 - 4];
[t,x] = ode45('li4_6fun',[0,100],x0);
plot3(x(:,1),x(:,2),x(:,3));
grid on;
set(gcf,'color','w');
```

运行程序，效果如图 13-18 所示。

13.2.4　非线性建模

线性系统是相对的，非线性系统是绝对的。光靠 Simulink 中的线性模块是不能够完成所有任务的，所以 Simulink 还提供了大量的非线性模块，如继电器模块 Realy，死区模块 Dead zone，饱和模块 Saturation 等。下面通过一个典型的非线性微分方程来演示如何使用 Simulink 求解非线性模块。

【例 13-7】 使用 Simulink 来创建系统，求解非线性微分方程 $(2x-3x^2)x'-5x=5x''$，其中 x 和 x' 都是时间的函数，也就是 $x(t)$ 和 $x'(t)$，其初始值为 $x'(0)=1, x(0)=2$。求解该方程的数值解，并绘制函数的波形。

（1）修改以下微分方程，得

$$\frac{1}{5}(2x-3x^2)x'-x=x''$$

（2）根据以下微分方程，建立如图 13-19 所示的 Simulink 模型框图。

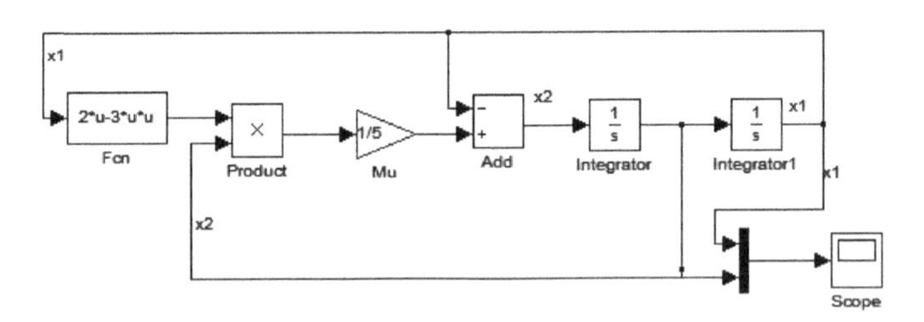

图 13-19 创建的 Simulink 模型框图

（3）模块参数设置。

双击图 13-19 中的 Fcn 模块，打开参数设置对话框，在其中的 Expression 文本框中输入 2 * u－3 * u * u。其效果如图 13-20 所示。

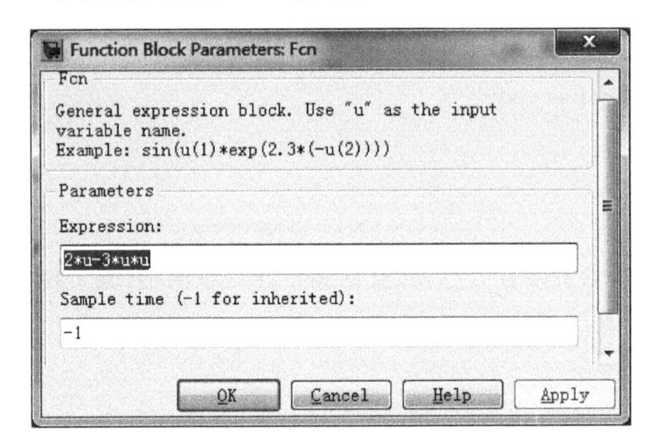

图 13-20 Fcn 参数设置对话框

在表达式中输入的 u 代表的是输入该模块信号的变量，在本例中即为信号变量 x。在 Simulink 中，Fcn 模块支持 C 语言条件下的所有相关表达式。在该表达式中可以包含变量 u、数值常量、数学运算符、关系运算符、逻辑运算符、圆括号、数学函数和 MATLAB 工作空间中的变量等。关于模块的其他信息可通过联机帮助文档进行更详细的了解。

双击图 13-19 中的 Product 模块，打开对应的属性对话框，在其中的 Number of inputs 文本框中输入信号的个数为 2；在 Multiplication 列表框中选择 Element-wise(. *)，表示对模块输入变量进行点乘运算，其设置效果如图 13-21 所示。

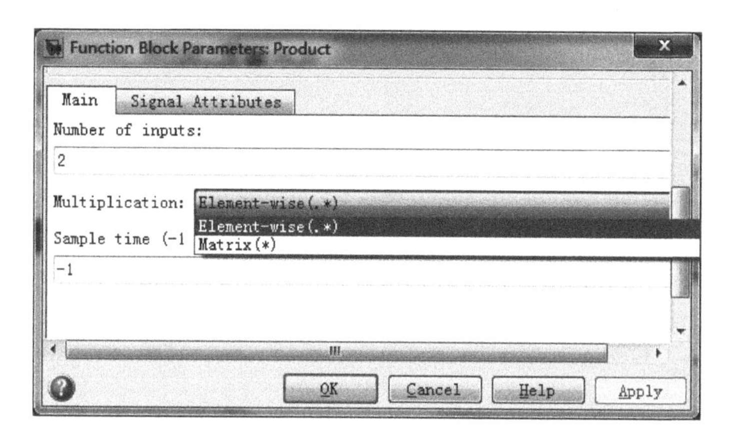

图 13-21 Product 参数设置对话框

双击图 13-19 中的 Integrator 模块及 Integrator1 模块，打开对应的属性对话框，在其中的 Initial conditions 文本框中分别输入 1 和 2。

双击图 13-19 中的 Add 模块，在弹出的参数设置对话框中的 List of signs 文本框中输入"－＋"。

双击图 13-19 中的 Gain 模块，在弹出的参数设置对话框中的 Gain 文本框中输 1/5。

(4) 运行仿真。

将系统仿真时间设置为 20s，其他参数采用默认值，然后对模型进行仿真，得到如图 13-22 所示的仿真效果。在仿真结果中，黄色的曲线表示的是变量 $x(t)$，红色的曲线表示的是 $x'(t)$。

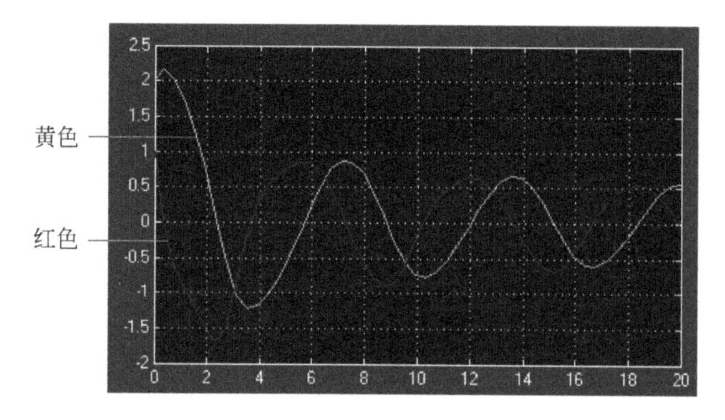

图 13-22 模型仿真效果图

(5) 修改仿真模块并进行模块参数设置。

为了能够在 MATLAB 的工作空间中演示上面的仿真结果，需添加新的系统模块，效果如图 13-23 所示。

(6) 仿真参数设置。

双击图 13-23 中的 Mu 模块，打开对应的属性对话框，在其中的 Number of inputs 文本框中输入信号的个数为 3。

双击图 13-23 中的 To Workspace 模块，打开模块的参数设置对话框，其设置效果如

图 13-24 所示。在该对话框中,将保存数据的格式设置为 Array,即将仿真结果按照数组的格式输出数值结果。

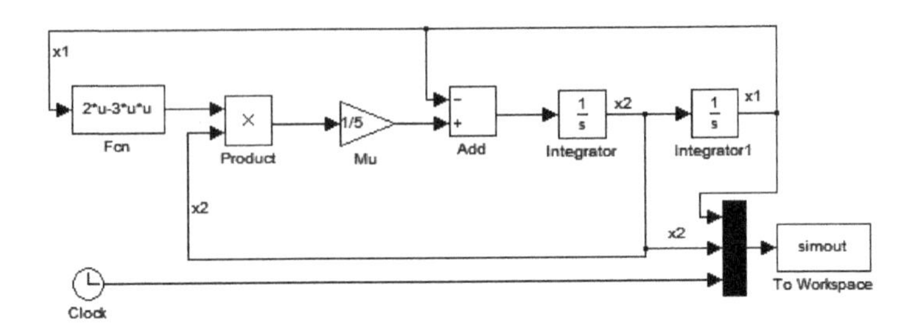

图 13-23　添加新的模块的模型框图

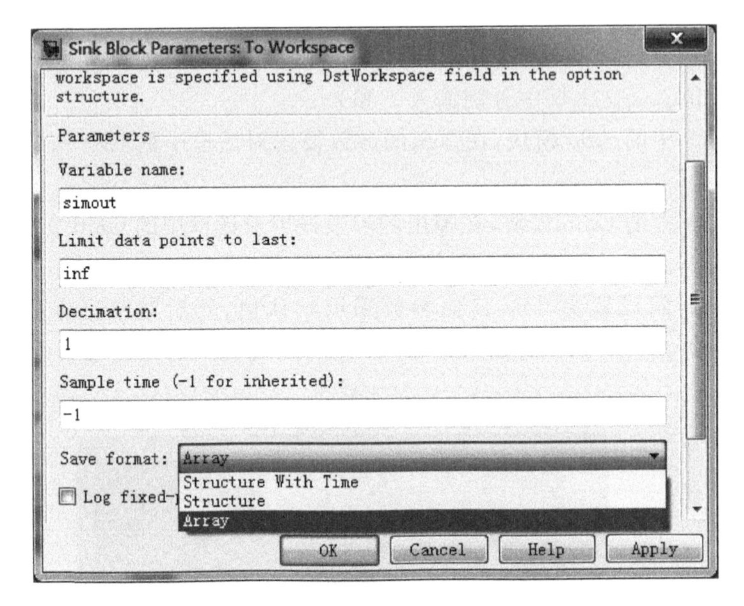

图 13-24　To Workspace 模块参数设置

(7) 运行仿真。

将系统的仿真时间修改为 30s,然后对模型窗口进行仿真,得到输出变量 simout,并在 MATLAB 命令窗口中输入:

```
>> x = simout(:,1);
dx = simout(:,2);
t = simout(:,3);
plot(t,x,'r',t,dx,'b','Linewidth',2.5);
hold on;
grid on;
xlabel('时间'); ylabel('非线性系统仿真');
legend('x 曲线','dx 曲线');
```

运行程序,效果如图 13-25 所示。

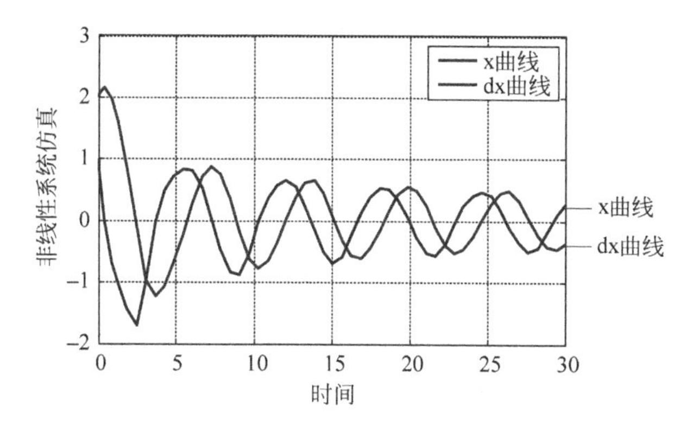

图 13-25 利用仿真数据绘制效果图

由图 13-25 及图 13-22 可得出结论，使用 Scope 模块绘制的函数图形和 MATLAB 的典型函数绘制的结果相同，表明程序模块设计正确。

第14章 小波变换在信号特征检测中的算法研究

信号的自相似性也是信号的分形特征。研究结果表明，采用小波分解可以很好地研究信号或图像的分形特征。小波变换能够分析信号奇异点的位置及奇异性的强弱，即奇异点的位置可能通过跟踪小波变换在细尺度下的模极大曲线来检测；而信号奇异点奇异性强弱可以由其小波变换模极大值随尺度参数的衰减性来刻画。通过仿真实验说明，小波变换是分形分析与突变性检测的有力工具。

分形的一项重要特性是用不同尺度在不同区域对之作观察时，所得结果的相似性，也叫“尺度不变性”。这一特点启发人们：具有尺度分析能力的小波变换可能是分析分形问题很对口的工具。本章研究了小波变换在分形分析上的应用。

S. Mallat 在 1992 年将 Lipschitz 指数与小波变换后系数模局部极大值联系起来，通过小波变换后的局部极大值在不同尺度上的衰减速度来衡量信号的局部奇异性。基于小波变换的信号奇异性检测可以应用于故障诊断、图像的多尺度边缘提取、信号恢复和去噪、语音基因周期检测等领域。

14.1 小波信号特征检测的理论分析

14.1.1 自相似信号小波变换的特点

用正交归一的基本小波 $\psi(t)$ 对 $x(t)$ 作分解

$$x(t) = \sum_m \sum_k d_k^{(m)} \psi_{mk}(t)$$

$$d_k^{(m)} = \int x(t) \psi_{mk}(t) \mathrm{d}t \tag{14-1}$$

可以证明，如果 $x(t)$ 是自相似的，则各小波系数之间有下述关系

$$d_k^{(m)} = \beta^{-\frac{m}{2}} d_k^{(0)}, \quad \beta = 2^{2H+1} \tag{14-2}$$

将 $d_k^{(0)}$ 用 $q(k)$ 表示，并称之为 $x(t)$ 的生成序列，则式(14-1)可写成

$$x(t) = \sum_m \sum_k \beta^{-\frac{m}{2}} q(k) \psi_{km}(t) \tag{14-3}$$

根据 Parcival 定理不难证明，如果 $x(t)$ 是能量有限的，则 $\sum_k q^2(k)$ 必定是有限值，如果 $x(t)$ 是功率有限的，则 $\lim_{N\to\infty}\frac{1}{2N+1}\sum_{k=-N}^{N}q^2(k)$ 必定是有限值。

如果在式(14-3)中令

$$\theta_k(t)=\sum_m \beta^{-\frac{m}{2}}\psi_{mk}(t) \tag{14-4}$$

则该式又可写成

$$x(t)=\sum_k q(k)\theta_k(t) \tag{14-5}$$

由于 $\psi_{mk}(t)$ 是正交归一的，所以 $\theta_k(t)$ 也是正交的，而且范数=1。因此式(14-5)是一种正交分解形式，其分解系数

$$q(k)=\langle x(t),\theta_k(t)\rangle$$

是小波系数 $d_k^{(0)}$ 的另一种表示形式。

由小波函数 $\psi(t)$ 出发可以推导出一系列相关公式，类似地，由尺度函数 $\phi(t)$ 出发也可以推导出自相似信号的各级离散逼近间的关系。可以证明，若 m 级逼近为

$$x_k^{(m)}=\langle x(t),\phi_{m,k}(t)\rangle$$

则对自相似信号而言有

$$x_k^{(m)}=\beta^{-\frac{m}{2}}x_k^{(0)}$$

式中

$$x_k^{(0)}=\langle x(t),\phi_{ok}(t)\rangle=\int x(t)\phi(t-k)\mathrm{d}t$$

定义 $p(k)=x_k^{(0)}$，称之为 $x(t)$ 的特征序列。$p(k)$ 和 $q(k)$ 是表征自相似过程 $x(t)$ 的两组基本序列。处理自相似信号的核心是求这两组序列。可以证明它们满足下述基本关系

$$\begin{cases}\beta^{\frac{1}{2}}p(k)=\sum_n h_{n-2k}p(n)\\ \beta^{\frac{1}{2}}q(k)=\sum_n g_{n-2k}p(n)\end{cases}$$

分解的逆过程是综合。经类似的推导可得

$$\sum_k h_{n-2k}p(k)+\sum_k g_{n-2k}q(k)=\beta^{-\frac{1}{2}}p(n)$$

此式提供已知 $q(k)$ 反求 $p(n)$ 的依据。

确定性自相似信号虽然不是天然存在的，但是人为地产生二进制自相似信号是完全可能的(至少在有限尺度范围内)。这类信号有一定的应用潜力，有的学者提出了一种所谓“分形调制”的通信方案，内容虽然还较初步，但可以看出这种方案用于含噪，且时间、带宽都未知的通道中是有前景的。

14.1.2 小波变换与信号的突变性

S. Mallat 将函数(信号)的局部奇异性与小波变换后的模局部极大值联系起来。通过小波变换后的模极大值在不同尺度上的衰减速度来衡量信号的局部奇异性。

定理 1 设小波 $\psi(t)$是实函数且连续,具有衰减性:$|\psi(t)|\leqslant K(1+|t|)^{-2-\varepsilon}(\varepsilon>0)$,$f(t)\in L^2(R)$在区间 I 上是一致 Lipschitz 指数 $\alpha(-\varepsilon<\alpha\leqslant 1)$,则存在常数 $c>0$,使得对 $\forall a,b\in I$,其小波变换满足

$$|(Wf)(a,b)|\leqslant ca^{\alpha+\frac{1}{2}} \tag{14-6}$$

反之,若对于某个 $\alpha(-\varepsilon<\alpha\leqslant 1)$,$f\in L^2(R)$的小波变换满足式(14-6),则 f 在 I 上具有一致 Lipschitz 指数 α。

若 t_0 是 $f(t)$的奇异点,则$|(Wf)(a,b)|$在 $b=t_0$处取得极大值,即此时式(14-6)等号成立。

在二进制小波变换情况下,式(14-6)变成

$$|(Wf)(2^j,b)|\leqslant c\times 2^{j(\alpha+\frac{1}{2})} \tag{14-7}$$

在信号和图像处理中,常常使用卷积型小波变换。为此,这里引入卷积型小波变换的概念。

定义 1 设 $f(t),\psi(t)\in L^2(R)$,记

$$\psi_s(t)=\frac{1}{s}\psi\left(\frac{t}{s}\right),\quad s>0 \tag{14-8}$$

则称

$$(Wf)(s,b)=f*\psi_s(b)=\frac{1}{s}\int_{-\infty}^{+\infty}f(t)\psi\left(\frac{b-t}{s}\right)\mathrm{d}t \tag{14-9}$$

为 $f(t)$的卷积型小波变换,也称为 $f(t)$的小波变换。

在定理 1 中,如果将 $f(t)$的小波变换理解成卷积型小波变换,则式(14-6)和式(14-7)就变成

$$|(Wf)(s,b)|\leqslant cs^{\alpha} \tag{14-10}$$

及

$$|(Wf)(2^j,b)|\leqslant c2^{j\alpha}$$

式(14-6)或式(14-7)表明:若 $\alpha>-\frac{1}{2}$,则小波变换模极大值随着尺度 j 的增大而增大;若 $\alpha<-\frac{1}{2}$,则小波变换极大值随着尺度 j 的增大反而减小。上述情况说明,可以利用小波变换模的极大值随尺度变化的情况来推断信号的突变点类型。

14.2 实验结果与分析

14.2.1 突变性检测

通常情况下,信号的奇异性可分为两类情况:一种是信号在某一时刻,其幅值发生突变,引起信号的不连续,信号的突变处是第一种类型的间断点;另一种是信号外观上很光滑,其幅值没有突变,但是信号的一阶微分上有突变产生,且一阶微分是不连续的,称此为第二类型的间断点。

1. 检测第一类间断点

生成的突变信号波形如图 14-1(a)所示,信号的不连续性是由于在低频特征的正弦

信号的后半部分加入了具有中高频特征的正弦信号。应用 Daubechies 3 小波进行 6 层分解来检测第一类型间断点，得到的细节信号如图 14-1(b)所示。可以看出，在细节信号部分清晰地显示出了间断点的准确位置。在该信号的小波分解中，第一层和第二层细节信号中(d1 和 d2)对信号的不连续性显示得相当明显，因为该信号的断裂部分包含的是高频部分。

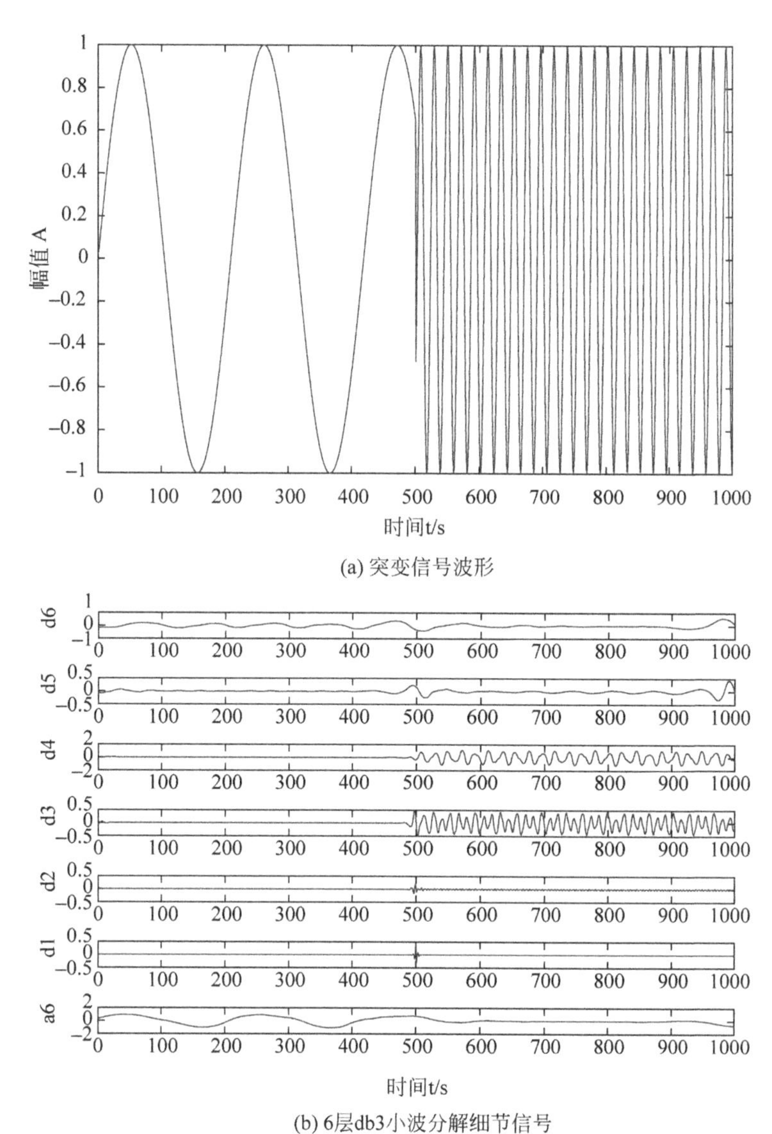

图 14-1　检测第一类间断点

【例 14-1】 检测第一类间断点实例。

```
% 调入含突变点的信号
load freqbrk;
x = freqbrk;
N = length(x);
```

```
t = 1:N;
figure(1);
plot(t,x,'LineWidth',2);xlabel('时间 t/s');ylabel('幅值 A');
%一维小波分解
[c,l] = wavedec(x,6,'db5');
%重构第 6 层逼近系数
a6 = wrcoef('a',c,l,'db5',6);
%重构第 1～6 层细节系数
d6 = wrcoef('d',c,l,'db5',6);
d5 = wrcoef('d',c,l,'db5',5);
d4 = wrcoef('d',c,l,'db5',4);
d3 = wrcoef('d',c,l,'db5',3);
d2 = wrcoef('d',c,l,'db5',2);
d1 = wrcoef('d',c,l,'db5',1);
%显示重构系数和细节系数
figure(2)
subplot(7,1,1);plot(d6,'LineWidth',2);ylabel('d6');
subplot(7,1,2);plot(d5,'LineWidth',2);ylabel('d5');
subplot(7,1,3);plot(d4,'LineWidth',2);ylabel('d4');
subplot(7,1,4);plot(d3,'LineWidth',2);ylabel('d3');
subplot(7,1,5);plot(d2,'LineWidth',2);ylabel('d2');
subplot(7,1,6);plot(d1,'LineWidth',2);ylabel('d1');
subplot(7,1,7);plot(a6,'LineWidth',2);ylabel('a6');
xlabel('时间 t/s');
```

程序运行结果如图 14-1 所示。

2. 检测第二类间断点

生成的第二类突变信号波形如图 14-2(a)所示，它是一条光滑的直线，但是它的一阶微分有突变。利用 Daubechies 2 小波对信号进行层分解，得到的细节信号如图 14-2(b)所示。可以看出，细节信号能明显地将该信号的第二种类型的间断点显示出来，间断点位置在 t=500 处；而且近似信号(a5)很好地重构了原始信号。在此应特别注意，检测信号的第二类间断点时，所用分析小波的正则性是非常重要的，如果选择了不具有正则性的小波进行分析，将检测不出来第二类间断点。

【例 14-2】 检测第二类间断点实例。

```
%调入含突变点的信号
load nearbrk;
x = nearbrk;
N = length(x);
t = 1:N;
figure(1);
plot(t,x,'LineWidth',2);xlabel('时间 t/s');ylabel('幅值 A');
%一维小波分解
[c,l] = wavedec(x,5,'db2');
%重构第 5 层逼近系数
a5 = wrcoef('a',c,l,'db2',5);
%重构第 1～5 层细节系数
```

```
d5 = wrcoef('d',c,l,'db2',5);
d4 = wrcoef('d',c,l,'db2',4);
d3 = wrcoef('d',c,l,'db2',3);
d2 = wrcoef('d',c,l,'db2',2);
d1 = wrcoef('d',c,l,'db2',1);
%显示重构系数和细节系数
figure(2)
subplot(6,1,1);plot(d5,'LineWidth',2);ylabel('d5');
subplot(6,1,2);plot(d4,'LineWidth',2);ylabel('d4');
subplot(6,1,3);plot(d3,'LineWidth',2);ylabel('d3');
subplot(6,1,4);plot(d2,'LineWidth',2);ylabel('d2');
subplot(6,1,5);plot(d1,'LineWidth',2);ylabel('d1');
subplot(6,1,6);plot(a5,'LineWidth',2);ylabel('a5');
xlabel('时间 t/s');
```

程序运行结果如图 14-2 所示。

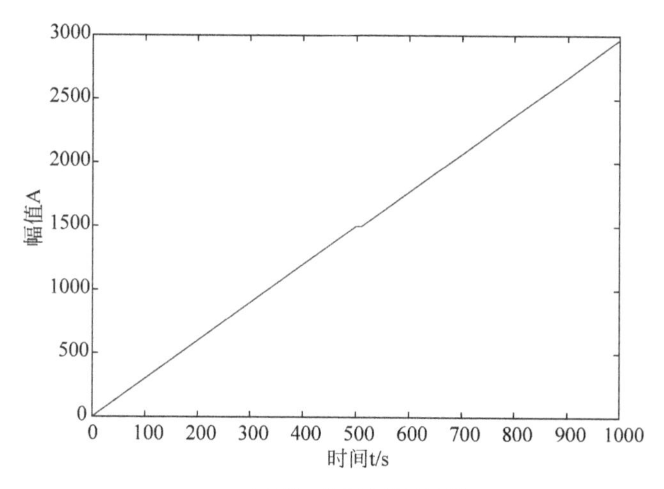

(a) 第二类突变信号波形

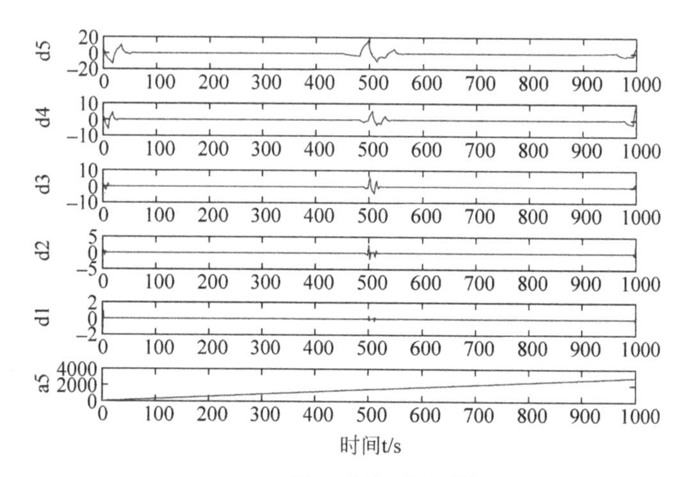

(b) 5层db2小波分解细节信号

图 14-2　检测第二类间断点

【例 14-3】 某一给定的信号是由两个独立的满足指数方程的信号连接起来的，请利用小波分析来检测第二类间断点的准确位置。

这个例子的信号在外观上是很光滑的曲线，但是，该信号具有一阶微分且突变。分析的目的是将第二类间断点寻找出来。

程序清单如下：

```
t = 1:0.01:2;
s1 = exp(t);
s2 = exp(4 * t);
s = [s1,s2];                          %设置由不同的指数函数组成的信号
subplot(5,1,1);plot(s);title('原始信号');
ds = diff(s);                         %计算信号的一阶微分
%显示信号的一阶微分结果
subplot(5,1,2); plot(ds);
ylabel('s 微分');
[c,l] = wavedec(s,2,'db4');           %用 db1 小波分解信号到第二层
%对分解结构[c,l]中的第二层低频部分进行重构
a2 = wrcoef('a',c,l,'db4',2);
%显示重构结果
subplot(5,1,3);plot(a2);
ylabel('a2');
%对分解结构[c,l]中的各层高频部分进行重构并显示结果
d2 = wrcoef('d',c,l,'db4',2);
subplot(5,1,4);plot(d2);
ylabel('d2');
d1 = wrcoef('d',c,l,'db4',1);
subplot(5,1,5);plot(d1);
ylabel('d1');
```

程序运行结果如图 14-3 所示。

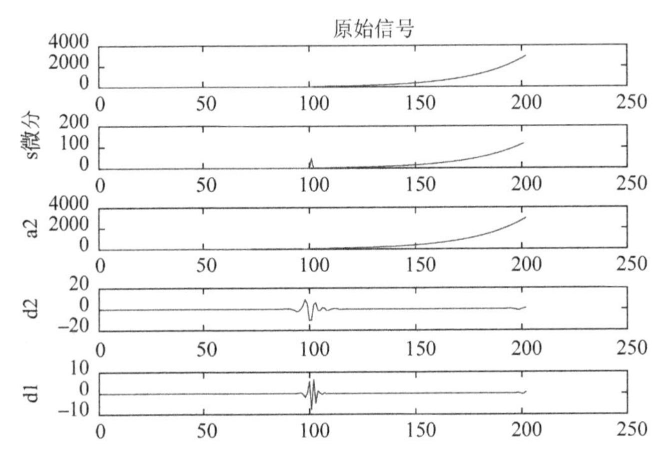

图 14-3 检测第二种类型的间断点

我们看到，该信号的一阶微分曲线在 t＝100 点处，有明显的不连续性。将信号进行小波分解后，第一层的高频部分 d1 将信号的不连续点显示得相当明显，这个断裂点在信

号的中部发生，在其他的地方可以忽略。由图 14-3 可以看出，利用小波分析进行信号的不连续点的定位非常精确。像这种间断点的定位，一般来说，是在小波分解的第一层和第二层高频部分进行判断的。

注意：在选择小波的过程中，正则性是一条很重要的规则，在这里我们选择的是 db4 小波，这种小波正则性很好，如果选择 db1 小波，会发现在 t=100 点处，高频部分的值显示不明显。为了检测出信号中的奇异点，所选择的小波必须很正则（有规则），这时的小波可以实现更长的冲击响应滤波器。

14.2.2 自相似性检测

小波系数与自相似的关系是：小波分解可通过计算信号和小波之间的自相似指数得到。这里的自相似指数也就是小波系数，如果自相似指数大，则信号的自相似程度就高，反之亦然。如果一个信号在不同的尺度上都相似于它本身，那么，其自相似指数，或者小波系数在不同的尺度上也是相似的。下面，通过仿真来说明小波分析是如何检测信号的自相似性的。

【例 14-4】 自相似性检测。

```
%调入自相似信号
load vonkoch;
x = vonkoch;
N = length(x);
t = 1:N;
figure(1);
plot(t,x,'LineWidth',2);xlabel('时间 n');ylabel('幅值 A');
figure(2);
%小波变换
f = cwt(x,[2:2:18],'coif3','plot');
xlabel('时间');ylabel('变换尺度 a');
```

程序运行结果如图 14-4 所示。

生成的自相似信号波形如图 14-4(a)所示，连续小波变换后的系数结果如图 14-4(b)所示。可以看出，在小波分解后显示的自相似指数图中，会发现在许多尺度上，小波系数看上去都是很相似的，另外，垂直轴线上显示的线条就是由于信号的自相似性产生的。小波系数越大，则灰度越深。

由于信号的自相似性也是信号的分形特征，目前进行该项研究的人员很多。研究结果表明，采用小波分解可以很好地研究信号或图像的分形特征。在开始时，分形特征随着时间的发展而变化，随后又不随时间的发展而发生变化，称这种信号为分形。实践表明，小波分析工具非常适合于分形的实际研究和分形的生成。

14.2.3 趋势检测

通常，一些含噪信号的发展趋势是难以分辨的。由于噪声的污染，对我们有用的信号的发展趋势在时域中看不出来，但是，通过小波分解，可以去除那些干扰信号，最终显

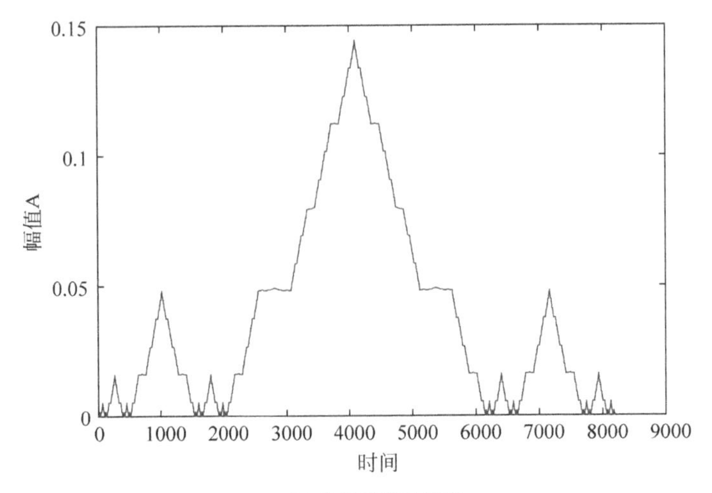

(a) 自相似信号波形

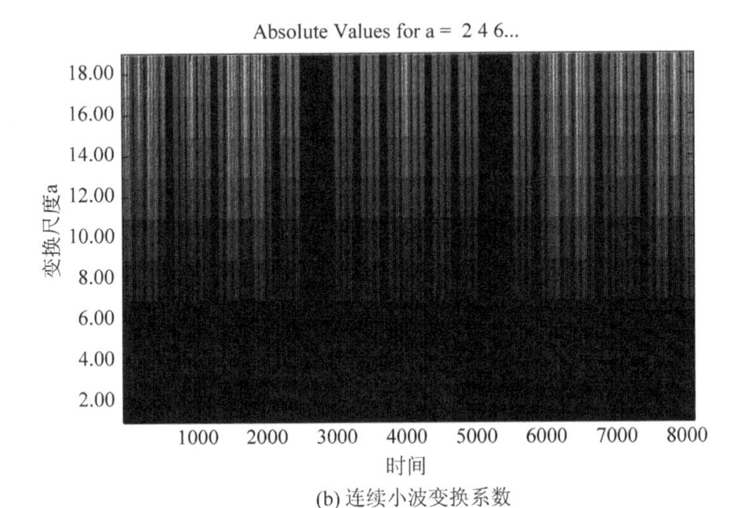

(b) 连续小波变换系数

图 14-4　自相似性检测

现出有用信号的真面目。

【例 14-5】 趋势检测。

```
%调入含突变点的信号
load cnoislop;
x = cnoislop;
N = length(x);
t = 1:N;
figure(1);
plot(t,x,'LineWidth',2);xlabel('时间 t/s');ylabel('幅值 A');
%一维小波分解
[c,l] = wavedec(x,6,'db3');
%重构第1～6层逼近系数
a6 = wrcoef('a',c,l,'db3',6);
a5 = wrcoef('a',c,l,'db3',5);
```

```
a4 = wrcoef('a',c,l,'db3',4);
a3 = wrcoef('a',c,l,'db3',3);
a2 = wrcoef('a',c,l,'db3',2);
a1 = wrcoef('a',c,l,'db3',1);
%显示逼近系数
figure(2)
subplot(6,1,1);plot(a6,'LineWidth',2);ylabel('a6');
subplot(6,1,2);plot(a5,'LineWidth',2);ylabel('a5');
subplot(6,1,3);plot(a4,'LineWidth',2);ylabel('a4');
subplot(6,1,4);plot(a3,'LineWidth',2);ylabel('a3');
subplot(6,1,5);plot(a2,'LineWidth',2);ylabel('a2');
subplot(6,1,6);plot(a1,'LineWidth',2);ylabel('a1');
xlabel('时间 t/s');
```

程序运行结果如图 14-5 所示。

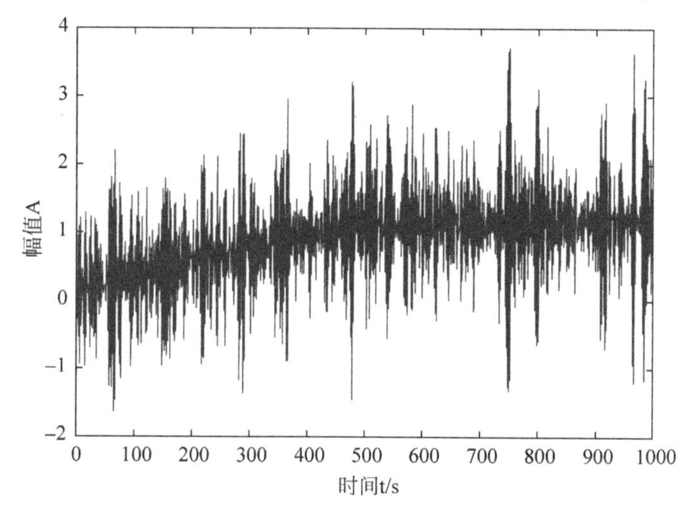

(a) 含噪的斜波信号波形

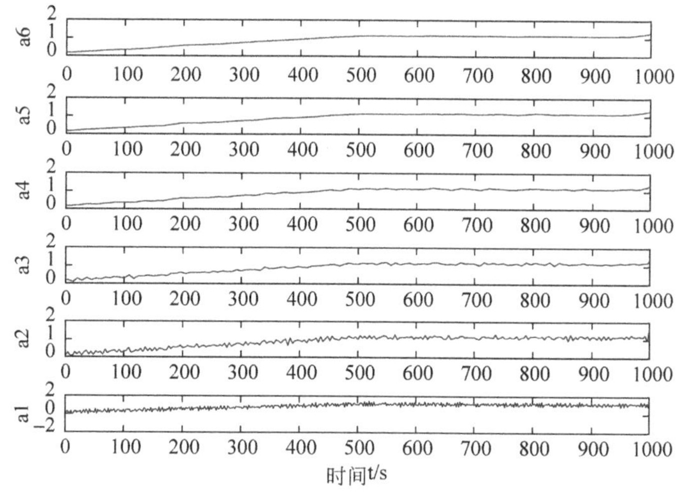

(b) 6层小波分解逼近信号

图 14-5 趋势检测

生成的含噪斜波信号波如图 14-5(a)所示,可以看出,由于噪声的污染,信号的发展趋势是不可见的。利用 Daubechies 5 小波对其进行 6 层分解,得到的近似信号如图 14-5(b)所示,从 a1 到 a6 信号的发展趋势变得越来越清晰。这是因为随着尺度的增加,时间分辨率降低,噪声影响变小,因此信号的发展趋势会表现得更为明显。

这里需要强调一点,所有未识别的信号本身不能具有很大的突变,这是因为信号的发展趋势是由信号的低频部分所表征的。如果在信号本身中包含有很大的突变,那么在多尺度小波变换的低频部分中,显示出来的信号会和原始信号有很大的差别,因为这种变换将信号本身的突变当做高频信息给滤掉了。

(1) 信号的奇异点(如过零点、极值点)能够通过对信号进行小波变换后在不同尺度上的综合表现,来反映信号的突变或者瞬态特征,如信号的瞬变或者边缘的不同表现,过渡的比较陡峭或者平稳,在小波多尺度变换上就表现为最大值的变换情况。突变信号的检测在数字信号处理中具有非常重要的地位和作用。

(2) 由于分形和小波变换在尺度性能上表现出的类似性,小波变换被认为是分析、刻画物理学中许多有关分形现象的有力工具。分形几何被用来描述许多空间模式所具有的尺度特性。而小波变换可以显示分形的结构规则,并将局部区域的尺度特性通过局域尺度指数来表征,因此,具有尺度分析能力的小波变换正是分析分形问题很对口的工具。

第15章 通信系统调制/解调的MATLAB实现

15.1 载波提取分析

15.1.1 幅度键控分析

在幅度键控中载波幅度是随着调制信号而变化的。最简单的形式是载波在二进制调制信号1或0的控制下通或者断，此种调制方式称为通-断键控(OOK)。其时域表达为

$$S_{\mathrm{OOK}}(t) = a_n A\cos\omega_c t$$

式中：a_n 为二进制数字。

【例15-1】 对二元序列10110010，画出2ASK的波形，其中载频为码元速率的2倍。

载频为码元速率的2倍，即表明在一个符号的时间里载波刚好一个周期。其实现的MATLAB程序代码如下：

```
>> clear all;
t = 0.01:0.01:8;
y = sin(2 * pi * t);                          % 载波
 % 定义一个与二元序列对应的时间序列
x = [ones(1,100),zeros(1,100),ones(1,100),ones(1,100),...
    zeros(1,100),zeros(1,100),ones(1,100),zeros(1,100)];
z = x. * y;                                   % 幅频键控
plot(t,z,'r')
```

运行程序，效果如图15-1所示。

15.1.2 相移键控分析

1. PSK包络绘制

载波相位调制中，在信道发送的信息调制在载波的相位上，相位通常范围是(0, 2)，所以通过数字相位调制数字信号的载波相位是：$\theta_m = 2\pi m/M, m=0,1,\cdots,M-1$。对二进制调制，两个载波的相位分别

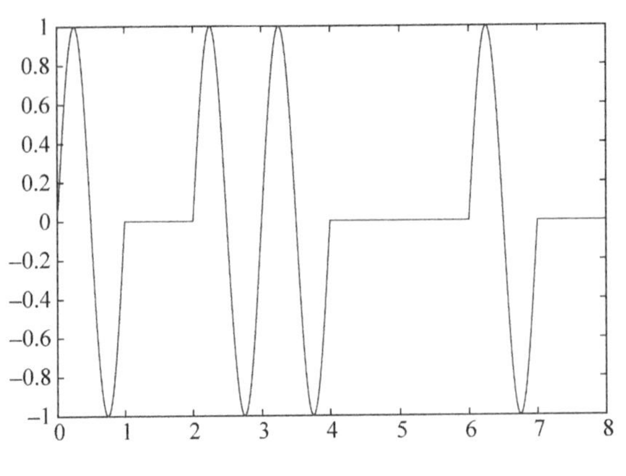

图 15-1　2ASK 波形

是 0 和 π。对于 M 进制的相位调制，M 个载波调相信号的波形的一般表达式为

$$u_m(t)=Ag_T(t)\cos\left(2\pi f_c t+\frac{2\pi m}{M}\right),\quad m=0,1,\cdots,M-1$$

式中：$g_T(t)$为发射端的滤波脉冲，决定了信号的频谱特征；A 是信号振幅。

相移键控的能量在调制过程中没有改变：

$$\begin{aligned}E_m&=\int_{-\infty}^{+\infty}u_m^2(t)\,\mathrm{d}t\\&=\int_{-\infty}^{+\infty}A^2g_T^2(t)\cos^2(c)\,\mathrm{d}t\\&=\frac{1}{2}\int_{-\infty}^{+\infty}A^2g_T^2(t)\,\mathrm{d}t+\frac{1}{2}\int_{-\infty}^{+\infty}A^2g_T^2(t)\cos\left(4\pi f_c t+\frac{4\pi m}{M}\right)\mathrm{d}t\\&=\frac{A^2}{2}\int_{-\infty}^{+\infty}g_T^2(t)\,\mathrm{d}t=E_s\end{aligned}$$

E_s 表示发送一个符号的能量，通常选用 $g_T(t)$为矩形脉冲，定义为

$$g_T(t)=\sqrt{\frac{2}{T}},\quad 0\leqslant t\leqslant T$$

此时，发送信号波形在间隔 $0\leqslant t\leqslant T$ 内表示为

$$u_m(t)=\sqrt{\frac{2E_s}{T}}\cos\left(2\pi f_c t+\frac{2\pi m}{M}\right),\quad m=0,1,\cdots,M-1$$

上式给出的发送信号有常数包络，且载波相位在每一个信号间隔的起始位置发生突变。

将 k 比特信息调制到 $M=2^k$ 个可能相位的方法有多种，常用方法是采用格雷码编码，此种编码方式的相邻相位仅相差一个二进制比特。

在 $M=8$ 时，生成常数包络 PSK 信号波形，为方便起见将信号幅度归一化为 1，取载波频率为 $6/T$。

【例 15-2】 绘制一个 PSK 包络。

其实现的 MATLAB 程序代码如下：

```
>> clear all;
T = 1;M = 8;
```

```
Es = T/2;fc = 6/T;
N = 120;delta_T = T/(N - 1);
t = 0:delta_T:T;
u1 = sqrt(2 * Es/T) * cos(2 * pi * fc * t);      %求出8个波形
u2 = sqrt(2 * Es/T) * cos(2 * pi * fc * t + 2 * pi/M);
u3 = sqrt(2 * Es/T) * cos(2 * pi * fc * t + 4 * pi/M);
u4 = sqrt(2 * Es/T) * cos(2 * pi * fc * t + 6 * pi/M);
u5 = sqrt(2 * Es/T) * cos(2 * pi * fc * t + 8 * pi/M);
u6 = sqrt(2 * Es/T) * cos(2 * pi * fc * t + 10 * pi/M);
u7 = sqrt(2 * Es/T) * cos(2 * pi * fc * t + 12 * pi/M);
u8 = sqrt(2 * Es/T) * cos(2 * pi * fc * t + 14 * pi/M);
subplot(8,1,1);plot(t,u1);
subplot(8,1,2);plot(t,u2);
subplot(8,1,3);plot(t,u3);
subplot(8,1,4);plot(t,u4);
subplot(8,1,5);plot(t,u5);
subplot(8,1,6);plot(t,u6);
subplot(8,1,7);plot(t,u7);
subplot(8,1,8);plot(t,u8);
```

运行程序,效果如图15-2所示。

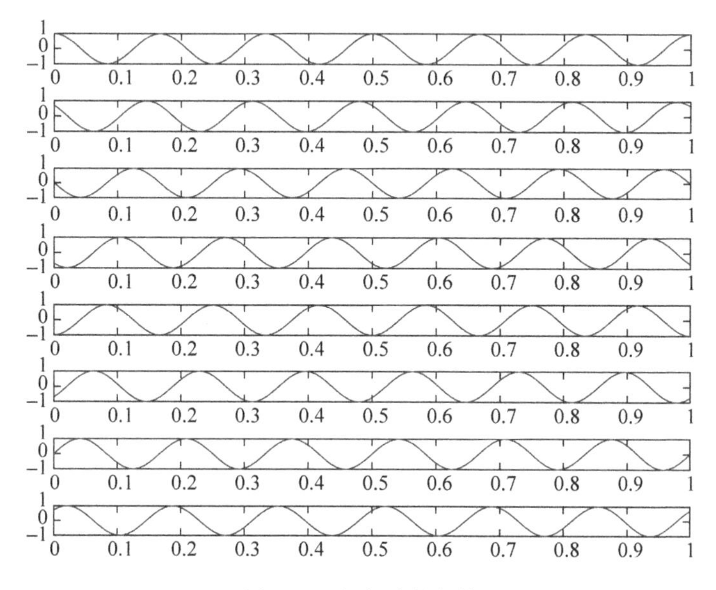

图15-2 调相波的包络

2. PSK的误码率计算

在接收端接收到叠加了信道噪声的信号,通常信道为加性高斯白噪声信道,在这个基础上,二进制的PSK调制和二进制的PAM调制相同,该误码率为

$$P_2 = Q\left(\sqrt{\frac{2E_b}{N_0}}\right)$$

式中:E_b表示每比特能量。

15.1.3 频移键控分析

将数字信号调制在载波的频率上的调制方法称为频移键控(FSK),它也包括二电平频移键控(BFSK)和多电平频移键控(MFSK)。

【例 15-3】 对二元序列 10110010,画出 2FSK 的波形,其中载波频为码元速率的 2 倍。

频移键控的原理与调频类似,只是使用数字信号而已。其实现的 MATLAB 程序代码如下:

```
>> clear all;
t = 0.01:0.01:8;
%定义一个与二元序列对应的时间序列
x = [ones(1,100),zeros(1,100),ones(1,100),ones(1,100),...
    zeros(1,100),zeros(1,100),ones(1,100),zeros(1,100)];
y = sin(2 * pi + 2 * t);                      %载波
z = x. * y;                                   %幅频键控
plot(t,z,'r')
```

运行程序,效果如图 15-3 所示。

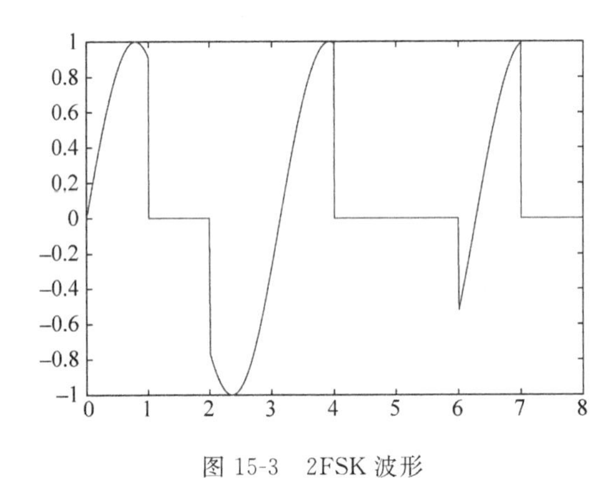

图 15-3　2FSK 波形

可以看出,载频有所改变,由于调频的同时必然带来了相位的改变,所以有相位的突变。

15.1.4 正交幅度调制

一个正交幅度调制(QAM)信号采用两个正交载波 $\cos 2\pi f_c t$ 和 $\sin 2\pi f_c t$,每一个载波被一个独立的信息比特序列所调制。发送信号的波形为

$$u_m(t) = A_{mc} g_T(t) \cos 2\pi f_c t + A_{ms} g_T(t) \sin 2\pi f_c t, \quad m = 0, 1, \cdots, M$$

式中:A_{mc}和 A_{ms}是电平集合,这些电平通过将 k 比特序列映射为信号振幅而获得。

QAM 可以看作振幅调制与相位调制的结合。因此发送的信号也可以表示为

$$u_m(t) = A_{mc} g_T(t) \cos(2\pi f_c t + \theta_n), \quad m = 0,1,\cdots,M$$

【例 15-4】 对一个使用矩阵信号星座图的 $M=16$QAM 通信系统进行蒙特卡洛仿真，如图 15-4 所示（$M=16$QAM 信号选择器，4b 符号）。

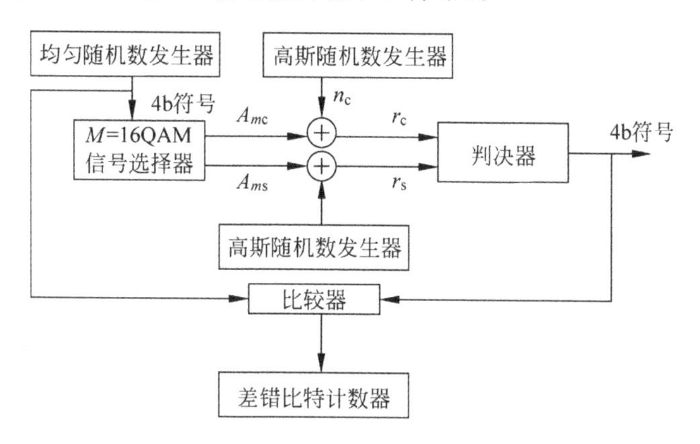

图 15-4 QAM 仿真系统图

用均匀随机数发生器产生一个对应 4 位 b1b2b3b4 共有 16 种可能的信息符号序列。将符号序列映射为相应的信号点，信号的坐标点为$[A_{mc}, A_{ms}]$，用两个高斯噪声发生器产生噪声分量$[n_c, n_s]$。假设信道相移为 0，则接收到的信号加噪声分量为$[A_{mc}+n_c, A_{ms}+n_s]$。

判决器的距离量度由下式决定

$$D(r, s_m) = |r - s_m|^2, \quad m = 1,2,\cdots,M$$

$$r = [r_1, r_2], \quad r_1 = A_{mc} + n_c\cos\phi - n_s\sin\phi, \quad r_2 = A_{ms} + n_c\sin\phi - n_s\cos\phi$$

$$s_m = (\sqrt{Es}A_{mc}, \sqrt{Es}A_{ms}), \quad m = 1,2,\cdots,M$$

并且选择最接近接收向量 r 的信号点，计错器记录判断到的序列错误符号数。

其实现的 MATLAB 程序代码如下：

```
>> clear all;
SNRindB1 = 0:2:15;
SNRindB2 = 0:1:15;
M = 16;k = log2(M);
for i = 1:length(SNRindB1)
    s_err_prb(i) = Qmoto(SNRindB1(i));
end
for i = 1:length(SNRindB2)
    SNR = exp(SNRindB2(i) * log(10)/10);
    t_err_prb(i) = 4 * Qfun(sqrt(3 * k * SNR/(M - 1)));
end
semilogy(SNRindB1,s_err_prb,'rp');                %用对数坐标作出实际信噪比 - 误比特率的点
hold on;
semilogy(SNRindB2,t_err_prb);                     %用对数坐标作出理论信噪比 - 误比特率曲线
```

运行程序，效果如图 15-5 所示。

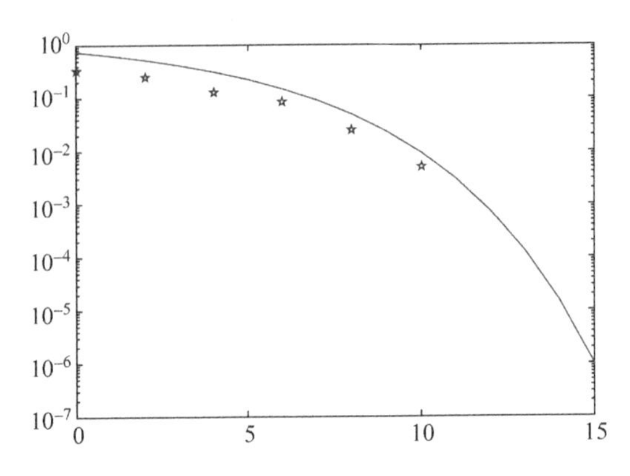

图 15-5　QAM 系统误码率仿真结果

在运行程序中调用到以下用户自定义编写的函数，其源代码如下：

```
function y = Qfun(x)
y = (1/2) * erfc(x/sqrt(2));
function p = Qmoto(s_in_dB)
N = 1000;d = 1;
Eav = 10 * d^2;
snr = 10^(s_in_dB/10);
sgma = sqrt(Eav/(8 * snr));
M = 16;
for i = 1:N
    temp = rand;
    dsource(i) = 1 + floor(M * temp);
end
mapping = [ - 3 * d 3 * d; - d 3 * d;d 3 * d;3 * d 3 * d; - 3 * d d; - d d;d d;3 * d d;...
        - 3 * d  - d; - d  - d;d  - d;3 * d  - d; - 3 * d  - 3 * d; - d  - 3 * d;d  - 3 * d;3 * d  - 3 * d];
for i = 1:N
    q_sig(i,:) = mapping(dsource(i),:);
end
for i = 1:N
    n = gngauss(sgma);                          % 产生高斯随机噪声
    r(i,:) = q_sig(i,:) + n;                    % 在信号上叠加噪声
end
numoferr = 0;
for i = 1:N
    for j = 1:M
        metrics(j) = (r(i,1) - mapping(j,1))^2 + (r(i,2) - mapping(j,2))^2;
    end
    [m_metrics decis] = min(metrics);
    if(decis ~= dsource(i))                     % 若出现错误情况,误比特数为 1
        numoferr = numoferr + 1;
    end
end
p = numoferr/(N);
function [g1,g2] = gngauss(m,sgma)
% 输入格式可以为[g1,g2] = gngauss(m,sgma)
% 或[g1,g2] = gngauss(sgma)
% 或[g1,g2] = gngauss
% 函数生成两个统计独立的高斯分布的随机数,以 m 为均值,sgma 为方差
% 默认 m = 0,sgma = 1
```

```
if (nargin == 0),
    m = 0;sgma = 1;
elseif nargin == 1
    sgma = m;m = 0;
end
u = rand;                                    % 产生一个(0,1)间均匀分布的随机数 u
z = sgma * (sqrt(2 * log(1/(1 - u))));       % 利用上面的 u 产生一个瑞利分布随机数
u = rand;                                    % 重新产生(0,1)间均匀分布的随机数 u
g1 = m + z * cos(2 * pi * u);
g2 = m + z * sin(2 * pi * u);
```

15.2　调制/解调的 Simulink 模块

MATLAB 中提供了多个模拟调制/解调的模块，下面分别进行介绍。

15.2.1　DSB-AM 调制/解调

1. DSB-AM 调制模块

DSB -AM 调制模块对输入信号进行双边带幅度调制。输出信号为通带表示的调制信号。输入和输出信号都是基于采样的实数标量信号。

模块中，如果输入一个时间函数 $u(t)$，则输出为$[u(t)+k]\cos(2\pi f_c t+\theta)$。其中，$k$ 为 Input signal offset 参数，f_c 为 Carrier frequency 参数，θ 为 Initial phase 参数。通常设定 k 为输入信号 $u(t)$负值部分最小值的绝对值。

在通常情况下，Carrier frequency 参数项要比输入信号的最高频率高很多。根据 Nyquist 采样定理，模型中采样时间的倒数必须大于 Carrier frequency 参数项的两倍。

DSB-AM 调制模块及其参数设置对话框如图 15-6 所示。

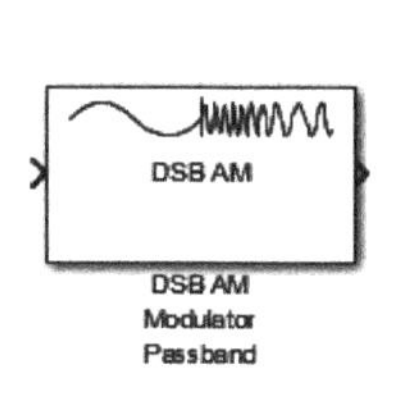

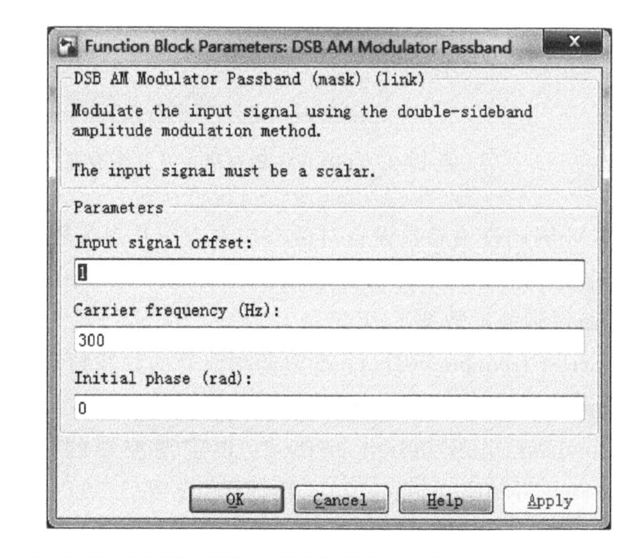

图 15-6　DSB-AM 调制模块及其参数设置对话框

DSB-AM 调制模块参数设置对话框中包含以下几个参数项。

(1) Input signal offset：设定补偿因子 k，应该大于等于输入信号最小值的绝对值。

(2) Carrier frequency(Hz)：设定载波频率。

(3) Initial phase(rad)：设定载波初始相位。

2. DSB-AM 解调模块

DSB-AM 解调模块对双边带幅度调制的信号进行解调。输入信号为通带表示的调制信号。输入和输出信号均为基于采样的实数标量信号。

在解调过程中，DSB-AM 解调模块使用了低通滤波器。在通常情况下，Carrier frequency 参数项要比输入信号的最高频率高很多。根据 Nyquist 采样定理，模型中采样时间的倒数必须大于 Carrier frequency 参数项的两倍。

DSB-AM 解调模块及其参数设置对话框如图 15-7 所示。

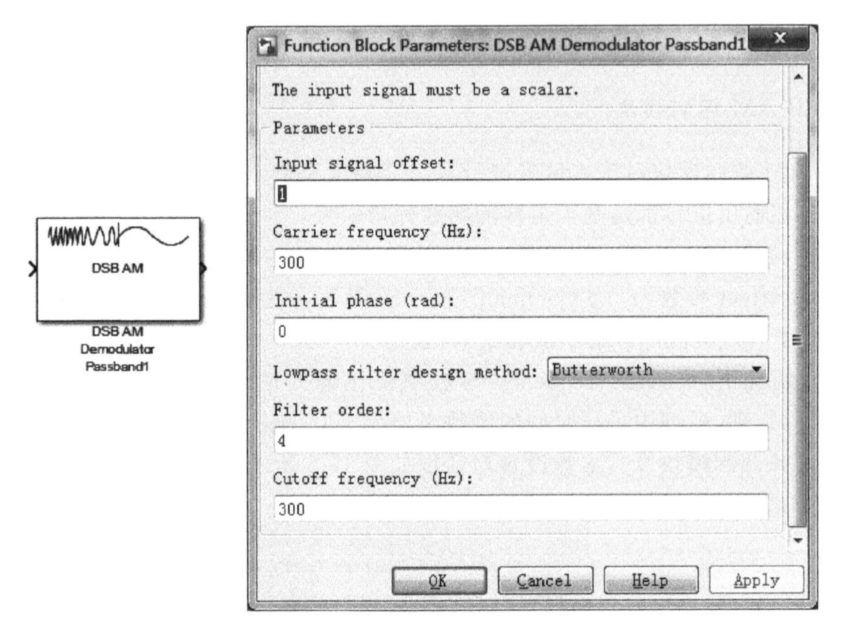

图 15-7　DSB-AM 解调模块及其参数设置对话框

DSB-AM 解调模块参数设置对话框包含以下几个参数选项。

(1) Input signal offset：设定输出信号偏移。模块中的所有解调信号都将减去这个偏移量，从而得到输出数据。

(2) Carrier frequency(Hz)：设定调制信号的载波频率。

(3) Initial phase(rad)：设定发射载波的初始相位。

(4) Lowpass filter design method：设定滤波器的产生方法，包括 Butterworth、Chebyshev type Ⅰ、Chebyshev type Ⅱ、Elliptic 等。

(5) Filter order：设定 Lowpass filter design method 项的滤波阶数。

(6) Cutoff frequency(Hz)：设定 Lowpass filter design method 项的低通滤波器的截止频率。

(7) Passband ripple(dB)：设定通带起伏，为通带中的峰-峰起伏。只有当 Lowpass filter design method 选定为 Chebyshev type Ⅰ和 Elliptic 滤波器时，该项有效。

(8) Stopband ripple(dB)：设定阻带起伏，为阻带中的峰-峰起伏。只有当 Lowpass filter design method 选定为 Chebyshev type Ⅱ和 Elliptic 滤波器时，该项有效。

15.2.2 SSB-AM 调制/解调

1. SSB-AM 调制模块

SSB-AM 调制模块使用希尔伯特滤波器进行单边带幅度调制。输出信号为通带形式的调制信号。输入和输出均为基于采样的实数标量信号。

模块中，如果输入一个时间函数 $u(t)$，则输出为 $u(t)\cos(f_c t+\theta)\mp\hat{u}(t)\sin(f_c t+\theta)$。其中，$f_c$ 为 Carrier frequency 参数，θ 为 Initial phase 参数。$\hat{u}(t)$表示输入信号的 $u(t)$的希尔伯特转换。式中减号代表上边带，加号代表下边带。

在通常情况下，Carrier frequency 参数项要比输入信号的最高频率高很多。根据 Nyquist 采样定理，模型中采样时间的倒数必须大于 Carrier frequency 参数项的两倍。SSB-AM 调制模块及其参数设置对话框如图 15-8 所示。

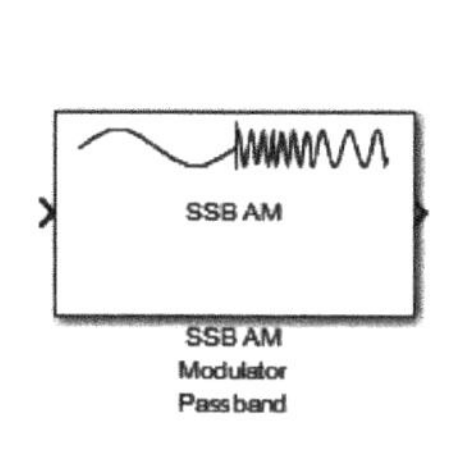

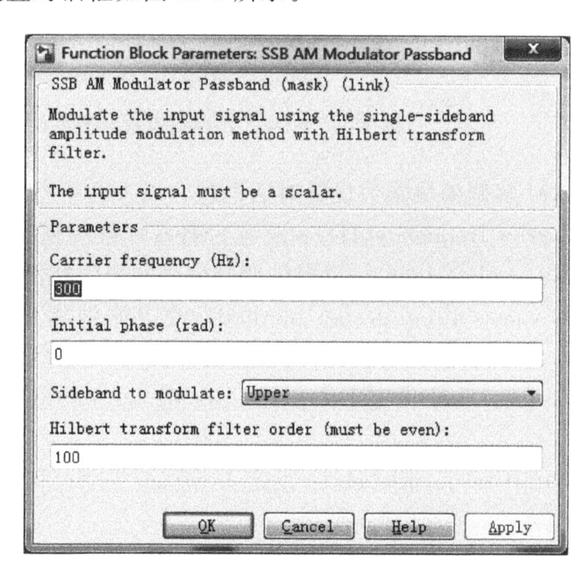

图 15-8 SSB-AM 调制模块及其参数设置对话框

SSB-AM 调制模块参数设置对话框包含以下几个参数项。

(1) Carrier frequency(Hz)：设定载波频率。

(2) Initial phase(rad)：设定已调制信号的相位补偿 θ。

(3) Sideband to modulate：传输方式设定项。有 Upper 和 Lower 两种，分别为上边带传输和下边带传输。

(4) Hilbert transform filter order：设定用于希尔伯特转换的 FIR 滤波器的长度。

2. SSB-AM 解调模块

SSB-AM 解调模块对单边带幅度调制信号进行解调。输入信号为通带形式的调制信号。输入和输出均为基于采样的实数标量信号。

SSB-AM 解调模块及其参数设置对话框如图 15-9 所示。

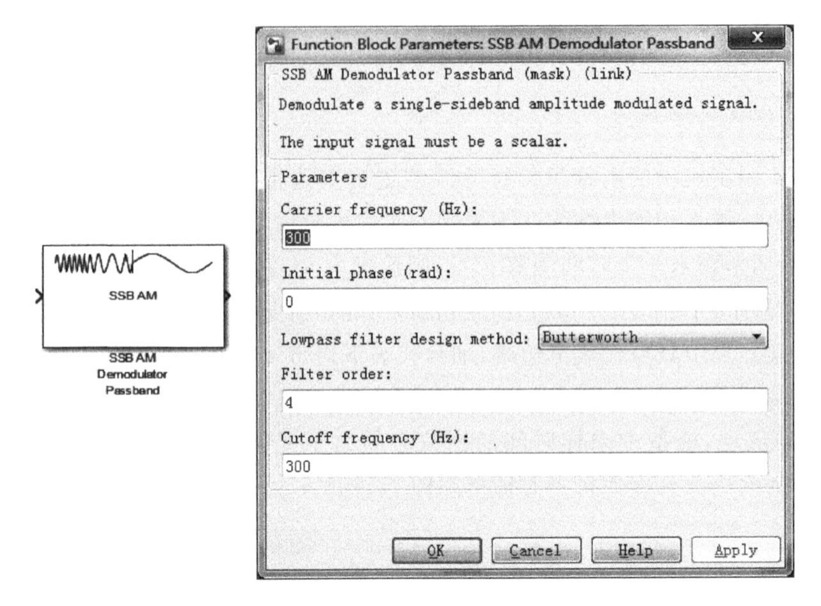

图 15-9　SSB-AM 解调模块及参数设置对话框

SSB-AM 解调模块参数设置对话框包含以下几个参数项。

(1) Carrier frequency(Hz)：设定 SSB-AM 解调模块中调制信号的载波频率。

(2) Initial phase(rad)：设定已调制信号的相位补偿 θ。

(3) Lowpass filter design method：设定滤波器的产生方法，包括 Butterworth、Chebyshev type Ⅰ、Chebyshev type Ⅱ及 Elliptic 等。

(4) Filter order：设定 Lowpass filter design method 项中选定的数字低通滤波器的滤波阶数。

(5) Cutoff frequency(Hz)：设定 Lowpass filter design method 项的数字低通滤波器的截止频率。

(6) Passband ripper(dB)：设定通带起伏，为通带中的峰-峰起伏。只有当 Lowpass filter design method 选定为 Chebyshev type Ⅰ和 Elliptic 滤波器时，该项有效。

(7) Stopband ripple(dB)：设定阻带起伏，为阻带中的峰-峰起伏。只有当 Lowpass filter design method 选定为 Chebyshev type Ⅱ和 Elliptic 滤波器时，该项有效。

15.2.3　DSBSC-AM 调制/解调

1. DSBSC-AM 调制模块

DSBSC-AM 调制模块进行双边带一致载波幅度调制。输出信号为通带形式的调制信号。输入和输出均为基于采样的实数标量信号。

模块中,如果输入一个时间函数 $u(t)$,则输出为 $u(t)\cos(f_c t+\theta)$。其中 f_c 为 Carrier frequency 参数,θ 为 Initial phase 参数。

在通常情况下,Carrier frequency 参数项要比输入信号的最高频率高得多。根据 Nyquist 采样定理,模型中采样时间的倒数必须大于 Carrier frequency 参数项的两倍。

DSBSC-AM 调制模块及其参数设置对话框如图 15-10 所示。

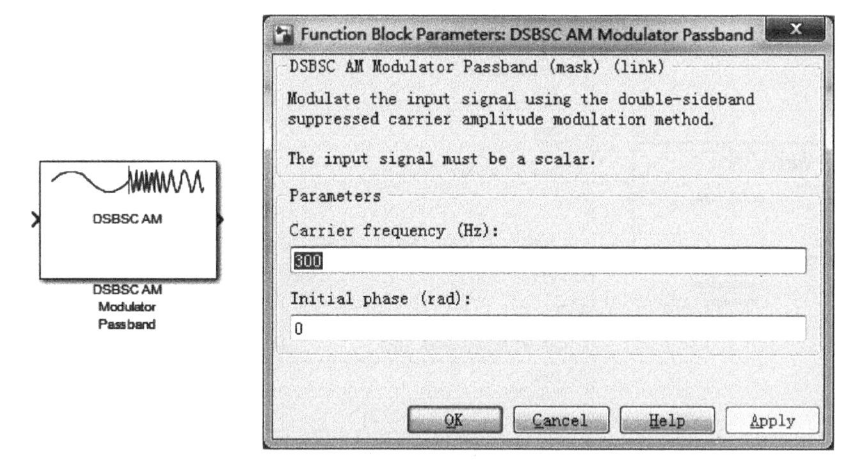

图 15-10 DSBSC-AM 调制模块及其参数设置对话框

DSBSC-AM 调制模块参数设置对话框包含以下两个参数项。

(1) Carrier frequency(Hz):设定载波频率。

(2) Initial phase(rad):设定初始相位。

2. DSBSC-AM 解调模块

DSBSC-AM 解调模块对双边带抑制载波幅度调制信号进行解调。输入信号为通带形式的调制信号。输入和输出均为基于采样的实数标量信号。

在通常情况下,Carrier frequency 参数项要比输入信号的最高频率高得多。根据 Nyquist 采样定理,模型中采样时间的倒数必须大于 Carrier frequency 参数项的两倍。

DSBSC-AM 解调模块及其参数设置对话框如图 15-11 所示。

DSBSC-AM 解调模块参数设置对话框包含几个参数项。

(1) Carrier frequency(Hz):设定 DSBSC-AM 解调模块中调制信号的载波频率。

(2) Initial phase(rad):设定载波初始相位。

(3) Lowpass filter design method:设定滤波器的产生方法,包括 Butterworth、Chebyshev type Ⅰ、Chebyshev type Ⅱ及 Elliptic 等。

(4) Filter order:设定 Lowpass filter design method 项中选定的数字低通滤波器的滤波阶数。

(5) Cutoff frequency(Hz):设定 Lowpass filter design method 项的数字低通滤波器的截止频率。

(6) Passband ripper(dB):设定通带起伏,为通带中的峰-峰起伏。只有当 Lowpass

filter design method 选定为 Chebyshev type Ⅰ和 Elliptic 滤波器时，该项有效。

(7) Stopband ripple(dB)：设定阻带起伏，为阻带中的峰-峰起伏。只有当 Lowpass filter design method 选定为 Chebyshev type Ⅱ和 Elliptic 滤波器时，该项有效。

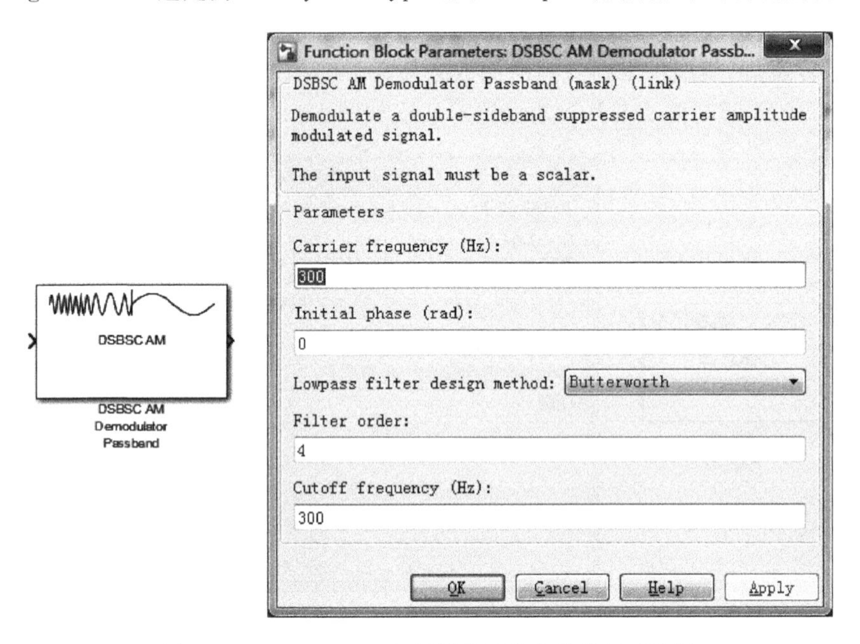

图 15-11　DSBSC-AM 解调模块及其参数设置对话框

15.2.4　FM 调制/解调

1. FM 调制模块

FM 调制模块用于频率调制。输出为通带形式的调制信号。输出信号的频率随着输入信号的幅度而变化。输入和输出信号均采用基于采样的实数标量信号。

模块中，如果输入一个时间函数 $u(t)$，则输出为 $\cos\left[2\pi f_c t + 2\pi K_c \int_0^t u(\tau)\mathrm{d}\tau + \theta\right]$。其中 f_c 为 Carrier frequency 参数，θ 为 Initial phase 参数，K_c 为 Modulation constant 参数。

在通常情况下，Carrier frequency 参数项要比输入信号的最高频率高得多。根据 Nyquist 采样定理，模型中采样时间的倒数必须大于 Carrier frequency 参数项的两倍。

FM 调制模块及其参数设置对话框如图 15-12 所示。

FM 调制模块的参数设置对话框包含以下几个参数项。

(1) Carrier frequency(Hz)：表示调制信号的载波频率。

(2) Initial phase(rad)：表示发射载波的初始相位。

(3) Frequency deviation(Hz)：表示载波频率的频率偏移。

2. FM 解调模块

FM 解调模块对频率调制信号进行解调。输入信号为通带形式的信号。输入和输出

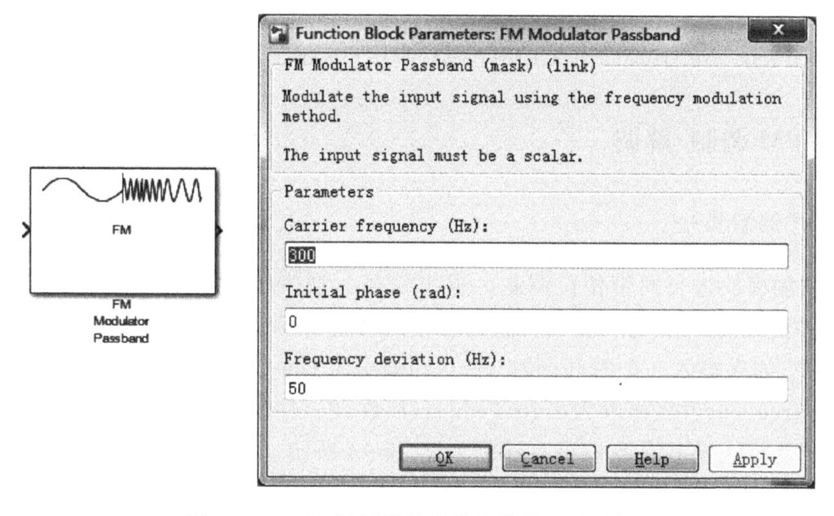

图 15-12 FM 调制模块及其参数设置对话框

信号均采用基于采样的实数标量信号。

在解调过程中，模块要使用一个滤波器。为了执行滤波器的希尔伯特转换，载波频率最好大于输入信号采样时间的 10%。

在通常情况下，Carrier frequency 参数项要比输入信号的最高频率高得多。根据 Nyquist 采样定理，模型中采样时间的倒数必须大于 Carrier frequency 参数项的两倍。

FM 解调模块及其参数设置对话框如图 15-13 所示。

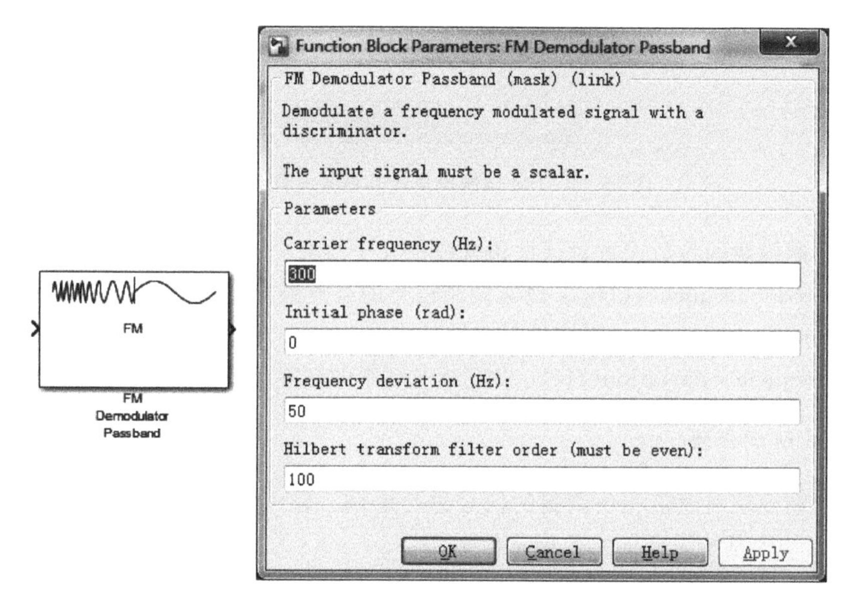

图 15-13 FM 解调模块及其参数设置对话框

FM 解调模块的参数设置对话框包含以下几个参数项。

(1) Carrier frequency(Hz)：设定调制信号的载波频率。

(2) Initial phase(rad)：设定发射载波的初始相位。

(3) Frequency deviation(Hz):设定载波频率的频率偏移。

(4) Hilbert transform filter order:设定用于希尔伯特转换的 FIR 滤波器的长度。

15.2.5 PM 调制/解调

1. PM 调制模块

PM 调制模块进行通带相位调制。输出信号为通带表示的调制信号,输出信号的频率随输入幅度变化而变化。输入和输出信号均采用基于采样的实数标量信号。

模块中,如果输入一个时间函数 $u(t)$,则输出为 $\cos[2\pi f_c t+2\pi K_c u(t)+\theta]$。其中 f_c 为 Carrier frequency 参数,θ 为 Initial phase 参数,K_c 为 Modulation constant 参数。

PM 调制模块及其参数设置对话框如图 15-14 所示。

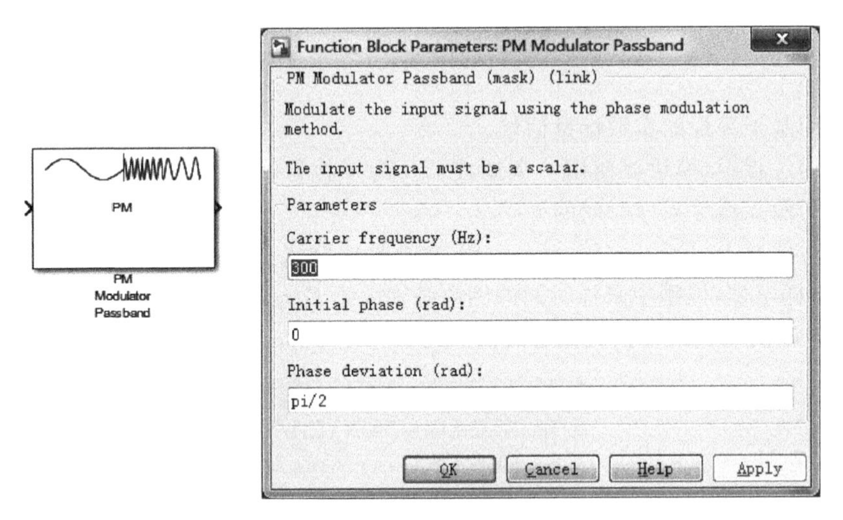

图 15-14 PM 调制模块及其参数设置对话框

PM 调制模块的参数设置对话框包含以下几个参数项。

(1) Carrier frequency(Hz):设定调制信号的载波频率。

(2) Initial phase(rad):设定发射载波的初始相位。

(3) Frequency deviation(Hz):设定载波频率的频率偏移。

2. PM 解调模块

PM 解调模块对通带相位调制的信号进行解调。输入信号为通带形式的已调信号,输入和输出均为基于采样的实数标量信号。

在解调过程中,模块要使用一个滤波器。为了执行滤波器的希尔伯特转换,载波频率最好大于输入信号采样时间的 10%。

在通常情况下,Carrier frequency 参数项要比输入信号的最高频率高得多。根据 Nyquist 采样定理,模型中采样时间的倒数必须大于 Carrier frequency 参数项的两倍。

PM 解调模块及其参数设置对话框如图 15-15 所示。

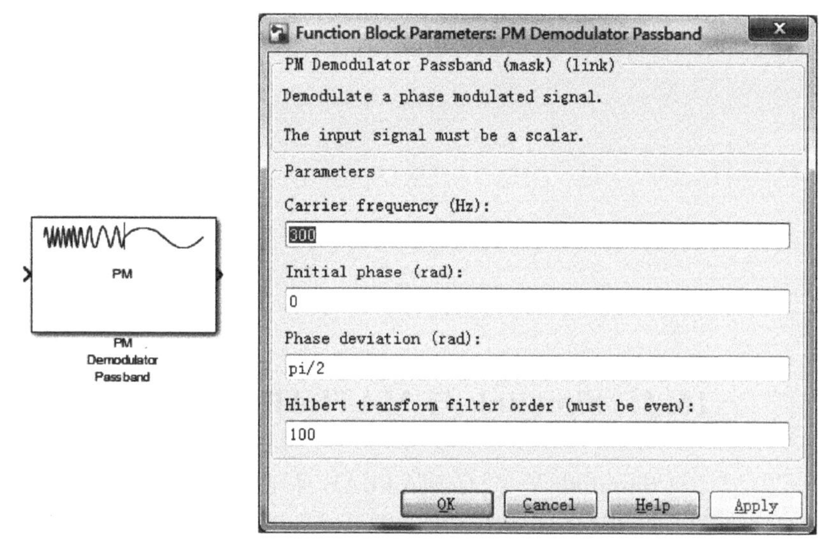

图 15-15　PM 解调模块及其参数设置对话框

PM 解调模块参数设置对话框中包含以下几个参数项。

(1) Carrier frequency(Hz)：设定调制信号的载波频率。

(2) Initial phase(rad)：设定发射载波的初始相位。

(3) Frequency deviation(Hz)：设定载波频率的相位偏移。

(4) Hilbert transform filter order：设定用于希尔伯特转换的 FIR 滤波器的长度。

第16章 Simulink与MATLAB的接口

16.1 Simulink 与 MATLAB 的数据交互

Simulink 是基于 MATLAB 平台之上的系统仿真平台，它与 MATLAB 紧密地集成在一起。Simulink 不仅能够采用 MATLAB 的求解器对动态系统进行求解，而且还可以和 MATLAB 进行数据交互。

1. MATLAB 设置系统模块参数

在系统模型中，双击一个模块可以打开模块参数设置对话框，然后直接输入数据以设置模块参数。实际上，也可使用 MATLAB 工作空间中的变量设置系统模块参数，这对于多个模块的参数均依赖于同一个变量时非常有用。

MATLAB 中模块参数的设置形式有以下两种。

(1) 直接使用 MATLAB 工作空间中的变量设置模块参数。

(2) 使用变量的表达式设置模块参数。

如果 a 为定义在 MATLAB 中的变量，则关于 a 的表达式均可作为系统模块的参数，如图 16-1 所示。

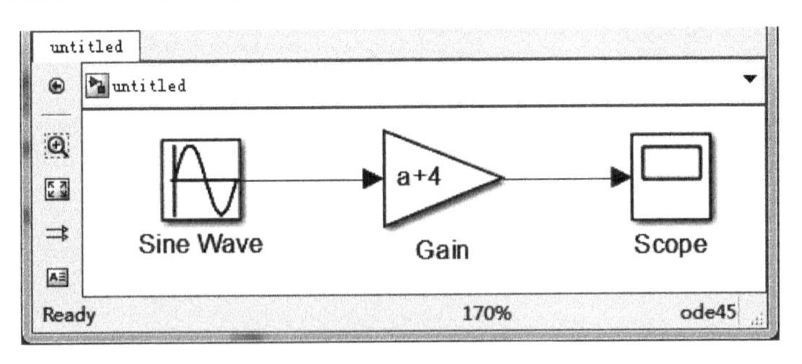

图 16-1 变量定义在 MATLAB 中

注意：如果系统模块参数设置中使用的变量在 MATLAB 工作空间中没有定义，仿真开始的时候会提示出错。

2. 信号输出到 MATLAB

在 MATLAB 中,用以下两种方式可将信号输出到工作空间中。

(1) 利用 Scope 示波器模块。设置示波器参数对话框中 History 选项卡中的参数,选中 Save data to workspace 选项,并设置需要输出到 MATLAB 工作区间的数据的名称和类型,如图 16-2 所示。

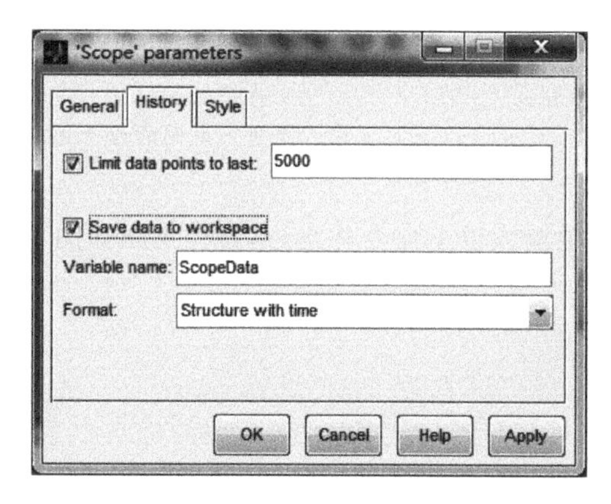

图 16-2 利用示波器将信号输出到 MATLAB 工作空间

(2) 利用 Sink 模块库中的 To Workspace 模块,模型如图 16-3 所示。双击 To Workspace 模块,可在弹出的对话框中设置信号输出的名称、数据个数、输出间隔以及输出数据类型等。仿真结束或暂停时信号输出到工作空间中,如图 16-4 所示,simout 和 tout 为输出信号。

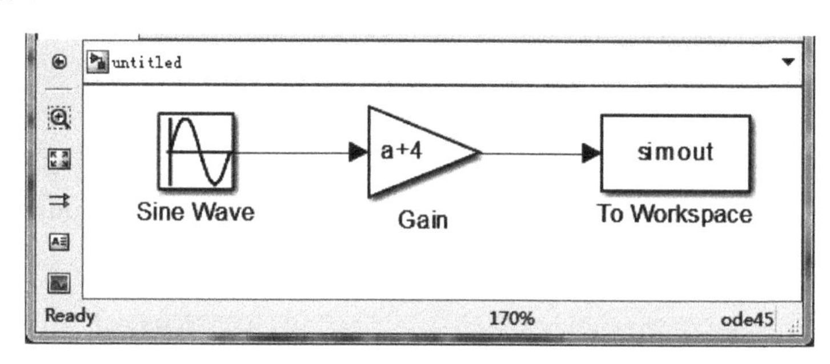

图 16-3 使用 To Workspace 模块

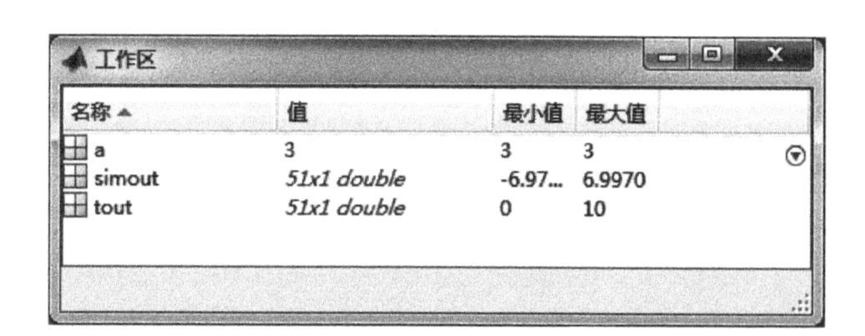

工作区

名称 ▲	值	最小值	最大值
a	3	3	3
simout	51x1 double	-6.97...	6.9970
tout	51x1 double	0	10

图 16-4 信号输出到 MATLAB 工作空间

3. 工作空间变量作为输入信号

Simulink 与 MATLAB 的数据交互是相互的，除了可将信号输出到 MATLAB 工作空间中外，还可以使用 MATLAB 工作空间中的变量作为系统模型的输入信号。使用 Sources 模块库中的 From Workspace 模块可以将 MATLAB 工作空间中的变量作为系统模型的输入信号。

作为输入信号的变量格式为

```
t = 0:time_step:final_time;                    % 信号输入时间范围与时间步长
x = f(t)                                       % 每一时刻的信号值
input = [t',x']
```

例如，在 MATLAB 中输入以下命令并运行，其模型图如图 16-5 所示。

```
>> a = 3;
>> t = 0:0.1:10;
>> x = sin(t);
>> simin = [t',x'];
```

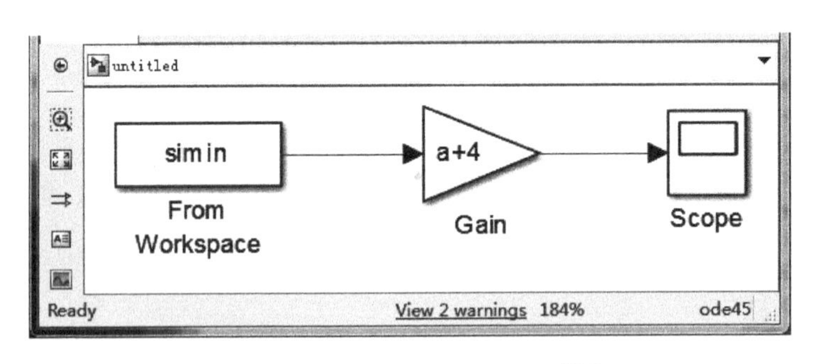

图 16-5　使用 From Workspace 模块

在系统模型的 From Workspace 模块中使用 simin 变量作为信号输入，仿真结果如图 16-6 所示。从运行结果可看出，输入信号 simin 的作用相当于 Source 模块库中的 Sine Wave 模块。

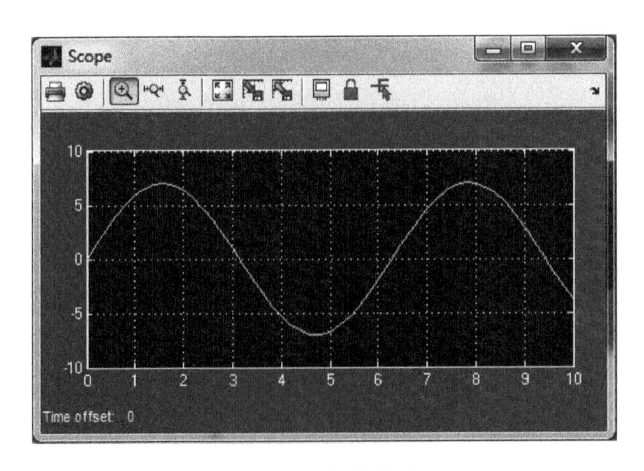

图 16-6　仿真结果

注意：在必要的情况下，Simulink 会对没有定义的时间点进行线性差值。

4. MATLAB 函数与 Function 模块

除了使用上述方式进行 Simulink 与 MATLAB 间的数据交互外，还可以使用 User-Defined Function 模块库中的 Fcn 模块或 MATLAB Fcn 模块进行彼此间的数据交互。

Fcn 模块一般用来实现简单的函数关系，如图 16-7 所示，在 Fcn 模块中：

(1) 输入总是表示成 u，u 可以是一个向量。

(2) 输出永远为一个标量。

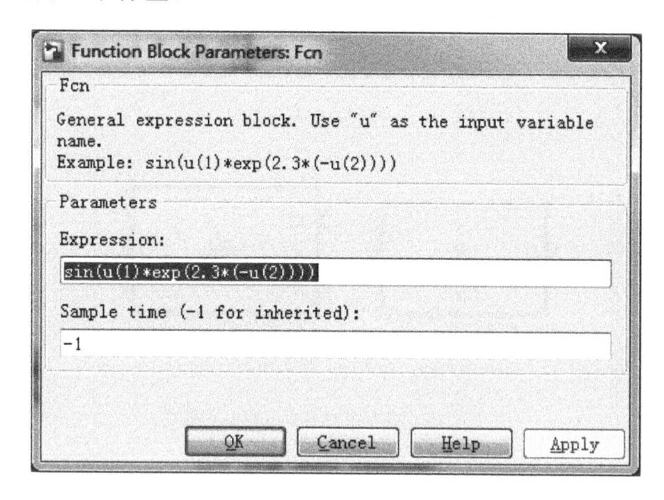

图 16-7 Fcn 模块参数设置

MATLAB Fcn 模块比 Fcn 模块的自由度要大得多。双击 MATLAB Fcn 模块，将弹出一个函数文件编辑窗口，如图 16-8 所示。

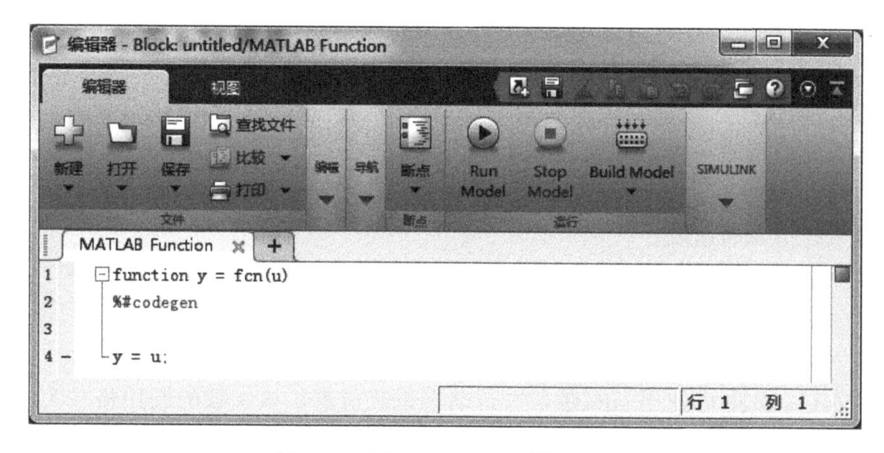

图 16-8 MATLAB Fcn 编辑窗口

MATLAB Fcn 模块可以随时改变函数名称、输入和输出个数，相应地，模块图标也会发生改变。函数编写如同编写一般的 M 文件一样，效果如图 16-9 所示。图 16-10 为 MATLAB Fcn 模块修改输入个数前后的对比。

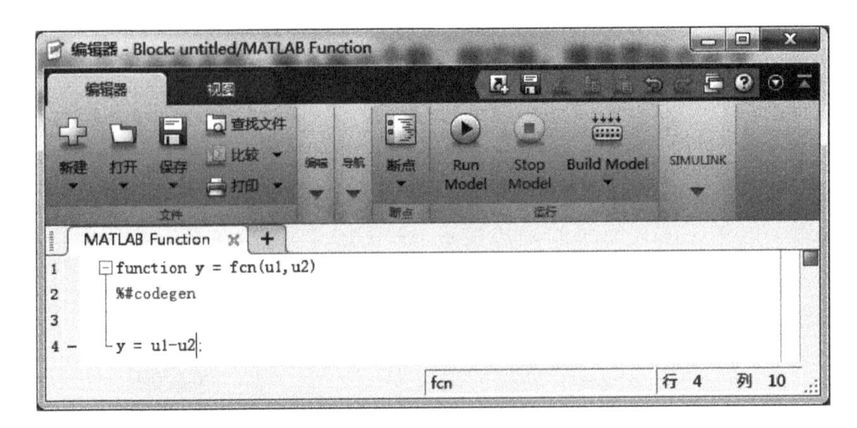

图 16-9　函数输入个数为 2

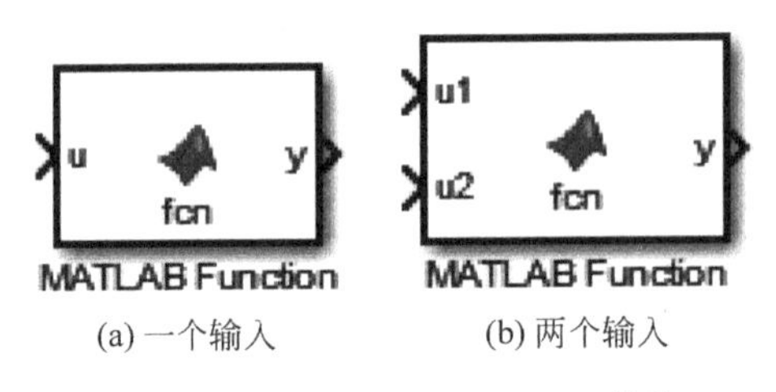

(a) 一个输入　　(b) 两个输入

图 16-10　MATLAB Function 模块

16.2　命令行方式进行动态仿真

有些人可能会有这样的疑问：既然采用 Simulink 的图形建模方式已经能够进行动态系统仿真了，为什么还需要使用命令行方式对动态系统进行仿真呢？

这是因为，使用命令行方式，可以编写并运行系统仿真的脚本文件来完成动态系统的仿真，可以在脚本文件中重复地对同一系统在不同的仿真参数或不同的系统模块参数下进行仿真，而无须一次又一次地启动 Simulink 仿真平台中的 Run 进行仿真。

如果需要分析某一参数对系统仿真结果的影响，读者可以通过 for 循环自动修改任意指定的参数，这样可以非常容易地分析不同参数对系统性能的影响，并且也可以从整体上加快系统仿真的速度。

16.2.1　命令行动态系统仿真

在 MATLAB 中可使用 sim 命令进行动态系统仿真。该函数的调用格式为

simOut = sim('model','ParameterName1',Value1,'ParameterName2', Value2,…)：对系统模型 model 进行系统仿真，其仿真参数 ParameterName1、ParameterName2 等的取值分别为 Value1、Value2 等。

simOut = sim('model', ParameterStruct)：功能同上，只不过所有仿真参数被包含于一个结构体 ParameterStruct 上。

simOut = sim('model', ConfigSet)：ConfigSet 为指定的模型配置。

注意：如果仿真参数设置为空，则相当于所有仿真参数使用默认的参数值。

simOut 为系统仿真输出结果，它是一个类，可以使用以下三种方法获得进一步的结果。

- simOut. find('VarName')：找出仿真结果中 VarName 这一项。
- simOut. get('VarName')：获得仿真结果中 VarName 这一项。
- simOut. who：返回所有仿真变量，包括工作空间中的变量。

【例 16-1】 对如图 16-11 所示的系统模型进行系统仿真。

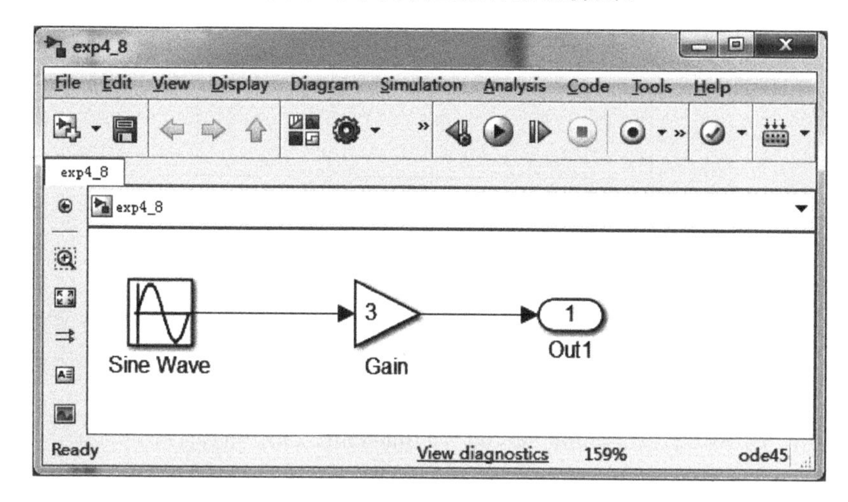

图 16-11 系统模型

其实现的 MATLAB 代码为：

```
>> clear all;
simOut = sim('exp4_8','StopTime','16','MaxStep','0.1',...
    'SaveState','on','StateSaveName','xout',...
    'SaveOutput','on','OutputSaveName','yout');
```

以上代码表示对系统模型 exp4_8 进行系统仿真，仿真参数为：

- 仿真结束时间：16；
- 最大步长：0.1；
- 是否保存状态变量：是；
- 是否保存输出变量：是；
- 保存状态变量的名称：xout；
- 保存输出变量的名称：yout。

查询所创建的变量，实现代码为：

```
>> simOut.who
Contents of the Simulink.SimulationOutput object are:
    tout      xout      yout
```

显示出 simOut 的内容包括三项，分别为 tout 仿真时间、xout 系统状态及 yout 系统输出。

注意：如果没有输出模块 Out，则输出 yout 为空。

接着，绘制仿真效果图，如图 16-12 所示。实现代码为：

```
>> tout = simOut.get('tout');
yout = simOut.get('yout');
plot(tout,yout);
```

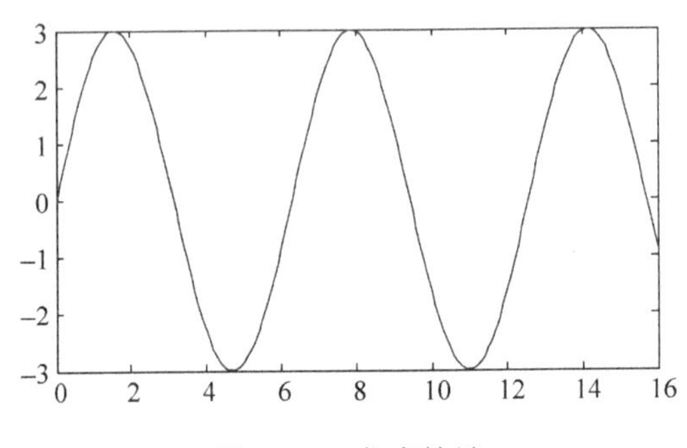

图 16-12 仿真结果

前面已介绍了 sim 命令中对仿真时间的简单设置，即设置仿真参数 StartTime 和 StopTime。下面再介绍两种不同的设置仿真时间的方法。

- [T,X,Y] =sim('model',Timespan, Options, UT)；
- [T,X,Y1,…,Yn] =sim('model',Timespan, Options, UT)。

其中，model 为需要进行仿真的系统模型框图名称；timespan 为系统仿真时间范围(起始时间到终止时间)，可以为如下的形式：

- tFinal：设置仿真起始时间(tStart)与终止时间(tFinal)。
- [tStart tFinal]：设置仿真起始时间(tStart)与终止时间(tFinal)。
- [tStart OutputTimes tFinal]：设置仿真起始时间(tStart)与终止时间(tFinal)，并且设置仿真返回的时间向量[tStart OutputTimes tFinal]，其中 tStart、OutputTimes、tFinal 必须按照升序排列。

options 为由 simset 命令所设置的除仿真时间外的仿真参数(为结构体变量)；UT 表示系统模型顶层的外部可选输入，UT 可以为 MATLAB 函数，可以使用多个外部输入 UT1,UT2,…；T 返回系统仿真时间向量；X 返回系统仿真状态变量矩阵，首先为连续状态，然后为离散状态；Y 返回系统仿真的输出矩阵，按照顶层输出 Outport 模块的顺序输出，如果输出信号为向量输出，则输出信号具有与此向量相同的维数。

【例 16-2】 对系统模型(图 16-11)进行系统仿真，设置仿真时间。

```
>> clear all;
[t1,x1,y1] = sim('exp4_8',12);
[t2,x2,y2] = sim('exp4_8',[0,12]);
[t3,x3,y3] = sim('exp4_8',0:12);
[t4,x4,y4] = sim('exp4_8',0:0.12:12);
subplot(2,2,1);plot(t1,y1);
xlabel('(a)仿真时间为 12');
subplot(2,2,2);plot(t2,y2);
xlabel('(b)仿真时间为[0,12]');
```

```
subplot(2,2,3);plot(t3,y3);
xlabel('(c)仿真时间为 0:12');
subplot(2,2,4);plot(t4,y4);
xlabel('(d)仿真时间为 0:0.12:12');
```

运行程序，效果如图 16-13 所示，可以看出，图 16-13(a)与图 16-13(b)两个运行结果是一致的，说明系统仿真开始时间默认为 0s，同时也可看到这两个曲线是不光滑的，这与其求解器步长有关。0:12 表示间隔时间为 1s，所以图 16-13(c)的结果很明显是离散的。图 16-13(d)是时间间隔为 0.12s 的运行结果，曲线光滑得多。

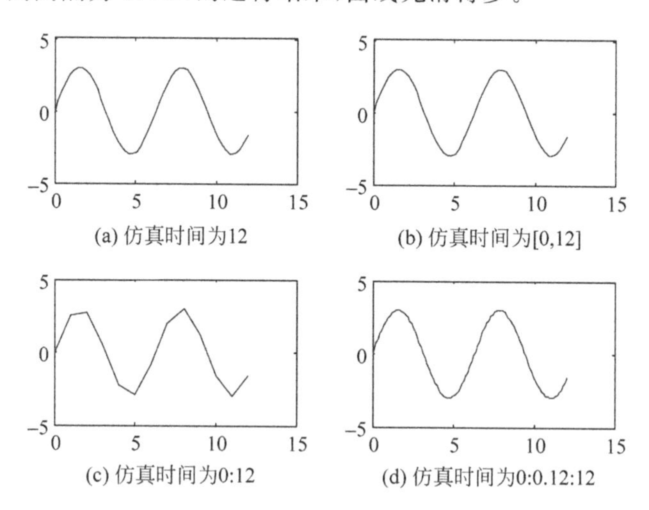

图 16-13　不同形式的仿真时间设置

从图 16-14 所示的工作空间可看出，4 次运行系统仿真，输出结果得到的都是离散点，其间隔均由求解器步长控制。

工作区

名称 ▲	值	最小值	最大值
t1	51x1 double	0	12
t2	51x1 double	0	12
t3	13x1 double	0	12
t4	101x1 double	0	12
x1	[]		
x2	[]		
x3	[]		
x4	[]		
y1	51x1 double	-2.99...	2.9935
y2	51x1 double	-2.99...	2.9935
y3	13x1 double	-3.00...	2.9681
y4	101x1 double	-2.99...	2.9998

图 16-14　工作空间的仿真输出结果

注意：

(1) plot 绘图命令会自动将离散的点进行连线。

(2) 由于系统 exp4_8 没有连续状态，所以状态变量 x 为空。

系统模型 exp4_8 使用的是正弦输入信号，读者也可以尝试从 MATLAB 工作空间中获取输入信号。

【例 16-3】 从 MATLAB 工作空间中获取输入信号。

```
>> open_system('exp4_8')
replace_block('exp4_8','Sine Wave','simulink/Sources/In1');
save_system('exp4_8','exp4_10.mdl');
```

系统模型 exp4_8 修改后，正弦信号发生器 Sine Wave 换成一个输入端口 In1 系统模型，如图 16-15 所示。

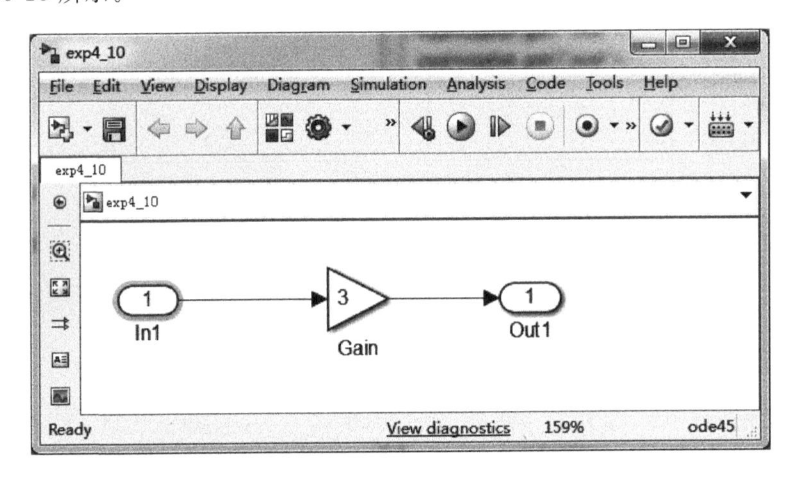

图 16-15　系统模型

注意：使用命令 save_system('exp4_8','exp4_10.mdl')后，MATLAB 自动关闭了系统模型 exp4_8，当前系统转换到 exp4_10。

接着，使用[T,X,Y] =sim('model',Timespan, Options, UT)对系统进行仿真。其中 UT 为一个具有两列的矩阵，第一列表示外部输入信号的时刻，第二列表示与给定时刻相对应的信号取值。

注意：当输入信号中存在陡沿边缘时，必须在同一时刻处定义不同的信号取值。例如，以下语句产生一个方波信号：

```
UT = [0 1:1 1:1 -1;2 -1;2 1;3 1]
```

在 MATLAB 输入以下程序，运行程序，效果如图 16-16 所示。

```
>> UT1 = [0 1;1 1;1 -1;2 -1;2 1;3 1;3 -1;4 -1;4 1;5 1;5 -1;6 -1;6 1;7 1];
t = 0:0.1:7;
UT2 = [t',sin(0:0.1:7)'];
UT3 = [t',cos(0:0.1:7)'];
[t1,x1,y1] = sim('exp4_10',7,[],UT1);
[t2,x2,y2] = sim('exp4_10',7,[],UT2);
[t3,x3,y3] = sim('exp4_10',7,[],UT3);
subplot(3,1,1);plot(t1,y1);
subplot(3,1,2);plot(t2,y2);
subplot(3,1,3);plot(t3,y3);
```

从图 16-16 可看到，外部输入信号 UT1、UT2 和 UT3 分别模拟了方波信号、正弦信号和余弦信号。

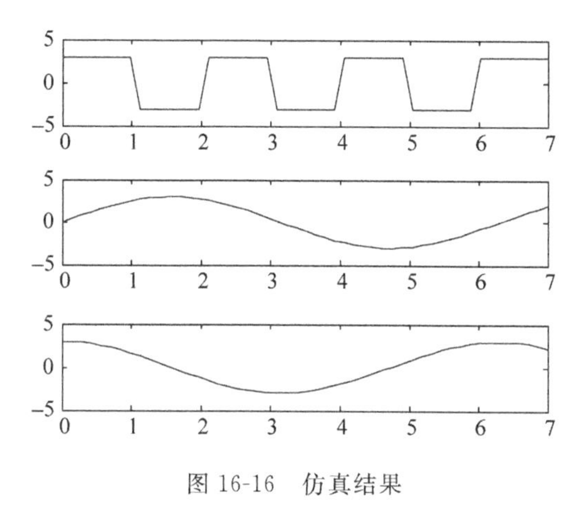

图 16-16 仿真结果

注意：[T,X,Y] =sim('model',Timespan, Options, UT)中 Options 项可以取空[]，但不能省略。

对于命令[T,X,Y] =sim('model',Timespan, Options, UT)，此处的 Options 为系统仿真参数的总体，如果为空，则设置为默认。在用命令行方式进行系统仿真时，常常会不了解系统仿真参数具体有哪些，这就需要使用 simset 和 simget 命令了。

在 MATLAB 命令窗口输入：

```
>> Options = simget('exp4_10')
Options =
                         AbsTol: 'auto'
                          Debug: 'off'
                     Decimation: 1
                   DstWorkspace: 'current'
                 FinalStateName: ''
                      FixedStep: 'auto'
                   InitialState: []
                    InitialStep: 'auto'
                       MaxOrder: 5
     ConsecutiveZCsStepRelTol: 2.8422e-13
            MaxConsecutiveZCs: 1000
                     SaveFormat: 'Array'
                  MaxDataPoints: 1000
                        MaxStep: 'auto'
                        MinStep: 'auto'
        MaxConsecutiveMinStep: 1
                   OutputPoints: 'all'
                OutputVariables: 'ty'
                         Refine: 1
                         RelTol: 1.0000e-03
                         Solver: 'ode45'
                   SrcWorkspace: 'base'
```

```
                        Trace: ''
                    ZeroCross: 'on'
                SignalLogging: 'on'
            SignalLoggingName: 'logsout'
           ExtrapolationOrder: 4
       NumberNewtonIterations: 1
                      TimeOut: []
ConcurrencyResolvingToFileSuffix: []
       ReturnWorkspaceOutputs: []
 RapidAcceleratorUpToDateCheck: []
 RapidAcceleratorParameterSets: []
```

这样即可获得系统模型 exp4_10 表示的系统仿真参数的结果体变量，也可以使用 simset 命令获得所有的仿真参数选项及其可能的取值，如：

```
>> simset
              Solver: [ 'VariableStepDiscrete' |
                   'ode113' | 'ode15s' | 'ode23' | 'ode23s' | 'ode23t' | 'ode23tb' | 'ode45' |
                   'FixedStepDiscrete' |
                   'ode1' | 'ode14x' | 'ode2' | 'ode3' | 'ode4' | 'ode5' | 'ode8' ]
              RelTol: [ positive scalar {1e-3} ]
              AbsTol: [ positive scalar {1e-6} ]
              Refine: [ positive integer {1} ]
             MaxStep: [ positive scalar {auto} ]
             MinStep: [ [positive scalar, nonnegative integer] {auto} ]
 MaxConsecutiveMinStep: [ positive integer >= 1]
         InitialStep: [ positive scalar {auto} ]
            MaxOrder: [ 1 | 2 | 3 | 4 | {5} ]
ConsecutiveZCsStepRelTol: [ positive scalar {10 * 128 * eps}]
   MaxConsecutiveZCs: [ positive integer >= 1]
           FixedStep: [ positive scalar {auto} ]
  ExtrapolationOrder: [ 1 | 2 | 3 | {4} ]
NumberNewtonIterations: [ positive integer {1} ]
        OutputPoints: [ {'specified'} | 'all' ]
     OutputVariables: [ {'txy'} | 'tx' | 'ty' | 'xy' | 't' | 'x' | 'y' ]
          SaveFormat: [ {'Array'} | 'Structure' | 'StructureWithTime']
       MaxDataPoints: [ non-negative integer {0} ]
          Decimation: [ positive integer {1} ]
        InitialState: [ vector {[]} ]
      FinalStateName: [ string {''} ]
   Trace: [ comma separated list of 'minstep', 'siminfo', 'compile', 'compilestats' {''}]
        SrcWorkspace: [ {'base'} | 'current' | 'parent' ]
        DstWorkspace: [ 'base' | {'current'} | 'parent' ]
           ZeroCross: [ {'on'} | 'off' ]
       SignalLogging: [ {'on'} | 'off' ]
   SignalLoggingName: [ string {''} ]
               Debug: [ 'on' | {'off'} ]
             TimeOut: [ positive scalar {Inf} ]
ConcurrencyResolvingToFileSuffix : [ string {''} ]
       ReturnWorkspaceOutputs: [ 'on' | {'off'} ]
 RapidAcceleratorUpToDateCheck: [ 'on' | {'off'} ]
```

```
RapidAcceleratorParameterSets: [ 'Structure' ]
```

这些仿真参数选项均可使用 simset 命令进行设置。

16.2.2 模型线性化

至今为止，线性系统的设计与分析技术已经非常完善了。但在实际的系统中，很少有真正的线性系统，大部分的系统都是非线性系统，而 MATLAB 提供了特别的函数命令专门解决模型的线性化问题。

线性化模型包括连续系统和离散系统两类线性化模型。

1. 连续系统线性化模型

对于非线性系统有以下状态方程，即

$$\begin{cases}\dot{x} = f[x(t), u, t] \\ y = h[x(t), u, t]\end{cases}$$

如果系统在某平衡工作点 x、输入 u 与时间 t 指定的条件下，将该系统表示成状态空间模型为

$$\begin{cases}\dot{\boldsymbol{x}} = \boldsymbol{A}\boldsymbol{x} + \boldsymbol{B}\boldsymbol{u} \\ \boldsymbol{y} = \boldsymbol{C}\boldsymbol{x} + \boldsymbol{D}\boldsymbol{u}\end{cases}$$

式中，$\boldsymbol{x}$、$\boldsymbol{u}$、$\boldsymbol{y}$ 分别代表状态向量、输入向量和输出向量；$\boldsymbol{A}$、$\boldsymbol{B}$、$\boldsymbol{C}$、$\boldsymbol{D}$ 为状态空间矩阵。可以用 Simulink 提供的 linmod 或 linmod2 函数命令将非线性系统在某平衡点表示为近似的线性模型。

linmod 函数的调用格式为：

[A,B,C,D] = linmod('sys', x, u)：在指定的系统状态 x 与系统输入 u 下对系统 sys 进行线性化处理，x 与 u 的默认值为 0。A、B、C 与 D 为线性化后的系统状态空间描述矩阵。

[num, den] = linmod('sys', x, u)：num 与 den 为线性化后的系统传递函数描述。

sys_struc = linmod('sys', x, u)：返回线性化后的系统结构体描述，其中包括系统状态名称、输入与输出名称以及操作点的信息。

【例 16-4】 图 16-17 为一系统模型，文件名为 exp4_11mode.mdl。

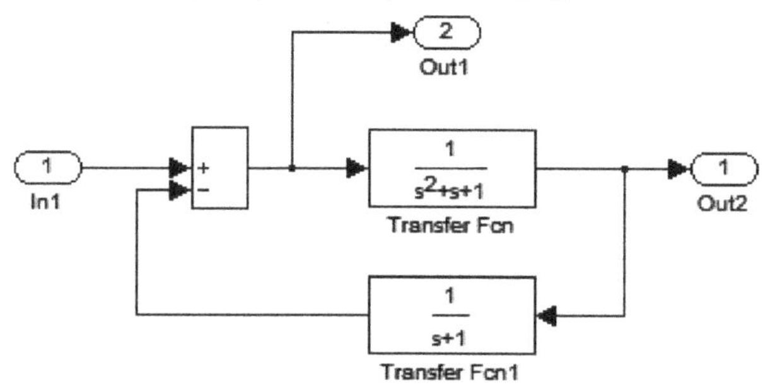

图 16-17 系统模型图

在MATLAB命令窗口中输入：

```
>> [A,B,C,D] = linmod('exp4_11mode')
```

运行程序，输出如下：

```
A =
    -1    -1    -1
     1     0     0
     0     1    -1
B =
     1
     0
     0
C =
     0     1     0
     0     0    -1
D =
     0
     1
```

2. 离散系统的线性化模型

Simulink提供的dlinmod函数能够从离散、多频和混合系统中提取一个和给定采样频率近似的线性模型。该函数的调用格式为

[Ad,Bd,Cd,Dd] = dlinmod('sys', Ts, x, u)：可以对非线性、多速率混合系统(包括离散系统与连续系统)进行线性处理。其中Ts为系统的采样时间，Ts=0表示将离散系统线性化为连续系统。返回线性化后系统的状态控制描述。

利用dlinmod函数对例16-4系统模型进行离散系统线性化。在MATLAB命令窗口中输入：

```
>> [Ad,Bd,Cd,Dd] = dlinmod('exp4_11mode',1)
```

运行程序，输出如下：

```
Ad =
    0.0549   -0.7494   -0.2743
    0.5118    0.5667   -0.2376
    0.2376    0.5118    0.2925
Bd =
    0.5118
    0.3354
    0.0978
Cd =
     0     1     0
     0     0    -1
Dd =
     0
     1
```

16.2.3 平衡点求取

在多数的系统设计中，设计者都需要对所设计的系统进行稳定性分析，因此绝大多数的系统在运行中，都需按照某种方式收敛到指定的平衡点处。所谓的平衡点即指系统的稳定工作点，此时系统中所有的状态变量的导数均为0，系统处于稳定的工作状态。

在系统中，最主要的设计目的之一即是使系统能够满足系统稳定的要求并在指定的平衡点处正常工作。在使用 Simulimk 进行动态系统设计、仿真与分析时，可使用命令函数 trim 对系统的稳定与平衡点进行分析。

trim 函数的调用格式为

[x,u,y,dx] = trim('sys')：求取距离给定初始状态 x0 最近的平衡点。

[x,u,y,dx] = trim('sys',x0,u0,y0)：求取距离给定初始状态 x0、初始输入 u0 及初始输出 y0 最近的平衡点。

[x,u,y,dx] = trim('sys',x0,u0,y0,ix,iu,iy)：求取距离给定初值向量中某一初值距离最近的平衡点。

[x,u,y,dx] = trim('sys',x0,u0,y0,ix,iu,iy,dx0,idx)：求取平衡点，此平衡点处的系统状态为指定值。其中 dx0 为指定状态值向量，idx 为相应的序号。

[x,u,y,dx,options] = trim('sys',x0,u0,y0,ix,iu,iy,dx0,idx,options)：options 选项用来优化平衡点的求取。

[x,u,y,dx,options] = trim('sys',x0,u0,y0,ix,iu,iy,dx0,idx,options,t)：设置系统的时间为 t。

仍以例 16-4 的系统模型为例，求取输出为 1 时的系统平衡点。

```
>> x = [0 0 0]';
u = 0;
y = [1 1]';
ix = [];iu = [];
iy = [1 2]';
[x,u,y,dx] = trim('li5_13mode',x,u,y,ix,iu,iy)
```

运行程序，输出如下：

```
x =
     0
     1
     1
u =
     2
y =
     1
     1
dx =
     0
     0
     0
```

第17章 信源编译码的MATLAB模块实现

17.1 信源编译码

信源编码是用量化的方式将一个源信号转化为一个数字信号，所得信号的符号为某一有限范围内的非负整数。信源译码就是把信源编码的信号恢复到原来的信号。

17.1.1 信源编码

信源编码也称为量化或信号格式化，它一般是为了减少冗余或为后续的处理做准备而进行的数据处理。在 Simulink 中，提供了 A 律编码、Mu 律编码、差分编码和量化编码等模块，下面分别进行介绍。

1. A 律编码模块

模拟信号的量化有两种方式：均匀量化和非均匀量化。均匀量化把输入信号的取值范围等距离地分割成若干个量化区间，无论采样值大小怎样，量化噪声的均值均方根固定不变，因此实际过程中大多采用非均匀量化。比较常用的两种非均匀量化的方法是 A 律压缩和 Mu 律压缩。

如果输入信号为 x，输出信号为 y，则 A 律压缩满足

$$y=\begin{cases}\dfrac{A\mid x\mid}{1+\lg A}\operatorname{sgn}(x), & 0\leqslant x\leqslant \dfrac{V}{A}\\[2ex] \dfrac{V(1+\lg(A\mid x\mid/V))}{1+\lg A}\operatorname{sgn}(x), & \dfrac{V}{A}\leqslant x\leqslant V\end{cases}$$

式中：A 为 A 律压缩参数，最常采用的 A 值为 87.6；V 为输入信号的峰值；lg 为以 10 为底的对数；sgn 函数当输入为正时，输出 1，当输入为负时，输出 0。

模块的输入并无限制。如果输入为向量，则向量中的每一个分量将会被单独处理。A 律压缩编码模块及其参数设置对话框如图 17-1 所示。

A 律压缩编码模块参数设置对话框中包含以下两个参数。

(1) A value：用于指定压缩参数 A 的值。

(2) Peak signal magnitude：用于指定输入信号的峰值 V。

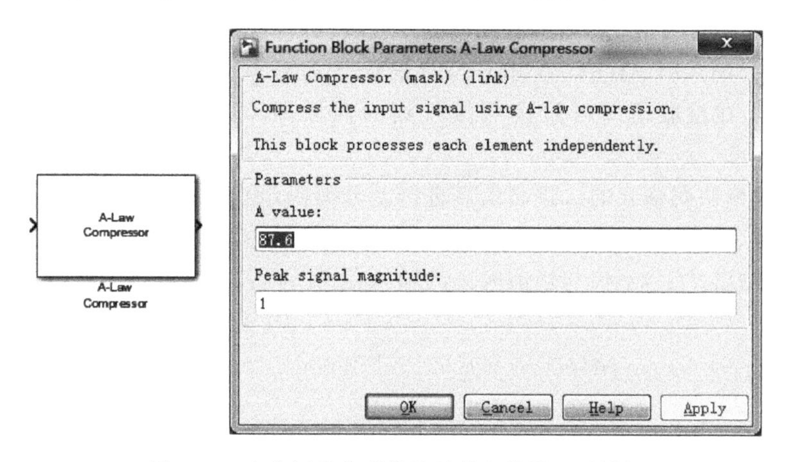

图 17-1 A 律压缩编码模块及其参数设置对话框

2. Mu 律编码模块

和 A 律压缩编码类似，Mu 律压缩编码中如果输入信号为 x，输出信号为 y，则 Mu 律压缩满足

$$y=\frac{V\lg(1+\mathrm{Mu}\mid x\mid/V)}{\lg(1+\mathrm{Mu})}\mathrm{sgn}(x)$$

式中：Mu 为 Mu 律压缩参数；V 为输入信号的峰值；lg 为以 10 为底的对数；sgn 函数当输入为正时，输出 1，当输入为负时，输出 0。

模块的输入并无限制，如果输入为向量，则向量中的每一个分量将会被单独处理。Mu 律压缩编码模块及其参数设置对话框如图 17-2 所示。

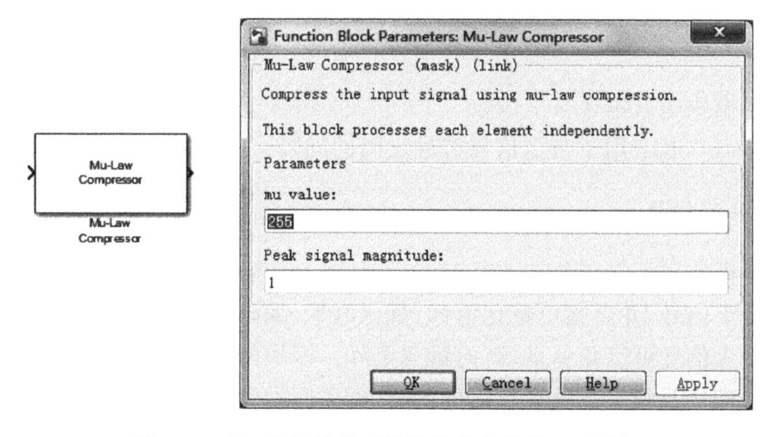

图 17-2 Mu 律压缩编码模块及其参数设置对话框

Mu 律压缩编码模块参数对话框的参数含义如下。

(1) mu value：用于指定 Mu 律压缩参数 Mu 的值。

(2) Peak signal magnitude：用于指定输入信号的峰值 V，也是输出信号的峰值。

3. 差分编码模块

差分编码又称为增量编码，它用一个二进制数来表示前后两个采样信号之间的大小关系。在 MATLAB 中，差分编码器根据当前时刻之前的所有输入信息计算输出信号，这样，在接收端即可只按照接收到的前后两个二进制信号恢复出原来的信息序列。

差分编码模块对输入的二进制信号进行差分编码，输出二进制的数据流。输入的信号可以是标量、流向量或帧格式的行向量。如果输入信号为 $m(t)$，输出信号为 $d(t)$，那么，t_k 时刻的输出 $d(t_k)$ 不仅与当前时刻的输入信号 $m(t_k)$ 有关，而且与前一时刻的输出 $d(t_{k-1})$ 有关：

$$\begin{cases} d(t_0) = (m(t_0) + 1)\bmod 2 \\ d(t_k) = (m(t_{k-1}) + m(t_k) + 1)\bmod 2 \end{cases}$$

即输出信号 y 取决于当前时刻以及当前时刻之前所有的输入信号的数值。

差分编码模块及其参数设置对话框如图 17-3 所示。

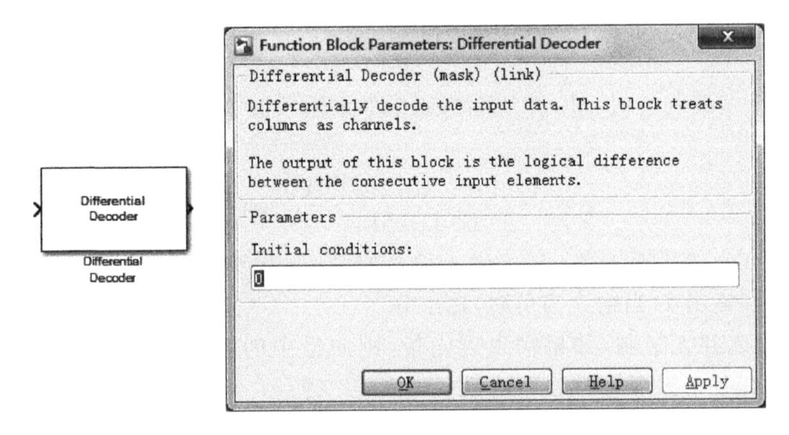

图 17-3 差分编码模块及其参数设置对话框

差分编码模块中只包含一个参数。

Initial conditions：用于指定信号符号之间的间隔。

4. 量化编码模块

量化编码模块用标量量化法来量化输入信号。它根据量化间隔和量化码本把输入信号转换成数字信号，并且输出量化指标、量化电平、编码信号和量化均方误差。

模块的输入信号可以是标量、流向量或矩阵。模块的输入输出信号长度相同。

量化编码模块及其参数设置对话框如图 17-4 所示。

量化编码模块中包含以下三个参数。

(1) Quantization partition：用于指定量化区，为一个长度为 n 的向量(n 为码元素)。该向量分量要严格按照升序排列。如果设该参量为 p，那么模块的输出 y 与输入 x 之间的关系满足

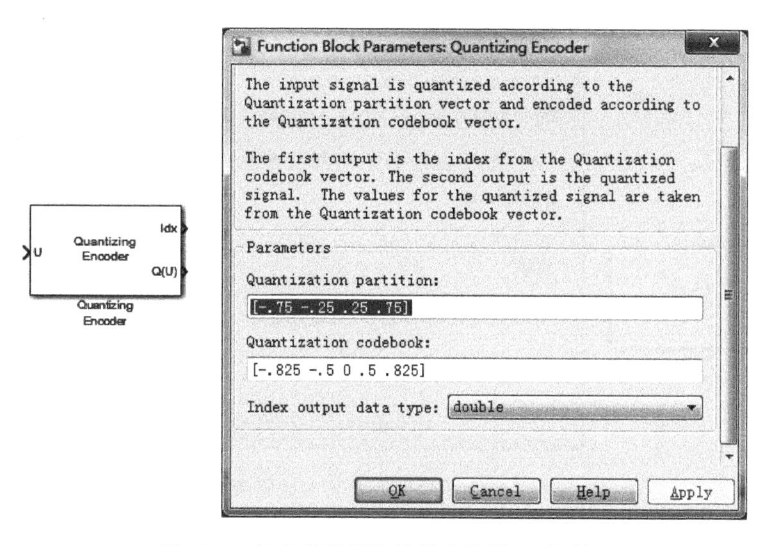

图 17-4　量化编码模块及其参数设置对话框

$$y=\begin{cases}0, & x\leqslant p(1)\\ m, & p(m)<x\leqslant p(m+1)\\ n, & p(n)\leqslant x\end{cases}$$

(2) Quantization codebook：用于指定量化区间的量化值，是一个长度为 $n+1$ 的向量。

(3) Index output data type：用于指定索引输出数据类型。

17.1.2　信源译码

在 Simulink 中也提供了对应的模块实现译码。

1. A 律译码模块

A 律译码模块用来恢复被 A 律压缩模块压缩的信号。它的过程与 A 律压缩编码模块正好相反。A 律译码模块的特征函数是 A 律压缩编码模块特征函数的反函数，如下式所示

$$x=\begin{cases}\dfrac{y(1+\lg A)}{A}, & 0\leqslant|y|\leqslant\dfrac{V}{1+\lg A}\\ \exp(|y|(1+\lg A)/V-1)\dfrac{V}{A}\operatorname{sgn}(y), & \dfrac{V}{1+\lg A}\leqslant|y|\leqslant V\end{cases}$$

A 律译码模块及其参数设置对话框如图 17-5 所示。

A 律译码模块参数设置对话框中包含以下两个参数。

(1) A value：用于指定压缩参数 A 的值。

(2) Peak signal magnitude：用于指定输入信号的峰值 V，同时也是输出信号的峰值。

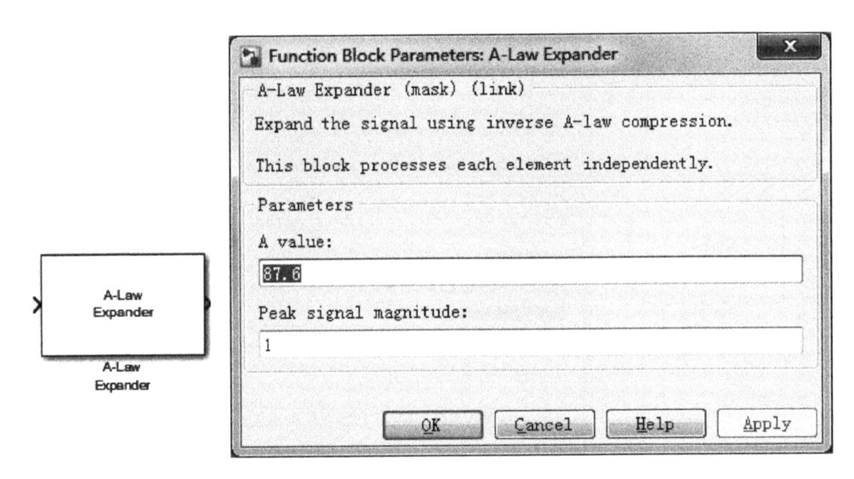

图 17-5　A 律译码模块及其参数设置对话框

2. Mu 律译码模块

Mu 律译码模块用来恢复被 Mu 律压缩模块压缩的信号。它的过程与 Mu 律压缩编码模块正好相反。Mu 律译码模块的特征函数是 Mu 律压缩编码模块特征函数的反函数，如下式所示

$$x=\frac{V}{\text{Mu}}(\mathrm{e}^{|y|\log(1+\text{Mu})/V}-1)\operatorname{sgn}(y)$$

Mu 律译码模块及其参数设置对话框如图 17-6 所示。

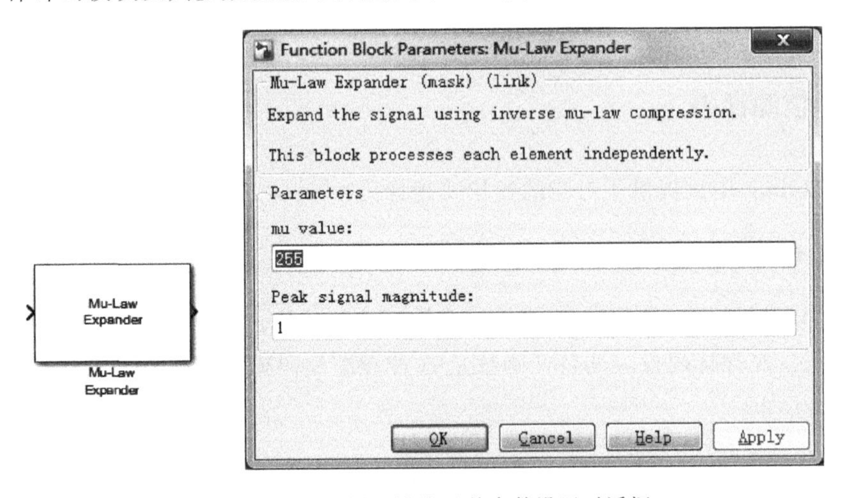

图 17-6　Mu 律译码模块及其参数设置对话框

Mu 律译码模块参数设置对话框中包含以下两个参数。

(1) mu value：用于指定 Mu 律压缩参数 Mu 的值。

(2) Peak signal magnitude：用于指定输入信号的峰值 V，也是输出信号的峰值。

3. 差分译码模块

差分译码模块对输入信号进行差分译码。模块的输入输出均为二进制信号，且输入

输出之间的关系和差分编码模块中两者的关系相同。

差分译码模块及其参数设置对话框如图 17-7 所示。

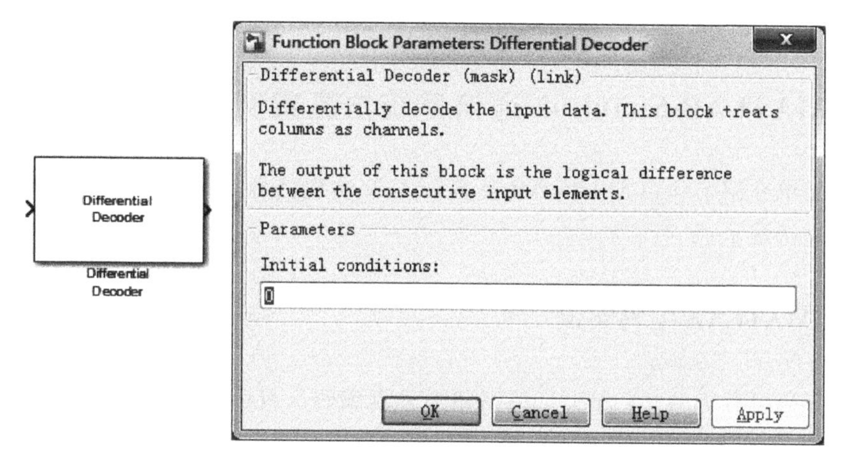

图 17-7 差分译码模块及其参数设置对话框

差分译码模块参数设置对话框只包含一个参数。

Initial conditions：用于指定信号符号之间的间隔。

4. 量化译码模块

量化译码模块用于从量化信号中恢复出消息，它执行的是量化编码模块的逆过程。模块的输入信号是量化的区间号，可以是标量、流向量或矩阵。如果输入为向量，那么向量的每一个分量将分别被单独处理。量化译码模块中的输入输出信号的长度相同。

量化译码模块及其参数设置对话框如图 17-8 所示。

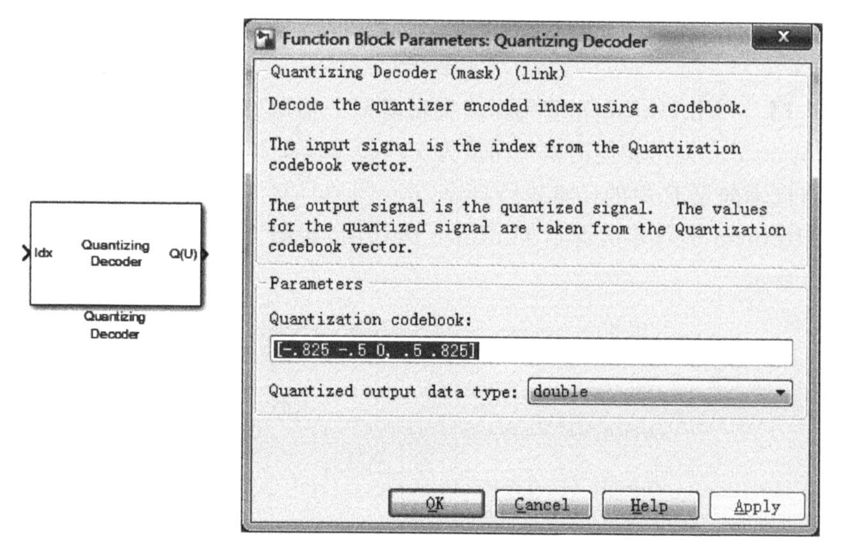

图 17-8 量化译码模块及其参数设置对话框

量化译码模块参数设置对话框中包含以下两个参数。

(1) Quantization codebook：用于指定每一个非负整数输入所对应的输出实向量。

(2) Index output data type：用于指定索引输出数据类型。

17.2 MATLAB-Simulink 通信系统仿真实例

前面简单介绍了利用 MATLAB 及 Simulink 实现信源产生、信道产生，本节将通过具体实例进行演示。

17.2.1 MATLAB 编码实例

信源编码可分为两类：无失真编码和限失真编码。目前已有各种无失真编码算法，如 Huffman 编码和 Lempel-Ziv 编码。Huffman 码是无失真编码中的最佳变长编码。Huffman 编码的基本原理就是为概率较小的信源输出分配较长的码字，而对那些出现可能性较大的信源输出分配较短的码字。

Huffman 编码算法及步骤如下。

(1) 将信源消息按照概率大小顺序排列。

(2) 按照一定的规则，从最小概率的两个消息开始编码。例如，将较长的码字分配给较小概率的消息，把较短的码字分配给概率较大的消息。

(3) 将经过编码的两个消息的概率合并，并重新按照概率大小排序，重复步骤(2)。

(4) 重复步骤(3)，一直到合并的概率达到 1 时停止，这样便可以得到编码树状图。

(5) 按照从上到下编码的方式编程，即从数的根部开始，将 0 和 1 分别放到合并成同一节点的任意两个支路上，这样就产生了这组 Huffman 码。

Huffman 码的效率为

$$\eta = \frac{信息熵}{平均码长} = \frac{H(X)}{\bar{L}}$$

【例 17-1】 利用 Huffman 编码算法实现对某一信源的无失真编码。该信源的字符集为 $X=\{x_1, x_2, \cdots, x_6\}$，相应的概率向量为 $P=(0.30,\ 0.10,\ 0.21,\ 0.09,\ 0.05,\ 0.25)$。

首先将概率向量 P 中的元素进行排序，$P=(0.30,\ 0.25,\ 0.21,\ 0.10,\ 0.09,\ 0.05)$。然后根据 Huffman 编码算法得到 Huffman 树状图，如图 17-9 所示，编码之后的树状图如图 17-10 所示。

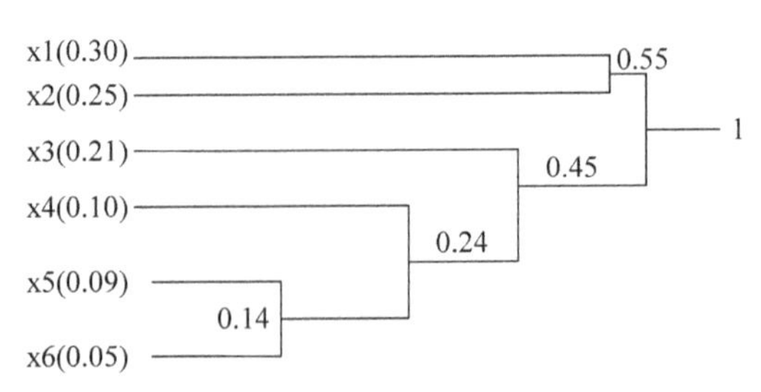

图 17-9 Huffman 树状图

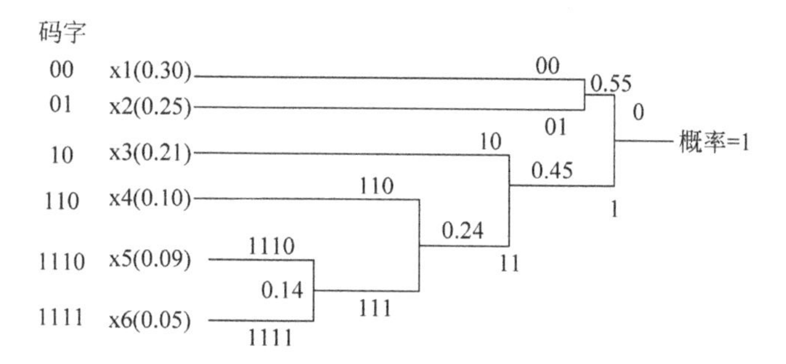

图 17-10 Huffman 编码树状树

由图 17-10 可知，x_1，x_2，x_3，x_4，x_5，x_6 的码字依次分别为：00，01，10，110，1110，1111。

平均码长为

$$\bar{L} = 2 \times (0.30 + 0.25 + 0.21) + 3 \times 0.10 + 4 \times (0.09 + 0.05)$$
$$= 2.38\text{bit}$$

信源的熵为

$$H(X) = -\sum_{i=1}^{6} p_i \log_2 p_i$$
$$= 2.3549\text{bit}$$

所以，Huffman 码的效率为

$$\eta = H(X)/\bar{L} = 0.9895$$

因此，可以利用 MATLAB 将 Huffman 编码算法编写成函数文件 huffman_code，实现对具有概率向量 P 的离散无失真信源的 Huffman 编码，并得到其码字和平均码长。

在 M 文件编辑器中输入以下 huffman_code.m 函数代码：

```
function [h,e] = huffman_code(p)
% Huffman 代码如下
if length(find(p<0))~= 0,
    error('Not a prob.vector');                % 判断是否符合概率分布的条件
end
if abs(sum(p) - 1)> 10e - 10,
    error('Not a prob.vector');
end
n = length(p);
for i = 1:n - 1,                                % 对输入的概率进行从大到小排序
    for j = i:n
        if p(i)<= p(j)
            P = p(i);
            p(i) = p(j);
            p(j) = P;
        end
    end
end
disp('概率分布');
```

```
p                                      %显示排序结构
q = p;
m = zeros(n - 1,n);
for i = 1:n - 1,
    [q,e] = sort(q);
    m(i,:) = [e(1:n - i + 1),zeros(1,i - 1)];
    q = [q(1) + q(2) + q(3:n),e];
end
for i = 1:n - 1,
    c(i,:) = blanks(n * n);
end
%以下计算各个元素码字
c(n - 1,n) = '0';
c(n - 2,2 * n) = '1';
for i = 2:n - 1
    c(n - i,1:n - 1) = c(n - i + 1,n * (find(m(n - i + 1,:) == 1)) - (n - 2):n * (find(m(n - i +
1,:) == 1)));
    c(n - i,n) = '0';
    c(n - i,n + 1:2 * n - 1) = c(n - i,1:n - 1);
    c(n - i,2 * n) = '1';
    for j = 1:i - 1
        c(n - i,(j + 1) * n + 1:(j + 2) * n) = c(n - i + 1,n * (find(m(n - i + 1,:) == j + 1) - 1) + ...
1:n * find(m(n - i + 1,:) == j + 1));
    end
end
for i = 1:n
    h(i,1:m) = c(1,n * (find(m(1,:) == i) - 1) + 1:find(m(1,:) == i) * n);
    e(i) = length(find(abs(h(i,:))~ = 32));
end
e = sum(p. * e);                       %计算平均码长
```

在命令行窗口中，只需调用函数文件 huffman_code，计算如下：

```
>> p = [0.30 0.10 0.21 0.09 0.05 0.25];
>> [h,e] = huffman_code(p)
```

输出结果如下：

```
概率分布
p =
    0.3000    0.2500    0.2100    0.1000    0.0900    0.0500
h =                                    %输出各个元素码字
11
10
00
010
0111
0110
e = 2.3800                             %输出平均码长
```

【例 17-2】 若输入 A 律 PCM 编码器的正弦信号为 $x(t)=\sin(1600\pi t)$，采样序列为 $x(n)=\sin(0.2\pi n)$，$n=0,1,2,\cdots,10$，将其进行 PCM 编码，给出编码器的输出码组序列 $y(n)$。

其实现的 MATLAB 程序代码如下：

```
>> clear all;
x = [0:0.001:1];                        % 定义幅度序列
y1 = apcm(x,1);                         % 参数为 1 的 A 律曲线
y2 = apcm(x,10);                        % 参数为 10 的 A 律曲线
y3 = apcm(x,87.65);                     % 参数为 87.65 的 A 律曲线
plot(x,y1,':',x,y2,'-',x,y3,'-.');
legend('A = 1','A = 10','A = 87.65')
```

运行程序，效果如图 17-11 所示。

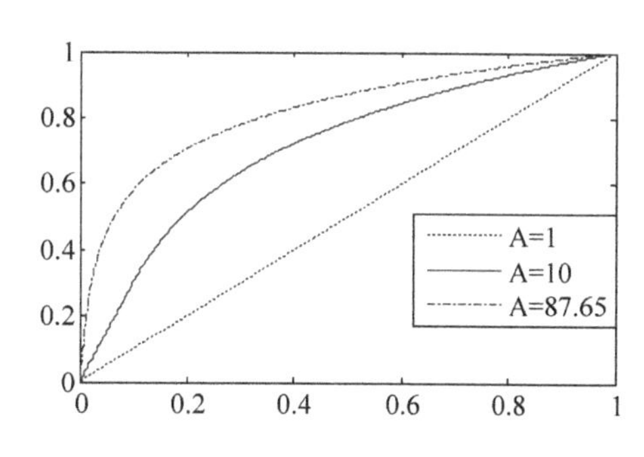

图 17-11　对数量化特性曲线

在运行程序过程中，调用自定义编写的 apcm.m 函数，其源代码如下：

```
function y = apcm(x,a)
% 本函数实现将输入的序列 x 进行参数为 A 的对数
% A 律量化将得到的结果存在序列 y 中
% x 为一个序列,值在 0～1 之间
% a 为一个正实数,大于 1
t = 1/a;
for i = 1:length(x)
    if (x(i)>= 0),                          % 判断该输入序列值是否大于 0
        if (x(i)<= t),
            y(i) = (a * x(i))/(1 + log(a)); % 若值小于 1/A,则采用此计算法
        else
            y(i) = (1 + log(a * x(i)))/(1 + log(a));   % 若值大于 1/A,则采用另一种计算法
        end
    else
        if (x(i)>= - t),                    % 若值小于 0,则算法有所不同
            y(i) = - (a * - x(i))/(1 + log(a));
        else
            y(i) = - (1 + log(a * - x(i)))/(1 + log(a));
        end                                 % 内层条件判断结束
    end                                     % 外层条件判断结束
end
% 运用上面的压缩特性来解本例
>> x = 0:1:10;
y = sin(0.2 * pi * x);
z = apcm(y,87.5)                            % 求 sin(0)到 sin(10)的量化值
z =
     0    0.9029    0.9908    0.9908    0.9029    0.0000    - 0.9029    - 0.9908
- 0.9908    - 0.9029    - 0.0000
```

【例 17-3】 使用 MATLAB 编程方法实现对 HDB3 码的编码/解码。

HDB3 码规定,每当出现四个连零时,用以下两种取代节代替这四个连零,规则是:

- 令 V 表示违反极性交替规则的传号脉冲,B 表示符合极性交替规则的传号脉冲,当相邻两个 V 脉冲之间的传号脉冲数为奇数时,以 000V 作为取代节;
- 当相邻两个 V 脉冲之间的传号脉冲数为偶数时,以 B00V 作为取代节。

这样,就能始终保持相邻 V 脉冲之间的 B 脉冲数为奇数,使得 V 脉冲序列自身也满足极性交替规则。

对 HDB3 码解码很容易,根据 V 脉冲极性破坏规则,只要发现当前脉冲极性与上一个脉冲极性相同,就可判断当前脉冲为 V 脉冲,从而将 V 脉冲连同之前的三个传输时隙均置为零,即可清除取代节,然后取绝对值即可恢复归零二进制序列。

实现的 MATLAB 代码为:

```
>> clear all;
xn = [1 0 1 1 0 0 0 0 0 0 0 1 1 0 0 0 0 0 0 0 1 0];  %输入单极性码
yn = xn;                                             %输出 yn 初始化
num = 0;                                             %计算器初始化
for k = 1:length(xn)
    if xn(k) == 1
        num = num + 1;                               %"1"计数器
        if num/2 == fix(num/2)                       %奇数个 1 时输出 -1,进行极性交替
            yn(k) = 1;
        else
            yn(k) = -1;
        end
    end
end
%HDB3 编码
num = 0;                                             %连零计数器初始化
yh = yn;                                             %输出初始化
sign = 0;                                            %极性标志初始化为 0
V = zeros(1,length(yn));                             %V 脉冲位置记录变量
B = zeros(1,length(yn));                             %B 脉冲位置记录变量
for k = 1:length(yn)
    if yn(k) == 0
        num = num + 1;                               %连零个数计数
        if num == 4
            num = 0;                                 %如果连零个数为 4,计数器清零
            yh(k) = 1 * yh(k - 4);
            %让 0000 的最后一个 0 改变为与前一个非零符号相同极性的符号
            V(k) = yh(k);                            %V 脉冲位置记录
            if yh(k) == sign                         %如果当前 V 符号与前一个 V 符号极性相同
                yh(k) = -1 * yh(k);
                %则让当前 V 符号极性反转,以满足 V 符号间相互极性反转的要求
                yh(k - 3) = yh(k);                   %添加 B 符号,与 V 符号同极性
                B(k - 3) = yh(k);                    %B 脉冲位置记录
```

```
                V(k) = yh(k);                   % V 脉冲位置记录
                yh(k + 1:length(yn)) = - 1 * yh(k + 1:length(yn));
                % 并让后面的非零符号从 V 开始再交替变化
            end
            sign = yh(k);                       % 记录前一个 V 符号的极性
        end
    else
        num = 0;                                % 当前输入为[1],则连零计数器清零
    end
end                                             % 完成编码
re = [xn',yn',yh',V',B']                        % 结果输出
% HDB3 解码
input = yh;
decode = input;                                 % 输出初始化
sign = 0;                                       % 极性标志初始化
for k = 1:length(yh)
    if input(k)~ = 0
        if sign == yh(k)                        % 如果当前码与前一个非零码的极性相同
            decode(k - 3:k) = [0 0 0 0];        % 则该码判为 V 码并将 * 00V 清零
        end
        sign = input(k);                        % 极性标志
    end
end
decode = abs(decode);                           % 整流
error = sum([xn' - decode']);                   % 解码的正确性检验
% 作图
subplot(311);stairs([0:length(xn) - 1],xn);axis([0 length(xn)  - 2 2]);
subplot(312);stairs([0:length(xn) - 1],yh);axis([0 length(xn)  - 2 2]);
subplot(313);stairs([0:length(xn) - 1],decode);axis([0 length(xn)  - 2 2]);
```

运行程序,输出如下,效果如图 17-12 所示。

```
re =
     1    - 1    - 1     0     0
     0     0     0     0     0
     1     1     1     0     0
     1    - 1    - 1     0     0
     0     0     0     0     0
     0     0     0     0     0
     0     0     0     0     0
     0     0    - 1    - 1     0
     0     0     0     0     0
     0     0     0     0     0
     0     0     0     0     0
     1     1     1     0     0
     1    - 1    - 1     0     0
     0     0     1     0     1
     0     0     0     0     0
     0     0     0     0     0
     0     0     1     1     0
```

```
0        0        0        0        0
0        0        0        0        0
1        1       -1        0        0
0        0        0        0        0
```

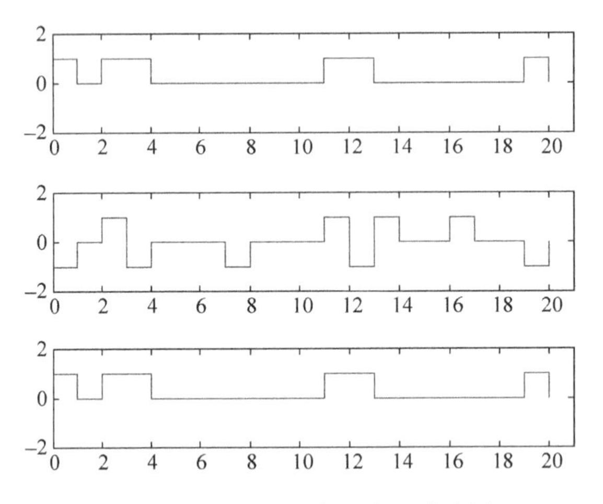

图 17-12　HDB3 码编码/解码仿真图

17.2.2　Simulink 信道实例

下面利用 Simulink 提供的模块，实现信道。

【例 17-4】　设某二进制数字通信系统的码元传输速率为 100bps，仿真模型的系统采样频率为 1000Hz。用示波器观察并比较信号经过高斯白噪声信道前后的不同。

(1) 根据题意，建立如图 17-13 所示的通信系统模型。

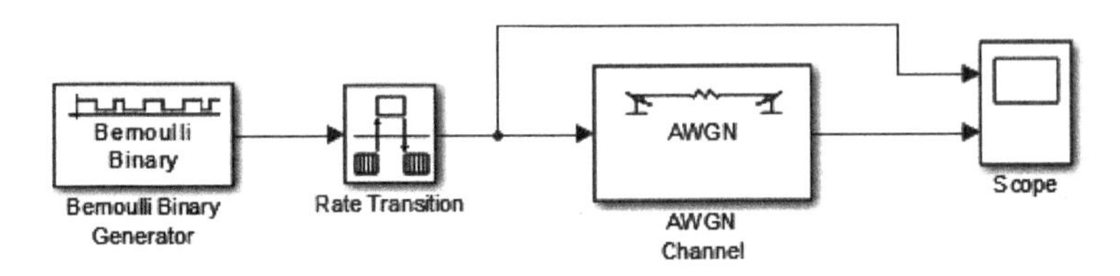

图 17-13　建立的通信系统模型

(2) 设置模块参数。

双击图 17-13 中的 Bernoulli Binary Generator 模块，设置产生零的概率为 0.5，初始种子随意设置，采样时间为 0.01 以产生 100bps 的二进制随机信号，如图 17-14 所示。

双击图 17-13 中的 Rate Transition 模块，设置输出端口的采样时间为 0.001，这样系统采样频率即为 1000Hz，如图 17-15 所示。

双击图 17-13 中的 AWGN Channel 模块，初始种子随意设置，信道模式设为 Signal to noise ratio(Es/No)，Es/No 设为 25dB，输入信号功率为 1W，输入符号周期为 0.01，如图 17-16 所示。

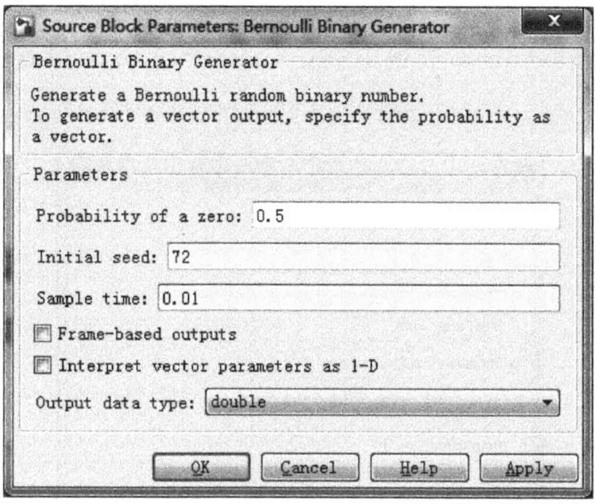

Source Block Parameters: Bernoulli Binary Generator

Bernoulli Binary Generator

Generate a Bernoulli random binary number.
To generate a vector output, specify the probability as a vector.

Parameters

Probability of a zero: 0.5

Initial seed: 72

Sample time: 0.01

Frame-based outputs

Interpret vector parameters as 1-D

Output data type: double

OK Cancel Help Apply

图 17-14　Bernoulli Binary Generator 模块参数设置

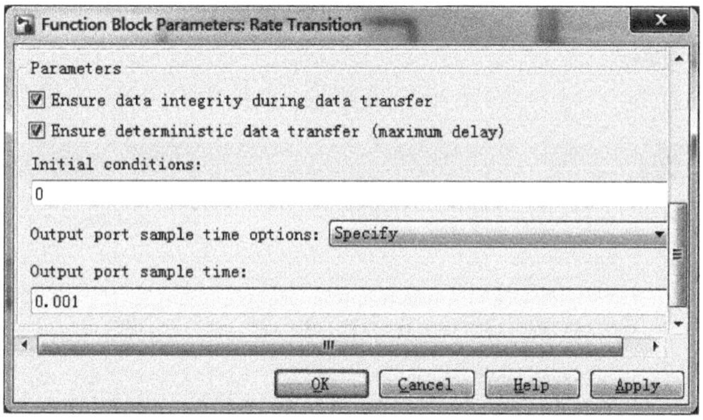

Function Block Parameters: Rate Transition

Parameters

Ensure data integrity during data transfer

Ensure deterministic data transfer (maximum delay)

Initial conditions:

0

Output port sample time options: Specify

Output port sample time:

0.001

OK Cancel Help Apply

图 17-15　Rate Transition 模块参数设置

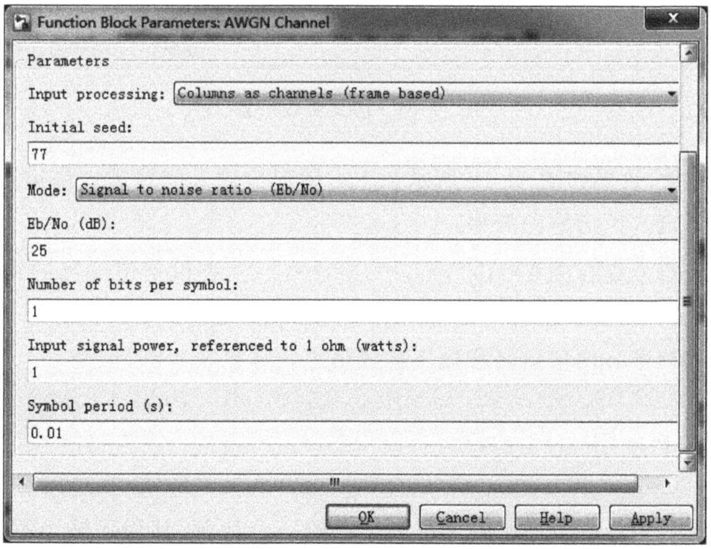

Function Block Parameters: AWGN Channel

Parameters

Input processing: Columns as channels (frame based)

Initial seed:

77

Mode: Signal to noise ratio (Eb/No)

Eb/No (dB):

25

Number of bits per symbol:

1

Input signal power, referenced to 1 ohm (watts):

1

Symbol period (s):

0.01

OK Cancel Help Apply

图 17-16　AWGN Channel 模块参数设置

双击图 17-13 中的 Scope 模块，在弹出的示波器窗口中，单击界面中的按钮，在弹出的参数设置窗口中，在 General 选项中，将 Number of axes 设置为 2，即可有两个输入，效果如图 17-17 所示。

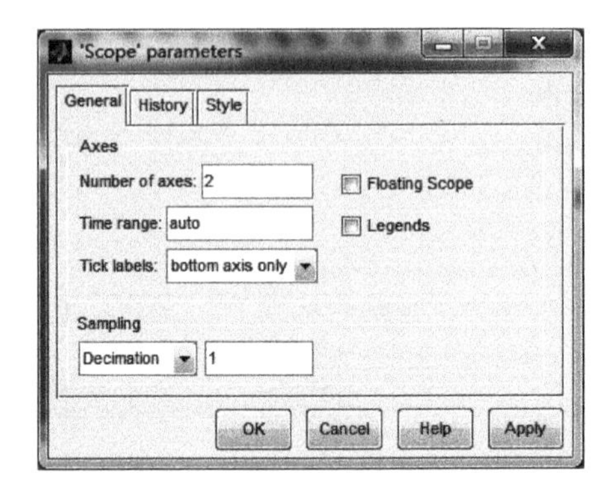

图 17-17　示波器模块参数设置

(3) 设置仿真参数。

将仿真时间设置为 0～10s，固定步长求解器，步长为 0.001，效果如图 17-18 所示。

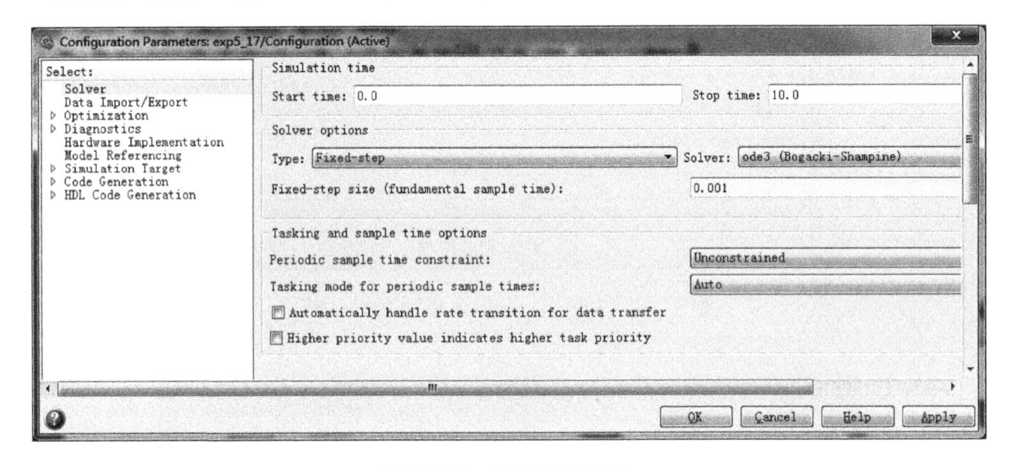

图 17-18　仿真参数设置

(4) 运行仿真，效果如图 17-19 所示。上方图形为输入信号进入信道前的波形，下方图形为输入信号进入信道后的波形。

设信道输入符号集合为 $\chi=\{x_1,x_2,\cdots,x_j,\cdots,x_N\}$，并设信道输出的符号集合为 $\gamma=\{y_1,y_2,\cdots,y_i,\cdots,y_M\}$，在发送符号 x_j 的条件下，相应接收符号为 y_i 的概率记为 $P(y_i|x_j)$，称之为信道转移概率。由信道转移概率构成信道转移概率矩阵，记为

$$\boldsymbol{P}=[P(y_i\mid x_j)]=\begin{bmatrix}P(y_1\mid x_1) & \cdots & P(y_1\mid x_N)\\ \vdots & \ddots & \vdots\\ P(y_M\mid x_1) & \cdots & P(y_M\mid x_N)\end{bmatrix}$$

二进制对称信道(BSC)是离散无记忆信道的一个特例，其输入输出符号集合分别为 $\chi=\{0,1\}$，$\gamma=\{0,1\}$，传输中由 0 错为 1 的概率与由 1 错为 0 的概率相等，设为 p。那么，

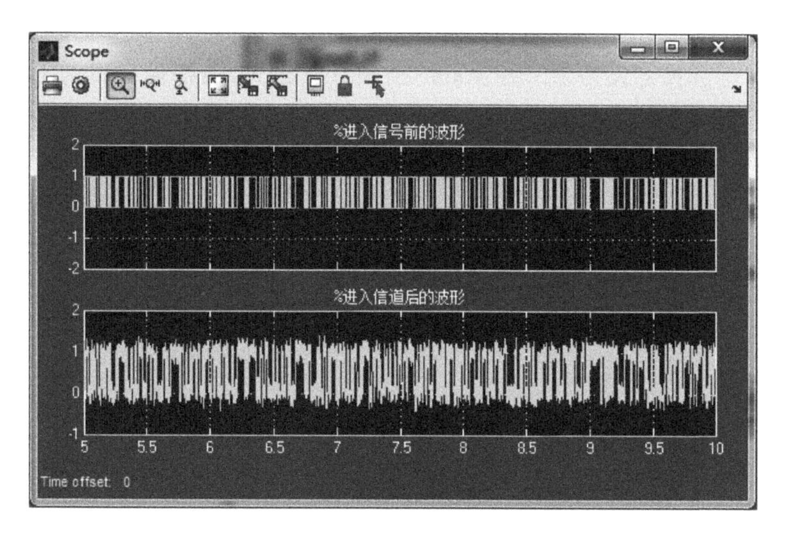

图 17-19 仿真结果

二进制对称信道的信道转换概率矩阵为

$$\boldsymbol{P}=\begin{bmatrix}1-p & p \\ p & 1-p\end{bmatrix}$$

人们也经常用信道概率转换图来等价地表示离散无记忆信道，如二进制对称信道模型，如图 17-20 所示。

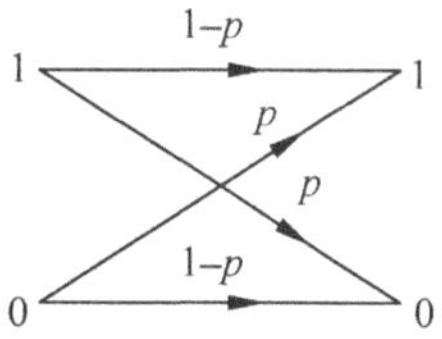

1-p
1
1
p
p
1-p
0
0

图 17-20 二进制对称信道模型

【例 17-5】 设传输错误概率为 0.013，构建通信系统，统计误码率。要求传输信号为二进制单极性信号，传输比特率为 1000bps。

其具体实现步骤如下。

(1) 根据题意，建立如图 17-21 所示的通信系统模型。

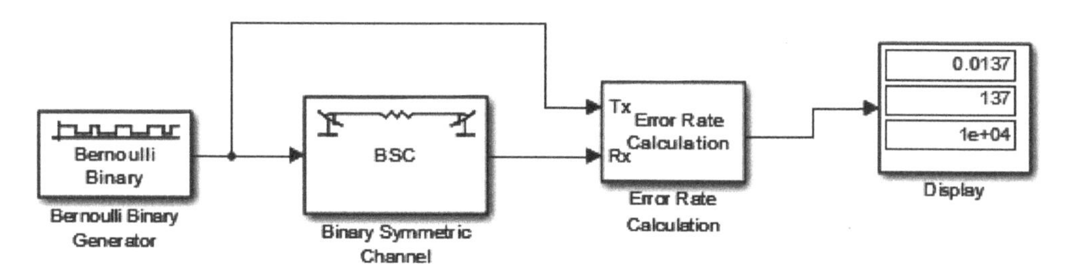

图 17-21 建立的通信系统模型

(2) 模块参数设置。

双击图 17-21 中的 Bernoulli Binary Generator 模块，该模块产生比特率为 1000bps 的二进制单极性信号，因此，设置产生零的概率为 0.5，初始种子随意设置，采样时间为 0.001。

双击图 17-21 中的 Binary Symmetric Channel 模块，设置误码率为 0.013，初始种子随意设置，如图 17-22 所示。

双击图 17-21 中的 Error Rate Calculation 模块，用来计算误码率。接收延时和计算延时均设为 0，计算模式设为 Entire frame 全帧计算模式，数据输出设为 Port 端口输出（也可以设为 Workspace，输出到 MATLAB 工作空间），如图 17-23 所示。

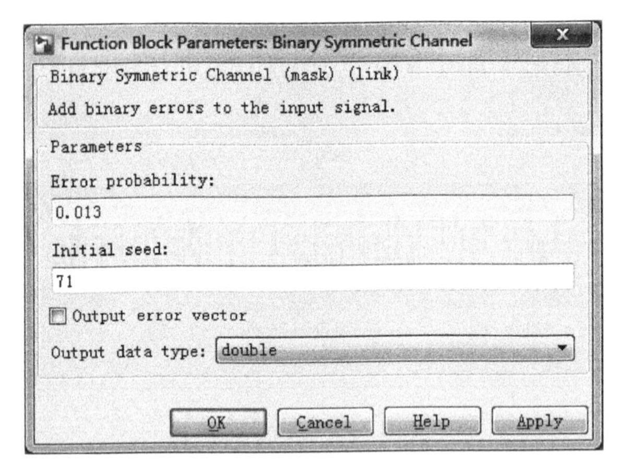

图 17-22　Binary Symmetric Channel 模块参数设置

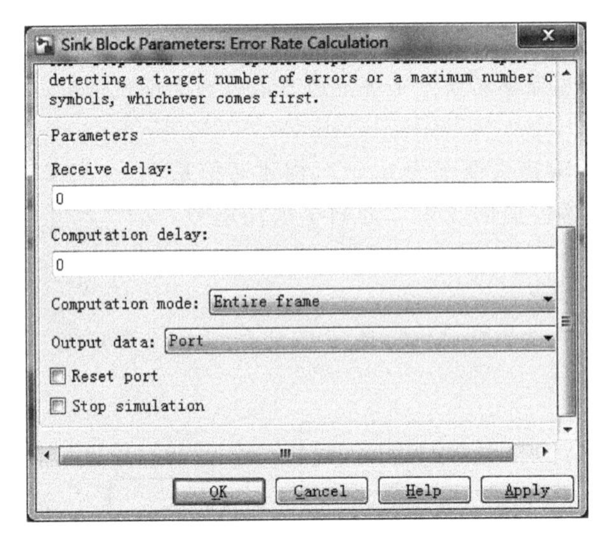

图 17-23　Error Rate Calculation 模块参数设置

(3) 设置仿真参数。

将仿真时间设置为 0～10s，固定步长求解器，步长为 0.001。

(4) 运行仿真。

仿真结果显示在 Display 模块上，如图 17-21 所示。Display 模块上的显示结果有三个，分别为误码率、总误码数目以及总统计码字数目。从图 17-21 中可看出，Bernoulli Binary Generator 模块输出误码率为 0.0137，总误码数为 137，总统计码字数为 1e+04。

注意：一般，当误码数达到 100 以下，就可以认为统计误码率是足够精确的。

【例 17-6】　对 A 律压缩扩张模块和均匀量化器实现非均匀量化过程的仿真，观察量化前后的波形。

其具体实现步骤如下。

(1) 建立模型。

根据题意,建立的仿真模型如图 17-24 所示。

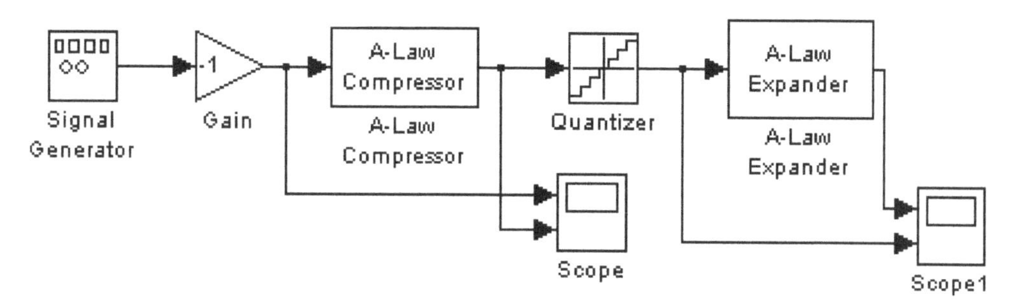

图 17-24　A 律压缩和均匀量化实现非均匀量化的测试模型

(2) 模块参数设置。

双击图 17-24 中的 A-Law Compressor 模块及 A-Law Expander 模块,设量化器的量化级为 8,A 律压缩系数为 87.6。

双击图 17-24 中的 Singal Generator 模块,设置信号为 0.5Hz 的锯齿波,幅度为 1。

(3) 仿真参数。

设置仿真时间为 0～10s,步长采用默认值。

(4) 运行仿真。

设置完成后,对模型进行仿真,得到的仿真结果如图 17-25 所示。

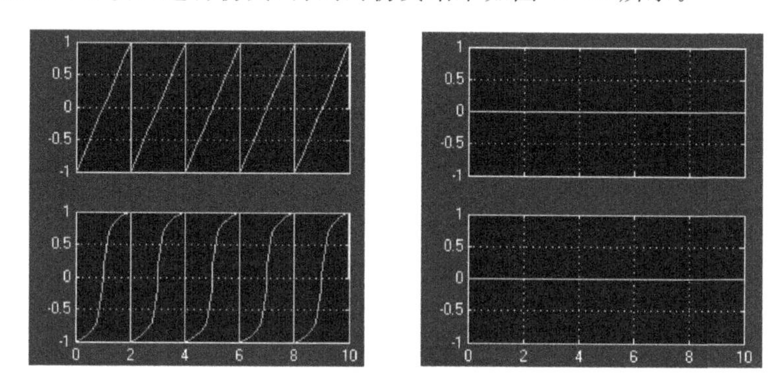

图 17-25　A 律压缩和均匀量化实现非均匀量化的仿真结果

17.2.3　MATLAB-Simulink 信道实例

【例 17-7】 设计一个 13 折线近似的 PCM 编码模型,使它能够对取值在[－1,1]内的归一化信号样值进行编码。

其具体实现步骤如下。

(1) 建立仿真模型。

测试模型和仿真结果如图 17-26 所示,其中 PCM 解码子系统就是图 17-26 中虚线所围部分。PCM 解码器中首先分离并行数据中的最高位(极性码)和 7 位数据,然后将 7 位数据转换为整数值，再进行归一化、扩张后与双极性的极性码相乘得出解码值。可以将该模型中虚线所围部分封装为一个 PCM 解码子系统备用。

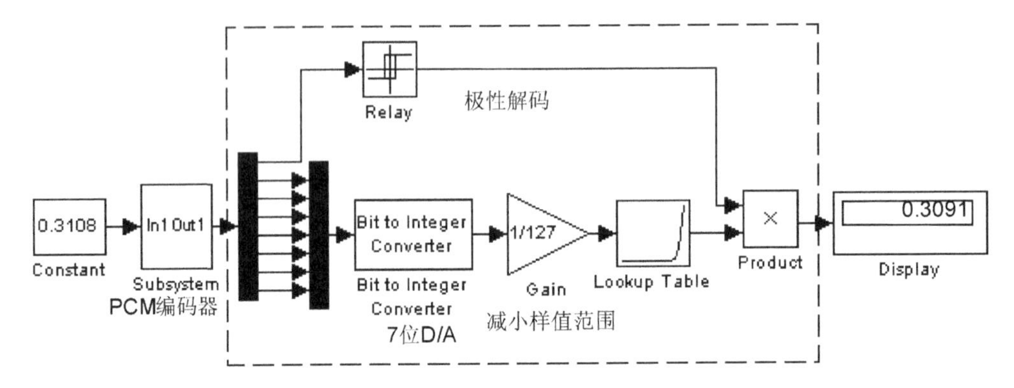

图 17-26　13 折线近似的 PCM 解码器测试模型和仿真结果

（2）量化值的编码。

量化以后得到的是可以进行线性量化的值，A 律 PCM 的编码表(正值)如表 17-1 所示。

表 17-1　国际标准 PCM 对数 A 律量化表

线段编号	间隔数×量化间隔	线段终点值	分层电平编号	分层电平值	编码器输出	量化电平值	量化电平编号
7	16×128	4096 … … 2048	(128) 127 … 112	(4069) 3968 … 2048	1 1 1 1 1 1 1 1 1 1 1 1 1 1 1 0 … 1 1 1 1 0 0 0 0	4032 … … 2112	128 … … 113
6	16×64	… … 1024	… 97 96	… 1088 1024	… 1 1 1 0 0 0 0 1 1 1 1 0 0 0 0 0	… … 1056	… 97
5	16×32	… … 512	… 81 80	… 544 512	… 1 1 0 1 0 0 0 1 1 1 0 1 0 0 0 0	… … 528	… … 81
4	16×16	… … 256	… 65 64	… 272 256	… 1 1 0 0 0 0 0 1 1 1 0 0 0 0 0 0	… … 264	… … 65
3	16×8	… … 128	… 49 48	… 136 128	… 1 0 1 1 0 0 0 1 1 0 1 1 0 0 0 0	… … 132	… … 49
2	16×4	… … 64	… 33 32	… 68 64	… 1 0 1 0 0 0 0 1 1 0 1 0 0 0 0 0	… … 66	… … 33
1	32×2	… … 0	… 2 0	… 2 0	… 1 0 0 0 0 0 0 1 1 0 0 0 0 0 0 0	… … 1	… … 1

从表17-1可以得出对应量化值的编码，在本例中，用$x(i)$来表示采样值，$y(i)$来表示将采样值$x(i)$进行对数压缩后的值，这样$x(i)$对应表中的分层电平值和量化电平值，而$y(i)$对应表中的分层电平值编号和量化电平编号。

利用13线折法得到量化编码的MATLAB程序为：

```
>> z = zhe13(y);
>> pcmcode(z);
```

输出结果为：

```
f =
     1     0     0     0     0     0     0     0  - 128  - 115     0
     0     1     1     1     0     0     1     1     0     0     0
     0     1     1     1     1     1     1     1     0     0     0
     0     1     1     1     1     1     1     1     0     0     0
     0     1     1     1     0     0     1     1     0     0     0
     0     0     0     0     0     0     0     0     0     0     0
     1     1     1     1     0     0     1     1     0     0     0
     1     1     1     1     1     1     1     1     0     0     0
     1     1     1     1     1     1     1     1     0     0     0
     1     1     1     1     0     0     1     1     0     0     0
     1     0     0     0     0     0     0     0     0     0     0
```

对数压缩特性得到编码的MATLAB程序为：

```
>> z = apcm(y,90.88);
>> f = pcmcode(z);
```

输出结果为：

```
f =
     1     0     0     0     0     0     0     0  - 126  - 115     0
     0     1     1     1     0     0     1     1     0     0     0
     0     1     1     1     1     1     1     0     0     0     0
     0     1     1     1     1     1     1     0     0     0     0
     0     1     1     1     0     0     1     1     0     0     0
     0     0     0     0     0     0     0     0     0     0     0
     1     1     1     1     0     0     1     1     0     0     0
     1     1     1     1     1     1     1     0     0     0     0
     1     1     1     1     1     1     1     0     0     0     0
     1     1     1     1     0     0     1     1     0     0     0
     1     0     0     0     0     0     0     0     0     0     0
```

可以看出两种量化得到的编码是一样的，13折线近似效果是相当好的。

在运行程序过程中，调用到用户自定义编写的zhe13.m函数和pcmcode.m函数，它们的源代码分别如下：

```
function y = zhe13(x)
%本函数实现国际通用的PCM量化A律13折线特性近似
%x为输入的序列,变换后的值赋给序列y
x = x/max(x);                              %求出序列的最大值,并同时归一化
```

```
z = sign(x);                                  % 求出每一序列的值的符号
x = abs(x);                                   % 取序列的绝对值
for i = 1:length(x),                          % 直接将序列的绝对值量化
    if ((x(i)>= 0)&(x(i)< 1/64)),             % 若序列值位于第 1 和第 2 折线
        y(i) = 16 * x(i);
    else
        if(x(i)>= 1/64 & x(i)< 1/32),         % 若序列值位于第 3 折线
            y(i) = 8 * x(i) + 1/8;
        else
            if(x(i)>= 1/32 & x(i)< 1/16),     % 若序列值位于第 4 折线
                y(i) = 4 * x(i) + 2/8;
            else
                if(x(i)>= 1/16 & x(i)< 1/8),              % 若序列值位于第 5 折线
                    y(i) = 2 * x(i) + 3/8;
                else
                    if(x(i)>= 1/8 & x(i)< 1/4),           % 若序列值位于第 6 折线
                        y(i) = x(i) + 4/8;
                    else if (x(i)>= 1/4 & x(i)<= 1/2),    % 若序列值位于第 7 折线
                            y(i) = 1/2 * x(i) + 5/8;
                        else if(x(i)>= 1/2 & x(i)<= 1),   % 若序列值位于第 8 折线
                                y(i) = 1/4 * x(i) + 6/8;
                            end
                        end
                    end
                end
            end
        end
    end
end
y = z. * y;                                   % 重新将符号代回序列中,循环结束
function f = pcmcode(y)
% 本函数实现将输入的值(已量化好)编码,y 为量化后的序列
% 其值应该在 0～1
% 定义出一个二维数组,第一行的 8 位代表了对应的输入值的编码(8 位)
f = zeros(length(y),8);
z = sign(y);                                  % 得到输入序列的符号,确定编码的首位
y = y * 128;                                  % 将序列值扩展到 0～128,便于编码
f = fix(y);                                   % 计算取整
y = abs(y);                                   % 只计算绝对值的编码
for i = 1:length(y),
    if (y(i) == 128),                  % 如果输入为 1,得到 128,避免出现编码位为 2 的错误
        y(i) = 127.999;                       % 将其值近似为 127.999
    end
end
for i = 1:length(y),                          % 下面的一段循环是将十进制转化为二进制数
    for j = 6: - 1:0                          % 分别计算序列指除以 64～1 的数据的商
        f(i,8 - j) = fix(y(i)/(2 ^ j));
        y(i) = mod(y(i),(2 ^ j));
    end
end
for i = 1:length(y),
```

```
    if (z(i) == 1),                             % 输入值是负数
        f(i,1) = 0;                             % 首位取 0
    else
        f(i,1) = 1;                             % 输入是正数,首位取 1
    end
end
f                                               % 显示编码结果
```

注意：负值的量化与正值几乎完全相同，区别在于将编码的首位由 1 改为 0。

第18章 数字基带调制/解调的Simulink模块实现

数字信号在信号处理、传输、再生、交换、加密、信号质量等众多方面有着模拟信号无法比拟的优越性，因此在许多领域都取代了模拟通信。数字调制又可分成基带调制和频带调制。把频谱从零开始而未经调制的数字信号所占有的频率范围叫做基带频率，简称基带。利用基带信号直接传输的方式称为基带传输。

在Simulink中提供了相关模块实现数字基带调制/解调。

18.1 数字幅度调制/解调

1. 数字幅度调制模块

Simulink对数字幅度调制提供了General QAM Modulator Baseband、M-PAM Modulator Baseband、Rectangular QAM Modulator Baseband等多个模块。以下对M-PAM Modulator Baseband模块进行介绍。

M-PAM Modulator Baseband称为M相基带幅度调制模块，该模块用于基带M元脉冲的幅度调制。模块的输出为基带形式的已调制的信号。模块中，M-ary number项的参数M为信号星座图的点数，而且必须是偶数。

模块使用默认的星座图映射方式，将位于0～$(M-1)$的整数X映射为复数值$[2X-M+1]$。模块的输入和输出都是离散信号，参数项Input type决定模块是接收0～$(M-1)$的整数，还是接收二进制形式表示的整数。

如果Input type设置为Integer，那么模块接收整数，输入可以是标量，也可以是int8、uint8、int16、uint16、int32、uint32、single或double类型的基于帧的列向量。

如果Input type设置为Bit，那么模块接收K bit的数组，称为二进制字。输入可以是长度为K的向量，也可以是长度为K的整数倍的基于帧的列向量。在这种情况下，模块可以接收int8、uint8、int16、uint16、int32、uint32、boolean、single或double类型的数据。

参数 Constellation ordering 决定模块怎样将二进制字分配到信号星座图的点。如果此项设为 Binary，那么模块使用自然二进制编码星座图。如果此项设置为 Gray，那么模块使用格雷码星座图。

M-PAM 调制模块及其参数设置对话框如图 18-1 所示。

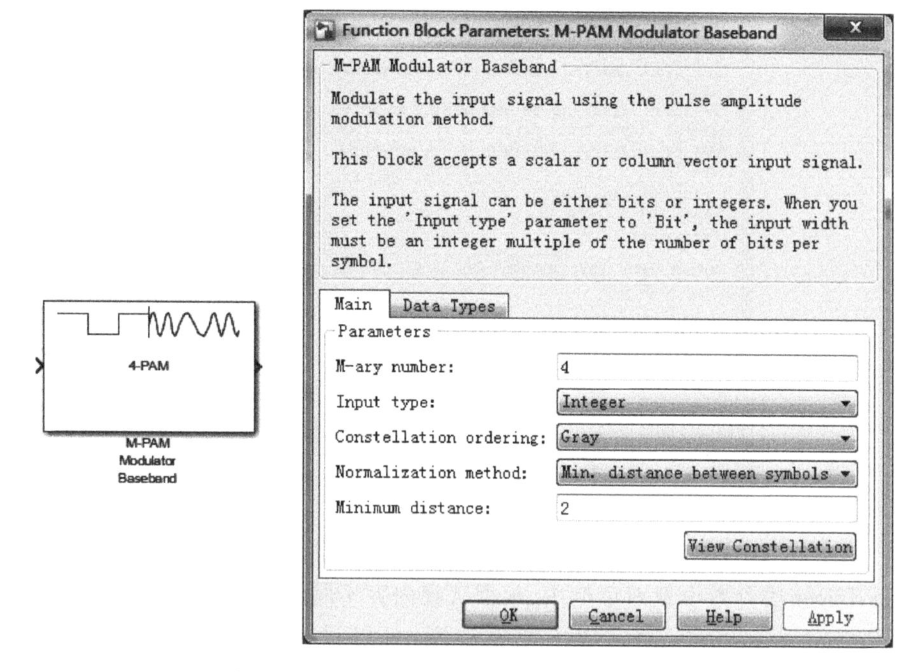

图 18-1　M-PAM 调制模块及其参数设置对话框

由图 18-1 可知，M-PAM 调制模块参数设置对话框中包含 Main 和 Data Types 两类，默认为 Main 类。

1) Main 类

Main 类页面如图 18-1 所示，其包含以下几个参数选项。

(1) M-ary number：表示信号星座图的点数，该项必须设为一个偶数。

(2) Input type：表示输入是由整数(Integer)还是比特组(Bit)组成。如果该项设为 Bit，那么 M-ary number 项必须为 2^K，其中 K 为正整数。

(3) Constellation ordering：该项决定怎样将输入的比特组映射成相应的整数。

(4) Normalization method：该项决定怎样测量信号的星座图，有 Min. distance betwwen symbols、Average Power 和 Peak Power 等可选项。

(5) Minimum distance：表示星座图中两个距离最近点间的距离。该项只有当 Normalization method 项选为 Min. distance between symbols 时有效。

(6) Average power(watts)：星座图中符号的平均功率，该项只有当 Normalization method 项选为 Average Power 时有效。

(7) Peak power(watts)：星座图中符号的最大功率，该项只有当 Normalization method 项选为 Peak Power 时有效。

2) Data Types 类

Data Types 类参数设置对话框如图 18-2 所示。

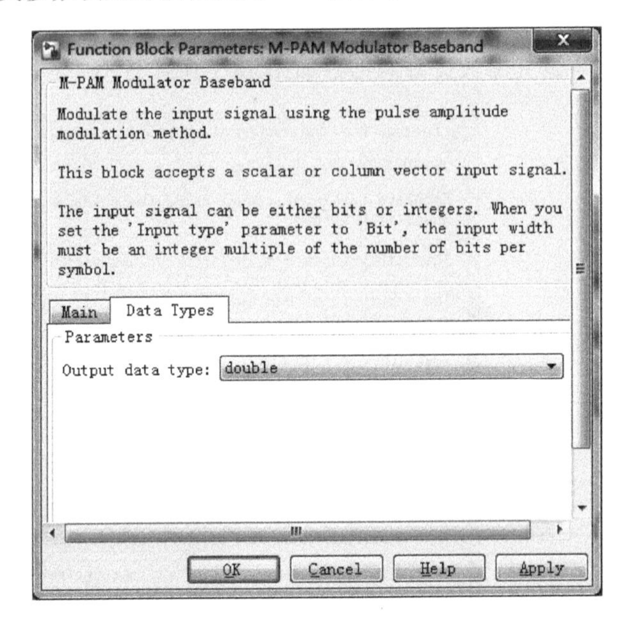

图 18-2 Data Types 类页面

Data Types 类参数设置对话框中，根据选择内容不同，有以下不同的对应的参数项。

- Output data type，设定输出数据类型，可以设为 double、single、Fixed-point、User-defined 或 Inherit via back propagation 等多种类型。
- Output word length：设定 Fixed-point 输出类型的输出字长。该项只有当 Output data type 设为 Fixed-point 时有效并可见。
- User-defined data type：设定带符号的或定点数据类型。该项只有当 Output data type 设为 User-defined 时有效并可见。
- Set output fraction length to：设定固定点输出比例。该项只有当 Output data type 设为 Fixed-point 或 User-defined 时有效并可见。
- Output fraction length：设定固定点输出数据的分数位数。

2. 数字幅度解调模块

Simulink 中对数字幅度解调提供了 General QAM Demodulator Baseband、M-PAM Demodulator Baseband、Rectangular QAM Demodulator Baseband 等多个模块。以下对 M-PAM Demodulator Baseband 模块进行介绍。

M-PAM Demodulator Baseband 称为 M 相基带幅度解调模块，该模块用于基带 M 元脉冲幅度调制的解调。模块的输入为基带形式的已调制信号。

Output type 参数项将会决定模块是产生整数，还是二进制形式表示的整数。如果 Output type 设置为 Integer，那么模块输出整数。如果 Output type 设置为 Bit，那么模块输出 K bit 的组，称为二进制字。参数 Constellation ordering 决定模块怎样将二进制字分配到信号星座图的点。

M-PAM 解调模块及其参数设置对话框如图 18-3 所示。

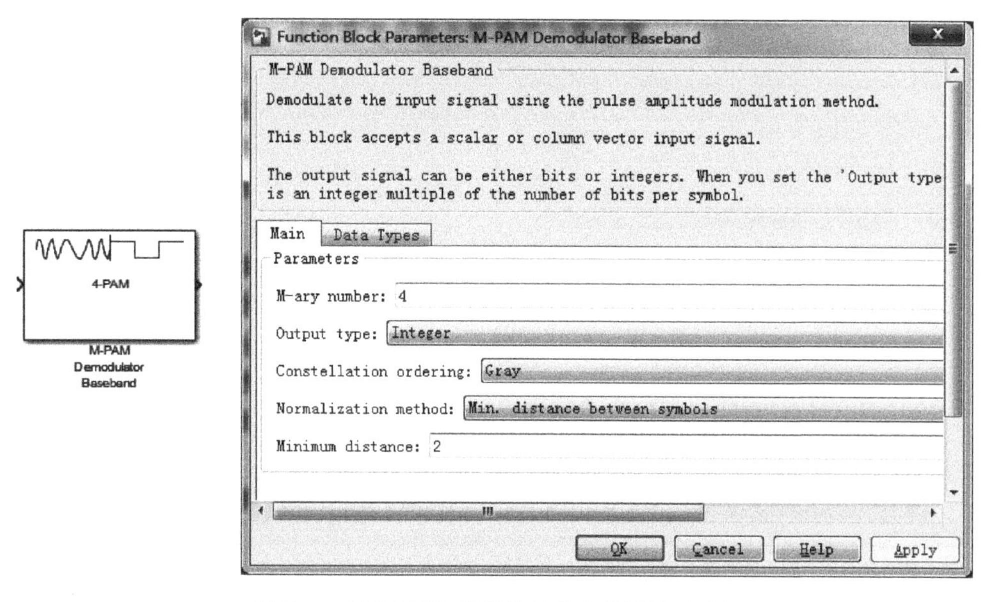

图 18-3　M-PAM 解调模块及其参数设置对话框

M-PAM 解调模块参数设置对话框中包含 Main 和 Data Types 两类，默认为 Main 类，如图 18-3 所示。

1）Main 类

Main 类包含以下几个参数。

(1) M-ary number：表示信号星座图的点数，该项必须设为一个偶数。

(2) Output type：表示输出是由整数(Integer)还是比特组(Bit)组成。如果该项设为 Bit，那么 M-ary number 项必须为 2^K，其中 K 为正整数。

(3) Constellation ordering：该项决定怎样将输出的比特组映射成相应的整数。该项只有在 Output type 设定为 Bit 时有效。

(4) Normalization method：该项决定怎样测量信号的星座图，有 Min. distance betwwen symbols、Average Power 和 Peak Power 等可选项。

(5) Minimum distance：表示星座图中两个距离最近点间的距离。该项只有当 Normalization method 项选为 Min. distance between symbols 时有效。

(6) Average power(watts)：星座图中符号的平均功率，该项只有当 Normalization method 项选为 Average Power 时有效。

(7) Peak power(watts)：星座图中符号的最大功率，该项只有当 Normalization method 项选为 Peak Power 时有效。

2）Data Types 类

Data Types 类参数设置对话框如图 18-4 所示。

Data Types 类参数设置对话框中包含以下若干参数项。

(1) Output：输出设定项。当参数设定为 Inherit via internal rule(默认)时，模块的输出数据类型由输入端决定。当输入数据为 single 或 double 类型时，输出与输入类型相

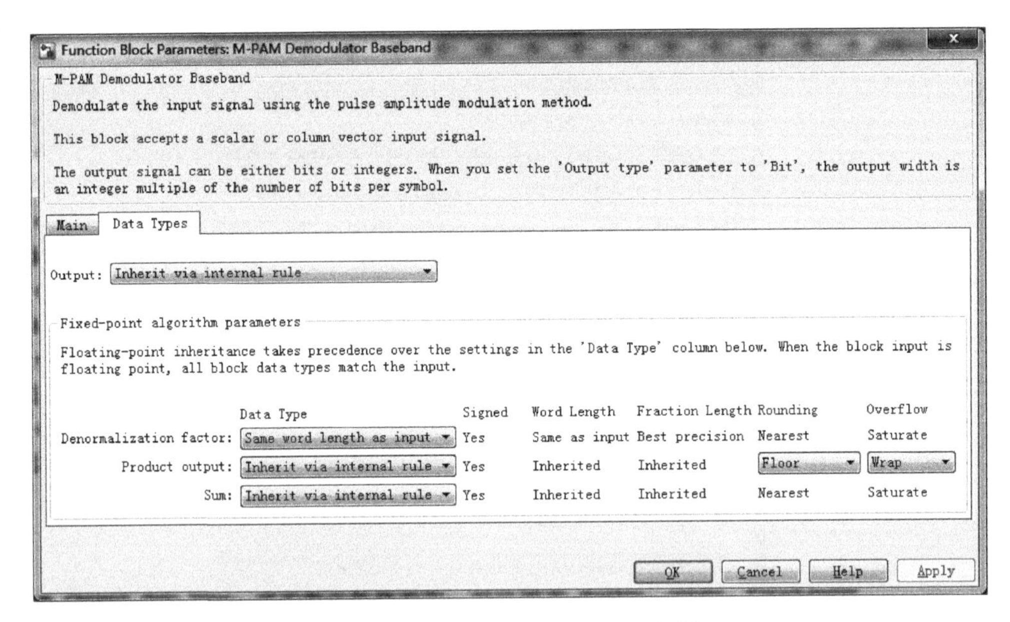

图 18-4　Data Types 类参数设置对话框

同，否则输出数据类型将会和该项设定为 Smallest unsigned integer 的情况相同。

当参数设定为 Smallest unsigned integer 时，输出数据的类型由模型中结构参数对话框中的 Hardware Implementation 项决定。如果 Hardware Implementation 项选为 ASIC/FPGA，输出为满足期望最小长度的最小字长无符号整数。

(2) Denormalization factor：可以选定为 Samle word length ad input 或 Specify word length，选定后将会出现一个输入框。

(3) Product output：可以选定为 Inherit via internal rule 或 Specify word length，选定后将会出现一个输入框。

(4) Sum：可以选定为 Inherit via internal rule、Same as product output 或 Specify word length，选定后将会出现一个输入框。

18.2　数字频率调制/解调

1. 数字频率调制模块

Simulink 中提供了 M-FSK Modulator Baseband 模块用于进行基带 M 元频移键控调制。

M-ary number 项参数 M 为已调信号频率。参数 Frequency separation 为已调信号连续频率之间的间隔。

模块的输入和输出为离散信号。Input type 项决定模块是接收 $0 \sim M-1$ 之间的整数，还是二进制形式的整数。

如果 Input type 项选为 Integer，那么模块接收整数输入。输入可以是标量，也可以是基于帧的列向量。如果 Input type 项选为 Bit，那么模块接收 Kbit 的数组，称为二进制字。输入可以是长度为 K 的向量或基于帧的列向量(长度为 K 的整数倍)。

M-FSK 调制模块及其参数设置对话框如图 18-5 所示。

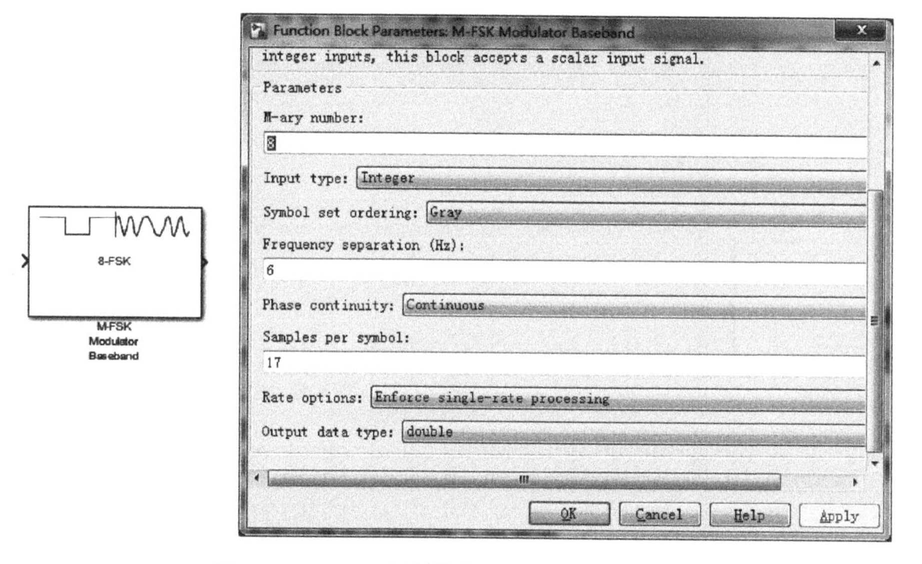

图 18-5 M-FSK 调制模块及其参数设置对话框

M-FSK 调制模块参数设置对话框中包含以下几个参数项。

(1) M-ary number：表示信号星座图的点数，M 必须为一个偶数。

(2) Input type：表示输入由整数组成还是由比特组成。如果该项设为 Bit，那么参数 M-ary number 必须为 2^K，K 为正整数。

(3) Symbol set ordering：设定模块怎样将每一个输入比特组映射到相应的整数。

(4) Frequency separation(Hz)：表示已调信号中相邻频率之间的间隔。

(5) Phase continuity：决定已调制信号的相位是连续的还是非连续的。如果该项设为 Continuous，那么即使频率发生变化，调制信号的相位依然维持不变。如果该项设为 Discontinuous，那么调制信号由不同频率的 M 正弦曲线部分构成，这样如果输入值发生变化，那么调制信号的相位也会发生变化。

- Samples per symbol：对应于每个输入的整数或二进制字模块输出的采样个数。
- Output data type：设定模块的输出数据类型，可为 double 或 single。默认为 double 类型。

2. 数字频率解调模块

对应 M-FSK Modulator Baseband 模块，Simulink 提供了 M-FSK Demodulator Baseband 模块，用于基带 M 元频移键控的解调。模块的输入为基带形式的已调信号。模块的输入和输出均为离散信号。输入可以是标量或基于采样的向量。

M-ary number 项参数 M 为已调信号频率。参数 Frequency separation 为已调信号连续频率之间的间隔。

如果 Output type 项选为 Integer，那么模块输出 $0\sim M-1$ 的整数。如果 Output type 项设为 Bit，那么 M-ary number 项具有 2^K 的形式，K 为正整数，模块输出

0～$M-1$ 的二进制形式整数。

M-FSK 解调模块及其参数设置对话框如图 18-6 所示。

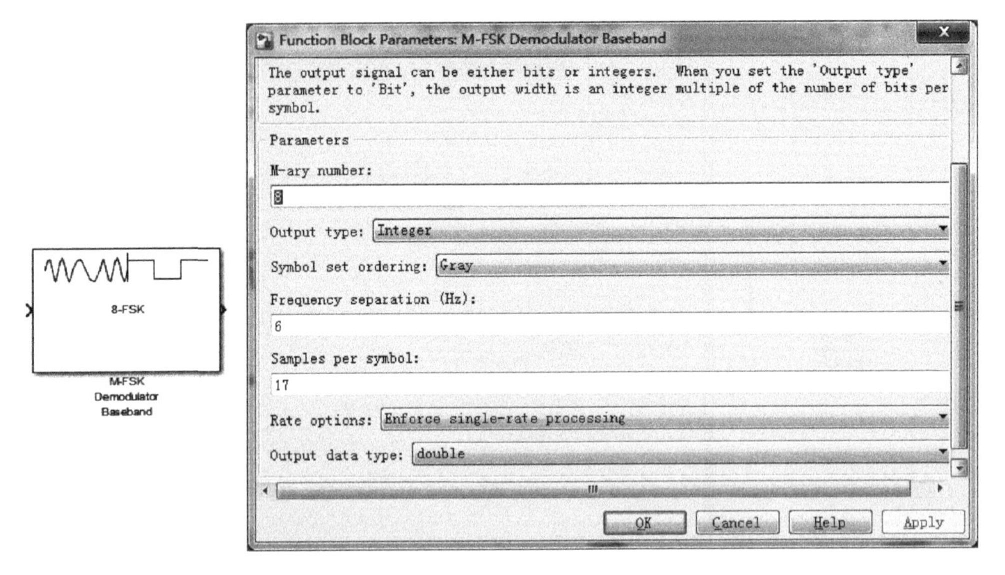

图 18-6　M-FSK 解调模块及其参数设置对话框

M-FSK 解调模块参数设置对话框包含以下几个参数项。

(1) M-ary number：表示信号星座图的点数，M 必须为一个偶数。

(2) Output type：表示输出数据由整数组成还是由比特组成。如果该项设为 Bit，那么参数 M-ary number 必须为 2^K，K 为正整数。

(3) Symbol set ordering：设定模块怎样将每一个输出比特组映射到相应的整数。

(4) Frequency separation(Hz)：表示已调信号中相邻频率之间的间隔。

(5) Samples per symbol：对应于每个输入的整数或二进制字模块输出的采样个数。

(6) Output data type：设定模块的输出数据类型，可为 boolean、int8、uint8、int16、uint16、int32、uint32 或 double。默认为 double 类型。

18.3　数字相位调制/解调

1. 数字相位调制模块

Simulink 中提供了众多的相位调制/解调模块，此处以 M-PSK Modulator Baseband 模块为例，介绍基带数字相位调制。

M-PSK 调制模块进行基带 M 元相移键控调制。输出为基带形式的已调信号。M-ary number 项参数 M 表示信号星座图的点数。

M-PSK 调制模块及其参数设置对话框如图 18-7 所示。

由图 18-7 可知，M-PSK 调制模块参数设置对话框中包含 Main 和 Data Types 两类，默认为 Main 类。

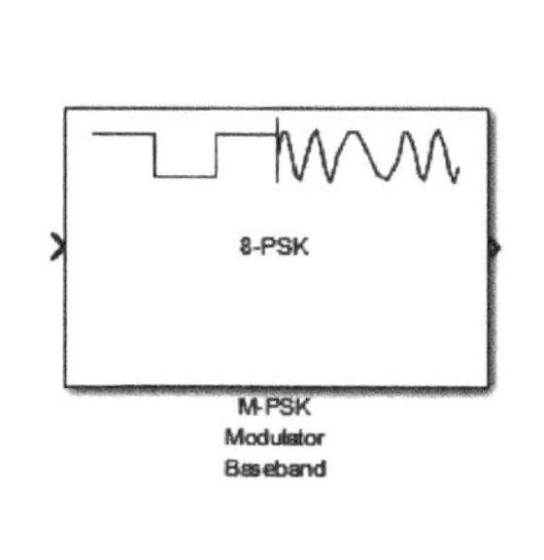

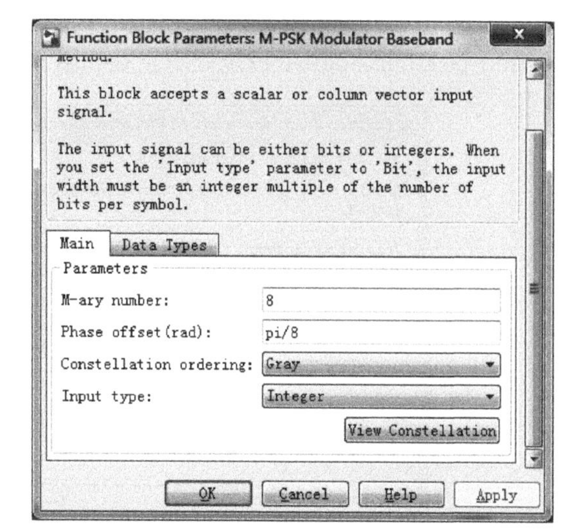

图 18-7　M-PSK 调制模块及其参数设置对话框

1) Main 类

Main 类页面如图 18-7 所示，其包含以下几个参数选项。

(1) M-ary number：表示信号星座图的点数，该项必须设为一个偶数。

(2) Input type：表示输入是由整数还是比特组组成。如果该项设为 Bit，那么 M-ary number 项必须为 2^K，其中 K 为正整数。此时模块的输入信号是一个长度为 K 的二进制向量，且有 $K=\log_2 M$。如果该项为 Integer，那么模块接收$[0,M-1]$的整数输入。输入可以是标量，也可以是基于帧的列向量。

(3) Constellation ordering：星座图编码方式。如果该项设为 Binary，MATLAB 把输入的 K 个二进制符号当作一个自然二进制序列；如果该项设为 Gray，MATLAB 把输入的 K 个二进制符号当作一个 Gray 码。

(4) Constellation mapping：该项只有当 Constellation ordering 项设定为 User-defined 时有效。该项可以是大小为 M 的行或列向量。其中向量的第一个元素对应图中 0+Phase offset 角，后面的元素按照逆时针旋转，最后一个元素对应星座图的点 $-\mathrm{pi}/M+$ Phase offset。

(5) Phase offset：表示信号星座图中的零点相位。

2) Data Types 类

Data Types 类参数设置对话框如图 18-8 所示。

Data Types 类参数设置对话框中，根据选择的内容不同，有以下不同的对应参数项。

(1) Output data type：设定输出数据类型，可以设为 double、single、Fixed-point、User-defined 或 Inherit via back propagation 等多种类型。

(2) Output word length：设定 Fixed-point 输出类型的输出字长。该项只有当 Output data type 设为 Fixed-point 时有效并可见。

(3) User-defined data type：设定带符号的或定点数据类型。该项只有当 Output data type 设为 User-defined 时有效并可见。

(4) Set output fraction length to：设定固定点输出比例。该项只有当 Output data

type 设为 Fixed-point 或 User-defined 时有效并可见。

(5) Output fraction length：设定固定点输出数据的分数位数。

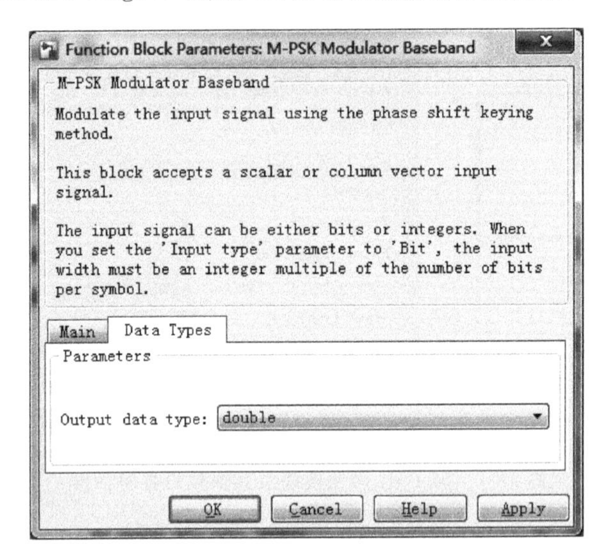

图 18-8　Data Types 类页面

2. 数字相位解调模块

对应 M-PSK Modulator Baseband 模块，Simulink 提供了 M-PSK Demodulator Baseband 模块，用于基带 M 元相移键控调制的解调。输入为基带形式的已调信号。模块的输入和输出都是离散的时间信号。输入可以是标量也可以是基于帧的列向量。参数 M-ary number 表示信号星座图的点数。

M-PSK Demodulator Baseband 模块及其参数设置对话框如图 18-9 所示。

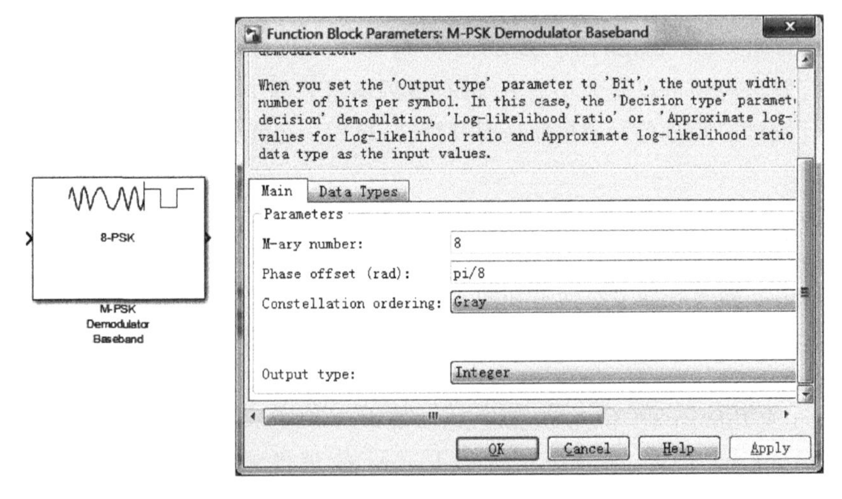

图 18-9　M-PSK 解调模块及其参数设置对话框

如图 18-9 所示，M-PSK 解调模块参数设定框中包含 Main 和 Data Types 两类，默认为 Main 类。

1） Main 类

Main 类主要包含以下选项参数。

（1） M-ary number：表示信号星座图的点数，M 必须为一个偶数。

（2） Phase offset：表示信号星座图中零点的相位。

（3） Constellation ordering：星座图编码方式。决定模块怎样将符号映射成输出比特或整数。

（4） Constellation mapping：该项只有当 Constellation ordering 项设定为 User-defined 时有效。该项可以是大小为 M 的行或列向量。其中向量的第一个元素对应图中 0°角，后面的元素按照逆时针旋转，最后一个元素对应星座图的点 $-\mathrm{pi}/M$。

（5） Output type：表示输出数据由整数组成还是由比特组成。如果该项设为 Bit，那么参数 M-ary number 必须为 2^K，K 为正整数。

（6） Decision type：当 Output type 选为 Bit 时出现本项，用于设定输出为 bitwise hard decision、LLR 或 approximate LLR 形式。

（7） Noise variance source：只有当 Decision type 选定为 Approximate log-likelihood ratio 或 Log-likelihood ratio 时显示该项。如果选择 Dialog，则在 Noise variance 中输入噪声变化；如果选择 Port，模块中显示用于设定噪声变化的端口。

（8） Noise variance：当 Noise variance source 设定为 Dialog 时显示该项，用于设定噪声变化。

2） Data Types 类

Data Types 类参数项如图 18-10 所示。

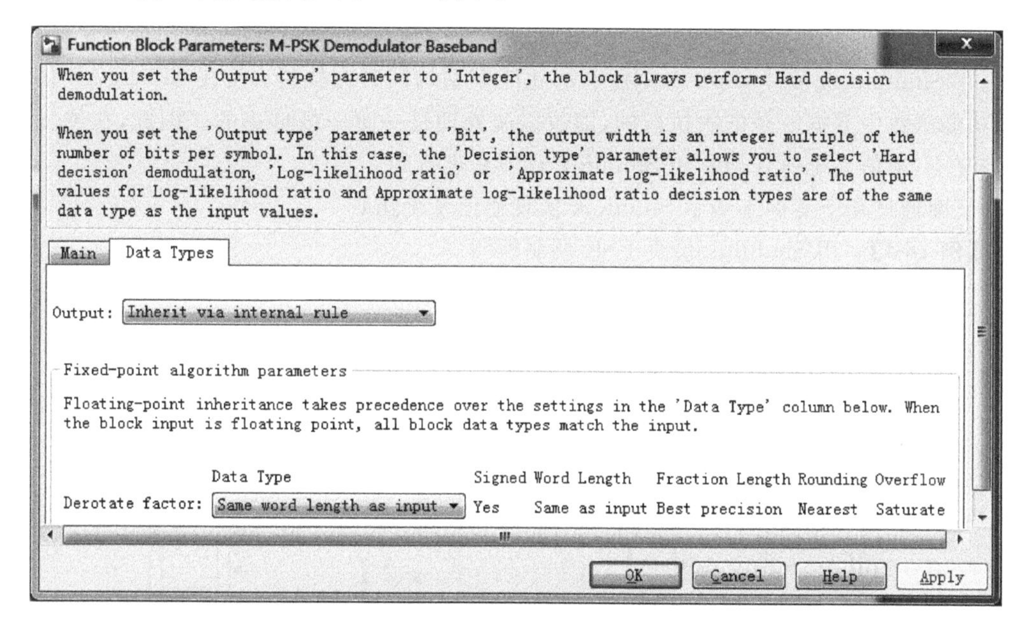

图 18-10　Data Types 类参数项

Data Types 类包含以下参数项。

（1） Output：设定输出。对于比特输出，当 Decision type 设置为 Hard decision 时，

输出数据类型可以为 Inherit via internal rule、Smallest unsigned integer、double、single、int8、uint8、int16、uint16、int32、uint32、boolean 等。对于整数输出，输出数据类型可以是 Inherit via internal rule、Smallest unsigned integer、double、single、int8、uint8、int16、uint16、int32、uint32 等。

如果该项设定为 Inherit via internal rule(默认项)，那么数据的输出类型由输入端决定。如果输入端为 floating-point type 型数据，则输出数据类型相同。如果该项设定为 fixed-point，那么输出数据类型将会和该项设定为 Smallest unsigned integer 时相同；如果该项设定为 Smallest unsigned integer，那么输出数据的类型由模型中结构参数对话框中的 Hardware Implementation 项决定。如果 Hardware Implementation 项选为 ASIC/FPGA，并且 Output type 为 Bit，那么输出数据类型为 ideal minimum one-bit size；如果 Hardware Implementation 项选为 ASIC/FPGA，并且 Output type 为 Integer，那么输出数据类型为 ideal minimum ize。

(2) Denormalization factor：该项只使用于 M-ary number 项设为 2、4、8，输入为 fixed-point 类型，Phase offset 项为非平凡(即该项当 $M=2$ 时为 $\pi/2$ 的整数倍；当 $M=4$ 时为 $\pi/4$ 的奇数倍；当 $M=8$ 时为任意值)的情况。该项有两个可选项：Same word length as input 和 Specify word length。选定后出现设定框。在输出为比特的情况下，如果 Decision type 设定为 Log-likelihood ratio 或 Approximate log-likelihood ratio 类型，则输出与输入的数据类型相同。

18.4 调制/解调的 Simulink 应用

在 Simulink 仿真中，每一时刻所有的功能模型均同时在执行；而在 MATLAB 仿真中，功能函数中数据流是依次执行的，即数据流处理是一级一级传递的。因此，在绝大多数情况下，通信系统仿真均利用 Simulink 环境来进行的。

下面通过几个实例来演示 Simulink 实现通信系统仿真。

【例 18-1】 用 Simulink 仿真 FSK 调制框图。

(1) 根据需要，建立 Simulink 仿真 FSK 调制框图如图 18-11 所示。其中，Sine Wave 和 Sine Wave1 是两个频率分别为 f_1 和 f_2 的载波，Pulse Generator 模块为信号源，NOT 实现方波的反相，最后经过相乘器和相加器生成 2FSK 信号。

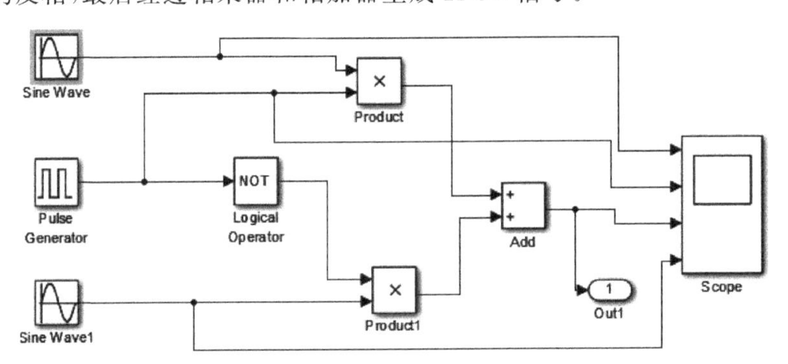

图 18-11 Simulink 仿真 FSK 调制框图

(2) 参数设置。双击图 18-11 中的 Sine Wave 模块，设置载波 f_1 的参数：幅度为 1，f_1=20Hz，采样时间为 0.02s，效果如图 18-12 所示。

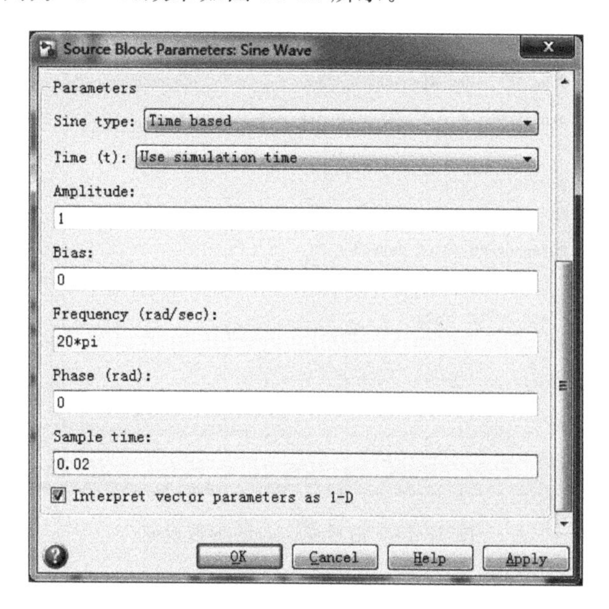

图 18-12　载波 f_1 的参数设置

双击图 18-11 中的 Sine Wave1 模块，设置载波 f_2 的参数：幅度为 1，f_2=120Hz，采样时间为 0.002s，效果如图 18-13 所示。

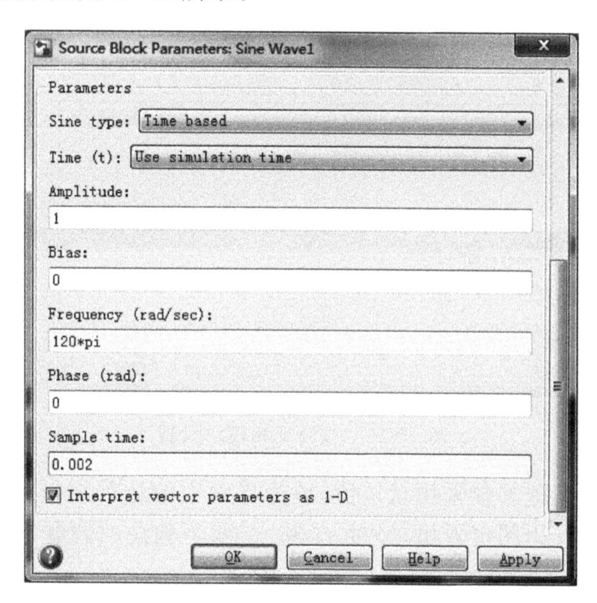

图 18-13　载波 f_2 的参数设置

信号源 $s(t)$选择了基于采样的 Pulse Generator 信号模块，双击图 18-11 中的 Pulse Generator 模块，设置方波是幅度为 1，周期为 3，占比为 33%的基于采样的信号，效果如图 18-14 所示。

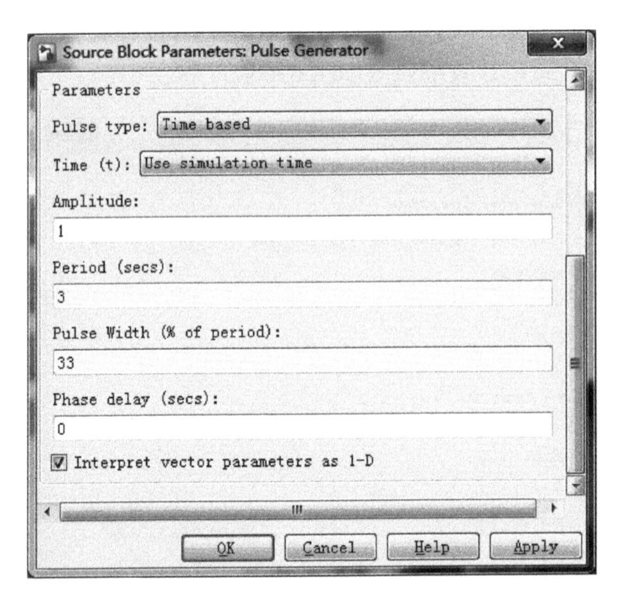

图 18-14　信号源 $s(t)$ 的参数设置

双击图 18-11 中的 Logical Operator 模块，在 Operator 上拉列表框中选择 NOT，效果如图 18-15 所示。

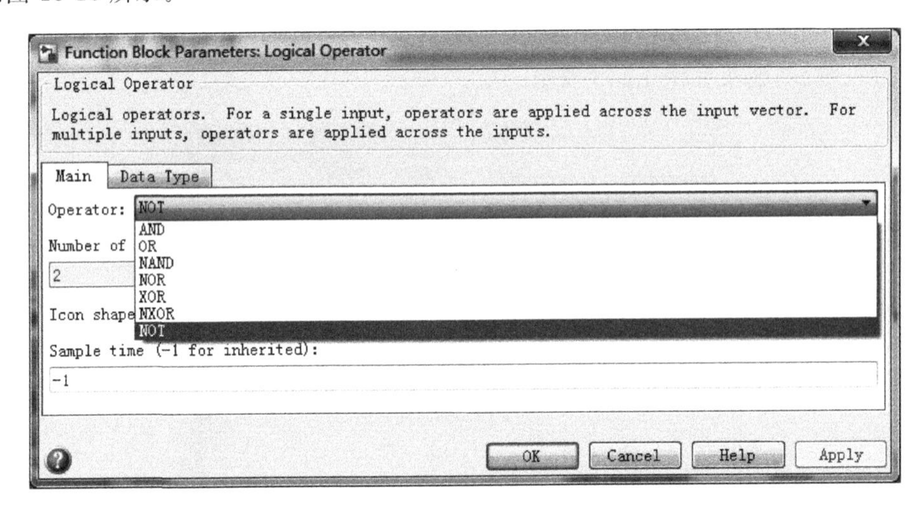

图 18-15　方波反相模块设置

(3) 运行仿真。其他参数采用默认值，单击界面中的运行按钮，即可实现仿真，仿真效果如图 18-16 所示。由图可看出，经过 f_1 和 f_2 两个载波的调制，2FSK 信号有明显的频率上的差别。

另外，用参数 $f_1=10$ 和 $f_2=20$ 再次运行仿真，波形如图 18-17 所示，2FSK 信号有明显的频率上的差别。

【例 18-2】 2FSK 频移键控是一种标准的调制技术，它将数字信号加载到不同频率的正弦载波上。试建立一个用于基带信号的频移键控仿真模型。

(1) 根据需要，建立如图 18-18 所示的频移键控仿真模型。

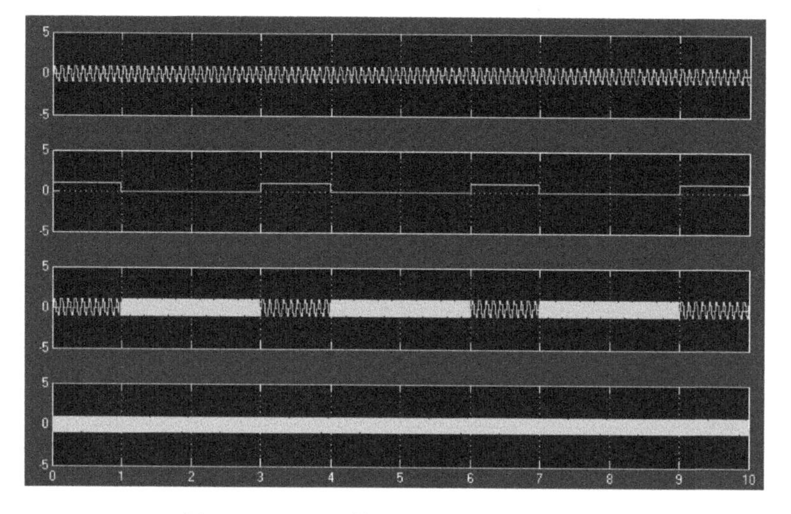

图 18-16　2FSK 信号调制各点的时间波形

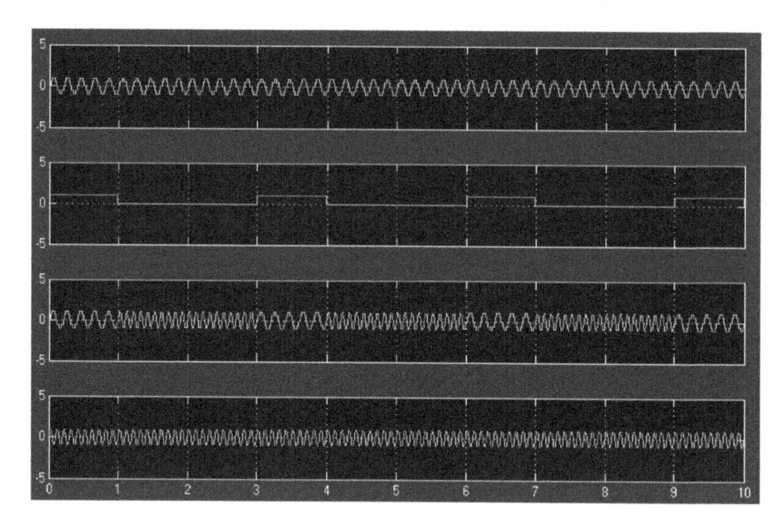

图 18-17　2FSK 信号调制各点的时间波形($f_1=10$ 和 $f_2=20$)

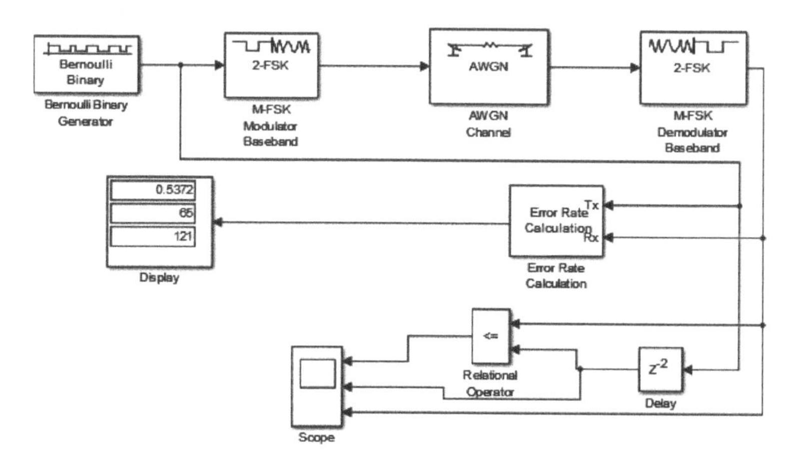

图 18-18　频移键控仿真框图

(2) 参数设置。双击图 18-18 中的 Bernoulli Binary Generator(伯努利二进制信号发生器)模块,将采样时间设置为 1/1200。

双击图 18-18 中的 M-FSK Modulator Baseband 模块,参数 M-ary number 设为 2,Frequency separation 设为 1000Hz,Sample per symbol 设为 1200,效果如图 18-19 所示。

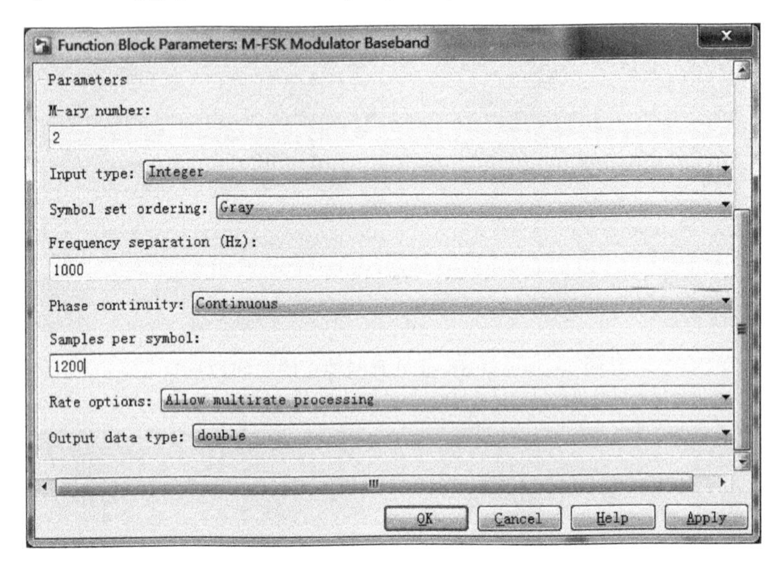

图 18-19 M-FSK Modulator Baseband 模块参数设置

双击图 18-18 中的 M-FSK Demodulator Baseband 模块,参数设置如图 18-20 所示。

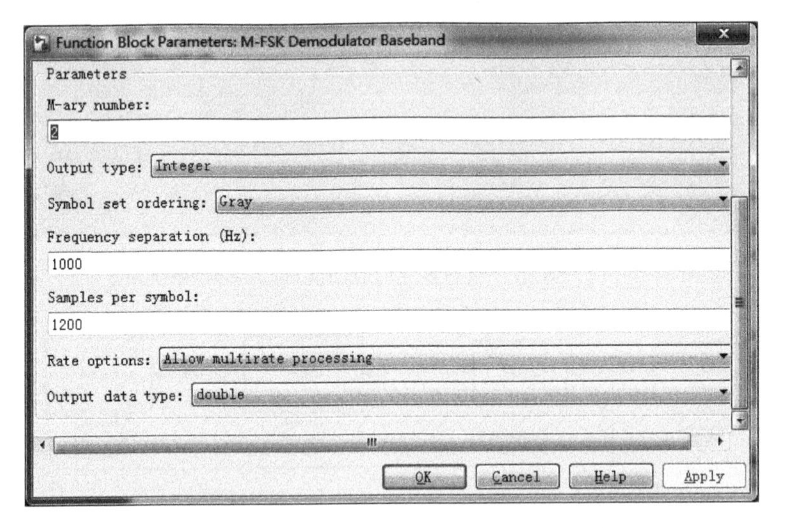

图 18-20 M-FSK Demodulator Baseband 模块参数设置

双击图 18-18 中的 AWGN Channel(高斯白噪声信道)模块,设置其 Es/No 为 10dB,Symbol period 为 1/1200,效果如图 18-21 所示。

双击图 18-18 中的 Error Rate Calculation(误码计算)模块,设置 Output data 输出数据至 port 端口,效果如图 18-22 所示。

双击图 18-18 中的 Delay 模块,参数设置如图 18-23 所示。

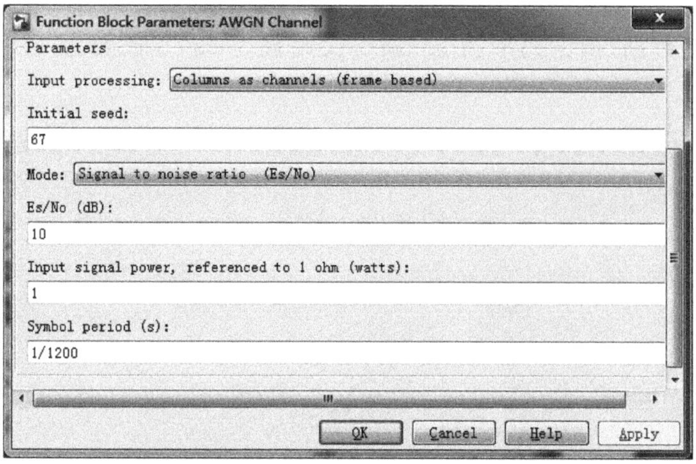

Function Block Parameters: AWGN Channel

Parameters

Input processing: Columns as channels (frame based)

Initial seed:

67

Mode: Signal to noise ratio (Es/No)

Es/No (dB):

10

Input signal power, referenced to 1 ohm (watts):

1

Symbol period (s):

1/1200

OK　Cancel　Help　Apply

图 18-21　AWGN Channel 模块参数设置

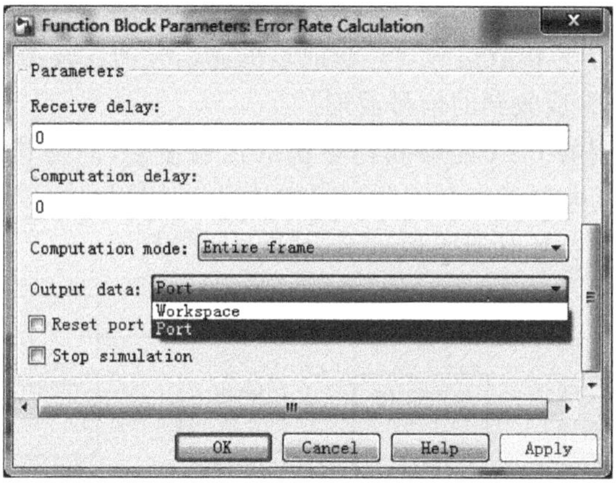

Function Block Parameters: Error Rate Calculation

Parameters

Receive delay:

0

Computation delay:

0

Computation mode: Entire frame

Output data: Port

Workspace

Port

Reset port

Stop simulation

OK　Cancel　Help　Apply

图 18-22　Error Rate Calculation 模块参数设置

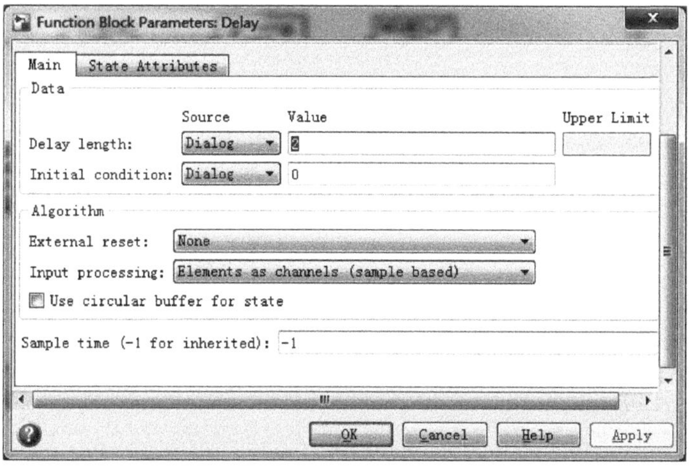

Function Block Parameters: Delay

Main　State Attributes

Data

	Source	Value	Upper Limit
Delay length:	Dialog	2	
Initial condition:	Dialog	0	

Algorithm

External reset: None

Input processing: Elements as channels (sample based)

Use circular buffer for state

Sample time (-1 for inherited): -1

OK　Cancel　Help　Apply

图 18-23　Delay 模块参数设置

(3) 运行仿真。设置仿真时间为 0.1s,运行仿真模型,可看到 Display 模块显示了如图 18-18 所示的数据,即误码率为 0.5372,误码数为 65,总码数为 121。仿真效果如图 18-24 所示。

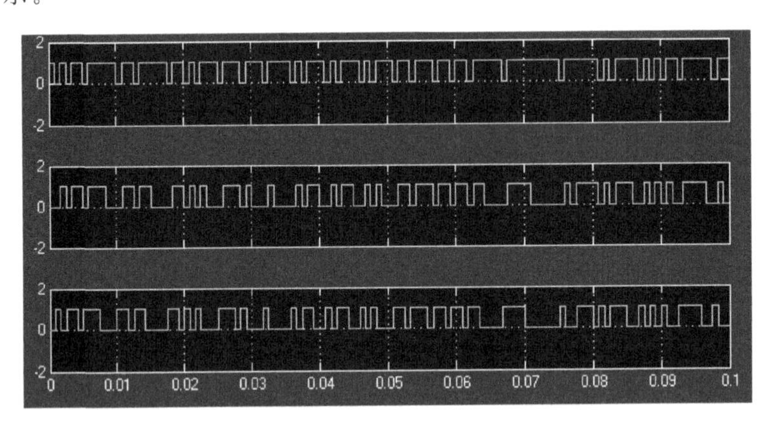

图 18-24　仿真效果

图 18-24 中,第一个为接收信号与经延时后的源信号的比较结果,第二个为经延时后的源信号波形,第三个为接收到的信号波形。

【例 18-3】 多进制的 PSK 能够获得更快的传输速率,但是其之间的相关也将随之减小,这同时说明了,其速率的提高将随误码率的增加而增加。

根据需要,建立 M-PSK 仿真系统框图,如图 18-25 所示。

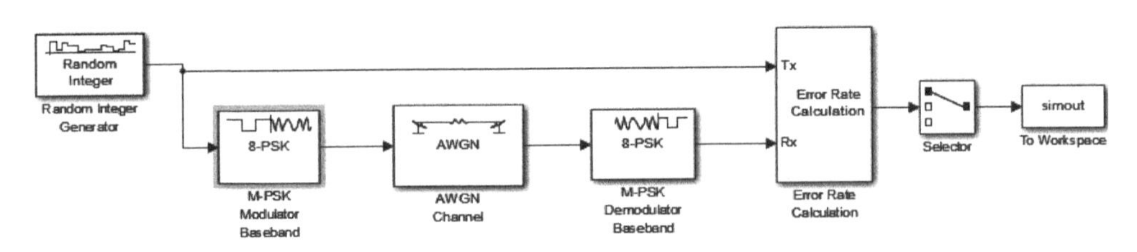

图 18-25　MPSK 仿真系统框图

实现的 M-PSK 仿真程序代码为:

```
>> clc;                                  % 清屏
x = -6:15;                               % 表示信噪比
BitRate = 10000;                         % 信源产生信号的比特率等于 10kbps
SimulationTime = 2;                      % 仿真时间
hold off;
M1 = [2 4 8];                            % 设定进制数向量 M1
y = zeros(length(x),length(M1));         % 初始化二维向量
 % 产生在信噪比 x 下的误差率向量 y 的 for 循环
for j = 1:length(M1)
    M = M1(j);
    for i = 1:length(x)
        SNR = x(i);
        sim('exp7_16');
        y(i,j) = mean(simout);
    end
```

```
end
semilogy(x,y);                          % x,y 图形
axis([ - 6 16 0.00001 1]);              % 限定图形的坐标系的范围
grid on;
title('M 进制移频键控 MPSK 抗噪声性能曲线');
xlabel('SNR(dB)');
ylabel('比特误码率(Pe)');
legend('进制数 M = 2','进制数 M = 4','进制数 M = 8');
```

运行程序,得到的仿真图如图 18-26 所示。

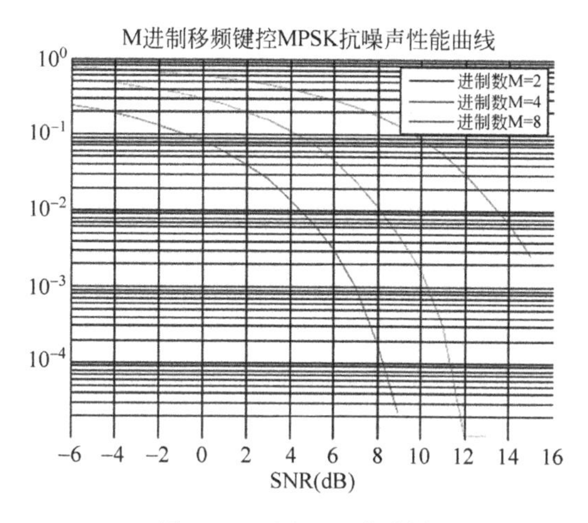

图 18-26　M-PSK 仿真图

由图 18-26 可看出,进制数 M 分别采用了二进制、四进制、八进制做了比较,如图中所示,在其他参数不做改变的情况下,随着进制的增大,调制/解调系统的抗噪声性能随之减弱。

第19章 信号加噪的MATLAB实现及观测设备

19.1 信道模块的信号加噪

在信号传输的过程中，它会不可避免地受到各种干扰，这些干扰统称为噪声。根据信道中占据主导地位的噪声的特点，信道可以分成加性高斯白噪声信道、多径瑞利退化信道和多径莱斯退化信道等。下面将分别进行介绍。

19.1.1 加性高斯白噪声信道

加性高斯白噪声是最简单的一种噪声，它表现为信号围绕平均值的一种随机波动过程。加性高斯白噪声的均值为0，方差表现为噪声功率的大小。加性高斯白噪声信道模块的作用就是在输入信号中加入高斯白噪声。

加性高斯白噪声信道模块及其参数设置对话框如图19-1所示。

加性高斯白噪声信道模块中包含多个参数项，下面分别对各项进行简单介绍。

(1) Initial seed：加性高斯白噪声信道模块的初始化种子。不同的初始种子值对应不同的输出，相同的值对应相同的输出，因此具有良好的可重复性，便于多次重复仿真。当输入矩阵为信号时，初始种子值可以是向量，向量中的每个元素对应矩阵的一列。

(2) Mode：加性高斯白噪声信道模块中的模式设定。当设定为Signal to noise ration(E_b/N_o)时，模块根据信噪比 E_b/N_o 确定高斯噪声功率；当设定为Signal to noise ration(E_s/N_o)时，模块根据信噪比 E_s/N_o 确定高斯噪声功率，此时需要设定三个参量：信噪比 E_s/N_o、输入信号功率和信号周期。当设定为Signal to noise ration(SNR)时，模块根据信噪比SNR确定高斯噪声功率，此时需要设定两个参量：信噪比SNR及信号周期。当设定为Variance from mask时，模块根据方差确定高斯噪声功率，这个方差由Variance指定，而且必须为正。当设定为Variance from port时，模块有两个输入，一个输入信号，另一

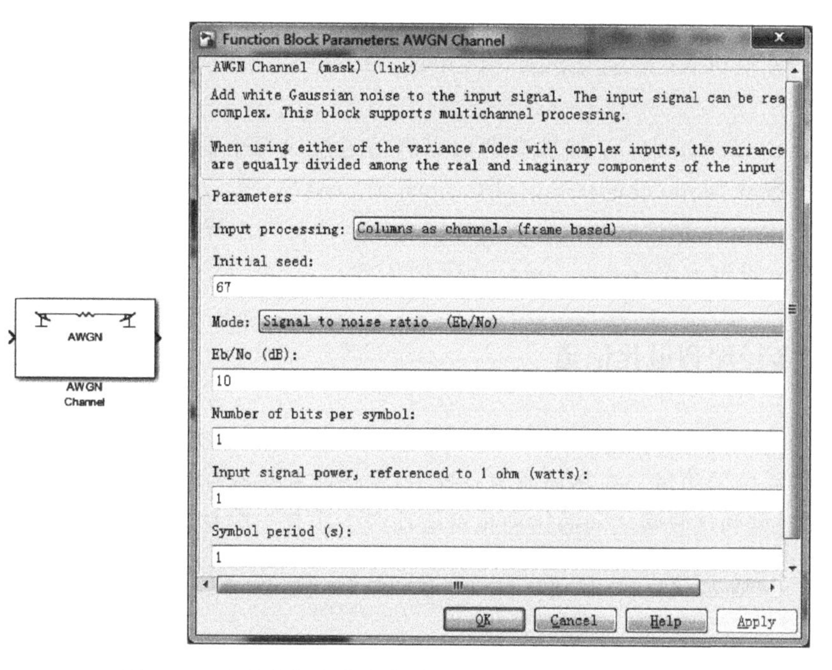

图 19-1 加性高斯白噪声信道模块及其参数设置对话框

个输入确定高斯白噪声的方差。

当输入信号为复数时，加性高斯白噪声信道模块中的 E_b/N_o、E_s/N_o 和 SNR 之间有特定的关系，如式(19-1)、式(19-2)所示

$$E_s/N_o = (T_{sym}/T_{samp}) \cdot \text{SNR} \tag{19-1}$$

$$E_s/N_o = E_b/N_o \lg(K) \tag{19-2}$$

在式(19-1)中，T_{sym} 表示输入信号的符号周期；T_{samp} 表示输入信号的采样周期。式(19-2)中，E_b/N_o 表示比特能量与噪声谱密度的比；K 代表每个字符的比特数。加性高斯白噪声信道模块中复信号的噪声功率谱密度等于 N_o，而在实信号当中，信号噪声的功率谱密度等于 $N_o/2$，因此对于实信号形式的输入信号，E_s/N_o 和 SNR 之间的关系可以表示成式(19-3)的形式

$$E_s/N_o = 0.5(T_{sym}/T_{samp}) \cdot \text{SNR} \tag{19-3}$$

(3) Eb/No(dB)：加性高斯白噪声信道模块的信噪比 E_b/N_o，单位为 dB。本项只有当 Mode 项选定为 Signal to noise ration(E_b/N_o)时有效。

(4) Es/No(dB)：加性高斯白噪声信道模块的信噪比 E_s/N_o，单位为 dB。本项只有当 Mode 项选定为 Signal to noise ration(E_s/N_o)时有效。

(5) SNR(dB)：加性高斯白噪声信道模块的信噪比 SNR，单位为 dB。本项只有当 Mode 项选定为 Signal to noise ration(SNR)时有效。

(6) Number of bits per symbol：加性高斯白噪声信道模块每个输出字符的比特数，本项只有当 Mode 项选定为 Signal to noise ration(E_b/N_o)时有效。

(7) Input signal power, referenced to 1 ohm(watts)：加性高斯白噪声信道模块输入信号的平均功率，单位为 W。本项只有在参数 Mode 设定在 Signal to noise ration(E_b/N_o、

E_s/N_o、SNR)三种情况下有效。选定为 Signal to noise ration(E_b/N_o、E_s/N_o)时,表示输入符号的均方根功率;选定为 Signal to noise ration(SNR)时,表示输入采样信号的均方根功率。

(8) Symbol period(s):加性高斯白噪声信道模块每个输入符号的周期,单位为 s。本项只有在参数 Mode 设定在 Signal to noise ration(E_b/N_o、E_s/N_o)情况下有效。

(9) Variance:加性高斯白噪声信道模块产生的高斯白噪声信号的方差。本项只有在参数 Mode 设定为 Variance from mask 时用效。

19.1.2 多径瑞利退化信道

瑞利退化是移动通信系统中的一种相当重要的退化信道类型,它在很大程度上影响着移动通信系统的质量。在移动通信系统中,发送端和接收端都可能处在不停的运动状态之中,发送端和接收端之间的这种相对运动产生多普勒频移。多普频移与运动速度和方向有关,计算公式为

$$f_d = (vf/c)\cos\theta$$

式中:v 是发送和接收端之间的相对运动速度;θ 是运动方向和发送端与接收端连线之间的夹角;c 为光速;f 为频率。

多径瑞利退化信道模块实现基带信号多径瑞利退化信道仿真,其输入为标量或帧格式的复信号。它对无限移动通信系统建模有很重要的意义。

多径瑞利退化信道模块及其参数设置对话框如图 19-2 所示。

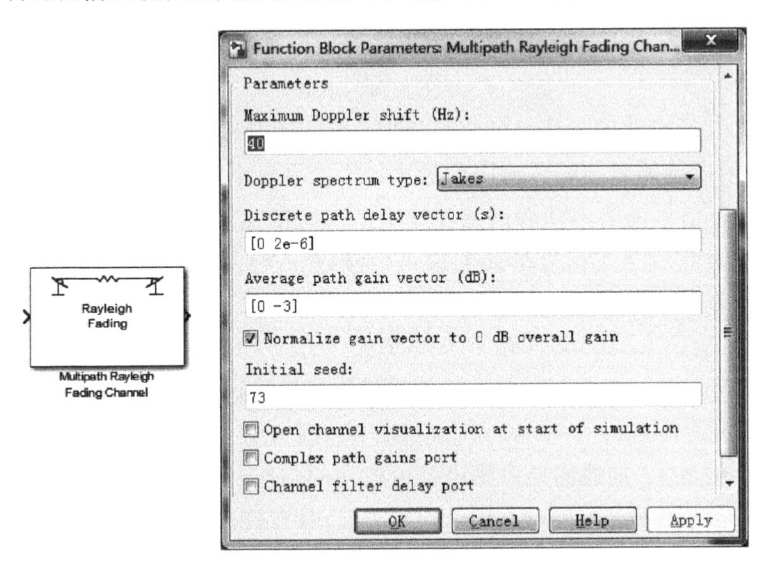

图 19-2　多径瑞利退化信道模块及其参数设置对话框

多径瑞利退化信道模块中包含多个参数项,下面分别对各项进行简单介绍。

(1) Maximum Doppler shift(Hz):多径瑞利退化信道模块的最大多普勒频移,单位为 Hz。

(2) Doppler spectrum type:多普勒频谱类型。

(3) Discrete path Delay vector(s)：多径瑞利退化信道模块输入信号各路径的时延，单位为 s。

(4) Average path gain vector(dB)：多径瑞利退化信道模块输入信号各路径的增益，单位为 dB。

(5) Normalize gain vector to 0 dB overall gain：选定本参数后，多径瑞利退化信道模块把参数 Average path gain vectort 乘上一个系数作为增益向量，使得所有路径的接收信号强度和等于 0dB。

(6) Initial seed：多径瑞利退化信道的初始化种子。

(7) Open channel visualization at start of simulation：多径瑞利退化信道模块中通道可视化选项。选定该项，仿真开始时将会打开通道可视化工具。

(8) Complex path gains port：多径瑞利退化信道模块复路径增益端口项。选定后，输出每个通道的复数路径增益。这是一个 $N\times M$ 多通道结构，其中 N 为每帧样品数，M 为离散的路径数。

(9) Channel filter delay port：多径瑞利退化信道模块信道滤波延时端口项，选定后，输出本模块中由于滤波引起的延时。单路径时，延时为 0；多路径时，延时大于 0。

19.1.3 多径莱斯退化信道

在移动通信系统中，如果发送端和接收端之间存在着一条占优势的视距传播路径，这种信号就可以模拟成多径莱斯退化信道。当发送端和接收端之间既存在着视距传播路径，又有多条反射路径时，它们之间的信道可以同时用多径莱斯退化信道和多径瑞利退化信道来仿真。

多径莱斯退化信道模块对基带信号的多径莱斯退化信道进行仿真，其输入为标量或帧格式的复信号。多径莱斯退化信道模块及其参数设置对话框如图 19-3 所示。

多径莱斯退化信道模块中包含多个参数项，下面分别对这些参数项进行简单介绍。

(1) K-factor(scalar or vector)：多径莱斯退化信道模块中的 K 因子。它表示视距传播路径的能量与其他多径信号的能量之间的比值。K 因子越大，表示发送端和接收端之间的视距传播路径的能量越强；当 K 因子等于 0 时，发送端和接收端之间不存在视距传播路径，此时莱斯退化信道就演变成瑞利退化信道。

(2) Doppler shift of line-of-sight component(s)(Hz)：多径莱斯退化信道模块中的视距传播路径多普勒频移，单位为 Hz。

(3) Initial phase(s) of line-of-sight component(s) (rad)：设置视距的初始化相位值。

(4) Maximum diffuse Doppler shift(Hz)：多径莱斯退化信道模块中最大的扩散多普勒频移设定，必须为正数。

(5) Doppler spectrum type：多普勒频谱类型。

(6) Discrete path delay vector(s)：多径莱斯退化信道模块输入信号各路径的时延，单位为 s。

(7) Average path gain vector(dB)：多径莱斯退化信道模块输入信号各路径的增益，

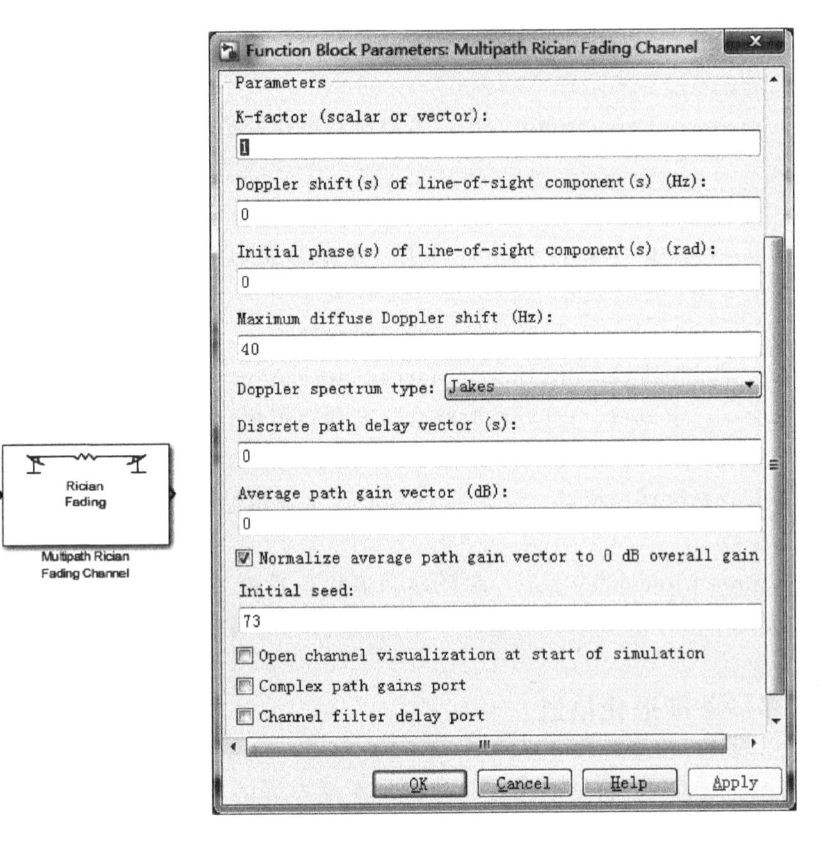

图 19-3　多径莱斯退化信道模块及其参数设置对话框

单位为 dB。

(8) Normalize average path gain vector to 0 dB overall gain：选定本参数后，多径莱斯退化信道模块把参数 Average path gain vectort 乘上一个系数作为增益向量，使得所有路径的接收信号强度和等于 0dB。

(9) Initial seed：多径莱斯退化信道的初始化种子。

(10) Open channel visualization at start of simulation：多径莱斯退化信道模块中通道可视化选项。选定该项，仿真开始时将会打开通道可视化工具。

(11) Complex path gains port：多径莱斯退化信道模块复路径增益端口项。选定后，输出每个通道的复数路径增益。这是一个 $N \times M$ 多通道结构，其中 N 为每帧样品数，M 为离散的路径数。

(12) Channel filter delay port：多径莱斯退化信道模块信道滤波延时端口项，选定后，输出本模块中由于滤波引起的延时。单路径时，延时为 0；多路径时，延时大于 0。

19.2　信号观测设备

在通信系统的仿真过程中，用户希望能够把接收到的数据通过某种方式保存或显示出来，以直观的形态对仿真的结果进行评估，这就需要用到信号观测设备。MATLAB 提供了若干个模块用于实现这种功能。

19.2.1 离散眼图示波器

离散眼图示波器模块只有一个输入端口，用于输入离散的时间信号。这个信号可以是实信号也可以是复信号。离散眼图示波器模块及其参数设置对话框如图 19-24 所示。

由图 19-24 可见，离散眼图示波器参数设置对话框中包含四个选项，分别为 Plotting Properties、Rendering Properties、Axes Properties、Figure Properties，默认项为 Plotting Propertie。下面分别对这四个选项作简单的说明。

1. Plotting Properties 选项

Plotting Properties 选项主要用来设定眼图的绘制方式。该项为默认项，如图 19-4 所示。

(1) Samples per symbol：设定每个符号的采样数。和 Symbols per trace 项共同决定每径的采样数。

(2) Offset(samples)：开始绘制眼图之前应该忽略的采样点的个数。该项一定要是小于 Samples per symbol 和 Symbols per trace 项的非负整数。

(3) Samples per trace：对于每一个输入信号，离散眼图示波器模块可以同时绘制多条曲线，每条曲线称为一个径，它们在时间上相差一定的时间周期。本项用来设定每径上的采样周期。

(4) Traces displayed：设定模块中显示的径的数目，应该为正整数。

(5) New traces per display：每次显示需要重新绘制的径的数目，该项应是比 Traces displayed 小的正整数。

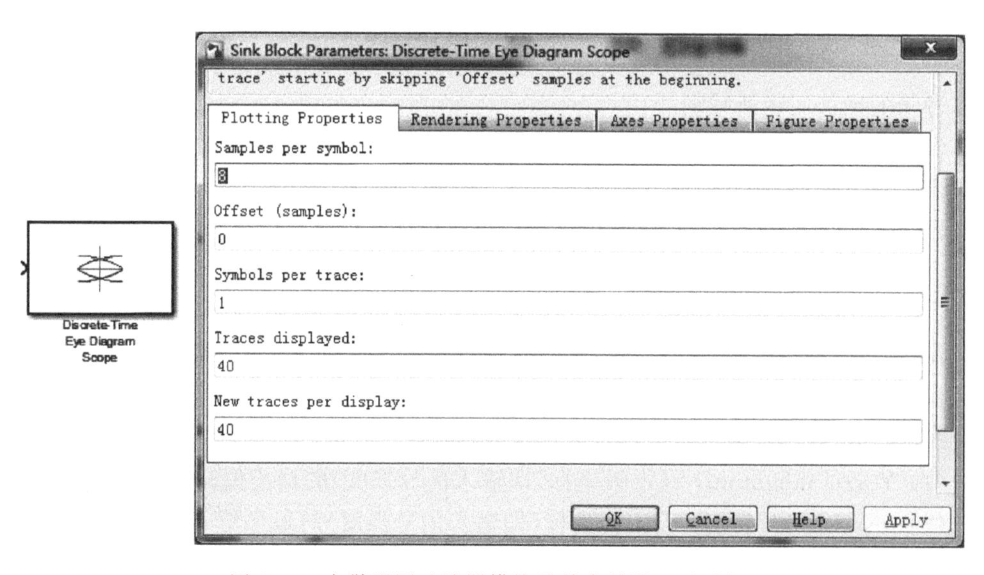

图 19-4 离散眼图示波器模块及其参数设置对话框

2. Rendering Properties 选项

Rendering Properties 选项用来设定绘图属性。选定该项后，显示如图 19-5 所示的参数设置对话框。

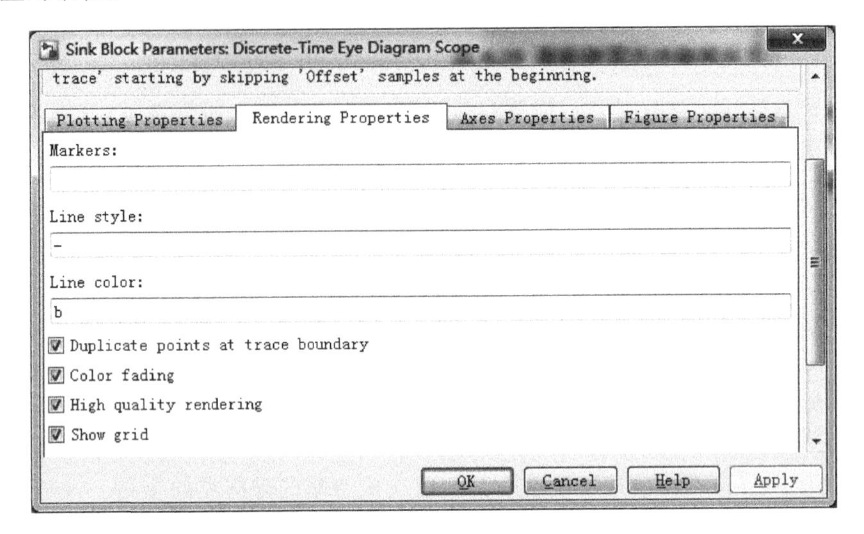

图 19-5　Rendering Properties 选项

Rendering Properties 选项的各参数含义如下。

(1) Markers：设定眼图中每个采样点的绘制方式。

(2) Line style：设定眼图中的线型。

(3) Line color：设定眼图中线条的颜色。

(4) Duplicate points at trace boundary：迹边界重复点为复选框。选定后在每条迹的边缘出现一个重复的采样点；否则没有重复点。

(5) Color fading：颜色渐变复选框。选定后，眼图中每条迹上的点的颜色深度随着仿真时间的推移而逐渐减弱。

(6) High quality rendering：高质量绘图复选项框。选定后，离散时间眼图通过光栅操作绘制高质量的眼图，此时离散眼图示波器的运行速度较慢；如未选定，离散时间眼图通过异或操作快速地绘制质量较低的眼图。

3. Axes Properties 选项

Axes Properties 选项用来设定眼图中的坐标轴属性。选定该项后，显示如图 19-6 所示的参数设置对话框。

Axes Properties 选项各参数的主要含义如下。

(1) Y-axis minimum：设定纵坐标(即输入信号强度)的最小值。

(2) Y-axis maximum：设定纵坐标(即输入信号强度)的最大值。

(3) In-phase Y-axis label：设定是否显示与 I 支路输入信号对应的纵坐标的标签。

(4) Quadrature Y-axis label：设定是否显示与 Q 支路输入信号对应的纵坐标的标签。

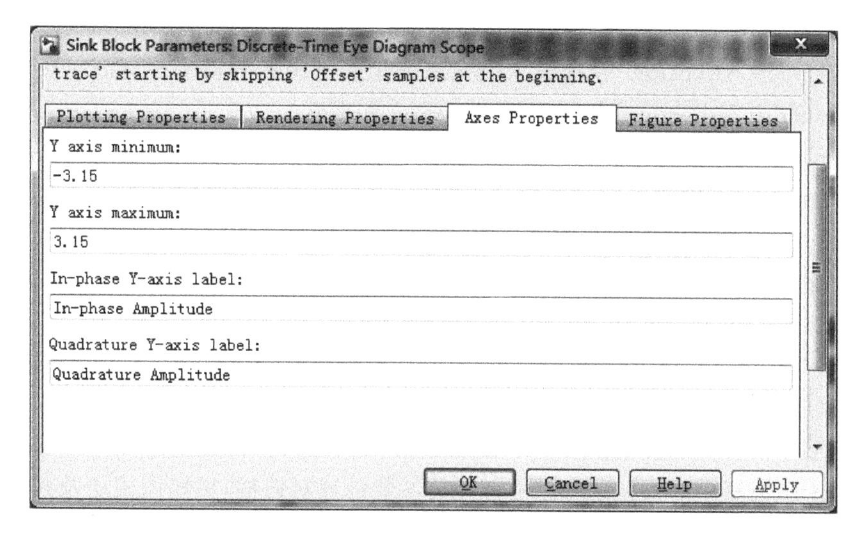

图 19-6　Axes Properties 选项

(5) Show grid：网格显示复选框。选定后，在星座图中显示网格线。

4. Figure Properties 选项

Figure Properties 选项用来设定眼图属性。选定该项后，显示如图 19-7 所示的参数设置对话框。

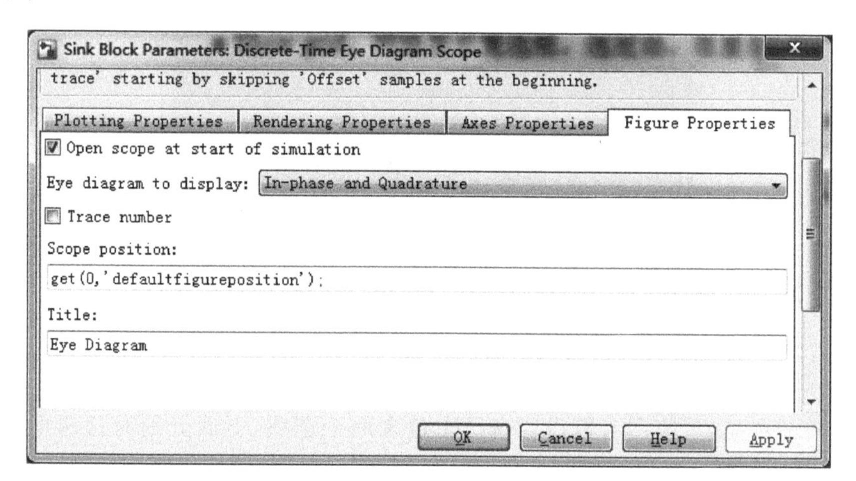

图 19-7　Figure Properties 选项

Figure Properties 选项各参数的含义如下。

(1) Open scope at start of simulation：本项为复选框。选定后，眼图将在仿真开始的时候自动显示；否则，用户需要双击离散眼图示波器之后才能显示。

(2) Eye diagram to display：确定眼图中显示的那个支路的输入信号。当选择 In-phase and Quadrature 时，同时显示实信号和复信号；当选择 In-phase only 时，只显示实信号。

(3) Trace number：设定是否在眼图中显示当前正在绘制的迹的编号。

(4) Scope position：设定眼图的位置。它是由 left、bottom、width、height 四个元素组成的向量。left 和 bottom 分别表示眼图左下角的纵坐标和横坐标，如(0,0)表示眼图的左下角。width 和 height 分别表示眼图的宽度和高度。

(5) Title：设定眼图的标题。

(6) Show grid：网格显示复选框。选定后，在星座图中显示网格线。

19.2.2 星座图

星座图又称离散时间发散图，通常用来观测调制信号的特性和信道对调制信号的干扰特性。星座图模块接收复信号，并且根据输入信号绘制发散图。星座图模块只有一个输入端口，输入信号必须为复信号。双击星座图模块，在弹出的如图 19-8 所示的示波器窗口中，单击示波器中的按钮⚙，即可打开其参数设置对话框，星座图模块及其参数设置对话框如图 19-9 所示。

图 19-8　星座图示波器

由图 19-9 可见，星座图参数设置窗口中包含两个选项，下面分别对这两个选项进行介绍。

1. Main 选项

Main 选项为星座图的主选项，用来设定星座图的绘制方式。该项为默认项，如图 19-9 所示，其包含如下参数。

(1) Samples per symbol：设定星座图中每个符号的采样点数目。

(2) Offset(samples)：开始绘制星座图之前应该忽略的采样点个数。该项一定要小于 Sample per symbol 项的非负整数。

(3) Symbols to display：符号显示形式。

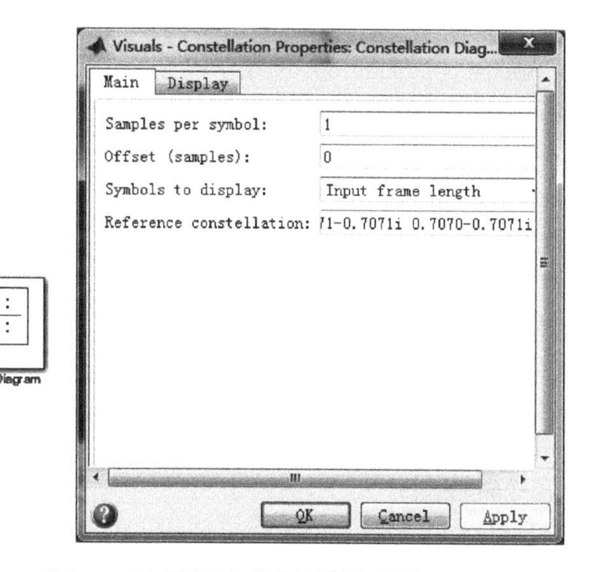

图 19-9 星座图模块及参数设置对话框

(4) Reference constellation：星座参考，为一个矩阵。

2. Display 选项

该选项主要用于设定星座的显示形式，选定该项后，如图 19-10 所示。

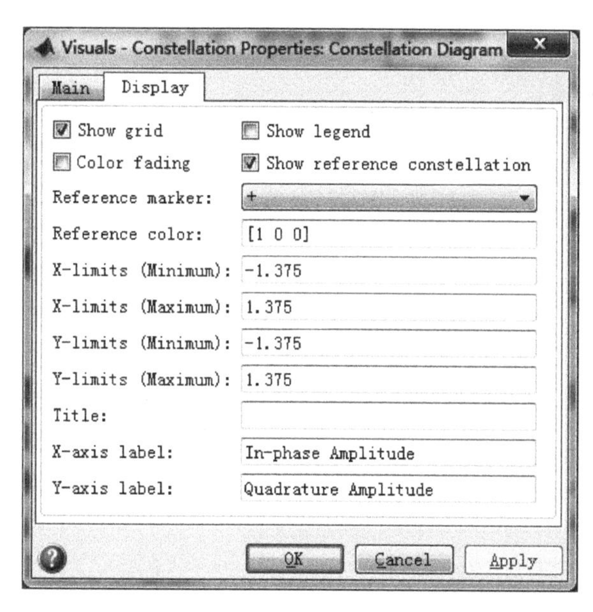

图 19-10 Display 选项

Display 选项各参数的含义如下。

(1) Show grid：显示网格。

(2) Show legend：显示图例。

(3) Color fading：颜色渐变复选框。选定后，眼图中每条迹上的点的颜色深度随着仿真时间的推移而逐渐减弱。

(4) Show reference constellation：显示星座参考线。

(5) Reference marker：设定星座中每个采样点的绘制方式。

(6) X-limits(Minimum)：设定星座图观测仪横坐标的最小值。

(7) X-limits(Maximum)：设定星座图观测仪横坐标的最大值。

(8) Y-limits(Minimum)：设定星座图观测仪纵坐标的最小值。

(9) Y-limits(Maximum)：设定星座图观测仪纵坐标的最大值。

(10) Title：设置星座图标题。

(11) X-axis label：设置星座图横坐标的标签。

(12) Y-axis label：设置星座图纵坐标的标签。

19.2.3 离散信号轨迹图

离散信号轨迹图模块可以根据输入的复信号绘制该信号的轨迹图。轨迹图的横坐标是输入复信号的I支路分量，纵坐标是输入复信号的Q支路分量。离散信号轨迹图模块及其参数设置对话框如图19-11所示。

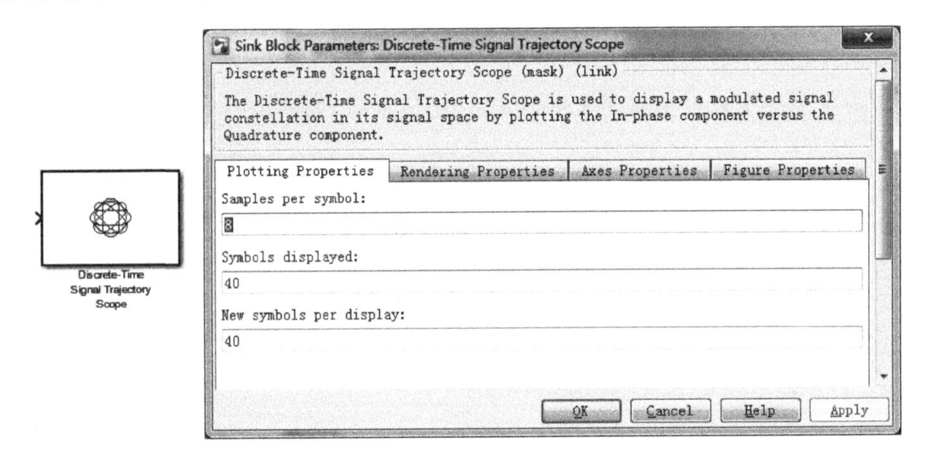

图19-11 离散信号轨迹图模块及其参数设置对话框

由图19-11可见，离散信号轨迹图参数设置对话框中也包含四个选项，分别为Plotting Properties、Rendering Properties、Axes Properties、Figure Properties，默认项为Plotting Properties。下面分别对这四个选项作简单说明。

1. Plotting Properties 选项

Plotting Properties 选项用来设定离散信号轨迹图的绘制方式。该项为默认项，如图19-11所示，其中包含如下参数。

(1) Sample per symbol：设定离散信号轨迹图中每个符号的采样点数。

(2) Symbols displayed：设定离散信号轨迹图中显示的符号数目。

(3) New symbols per display：设定离散信号轨迹图每次需要重新设定的点数目。

2. 其他参数项说明

Rendering Properties、Axes Properties、Figure Properties 三项的参数设置和星座图中这三项的设置相同，此处不再介绍。

19.2.4 误码率计算器

误码率计算器模块分别从发射端和接收端得到输入数据。再对两个数据进行比较，根据比较的结果计算误码率。

应用这个模块，既可以得到错误比特率，也可以得到错误符号率。当输入信号是二进制数据时，则统计的结果是错误比特率，否则，统计得到的结果是错误符号率。误码率计算器模块只比较两个输入信号的正负关系，而不具体地比较它们的大小。误码率计算器模块及其参数设置对话框如图 19-12 所示。

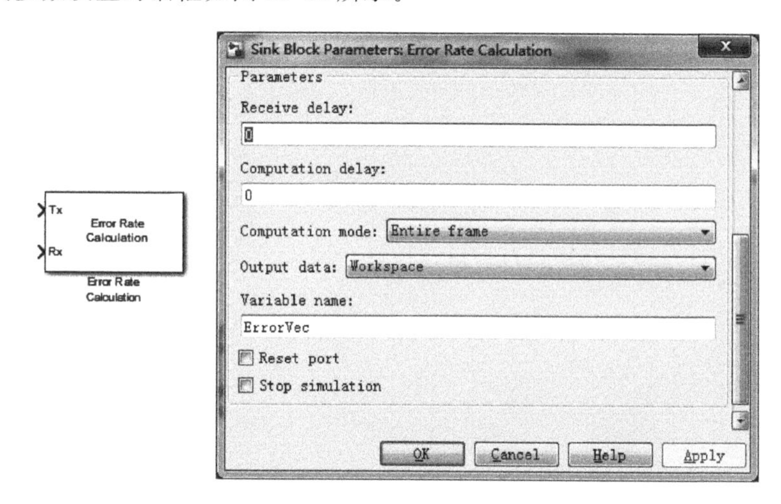

图 19-12　误码率计算器模块及其参数设置对话框

误码率计算器模块中有若干参数，下面分别对其进行简单说明。

(1) Receive delay：接收端时延设定项。

在通信系统中，接收端需要对接收到的信号进行解调、解码或解交织，这些过程可能会产生一定的时延，使得到达误码率计算器接收端的信号滞后于发送端的信号。为了弥补这种时延，误码率计算器模块需要把发送端的输入数据延时若干个输入数据，本参数即表示接收端输入的数据滞后发送端输入数据的大小。

(2) Computation delay：计算时延设定项。在仿真过程中，有时需要忽略初始的若干输入数据，这时可以通过本项设定。

(3) Computation mode：计算模式项。误码率计算器模块有三种计算模式，分别为帧计算模式、掩码模式、端口模式。其中，帧计算模式对发送端和接收端的所有输入数据进行统计。在掩码模式下，模块根据掩码指定对特定的输入数据进行统计，掩码的内容可由参数项 Selected samples from frame 设定。在端口模式下，模块会新增一个输入端 Sel，只有此端口的输入信号有效时才统计错误率。

(4) Selected samples from frame：掩码设定项。本参数用于设定哪些输入数据需要统计。本项只有当 Computation mode 项设定为 samples from mask 时有效。

(5) Output data：设定数据输出方式，有 Worksapce 和 Port 两种方式。Worksapce 将统计数据输出到工作区，Port 将统计数据从端口中输出。

(6) Variable name：指定用于保存统计数据的工作区间变量的名称。本项只有在 Output data 设定为 Workspace 时有效。

(7) Reset port：复位端口项。选定此项后，模块增减一个输入端口 Rst，当这个信号有效时，模块被复位，统计值重新设定为 0。

(8) Stop simulation：仿真停止项。选定本项后，如果模块检测到指定对象的错误，或数据的比较次数达到了门限，则停止仿真过程。

(9) Target number of errors：错误门限项。用于设定仿真停止之前允许出现错误的最大个数。本项只有在 Stop simulation 选定后有效。

(10) Maximum number of symbols：比较门限项。用于设定仿真停止之前允许比较的输入数据的最大个数。本项只有在 Stop simulation 选定后有效。

第20章 信号与信道的MATLAB-Simulink产生

在前面简单介绍了几种产生信号与信道的方法，本章将进一步介绍 MATLAB 及 Simulink 中具备产生信号与信道的函数及模块。

20.1 随机数据信号源

本节将介绍几种数字信号产生器，包括伯努利二进制信号产生器、泊松分布整数产生器以及随机整数产生器等。

20.1.1 伯努利二进制信号产生器

1. MATLAB 函数

将试验 E 重复进行 n 次，若各次试验的结果互不影响，即每次试验结果出现的概率都不依赖于其他各次试验的结果，则称这 n 次试验是相互独立的。

设试验 E 只有两个可能结果 A 与 $\overline{A}$，$P(A)=p$，$P(\overline{A})=1-p=q(0<p<1)$。将 E 独立重复地进行 n 次，则称这一串重复的独立试验为 n 重伯努利试验，简称伯努利试验。伯努利试验是一种很重要的数学模型。它有广泛的应用，是研究得最多的模型之一。

以 X 表示 n 重伯努利试验中事件 A 发生的次数，X 是一个随机变量，我们来求它的分布律。X 所有可能取的值为 $0,1,2,\cdots,n$。由于各次试验是相互独立的，因此事件 A 在指定的 $k(0\leqslant k\leqslant n)$ 次试验中发生，其他 $n-k$ 次试验中不发生(如在前 k 次试验中发生，而在后 $n-k$ 次试验中不发生)的概率为

$$\underbrace{p\cdot p\cdots p}_{k个}\cdot\underbrace{(1-p)\cdot(1-p)\cdots(1-p)}_{n-k个}=p^k(1-p)^{n-k}$$

由于这种指定的方式共有 C_n^k 种，它们是两两互不相容的，故在 n 次试验中 A 发生 k 次的概率为 $C_n^kP^k(1-p)^{n-k}$，即

$$P\{X=k\}=C_n^kp^kq^{n-k},\quad k=0,1,2,\cdots,n \tag{20-1}$$

显然

$$\begin{cases} P\{X=k\} \geqslant 0, \quad k=0,1,2,\cdots,n \\ \sum_{k=0}^{n} C_n^k p^k q^{n-k} = (p+q)^n = 1 \end{cases} \tag{20-2}$$

即 $P\{X=k\}$满足条件式(20-1)及式(20-2)。注意到 $C_n^k p^k q^{n-k}$ 刚好是二项式$(p+q)^n$ 的展开式中出现 p^k 的一项,故称随机变量 X 服从参数 n,p 的二项分布,记为

$$X \sim B(n,p)$$

特别,当 $n=1$ 时二项分布为

$$P\{X=k\} = p^k q^{1-k}, \quad k=0,1$$

这就是(0-1)分布。

MATLAB统计工具箱提供了伯努利二进制的计算函数,包括 binopdf、binocdf、binofit、binoinv、binornd、binostat 等。

【例 20-1】 某人向空中抛硬币 100 次,落下为正面的概率为 0.5,求这 100 次中正面向上的次数概率。

```
>> clear all;
p1 = binopdf(45,100,0.5)                    % 计算 x = 45 的概率
p2 = binocdf(45,100,0.5)                    % 计算 x≤45 的概率即累积概率
x = 1:100;
p = binopdf(x,100,0.5);
px = binopdf(x,100,0.5);
subplot(121);plot(x,p,'rp');                % 绘制分布函数图像
xlabel('x'); ylabel('p');title('分布函数');
axis square;
subplot(122);plot(x,px,'+');                % 绘制概率密度函数图像
xlabel('x'); ylabel('p');title('概率密度函数');
axis square;
```

运行程序,输出如下,效果如图 20-1 所示。

```
p1 =
    0.0485
p2 =
    0.1841
```

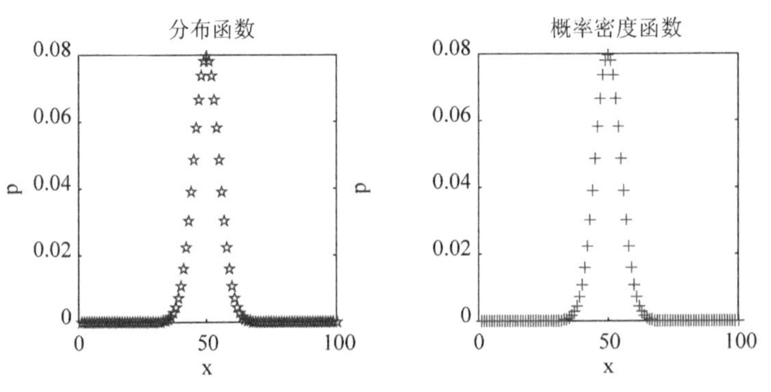

图 20-1 伯努利二进制分布函数及密度函数效果图

2. Simulink 模块

伯努利二进制信号产生器产生符合伯努利分布的随机信号。

伯努利二进制信号产生器产生随机二进制序列，并且在这个二进制序列中的 0 和 1 满足伯努利分布

$$\Pr(x)=\begin{cases}p, & x=0\\1-p, & x=1\end{cases} \tag{20-3}$$

即伯努利二进制信号产生器产生的序列中，产生 0 的概率为 p，产生 1 的概率为 $1-p$。根据伯努利序列的性质可知，输出信号的均值均为 $1-p$，方差为 $p(1-p)$。产生 0 的概率 p 由伯努利二进制信号产生器中的 Probability of a zero 项控制，它可以是 0～1 中的某个实数。

伯努利二进制信号产生器的输出信号，可以是基于帧的矩阵、基于采样的行或列向量，或者基于采样的一维序列。输出信号的性质可以由二进制伯努利序列产生器中的 Frame-based outputs、Samples per frame 和 Interpret vector parameters as 1-D 三个选项控制。

伯努利二进制信号产生器模块及其参数设置对话框如图 20-2 所示。

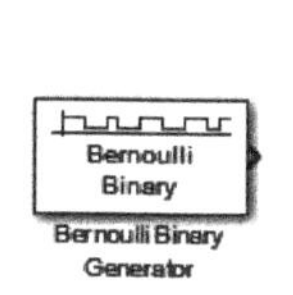

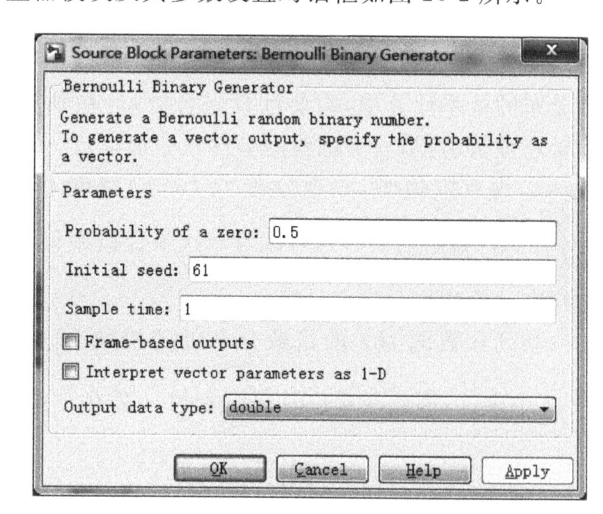

图 20-2　伯努利二进制信号产生器模块及其参数设置对话框

伯努利二进制信号产生器中包含多个参数项，下面分别对各项进行简单介绍。

(1) Probability of a zero：伯努利二进制信号产生器输出 0 的概率。对应于式(20-3)中的 p，为 0～1 之间的实数。

(2) Initial seed：伯努利二进制信号产生器的随机数种子，它可以是与 Probability of a zero 项长度相同的向量或标量。当使用相同的随机数种子时，伯努利二进制信号产生器每次都会产生相同的二进制序列；不同的随机数种子通常产生不同的序列。当随机数种子的维数大于 1 时，伯努利二进制信号产生器的输出信号的维数也大于 1。

(3) Sample time：输出序列中每个二进制符号的持续时间。

(4) Frame-based outputs：指定伯努利二进制信号产生器以帧格式产生输出序列，即

决定输出信号是基于帧还是基于采样。本项只有当 Interpret vector parameters as 1-D 项未被选中时有效。

(5) Interpret vector parameters as 1-D：如果选中此项，则伯努利二进制信号产生器输出一维序列；否则，输出二维序列。本项只有当 Frame-based outputs 项未被选中时有效。

(6) Output data type：决定模块输出的数据类型，可以是 boolean、int8、uint8、int16、uint16、int32、uint32、single、double 等众多类型，默认为 double。

20.1.2 泊松分布整数产生器

1. MATLAB 函数

如果离散随机变量 ξ 的取值为非负整数值 $k=0,1,2,\cdots$，且取值等于 k 的概率为

$$p_k = P(\xi = k) = \frac{\lambda^k}{k!}\mathrm{e}^{-\lambda}$$

则称离散随机变量 ξ 服从泊松分布。泊松分布随机变量的期望和均值为

$$E(\xi) = \lambda$$

$$\mathrm{Var}(\xi) = \lambda$$

两个分别服从参数为 λ_1 和 λ_2 的独立泊松分布的随机变量之和也是泊松分布的，其参数为 $\lambda_1+\lambda_2$。

在对二项分布的概率计算中，需要计算组合数，这在独立试验次数很多的情况下是不方便的。泊松定理指出，当一次试验的事件概率很小 $p\to 0$，独立试验次数很大 $n\to\infty$，而两者乘积 $np=\lambda$ 为有限值时，二项分布 $P_k(n,p)$ 趋近于参数为 λ 的泊松分布，即有 $\lim\limits_{n\to\infty}P_k(n,p)=\frac{\lambda^k}{k!}\mathrm{e}^{-\lambda}$。利用泊松分布可以对单次事件概率很小而独立试验次数很大的二项分布概率进行有效的建模及近似计算。

如果产生一系列参数同为 λ 的指数分布的随机数 $t_i, i=1,2,\cdots$，可认为在时间段 $\sum\limits_{i=1}^{k} t_i$ 上发生了 k 个事件，因此在单位时间段 $t=1$ 上发生的事件数 k 满足方程

$$\sum_{i=1}^{k} t_i \leqslant 1 < \sum_{i=1}^{k+1} t_i \tag{20-4}$$

利用这一关系即可产生参数为 λ 的泊松分布随机数，即不断产生参数为 λ 的指数分布的随机数 $t_i, i=1,2,\cdots$，并将它们累加起来，如果累加到 $k+1$ 个的结果大于 1，则将计数值 k 作为泊松分布的随机数输出。

设随机数 x_i 是均匀分布在区间[0,1]上的随机数，则根据前述反函数法，$t_i=-\frac{1}{\lambda}\ln x_i$ 将是参数为 λ 的指数分布随机数。将其代入式(20-4)可得

$$\sum_{i=1}^{k} -\frac{1}{\lambda}\ln x_i \leqslant 1 < \sum_{i=1}^{k+1} -\frac{1}{\lambda}\ln x_i \tag{20-5}$$

利用式(20-5)计算时需要计算对数求和，效率较低。事实上，式(20-5)可简化为

$$\prod_{i=1}^{k} x_i \geqslant \exp(-\lambda) > \prod_{i=1}^{k+1} x_i$$

这样，泊松随机数的产生就简化为连乘运算和条件判断，具体算法如下。

(1) 初始化：置计数器 $i:=0$，以及乘积变量 $v:=1$。

(2) 计算连乘：产生一个区间[0,1]上均匀分布的随机数 x_i，并赋值 $v:=v\times x_i$。

(3) 判断：如果 $v\geqslant \exp(\lambda)$，则令 $i:=i+1$，返回步骤(2)；否则，将当前计数值作为泊松随机数输出，然后转到步骤(1)。

MATLAB统计工具箱提供的泊松分布计算指令包括 poisspdf、poisscdf、poissfit、poissinv、poissrnd、poisstats 等。

【例 20-2】 生成泊松分布的随机数。

```
>> clear all;
%设置泊松分布的参数
lambda = 4;
%产生 len 个随机数
len = 5;
y1 = poissrnd(lambda, [1 len])
%产生 P 行 Q 列的矩阵
P = 3;
Q = 4;
y2 = poissrnd(lambda, P,Q)
%显示泊松分布的柱状图
M = 1000;
y3 = poissrnd(lambda, [1 M]);
figure(1);
t = 0:1:max(y3);
hist(y3,t);
axis([0 max(y3) 0 250]);
xlabel('取值');
ylabel('计数值');
```

运行程序，输出如下，效果如图 20-3 所示。

```
y1 =
     5     4     4     2     4
y2 =
     3     5     6     7
     6     5     6     3
     4     6     3     3
```

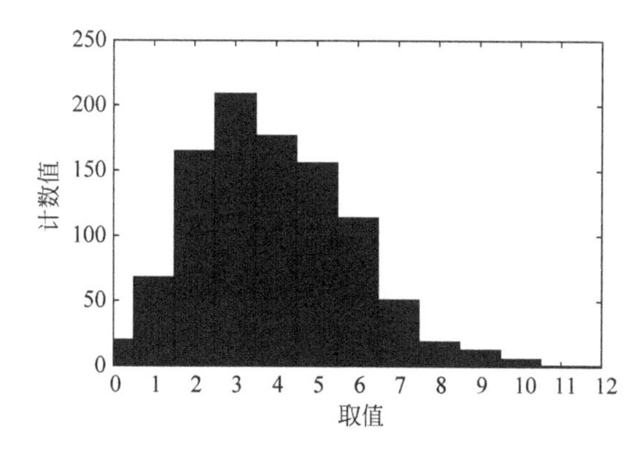

图 20-3　泊松分布频率直方图

2. Simulink 模块

泊松分布整数产生器产生服从泊松分布的整数序列。

泊松分布整数产生器利用泊松分布产生随机整数。假设 x 是一个服从泊松分布的随机变量，那么 x 等于非负整数 K 的概率可表示为

$$\Pr(k)=\frac{\lambda^k \mathrm{e}^{-k}}{k!},\quad k=0,1,2,\cdots$$

式中：λ 为正数，称为泊松参数，泊松随机过程的均值和方差都等于 λ。

利用泊松分布整数产生器可以在双传输通道中产生噪声，在这种情况下，泊松参数 λ 应该比 1 小，通常远小于 1。泊松分布参数产生器的输出信号，可以是基于帧的矩阵、基于采样的行或列向量，也可以是基于采样的一维序列。输出信号的性质可以由泊松分布整数产生器中的 Frame-based outputs、Samples per frame 和 Interpret vector parameters as 1-D 三个选项控制。

泊松分布整数产生器模块及其参数设置对话框如图 20-4 所示。

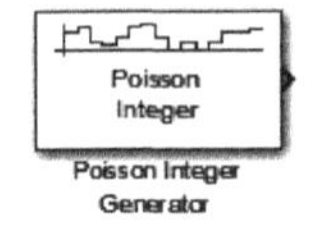

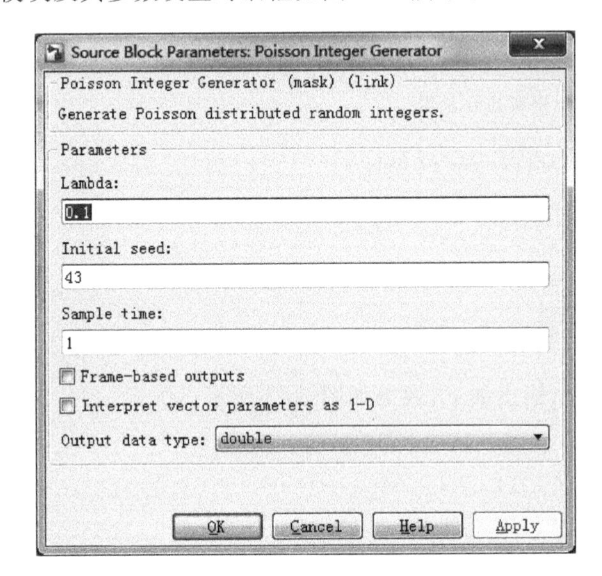

图 20-4　泊松分布整数产生器模块及其参数设置对话框

泊松分布整数产生器对话框中包含多个参数项，下面分别对各项进行简单说明。

(1) Lambda：确定泊松参数 λ，如果输入为一个标量，那么输出向量的每一个元素分享相同的泊松参数。

(2) Initial seed：泊松分布整数产生器的随机数种子。当使用相同的随机数种子时，泊松分布整数产生器每次都会产生相同的二进制序列；不同的随机数种子通常产生不同的序列。当随机数种子的维数大于 1 时，泊松分布参数产生器的输出信号的维数也大于 1。

(3) Sample time：输出序列中每个整数的持续时间。

(4) Frame-based outputs：指定泊松分布整数产生器以帧格式输出序列，即决定输出信号是基于帧还是基于采样。本项只有当 Interpret vector parameters as 1-D 未被选

中时有效。

(5) Samples per frame：该参数用来确定每帧的采样点的数目。本项只有当Frame-based outputs项选中后才有效。

(6) Interpret vector parameters as 1-D：如果选中此项，则泊松分布整数产生器输出一维序列；否则输出二维序列。本项只有当Frame-based outputs项未被选中时有效。

(7) Output data type：决定模块输出的数据类型，可以是boolean、int8、uint8、int16、uint16、int32、uint32、single、double等众多类型，默认为double。

20.1.3 随机整数产生器

随机整数产生器是用来产生[0,$M-1$]范围内具有均匀分布的随机整数。

随机整数产生器输出整数的范围[0,$M-1$]可以由用户自己定义。M的大小可在随机整数产生器中的M-ary number项中随机输入。M可以是标量也可以是向量。如果M为标量，那么输出均匀分布且互不相关的随机变量。如果M为向量，其长度必须和随机整数产生器中Initial seed的长度相同，在这种情况下，每一个输出对应一个独立的输出范围。如果Initial seed是一个常数，那么产生的噪声是周期重复的。

随机整数产生器的输出信号，可以是基于帧的矩阵、基于采样的行或列向量，也可以是基于采样的一维序列。输出信号的性质可以由Frame-based outputs、Samples per frame和Interpret vector parameters as 1-D三个选项控制。

随机整数产生器模块及其参数设置对话框如图20-5所示。

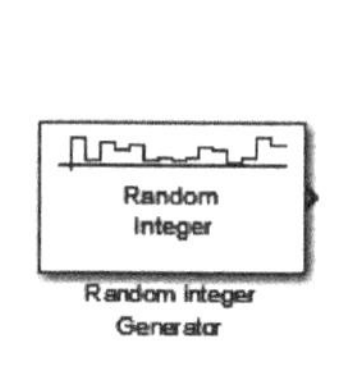

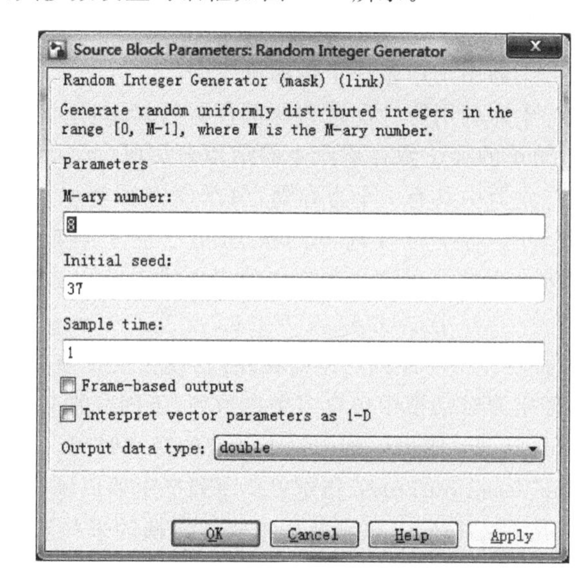

图20-5 随机整数产生器模块及其参数设置框

随机整数产生器对话框包含多个参数项，下面分别对各项进行简单的介绍。

(1) M-ary number：输入正整数或正整数向量，设定随机整数的取值范围。当该参数设置为M时，随机整数的取值范围是[0,$M-1$]。

(2) Initial seed：随机整数产生器的随机种子。当使用相同的随机数种子时，随机整数产生器每次都会产生相同的二进制序列；不同的随机数种子通常产生不同的序列。当随机数种子的维数大于 1 时，随机整数产生器的输出信号的维数也大于 1。

(3) Sample time：输出序列中每个整数的持续时间。

(4) Frame-based output：指定随机整数产生器以帧格式产生输出序列，即决定输出信号是基于帧还是基于采样。本项只有当 Interpret vector parameters as 1-D 项未被选中时有效。

(5) Sample per frame：该参数用来确定每帧的采样点的数目。本项只有当 Frame-based outputs 选项中后有效。

(6) Interpret vector parameter as 1-D：如果选中此项，则泊松分布整数产生器输出一维序列；否则输出二维序列。本项只有当 Frame-based output 项未被选中时有效。

(7) Output data type：决定模块输出的数据类型，可以是 boolean、int8、uint8、int16、uint16、int32、uint32、single、double 等众多类型，默认为 double。如果想要输出为 boolean 型，则 M-ary number 项必须为 2。

20.2 序列产生器

序列产生器用来产生一个具有某种特性的二进制序列，这种序列可能有比较独特的外相关属性或互相关属性。

20.2.1 PN序列产生器

PN 序列产生器用于产生一个伪随机序列。

PN 序列产生器利用线性反馈移位寄存器(LFSR)来产生 PN 序列，线性反馈移位寄存器可以通过简单的移位暂存器产生器结构来实现。

PN 序列产生器中共有 r 个寄存器，每个寄存器都以相同的采样频率更新寄存器的状态，即第 k 个寄存器在 $t+1$ 时刻的状态 m_k^{t+1} 等于第 $k+1$ 个寄存器在 t 时刻的状态 m_{k+1}^t。PN 序列产生器可以用一个生成的多项式表示

$$g_r z^r + g_{r-1} z^{r-1} + g_{r-2} z^{r-2} + \cdots + g_1 z + g_0$$

Simulink 提供了 PN 序列产生器模块，其模块及其参数设置框如图 20-6 所示。

PN 序列产生器对话框中包含多个参数项，下面分别对各项进行简要介绍。

(1) Sample time：输出序列中每个元素的持续时间。

(2) Frame-based outputs：指定 PN 序列产生器以帧格式产生输出序列。

(3) Sample per frame：该参数用来确定每帧的采样点的数目。本项只有当 Frame-based outputs 项选中后有效。

(4) Reset on nonzero input：选择该项之后，PN 序列产生器提供一个输入端口，用于输入复位信号。如果输入不为 0，PN 序列产生器会将各个寄存器恢复到初始状态。

(5) Enable bit-packed outputs：选定后激活 Number of packed bits 和 Interpret bit-packed values as signed 两项。

(6) Number of packed bits：设定输出字符的位数(1～32)。

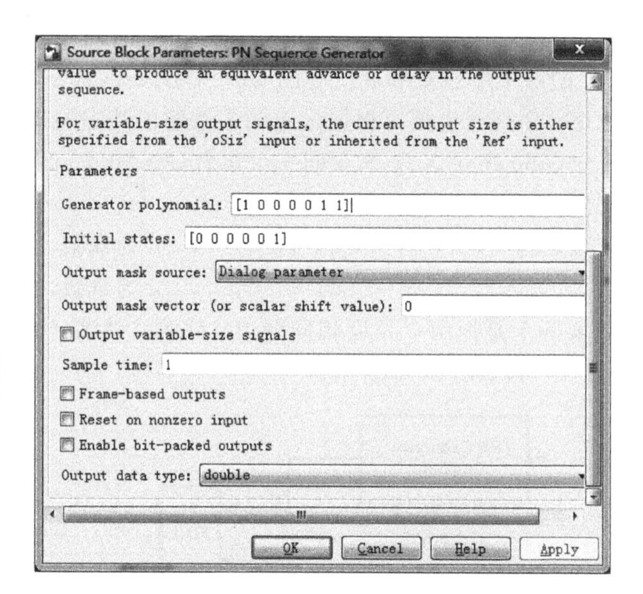

图 20-6　PN 序列产生器模块及其参数设置框

(7) Interpret bit-packed values as signed：有符号整数与无符号整数判断项。如果该项被选定，最高位为 1 时，表示为负。

(8) Output data type：决定模块输出的数据类型，默认为 double。

(9) Output mask source：选择模块中的输出屏蔽信息的给定方式。此项为复选框。如果选定 Dialog parameter，则可在 Output mask vector(or scalar shift value)项中输入；如果选定 Input port，则需要在弹出的对话框中输入。

(10) Output mask vector(or scalar shift value)：给定输出屏蔽(或移位量)。输入的整数或二进制向量决定了生成的 PN 序列相对于初始时刻的延时。如果移位限定为二进制向量，那么向量的长度必须和生成多项式的次数相同。此项只有在 Output mask source 选定为 Dialog parameter 时有效。

20.2.2　Gold 序列产生器

Gold 序列产生器用来产生 Gold 序列。Gold 序列的一个重要的特性是其具有良好的互相关性。Gold 序列产生器根据两个长度为 $N=2^n-1$ 的序列 u 和 v 产生一个 Gold 序列 $G(u,v)$，序列 u 和 v 称为一个“优选对”。但是想要成为“优选对”进而产生 Gold 序列，长度 $N=2^n-1$ 的序列 u 和 v 必须满足以下几个条件。

(1) n 不能被 4 整除。

(2) $v=u[q]$，即序列 v 是通过对序列 u 每隔 q 个元素进行一次采样得到的序列，其中 q 是奇数，$q=2^k+1$ 或 $q=2^{2k}-2^k+1$。

(3) n 和 k 的最大公约数满足条件：$\gcd(n,k)=\begin{cases}1, & n\equiv 1 \bmod 2\\ 2, & n\equiv 2 \bmod 4\end{cases}$

由“优选对”序列 u 和 v 产生的 Gold 序列 $G(u,v)$ 可用以下公式表示

$$G(u,v)=\{u,v,u\oplus v,u\oplus Tv,u\oplus T^2v,\cdots,u\oplus T^{N-1}v\} \tag{20-6}$$

式中：$T^n x$ 表示将序列 x 以循环移位的方式向左移 n 位；$\oplus$代表模二加。值得注意的是，由于长度 N 的两个序列 u 和 v 产生的 Gold 序列 $G(u,v)$中包含了 $N+2$ 个长度为 N 的序列，所以 Gold 序列产生器可根据设定的参数输出其中的某一个序列。

如果有两个 Gold 序列 X、Y 属于同一个集合 $G(u,v)$，并且长度 $N=2^n-1$，那么这两个序列的互相关函数只能有三种可能：$-t(n)$、-1、$t(n)-2$。其中

$$t(n)=\begin{cases}1+2^{(n+1)/2}, & n\text{ 为偶数}\\ 1+2^{(n+2)/2}, & n\text{ 为奇数}\end{cases}$$

Gold 序列实际上是把两个长度相同的 PN 序列产生器产生的“优选对”序列进行异或运算后得到的序列，如图 20-7 所示。

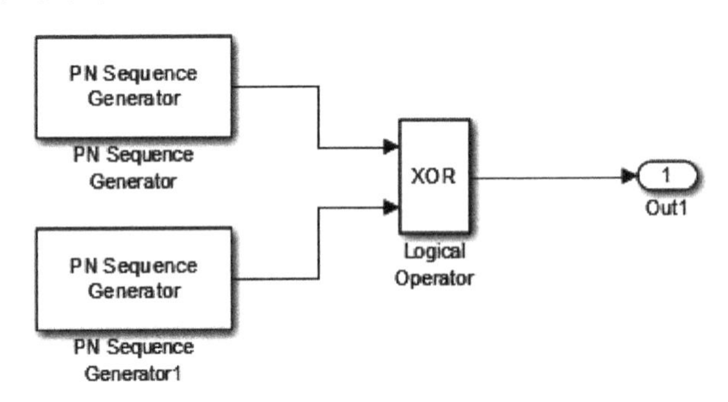

图 20-7　Gold 序列产生器结构图

Gold 序列产生器模块及其参数设置对话框如图 20-8 所示。

Gold 序列产生器对话框中包含多个参数项，下面分别对各项进行简单介绍。

(1) Preferred polynomial(1)：“优选对”序列 1 的生成多项式，可以是二进制向量的形式，也可以是由多项式下标构成的整数向量。

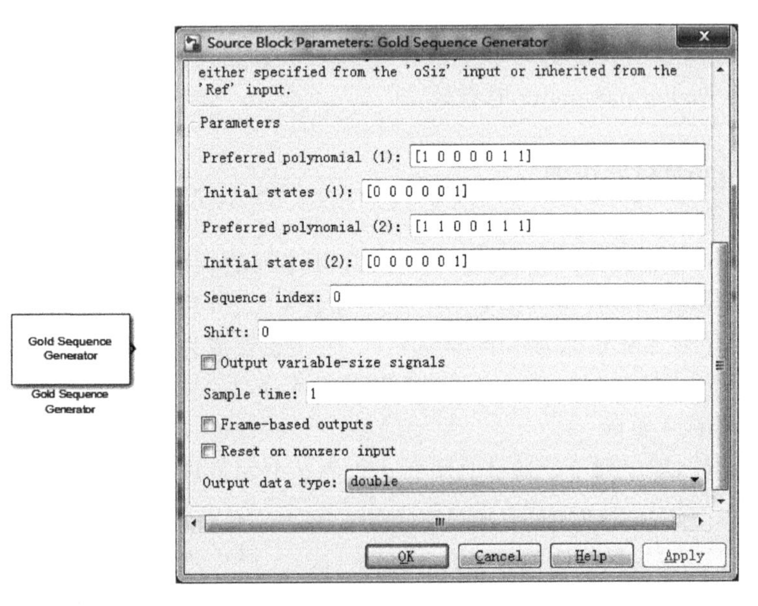

图 20-8　Gold 序列产生器模块及其参数设置对话框

(2) Initial states(2)：“优选对”序列1的初始状态。它是一个二进制向量，用于表明与优选对序列1对应的PN序列产生器中每个寄存器的初始状态。

(3) Preferred polynomial(2)：“优选对”序列2的生成多项式，可以是二进制向量的形式，也可以是由多项式下标构成的整数向量。

(4) Initial states(2)：“优选对”序列2的初始状态。它是一个二进制向量，用于表明与优选对序列2对应的PN序列产生器中每个寄存器的初始状态。

(5) Sequence index：用于限定Gold序列$G(u,v)$的输出，其范围是$[-2,-1,0,1,2,\cdots,2^n-2]$。

(6) Shift：指定Gold序列产生器的输出序列的时延。该参数是一个整数，表示序列延时Shift个采样周期后输出。

(7) Sample time：指定输出序列中每个元素的持续时间。

(8) Frame-based outputs：指定Gold序列产生器是否是以帧格式产生输出序列。

(9) Sample per frame：该参数用来确定每帧的采样点数目。本项只有当Frame-based outputs项被选中后有效。

(10) Reset on nonzero input：选择该项之后，Gold序列产生器提供一个输入端口，用于输入复位信号。如果输入不为0，Gold序列产生器会将各个寄存器恢复到初始状态。

(11) Output data type：决定模块输出的数据类型，可以是boolean、double、Smallest、unsigned、integer等类型，默认为double。

20.2.3 Walsh序列产生器

Walsh序列产生器产生一个Walsh序列。

如果用W_i表示第i个长度为N的Walsh序列，其中$i=0,1,\cdots,N-1$，并且Walsh序列的元素是+1或−1，$W_i[k]$表示Walsh序列W_i的第k个元素，那么对于任意的i，$W_i[0]=0$。对于任意两个长度为N的Walsh序列W_i和W_j，有$W_iW_j^{\mathrm{T}}=\begin{cases}0, & i\neq j\\ N, & i=j\end{cases}$。

在Simulink中提供对应的模块用于实现Walsh序列，该模块及其参数设置对话框如图20-9所示。

Walsh序列产生器中包含多个参数项，下面分别对各项进行简单说明。

(1) Code length：设定输出Walsh序列的长度N，且需满足$N=2^n$，$n=0,1,2,\cdots$。

(2) Code index：Walsh序列的序号，为$[0, N-1]$的整数，表示序列中过零点的数目。

(3) Sample time：指定输出序列中每个元素的持续时间。

(4) Frame-based outputs：指定Walsh序列产生器是否是以帧格式产生输出序列。

(5) Sample per frame：该参数用来确定每帧的采样点数目。本项只有当Frame-based outputs项被选中后有效。

(6) Output data type：决定模块输出的数据类型，可以是double、int8类型，默认为double。

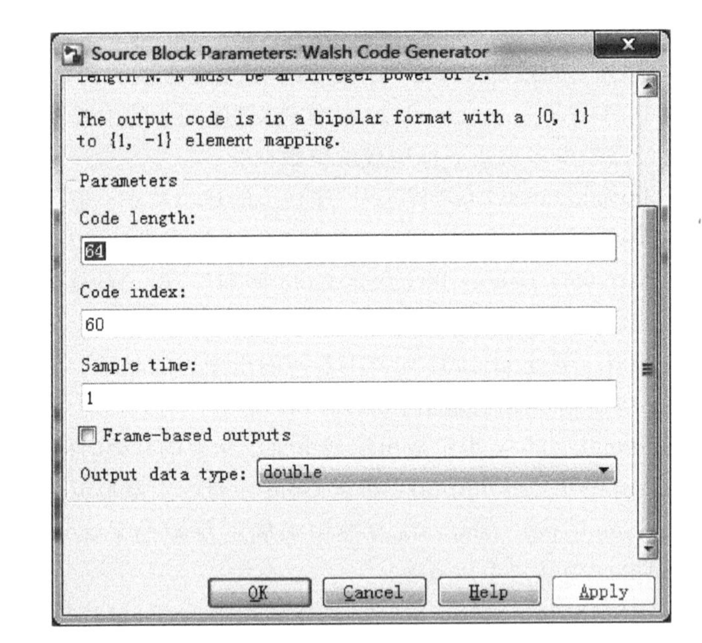

图 20-9　Walsh 序列产生器模块及其参数设置对话框

20.3　噪声源发生器

噪声的存在，对通信系统具有很大的影响。但噪声本身是一个随机过程，很难通过一种简单的方法预测某个时刻噪声信号的强度。下面对 MATLAB 本身提供的几种具有不同随机特征的噪声产生器作简要介绍。

20.3.1　均匀分布随机噪声产生器

1. MATLAB 函数

设连续型随机变量 X 具有概率密度

$$f(x)=\begin{cases}\dfrac{1}{b-a}, & a<x<b\\ 0, & \text{其他}\end{cases} \tag{20-7}$$

则称 X 在区间 (a,b) 上服从均匀分布，记为 $X\sim U(a,b)$，其中 a,b 是分布参数。

在区间 (a,b) 上服从均匀分布的随机变量 X，具有下述意义的等可能性，即它落在区间 (a,b) 中任意等长度的子区间内的可能性是相同的，或者说它落在子区间的概率只依赖于子区间的长度，而与子区间的位置无关。事实上，对于任一长度为 l 的子区间 $(c,c+l)$，$a\leqslant c<c+l\leqslant b$，有

$$P\{c<X\leqslant c+l\}=\int_c^{c+l}f(x)\mathrm{d}x=\int_c^{c+l}\frac{1}{b-a}\mathrm{d}x=\frac{1}{b-a} \tag{20-8}$$

由式(20-7)及式(20-8)得 X 的分布函数为

$$F(x)=\begin{cases}0, & x<a\\ \dfrac{x-a}{b-a}, & a\leqslant x<b\\ 1, & x\geqslant b\end{cases} \tag{20-9}$$

在 MATLAB 中提供了 unifrnd 函数创建均匀分布。

【例 20-3】 (投掷硬币的计算机模拟)投掷硬币 1000 次,试模拟掷硬币的结果。

```
>> clear all;
n = 1000;
t1 = 0; t2 = 0; a = [];
for j = 1:n
    a(j) = unifrnd(0,1);
    if a(j)< 0.5
        t1 = t1 + 1;
    else
        t2 = t2 + 1;
    end
end
p1 = t1/n
p2 = t2/n
```

运行程序,输出如下:

```
p1 =
    0.4910
p2 =
    0.5090
```

说明:当再次运行程序时,结果与上面的不一定相同,因为这相当于又做了一次投掷硬币 1000 次的实验。当程序中 $n=1000$ 改为 $n=100\ 000$ 时,就相当于投掷硬币 100 000 次的实验。

2. Simulink 模块

均匀分布随机噪声产生器模块的输出数据在指定的最大值与最小值之间,呈现均匀分布。均匀分布随机噪声产生器模块及其参数设置对话框如图 20-10 所示。

均匀分布随机噪声产生器模块包含多个参数选项,下面对各项进行简单说明。

(1) Noise lower bound:可设置噪声均匀分布区间的下限。

(2) Noise upper bound:可设置噪声均匀分布区间的上限。

(3) Initial seed:设定初始随机种子。

(4) Sample time:设定输出序列中每个元素的持续时间。

(5) Frame-based outputs:指定均匀分布随机噪声产生器以帧格式产生输出序列,即决定输出信号是基于帧还是基于采样。本项只有当 Interpret vector parameters as 1-D 项未被选中时有效。

(6) Interpret vector parameters as 1-D:如果选中此项,则均匀分布随机噪声产生器输出一维序列;否则输出二维序列。本项只有当 Frame-based outputs 项未被选中时

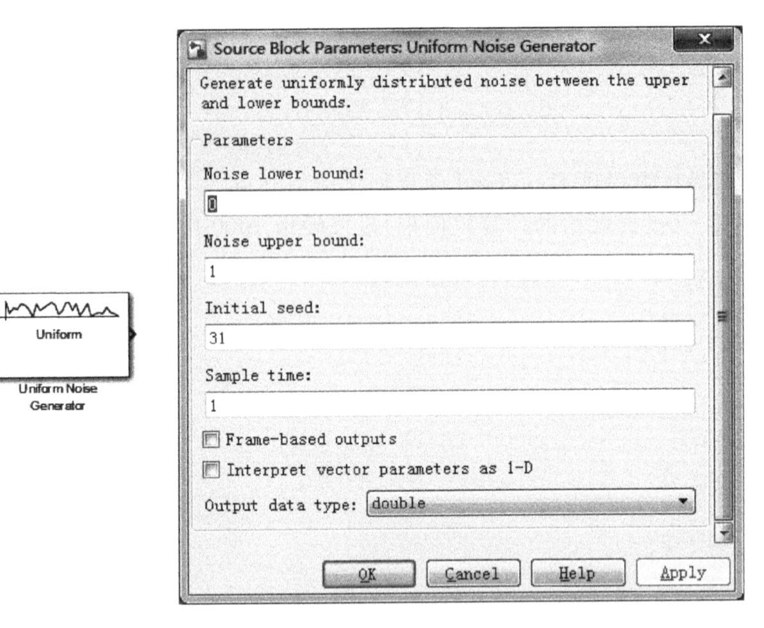

图 20-10 均匀分布随机噪声产生器模块及其参数设置对话框

有效。

(7) Output data type：设定模块输出的数据类型，有 double 和 single 两种类型。默认类型为 double。

20.3.2 高斯随机噪声产生器

1. MATLAB 函数

正态分布也称高斯分布，可采用函数变换法产生标准正态分布随机数。设 r_1 和 r_2 是两个独立的在区间[0,1]上均匀分布的随机数，则

$$\begin{cases} r_1 = \sqrt{-2\ln r_1}\cos 2\pi r_2 \\ r_2 = \sqrt{-2\ln r_1}\sin 2\pi r_2 \end{cases}$$

是两个独立同分布的标准高斯随机数，即其均值为零，方差为 1，记为 $r_1 \sim N(0,1)$ 和 $r_2 \sim N(0,1)$。MATLAB 中用函数 randn 产生标准正态分布随机数。

中心极限定理指出，无穷多个任意分布的独立随机变量之和的分布趋近于正态分布。基于此，另外一种产生近似高斯随机数的方法是：用 12 个独立同分布于[0,1]区间的均匀分布随机数之和来构成正态分布，其均值为 6，方差为 1。因此得到标准正态分布随机数的方法是

$$y = \sum_{i=1}^{12} x_i - 6$$

式中：x_i 是在[0,1]区间的独立均匀分布的随机数。与函数变换法相比，该方法计算简单，避免了函数运算，但是产生一个正态随机数需要 12 个独立均匀分布的随机数，计算效率较低，而且这样产生的正态分布随机数的区间是[-6,6]。

【例 20-4】 调用 randn 函数生成 8×8 的正态随机数矩阵,并将矩阵按列拉长画出频数直方图。

```
>> clear all;
x = randn(8)                        % 创建 8×8 的正态随机数矩阵,其元素服从标准正态分布
y = x(:);                           % 将 x 按列拉长生成一个列向量
hist(y);                            % 绘制频数直方图
xlabel('标准正态分布');ylabel('频数');
```

运行程序,输出如下,效果如图 20-11 所示。

```
x =
   -1.3749   -0.8214    0.7399    1.9760    2.9549    0.3822   -0.8017   -0.2586
    2.3209   -0.0006   -0.2289    0.0853   -0.2191   -0.4931    0.3263   -0.3523
    0.3636   -1.8679   -1.4063   -1.1567    0.0090   -0.5342    2.1855   -0.3219
    0.0551   -0.7443    0.7503   -0.4562   -0.3830    0.2369    0.3323   -0.6775
    1.0042    1.3606   -0.7747   -0.0228   -1.0098   -1.8448   -1.1998   -1.3507
   -1.9244    0.0991   -0.8570    0.5903    0.5913    1.5002    1.6903    0.4683
    1.8628    0.4532   -1.5976   -1.2596    0.4799    0.6953   -0.7644    0.3144
   -3.0943    0.1051   -0.2425    0.2095   -0.2286   -0.3329   -0.8776   -0.4738
```

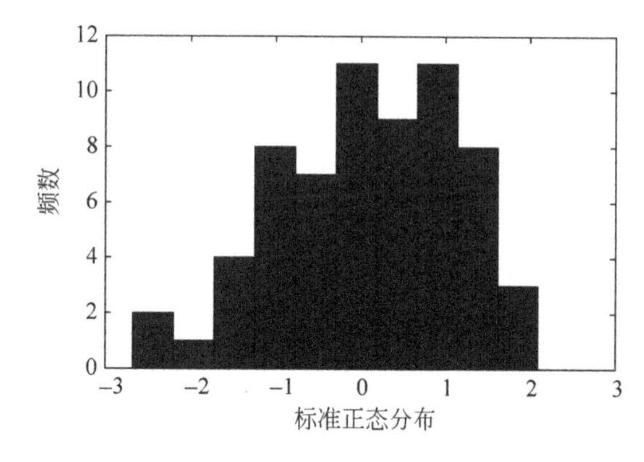

图 20-11　标准正态分布频数直方图

2. Simulink 模块

在 Simulink 中提供了对应的模块用于实现高斯随机噪声产生器,其模块及其参数设置对话框如图 20-12 所示。

高斯随机噪声产生器中包含多个参数项,下面分别对各项进行简单说明。

(1) Mean value:设定输出的高斯随机变量的均值,可以是标量,也可以是向量。当输入为标量时,输出的噪声满足一维高斯分布;当输入为向量时,输出噪声满足多维高斯分布,且高斯分布的维数与输入向量的维数相同。

(2) Variance(vector or matrix):设定输出的高斯随机变量的方差或协方差矩阵,可以是标量,也可以是向量。当其为标量时,产生服从一维高斯分布的噪声;当其为向量时,输出噪声满足多维高斯分布,且高斯分布的维数与输入向量维数相同。在这种情况下,协方差矩阵为对角矩阵,对角元素等于 Variance,非对角元素为 0。此时输出向量的各元素之间互不相关;当输入为 $n \times n$ 阶方阵时,协方差矩阵即为 Variance。

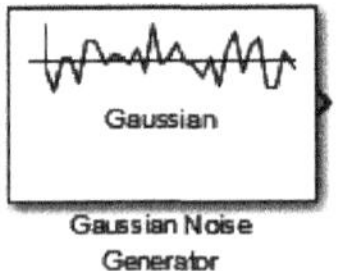

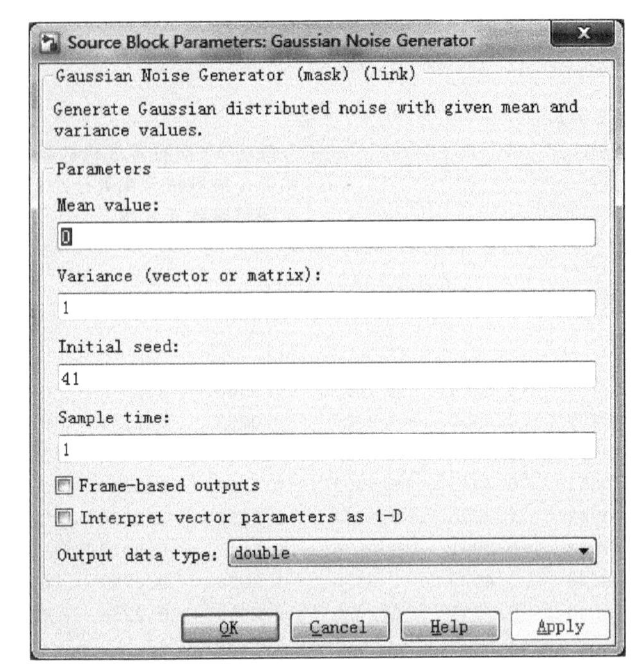

图 20-12 高斯随机噪声产生器模块及其参数设置对话框

(3) Initial seed：高斯随机噪声产生器的随机数种子。当使用相同的随机数种子时，高斯随机噪声产生器每次产生的整数序列相同；当使用不同的随机数种子时，每次产生的整数序列也不同。为了获得良好的输出，随机数种子一般输入大于 30 的质数。如果同一模型中还有其他模块需要设定随机数种子参量，最好设定成不同的值。当随机数种子是 n 维向量时，高斯随机噪声产生器的输出信号服从 n 维高斯分布。

(4) Sample time：指定输出序列中每个元素的持续时间。

(5) Frame-based outputs：指定高斯随机噪声产生器以帧格式产生输出序列，即决定输出信号是基于帧还是基于采样。本项只有当 Interpret vector parameters as 1-D 项未被选中时有效。

(6) Sample per frame：该参数用来确定每帧的采样点数目。本项只有当 Frame-based outputs 项选中后有效。

(7) Interpret vector parameters as 1-D：如果选中此项，则高斯随机噪声产生器输出一维序列；否则输出二维序列。本项只有当 Frame-based outputs 项未被选中时有效。

(8) Output data type：设定模块输出的数据类型，有 double 和 single 两种类型，默认类型为 double。

20.3.3 瑞利噪声产生器

1. MATLAB 函数

由自由度为 2 的中心 χ^2 分布 $\left(\text{即参数为 } \lambda=\frac{1}{2\sigma^2} \text{ 的指数分布}\right)$ 随机变量的平方根

所得出的新的随机变量服从瑞利分布，也就是说，如果随机变量 Y 的概率密度满足式 $p(y)=\frac{1}{2\sigma^2}e^{-\frac{y}{2\sigma^2}}$，则随机变量 $R=\sqrt{Y}$ 服从瑞利分布，其概率密度函数为

$$p(r)=\frac{r}{\sigma^2}\exp\left(-\frac{r^2}{2\sigma^2}\right),\quad x\geqslant 0$$

瑞利分布的均值和方差分别为

$$E(R)=\sqrt{\frac{\pi\sigma^2}{2}}$$

$$\mathrm{Var}(R)=\left(1-\frac{\pi}{2}\right)\sigma^2$$

因此，产生瑞利分布随机数的方法是，首先产生参数为 $\lambda=\frac{1}{2\sigma^2}$ 的指数分布随机变量（可由0～1的均匀随机数 x 通过变换函数 $y=-2\sigma^2\ln x$ 得到，也可由两个独立的零均值 σ^2 方差的同分布正态随机数求平方和得出），然后对其求平方根即可。

MATLAB统计工具箱给出了瑞利分布相关计算函数，如raylpdf，raylcdf，raylinv，raylrnd，raylstat等。

【例20-5】 分别绘制瑞利分布的频率直方图及概率密度曲线。

```
>> clear all;
%设置瑞利分布的参数
B = 10;m = 3;n = 4;
y = raylrnd(B,m,n);                    %创建瑞利分布
subplot(121);hist(y,10);
xlabel('取值');ylabel('计数值');
title('频率直方图');
axis square;
x = 0:0.1:3;
p = raylpdf(x,1);
subplot(122);plot(x,p);
xlabel('取值');ylabel('计数值');
title('概率密度曲线');
axis square;
```

运行程序，效果如图20-13所示。

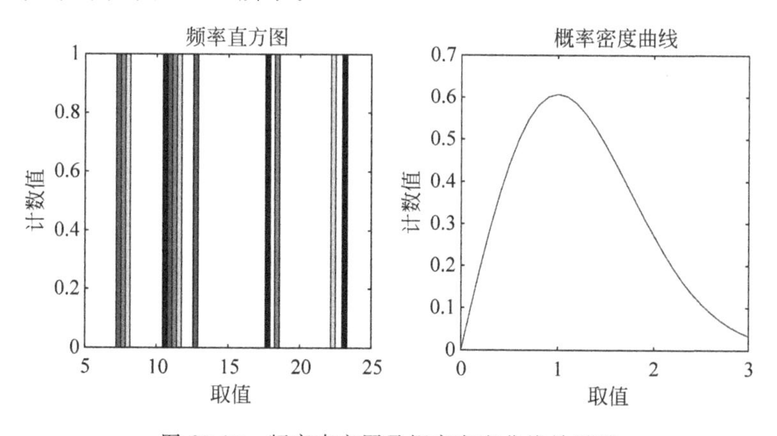

图20-13 频率直方图及概率密度曲线效果图

2. Simulink 模块

在 Simulink 中提供了对应的模块用于实现瑞利噪声产生器，其模块及其参数设置对话框如图 20-14 所示。

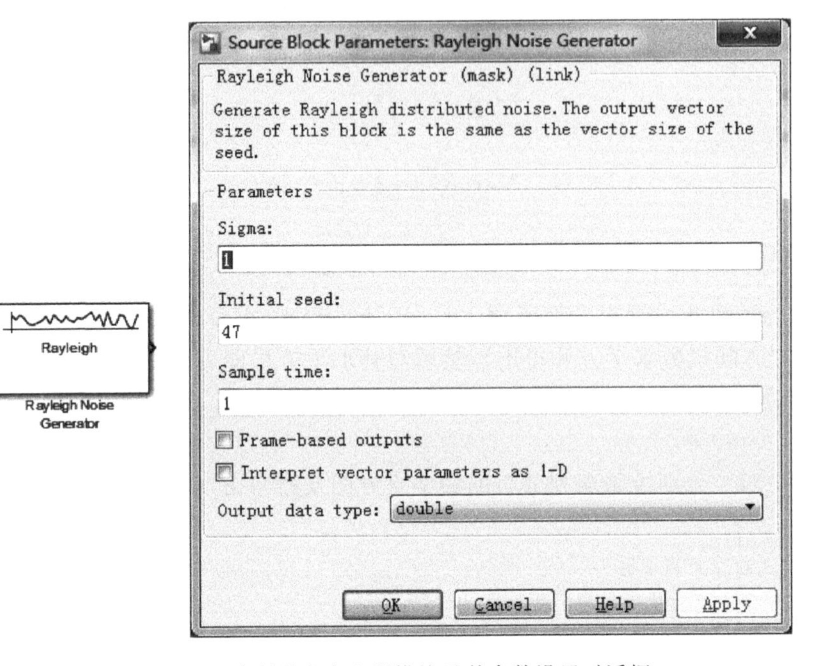

图 20-14　瑞利噪声产生器模块及其参数设置对话框

瑞利噪声产生器中包含多个参数项，下面分别对各项进行简单说明。

(1) Sigma：设定瑞利随机过程的参数。

(2) Initial seed：设定瑞利噪声产生器的随机种子。当使用相同的随机数种子时，瑞利噪声产生器每次产生的整数序列相同；当使用不同的随机数种子时，每次产生的整数序列也不同。为了获得良好的输出，随机数种子一般输入大于 30 的质数。如果同一模型中还有其他模块需要设定随机数种子参量，最好设定成不同的值。当随机数种子是一 n 维向量时，瑞利噪声产生器的输出也是一个 n 维向量。

(3) Sample time：设定输出序列中每个元素的持续时间。

(4) Frame-based outputs：指定瑞利噪声产生器以帧格式产生输出序列，即决定输出信号是基于帧还是基于采样。本项只有当 Interpret vector parameters as 1-D 项未被选中时有效。

(5) Sample per frame：该参数用来确定每帧的采样点数目。本项只有当 Frame-based outputs 项选中后有效。

(6) Interpret vector parameters as 1-D：如果选中此项，则瑞利噪声产生器输出一维序列；否则输出二维序列。本项只有当 Frame-based outputs 项未被选中时有效。

(7) Output data type：设定模块输出的数据类型，有 double 和 single 两种类型。

20.3.4 莱斯噪声产生器

莱斯噪声产生器产生一个服从莱斯分布的随机噪声信号。

根据莱斯分布的定义，如果一个随机变量 x 服从莱斯分布，那么其概率密度函数 $f(x)$ 由下式决定

$$f(x)=\begin{cases}\dfrac{x}{\sigma^2}I_0\left(\dfrac{mx}{\sigma^2}\right)\mathrm{e}^{-\frac{x^2+m^2}{2\sigma^2}}, & x\geqslant 0\\ 0, & x<0\end{cases} \tag{20-10}$$

莱斯分布实际上是由两个独立的高斯分布构造的，因此在式(20-10)中，σ 为莱斯分布噪声下的高斯分布的标准方差。$m^2=m_1^2+m_Q^2$，m_1 和 m_Q 分别为两个独立高斯部分的均值。而 $I_0(y)$ 则是第一类零阶修正贝赛尔函数，可表示为

$$I_0(y)=\frac{1}{2\pi}\int_{-\pi}^{\pi}\mathrm{e}^{y\cos t}\,\mathrm{d}t$$

莱斯噪声产生器模块及其参数设置对话框如图 20-15 所示。

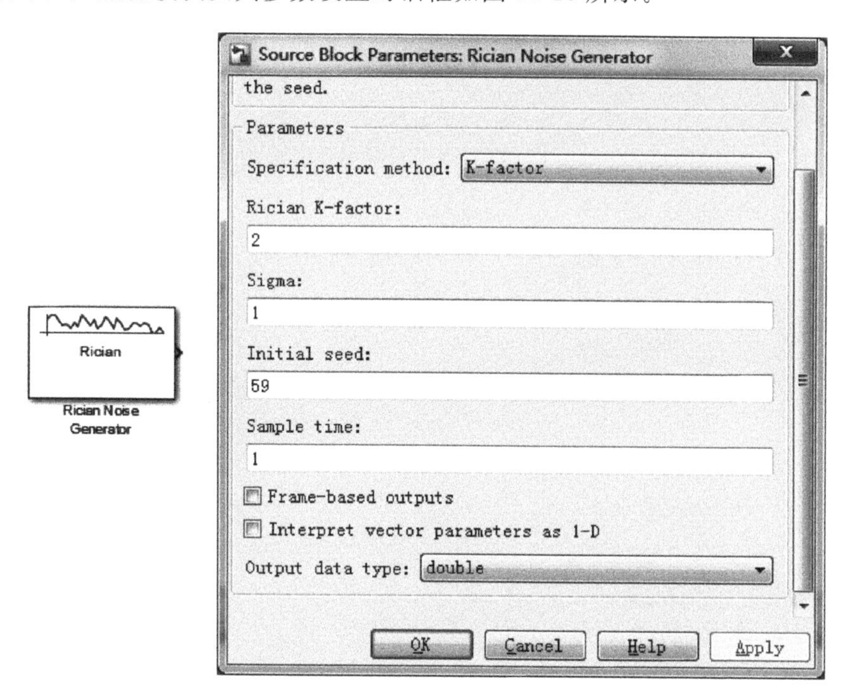

图 20-15　莱斯噪声产生器模块及其参数设置对话框

莱斯噪声产生器中包含多个参数项，下面分别对各项进行简单介绍。

(1) Specification method：莱斯分布参数模式复选框，共有两种模式可选，即 K 参数模式或正交分量参数模式。

(2) Rician K-factor：设定莱斯分布 K 参数，本项只有当 Specification method 设定为 K-factor 时有效。

(3) In-phase component(mean)，Quadrature component(mean)：设定莱斯分布正交

分量均值。本项只有当 Specification method 设定为 Quadrature components 时有效。

(4) Sigma：设定标准方差。

(5) Initial seed：莱斯噪声产生器的随机数种子。当使用相同的随机数种子时，莱斯噪声产生器每次产生的整数序列相同；当使用不同的随机数种子时，每次产生的整数序列也不同。为了获得良好的输出，随机数种子一般输入大于 30 的质数。当随机数种子是 n 维向量时，莱斯噪声产生器的输出也是一个 n 维向量。

(6) Sample time：指定输出序列中每个元素的持续时间。

(7) Frame-based outputs：指定莱斯噪声产生器以帧格式产生输出序列，即决定输出信号是基于帧还是基于采样。本项只有当 Interpret vector parameters as 1-D 项未被选中时有效。

(8) Sample per frame：该参数用来确定每帧的采样点数目。本项只有当 Frame-based outputs 项选中后有效。

(9) Interpret vector parameters as 1-D：如果选中此项，则莱斯随机噪声产生器输出一维序列；否则输出二维序列。本项只有当 Frame-based outputs 项未被选中时有效。

(10) Output data type：设定模块输出的数据类型，有 double 和 single 两种类型。

第21章 滤波器的Simulink模块设计

在 Simulink 中提供了供用户自行设计、分析、实现滤波器的模拟器设计模块。下面分别对这些滤波器模块作介绍。

21.1 数字滤波器设计模块

Simulink 中提供了 Digital Filter Design 模块实现 FIR 和 IIR 数字滤波器。Digital Filter Design 模块可实现与 Digital Filter block 相同的滤波器。

Digital Filter Design 模块将指定的滤波器应用到每个通道的离散时间输入信号上，输出滤波结果。该结果在数值上与 Digital Filter block 中的 filter 函数，以及滤波器设计工具箱中的 filter 函数所得结果相同。

模块的输入可以是基于帧或基于采样的向量、矩阵。在模块中，基于帧的向量或矩阵都被看成是一个信道。模块对每一个信道实行单独滤波。输出和输入具有相同的维数和状态。

Digital Filter Design 模块如图 21-1 所示。

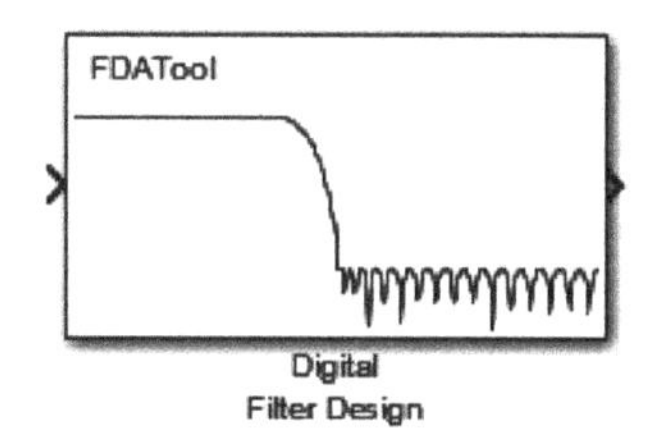

图 21-1　Digital Filter Design 模块

在此通过一个低通 FIR 数字滤波器的设计实例，说明 Digital Filter Design 模块的使用，其实现步骤为：

(1) 建立一个新的仿真窗口。

(2) 打开 Signal Processing Blockset Filtering 库，找到 Filter Designs 库，将其中的 Digital Filter Design 模块拖到仿真窗口中。

(3) 双击 Digital Filter Design 模块，打开模块图形用户界面。

(4) 在图形用户界面设定参数：Response Type = Lowpass;

Design Method=FIR,Equiripple; Filter Order=Minimum order; Units=Normalized(0 to 1); wpass=0.25; wstop=0.6。

(5) 单击图 21-2 所示图形用户界面中的 Design Filter 按钮，确定参数设定。

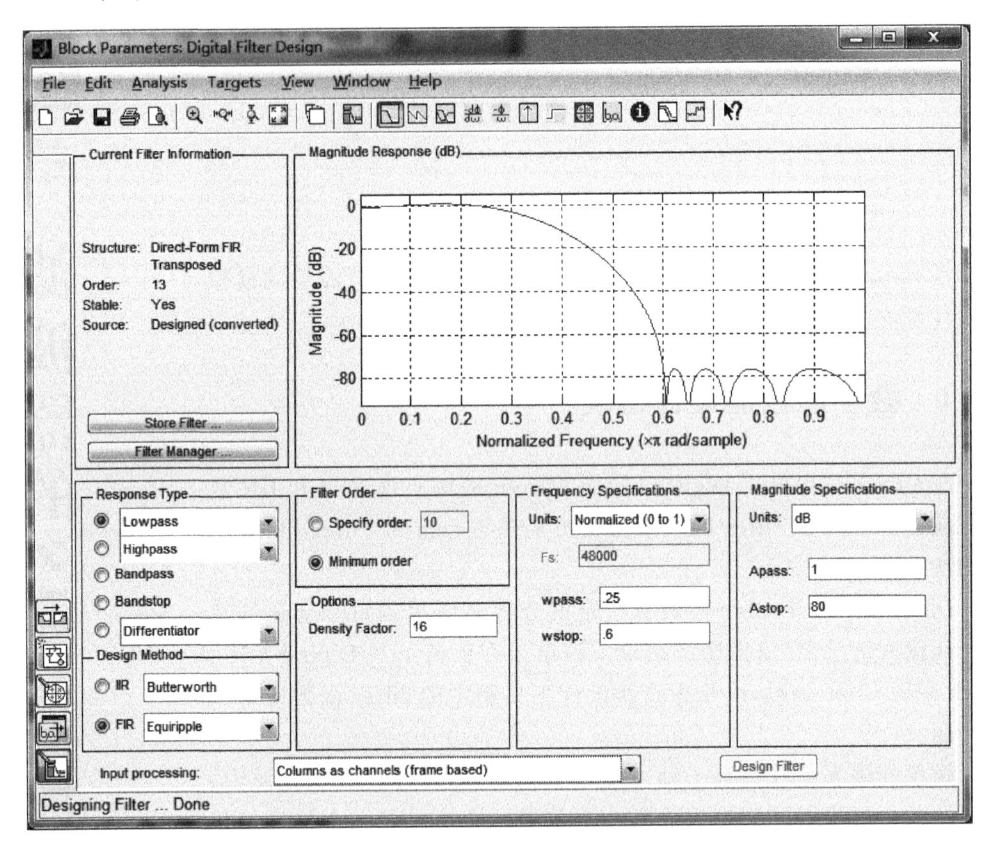

图 21-2　Digital Filter Design 模块图形用户界面

(6) 选择菜单项 Edit→Convert Structure 项，打开 Convert Stucture 对话框，如图 21-3 所示。

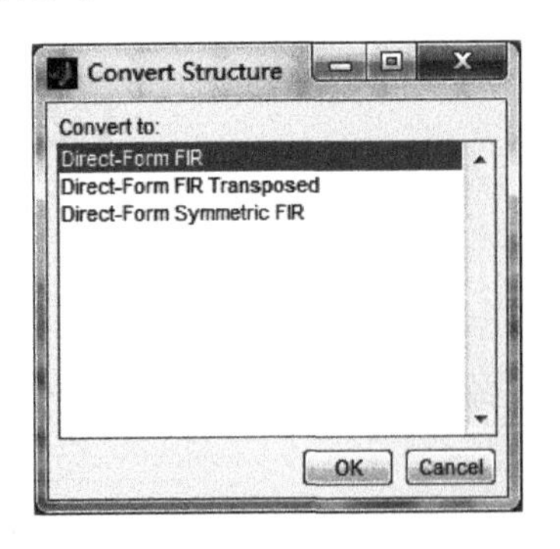

图 21-3　Convert Stucture 对话框

(7) 在对话框中选定 Direct-Form FIR Transposed，单击 OK 按钮。

(8) 为模块设定的低通滤波器重命名。

实际上 Digital Filter Design 模块是利用 FDATool 图形用户界面进行滤波器设计的，Filter Realization Wizard 模块和 FDATool 图形用户界面如图 21-4 所示。

单击 FDATool 图形用户界面左端的图标，出现参数设定界面，按照上文中低通滤波器的参数设定本界面中的参数，可获得相同的结果，如图 21-5 所示。

由图 21-3 及图 21-5 可知，两者的结果相同。因此，利用 Digital Filter Design 和 Filter Realization Wizard 模块中的任意一个，均可设计滤波器。两个模块具有若干相似性。

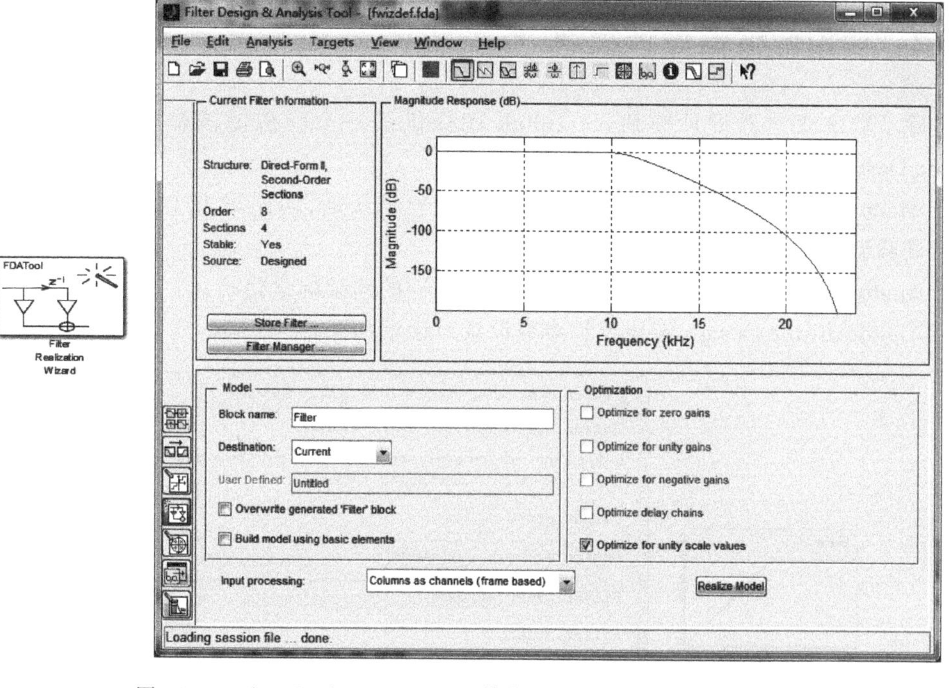

图 21-4 Filter Realization Wizard 模块和 FDATool 图形用户界面

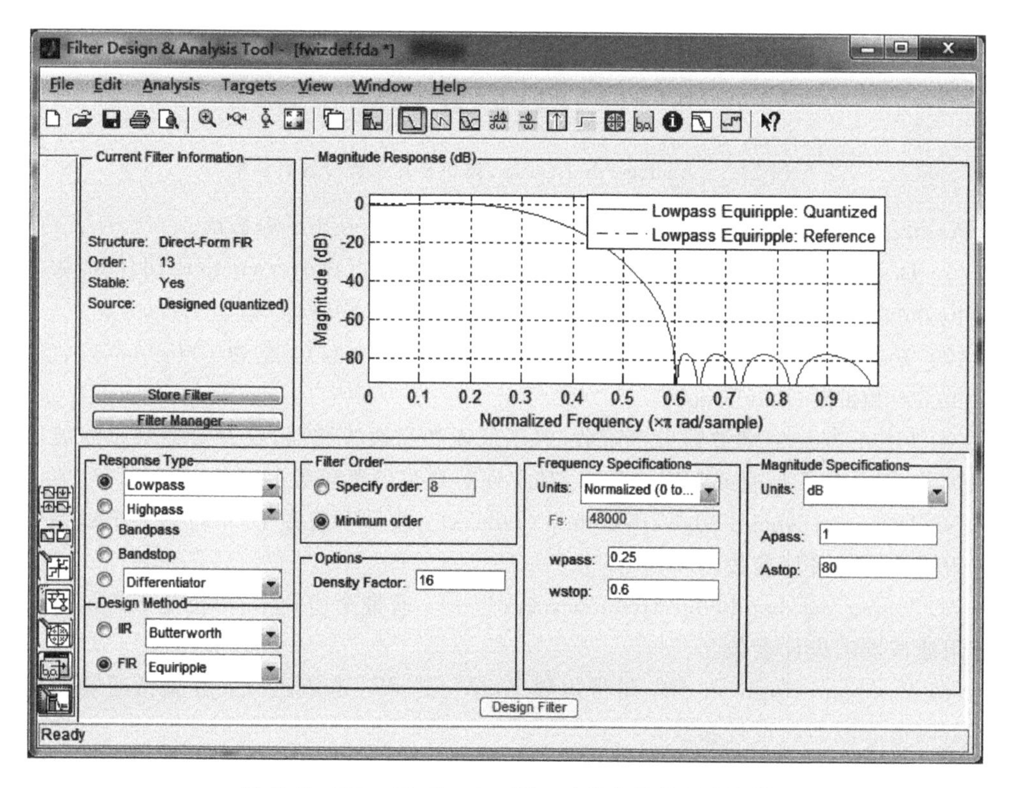

图 21-5 Filter Realization Wizard 设定的低通滤波器

21.2 模拟滤波器设计模块

除了数字滤波器设计模块，Simulink 还提供了一个模拟滤波器设计模块 Analog Filter Design。

Analog Filter Design 模块能够设计并实现巴特沃斯、切比雪夫Ⅰ型、切比雪夫Ⅱ型或者椭圆型的低通、高通、带通或带阻滤波器。

Analog Filter Design 的输入必须为基于采样的连续标量信号。

Analog Filter Design 模块及其参数设置对话框如图 21-6 所示。

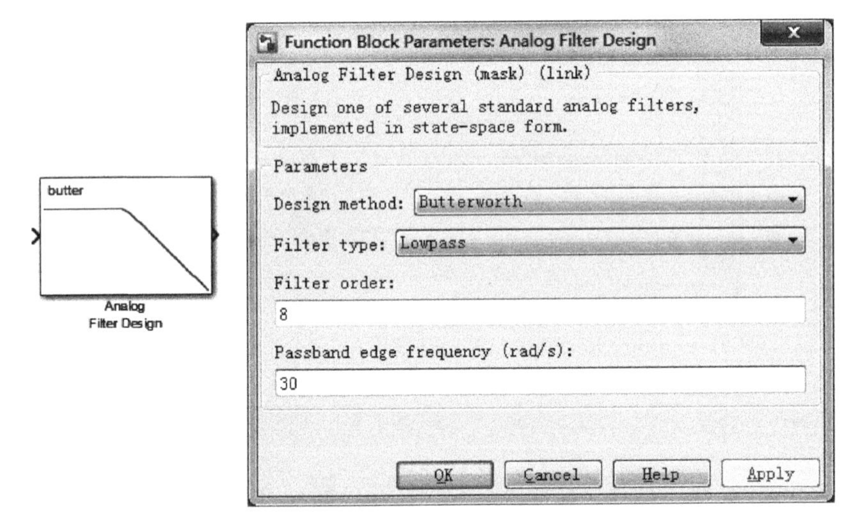

图 21-6 Analog Filter Design 模块及其参数设置对话框

Analog Filter Design 模块参数设置对话框中包含以下几个参数项。

(1) Design method：滤波器设计方法，有巴特沃斯(Butterworth)、切比雪夫Ⅰ型(Chebyshev Ⅰ)、切比雪夫Ⅱ型(Chebyshev Ⅱ)、椭圆型(Elliptic)以及 Bessel 型。

(2) Filter type：滤波器类型，包括低通(Lowpass)、高通(Highpass)、带通(Bandpass)和带阻(Bandstop)。

(3) Filter order：滤波器设置阶数，对于低通和高通滤波器，设置阶数就是滤波器的实现阶数，但是对于带通或带阻滤波器，其实现阶数为设置阶数的 2 倍。

(4) Lower passband edge frequency (rads/s)：通带下边频率，单位是 rad/s，是带通和带阻滤波器的设计参数。

(5) Upper passband edge frequency (rads/s)：通带上边频率，单位是 rad/s，是带通和带阻滤波器的设计参数。

(6) Passband ripple in dB：阻带边频率，单位是 dB，是切比雪夫Ⅱ型低通和切比雪夫Ⅱ型高通滤波器的设计参数。

(7) Stopband attenuation in dB：阻带衰减分贝，单位是 dB，是切比雪夫Ⅱ型和椭圆滤波器的设计参数。

21.3 理想矩形脉冲滤波器模块

除了数字和模拟滤波器设计模块外，Simulink 还提供了一些常用的滤波器模块。

理想矩形脉冲滤波器模块利用矩形脉冲对输入信号提高采样频率或成形。模块将每个输入采样复制 N 次，N 为模块中的 Pulse length 参数项的值。对输入采样复制后，模块还可归一化输出信号或应用于线性幅值增益。

如果模块中 Pulse delay 项非零，那么在开始复制输入值之前，模块输出零点个数。模块的输入可以是标量或基于帧的列向量，并支持 double、single 和 fixed-point 等数据类型。如果输入基于采样，那么输出采样实际是输入采样时间的 $1/N$。输出与输入的维数相同。此时模块的 Input sampling mode 项必须设为 Sample-based。如果输入是基于帧的 $K\times 1$ 阶矩阵，那么输出是基于帧的 $K\times N\times 1$ 阶矩阵。输出帧周期与输入帧周期对应。此时模块的 Input sampling mode 项必须设为 Frame-based。

模块的归一化可通过 Normalize output signal 和 Linear amplitude gain 两个参数项来设定。

在默认情况下，Normalize output signal 项是选定的。如果撤销选定，那么 Normalization method 项消失。模块将会用 Linear amplitude gain 项参数乘以复制的值。

如果 Normalize output signal 项选定，那么模块将会显示 Normalization method 项。模块将会缩放复制值从而满足以下两个条件中的一个。

(1) 每个脉冲的采样总数等于模块复制的初始输入值。

(2) 每个脉冲的能量等于模块复制的初始输入值，也即是每个脉冲中矩形采样的和等于输入值的平方。

模块应用 Normalization method 项的缩放设定后，将会用缩放后的信号乘以 Linear amplitude gain 参数项的值。

理想矩形脉冲滤波器模块及其参数设置对话框如图 21-7 所示。

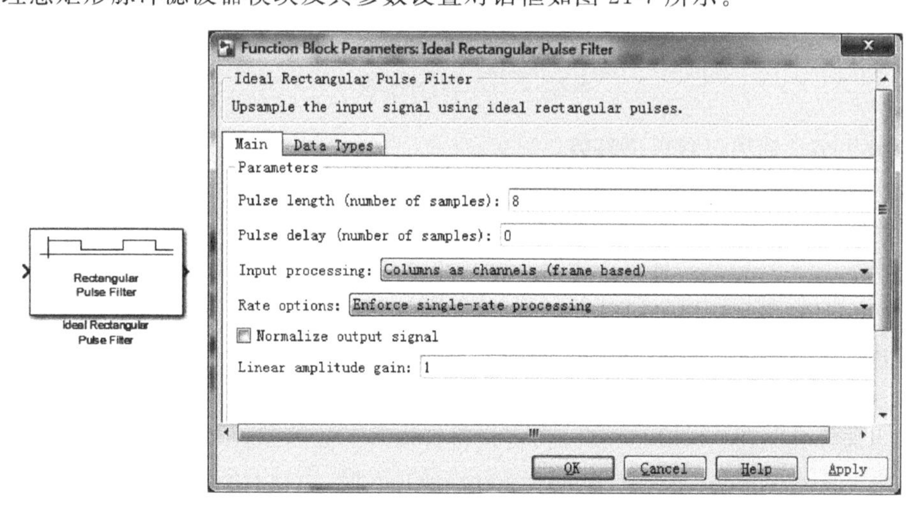

图 21-7 理想矩形脉冲滤波器模块及其参数设置对话框

理想矩形脉冲滤波器模块包含两个选项卡，分别为 Main 选项和 Data Types 选项。

1. Main 选项

Main 选项如图 21-7 所示。它包含以下几个参数项。

(1) Pulse length：用于设定每个输出脉冲中的采样数，就是当模块生成输出信号时对每个输入值的复制次数。

(2) Pulse delay：脉冲延时项。表示仿真初始阶段，在开始复制输入值之前，模块输出零点的个数。

2. Data Types 选项

理想矩形脉冲滤波器模块中还包含 Data Types 类参数项，如图 21-8 所示。

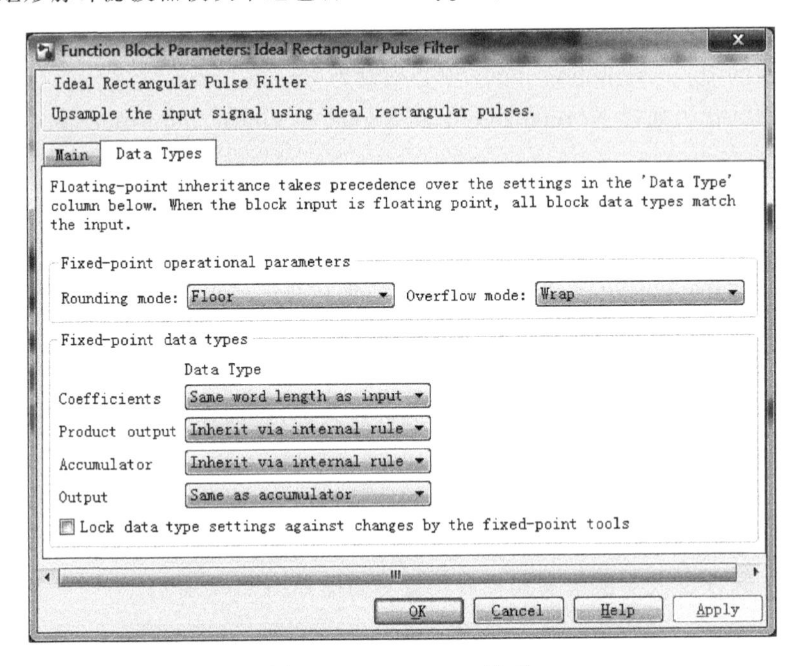

图 21-8 Data Types 选项

Data Types 选项包含以下参数。

(1) Rounding mode：选择定点操作的凑整方式。滤波器的系数并不服从本参数，它们通常为 Nearest 型凑整。

(2) Overflow mode：选择定点操作的溢出方式。滤波器的系数并不服从本参数，它们通常是饱和的。

(3) Coefficients：选择怎样设定滤波器系数的字长和小数长度。当选择 Same word length as input 时，滤波器系数的字长和模块的输入相对应，小数长度自动设置为 binary-point；当选择 Specify word length 时，可以自行输入系数的字长，单位为 bit，小数长度自动设置为 binary-point；当选择 Binary point scaling 时，可以自行输入字长与小数长度，单位为 bit，此时可以单独输入分子系数与分母系数的小数长度；当选择 Slope and bias scaling 时，可自行输入滤波器系数的字长和斜率，可以单独输入分子系数与分母系数的斜率，该模块要求斜率为 2 的幂次方，偏置为 0。

(4) Product output：该参数用于指定用户怎样设置乘积输出字长和小数长度。当本项选定为 Same as input 时，乘积输出字长和小数长度与模块的输入相对应；当该项选定为 Binary point scaling 时，可自行设定乘积输出的字长和小数长度；当该项选定为 Slope and bias scaling 时，可自行设定乘积输出的字长和斜率，此时要求斜率为 2 的幂次方，偏置为 0。

(5) Accumulator：该参数用于指定用户怎样设置累加器的字长和小数长度。当该项选定为 Same as input 时，累加器字长和小数长度与模块的输入相对应；当该项选定为 Same as product output 时，累加器字长和小数长度与模块的输出相对应；当该项选定为 Binary point scaling 时，可自行设定累加器的字长和小数长度；当该项选定为 Slope and bias scaling 时，可自行设定累加器的字长和斜率，此时要求斜率为 2 的幂次方，偏置为 0。

(6) Output：选择怎样设定输出字长和小数长度。当该项选定为 Same as input 时，输出字长和小数长度与输入相对应；当该项选定为 Same as accumulator 时，输出字长和小数长度与累加器的字长和小数长度相对应；当该项选定为 Binary point scaling 时，可自行设定输出的字长和小数长度；当该项选定为 Slope and bias scaling 时，可自行设定输出的字长和斜率，此时要求斜率为 2 的幂次方，偏置为 0。

(7) Lock data type settings against changes by the fixed-point tools：通过定点工具查看数据类型设置。

21.4 升余弦发射滤波器模块

升余弦发射滤波器模块利用常规升余弦 FIR 滤波器或平方根升余弦 FIR 滤波器对输入信号提高采样频率或成形。

如果滚降系数为 R，符号周期为 T，那么常规升余弦滤波器的脉冲响应可表示为

$$h(t)=\frac{\sin\frac{\pi t}{T}}{\frac{\pi t}{T}}\cdot\frac{\cos\frac{\pi R t}{T}}{1-4R^2t^2/T^2}$$

而平方根升余弦滤波器的脉冲响应可表示为

$$h(t)=4R\,\frac{\cos((1+R)\pi t/T)+\dfrac{\sin((1-R)\pi t/T)}{4Rt/T}}{\pi\sqrt{T}(1-(4Rt/T)^2)}$$

模块中的 Group delay 参数是滤波器响应起始点与峰值之间的符号周期数。该项与模块中的提高采样频率参数 N 决定了滤波器的脉冲响应为 2 * N * Group delay+1。

模块中的 Rolloff factor 参数是滤波器的滚降系数，必须为 0～1 的实数。该项决定滤波器的超出带宽。例如，当该项为 0.5 时，表示滤波器的带宽是输入采样频率的 1.5 倍。

模块中的 Filter gain 项显示模块怎样归一化滤波器参数。

(1) 如果该项为 Normalized，那么模块将会应用自动缩放：

当 Filter type 是 Normal 时，模块归一化滤波器参数使得峰值参数等于 1；当 Filter

type 是 Square root 时，模块归一化滤波器，使得滤波器与本身的卷积生成一个峰值参数为 1 的常规升余弦滤波器。

（2）如果该项为 User-specified，那么滤波器的带宽增益为：

常规滤波器：20lg(Upsampling factor(N)×Linear amplitude filter gain)。

平方根滤波器：20lg(sqrt(Upsampling factor(N) ×Linear amplitude filter gain))。

模块的输入信号必须是标量或基于帧的列向量。模块支持 double、single、fixed-point 等数据类型。参数项 Input sampling mode 决定模块的输入是基于帧还是基于采样。该项和 Upsampling factor 参数项 N 共同决定输出信号特征。

如果输入是基于采样的标量，那么输出也是基于采样的标量，且输出采样时间是输入采样时间的 N 倍。

如果输入是基于帧的向量，那么输出也是基于帧的向量，且向量长度是输入向量长度的 N 倍。输出帧与输入帧的周期相同。

升余弦发射滤波器模块及其参数设置对话框如图 21-9 所示。

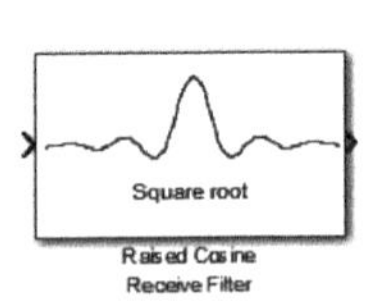

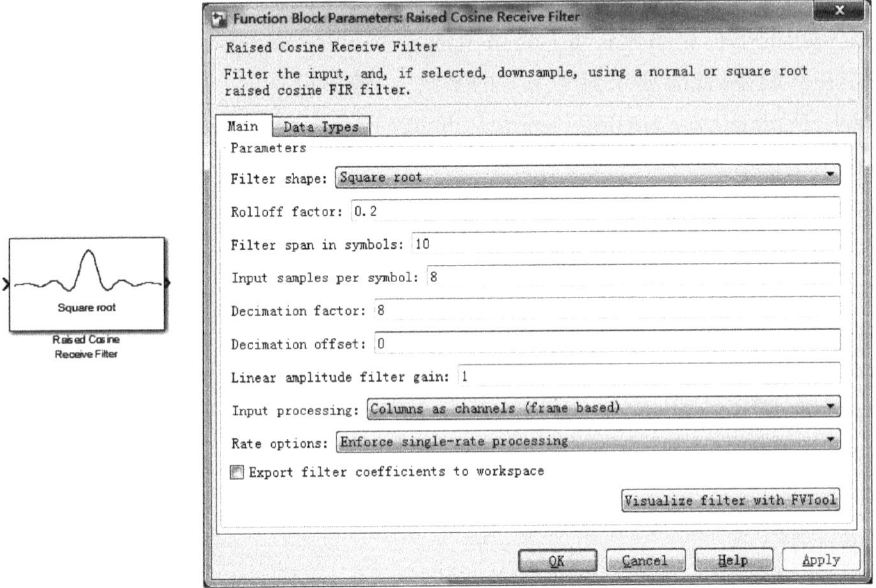

图 21-9　升余弦发射滤波器模块及其参数设置对话框

升余弦发射滤波器模块包含两大类参数选项：Main 选项和 Data Types 选项。

1. Main 选项

Main 选项参数如图 21-9 所示。它包含以下几个参数。

（1）Fitler shape：设定升余弦滤波器类型，有 Square root 和 Normal 两种。

（2）Rolloff factor：滤波器的滚降系数，为 0～1 的实数。

（3）Linear amplitude filter gain：线性振幅增益项，是用于缩放滤波器参数的正的标量。该项只有当 Filter gain 项选定为 User-specified 时出现。

（4）Export filter coefficients to workspace：滤波器参数输出到工作空间项，选定本

项后，模块将在 MATLAB 中创造一个包含滤波器参数的变量。

(5) Coefficient variable name：用于设定模块在 MATLAB 工作空间中创造的变量名。该项只有当 Export filter coefficients to workspace 选定时显示。

(6) Visualize filter with FVTool：单击该按钮后，MATLAB 将会启动滤波器可视化工具 FVTool，模块的参数发生任何变化时将会对升余弦滤波器进行分析。

2. Data Types 选项

升余弦发射器模块中的 Data Typest 选项的参数如图 21-10 所示，主要参数项的含义如下。

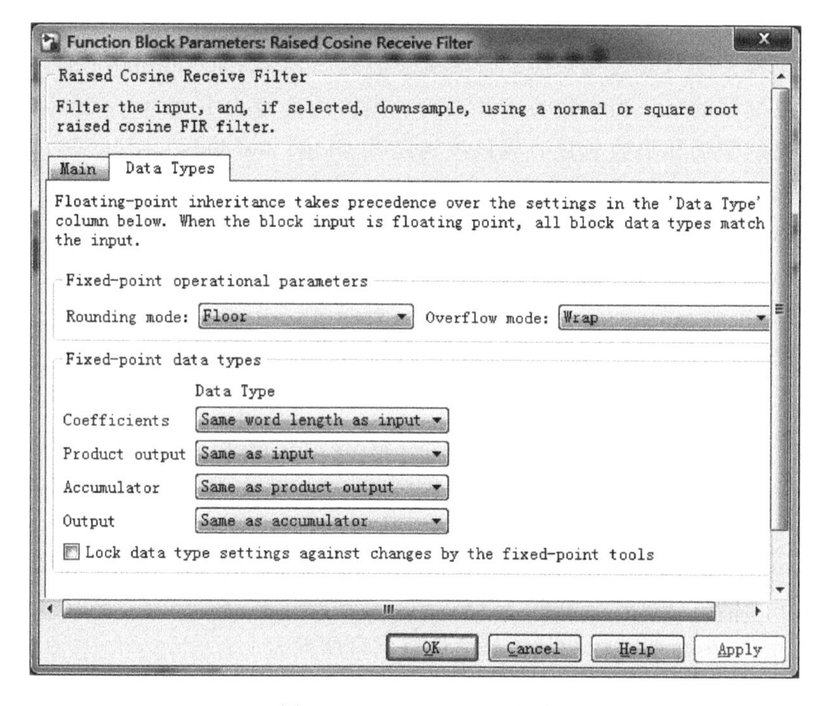

图 21-10 Data Types 选项

(1) Rounding mode：选择定点操作的凑整方式。滤波器的系数并不服从该参数，它们通常为 Nearest 型凑整。

(2) Overflow mode：选择定点操作的溢出方式。滤波器的系数并不服从该参数，它们通常是饱和的。

(3) Coefficients：选择怎样设定滤波器系数的字长和小数长度。当选择 Same word length as input 时，滤波器系数的字长和模块的输入相对应，小数长度自动设置为 binary-point；当选择 Specify word length 时，可以自行输入系数的字长，单位为 bit，小数长度自动设置为 binary-point；当选择 Binary point scaling 时，可以自行输入字长与小数长度，单位为 bit，此时可以单独输入分子系数与分母系数的小数长度；当选择 Slope and bias scaling 时，可自行输入滤波器系数的字长和斜率，可以单独输入分子系数与分母系数的斜率，该模块要求斜率为 2 的幂次方，偏置为 0。

(4) Product output：该参数用于指定用户怎样设置乘积输出字长和小数长度。当该项选定为 Same as input 时，乘积输出字长和小数长度与模块的输入相对应；当该项选定为 Binary point scaling 时，可自行设定乘积输出的字长和小数长度；当该项选定为 Slope and bias scaling 时，可自行设定乘积输出的字长和斜率，此时要求斜率为 2 的幂次方，偏置为 0。

(5) Accumulator：该参数用于指定用户怎样设置累加器的字长和小数长度。当该项选定为 Same as input 时，累加器字长和小数长度与模块的输入相对应；当该项选定为 Same as product output 时，累加器字长和小数长度与模块的输出相对应；当该项选定为 Binary point scaling 时，可自行设定累加器的字长和小数长度；当该项选定为 Slope and bias scaling 时，可自行设定累加器的字长和斜率，此时要求斜率为 2 的幂次方，偏置为 0。

(6) Output：选择怎样设定输出字长和小数长度。当该项选定为 Same as input 时，输出字长和小数长度与输入相对应；当该项选定为 Same as accumulator 时，输出字长和小数长度与累加器的字长和小数长度相对应；当该项选定为 Binary point scaling 时，可自行设定输出的字长和小数长度；当该项选定为 Slope and bias scaling 时，可自行设定输出的字长和斜率，此时要求斜率为 2 的幂次方，偏置为 0。

(7) Lock data type settings against changes by the fixed-point tools：当选择该项时，即锁定定点数据类型。

21.5 升余弦接收滤波器模块

升余弦接收滤波器模块利用常规升余弦 FIR 滤波器或平方根升余弦 FIR 滤波器过滤输入信号。如果 Ouput mode 项设定为 Downsampling，它将会减小滤波后的信号采样频率。

当 Output mode 项设定为 Downsampling 且 Downsampling factor 项参数为 L 时，模块将按照下面的方法保留采样的 $1/L$。

如果 Sample offset 项为 0，模块选择滤波后信号序列为 $1, L+1, 2*L+1, 3*L+1$ 等的采样。

如果 Sample offset 项为小于 L 的正整数，那么模块去掉初始的 Sample offset 项正整数个采样，再按照上面的方法来降低采样频率。

模块的输入信号必须是标量或基于帧的列向量。模块支持 double、single、fixed-point 等数据类型。

如果 Output mode 项设为 0，那么输入和输出信号具有相同的采样方式、采样时间、向量长度。

如果 Output mode 项设为 Downsampling，并且 Downsampling factor 项参数为 L 时，那么 L 和输入采样方式决定输出信号的特征。

如果输入是基于采样的标量，那么输出也是基于采样的标量，且输出采样时间是输入采样时间的 $1/L$。

如果输入是基于帧的向量，那么输出也是基于帧的向量，且向量长度是输入向量长度的 $1/L$。输出帧与输入帧的周期相同。

升余弦接收滤波器模块及其参数设置对话框如图 21-11 所示。

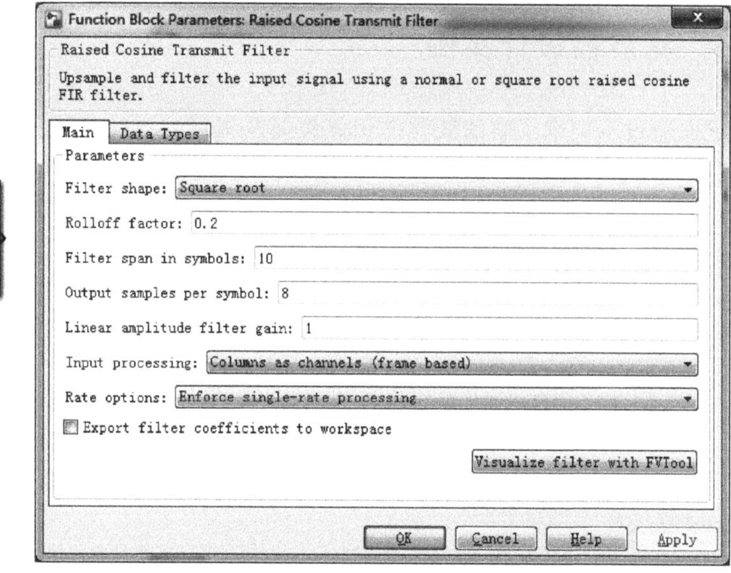

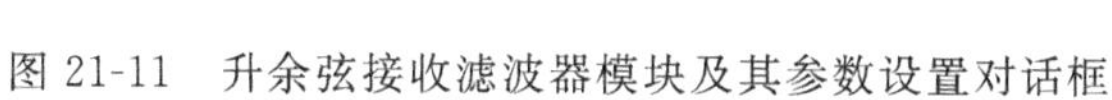

图 21-11　升余弦接收滤波器模块及其参数设置对话框

升余弦接收滤波器模块参数设置对话框包含两个选项，分别为 Main 选项和 Data Types 选项。

Main 选项参数如图 21-11 所示。

Data Types 选项的参数如图 21-12 所示。

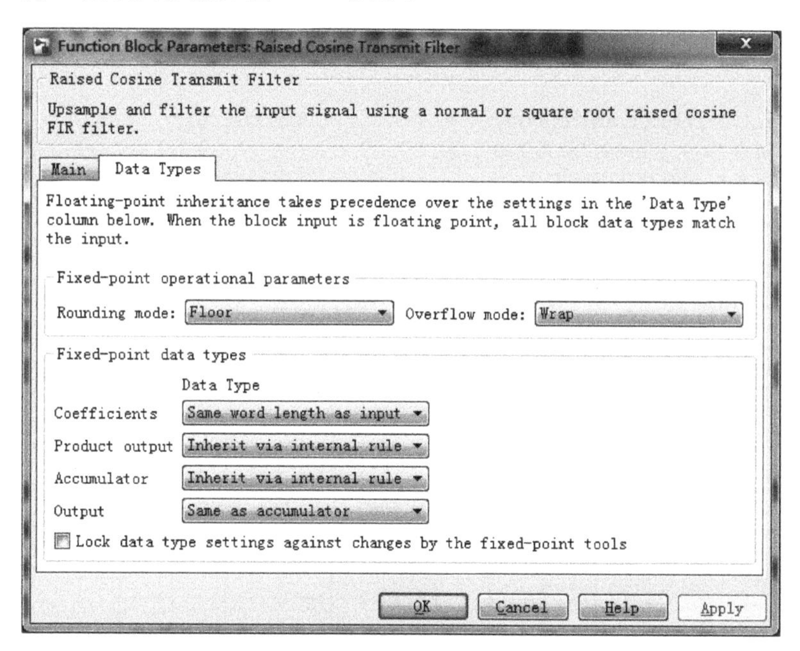

图 21-12　Data Types 选项

升余弦发射器模块中的 Data Types 选项的参数项和升弦弦发射器模块相同，在此不再介绍。

21.6 滤波器设计实例

下面通过示例来了解滤波器的相关性能及指标。

【例 21-1】 首先试设计一个模拟低通滤波器 $f_p=3500\text{Hz}$，$f_s=5500\text{Hz}$，$R_p=2.5\text{dB}$，$R_s=25\text{dB}$，分别用巴特沃斯和椭圆滤波器原型，求出其 3dB 截止频率、滤波器阶数和传递函数，作出幅频、相频特性曲线。其次用 Digital Filter Design 模块实现该滤波器，用示波器观察其冲激响应，并与计算得出的理论曲线进行对比。

其实现步骤如下。

1. 用 MATLAB 代码实现相应求解

(1) 用巴特沃斯滤波器设计。

```
>> clear all;
fp = 3500; fs = 5500; Rp = 2.5; Rs = 25;                   %设计要求指标
[n,fn] = buttord(fp,fs,Rp,Rs,'s');                         %用巴特沃斯滤波器计算阶数和截止频率
Wn = 2 * pi * fn;                                          %转换为角频率
[b,a] = butter(n,Wn,'s');                                  %计算巴特沃斯滤波器的H(s)
f = 0:100:10000;                                           %计算频率点和频率范围
s = j * 2 * pi * f;
Hs = polyval(b,s)./polyval(a,s);                           %计算相应频率点处H(s)的值
figure(1);
subplot(2,1,1);plot(f,20 * log10(abs(Hs)));                %幅频特性
axis([0 10000 -40 1]);
xlabel('频率 Hz');ylabel('幅度 dB');
grid on;
subplot(2,1,2);plot(f,angle(Hs));                          %相频特性
xlabel('频率 Hz');ylabel('相角 rad');
disp('滤波器阶数和截止频率：')
grid on;
n,fn,b,a
```

运行程序，输出如下，效果如图 21-13 所示。

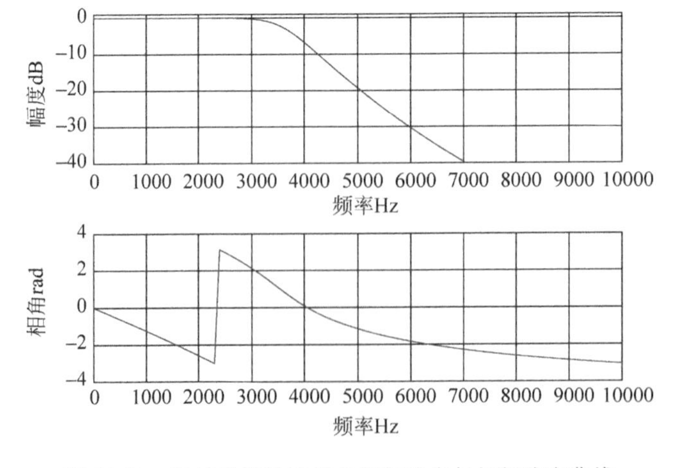

图 21-13 巴特沃斯滤波器的幅频响应与相频响应曲线

```
滤波器阶数和截止频率:
n =
     7                                         %设计的巴特沃斯滤波器的阶数为7阶
fn =
  3.6466e+003                                  %截止频率为3646.6Hz
b =                                            %传递函数分子
  1.0e+030 *
         0     0     0     0     0     0     0    3.3150
a =                                            %传递函数分母
  1.0e+030 *
    0.0000   0.0000   0.0000   0.0000   0.0000   0.0000   0.0007   3.3150
```

(2) 用椭圆滤波器设计。

```
>> clear all;
%用椭圆滤波器设计
fp=3500; fs=5500; Rp=2.5; Rs=25;                %设计要求指标
[n,fn]=ellipord(fp,fs,Rp,Rs,'s');               %用椭圆滤波器计算阶数和截止频率
Wn=2*pi*fn;                                     %转换为角频率
[b,a]=ellip(n,Rp,Rs,Wn,'s');                    %用椭圆滤波器计算H(s)
f=0:100:10000;                                  %计算频率点和频率范围
s=j*2*pi*f;
Hs=polyval(b,s)./polyval(a,s);                  %计算相应频率点处H(s)的值
figure(1);
subplot(2,1,1);plot(f,20*log10(abs(Hs)));       %幅频特性
axis([0 10000 -40 1]);
xlabel('频率Hz');ylabel('幅度dB');
grid on;
subplot(2,1,2);plot(f,angle(Hs));               %相频特性
xlabel('频率Hz');ylabel('相角rad');
disp('滤波器阶数和截止频率:')
grid on;
n,fn,b,a
```

运行程序,输出如下,效果如图21-14所示。

```
滤波器阶数和截止频率:
n =
     3                                         %设计的椭圆滤波器的阶数为7阶
fn =
         3500                                  %截止频率为3500Hz
b =
  1.0e+012 *                                   %传递函数分子
         0   0.0000   0.0000   4.0558
a =
  1.0e+012 *                                   %传递函数分母
    0.0000   0.0000   0.0005   4.0558
```

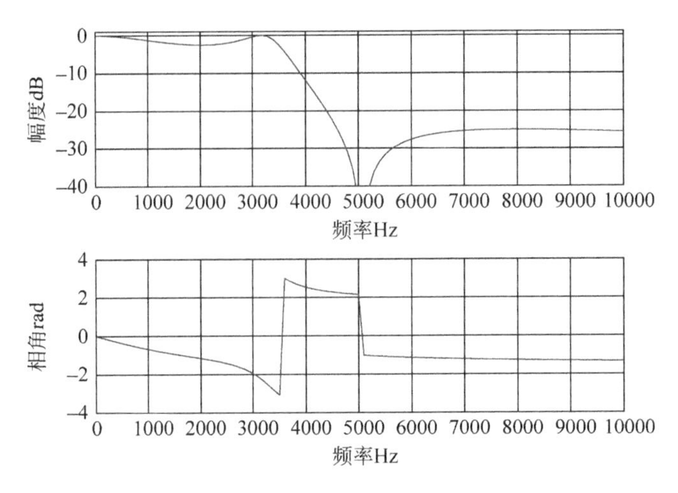

图 21-14　椭圆滤波器的幅频响应和相频响应曲线

由巴特沃斯滤波器的分子 b，分母 a 系数计算出传递函数，再调用 impulse 函数计算理论冲激函数，代码为：

```
>> b = [ 0   0   0   0   0   0   0   3.3150e + 030];
a = [0.0000   0.0000   0.0000   0.0000   0.0000   0.0000   0.0007e + 030   3.3150e + 030];
Transfer = tf(b,a)                                  % 传递函数方程
impulse(Transfer);                                  % 冲激响应
title('冲激响应曲线');xlabel('时间');ylabel('幅度');
```

运行程序，得到传递函数的代码形式如下，其对应的冲激响应波形如图 21-15 所示。

```
Transfer function:
     3.315e030
 --------------------
7e026 s  +  3.315e030
```

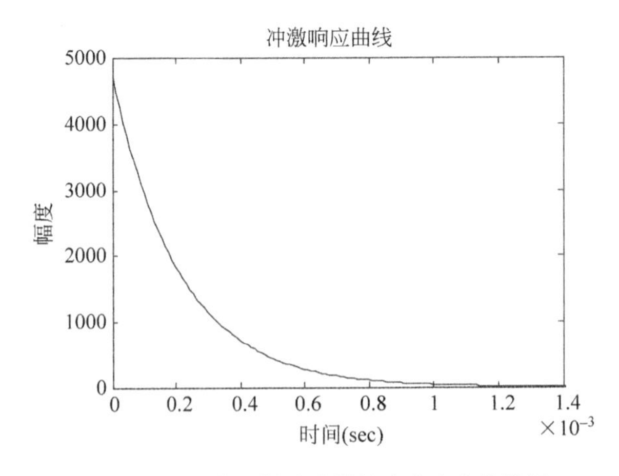

图 21-15　巴特沃斯滤波器的冲激响应曲线图

2. 用 Simulink 模型实现

(1) 根据要求建立如图 21-16 所示的 Simulink 仿真模型框图。

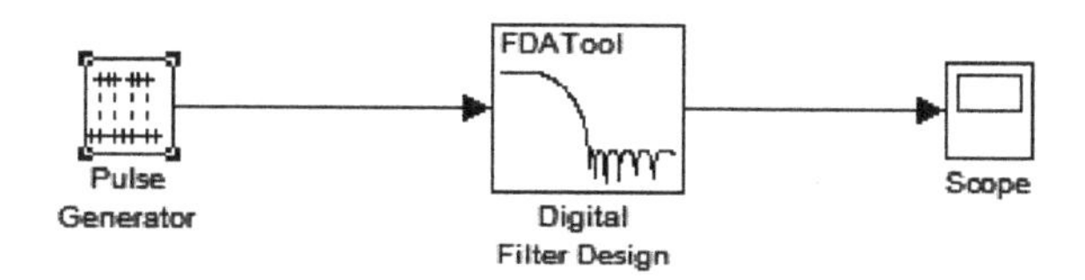

图 21-16　Simulink 仿真模型框图

(2) 设置模块参数。

数字滤波器的设计采样频率为 4800 样值/秒。模型中采用脉冲串信号作为输入以近似冲激输入，只要脉冲串周期足够长，脉冲宽度足够窄即可。

双击图 21-16 模型中的 Pulse Generator 脉冲串信号发生器，弹出的参数对话框中的参数设置如图 21-17 所示。

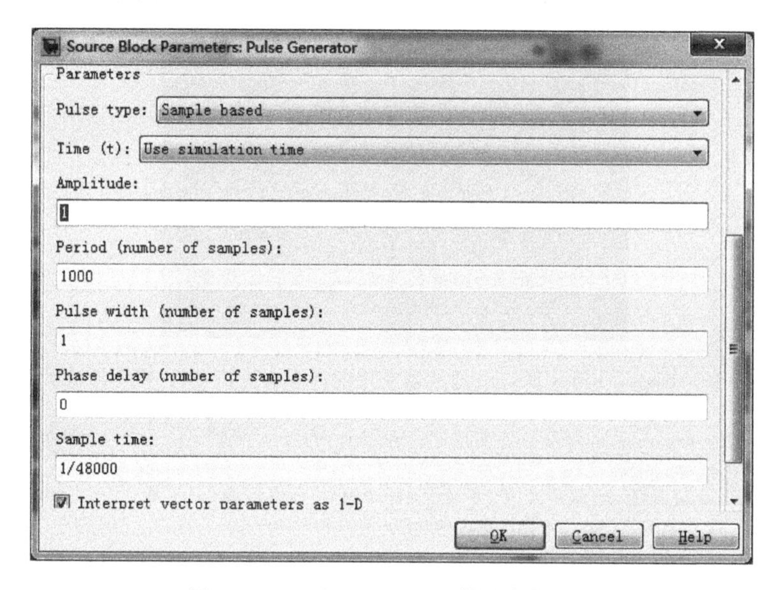

图 21-17　Pulse Generator 模块参数设置

双击图 21-16 模型中的 Digital Filter Design 模块，打开 Digital Filter Design 模块参数设计对话框，其参数设置效果如图 21-18 所示。参数设置完成后，单击对话框中的 Design Fitler 按钮完成设计，即可显示幅频响应和相频响应，也可显示设计的冲激响应、零极点图、滤波器系数等内容。

(3) 运行仿真。

仿真系统设置为固定步长的，步长取 1/48 000，仿真时间设置为 0.001s。然后单击仿真模型中的 Start Simulation 按钮进行仿真，其效果如图 21-19 所示。

将图 21-18 中的 Digital Filter Design 滤波器设计参数输入对话框中的滤波器设计方法(Design 中的 IIR)选项修改为椭圆滤波器，则可实现数字椭圆滤波器下的冲激响应仿真，其效果如图 21-20 所示。

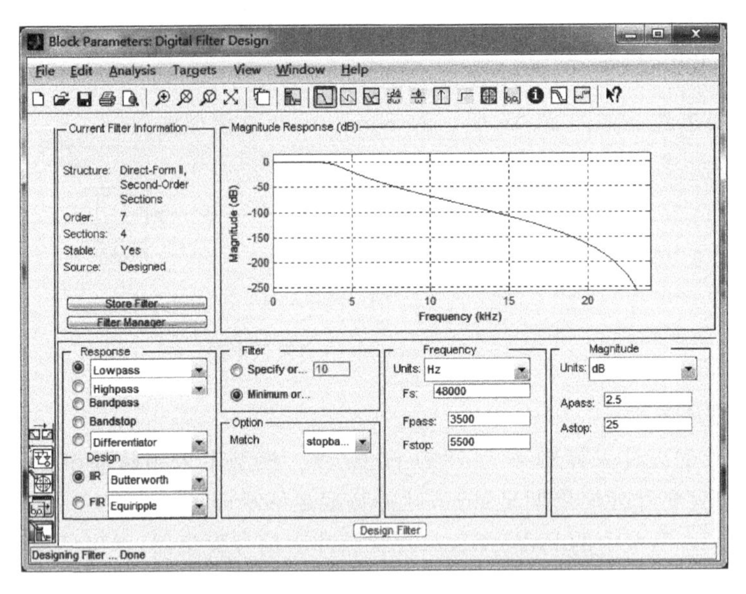

图 21-18 Digital Filter Design 滤波器设计参数输入对话框(巴特沃斯滤波器)

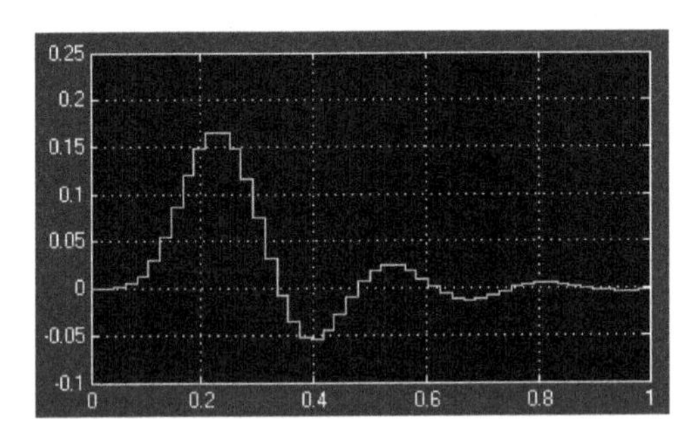

图 21-19 Digital Filter Design 滤波器实现的冲激响应仿真(巴特沃斯滤波器)

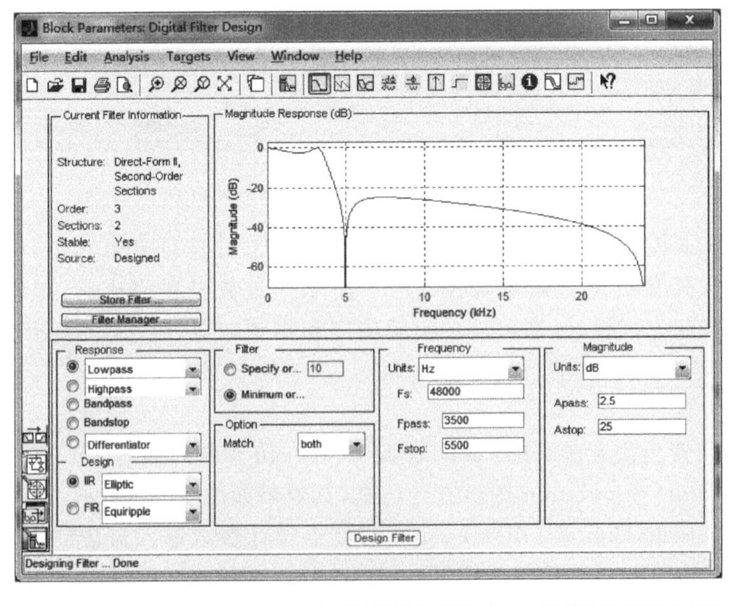

图 21-20 Digital Filter Design 滤波器设计参数输入对话框(椭圆滤波器)

由椭圆滤波器的分子 b,分母 a 系数计算出传递函数,再调用 impulse 函数计算理论冲激函数,代码为:

```
>> b = [ 0   0.0000   0.0000   4.0558e + 012];
a = [0.0000   0.0000   0.0005e + 012   4.0558e + 012];
Transfer = tf(b,a)                                      %传递函数方程
impulse(Transfer);                                      %冲激响应
title('冲激响应曲线');xlabel('时间');ylabel('幅度');
```

运行程序,得到传递函数的代码形式如下,其对应的冲激响应曲线如图 21-21 所示。

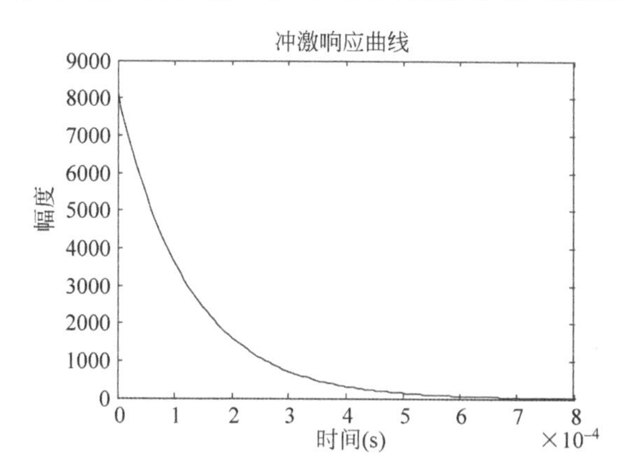

图 21-21　椭圆滤波器的冲激响应曲线图

```
Transfer function:
     4.056e012
--------------------
5e008 s  +  4.056e012
```

相应的 Simulink 实现数字椭圆滤波器的仿真效果如图 21-22 所示。

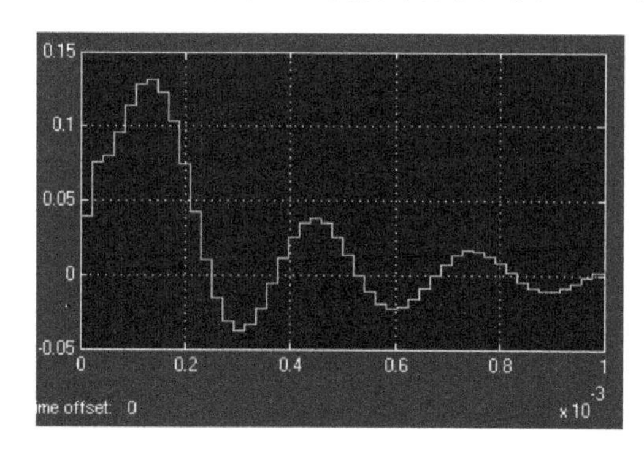

图 21-22　Digital Filter Design 滤波器实现的冲激响应仿真(椭圆滤波器)

第22章 信号分解与重构的MATLAB实现

Mallat 以多分辨分析为基础提出了著名的快速小波算法——Mallat 算法。该算法在小波变换中的地位如同快速傅里叶变换在傅里叶变换中的地位一样，可以大大地降低小波变换的计算量，使小波变换真正成为继傅里叶变换后，处理非平稳信号的有力工具。MATLAB 是一种面向科学与工程计算的高级语言，利用 MATLAB 的强大功能可完成对 Mallat 算法设计的实现。

小波分析是近年来发展起来的新兴学科，是目前国际上公认的信号信息获取与处理领域的高新技术，是多学科共同关注的热点，是信号处理的前沿课题。MATLAB 是一种面向科学与工程计算的高级语言，由于其强大的功能和广泛的应用性，受到越来越多的科技工作者的欢迎，它也是科学计算、数值仿真及数据可视化的重要工具。

22.1 小波快速算法设计原理与步骤

在小波的分解中，必须使用两个序列$\{a_n\}$、$\{b_n\}$。在正交小波时，它们是非对称的，在双正交时，一般总是要求它们是对称的。这时$\{a_n\}$、$\{b_n\}$还是有限长的。

先讨论一般情况，即非对称的情形。为了讨论方便，假定$\{a_n\}$、$\{b_n\}$，$-L\leqslant n\leqslant 0$，即 $n<-L$ 与 $n>0$ 时，$\{a_n\}$、$\{b_n\}$等于零。令 N 是选择的信号采样水平，对于某个正整数 M，希望分解信号水平为 $N\sim N-M$。

在实际计算中，给出的初始数据都是有限个。假设给定的数据为$\{c_{N,n}\}$，$-L_1\leqslant n\leqslant L_2$，其中 L_1，L_2 是两个正整数，计算$\{d_{k,n}\}$与$\{c_{N-M,n}\}$，$k=N-1,N-2,\cdots,N-M$；$-L_1\leqslant n\leqslant L_2$。

22.2 小波分解算法

输入：正整数 N,M,L,L_1,L_2；

　　输入数据$\{c_{N,n}\}$，$-L_1\leqslant n\leqslant L_2$；

预先存储的序列$\{a_n\}$,$\{b_n\}$,$-L \leqslant n \leqslant 0$。

输出：序列$\{d_{k,n}\}$,$\{c_{N-M,n}\}$,$N-M \leqslant k \leqslant N-1$,$-L_1^{(k)} \leqslant n \leqslant L_2^{(k)}$。

步骤1：计算$\{L_1^{(k)}\}$,$\{L_2^{(k)}\}$,$k=N-1,N-2,\cdots,N-M$。

使用公式

$$k = N-1, N-2, \cdots, N-M$$

$$L_1^{(N-1)} = \lfloor L_1/2 \rfloor,\quad L_1^{(k)} = \left\lfloor \frac{L_1^{(k-1)}}{2} \right\rfloor$$

$$L_2^{(N-1)} = \lfloor L_2/2 \rfloor,\quad L_2^{(k)} = \left\lfloor \frac{L+L_2^{(k-1)}}{2} \right\rfloor$$

步骤2：计算$\{c_{k,n/2}\}$与$\{d_{k,n/2}\}$,$k=N-1,N-2,\cdots,N-M$。

使用公式

$$c_{k,n/2} = \sum_{j=-L+n}^{n} a_{j-n} c_{k+1,j}$$

$$d_{k,n/2} = \sum_{j=-L+n}^{n} b_{j-n} c_{k+1,j}$$

式中：n是偶数,并且$-L_1^{(k+1)} \leqslant n \leqslant L_2^{(k+1)}$,即要求$-L_1^{(k)} \leqslant \lfloor n/2 \rfloor \leqslant L_2^{(k)}$。

上述分解算法计算复杂性：所需要的算术运算总次数不超过

$$4(L+1)(L_1+L_2+ML-2L+M)$$

22.3 对称小波分解算法

现在讨论$\{a_n\}$、$\{b_n\}$是对称的情形。通过指标平移,总能够假定

$$a_{-n} = a_n,\quad b_{-n} = b_n$$

假定对于正整数L_3、L_4,使

$$\{a_n\},\quad -L_3 \leqslant n \leqslant L_3;\quad \{b_n\},\quad -L_4 \leqslant n \leqslant L_4$$

这样,我们有下述对称小波分解算法。

输入：正整数N,M,L_1,L_2,L_3,L_4;

输入数据$\{c_{N,n}\}$,$-L_1 \leqslant n \leqslant L_2$;

预先存储的序列$\{a_n\}$,$-L_3 \leqslant n \leqslant 0$;$\{b_n\}$,$-L_4 \leqslant n \leqslant 0$。

输出：序列$\{d_{k,n}\}$,$\{c_{N-M,n}\}$,$N-M \leqslant k \leqslant N-1$,$-L_1 \leqslant n \leqslant L_2$。

步骤1：计算$\{L_1^{(k)}\}$,$\{L_2^{(k)}\}$,$k=N-1,N-2,\cdots,N-M$。

步骤2：计算$\{c_{k,n/2}\}$与$\{d_{k,n/2}\}$,$k=N-1,N-2,\cdots,N-M$。

使用公式

$$c_{k,n/2} = a_0 c_{k+1,n} + \sum_{j=L_3+n}^{n-1} a_{j-n}(c_{k+1,j} + c_{k+1,2n-j})$$

$$d_{k,n/2} = b_0 c_{k+1,n} + \sum_{j=-L_4+n}^{n-1} b_{j-n}(c_{k+1,j} + c_{k+1,2n-j})$$

式中：n是偶数,并且$-L_1^{(k+1)} \leqslant n \leqslant L_2^{(k+1)}$。

公式推导：由分解算法得

$$
\begin{aligned}
c_{k,n/2} &= \sum_{l=-L_3+n}^{L_3+n} a_{l-n}c_{k+1,l} = a_0c_{k+1,n} + \sum_{l=-L_3+n}^{n-1} a_{l-n}c_{k+1,l} + \sum_{l=n+1}^{l_3+n} a_{l-n}c_{k+1,l} \\
&= a_0c_{k+1,n} + \sum_{l=-L_3+n}^{n-1} a_{l-n}c_{k+1,l} + \sum_{j=n-1}^{-l_3+n} a_{n-j}c_{k+1,2n-j} \\
&= a_0c_{k+1,n} + \sum_{l=-L_3+n}^{n-1} a_{l-n}(c_{k+1,l} + c_{k+1,2n-l})
\end{aligned}
$$

$d_{k,n/2}$的推导与其类似。

对称小波分解算法的计算复杂性：所需要的算术运算次数不超过

$$5(L+1)(L_1+L_2+ML-2L+M)$$

式中：$L=\max\{L_3,L_4\}$。

22.4 小波重构算法

下面讨论重构算法。对于信号的重构，需要使用两个序列$\{p_n\}$、$\{q_n\}$。仍然先看一般情形，即$\{p_n\}$、$\{q_n\}$非对称的情况。为了方便，对于正整数 r、s，两个有限序列是$\{p_n\}$，$0\leqslant n\leqslant r$；$\{q_n\}$，$0\leqslant n\leqslant s$。同样，$\{p_n\}$、$\{q_n\}$是预先存储的。

由于信号重构是分解的逆过程，这时输入信号$\{c_{N-M,i}\}$与序列$\{d_{k,i}\}$，$k=N-M,\cdots,N-1$，$-L_1^{(k)}\leqslant i\leqslant L_2^{(k)}$。对于 $k=N-M,\cdots,N-1$ 和$-L_1^{(k)}\leqslant i\leqslant L_2^{(k)}$ 使用公式

$$
\begin{aligned}
c_{k+1,i} &= \sum_{j=i}^{i+r} p_{i-j}c_{k,j/2} + \sum_{j=i}^{i+s} q_{i-j}d_{k,j/2} \\
&= \sum_{j=i}^{i+\max(r,s)} [p_{i-j}c_{k,j/2} + q_{i-j}d_{k,j/2}]
\end{aligned}
$$

式中：j 为奇数时 $c_{k,j/2}=d_{k,j/2}=0$。

输入：正整数 N,M,r,s,L_1,L_2；

序列$\{c_{N-M,i}\}$，$\{d_{k,i}\}$，$N-M\leqslant k\leqslant N-1$，$-L_1^{(k)}\leqslant n\leqslant L_2^{(k)}$；

预先存储的序列$\{p_i\}$，$0\leqslant i\leqslant r$，$\{q_i\}$，$0\leqslant i\leqslant s$。

输出：序列$\{c_{N,i}\}$，$-L_1\leqslant i\leqslant L_2$。

步骤：计算$\{c_{k,j}\}$，$k=N-M+1,n-M+2,\cdots,N$。

使用公式

$$c_{k+1,i} = \sum_{j=i}^{i+L} [p_{i-j}c_{k,j/2} + q_{i-j}d_{k,j/2}]$$

式中：$-L_1^{(k)}\leqslant n\leqslant L_2^{(k)}$，且 j 为奇数时，$c_{k,j/2}=d_{k,j/2}=0$，而 $L=\max\{r,s\}$。

这个重构算法与分解算法的算术运算次数基本相同。

22.5 对称小波重构算法

下面讨论$\{p_n\}$、$\{q_n\}$对称的情况，通过平移，总可假定

$$p_{-n}=p_n,\quad q_{-n}=q_n$$

而且

$$\{p_n\},\quad -r\leqslant n\leqslant r;\ \{q_n\},\quad -s\leqslant n\leqslant s$$

输入：正整数 N,M,r,s,L_1,L_2；

序列$\{c_{N-M,n}\},\{d_{k,n}\},N-M\leqslant k\leqslant N-1,-L_1^{(k)}\leqslant n\leqslant L_2^{(k)}$；

预先存储的序列$\{p_n\},0\leqslant n\leqslant r,\{q_n\},0\leqslant n\leqslant s$。

输出：序列$\{c_{N,n}\},-L_1\leqslant n\leqslant L_2$。

步骤：计算$\{c_{k,i}\},k=N-M+1,n-M+2,\cdots,N$。

使用公式

$$c_{k+1,i}=p_0c_{k,i/2}+q_0d_{k,i/2}+\sum_{j=i+1}^{i+L}[p_{i-j}(c_{k,j/2}+c_{k,i-j/2})+q_{i-j}(d_{k,j/2}+d_{k,i-j/2})]$$

式中：$-L_1^{(k)}\leqslant n\leqslant L_2^{(k)}$，且 j 为奇数时，$c_{k,j/2}=d_{k,j/2}=0$，而 $L=\max\{r,s\}$。

上述算法的推导类似于对称小波分解算法的推导。

22.6 MATLAB 程序设计实现

数学作为基础学科，与工程技术及科学研究领域密不可分，并且在这些学科中得到了越来越广泛的应用。我们用小波分析这一数学工具处理一些数学问题，从某种意义上讲，可以帮助读者对小波分析理论本身有进一步的理解。

【例 22-1】 利用 MATLAB 实现小波分解与重构快速算法。如果要对图 22-1(a)所示的信号进行分解，其具体过程如下。

(1) 输入原始信号并显示。

利用 MATLAB 中的随机函数产生原始信号，并且显示该信号。

```
%使用随机函数产生一维信号
clc;clear
wname = 'db3';
randn('seed',531316785);
s = 2 + kron(ones(1,8),[1 -1]) + ((1:16).^2)/32 + 0.2 * randn(1,16);
figure;
plot(s);title('(a) 原始图像');
```

(2) 对原始信号利用 db3 小波进行分解。

利用 MATLAB 中的小波分解函数对前面产生的原始信号进行分解，如图 22-1(b)、图 22-1(c)、图 22-1(d)和图 22-1(e)所示。

```
%利用 db3 小波对原始信号进行二尺度分解
%使用小波分解函数 dwt
[cA1,cD1] = dwt(s,wname);
figure;plot(cA1);title('(b) 近似系数 cA1');
figure;plot(cD1);title('(c) 细节系数 cD1');
%对一尺度上的近似系数再次进行小波分解
[cA2,cD2] = dwt(cA1,wname);
figure;plot(cA2);title('(d) 近似系数 cA2');
figure;plot(cD2);title('(e) 细节系数 cD2');
```

(3) 由分解信号重构原始信号。

利用 MATLAB 中的小波重构函数对分解的小波信号进行重构，如图 22-1(f)所示。

```
[Lo_R,Hi_R] = wfilters(wname,'r');
ss = idwt(cA2,cD2,Lo_R,Hi_R);
sss = idwt(ss,cD1,Lo_R,Hi_R);
%计算重构信号与原始信号的误差
err = norm(s - sss)
figure;plot(sss);title('(f) 重构的原始信号');
xlabel(['相对误差 = ',num2str(err)]);
```

多级小波分解通过级联的方式进行，每一级的小波变换都是在前一级分解产生的低频分量上的继续，重构是分解的逆运算。低频分量上的信息比较丰富，能量集中；高频分量上的信息分量多为零，细节信息丰富，能量较少。

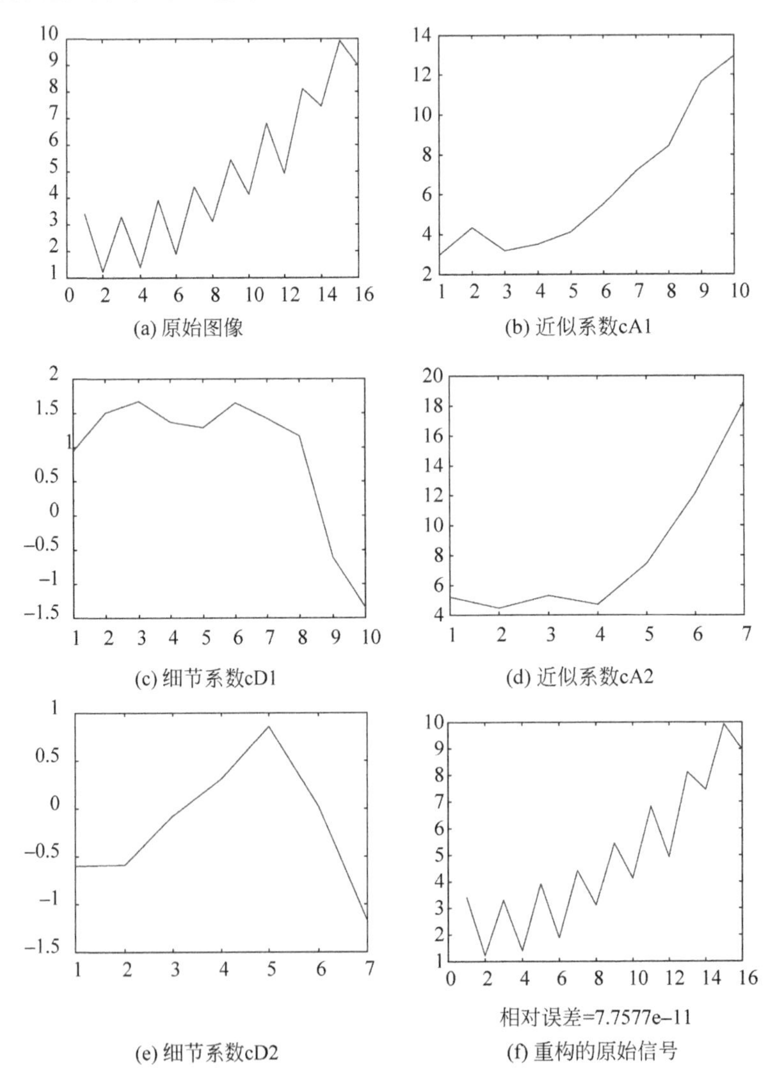

图 22-1　小波分解与重构示意图

Mallat 算法通过一组分解低通滤波器和分解高通滤波器对信号进行滤波，然后对输出结果进行下二采样(指隔一取一)来实现小波分解，分解的结果是产生长度减半的两个部分，一个是经低通滤波器产生的原始信号的平滑部分，另一个则是经高通滤波器产生的原始信号的细节部分。重构时使用一组重构低通滤波器和重构高通滤波器对小波分解的结果滤波，再进行上二采样(相邻两点间补零)来生成重构信号。

【例 22-2】 对于一给定的正弦信号 $s(i)=\sin(i\pi/100+\pi/4)$，$i=0,1,\cdots,199$，请利用多分辨分析对该信号进行分解与重构。

该问题可以说是一个纯粹的数学问题，通过对该问题的讲解，我们可以加深对小波分析中的多分辨分析的理解，即如何对信号进行多层分解与重构。

在这里，分别选用 db1 和 coif3 小波对该正弦信号进行三层多分辨分析，处理过程可编程如下，输出结果如图 22-2 所示。

```
t = 0:pi/100:4 * pi;
s = sin(t + pi/4);
subplot(532);plot(s);
title('原始信号');
[c,l] = wavedec(s,3,'db1');grid;
ca3 = appcoef(c,l,'db1',3);                    %提取小波分解的低频系数
cd3 = detcoef(c,l,3);                          %提取第三层的高频系数
cd2 = detcoef(c,l,2);                          %提取第二层的高频系数
cd1 = detcoef(c,l,1);                          %提取第一层的高频系数
figure(2);
subplot(421);plot(ca3);
title('第三层低频系数');
subplot(423);plot(cd1);
title('第一层高频系数');
subplot(425);plot(cd2);
title('第二层高频系数');
subplot(427);plot(cd3);
title('第三层高频系数');
s1 = waverec(c,l,'db1')
ca3 = appcoef(c,l,'coif3',3);                  %提取小波分解的低频系数
cd3 = detcoef(c,l,3);                          %提取第三层的高频系数
cd2 = detcoef(c,l,2);                          %提取第二层的高频系数
cd1 = detcoef(c,l,1);                          %提取第一层的高频系数
subplot(422);plot(ca3);
title('第三层低频系数');
subplot(424);plot(cd1);
title('第一层高频系数');
subplot(426);plot(cd2);
title('第二层高频系数');
subplot(428);plot(cd3);
title('第三层高频系数');
s2 = waverec(c,l,'coif3')
figure(3);
subplot(521);plot(s1);grid;
title('db1 小波重构信号');
[c,l] = wavedec(s,3,'coif3');
subplot(522);plot(s2);grid;
title('coif3 小波重构信号');
```

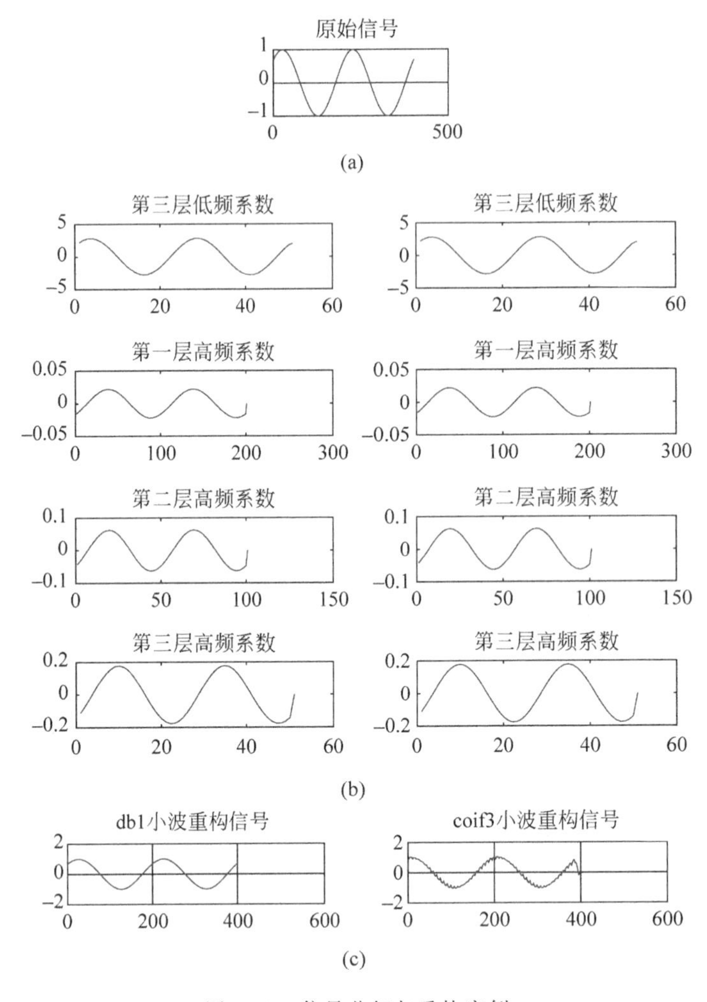

图 22-2 信号分解与重构实例

【例 22-3】 给定一信号(信号文件名为 leleccum. mat),请用 db1 小波对信号分别进行单尺度和三尺度分解,求出各次分解的低频系数和高频系数,并分别对低频系数、高频系数以及对低高频系数进行重构。

该问题是运用小波分析对信号单、多尺度分解与重构方法的一次全面的讨论。通过对该问题的分析,主要让读者清楚如何用小波分析对信号进行单尺度、多尺度分解以及如何对信号进行部分重构和全面重构。

程序清单如下:

```
%装载原始的一维信号
load leleccum;s = leleccum(1:3920);
ls = length(s);
%画出原始波形图
figure(1);
subplot(511);plot(s);
ylabel('s');
title('原始信号 s 及单尺度分解的低频系数 ca1 和高频系数 cd1');
%用小波 db1 进行单尺度一维分解
```

```
[ca1,cd1] = dwt(s,'db1');
%画出分解后的低频系数 ca1 和高频系数 cd1
subplot(523);plot(ca1);
ylabel('ca1');
subplot(524);plot(cd1);
ylabel('cd1');
%分别对低频系数 ca1 和高频系数 cd1 进行重构
a1 = upcoef('a',ca1,'db1',1,ls);
d1 = upcoef('d',cd1,'db1',1,ls);
%分别画出重构后低频部分和高频部分的波形图
figure(2);
subplot(511);plot(a1);
ylabel('a1');
title('单尺度分解的低频重构信号、高频重构信号及合成重构信号')
subplot(512);plot(d1);
ylabel('d1')
%画出 a1 + d1 波形图,即对 s 的分解系数直接进行重构
a0 = idwt(ca1,cd1,'db1',ls);
subplot(513);plot(a0);
ylabel('a1 + d1');
%用 db1 小波对信号进行三层分解
[c,l] = wavedec(s,3,'db1');
%从小波分解结构[c,l]中提取低频系数
ca3 = appcoef(c,l,'db1',3);
%从小波分解结构[c,l]中提取第 1,2,3 层的高频系数
cd3 = detcoef(c,l,3);
cd2 = detcoef(c,l,2);
cd1 = detcoef(c,l,1);
%分别画出原始信号、低频系数和高频系数的波形
figure(3);
subplot(511);plot(s);
ylabel('s');
title('原始信号及三层分解的各层分解系数');
subplot(589);plot(ca3);
ylabel('ca3');
subplot(5,8,17);plot(cd3);
ylabel('cd3');
subplot(5,4,13);plot(cd2);
ylabel('cd2');
subplot(5,2,9);plot(cd1);
ylabel('cd1');
%对第 3 层的低频系数进行重构
a3 = wrcoef('a',c,l,'db1',3);
%从小波分解结构[c,l]中提取第 1,2,3 层的高频系数进行重构
d3 = wrcoef('d',c,l,'db1',3);
d2 = wrcoef('d',c,l,'db1',2);
d1 = wrcoef('d',c,l,'db1',1);
%画出各层系数重构后的波形图
figure(4);
subplot(511);plot(ca3);
ylabel('ca3');
title('各层分解系数的重构图及合成重构图 a0');
subplot(512);plot(cd3);
ylabel('cd3');
subplot(513);plot(cd2);
ylabel('cd2');
```

```
subplot(514);plot(cd1);
ylabel('cd1');
% 对小波分解结构[c,l]进行重构
a0 = waverec(c,l,'db1');
subplot(515);plot(a0);
ylabel('a0');
```

输出结果如图 22-3 所示。

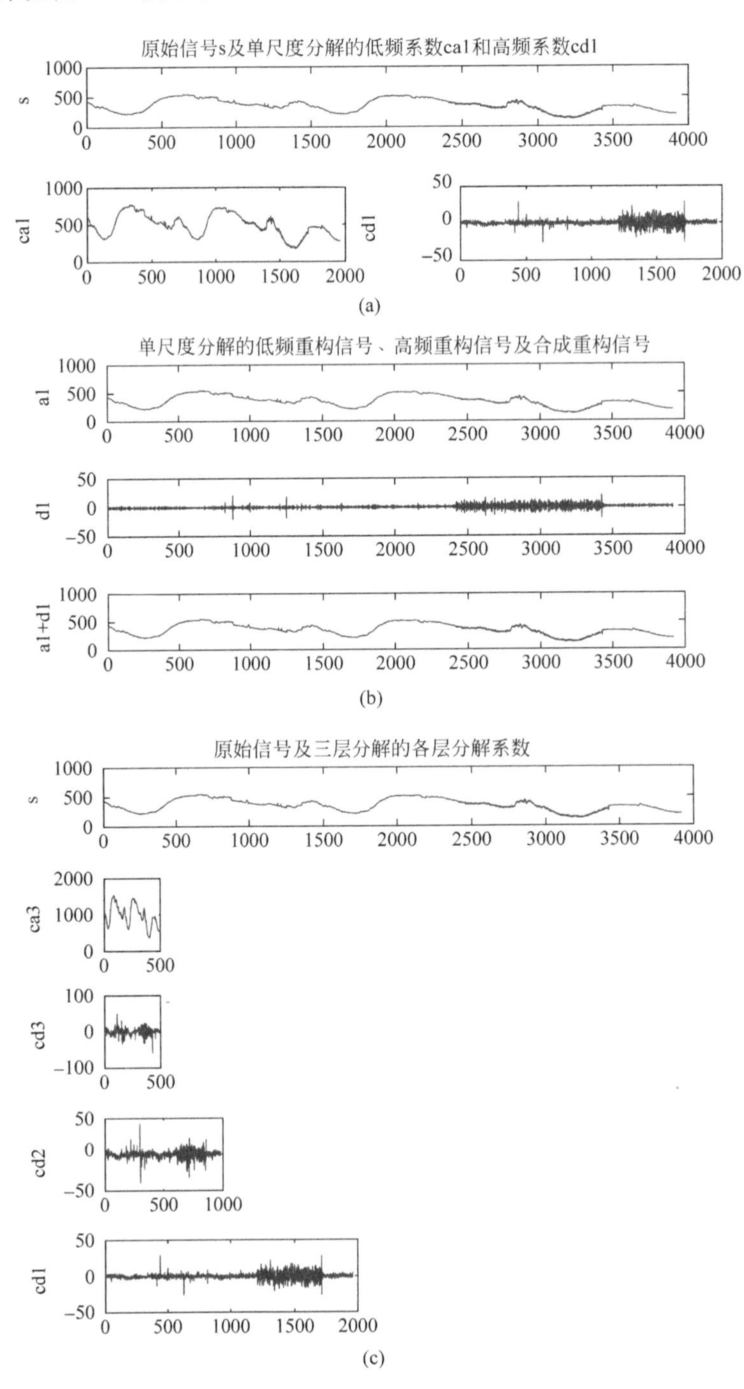

图 22-3 信号的分解与重构实例

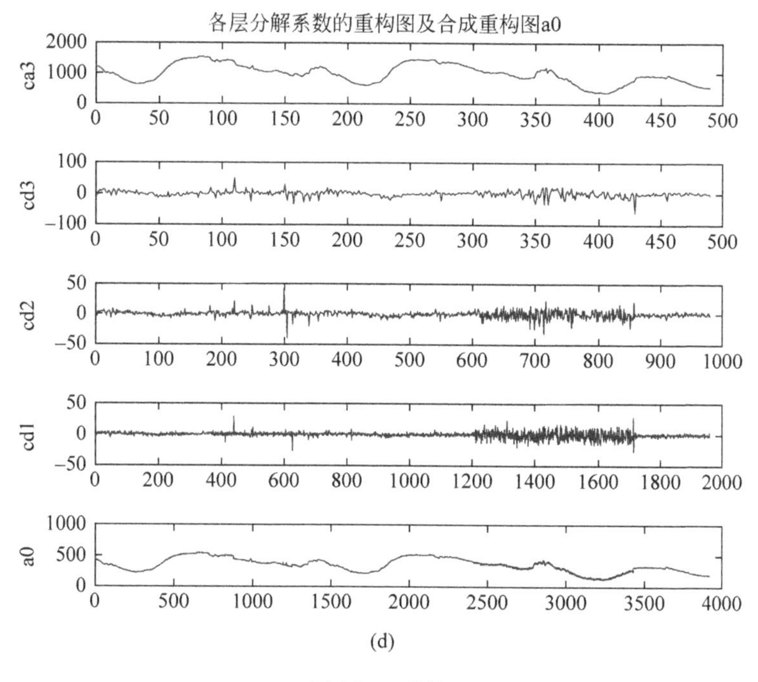

(d)

图 22-3 (续)

从上面的分析可以看出：小波分析可以把信号的不同频率区域分开。

【例 22-4】 下面给出用傅里叶变换和 db1 小波变换实现的对该信号在频域内的表示形式，从比较中可以更好地领会傅里叶变换在处理时域上有变化的信号的不足之处。

程序清单如下：

```
%信号的傅里叶变换
load freqbrk;                    %装入要分析的信号
s = freqbrk;
ls = length(s);
subplot(6,1,1);plot(s);title('原始信号的时域图');
%对信号 s 进行 FFT 变换
fs = fft(s,1024);               %在 s 信号中取 1024 个点,倘若 s 中不够长,则后面补零
fs = abs(fs);                   %将 FFT 后的复数用 abs 求其模的大小,返回的值是复数的模
subplot(6,1,2);plot(fs);
ylabel('FFT');grid;
%信号用 db1 小波分解到第三层后的频域特性
[c,l] = wavedec(s,3,'db1');     %用 db1 小波分解信号到第三层
%对分解结构[c,l]的第三层低频部分进行重构
a3 = wrcoef('a',c,l,'db1',3);
subplot(6,1,3);plot(a3);ylabel('a3');
%对分解结构[c,l]中的各层高频部分进行重构
for i = 1:3
    decmp = wrcoef('d',c,l,'db1',4 - i);
    subplot(6,1,i + 3);
    plot(decmp);
    ylabel(['d',int2str(4 - i)]);
end
```

在图 22-4 中可以看出，由于傅里叶变换将信号变换成纯频域中的信号，使它不具备时间分辨率，故对信号的频率变化点根本无法检测出来，而经 db1 小波分解后的信号，则可以很明显地辨别出该断裂点。

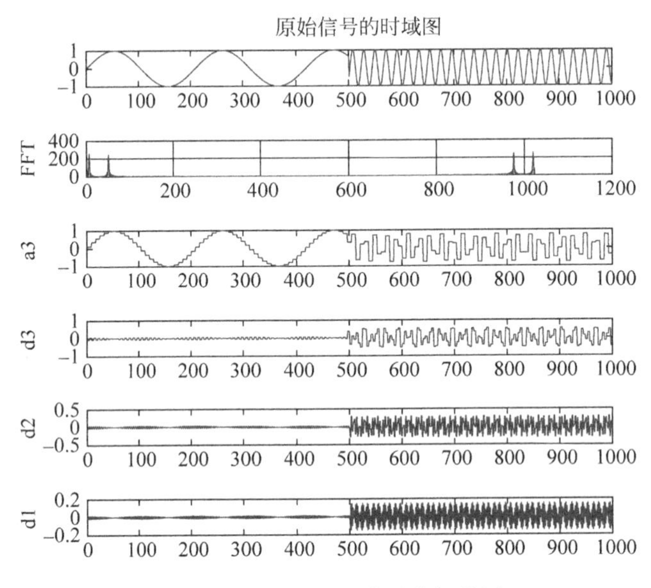

图 22-4 小波变换对信号分析检测

【例 22-5】 给定一信号，请利用小波分析把信号的各个频率成分分开。

在傅里叶分析中，如果一个信号是由几个不同频率的正弦信号组成，则 FFT 变换可以很有效地分辨这些不同频率的正弦信号。现在，我们用小波分析来实现这一功能。所分析的信号是由三个不同频率的正弦信号组成。

程序清单如下：

```
x = 0:0.05:6 * pi;
s = sin(x) + sin(10 * x) + sin(100 * x);      % 产生一个正弦叠加信号
figure(1);
subplot(6,2,1);plot(s);
title('原始信号与各层低频部分');
ylabel('s');
subplot(6,2,2);plot(s);
title('原始信号与各层高频部分');
ylabel('s');
[c,l] = wavedec(s,5,'db3');     % 用 db3 小波分解信号到第五层
% 对分解结构[c,l]中各低频部分进行重构,并显示结果
for i = 1:5
    decmp = wrcoef('a',c,l,'db3',6 - i);
    subplot(6,2,2 * i + 1);
    plot(decmp);
    ylabel(['a',num2str(6 - i)]);
end
% 对分解结构[c,l]中各高频部分进行重构,并显示结果
for i = 1:5
```

```
    decmp = wrcoef('d',c,l,'db3',6 - i);
    subplot(6,2,2 * i + 2);
    plot(decmp);
    ylabel(['d',num2str(6 - i)]);
end
%画出d1的放大波形图
figure(2);
d1 = wrcoef('d',c,l,'db3',1);
subplot(411);plot(d1(1:100));
```

程序运行结果如图 22-5 所示。

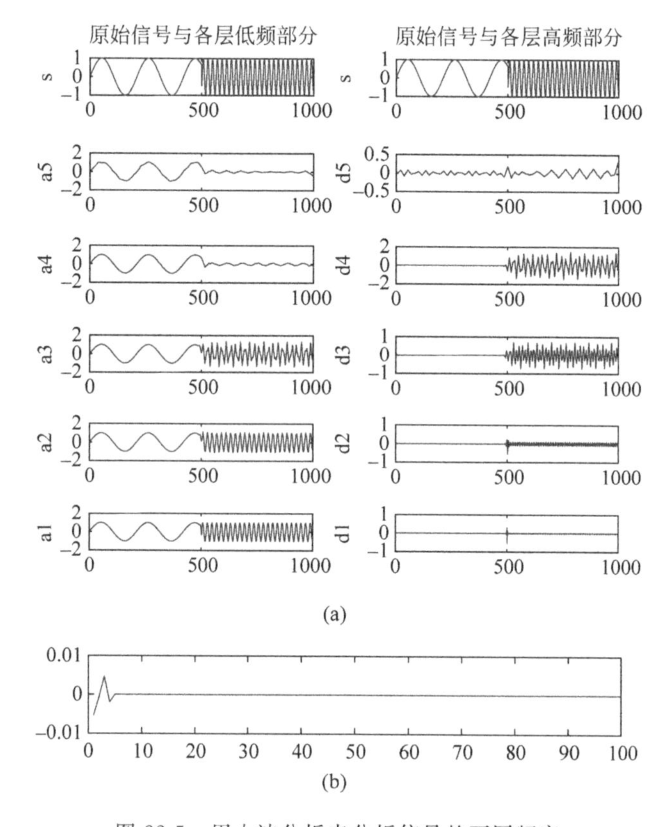

图 22-5　用小波分析来分析信号的不同频率

从图 22-5 显示的分解结果中可以看出，低频的第四层将正弦信号中的最低频率的组成部分清晰地分离出来了。

在小波分解中，若将信号中的最高频率成分看为 1，则各层小波分解分别是带通或低通滤波器，且各层所占的具体频带为

a1：0 ～ 0.5	d1：0.5 ～ 1
a2：0 ～ 0.25	d2：0.25 ～ 0.5
a3：0 ～ 0.125	d3：0.125 ～ 0.25
a4：0 ～ 0.0625	d4：0.0625 ～ 0.125
a5：0 ～ 0.03125	d5：0.03125 ～0.0625

该信号由三个不同频率的正弦信号所组成，其频率在小波分解下的相对频率分别

为：高频正弦(1)、中频正弦(0.1)、低频正弦(0.01)。由信号频率的组成部分和小波分解下各层频率的分布可知，高频正弦一定位于 d1 层，实际情况也是如此。图 22-5(b)中显示放大后的 d1 层信号图。从该图中可以看出，每一个信号包络中，有 10 个正弦振荡，它的相对周期的估计值为 200(在小波分析中的频率为 1)。d4 层中包含中频层的正弦信号。我们注意到在 a3 层和 a4 层中间有不连续的点出现，因为中频正弦信号是由这两层来共同表达的，d4 层的信号有一部分被 d3 层减去了。我们需要用 a1～a3 层的信号来估计中层的正弦信号，将 a1 放大后可以看出中频层的正弦信号，其相对周期大约是 20(在小波分析中的频率为 0.1)。最后，只剩下低频正弦信号没有提取出来，在 a4 层中对其进行估计，可以看出其相对周期大约是 2，一个周期占 200 个点(在小波分析下的频率为 0.01)。其实，低频正弦信号在 a5 层也能看出来，但是，这就必须将信号进行小波的进一步分解。若进一步分解，可以看到，该信号在 a4 层消失了，而出现在 d4 层。

总之，我们能够用小波分析将合成信号中的单纯正弦信号的频率提取出来。因为在小波分解下，不同的尺度具有不同的时间和频率分辨率，因而小波分解能够将信号的不同频率成分分开。

第23章 S-函数及其作用

23.1 S-函数的相关概率

S-函数是 Simulink 最具魅力的地方，它结合了 Simulink 框图简洁的特点和编程灵活的优点，增强和扩展了 Simulink 的强大机制。S-函数是指采用非图形化的方式(即计算机语言，区别于 Simulink 的系统模型)描述的一个功能块。

根据 S-函数代码使用的编程语言，S-函数可以分成 M 文件 S-函数(即用 MATLAB 语言编写的 S-函数)、C 语言 S-函数、C++语言 S-函数、Ada 语言 S-函数以及 Fortran 语言 S-函数等。通过 S-函数创建的模块具有与 Simulink 模型库中的模块相同的特征，它可以与 Simulink 求解器进行交互，支持连续状态和离散状态模型。

S-函数作为与其他语言相结合的接口，可以使用这个语言所提供的强大能力。例如，MATLAB 语言编写的 S-函数可以充分利用 MATLAB 所提供的丰富资源，方便地调用各种工具箱函数和图形函数；使用 C 语言编写的 S-函数可以实现对操作系统的访问，如实现与其他进程的通信和同步等。

下面对 S-函数的几个相关概念进行介绍。

1. 直接馈通

直接馈通是指输出(或是对于变步长采样块的可变步长)直接受控于一个输入的值。有一条很好的经验方法来判断输入是否为直接馈通：如果输出函数(mdlOutputs 或 flag=3)是输入 u 的函数，即如果输入 u 在 mdlOutputs 中被访问，则存在直接馈通。输出也可以包含图形输出，类似于一个 XY 绘图板。

在一个变步长 S-函数的"下一步采样时间"函数(mdlGetTimeOfNextVarHit 或 flag=4)中可以访问输入 u。

正确设置直接馈通标志是十分重要的，因为这不仅关系到系统模型中的系统模块的执行顺序，还关系到对代数环的检测与处理。

2. 动态维矩阵

S-函数可给定成支持任意维的输入。在这种情况下，当仿真开始时，根据驱动 S-函数的输入向量的维数动态确定实际输入的维数。输入的维数也可以用来确定连续状态的数量、离散状态的数量以及输出的数量。

M 文件的 S-函数只可以有一个输入端口，而且输入端口只能接收一维(向量)的信号输入。但是，信号的宽度是可以变化的。在一个 M 文件的 S-函数内，如果要指示输入宽度是动态的，必须在数据结构 sizes 中相应的域值指定为 −1，结构 sizes 是在调用 mdlInitializeSizes 时返回的一个结构。当 S-函数通过使用 length(u)来调用时，可以确定实际输入的宽度。如果指定为 0 宽度，那么 S-function 模块将不出现输入端口。

一个 C-MEX 文件编写的 S-函数可以有多个 I/O 端口，而且每个端口可以具有不同的维数。维数及每一维的大小可以动态确定。

3. 采样时间和偏移量

M 文件与 MEX 文件的 S-函数在指定其什么时候执行上具有高度的灵活性。Simulink 对于采样时间提供了以下选项。

(1) 连续采样时间：用于具有连续状态或非过零采样的 S-函数。对于这种类型的 S-函数，其输出在每个微步上变化。

(2) 连续但微步长固定采样时间：用于需要在每一个主仿真步上执行，但在微步长内值不发生变化的 S-函数。

(3) 离散采样时间：如果 S-function 模块的行为是离散时间间隔的函数，那么可以定义一个采样时间来控制 Simulink 什么时候调用该模块，也可以定义一个偏移量来延时每个采样时间点，偏移量的值不可超过相应采样时间的值。

采样时间点发生的时间照以下公式计算

$$\text{TimeHit} = (n * \text{period}) + \text{offset}$$

式中：n 为整数，为当前仿真步；n 的起始值总为 0。

如果定义了一个离散采样时间，Simulink 在每个采样时间点时调用 S-函数的 mdlOutput 和 mdlUpdate。

(4) 可变采样时间：采样时间间隔变化的离散采样时间。在每步仿真的开始，具有可变采样时间的 S-函数需要计算下一次采样点的时间。

(5) 继承采样时间：有时，S-function 模块没有专门的采样时间特性，它既可以是连续的也可以是离散的，这取决于系统中其他模块的采样时间。

23.2 S-函数模块

S-函数模块，位于 Simulink/User-Defined Functions 模块库中，是使 S-函数图形化的模板工具，为 S-函数创建一个定值的对话框和图标。

S-函数模块使得对 S-函数外部输入参数的修改更加灵活，其可看为 S-函数的一个外壳或面板。S-函数模块及其参数对话框如图 23-1 所示。

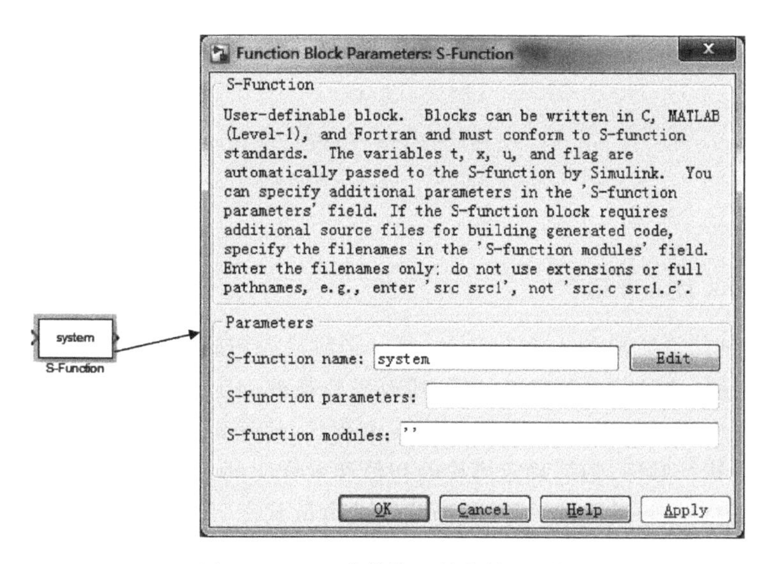

图 23-1　S-函数模块及其参数对话框

S-函数模块参数对话框主要有以下几个参数。

(1) S-function name：填入 S-function 的函数名称，这样就建立了 S-函数模块与 M 文件形式的 S-函数之间的对应关系，单击 Edit 按钮可打开 S-函数的 M 文件的编辑窗口。

(2) S-function parameters：填入 S-function 需要输入的外部参数的名称，如果有多个变量的话，中间用逗号隔开，如 a、b、c。

(3) S-function modules：只有 S-function 是用 C 语言编写并用 MEX 工具编译的 C-MEX 文件时，才需要填写该参数。

设置完这些参数后，S-函数模块就成为一个具有指定功能的模块，它的功能取决于 S-函数的内容，可通过修改 S-函数来改变该模块的功能。

23.3　S-函数工作原理

要创建一个 S-函数，了解 S-函数的工作原理就显得非常必要。S-函数的一个优点就是可以创建一个通用的模块，在模型中可以多次调用，只需在不同的场合下修改它的参数就可以了。因此在了解 S-函数的工作原理前，先要了解一下模块的共同特性，以便能够更好地理解 Simulink 的整个仿真原理，然后介绍 Simulink 的仿真阶段和 S-函数的反复调用。

1. Simulink 模块的共同特性

Simulink 模块包含 3 个基本单元：输入 u、状态 x 和输出 y。图 23-2 显示了 Simulink 模块 3 个基本单元的关系。

图 23-2　模块的输入、输出和状态关系效果图

输入、状态和输出之间的数学关系可用状态方程描述为

$$\begin{cases} y = f_0(t,x,u) \\ x_c = f_d(t,x,u) \\ x_{d_{k+1}} = f_u(t,x,u) \end{cases}$$

式中：$x=x_c+x_d$。

2. Simulink 仿真阶段

Simulink 的仿真阶段分为两个阶段：第一个阶段为初始化阶段，在这个阶段，模块的所有参数将传递给 MATLAB 进行计算，所有参数将被确定下来，同时，Simulink 将展开模型的层次，每个子系统被它们所包含的模块替代，传递信号宽度、数据类型和采样时间，确定模块的执行顺序，最后确定模块的初值和采样时间。第二个阶段就是仿真阶段，这个阶段中要进行模块输出的计算，更新模块的离散状态，计算连续状态，在采样变步长解法器时，还需要确定时间步长。

3. S-函数的反复调用

Simulink 模型中可反复调用 S-函数，以便执行每一阶段的任务。Simulink 会对模型中的 S-函数采用适当的方法进行调用，在调用过程中，Simulink 将调用 S-函数来完成各项任务。这些任务如下。

(1) 初始化，在仿真开始前，Simulink 在这个阶段初始化 S-函数，这些工作包括：

- 初始化结构体 SimStruct，它包含 S-函数的所有信息；
- 设置输入输出端口的数目和大小；
- 设置采样时间；
- 分配存储空间并估计数组大小。

(2) 计算下一个采样时间点，如果选择变步长解法器进行仿真时，需要计算下一个采样时间点，即计算下一步的仿真步长。

(3) 计算主要时间步的输出，即计算所有端口的输出值。

(4) 更新状态，此例程在每个步长处都要执行一次，可以在这个例程中添加每一个仿真步都需要更新的内容，如离散状态的更新。

(5) 数值积分，用于连续状态的求解和非采样过零点。如果 S-函数存在连续状态，Simulink 就在 minor step time 内调用 mdlDdrivatives 和 mdlOutput 两个 S-函数全程。

23.4 M 文件 S-函数模板

编写 S-函数有一套固定的规则，为此 Simulink 提供了一个用 M 文件编写 S-函数的模板。该模板程序存放在 toolbox\simulink\blocks 目录下，文件名为 sfuntmpl. m。用户可从这个模板出发构建自己的 S-函数。

S-函数模板文件如下：

```
function [sys,x0,str,ts,simStateCompliance] = sfuntmpl(t,x,u,flag)
% 输入参数 t,x,u,flag
```

```
%t 为采样时间
%x 为状态变量
%u 为输入变量
%flag 为仿真过程中的状态标量,共有 6 个不同的取值,分别代表 6 个不同的子函数
%返回参数 sys,x0,str,ts,simStateCompliance
%x0 为状态变量的初始值
%sys 是用以向 Simulink 返回直接结果的变量,随 flag 的不同而不同
%str 为保留参数,一般在初始化中置空,即 str = []
%ts 为一个 1×2 的向量,ts(1)为采样周期,ts(2)为偏移量
switch flag,                    %判断 flag,查看当前处于哪个状态
  case 0,                       %表示处于初始化状态,调用函数 mdlInitializeSizes
    [sys,x0,str,ts,simStateCompliance] = mdlInitializeSizes;
  case 1,                       %表示调用计算连续状态的微分
    sys = mdlDerivatives(t,x,u);
  case 2,                       %表示调用计算下一个离散状态
    sys = mdlUpdate(t,x,u);
  case 3,                       %表示调用计算输出
    sys = mdlOutputs(t,x,u);
  case 4,                       %调用计算下一个采样时间
    sys = mdlGetTimeOfNextVarHit(t,x,u);
  case 9,                       %结束系统仿真任务
    sys = mdlTerminate(t,x,u);
  otherwise
    DAStudio.error('Simulink:blocks:unhandledFlag', num2str(flag));
end
function [sys,x0,str,ts,simStateCompliance] = mdlInitializeSizes
sizes = simsizes;               %用于设置模块参数的结构体,调用 simsizes 函数生成
sizes.NumContStates = 0;        %模块连续状态变量的个数,0 为默认值
sizes.NumDiscStates = 0;        %模块离散状态变量的个数,0 为默认值
sizes.NumOutputs = 0;           %模块输出变量的个数,0 为默认值
sizes.NumInputs = 0;            %模块输入变量的个数
sizes.DirFeedthrough = 1;       %模块是否存在直接馈通
sizes.NumSampleTimes = 1;       %模块的采样时间个数,1 为默认值
sys = simsizes(sizes);          %初始化后的构架 sizes 经过 simsizes 函数运算后向 sys 赋值
x0 = [];                        %向量模块的初始值赋值
str = [];
ts = [0 0];
simStateCompliance = 'UnknownSimState';
function sys = mdlDerivatives(t,x,u)    %编写计算导数向量的命令
sys = [];
function sys = mdlUpdate(t,x,u)         %编写计算更新模块离散状态的命令
sys = [];
function sys = mdlOutputs(t,x,u)        %编写计算模块输出向量的命令
sys = [];
%以绝对时间计算下一采样点的时间,该函数只在变采样时间条件下使用
function sys = mdlGetTimeOfNextVarHit(t,x,u)
sampleTime = 1;
sys = t + sampleTime;
function sys = mdlTerminate(t,x,u)      %结束仿真任务
sys = [];
```

在上面程序代码中，包含1个主程序和6个子程序，子程序供 Simulink 在仿真的不同阶段调用。上述程序代码还多次引用系统函数 simsizes，该函数保存在 toolbox\simulink\simulink 路径下，函数的主要目的是设置 S-函数的大小，代码如下：

```
function sys = simsizes(sizesStruct)
switch nargin,
  case 0,                         %返回结构大小
    sys.NumContStates = 0;
    sys.NumDiscStates = 0;
    sys.NumOutputs = 0;
    sys.NumInputs = 0;
    sys.DirFeedthrough = 0;
    sys.NumSampleTimes = 0;
  case 1,                         %数组转换
    %假如输入为一个数组,即返回一个结构体大小
    if ~isstruct(sizesStruct),
      sys = sizesStruct;
      %数组的长度至少为6
      if length(sys) < 6,
        DAStudio.error('Simulink:util:SimsizesArrayMinSize');
      end
      clear sizesStruct;
      sizesStruct.NumContStates = sys(1);
      sizesStruct.NumDiscStates = sys(2);
      sizesStruct.NumOutputs = sys(3);
      sizesStruct.NumInputs = sys(4);
      sizesStruct.DirFeedthrough = sys(6);
      if length(sys) > 6,
        sizesStruct.NumSampleTimes = sys(7);
      else
        sizesStruct.NumSampleTimes = 0;
      end
    else
      %验证结构大小
      sizesFields = fieldnames(sizesStruct);
      for i = 1:length(sizesFields),
        switch (sizesFields{i})
          case { 'NumContStates', 'NumDiscStates', 'NumOutputs',...
                 'NumInputs', 'DirFeedthrough', 'NumSampleTimes' },
          otherwise,
            DAStudio.error('Simulink:util:InvalidFieldname', sizesFields{i});
        end
      end
      sys = [...
        sizesStruct.NumContStates,...
        sizesStruct.NumDiscStates,...
        sizesStruct.NumOutputs,...
        sizesStruct.NumInputs,...
        0,...
        sizesStruct.DirFeedthrough,...
        sizesStruct.NumSampleTimes ...
      ];
    end
end
```

23.5 S-函数应用

下面利用S-函数的模板来实现一些具有特定功能的模块。

1. 用S-函数实现离散系统

用S-函数模板实现一个离散系统时,首先对mdlInitializeSizes子函数进行修改,声明离散状态的个数,对状态进行初始化,确定采样时间等。然后再对mdlUpdate和mdlOutputs子函数做适当修改,分别输入要表示的系统的离散状态方程和输出方程即可。

【例23-1】 给定一个离散时间系统的传递函数$H(z)$,试用S-函数模块进行实现,仿真得出系统的离散冲激响应,用Simulink基本离散系统库中的传递函数模块和状态方程模块同时实现并做对比验证。设系统的传递函数为

$$H(z)=\frac{2z+1}{z^2+0.5z+0.8}$$

首先要根据传递函数求出系统的状态空间方程。可先作出系统的信号流图,然后由梅森规则得出状态空间方程。但MATLAB的信号处理工具箱(Signal Processing Toolbox)中还有实现传递函数与状态空间方程相互转换的函数tf2ss可直接利用,其调用语法是:

```
[A, B, C, D] = tf2ss (b, a)
```

其中,输入参数b为传递函数的分子多项式系数向量;a为其分母多项式的系数向量。对连续系统的传递函数也可用tf2ss转换为状态空间方程,输出变量A、B、C、D分别为状态空间方程的4个系数矩阵。

S-函数代码如下,其中,可选参数为传递函数的分子和分母多项式系数b和a,并在S-函数中将其转换为状态空间矩阵。初始化过程中,系统输入输出数以及状态数由状态空间矩阵的维数来决定。在离散状态更新处理(flag=2)中写入状态方程代码,而在输出处理(flag=3)中写入输出方程代码。

其实现步骤如下。

(1) 编写实现S-函数的代码如下,并命名为M4_21.m。

```
function [sys,x0,str,ts] = M4_21 (t,x,u,flag,b,a)
%离散系统传递函数的S-函数实现
%参数b,a分别为H(z)的分母、分子多项式的系数向量
[A,B,C,D] = tf2ss(b,a);                    %将H(z)转换为状态空间方程系数矩阵
switch flag
    case 0,                                %flag = 0 初始化
        sizes = simsizes;                  %获取Simulink仿真变量结构
        sizes.NumContStates = 0;           %连续系统的状态数为0
        sizes.NumDiscStates = size(A,1);   %设置离散状态变量的个数
        sizes.NumOutputs = size(D,1);      %设置系统输出变量的个数
        sizes.NumInputs = size(D,2);       %输入信号数目是自适应的
        sizes.DirFeedthrough = 1;          %设置系统是直通的
```

```
        sizes.NumSampleTimes = 1;               % 这里必须为 1
        sys = simsizes(sizes);                  % 设置系统参数
        str = [];                               % 通常为空矩阵
        x0 = zeros(sizes.NumDiscStates,1);      % 零状态
        ts = [-1 0];                            % 采样时间由外部模块给出
    case 2,                                     % flag = 2 离散状态方程计算
        sys = A * x + B * u;
    case 3,                                     % flag = 3 输出方程计算
        sys = C * x + D * u;
    case {1,4,9},                               % 其他不处理的 flag
        sys = [];                               % 无用的 flag 时返回 sys 为空矩阵
    otherwise                                   % 异常处理
        error(['Unhandled flag = ',num2str(flag)]);
end
```

(2) 建立仿真模块。建立如图 23-3 所示的 Simulink 仿真模型。

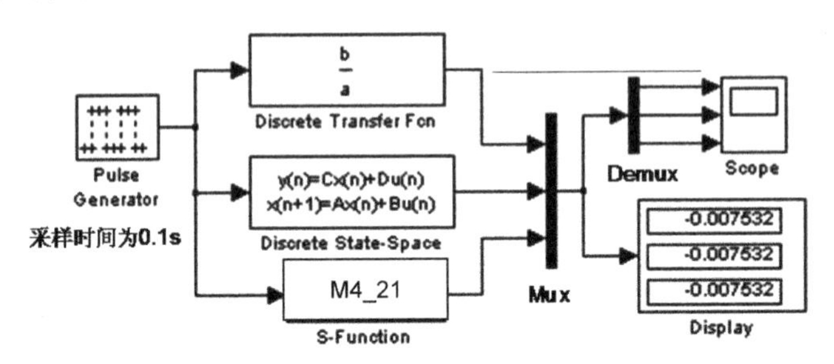

图 23-3 仿真模型框图

(3) 模块参数设置。

双击图 23-3 所示的仿真模型中的 Pulse Generator 模块,在弹出的参数对话框中设置各参数,效果如图 23-4 所示。

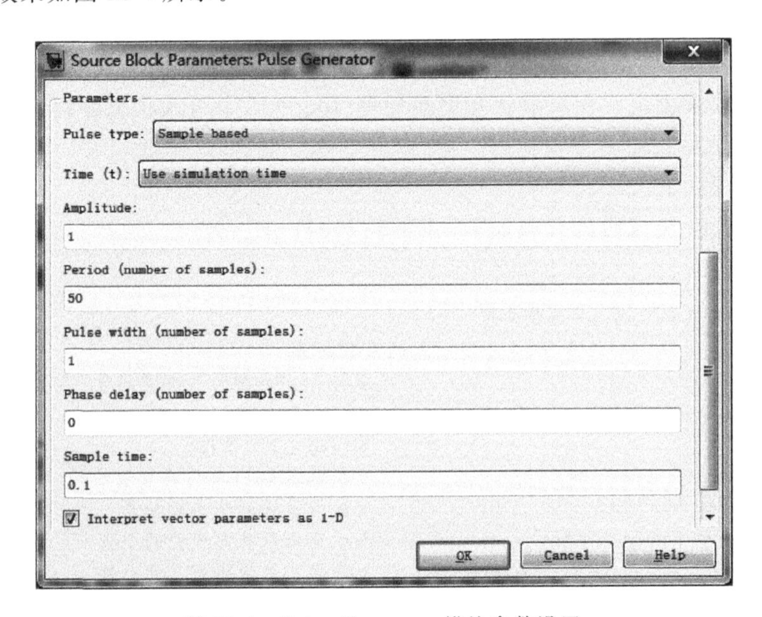

图 23-4 Pulse Generator 模块参数设置

双击图 23-3 所示的仿真模型中的 Discrete Transfer Fcn 模块，在弹出的参数对话框中的 Numerator coefficient 文本框中输入 b，在 Denominator coefficient 文本框中输入 a，在 Sample time(－1 for inherited)文本框中输入－1。

双击图 23-3 所示的仿真模型中的 Discrete State-Space 模块，在弹出的参数对话框中设置各参数，效果如图 23-5 所示。

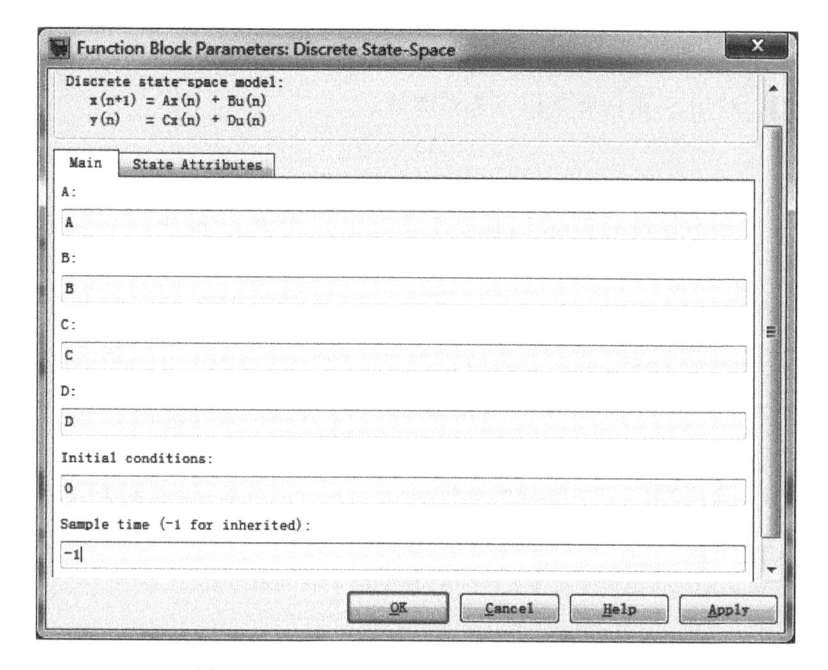

图 23-5　Discrete State-Space 模块参数设置

双击图 23-3 所示的仿真模型中的 S-Function 模块，在弹出的参数对话框中的 S-function name 文本框中输入 M4_21，在 S-function paramters 文本框中输入 b，a。

还可利用信宿库中的 Display 模块来显示信号线上的当前仿真值，仿真采用固定步长，步长为 0.1s。测试系统如图 23-3 所示。

(4) 运行仿真。

系统的仿真参数采用默认值，在执行仿真之前，在 MATLAB 命令窗口中输入如下代码，然后单击仿真模型窗口的按钮，仿真效果如图 23-6 所示。

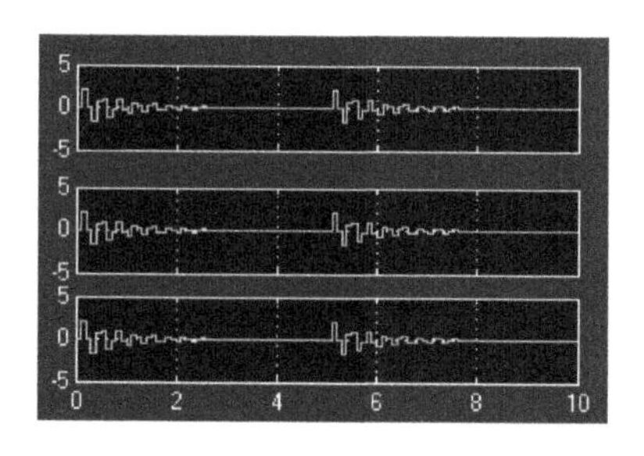

图 23-6　仿真测试输出的数字冲激响应

```
>> b = [2 1];                          % H(z)的分子
a = [1 0.5 0.8];                       % 分母
[A,B,C,D] = tf2ss(b,a);                % 转换为状态方程
```

在图 23-6 中给出了仿真完成后示波器上三个系统的响应波形，显然这三个系统是等价的。用不同方式对相同的数学模型进行计算机仿真可以用来有效地检查仿真建模和编程的差错。

2. 用S-函数实现连续系统

用S-函数实现一个连续系统时，首先mdlInitializeSizes子函数应当做适当的修改，包括确定连续状态的个数、状态初始值和采样时间设置。另外，还需要编写mdlDerivatives子函数，将状态的导数向量通过sys变量返回。

如果系统状态不止一个，可通过索引$x(1)$、$x(2)$等得到各个状态。修改后的mdlOutputs中应该包含系统的输出方程。

【例23-2】 利用S-函数实现以下连续系统：

$$\dot{x} = \boldsymbol{A}x + \boldsymbol{B}u$$
$$y = \boldsymbol{C}x + \boldsymbol{D}u$$

为了增强S-函数模块的实用性，现要求系数矩阵$\boldsymbol{A}$、$\boldsymbol{B}$、$\boldsymbol{C}$和$\boldsymbol{D}$以及系统状态的初始值均可在参数对话框中设置。

(1) 将模板文件sfuntmpl另存为M4_22.m，并添加参数A、B、C和D以及iniState。代码为：

```
function [sys,x0,str,ts,simStateCompliance] = M4_22 (t,x,u,flag,A,B,C,D,iniState)
%输入参数t,x,u,flag
%t为采样时间,x为状态变量,u为输入变量
%flag为仿真过程中的状态标量,共有6个不同的取值,分别代表6个不同的子函数
%返回参数sys,x0,str,ts,simStateCompliance
%x0为状态变量的初始值
%sys用以向Simulink返回直接结果的变量,随flag的不同而不同
%str为保留参数,一般在初始化中置空,即str=[]
%ts为一个1×2的向量,ts(1)为采样周期,ts(2)为偏移量
switch flag, %判断flag,查看当前处于哪个状态
  case 0, %表示处于初始化状态,调用函数mdlInitializeSizes
    [sys,x0,str,ts,simStateCompliance] = mdlInitializeSizes(iniState);
  case 1, %表示调用计算连续状态的微分
    sys = mdlDerivatives(t,x,u,A,B);
  case 3, %表示调用计算输出
    sys = mdlOutputs(t,x,u,C,D);
end

function [sys,x0,str,ts,simStateCompliance] = mdlInitializeSizes(iniState)
sizes = simsizes;              %用于设置模块参数的结构体,调用simsizes函数生成
sizes.NumContStates = 2;       %模块连续状态变量的个数,0为默认值
sizes.NumDiscStates = 0;       %模块离散状态变量的个数,0为默认值
sizes.NumOutputs = 2;          %模块输出变量的个数,0为默认值
sizes.NumInputs = 1;           %模块输入变量的个数
sizes.DirFeedthrough = 1;      %模块是否存在直接馈通
sizes.NumSampleTimes = 1;      %模块的采样时间个数,1为默认值
sys = simsizes(sizes);         %初始化后的构架sizes经过simsizes函数运算后向sys赋值
x0 = iniState;                 %向量模块的初始值赋值
str = [];
ts = [0 0];
simStateCompliance = 'UnknownSimState';
function sys = mdlDerivatives(t,x,u,A,B)   %编写计算导数向量的命令
sys = A*x+B*u
function sys = mdlOutputs(t,x,u,C,D)       %编写计算模块输出向量的命令
sys = C*x+D*u;
```

(2) 建立如图 23-7 所示的系统模型。在 S-function 模块的参数对话框中设置 S-function name 为 M4_22,S-function parameters 为 A,B,C,D,iniState,如图 23-8 所示。

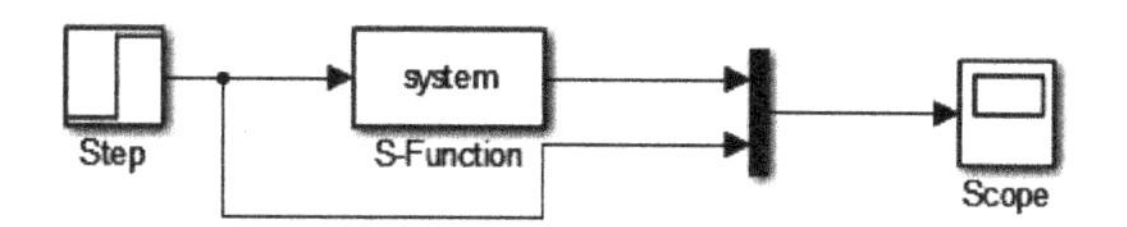

图 23-7 系统模型

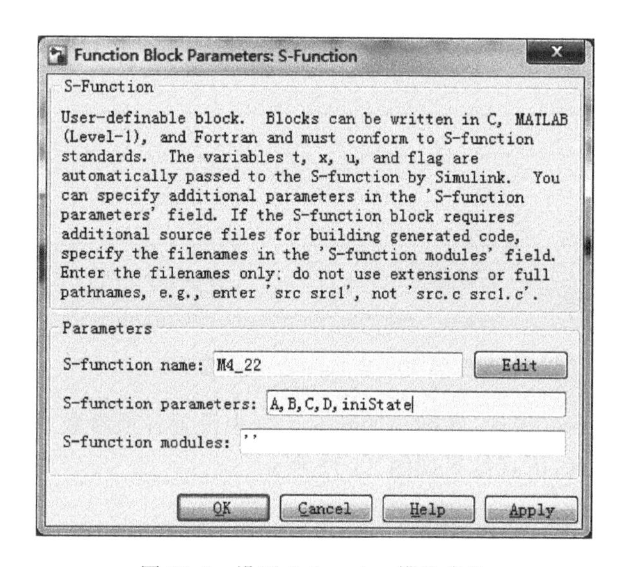

图 23-8 设置 S-function 模块参数

(3) 对 S-function 模块进行封装。选中模块右键,在弹出的菜单中选择 Mask→Create Mask 选项,并编辑封装编辑器中的 Parameters & Dialog 选项卡,如图 23-9 所示。编辑 Documentation 选项卡,如图 23-10 所示。

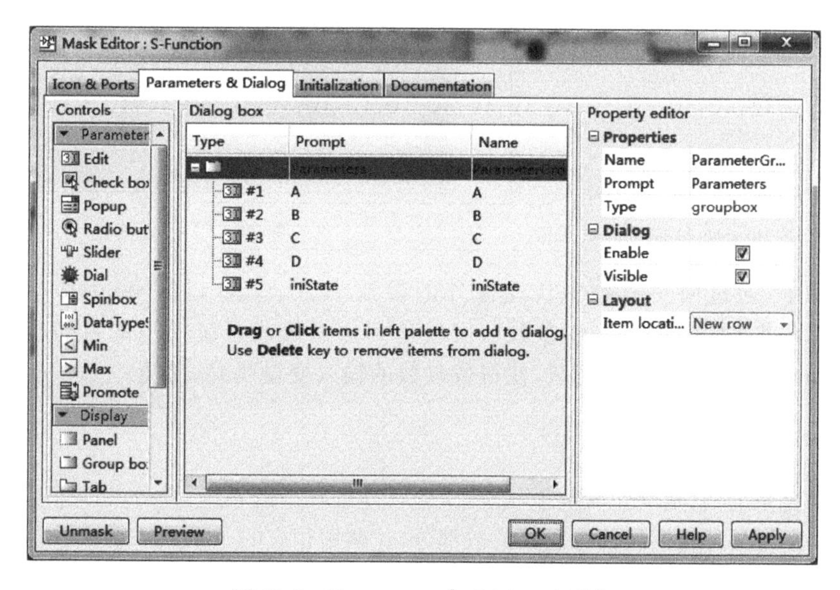

图 23-9 Parameters & Dialog 选项卡

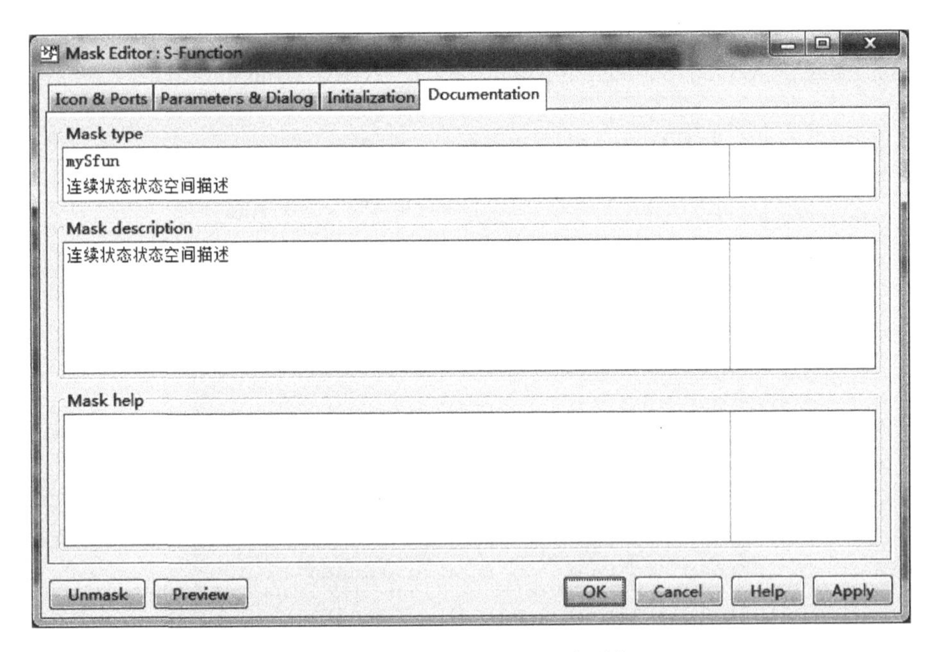

图 23-10　Documentation 选项卡

(4) 双击 S-function 模块,在弹出的新对话框中设置各项参数,如图 23-11 所示。

(5) 运行系统仿真,仿真结果如图 23-12 所示。

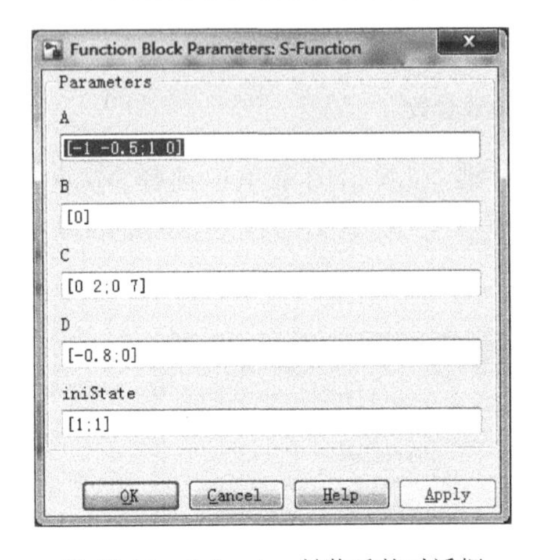

图 23-11　S-funtion 封装后的对话框

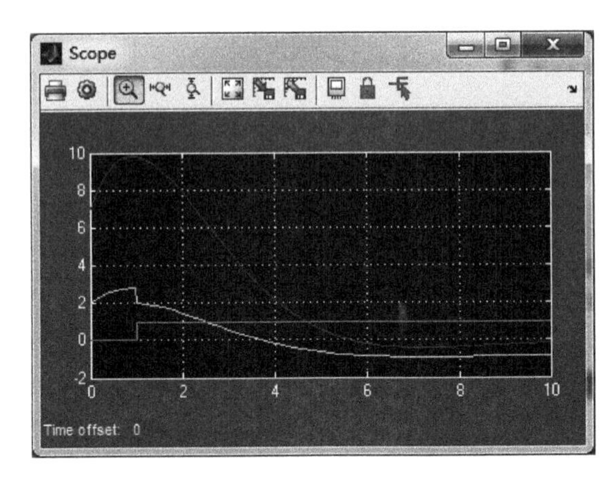

图 23-12　仿真结果

本实例中,通过向主函数中传递额外的参数 A、B、C、D 以及 iniState(可以在 S-function 模块对话框中输入这些参数),可以达到任意修改系统模型的目的。更进一步地,对 S-function 模块进行了封装,使得各参数的输入变量明确、易懂。

3. 用 S-函数实现混合系统

所谓混合系统,就是既包含离散状态,又包含连续状态的系统。Simulink 根据 flag 的具体数值判断系统是计算连续部分还是离散部分,并调用相应的子函数,Simulink 在处理混合系统时将同时调用 S-函数的 mdlUpdate、mdlOutput 和 mdlGetTimeOfNextVarHit 子函数。

对于离散系统而言，在 mdlUpdate、mdlOutput 中需要判断是否需要更新离散状态和输出。因为对于离散状态并不是在所有的采样点上都需要更新，否则就是一个连续系统了。

【例 23-3】 利用 M 文件 S-函数实现如图 23-13 所示的混合系统的模型。

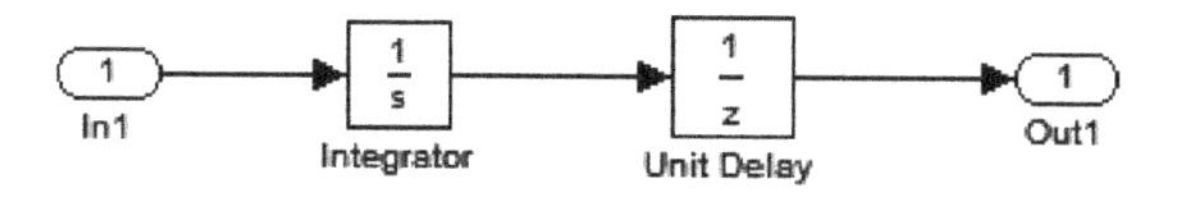

图 23-13　混合系统模型图

其实现步骤如下。

(1) 根据混合系统模型图，在模板的基础上编写 S-函数，并保存为 M4_23.m。

```
function [sys,x0,str,ts] = M4_23(t,x,u,flag)
%利用 M 模板文件编写 S-函数,实现单位延时(1/z)积分(1/s)的混合系统
%设置单位延时的采样周期和偏移量
dperiod = 1;
doffset = 0;
switch flag,
  case 0,
    [sys,x0,str,ts] = mdlInitializeSizes(dperiod,doffset);      %初始化函数
  case 1,
    sys = mdlDerivatives(t,x,u)                                 %求导数
  case 2,
    sys = mdlUpdate(t,x,u,dperiod,doffset); %状态更新
  case 3,
    sys = mdlOutputs(t,x,u,dperiod,doffset);                    %计算输出
  case 9,
    sys = mdlTerminate(t,x,u);                                  %终止仿真程序
  otherwise
    error(['Simulink:blocks:unhandledFlag', num2str(flag)]);    %错误处理
end
function [sys,x0,str,ts] = mdlInitializeSizes(dperiod,doffset) %模型初始化函数
sizes = simsizes;                     %取系统默认设置
sizes.NumContStates = 1;              %设置连续状态变量的个数
sizes.NumDiscStates = 1;              %设置离散状态变量的个数
sizes.NumOutputs = 1;                 %设置系统输出变量的个数
sizes.NumInputs = 1;                  %设置系统输入变量的个数
sizes.DirFeedthrough = 0;             %设置系统是否直通
sizes.NumSampleTimes = 2;             %采样周期的个数,必须大于等于 1
sys = simsizes(sizes);                %设置系统参数
x0 = ones(2,1);                       %系统状态初始化
str = [];                             %系统阶字串总为空矩阵
ts = [0 0;dperiod doffset];           %初始化采样时间矩阵
function sys = mdlDerivatives(t,x,u)
sys = u;
function sys = mdlUpdate(t,x,u,dperiod,doffset)
if abs(round((t - doffset)/dperiod) - (t - doffset)/dperiod)< 1e - 8,
    sys = x(1);
else
    sys = [];
end
```

```
function sys = mdlOutputs(t,x,u,dperiod,doffset)
if abs(round((t - doffset)/dperiod) - (t - doffset)/dperiod)< 1e - 8,
    sys = x(2);
else
    sys = [];
end
% mdlTerminate 终止仿真设定,完成仿真终止时的任务
function sys = mdlTerminate(t,x,u)
sys = [];
% 程序结束
```

(2) 建立仿真模型。

根据如图 23-13 所示的混合系统模型图可建立如图 23-14 所示的 Simulink 仿真模型图。

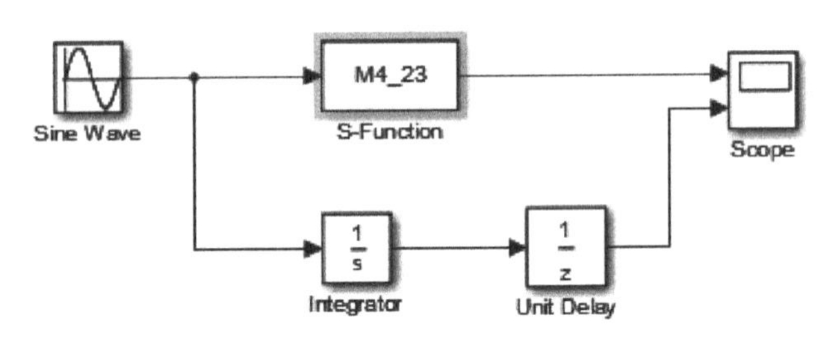

图 23-14　混合系统的 Simulink 模型框图

(3) 模块参数设置。

双击图 23-14 所示模型框图中的 S-Function 模块,在弹出的参数对话框中的 S-Function name 文本框中输入 M4_23,其他参数的采用默认设置。

双击图 23-14 所示模型框图中的 Scope 模块,在弹出的参数对话框中的 Number of axes 文本框中输入 2。其他模块采用默认设置。

(4) 运行仿真。

系统的仿真参数采用默认值,然后对系统模型进行仿真,得到如图 23-15 所示的仿真效果图。

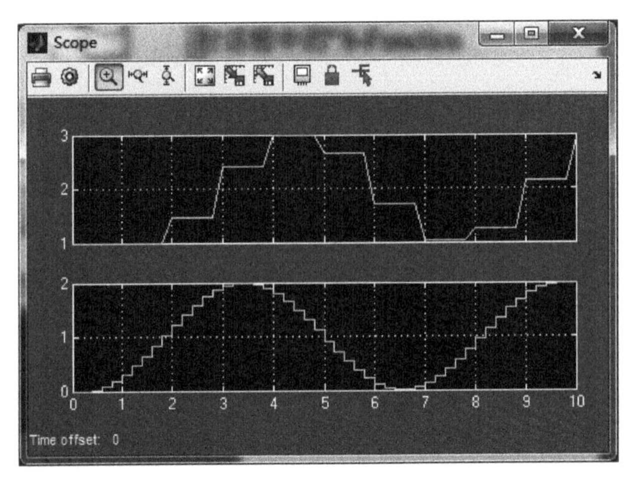

图 23-15　M 文件 S-函数建立的混合系统模型仿真效果图

4. S-函数的实际应用

【例 23-4】 使用 S-函数来对一个单摆系统进行仿真，主要演示以下三个方面：①利用 S-函数对单摆系统进行建模；②利用 Simulink 进行仿真，研究单摆的位移；③利用 S-函数动画模块来演示单摆的运动。

其实现步骤如下。

(1) 单摆的动力学方程为

$$M\ddot{\theta} + K_d \dot{\theta} = u - F_g \sin(\theta)$$

式中：u 为实施在单摆上的外力；K_d 为阻尼系数；F_g 为重力。

(2) 将系统动力学方程转化为状态方程，令 $x_1 = \theta, x_2 = \dot{\theta}$，则动力学方程变为

$$\begin{bmatrix} x_1 \\ x_2 \end{bmatrix} = \begin{bmatrix} x_2 \\ -K_d x_2 + u - F_g \sin(x_1) \end{bmatrix}$$

(3) 根据状态方程，在模板的基础上编写 S-函数，并保存为 M4_24.m。

```
function [sys,x0,str,ts] = M4_24(t,x,u,flag,damp,grav,ang,m)
switch flag,
  case 0,
    [sys,x0,str,ts] = mdlInitializeSizes(ang);                  %初始化函数
  case 1,
    sys = mdlDerivatives(t,x,u,damp,grav,m)                     %求导数
  case 2,
    sys = mdlUpdate(t,x,u);                                     %状态更新
  case 3,
    sys = mdlOutputs(t,x,u);                                    %计算输出
  case 9,
    sys = mdlTerminate(t,x,u);                                  %终止仿真程序
  otherwise
    error(['Simulink:blocks:unhandledFlag', num2str(flag)]);    %错误处理
end
function [sys,x0,str,ts] = mdlInitializeSizes(ang)    %模型初始化函数
sizes = simsizes;                                     %取系统默认设置
sizes.NumContStates = 2;                              %设置连续状态变量的个数
sizes.NumDiscStates = 0;                              %设置离散状态变量的个数
sizes.NumOutputs = 1;                                 %设置系统输出变量的个数
sizes.NumInputs = 1;                                  %设置系统输入变量的个数
sizes.DirFeedthrough = 0;                             %设置系统是否直通
sizes.NumSampleTimes = 1;                             %采样周期的个数,必须大于等于1
sys = simsizes(sizes);                                %设置系统参数
x0 = ang;                                             %系统状态初始化
str = [];                                             %系统阶字串总为空矩阵
ts = [0 0];                                           %初始化采样时间矩阵
function sys = mdlDerivatives(t,x,u,damp,grav,m)
dx(1) = x(2);
dx(2) = - damp * x(2) - m * grav * sin(x(1)) + u;
sys = dx;
```

```
function sys = mdlUpdate(t,x,u)
sys = [];                                    %根据状态方程(差分方程部分)修改此处
function sys = mdlOutputs(t,x,u)
sys = x(1);
%mdlTerminate终止仿真设定,完成仿真终止时的任务
function sys = mdlTerminate(t,x,u)
sys = [];
%程序结束
```

(4) 仿真模型建立。

根据状态方程可建立如图 23-16 所示的 Simulink 仿真模型框图,并命名为 exp4_24.mdl。

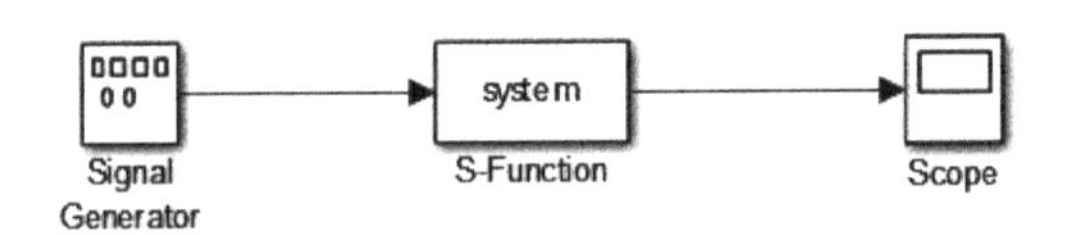

图 23-16　仿真模型框图

(5) 设置模块参数。

双击图 23-16 仿真模型中的 Signal Generator 模块,在弹出的参数对话框中的 Wave form 下拉列表框中选择 square,在 Amplitude 文本框中输入 1,在 Frequency 文本框中输入 0.03,在 Units 下拉列表框中选择 Hertz。

双击图 23-16 仿真模型中的 S-Function 模块,在弹出的参数对话框中设置各参数,效果如图 23-17 所示。

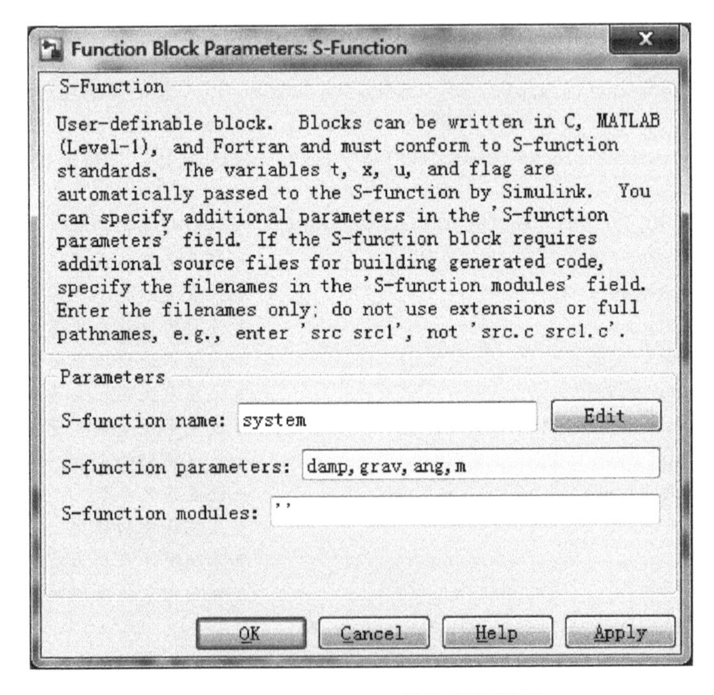

图 23-17　S-Function 模块参数设置

(6) 运行仿真。

系统的仿真运行时间设置为200s，其他参数采用默认值，在执行仿真之前，在MATLAB命令窗口中输入如下代码，然后单击仿真模型窗口的Simulation菜单下的Start选项开始运行仿真，得到的仿真效果图如图23-18所示。

```
>> damp = 0.9;grav = 9.8;ang = [0;0];m = 0.3;
```

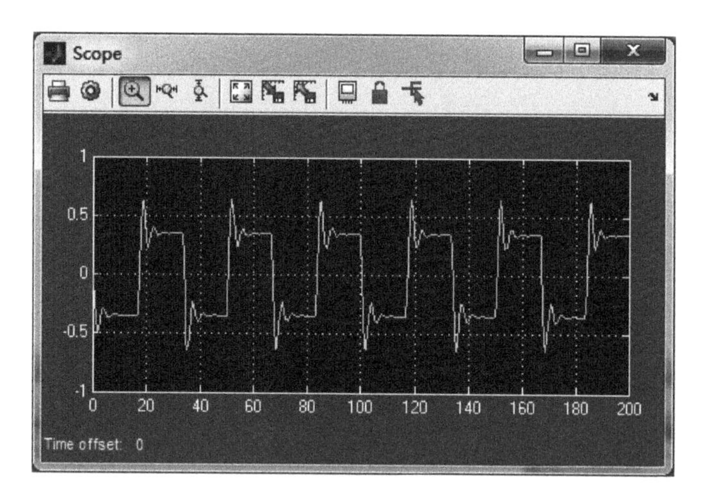

图23-18 仿真效果图

(7) 引进单摆动画模块，可通过以下步骤实现。

- 将exp4_24.mdl模型另存为exp4_24_1.mdl模块；
- 在命令窗口中输入simppend，并按回车键，得到simppend.mdl模型框图；
- 将其中的Animation Function模块、Pivot point for pendulum模块及x&theta模块复制到exp4_24_1.mdl模型窗口，进行相应的连接，其效果如图23-19所示。

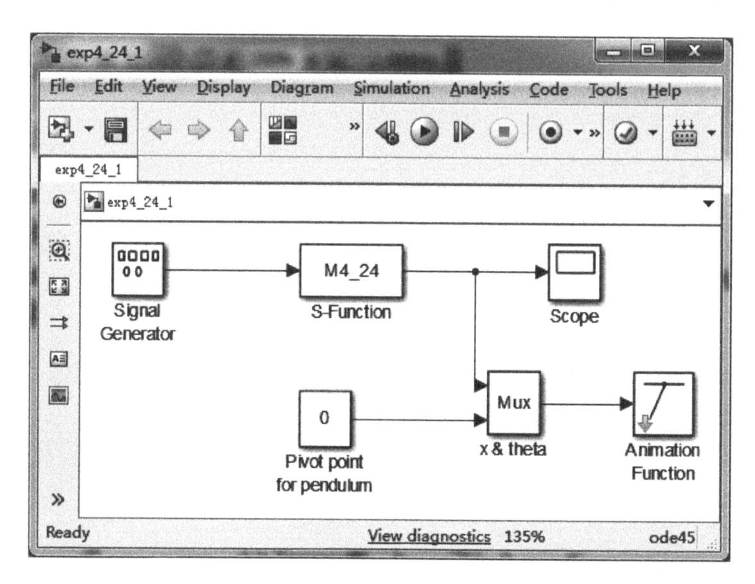

图23-19 连接动画显示模块的仿真模型框图

(8) 再次进行仿真,得到动画显示效果如图 23-20 所示。

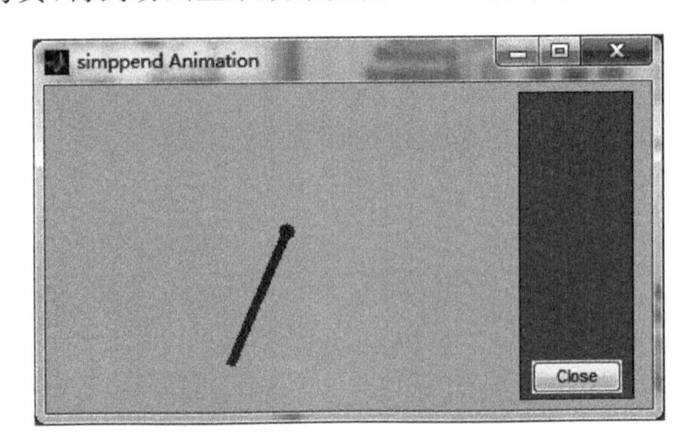

图 23-20　动画显示效果图

第24章 通信系统滤波器的MATLAB函数实现

在 MATLAB 中，提供了相关函数用于实现滤波器，下面分别对这些函数进行介绍。

24.1 模拟滤波器的 MATLAB 函数实现

24.1.1 设计模拟滤波器

在 MATLAB 中，提供了相关函数用于实现模拟滤波器的设计。

1. 巴特沃斯(Butterworth)模拟低通滤波器

巴特沃斯模拟低通滤波器的平方幅频响应函数为

$$|H(j\omega)|^2 = A(\omega^2) = \frac{1}{1+(\omega/\omega_c)^{2N}}$$

式中：ω_c 为低通滤波器的截止频率(Cutoff Frequency)；N 为滤波器的阶数。

巴特沃斯滤波器的特点：通带内具有最大平坦的频率特性，且随着频率增大平滑单调下降；阶数越高，特性越接近矩形，过渡带越窄，传递函数无零点。

这里的特性接近矩形，是指通带频率响应段与过渡带频率响应段的夹角接近直角。通常该角为钝角，如果该角为直角，则为理想滤波器。

在 MATLAB 中，提供了 buttap 函数用于设计巴特沃斯模拟低通滤波器。函数的调用格式为

[z,p,k]=buttap(n)：函数返回 n 阶模拟低通滤波器原型的极点和增益。参数 n 表示巴特沃斯滤波器的阶数；返回参数 z、p、k 分别为滤波器的零点、极点、增益。

【例 24-1】 绘制巴特沃斯模拟低通滤波器的幅频平方响应曲线，阶数分别为 2，5，10，20。

```
>> clear all;
n = 0:0.01:2;                      % 频率点
```

```
for i = 1:4                              % 取 4 种滤波器
    switch i
        case 1, N = 2;
        case 2; N = 5;
        case 3; N = 10;
        case 4; N = 20;
    end
    [z,p,k] = buttap(N);                 % 设计巴特沃斯滤波器
    [b,a] = zp2tf(z,p,k);                % 将零点极点增益形式转换为传递函数形式
    [H,w] = freqs(b,a,n);                % 按 n 指定的频率点给出频率响应
    magH2 = (abs(H)).^2;                 % 给出传递函数幅度平方
    hold on;
    plot(w,magH2);                       % 绘制传递函数幅度平方
end
xlabel('w/wc');                          % 显示横坐标
ylabel('|H(jw)|^2');                     % 显示纵坐标
title('巴特沃斯模拟低通滤波器');          % 标题显示
text(1.5,0.18,'n = 2');                  % 作必要的标记
text(1.3,0.08,'n = 5');
text(1.16,0.08,'n = 10');
text(0.93,0.98,'n = 20');
grid on;
```

运行程序,效果如图 24-1 所示。

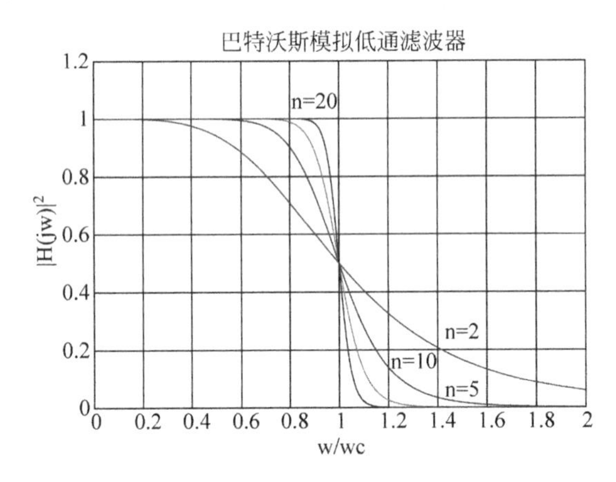

图 24-1　巴特沃斯模拟低通滤波器平方幅频响应曲线

2. 切比雪夫Ⅰ型滤波器

切比雪夫Ⅰ(Chebyshev Ⅰ)型模拟低通滤波器的平方幅值响应函数为

$$|H(j\omega)|^2 = A(\omega^2) = \frac{1}{1+\varepsilon^2 C_N^2\left(\frac{\omega}{\omega_c}\right)}$$

式中:ε 为小于 1 的正数,表示通带内的幅值波纹情况;ω_c 为截止频率;N 为切比雪夫多项式阶数;$C_N\left(\frac{\omega}{\omega_c}\right)$为切比雪夫多项式,定义为

$$C_N(x)=\begin{cases}\cos(N\cos^{-1}(x)), & |x|\leqslant 1\\ \cosh(N\cosh^{-1}(x)), & |x|>1\end{cases}$$

切比雪夫Ⅰ型滤波器特点是：通带内具有等波纹起伏特性，而在阻带内则单调下降，且具有更大衰减特性；阶数越高，特性越接近矩形。传递函数没有零点。

在MATLAB中，提供了cheb1ap函数用于设计切比雪夫Ⅰ型滤波器。函数的调用格式为：

[z,p,k]=cheb1ap(n,Rp)：参数n表示阶数；参数Rp为通带波纹；返回参数z、p、k分别为滤波器的零点、极点、增益。

【例24-2】 绘制10阶切比雪夫Ⅰ型模拟低通滤波器的平方幅频响应曲线。

```
>> clear all;
n = 0:0.01:2;
N = 10;
Rp = 0.65;
[z,p,k] = cheb1ap(N,Rp);                    % 切比雪夫 I 型低通滤波器
[b,a] = zp2tf(z,p,k);
[H,w] = freqs(b,a,n);
mag = (abs(H)).^2;
plot(w,mag,'LineWidth',2);
axis([0 2 0 1.2]);
xlabel('w/wc');ylabel('|H(jw)|^2');
grid on;
```

运行程序，效果如图24-2所示。

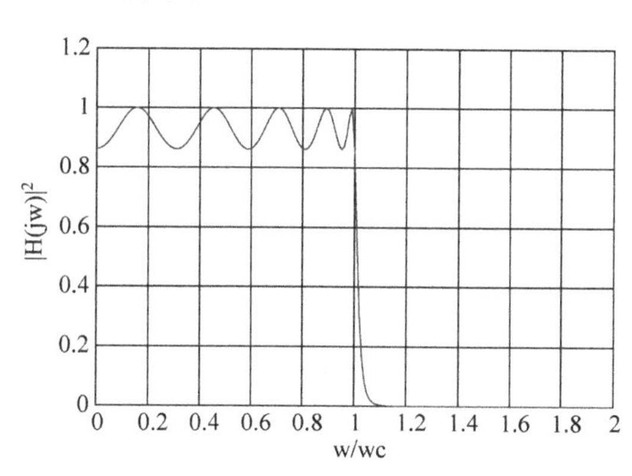

图24-2 切比雪夫Ⅰ型模拟低通滤波器的平方幅频响应曲线

3. 切比雪夫Ⅱ型滤波器

切比雪夫Ⅱ(Chebyshev Ⅱ)型模拟低通滤波器的平方幅值响应函数为

$$|H(\mathrm{j}\omega)|^2=A(\omega^2)=\frac{1}{1+\left[\varepsilon^2C_N^2\left(\frac{\omega}{\omega_c}\right)\right]^{-1}}$$

式中各项参数的意义同切比雪夫Ⅰ型滤波器。

切比雪夫Ⅱ型模拟滤波器的特点是：阻带内具有等波纹的起伏特性，而在通带内是单调、平滑的，阶数越高，频率特性曲线越接近矩形，传递函数既有极点又有零点。

在 MATLAB 中，提供了 cheb2ap 函数用于设计切比雪夫Ⅱ型滤波器。函数的调用格式为

[z,p,k]=cheb2ap(n,Rs)：参数 n 为阶数；参数 Rs 为阻带波纹；返回参数 z、p、k 分别为滤波器的零点、极点、增益。

【例 24-3】 绘制 10 阶切比雪夫Ⅱ型模拟低通滤波器的平方幅频响应曲线。

```
>> clear all;
n = 0:0.01:2;
N = 10;
Rp = 12;
[z,p,k] = cheb1ap(N,Rp);                    %切比雪夫Ⅱ型低通滤波器
[b,a] = zp2tf(z,p,k);
[H,w] = freqs(b,a,n);
mag = (abs(H)).^2;
plot(w,mag,'LineWidth',2);
axis([0.4 2.5 0 1.1]);
xlabel('w/wc');ylabel('|H(jw)|^2');
grid on;
```

运行程序，效果如图 24-3 所示。

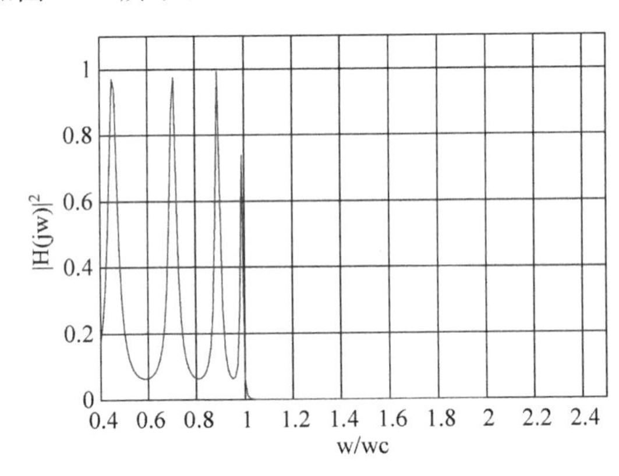

图 24-3　切比雪夫Ⅱ型模拟低通滤波器的平方幅频响应曲线

4. 椭圆滤波器

椭圆(Elliptic)模拟低通滤波器的平方幅值响应函数为

$$|H(\mathrm{j}\omega)|^2 = A(\omega^2) = \frac{1}{1+\mu^2 E_N^2\left(\frac{\omega}{\omega_c}\right)}$$

式中：μ 为小于 1 的正数，表示波纹情况；ω_c 为低通滤波器的截止频率(Cutoff Frequency)；N 为滤波器的阶数；$E_N\left(\frac{\omega}{\omega_c}\right)$为椭圆函数，其定义这里不再详述，我们直接利用即可。

椭圆滤波器的特点是：在通带和阻带内均具有等波纹起伏特性，与以上滤波器原型

相比，相同的性能指标所需的阶数最小，但相频响应具有明显的非线性。

在 MATLAB 中，提供了 ellipap 函数用于设计模拟低通椭圆滤波器。函数的调用格式为

[z,p,k]=ellipap(n,Rp,Rs)：参数 n 为椭圆滤波器阶数；Rp 为通带波纹；Rs 为阻带衰减，单位都为 dB，通常滤波器的通带波纹的范围为 1～5dB，阻带衰减大于 15dB。返回参数 z、p、k 分别为滤波器的零点、极点和增益。

【例 24-4】 绘制椭圆低通滤波器的平方幅频响应曲线，阶数分别为 1、3、7、9。

```
>> clear all;
n = 0:0.01:2;                          % 频率点
for i = 1:4                            % 取 4 种滤波器
    switch i
        case 1, N = 1;
        case 2; N = 3;
        case 3; N = 7;
        case 4; N = 9;
    end
Rp = 1; Rs = 15;                       % 设置通滤波纹为 1dB，阻带衰减为 15dB
    [z,p,k] = ellipap(N,Rp,Rs);        % 设计椭圆滤波器
    [b,a] = zp2tf(z,p,k);              % 将零点极点增益形式转换为传递函数形式
    [H,w] = freqs(b,a,n);              % 按 n 指定的频率点给出频率响应
    magH2 = (abs(H)).^2;               % 给出传递函数幅度平方
    posplot = ['2,2',num2str(i)];      % 将数字 i 转换为字符串，与'2,2'合并，赋给 posplot
    subplot(posplot);
    plot(w,magH2);
    title(['N = ' num2str(N)]);        % 将数字 N 转换为字符串'N = '合并作为标题
    xlabel('w/wc');                    % 显示横坐标
    ylabel('椭圆|H(jw)|^2');            % 显示纵坐标
    grid on;
end
```

运行程序，效果如图 24-4 所示。

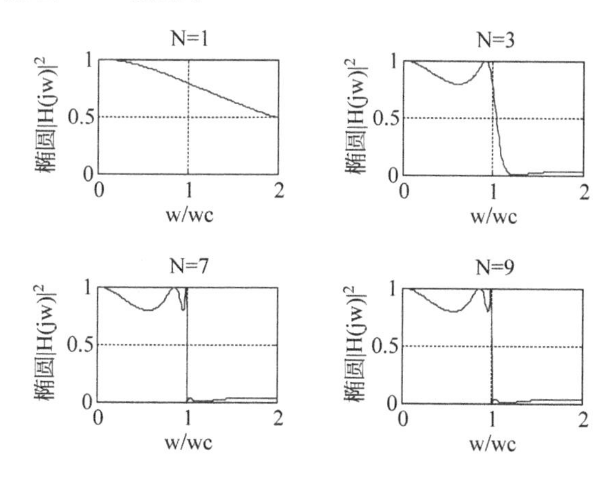

图 24-4 椭圆低通滤波器的平方幅频响应曲线

5. Bessel 滤波器

前面讲过的各类原型滤波器均没有绘出其相位随频率的变化特性(相频特性)。在后面的数字信号处理学习中将会看到它们的相位特性是非线性的。本节所介绍的 Bessel 滤波器就能最大限度地减少相频特性的非线性,使得通带内的通过的信号形状不变(复制不走样)。

Bessel 模拟低通滤波器的特点是在零频时具有最平坦的群延时,并在整个通带内群延时几乎不变。在零频时的群延时为 $\left(\frac{(2N)!}{2^N N!}\right)^{\frac{1}{N}}$。由于这一特点,Bessel 模拟滤波器通带内保持信号形状不变。但数字 Bessel 滤波器没有平坦特性,因此,MATLAB 信号处理工具箱只有模拟 Bessel 滤波器设计函数。

在 MATLAB 中,提供了 besselap 函数用于设计 Bessel 模拟低通滤波器。函数的调用格式为

[z,p,k]=besselap(n):参数 n 为滤波器的阶数,应小于 25。返回参数 z、p、k 为滤波器的零点、极点、增益。

【例 24-5】 绘制 6 阶和 12 阶 Bessel 模拟低通滤波器的平方幅频和相频图。

```
>> clear all;
n = 0:0.01:2;
for i = 1:2
    switch i
        case 1
            pos = 1;                    %设置极点
            N = 6;
        case 2
            pos = 3;
            N = 12;
    end
[z,p,k] = besselap(N);
    [b,a] = zp2tf(z,p,k);
    [h,w] = freqs(b,a,n);
    magh2 = (abs(h)).^2;
    phah = unwrap(angle(h));
    phah = phah * 180/pi;
    subplot(2,2,pos);plot(w,magh2);
    axis([0 2 0 1]);
    xlabel('w/wc');ylabel('Bessel "H(jw)|^2');
    title(['N = ',num2str(N)]);
    grid on;
    subplot(2,2,pos + 1); plot(w,phah);
    xlabel('w/wc');ylabel('Bessel "Ph(jw)|');
    title(['N = ',num2str(N)]);
    grid on;
end
```

运行程序,效果如图 24-5 所示。

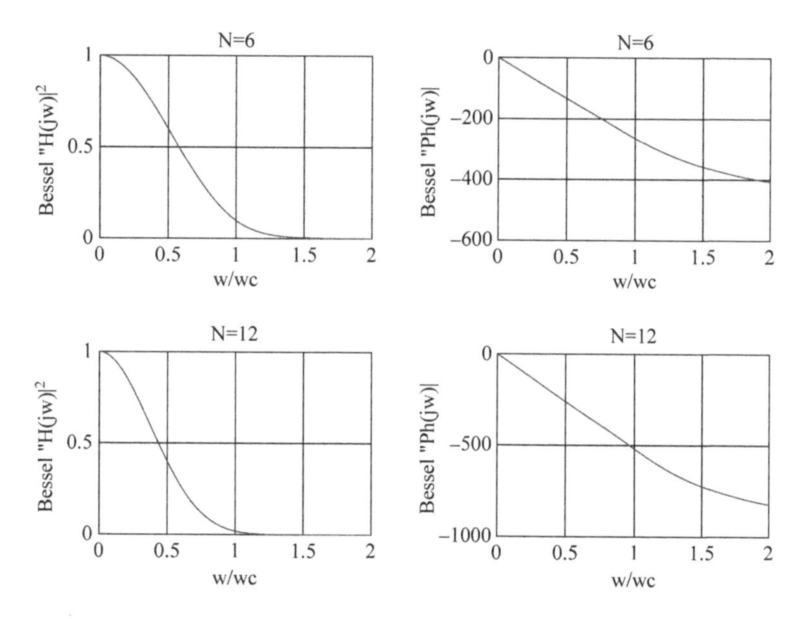

图 24-5　Bessel 模拟低通滤波器的平方帧频与相频图

24.1.2　求模拟滤波器的最小阶次

MATLAB 中提供了 buttord、cheblord、cheb2ord、ellipord 4 个函数来分别设计巴特沃斯型、切比雪夫Ⅰ型、切比雪夫Ⅱ型滤波器以及椭圆模拟滤波器或数字滤波器，下面分别进行介绍。

1. buttord 函数

在 MATLAB 中，提供了 buttord 函数用于确定巴特沃斯数字或模拟滤波器的阶次。函数的调用格式为

[n,Wn] = buttord(Wp,Ws,Rp,Rs)：返回符合要求的数字滤波器的最小阶次 n 和滤波器的固有频率 Wn(3dB 频率)。参数 Wp 为通带截止频率；Ws 为阻带截止频率；Rp 为通带允许的最大衰减；Rs 为阻带应达到的最小衰减。Wp 和 Ws 为归一化频率，其值范围为 0～1，1 对应采样频率的一半。Rp 和 Rs 的单位为 dB。对于低通和高通滤波器，Wp 和 Ws 都是标量；对于带通和带阻滤波器，Wp 和 Ws 为 1×2 的向量。

[n,Wn] = buttord(Wp,Ws,Rp,Rs,'s')：返回符合要求的模拟滤波器的最小阶次 n 和滤波器的固有频率 Wn(3dB 频率)。参数的含义与前面相同，只是 Wp 与 Wn 的单位为 rad/s，因此它们是实际的频率 Ω。

【例 24-6】 利用 buttord 函数确定巴特沃斯模拟滤波器的阶次。

```
>> clear all;
Wp = [60 200]/500; Ws = [50 250]/500;
Rp = 3; Rs = 40;
[n,Wn] = buttord(Wp,Ws,Rp,Rs)
```

运行程序,输出如下。

```
n =
    16
Wn =
    0.1198  0.4005
```

2. cheb1ord 函数

在 MATLAB 中,提供了 cheb1ord 函数用于确定切比雪夫Ⅰ型数字或模拟滤波器的阶次。函数的调用格式为

[n,Wp] = cheb1ord(Wp,Ws,Rp,Rs):返回符合要求的数字滤波器的最小阶次 n 和滤波器的固有频率 Wp(3dB 频率)。输入参数 Wp 为通带截止频率;Ws 为阻带截止频率;Rp 为通带允许的最大衰减;Rs 为阻带应达到的最小衰减。Wp 和 Ws 为归一化频率,其值范围为 0~1,1 对应采样频率的一半。Rp 和 Rs 的单位为 dB。对于低通和高通滤波器,Wp 和 Ws 都是标量;对于带通和带阻滤波器,Wp 和 Ws 为 1×2 的向量。

[n,Wp] = cheb1ord(Wp,Ws,Rp,Rs,'s'):返回符合要求的模拟滤波器的最小阶次 n 和滤波器的固有频率 Wp(3dB 频率)。参数的含义与前面相同,只是 Wp 与 Ws 的单位为 rad/s,因此它们是实际的频率 Ω。

【例 24-7】 利用 cheb1ord 函数确定切比雪夫Ⅰ型模拟滤波器的最小阶数。

```
>> clear all;
Wp = 40/500; Ws = 150/500;
Rp = 3; Rs = 60;
% 确定切比雪夫Ⅰ型模拟滤波器的阶数
[n,Wp] = cheb1ord(Wp,Ws,Rp,Rs)
```

运行程序,输出如下。

```
n =
     4
Wp =
    0.0800
```

3. cheb2ord 函数

在 MATLAB 中,提供了 cheb2ord 函数用于确定切比雪夫Ⅱ型数字或模拟滤波器的阶次。函数调用格式如下:

[n,Wp] = cheb2ord(Wp,Ws,Rp,Rs):返回符合要求的数字滤波器的最小阶次 n 和滤波器的固有频率 Wp(3dB 频率)。输入参数 Wp 为通带截止频率;Ws 为阻带截止频率;Rp 为通带允许的最大衰减;Rs 为阻带应达到的最小衰减。Wp 和 Ws 为归一化频率,其值范围为 0~1,1 对应采样频率的一半。Rp 和 Rs 的单位为 dB。对于低通和高通滤波器,Wp 和 Ws 都是标量;对于带通和带阻滤波器,Wp 和 Ws 为 1×2 的向量。

[n,Wp] = cheb2ord(Wp,Ws,Rp,Rs,'s'):返回符合要求的模拟滤波器的最小阶次 n 和滤波器的固有频率 Wp(3dB 频率)。参数的含义与前面相同,只是 Wp 与 Ws 的单

位为 rad/s,因此它们是实际的频率 Ω。

【例 24-8】 设计切比雪夫Ⅱ型低通滤波器,要求阻带为 60dB,通带纹波为 3dB,通带截止频率为 40Hz,阻带截止频率为 150dB,采样频率为 500Hz。

```
>> clear all;
Wp = 40/500;
Ws = 150/500;
Rp = 3; Rs = 60;
%返回切比雪夫Ⅱ型最小阶数
[n,Ws] = cheb2ord(Wp,Ws,Rp,Rs)
```

运行程序,输出如下。

```
n =
     4
Ws =
    0.3000
```

4. elliptord 函数

在 MATLAB 中,提供了 ellipord 函数用于确定椭圆数字或模拟滤波器的阶次。函数调用格式为

[n,Wp]=ellipord(Wp,Ws,Rp,Rs): 返回符合要求的数字滤波器的最小阶次 n 和滤波器的固有频率 Wp(3dB 频率)。输入参数 Wp 为通带截止频率; Ws 为阻带截止频率; Rp 为通带允许的最大衰减; Rs 为阻带应达到的最小衰减。Wp 和 Ws 为归一化频率,其值范围为 0~1,1 对应采样频率的一半。Rp 和 Rs 的单位为 dB。对于低通和高通滤波器,Wp 和 Ws 都是标量; 对于带通和带阻滤波器,Wp 和 Ws 为 1×2 的向量。

[n,Wp]=ellipord(Wp,Ws,Rp,Rs,'s'): 返回符合要求的模拟滤波器的最小阶次 n 和滤波器的固有频率 Wp(3dB 频率)。参数的含义与前面相同,只是 Wp 与 Ws 的单位为 rad/s,因此它们是实际的频率 Ω。

【例 24-9】 利用 ellipord 函数确定椭圆模拟滤波器的最小阶数。

```
>> clear all;
Wp = 40/500; Ws = 150/500;
Rp = 3; Rs = 60;
%确定椭圆模拟滤波器的阶数
[n,Wp] = ellipord(Wp,Ws,Rp,Rs)
[b,a] = ellip(n,Rp,Rs,Wp);
freqz(b,a,512,1000);
title('n=4 椭圆模拟滤波器');
```

运行程序,输出如下。

```
n =
     4
Wp =
    0.0800
```

24.1.3 滤波器的传递函数

求出滤波器的阶数以及 3dB 截止频率后，可用相应的 MATLAB 函数计算出实现传递函数的分子和分母系数。

1. butter 函数

巴特沃斯滤波器是通带内最大平坦、带外单调下降型的，其传递函数为 butter，该函数的调用格式为

[z,p,k]=butter(n,Wn)：返回值为零点、极点和增益。参数 n 为滤波器的阶数，Wn 为归一化的截止频率。

[z,p,k] = butter(n,Wn,'ftype')：返回值为零点、极点和增益。函数中参数 ftype 为滤波器的类型，可以取值为 high(高通)、low(低通)、stop(带阻)。系统默认为带通滤波器。

[b,a]=butter(n,Wn)或[b,a]=butter(n,Wn,'ftype')：返回值为系统函数的分子和分母多项式的系数。

[A,B,C,D]=butter(n,Wn)或[A,B,C,D] = butter(n,Wn,'ftype')：用来设计模拟巴特沃斯滤波器。

【例 24-10】 利用 butter 函数设计一个 6 阶的巴特沃斯滤波器。

```
>> clear all;
n = 6;
Wn = [2.5e6 29e6]/500e6;
ftype = 'bandpass';
%设计传递函数
[b,a] = butter(n,Wn,ftype);                    %巴特沃斯滤波器
h1 = dfilt.df2(b,a);                           %这是一个不稳定的滤波器
%零极点设计
[z, p, k] = butter(n,Wn,ftype);
[sos,g] = zp2sos(z,p,k);
h2 = dfilt.df2sos(sos,g);
%绘图
hfvt = fvtool(h1,h2,'FrequencyScale','log');   %打开数字信号可视化滤波器工具
legend(hfvt,'TF 设计','ZPK 设计')
xlabel('归一化频率');ylabel('幅度 dB');
title('幅度响应 dB')
```

运行程序，效果如图 24-6 所示。

2. cheby1 函数

切比雪夫 I 型滤波器是通带等波纹(Equiripple)、阻带单调下降型的，其计算函数为 cheby1 函数，调用格式为

[z,p,k]=cheby1(n,R,Wp)：返回值为零点、极点和增益。函数中参数 n 为滤波器的阶数，R 为通带的纹波，单位为 dB，Wp 为归一化的截止频率。

[z,p,k]=cheby1(n,R,Wp,'ftype')：参数 ftype 为滤波器的类型，可取值为 high

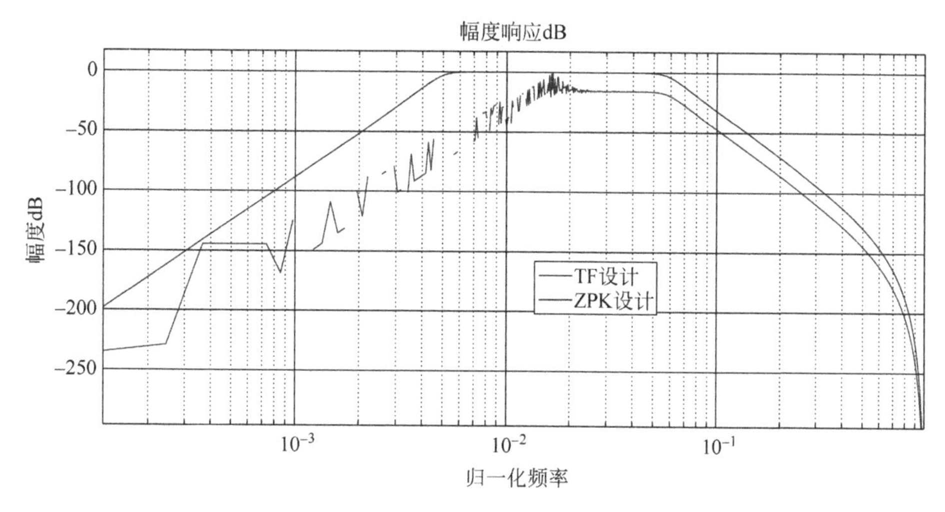

图 24-6　巴特沃斯滤波器

(高通)、low(低通)、stop(带阻)。系统默认为带通滤波器。

[b,a]=cheby1(n,R,Wp)：返回分子和分母多项式的系数。

[A,B,C,D]=cheby1(n,R,Wp)：返回值为状态空间表达式系数。

[z,p,k]=cheby1(n,R,Wp,'s')：用来设计模拟切比雪夫Ⅰ型滤波器。

【例 24-11】 利用 cheby1 函数设计一个 6 阶的切比雪夫Ⅰ型滤波器。

```
>> clear all;
n = 6;
r = 0.1;
Wn = ([2.5e6 29e6]/500e6);
ftype = 'bandpass';
% 设计传递函数
[b,a] = cheby1(n,r,Wn,ftype);
h1 = dfilt.df2(b,a);                          % 这是一个不稳定的滤波器
% 零极点设计
[z, p, k] = cheby1(n,r, Wn,ftype);
[sos,g] = zp2sos(z,p,k);
h2 = dfilt.df2sos(sos,g);
% 绘图
hfvt = fvtool(h1,h2,'FrequencyScale','log');  % 打开数字信号可视化滤波器工具
legend(hfvt,'TF 设计','ZPK 设计')
xlabel('归一化频率');ylabel('幅度 dB');
title('幅度响应 dB')
```

运行程序,效果如图 24-7 所示。

3. cheby2 函数

切比雪夫Ⅱ型滤波器是通带内单调、阻带等波纹型,其计算函数为 cheby2,函数的调用格式为

[z,p,k]=cheby2(n,R,Wst)：返回值为零点、极点和增益。函数中参数 n 为滤波器的阶数,R 为阻带衰减,单位为 dB；Wst 为归一化的截止频率。

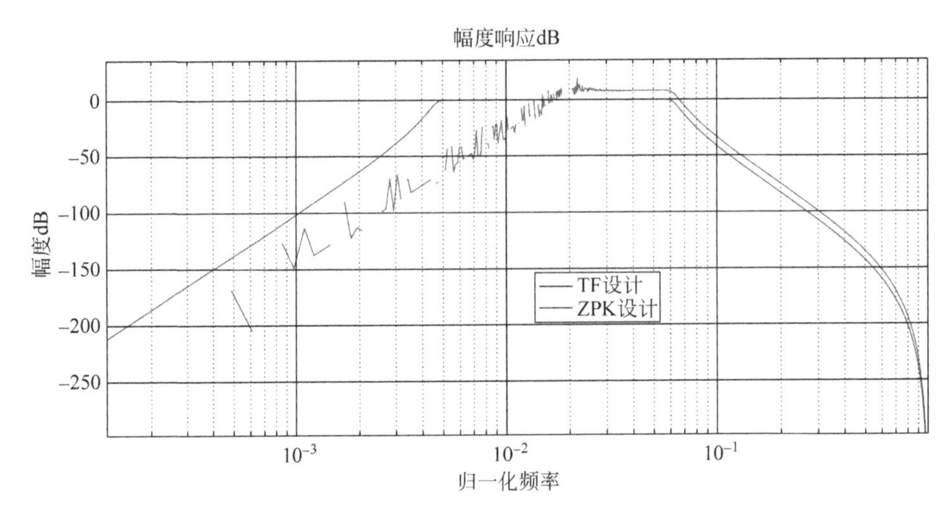

图 24-7　切比雪夫Ⅰ型滤波器

[z,p,k]=cheby2(n,R,Wst,'ftype')：参数 ftype 为滤波器的类型，可取值为 high(高通)、low(低通)、stop(带阻)。系统默认为带通滤波器。

[b,a]=cheby2(n,R,Wst)：返回分子和分母多项式的系数。

[A,B,C,D]=cheby2(n,R,Wst)：返回值为状态空间表达式系数。

[z,p,k]=cheby2(n,R,Wst,'s')：用来设计模拟切比雪夫Ⅱ型滤波器。

【例 24-12】 利用 cheby2 函数设计一个 6 阶的切比雪夫Ⅱ型模拟滤波器。

```
>> clear all;
n = 6;
r = 80;
Wn = ([2.5e6 29e6]/500e6);
ftype = 'bandpass';
%设计传递函数
[b,a] = cheby2(n,r,Wn,ftype);
h1 = dfilt.df2(b,a);                              %这是一个不稳定的滤波器
%零极点设计
[z, p, k] = cheby2(n,r, Wn,ftype);
[sos,g] = zp2sos(z,p,k);
h2 = dfilt.df2sos(sos,g);
%绘图
hfvt = fvtool(h1,h2,'FrequencyScale','log');   %打开数字信号可视化滤波器工具
legend(hfvt,'TF 设计','ZPK 设计')
xlabel('归一化频率');ylabel('幅度 dB');
title('幅度响应 dB')
```

运行程序，效果如图 24-8 所示。

4. ellip 函数

椭圆滤波器是通带、阻带内均为等波纹型的，其计算函数为 ellip，函数的调用格式为

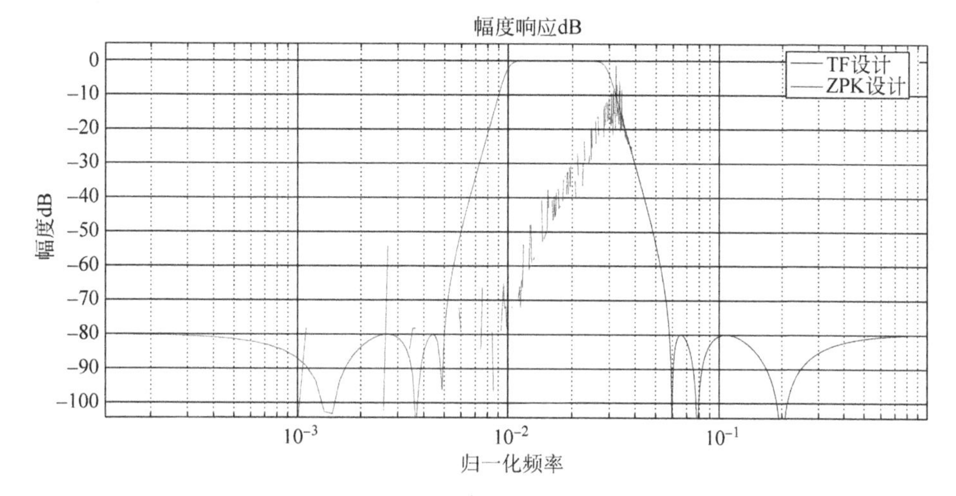

图 24-8　切比雪夫Ⅱ型模拟滤波器

[z,p,k]=ellip(n,Rp,Rs,Wp)：返回值为零点、极点和增益。参数 n 为滤波器的阶数，Rp 为通带纹波，Rs 为阻带衰减，单位都为 dB，Wp 为归一化的截止频率。

[z,p,k] = ellip(n,Rp,Rs,Wp,'ftype')：参数 ftype 为滤波器的类型，可取值为 high(高通)、low(低通)、stop(带阻)。系统默认为带通滤波器。

[b,a]=ellip(n,Rp,Rs,Wp)：返回分子和分母多项式的系数。

[A,B,C,D]=ellip(n,Rp,Rs,Wp)：返回值为状态空间表达式系数。

[z,p,k]=ellip(n,Rp,Rs,Wp,'s')：参数's'用于设计模拟的椭圆滤波器。

【例 24-13】 利用 ellip 函数设计一个 6 阶的椭圆模拟滤波器。

```
>> clear all;
n = 6;
Rp = .1; Rs = 80;
Wn = [2.5e6 29e6]/500e6;
ftype = 'bandpass';
[b,a] = ellip(n,Rp,Rs,Wn,ftype);              %椭圆滤波器
h1 = dfilt.df2(b,a);
[z, p, k] = ellip(n,Rp,Rs,Wn,ftype);
[sos,g] = zp2sos(z,p,k);
h2 = dfilt.df2sos(sos,g);
hfvt = fvtool(h1,h2,'FrequencyScale','log');
legend(hfvt,'TF 设计','ZPK 设计')
xlabel('归一化频率');ylabel('幅度 dB');
title('幅度响应 dB')
```

运行程序，效果如图 24-9 所示。

5. yulewalk 函数

在 MATLAB 中，提供了 yulewalk 函数用于设计递归型的 IIR 数字滤波器。函数的调用格式为

[b,a]=yulewalk(n,f,m)：参数 n 为滤波器的阶数；f 为给定的频率点向量，为归一

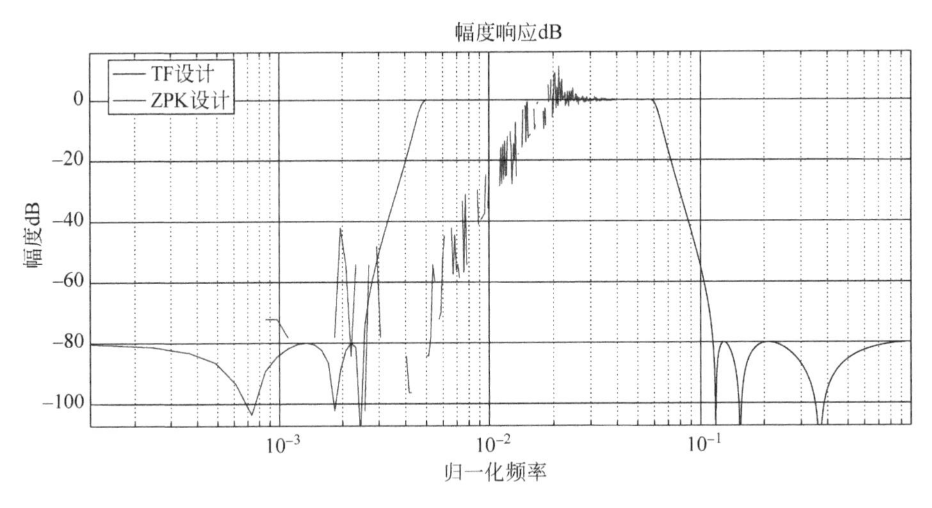

图 24-9　椭圆模拟滤波器

化频率,取值范围为 0～1,f 的第一个频率点必须为 0,最后一个频率点必须为 1,其中 1 对应于 Nyquist 频率,在使用滤波器时,根据数据采样频率确定数字滤波器的通带和阻带对此信号滤波的频率范围,f 向量的频率点必须是递增的；m 为和频率向量 f 对应的理想幅值响应向量,m 和 f 必须是相同维数向量。返回参数 b,a 分别为所设计滤波器的分子和分母多项式系数向量。

【例 24-14】 利用 yulewalk 函数创建一个 8 阶递归型 IIR 带通滤波器。

```
>> clear all;
f = [0 0.6 0.6 1];
m = [1 1 0 0];
[b,a] = yulewalk(8,f,m);                          %8 阶递归型 IIR 带通滤波器
[h,w] = freqz(b,a,128);
plot(f,m,w/pi,abs(h),'--')
legend('理想滤波器','递归型 IIR 滤波器')
title('比较频率响应的幅值')
```

运行程序,效果如图 24-10 所示。

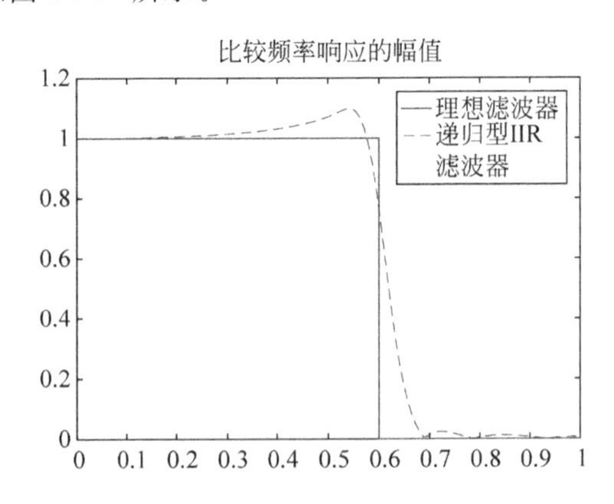

图 24-10　递归型模拟滤波器

24.2 数字滤波器的MATLAB函数实现

数字滤波器的窗函数设计法是设计数字滤波器的最简单的方法，它的基本原理为：首先根据相关技术指标得到理想滤波器的频率响应 $H_d(e^{j\omega})$；然后对其进行傅里叶反变换，得到理想滤波器单位采样响应 $h_d(n)$，此时的 $h_d(n)$ 是无限长的；这就需要对 $h_d(n)$ 进行截短，使其变成有限长，于是就得到了FIR滤波器的单位采样响应 $h(n)$；为保证系统的物理可实现性，一般需要将 $h(n)$ 进行平移；最后得到所设计的FIR滤波器的单位采样响应，也就得到了FIR数字滤波器。

24.2.1 窗函数

所谓的窗函数法，是指在对理想滤波器的单位采样响应 $h_d(n)$ 进行截短时需要采用窗函数。常用的窗函数有：矩形窗、巴特利窗(Bartlett window)、汉宁窗(Hanning window)、海明窗(Hamming window)、布莱克曼窗(Blackman window)、凯泽窗(Kaiser window)、切比雪夫窗(Chebyshev window)等。下面对这几种窗的形式进行说明。

1. 矩形窗

表达式为

$$w_R(n) = R_N(n)$$

矩形窗的频域响应为

$$w_R(e^{j\omega}) = \frac{\sin(\omega N/2)}{\sin(\omega/2)} e^{-j\frac{1}{2}(N-1)\omega}$$

其主瓣宽度为 $4\pi/N$，第一副瓣比主瓣低13dB。

MATLAB中调用boxcar函数来实现矩形窗，其调用格式为

w=boxcar(n)：即可返回长度为n的矩形窗。

2. 巴特利窗

巴特利窗表达式为

$$w_{Br}(n) = \begin{cases} \dfrac{2n}{N-1}, & 0 \leqslant n \leqslant \dfrac{1}{2}(N-1) \\ 2 - \dfrac{2n}{N-1}, & \dfrac{1}{2}(N-1) < n \leqslant N-1 \end{cases}$$

其频率响应为

$$w_{Br}(e^{j\omega}) = \frac{2}{N}\left[\frac{\sin\left(\frac{N}{4}\omega\right)}{\sin(\omega/2)}\right]^2 e^{-j\left(\omega + \frac{N-1}{2}\omega\right)},$$

主瓣宽度为 $8\pi/N$，第一副瓣比主瓣低26dB。

MATLAB中调用bartlett函数来实现巴特利窗，其调用格式为

w= bartlett(n)：即可返回长度为n的巴特利窗。

3. 汉宁窗

汉宁窗表达式为

$$w_{\mathrm{Hn}}(n)=0.5\left[1-\cos\left(\frac{2\pi n}{N-1}\right)\right]R_N(n)$$

其频域表达式为

$$w_{\mathrm{Hn}}(n)=0.5w_{\mathrm{R}}(\omega)+0.25\left[w_{\mathrm{R}}\left(\omega-\frac{2\pi}{N}\right)+w_{\mathrm{R}}\left(\omega+\frac{2\pi}{N}\right)\right]$$

$w_{\mathrm{R}}(\omega)$由 $w_{\mathrm{R}}(\mathrm{e}^{\mathrm{j}\omega})=\mathrm{FFT}[R_N(n)]=w_{\mathrm{R}}(\omega)\mathrm{e}^{-\mathrm{j}\frac{N-1}{2}}$ 得到，主瓣宽度为 $8\pi/N$，第一副瓣比主瓣低 31dB。

MATLAB 中调用 hann 函数来实现汉宁窗，其调用格式为

```
w = hann(n)
```

4. 海明窗

海明窗表达式为

$$w_{\mathrm{Hm}}(n)=\left[0.54-0.46\cos\left(\frac{2\pi n}{N-1}\right)\right]R_N(n)$$

其频域响应为

$$w_{\mathrm{Hm}}(\mathrm{e}^{\mathrm{j}\omega})=0.54w_{\mathrm{R}}(\omega)+0.23w_{\mathrm{R}}(\mathrm{e}^{\mathrm{j}\left(\omega-\frac{2\pi}{N-1}\right)})-0.23w_{\mathrm{R}}(\mathrm{e}^{\mathrm{j}\left(\omega+\frac{2\pi}{N-1}\right)})$$

主瓣宽度为 $8\pi/N$，第一旁瓣比主瓣小 40dB。

MATLAB 中调用 hamming 函数实现海明窗，其调用格式为

```
w = hamming(n)
```

5. 布莱克曼窗

布莱克曼窗表达式为

$$w_{\mathrm{Bl}}(n)=\left(0.42-0.5\cos\frac{2\pi n}{N-1}+0.08\cos\frac{4\pi n}{N-1}\right)R_N(n)$$

在频域表示为

$$\begin{aligned}w_{\mathrm{Bl}}(\mathrm{e}^{\mathrm{j}\omega})=&0.42w_{\mathrm{R}}(\mathrm{e}^{\mathrm{j}\omega})-0.25[\omega(\mathrm{e}^{\mathrm{j}\left(\omega-\frac{2\pi}{N-1}\right)})+\omega(\mathrm{e}^{\mathrm{j}\left(\omega+\frac{2\pi}{N-1}\right)})]\\&+0.04\{\omega[\mathrm{e}^{\mathrm{j}\left(\omega-\frac{4\pi}{N-1}\right)}]+\omega[\mathrm{e}^{\mathrm{j}\left(\omega+\frac{4\pi}{N-1}\right)}]\}\end{aligned}$$

其主瓣宽度为 $12\pi/N$，第一旁瓣比主瓣小 57dB。

MATLAB 中调用 blackman 函数实现布莱克曼窗，其调用格式为

```
w = blackman(n)
```

6. 凯泽窗

凯泽窗表达式为

$$w_{\mathrm{K}}(n)=\frac{I_0(\beta)}{I(\alpha)},\quad 0\leqslant n\leqslant N-1$$

式中：$\beta=\alpha\sqrt{1-\left(\frac{2n}{N-1}\right)^2}$；$I_0(x)$为第一类修正贝塞尔函数。

窗函数的频域幅度函数为

$$w_{\mathrm{K}}(\omega)=w_{\mathrm{K}}(0)+2\sum_{n=1}^{\frac{N-1}{2}}w_{\mathrm{K}}(n)\cos\omega n$$

其主瓣度为 $10\pi/N$,第一旁瓣比主瓣小 57dB。

MATLAB 中调用 kaiser 函数实现凯泽窗,其调用格式为

w=kaiser(n, beta):其中 beta 参数与最小旁瓣抑制有关,增大该参数可使主瓣变宽,旁瓣幅度降低。

7. 切比雪夫窗

MATLAB 中调用 chebwin()函数实现切比雪夫窗,其调用格式为

w=chebwin(n,r):该函数返回 n 点切比雪夫窗,旁瓣低于主瓣 rdB。

【例 24-15】 绘制各窗函数效果图,并进行比较。

```
>> clear all;
N = 128;x1 = boxcar(N);
subplot(2,3,1);plot(x1);
axis([1,N,0,1.2]);xlabel('(a) 矩形窗');
x2 = bartlett(N);
subplot(2,3,2);plot(x2);
axis([1,N,0,1]);xlabel('(b) 巴特利窗');
x3 = hanning(N);
subplot(2,3,3);plot(x3);
axis([1,N,0,1]);xlabel('(c) 汉宁窗');
x4 = hamming(N);
subplot(2,3,4);plot(x4);
axis([1,N,0,1]);xlabel('(d) 海明窗');
x5 = blackman(N);
subplot(2,3,5);plot(x5);
axis([1,N,0,1]);xlabel('(e) 布莱克曼窗');
x6 = kaiser(N);
subplot(2,3,6);plot(x6);
axis([1,N,0.8,1.2]);xlabel('(f) 凯泽窗');
```

运行程序,效果如图 24-11 所示。

24.2.2 数字滤波器频率响应函数

在 MATLAB 中,提供了若干函数用于实现滤波器的频率响应,下面分别进行介绍。

1. fir1 函数

在 MATLAB 中,提供了 fir1 函数采用窗函数法设计数字滤波器,能够设计低通、高通、带通、带阻滤波器。函数的调用格式为

b = fir1(n,Wn):返回所设计的 n 阶低通 FIR 数字滤波器的系数向量 b(单位采样响应序列),b 的长度为 n+1。Wn 为固有频率,它对应频率处的滤波器的幅度为−6dB。

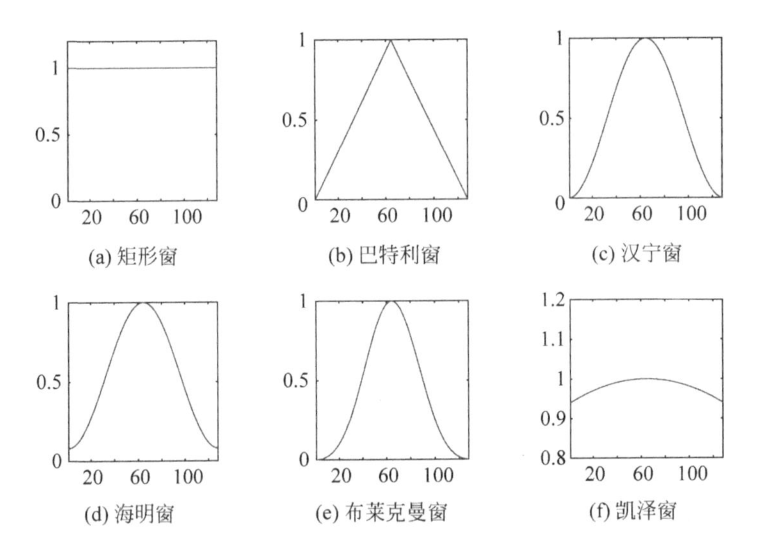

图 24-11　各窗函数效果图

它是归一化频率，范围为 0～1，1 对应采样频率的一半。如果 Wn 为一个 1×2 的向量 Wn=[w1，w2]，则返回的是一个 n 阶的带通滤波器的设计结果。滤波器的通带为 w1≤Wn≤w2。

b = fir1(n，Wn，'ftype')：通过参数 ftype 来指定滤波器类型，包括：

- ftype= low 时，设计一个低通 FIR 数字滤波器。
- ftype=high 时，设计一个高通 FIR 数字滤波器。
- ftype=bandpass 时，设计一个带通 FIR 数字滤波器。
- ftype=bandstop 时，设计一个带阻 FIR 数字滤波器。

b = fir1(n，Wn，window)：参数 window 用来指定所使用的窗函数的类型，其长度为 n+1。函数自动默认为汉宁窗。

b = fir1(n，Wn，'ftype'，window)：ftype 为滤波器类型；window 为窗函数类型。

b = fir1(…，'normalization')：默认的情况下，滤波器被归一化，以保证加窗后第一个通带的中心幅度为 1。使用这种调用方式可以避免滤波器被归一化。

【例 24-16】　采用不同的窗函数设计 49 阶截止频率为 0.45 的低通 FIR 滤波器，并比较幅频响应。

```
>> clear all;
%窗函数设计
n = 49;
window1 = rectwin(n + 1);
window2 = chebwin(n + 1,30);
%滤波器设计
Wn = 0.45;
b1 = fir1(n,Wn,window1);
b2 = fir1(n,Wn);
b3 = fir1(n,Wn,window2);
%幅频响应对比
```

```
[H1,W1] = freqz(b1);
[H2,W2] = freqz(b2);
[H3,W3] = freqz(b3);
%绘图
plot(W1,20 * log10(abs(H1)),W2,20 * log10(abs(H2)),':',W3,20 * log10(abs(H3)),'r-.');
xlabel('归一化频率');ylabel('幅频')
```

运行程序,效果如图 24-12 所示。

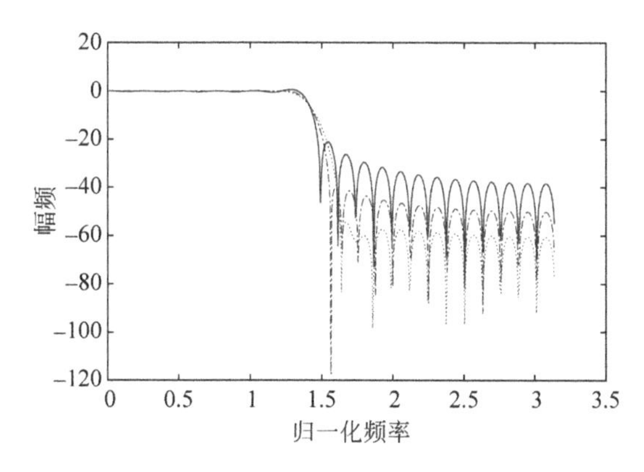

图 24-12 窗函数设计

2. fir2 函数

在 MATLAB 中,提供了 fir2 函数用于设计基于频率采样的 FIR 滤波器。函数的调用格式为

b = fir2(n,f,m):设计一个 n 阶的 FIR 数字滤波器,返回值 b 为滤波器转移函数的系数向量,也是滤波器的单位采样响应序列,其长度为 n+1;f 为频率点向量,其范围为 0~1,1 代表采样频率的一半,f 必须按照升序排列;m 为 f 所代表的频率点处的滤波器幅值向量。

b = fir2(n,f,m,window):指定所使用的窗函数的类型,默认时采用汉宁窗。

b = fir2(n,f,m,npt):npt 为对频率响应进行内插点数,默认时为 512。

b = fir2(n,f,m,npt,window):npt 为对频率响应进行内插点数;window 为所使用的窗函数的类型。

b = fir2(n,f,m,npt,lap):参数 lap 用于指定 fir2 在重复频率点附近插入的区域大小。

b = fir2(n,f,m,npt,lap,window):参数 lap 用于指定 fir2 在重复频率点附近插入的区域大小;window 为所使用的窗函数的类型。

【例 24-17】 设计多通带 FIR 滤波器,滤波器阶数为 40,比较理想滤波器和实际滤波器的频率响应。

```
>> clear all;
m = [0 0 1 1 0 0 0 1 1 0 0 0 1 1 0 0];
f = [0 0.1 0.15 0.2 0.25 0.3 0.4 0.45 0.5 0.55 0.6 0.7 0.75 0.8 0.85 1];
N = 40;                                    %设计滤波器阶数为 40
```

```
b = fir2(N,f,m,hamming(N+1));
[h,w] = freqz(b,1,128);
plot(f,m,'--',w/pi,abs(h));
xlabel('频率');ylabel('多通带');
grid on;
```

运行程序,效果如图 24-13 所示。

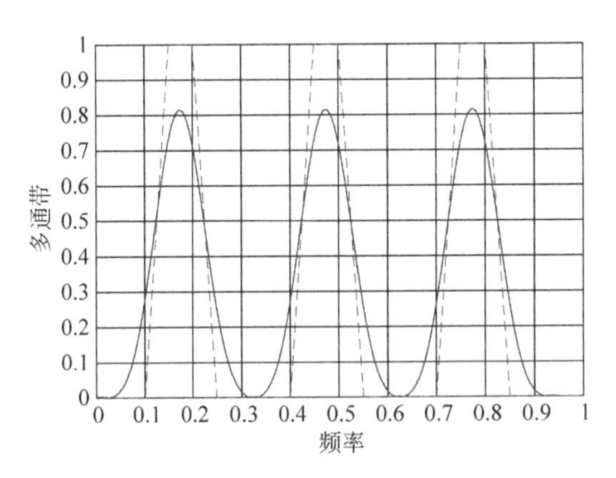

图 24-13　多通带频率响应

3. firls 函数

firls 是 fir1 和 fir2 函数的扩展,它采用最小二乘法,使指定频段内的理想分段线性函数与滤波器幅频响应之间的误差平方和最小。函数的调用格式为

b = firls(n,f,a):用于设计 n 阶 FIR 滤波器,其幅频特性由 f 和 a 向量确定,调用后返回长度为 n+1 的滤波器系数向量 b,且这些系数遵循以下偶对称关系:

$$b(k)=-b(n+2-k),\quad k=1,2,\cdots,n+1$$

f 为频率点向量,范围为[0,1],频率点逐渐增大,允许向量中有重复的频率点:a 是指定频率点的幅度响应,期望的频率响应由(f(k),a(k))和(f(k+1),a(k+1))的连线组成,firls 则把 f(k+1)与 f(k+2)(k 为奇数)之间的频带视为过渡带。所以,所需要的频率响应是分段线性的,其总体平方误差最小。

b = firls(n,f,a,w):使用权系数 w 给误差加权,w 的长度为 f 和 a 的一半。

b = firls(n,f,a,'ftype'):参数 ftype 用于指定所设计的滤波器类型,ftyper=hilbert 时,为奇对称的线性相位滤波器,返回的滤波器系数满足 b(k)=-b(n+2-k),k=1,2,…,n+1;ftype=differentiatior 时,则采用特殊加权技术,生成奇对称的线性相位滤波器,使低频段误差大大小于高频段误差。

【例 24-18】 利用 firls 函数设计一个 24 阶 FIR 多通带低通滤波器。

```
>> clear all;
F = [0 0.3 0.4 0.6 0.7 0.9];
A = [0 1   0   0   0.5 0.5];
b = firls(24,F,A,'hilbert');
for i = 1:2:6,
   plot([F(i) F(i+1)],[A(i) A(i+1)],'--'), hold on
```

```
end
[H,f] = freqz(b,1,512,2);
plot(f,abs(H));
grid on, hold off
legend('理想','firls设计');
xlabel('归一化频率');ylabel('幅频')
```

运行程序，效果如图 24-14 所示。

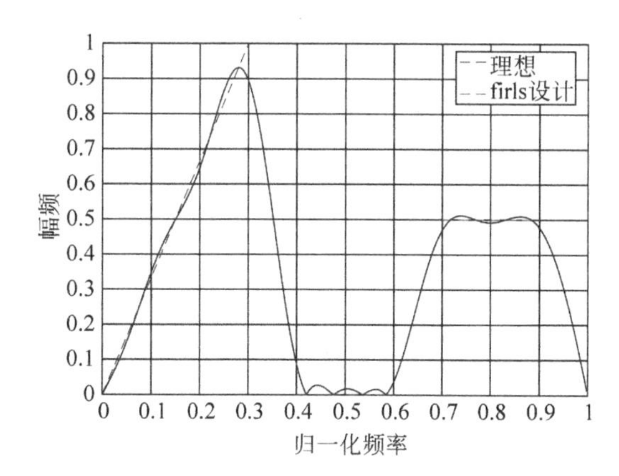

图 24-14 firls 设计多通带滤波器

4. firpm 函数

firpm 函数的调用格式及参数含义与 firls 函数一致，只是采用的算法不同，下面以具体示例来演示 firpm 函数的用法。

【例 24-19】 利用 firpm 函数设计多通带数字滤波器。

```
>> clear all;
f = [0 0.3 0.4 0.6 0.7 1];
a = [0 0   1   1   0   0];
b = firpm(17,f,a);
[h,w] = freqz(b,1,512);
plot(f,a,w/pi,abs(h))
legend('理想','firls设计');
```

运行程序，效果如图 24-15 所示。

5. fircls 函数

在 MATLAB 中，提供了 fircls 函数用于实现 FIR 滤波器的最小二乘设计。函数的调用格式为

b = fircls(n,f,amp,up,lo)：返回长度为 n+1 的线性相位滤波器，期望逼近的频率分段恒定，由向量 f 和 amp 确定，频率的上下限由参数 up 及 lo 确定，长度与 amp 相同；f 中元素为临界频率，取值范围为[0,1]，且按递增顺序排列。

fircls(n,f,amp,up,lo,'design_flag')：design_flag 可取 trace、plot 及 both 之一。

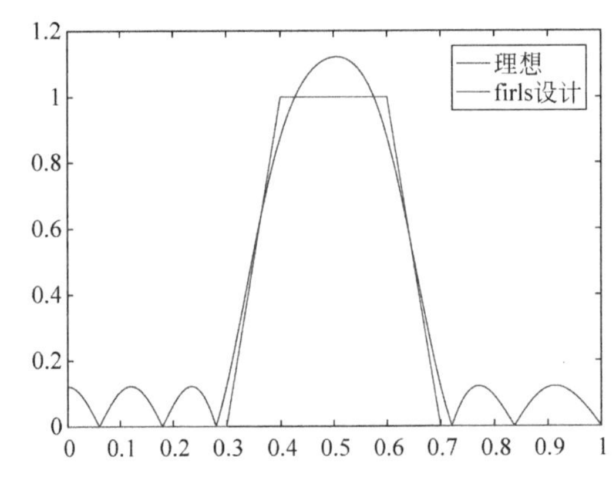

图 24-15　firpm 函数设计多通带滤波器

【例 24-20】　使用 fircls 函数设计一个带通滤波器。

```
>> clear all;
n = 150;
f = [0 0.4 1];
a = [1 0];
up = [1.02 0.01];
lo  = [0.98 - 0.01];
b = fircls(n,f,a,up,lo,'both');
xlabel('频率');
```

运行程序，输出如下，效果如图 24-16 所示。

```
Bound Violation  =  0.0788344298966
Bound Violation  =  0.0096137744998
Bound Violation  =  0.0005681345753
Bound Violation  =  0.0000051519942
Bound Violation  =  0.0000000348656
Bound Violation  =  0.0000000006231
```

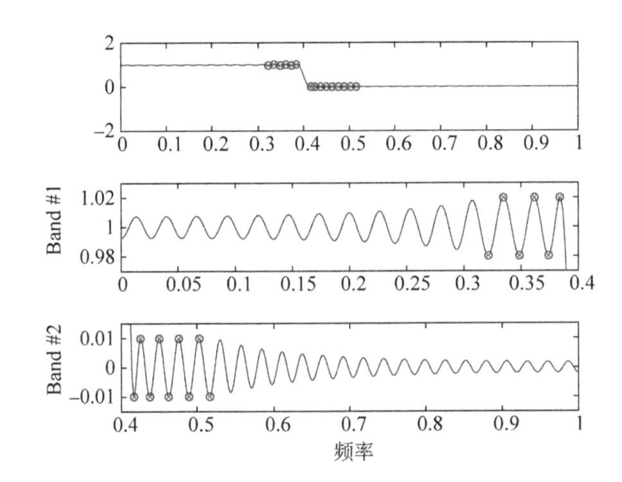

图 24-16　fircls 设计带通滤波器

6. fircls1 函数

在 MATLAB 中，提供了 fircls1 函数采用约束最小二乘法设计基本的线性相位高通和低通滤波器。函数的调用格式为

b = fircls1(n,wo,dp,ds)：返回长度为 n+1 的线性相位低通 FIR 滤波器，截止频率为 wo，在 0～1 之间取值。通带幅度偏离 1 的最大值为 dp，阻带偏离 0 的最大值为 ds。

b = fircls1(n,wo,dp,ds,'high')：返回高通滤波器，n 必须为偶数。

b = fircls1(n,wo,dp,ds,wp,ws,k)：采用平方误差加权，通带的权值比阻带的权值大 k 倍；wp 为通带边缘频率；ws 为阻带边缘频率，其中 wp<wo<ws。如果要设计高通滤波器，则必须使 ws<wo<wp。

【例 24-21】 利用 fircls1 函数设计一个带通滤波器。

```
>> clear all;
n = 55;
wo = 0.3;
dp = 0.02;
ds = 0.008;
b = fircls1(n,wo,dp,ds,'both');
```

运行程序，输出如下，效果如图 24-17 所示。

```
Bound Violation  =  0.0870385343920
Bound Violation  =  0.0149343456540
Bound Violation  =  0.0056513587932
Bound Violation  =  0.0001056264205
Bound Violation  =  0.0000967624352
Bound Violation  =  0.0000000226538
Bound Violation  =  0.0000000000038
```

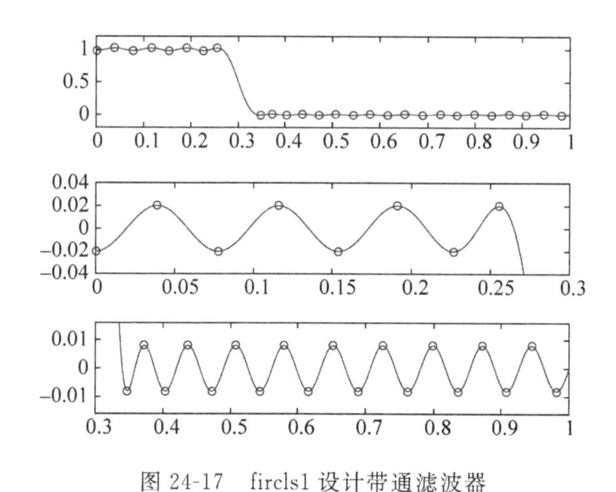

图 24-17 fircls1 设计带通滤波器

7. firrcos 函数

在 MATLAB 中，提供了 firrcos 函数用于设计有光滑、升余弦过渡带的低通线性相

位滤波器。函数的调用格式为

b = firrcos(n,Fc,df)：参数 n 为滤波器阶数；Fc 为低通滤波器的截止频率；df 为过渡带频宽；输出参数 b 为返回的低通线性相位滤波器。

b = firrcos(n,Fc,df,Fs)：Fs 为采样频率,单位都是 Hz。

b = firrcos(n,Fc,df,Fs,'type')；type 为滤波器类型。

b = firrcos(…,'type',delay)：delay 为其延时系数。

b = firrcos(…,'type',delay,window)：window 为窗类型。

【例 24-22】 使用 firrcos 函数设计一个 20 阶的升余弦滤波器,其截止频率为 220Hz,过渡带宽为 95Hz,采样频率为 950Hz。

```
>> clear all;
n = 20; Fc = 250;
df = 95; Fs = 950;
b = firrcos(n,Fc,df,Fs);
[h,f] = freqz(b,1,512,Fs);
plot(f,abs(h));
xlabel('频率');ylabel('幅频');
grid on;
```

运行程序,效果如图 24-18 所示。

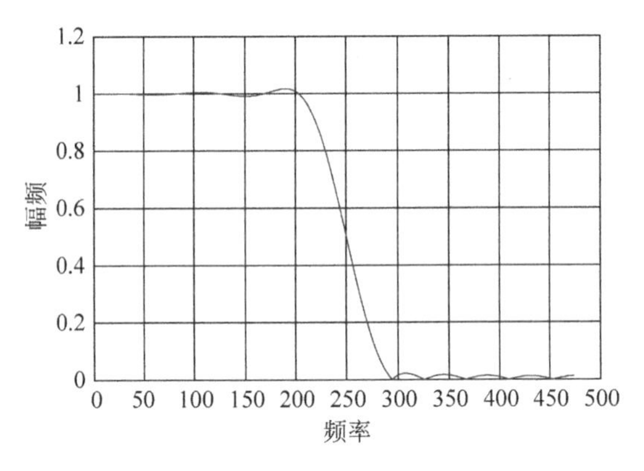

图 24-18 升余弦滤波器

24.3 特殊滤波器的 MATLAB 函数实现

在前面中已经介绍过许多滤波器函数,在此再介绍几个特殊的滤波器函数。

1. rcosfir 函数

该函数用于设计数字升余弦正弦滤波器。其调用格式为

b=rcosfir(R,n_T,rate,T)

b=rcosfir(R,n_T,rate,T,filter_type)

其中,参数 R 为滤波器的滚降系数；n_T 为一个标量或长度为 2 的向量,用于确定滤波器的长度；T 为每个比特的持续时间；rate 为一个长度为 T 的输入符号周期内点的

个数。参数 filter_type 为滤波器类型,有两个选择:如果为 sqrt,则所设计的是平方根升余弦滤波器;如果是 normal,则是一般的升余弦滤波器。

【例 24-23】 利用 rcosfir 函数在不同的滚降系数下绘制升余弦滤波器。

```
>> clear all;
rcosfir(0);
subplot(2,1,1);hold on;
subplot(2,1,2);hold on;
rcosfir(0.5,[],[],[],[],'r:');
rcosfir(1,[],[],[],[],'b');
```

运行程序,效果如图 24-18 所示。

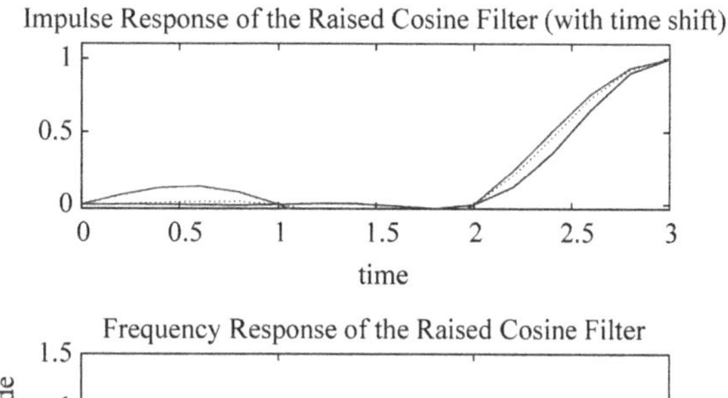

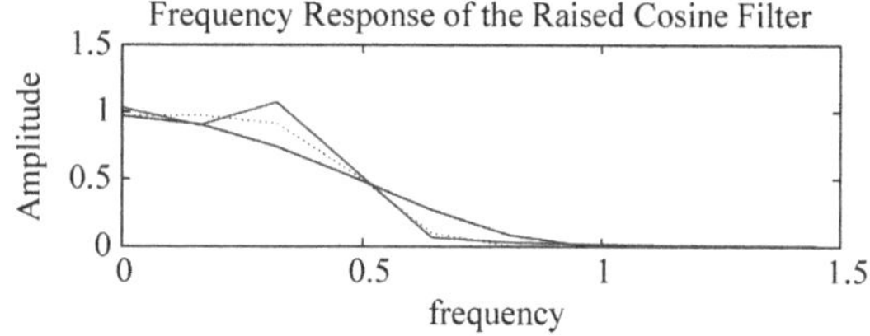

图 24-18 不同滚降系数下的升余弦滤波器

2. rcosiir 函数

该函数用于设计模拟升余弦正弦滤波器。其调用格式为

[num,den]= rcosiir(R,T_delay,rate,T,tol)

[num,den]= rcosiir(R,T_delay,rate,T,tol,filtee_typr)

其中,参数 T_delay 为滤波器群延时;tol 为容差;R 为滤波器的滚降系数;T 为每个比特的持续时间;rate 为一个长度为 T 的输入符号周期内点的个数。参数 filter_type 为滤波器类型,有两个选择:如果为 sqrt,则所设计的是平方根升余弦滤波器;如果是 normal,则是一般的升余弦滤波器。返回参数 num 为返回的分母,den 为返回的分子。

【例 24-24】 根据不同群延时,利用 rcosiir 函数绘制模拟滤波器。

```
>> clear all;
rcosiir(0,10);
subplot(2,1,1);hold on;
subplot(2,1,2);hold on;
colvec = ['r - ';'g - ';'b - ';'m - ';'c - ';'w - '];
R = [8,6,5,3,2,1];
for n = R
    rcosiir(0,n,[],[],[],[],colvec(find(R == n),:));
end
```

运行程序,效果如图 24-19 所示。

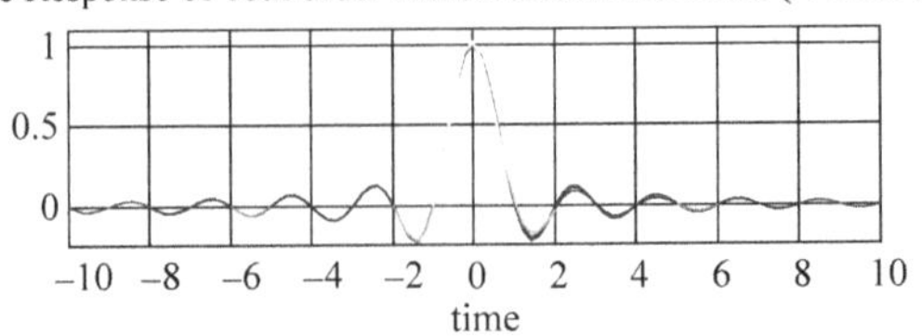

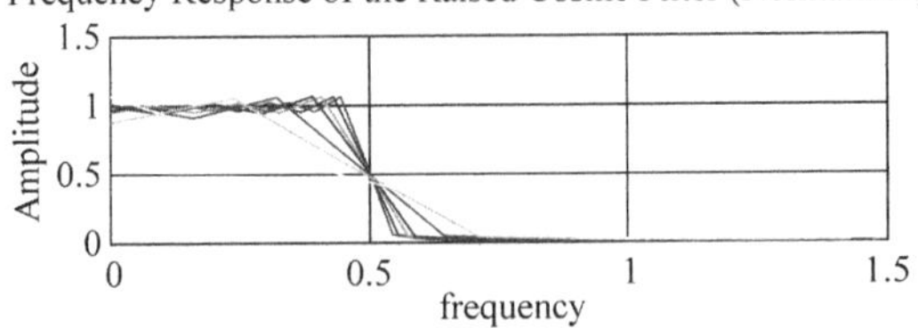

图 24-19 不同群延时下模拟滤波器曲线

第25章 Subsystem模块创建子系统

25.1 子系统

当模型变得越来越大、越来越复杂时，使用的模块会非常多，用户很难轻易读懂所建立的模型。因此，可以将大的模型分成一些小的子系统，每个子系统非常简单、可读性好，能够完成某个特定的功能。通过子系统，可以采用模块化设计方法，层次非常清晰。有些常用的模块集成在一起，还可以实现复用。

25.1.1 创建子系统

在实际开发中，对于复杂的系统，直接创建整个系统会给创建和分析带来很大的困难。子系统技术可很好地解决这种问题，将复杂的系统分为若干个部分，每个部分都具备一定的功能，然后分别创建各个部分。这些局部部分就是子系统。

使用子系统技术，可以使整个模型更加简洁、操作分析更为便捷。创建子系统有以下两种方法。

(1) 将已经存在的模型的某些部分或全部使用模型窗口选择 Edit→Create Subsystem 选项，将其压缩转换，使之成为子系统。

(2) 使用 Subsystem 模块库中 Subsystem 模块直接创建子系统。

创建子系统有以下作用。

(1) 减少模型窗口的显示模块的个数，使模型显得简洁整齐，可读性提高。

(2) 模型层次化增强，便于用户按照层次来设计模型。

(3) 子系统可以反复调用，节省建模时间。

压缩已有模块创建子系统的方法是一种自下而上的设计方法。

1. 添加 Subsystem 模块创建子系统

首先将 Ports & Subsystems 模块库中的 Subsystem 模块复制到模型窗口中，如图 25-1 所示。

双击 Subsystem 模块，Simulink 会在当前窗口或一个新的模型窗口中打开子系统，如图 25-2 所示。

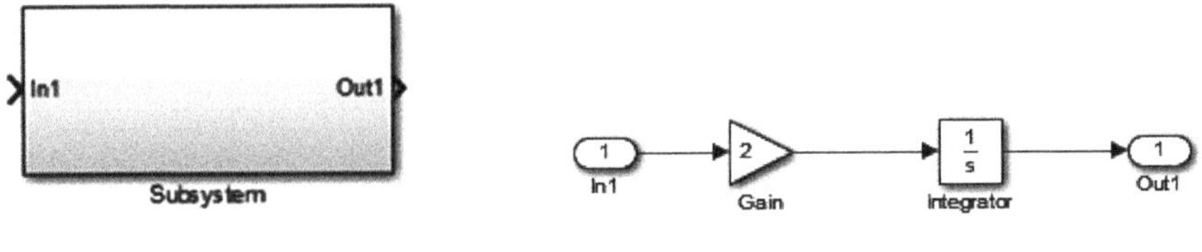

图 25-1　Subsystem 模块模型　　　　图 25-2　子系统

子系统窗口中的 In1 模块表示来自子系统外的输入，Out1 模块表示外部输出。

用户可以在子系统窗口中添加组成子系统的模块。例如，图 25-3(a)中的子系统包含了一个 Subtract 模块，两个输入模块和一个输出模块，这个子系统表示对两个外部输入相减，并将结果通过输出模块输出到子系统外部的模块。子系统图标如图 25-3(b)所示。

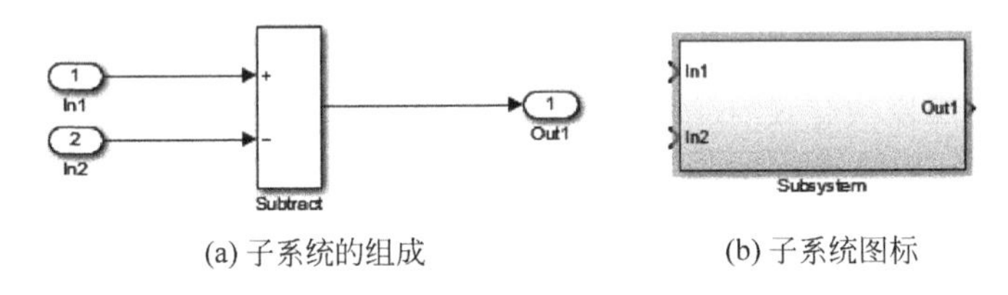

(a) 子系统的组成　　　　(b) 子系统图标

图 25-3　求差子系统

2. 组合已有模块创建子系统

如果模型中已经包含了用户想要转换为子系统的模块，那么可以把这些模块组合在一起来创建子系统。

以图 25-4 中的模型为例，用户可以用鼠标将需要组合为子系统的模块和连线用边框线选取，当释放鼠标按钮时，边框内的所有模块和线均被选中。然后选择 Edit→Create Subsystem from Selection 选项，Simulink 会将所选模块用 Subsystem 模块代替。

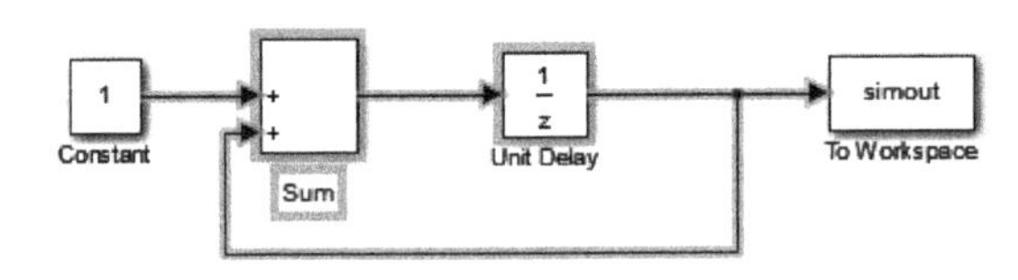

图 25-4　创建系统模型

图 25-5 所示是选择了 Create Subsystem from Selection 命令后的模型。如果单击 Subsystem 模块，那么 Simulink 将显示下层的子系统模型。输入模块和输出模块分别表示来自子系统外部的输入和输出到子系统外部的模块。

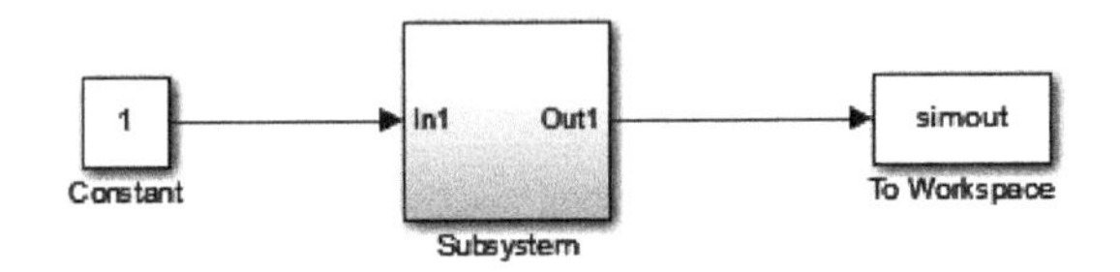

图 25-5　封装子系统后模块

25.1.2 浏览下层子系统

用户可以利用 Subsystem 模块创建由多层子系统组成的层级模型，这样做不仅使用户模型的界面更清晰，而且使模型的可读性更强。

对于模型层级比较多的复杂模型，一层一层打开子系统浏览模型显然是不可取的，这时用户可以在模型窗口中选择 File→Simulink Preference，打开 Simulink 中的模型浏览器来浏览模型，如图 25-6 所示。模型浏览器的操作步骤为：

(1) 按层级浏览模型。

(2) 在模型中打开子系统。

(3) 确定模型中所包含的模块。

(4) 快速定位到模型中指定层级的模块。

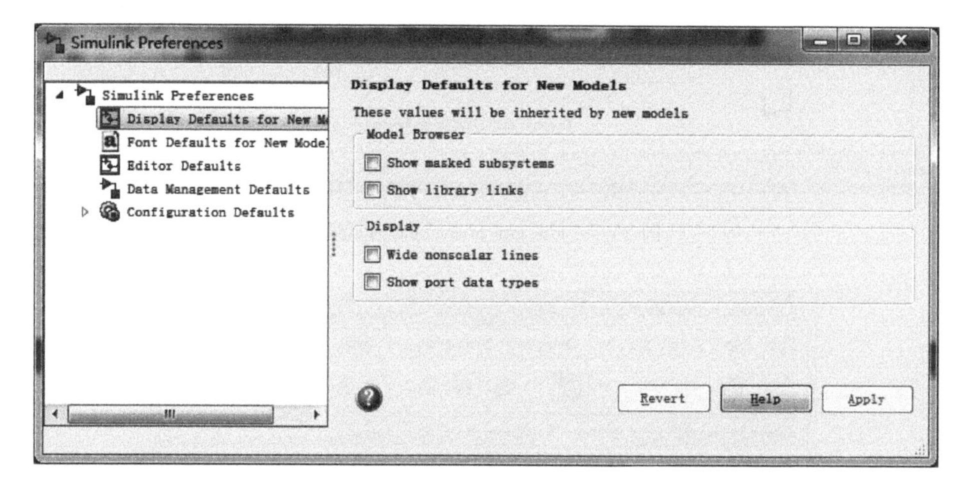

图 25-6 选择模型浏览器选项

模型浏览器只有在 Microsoft Windows 平台上可用。此处以 Simulink 中的 engine 模型为例介绍怎样使用 Windows 下的模型浏览器。

在 sldemo_househeat 模型窗口中选择 View→Model Browser Options 命令，在下拉菜单中选择 Model Browser 命令，即可打开模型浏览器，如图 25-7 所示。

图中正上面为各层子系统的名称，正面为模型结构图。如果要查看系统的模型方块图或组成系统的任何子系统，则可选择正上面对应的标签卡，此时模型浏览器即会显示相应系统的结构方块图。

图 25-8 中显示的是 House 子系统的结构图，该子系统下没有其他子系统。

25.1.3 条件执行子系统

条件执行子系统的执行受到控制信号的控制，根据控制信号对条件子系统执行的控制方式的不同，可以将条件执行子系统划分为如下 3 种基本类型。

(1) 使能子系统：是指当控制信号的值为正时，子系统开始执行。

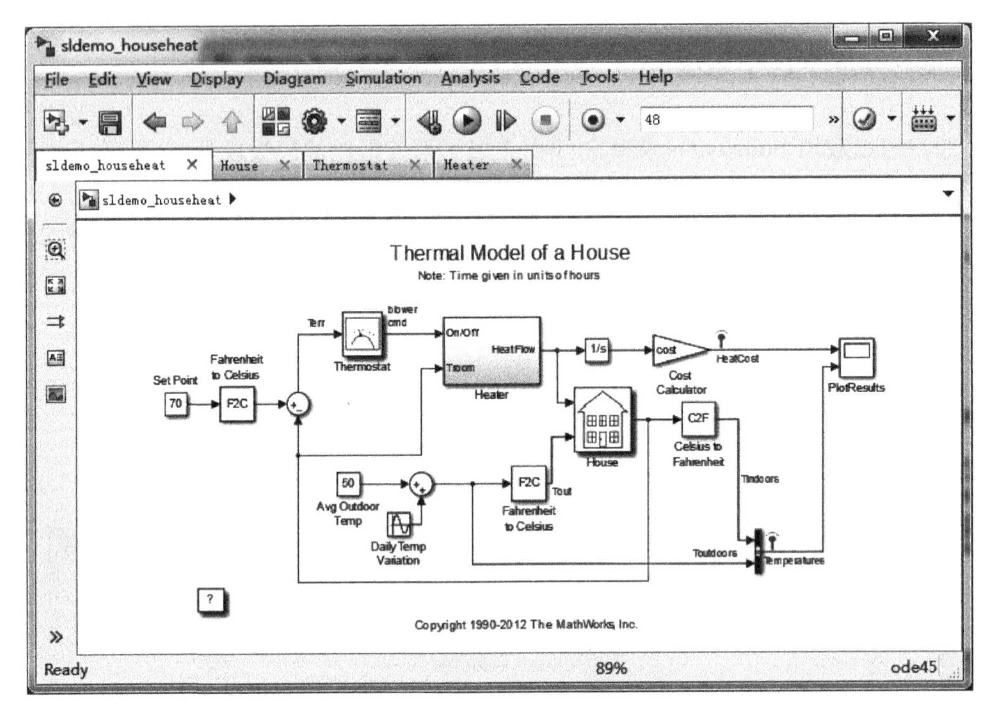

图 25-7　sldemo_househeat 模型图

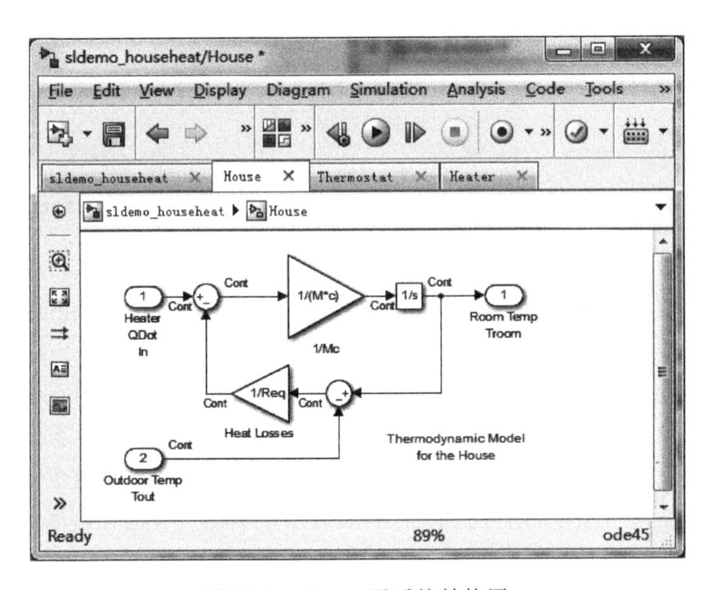

图 25-8　House 子系统结构图

(2) 触发子系统：是指当控制信号的符号发生改变时(也就是控制信号发生过零时)，子系统开始执行。触发子系统的触发执行有以下 3 种形式。

① 控制信号上升沿触发：控制信号具有上升沿形式。

② 控制信号下降沿触发：控制信号具有下降沿形式。

③ 控制信号的双边沿触发：控制信号在上升沿或下降沿时触发子系统。

（3）函数调用子系统：是指条件子系统在用户自定义的S-函数发出函数调用时，子系统开始执行。

1. 使能子系统

使能子系统在控制信号从负数朝正向穿过零时开始执行，直到控制信号变为负数时停止。使能子系统的控制信号可以是标量也可以是向量。如果控制信号是标量，当该标量的值大于0时子系统执行；如果是向量，向量中的任意一个元素大于0时，子系统开始执行。

任何连续和离散模块都可以作为使能子系统。

1）创建使能子系统

如果要在模型中创建使能子系统，可以从Simulink中的Port & Subsystems模块库中把Enable模块复制到子系统内，这时Simulink会在子系统模块图标上添加一个使能符号和使能控制输入口。在使能子系统外添加Enable模块后的子系统图标如图25-9所示。

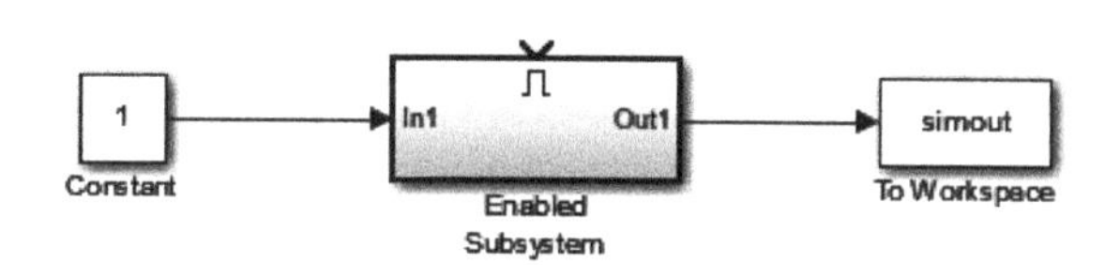

图25-9 添加Enable模块后的子系统

打开使能子系统中每个输出端口模块对话框，并为Output when disabled参数选择一个选项，如图25-10所示。

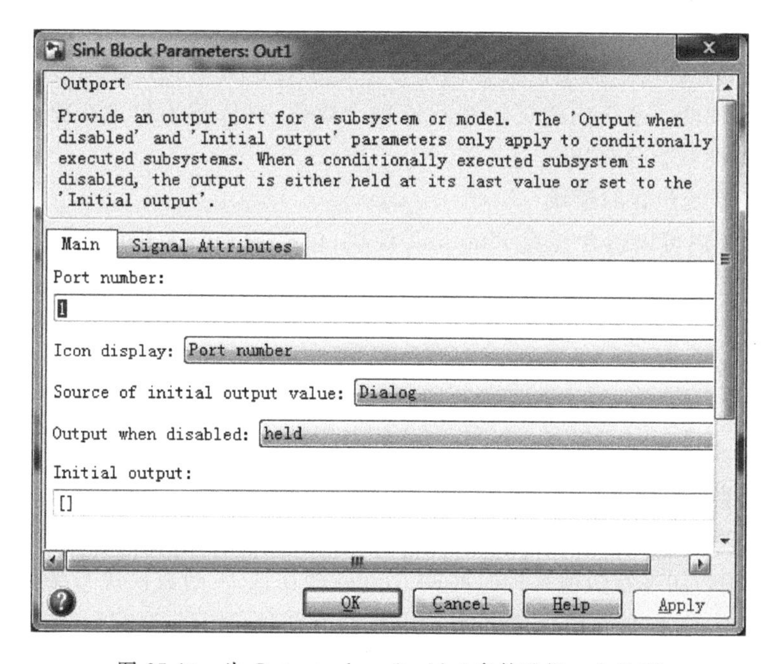

图25-10 为Output when disabled参数选择一个选项

选择 held 选项表示让输出保持最近的输出值。选择 reset 选项表示让输出返回到初始条件，并设置 Initial output 值，该值是子系统重置时的输出初始值。Initial output 值可以为空矩阵[]，此时的初始输出等于传送给输出模块的模块输出值。

在执行使能子系统时，用户可以通过设置 Enable 模块参数对话框来选择子系统状态，或选择保持子系统状态为前一时刻值，或重新设置子系统状态为初始条件。

打开 Enable 模块的 Block Parameters 对话框，如图 25-11 所示，States when enabling 可选参数为 held 或 reset。

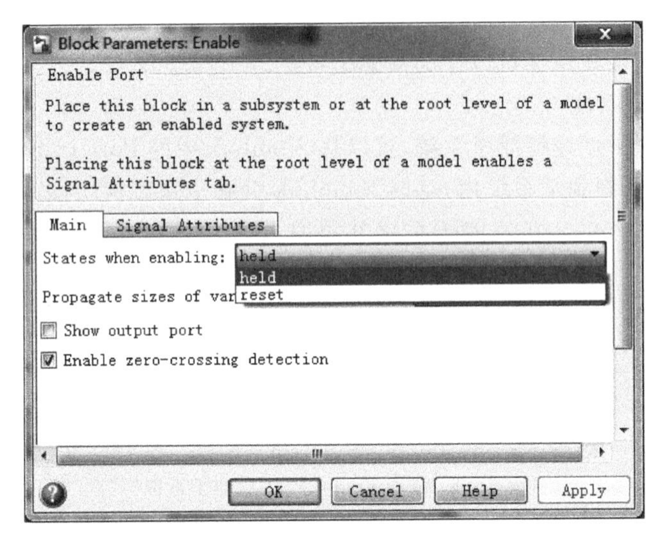

图 25-11　Enabled 模块 Block Parameters 对话框

Enable 模块的 Block Parameters 对话框的另一个选项是 Show output port 复选框，选择该选项表示允许用户输出使能控制信号。这个特性可以将控制信号向下传递到使能子系统，如果使能子系统内的逻辑判断依赖于数值，或依赖于包含在控制信号中的数值，那么这个特性就十分有用。

2）使能子系统包含的模块

使能子系统内可以包含任意 Simulink 模块，包括 Simulink 中的连续模块和离散模块。使能子系统内的离散模块只有当子系统执行时，而且只有当该模块的采样时间与仿真采样时间同步时才会执行，使能子系统和模型共用时钟。

使能子系统内也可以包含 Goto 模块，但是在子系统内只有状态端口可以连接到 Goto 模块。

3）使能子系统模块约束

在使能子系统中，Simulink 会对与使能子系统输出端口相连的带有恒值采样时间的模块进行如下限制。

（1）如果用户用带有恒值采样时间的 Model 模块或 S-函数模块与条件执行子系统的输出端口相连，那么 Simulink 会显示一个错误消息。

（2）Simulink 会把任何具有恒值采样时间的内置模块的采样时间转换为不同的采样时间，如以条件执行子系统内的最快离散速率作为采样时间。

为了避免 Simulink 显示错误信息或发生采样时间转换,用户可以把模块的采样时间改变为非恒值采样时间,或使用 Signal Conversion 模块替换具有恒值采样时间的模块。

【例 25-1】 建立使能子系统模块如图 25-12 所示。

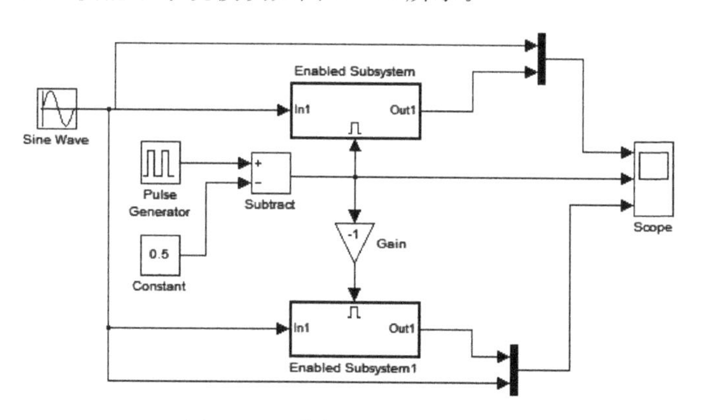

图 25-12　使能子系统模型框图

本例中使用了两个使能子系统,为了能够更加清晰地了解使能子系统的功能,对同一输入信号取截然相反的输入控制信号,对比子系统的输出。为了构造截然相反的输入控制信号,因而采用了 Gain 模块及 Constant 模块。

(1) 模块参数设置。

双击 Pulse Generator 模块,在弹出的对话框中设置 Amplitude 为 1,Period 为 1,Pulse Width 为 50,Phase delay 为 0。

双击 Sine Wave 模块,在弹出的对话框中设置 Amplitude 为 1,Bias 为 0,Frequency 为 1,Phase 为 0,Sample time 为 0。

双击 Constant 模块,在弹出的对话框中设置 Constant value 为 0.5。

双击 Gain 模块,在弹出的对话框中设置 Gain 为 −1。

双击 Enabled Subsystem 模块与 Enabled Subsystem1 模块,弹出如图 25-13 所示的子系统模块,然后双击 Enable 模块,弹出如图 25-14 所示的参数设置对话框。

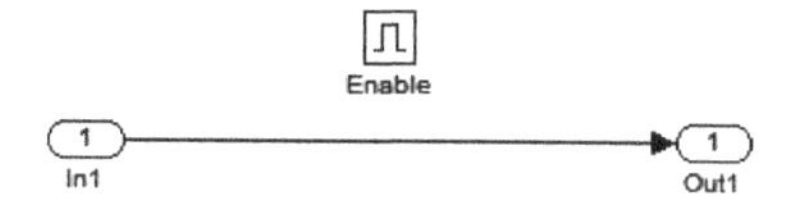

图 25-13　Enabled Subsystem 子系统模块

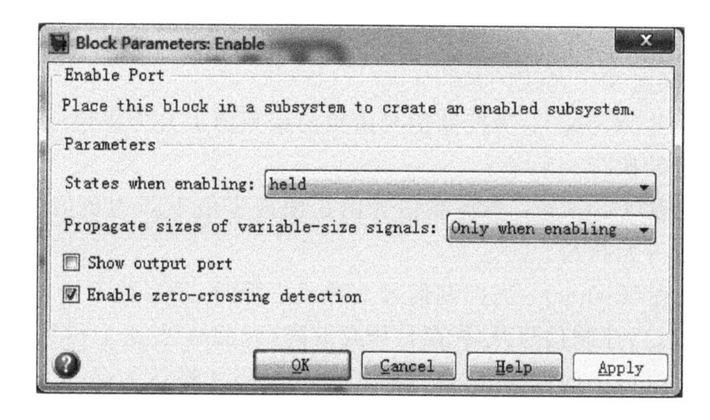

图 25-14　Enable 参数设置对话框

在图 25-14 中的 States when enabling 中有 reset 及 held 两个选项，如果选择 reset 选项，则为“使能”时，将把所在子系统所有内部状态重置为指定的初值；如果选择 held 选项，则为“使能”时，将把所在子系统所有内部状态保持在“前次使能”的终值上。若 Show output port 复选框若被选中，则使能模块将出现一个输出端口，从这个输出端口输出控制信号，可对控制信号进行监视和分析。若 Enable zero-crossing detection 复选框被选中，则会启动探测零交叉的功能。

(2) 运行仿真及分析。

模型系统参数采用默认值，在仿真模型窗口中单击按钮 进行仿真，其效果如图 25-15 所示。

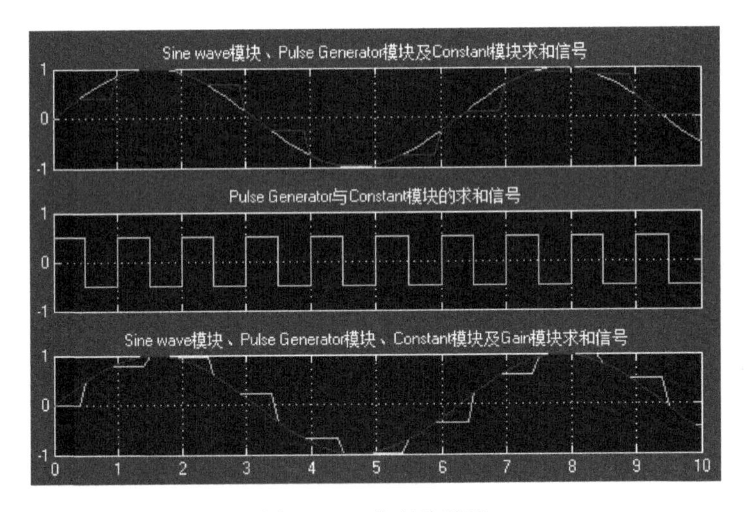

图 25-15　仿真效果图

从图 25-15 所示的结果可知，当 Pulse Generator 模块产生的信号为正时，第 1 个使能子系统直接输出正弦信号，而第 2 个使能子系统的信号则保持不变。当 Pulse Generator 模块产生的信号为负时，情况则正好相反，第 2 个使能子系统直接输出正弦信号，而第 1 个使能子系统的信号则保持不变。

2. 触发子系统

触发子系统也是子系统，它只有在触发事件发生时才执行。触发子系统有单个的控制输入，称为触发输入(Trigger Input)，它控制子系统是否执行。用户可以选择 3 种类型的触发事件，以控制触发子系统的执行。

(1) 上升沿触发(Rising)：当控制信号由负值或零值上升为正值或零值(如果初始值为负)时，子系统开始执行。

(2) 下降沿触发(Falling)：当控制信号由正值或零值下降为负值或零值(如果初始值为正)时，子系统开始执行。

(3) 双边沿触发(Either)：当控制信号上升或下降时，子系统开始执行。

对于离散系统，当控制信号从零值上升或下降，且只有当这个信号在上升或下降之前已经保持零值一个以上时间步长时，这种上升或下降才被认为是一个触发事件。这样就消除了由控制信号采样引起的误触发事件。

用户可以通过把 Port & Subsystems 模块库中的 Trigger 模块复制到子系统中的方式来创建触发子系统，Simulink 会在子系统模块的图标上添加一个触发符号和一个触发控制输入端口。

为了选择触发信号的控制类型，可打开 Trigger 模块的参数对话框，并在 Trigger type 参数的下拉列表中选择一种触发类型，如图 25-16 所示。

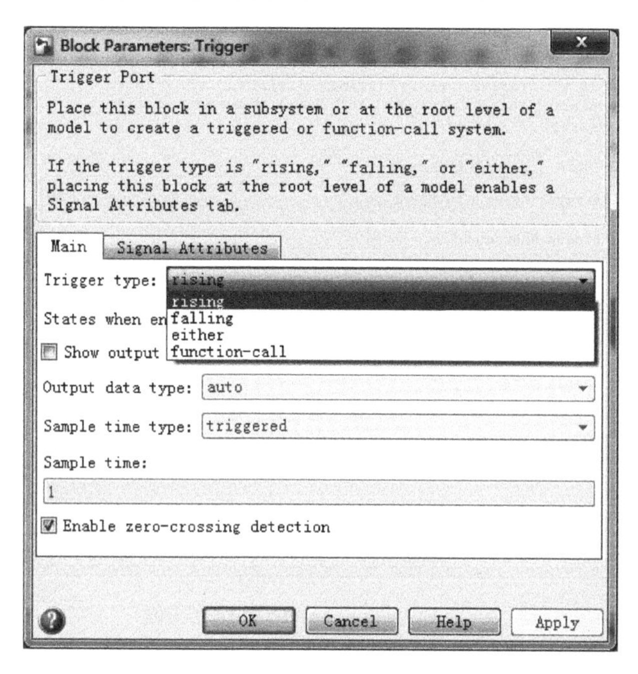

图 25-16　Trigger 模块参数对话框

Simulink 会在 Trigger and Subsystem 模块上用不同的符号表示上升沿触发、下降沿触发或双边沿触发。图 25-17 所示就是在 Subsystem 模块上显示的触发符号。

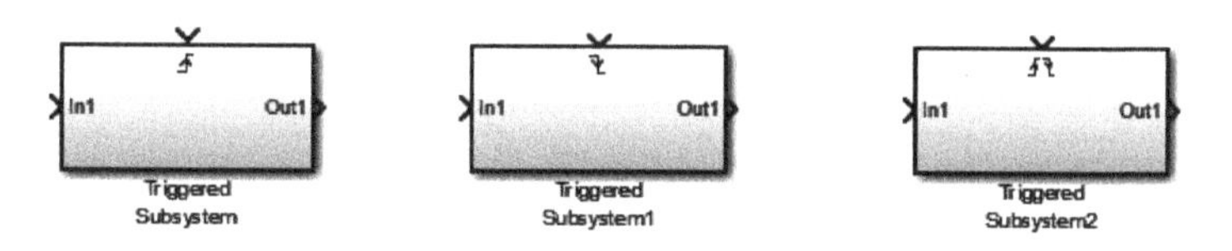

图 25-17　在 Subsystem 模块上显示的触发符号

如果选择的 Trigger type 参数是 function-call 选项，那么创建的是函数调用子系统，这种触发子系统的执行是由 S-函数决定的，而不是由信号值决定的。

注意：与使能子系统不同，触发子系统在两次触发事件之间一直保持输出为最终值，而且，当触发事件发生时，触发子系统不能重新设置它们的状态，任何离散模块的状态在两次触发事件之间会一直保持下去。

Trigger 模块参数对话框中的 Show output port 复选框可输出触发控制信号，如图 25-18 所示。如果选择这个选项，则 Simulink 会显示触发模块的输出端口，并输出触发信号，信号值为：

(1) 1 表示产生上升触发的信号。

(2) －1 表示产生下降触发的信号。

(3) 2 表示函数调用触发。

(4) 0 表示其他类型的触发。

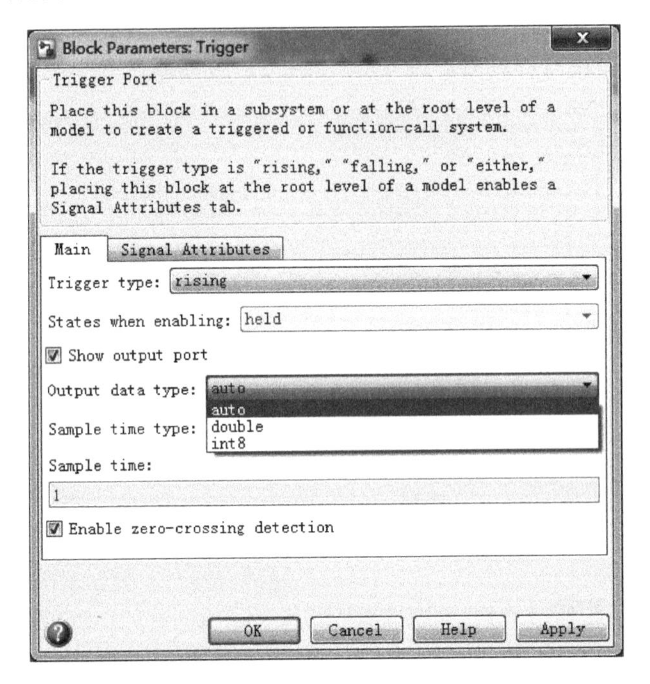

图 25-18　Show output port 复选框

Output data type 选项指定触发输出信号的数据类型，可以选择的类型有 auto、int8、double。auto 选项可自动把输出信号的数据类型设置为信号被连接端口的数据类型（为 int8 或 double）。如果端口的数据类型不是 double 或 int8，那么 Simulink 会显示错误提示。

当用户在 Trigger type 选项中选择 function-call 时，对话框底部的 Sample time type 选项将被激活，这个选项可以设置为 triggered 或 periodic，如图 25-19 所示。

如果调用子系统的上层模型在每个时间步内调用一次子系统，那么选择 periodic 选项，否则，选择 triggered 选项。当选择 periodic 选项时，Sample time 选项将被激活，该参数可以设置包含调用模块的函数调用子系统的采样时间。

图 25-20 所示为一个包含触发子系统的模型图，在这个系统中，子系统只有在方波触发控制信号的上升沿时才被触发。

在仿真过程中，触发子系统只在指定的时间执行。适合在触发子系统中使用的模型为：

(1) 具有继承采样时间的模块，如 Logical Operator 模块或 Gain 模块。

(2) 具有采样时间设置为－1 的离散模块，它表示该模块的采样时间继承驱动模块的采样时间。

当触发事件发生并且触发子系统执行时，子系统内部包含的所有模块一同被执行，

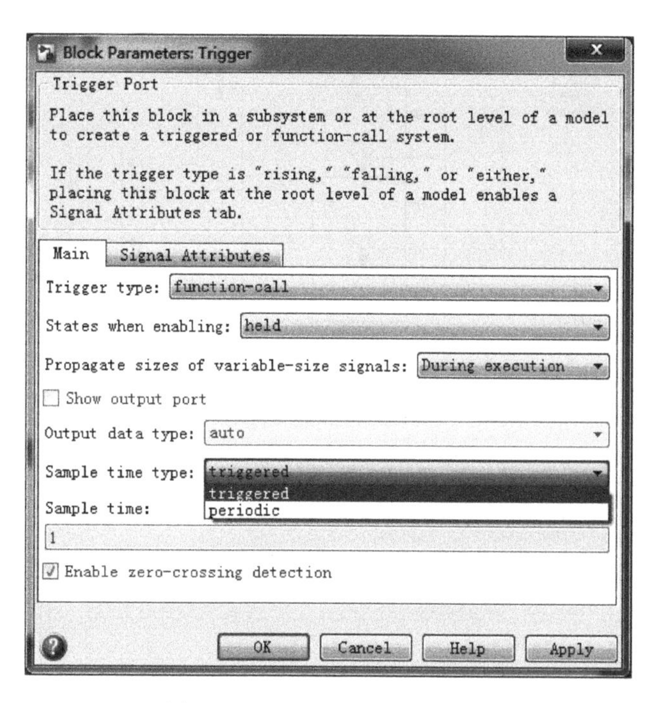

图 25-19　Sample time type 选项

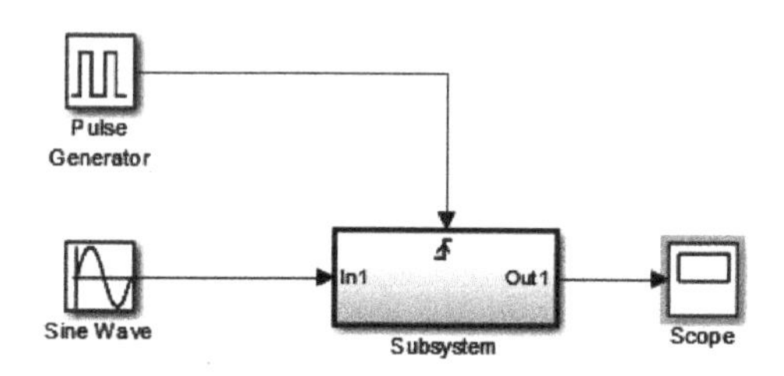

图 25-20　包含触发子系统的模型图

Simulink 只有在执行完子系统中的所有模块后，才会转换到上一层执行其他的模块，这种子系统的执行方式属于原子子系统。

而其他子系统的执行过程不是这样的，如使能子系统，默认情况下，这种子系统只用于图形显示，属于虚拟子系统，它并不改变框图的执行方式。虚拟子系统中的每个模块都被独立对待，就如同这些模块都处于模型最顶层一样，这样，在一个仿真步中，Simulink 可能会多次进出一个系统。

【例 25-2】 创建一个简单的触发子系统模块，使用不同的触发类型，得到不同的输出信号。

根据需要，建立如图 25-21 所示的子系统。

模块参数说明如下。

(1) 添加系统的输入信号。输入信号为脉冲信号，其属性如图 25-22 所示。

(2) 添加系统的控制信号。控制信号 Band-Limited White Noise 对应的属性如图 25-23 所示。

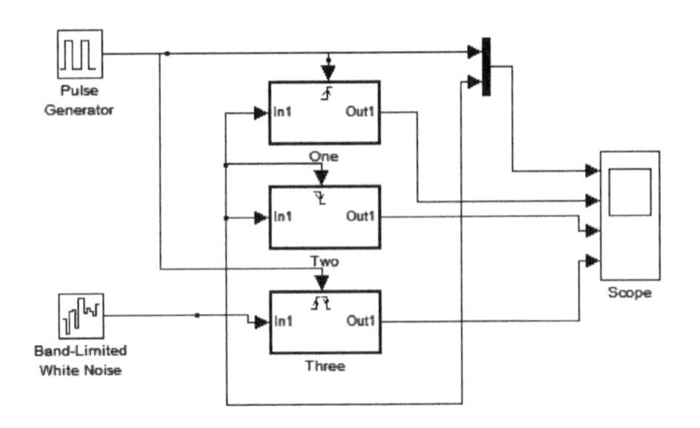

Pulse
Generator
In1
Out1
One
In1
Out1
Two
In1
Out1
Three
Band-Limited
White Noise
Scope

图 25-21　触发子系统

Source Block Parameters: Pulse Generator
Parameters
Pulse type: Time based
Time (t): Use simulation time
Amplitude:
1
Period:
2
Pulse Width (% of period):
50
Phase delay:
0
Interpret vector parameters as 1-D
OK
Cancel
Help
Apply

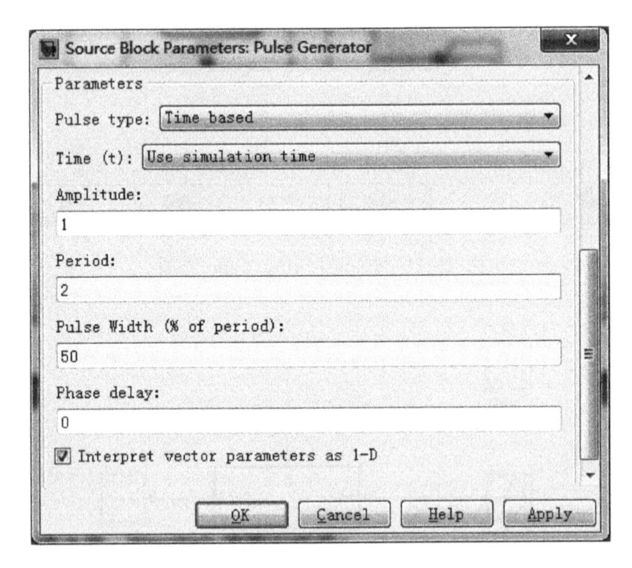

图 25-22　设置输入信号的属性

Source Block Parameters: Band-Limited White Noise
in continuous or hybrid systems.
Parameters
Noise power:
[0.1]
Sample time:
0.5
Seed:
[23341]
Interpret vector parameters as 1-D
OK
Cancel
Help
Apply

图 25-23　设置控制信号的属性

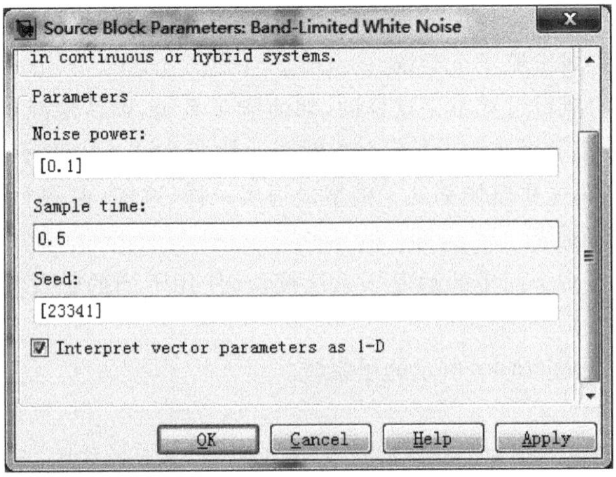

(3) 添加子系统。用户需要添加触发子系统，3 个触发子系统的属性如图 25-24 所示。

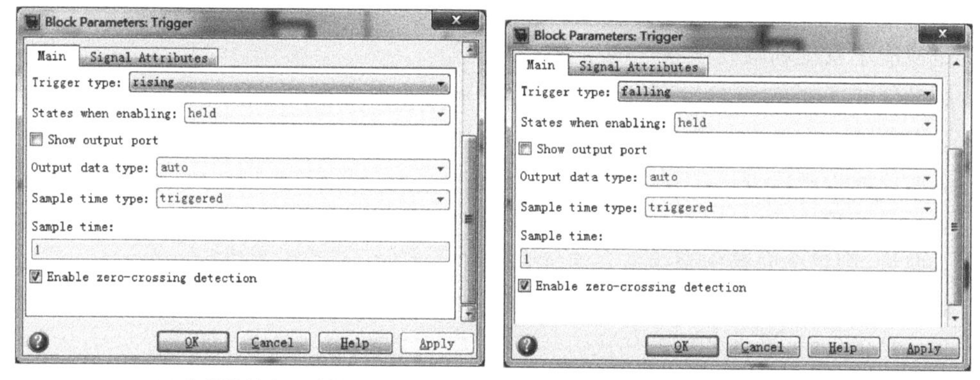

(a) 上升沿触发子系统　　　　(b) 下升沿触发子系统

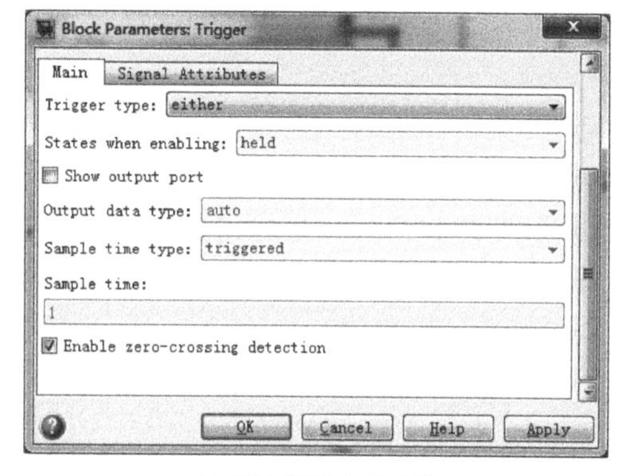

(c) 双边沿触发子系统

图 25-24　触发子系统模块参数设置

(4) 仿真结果。将仿真的时间设置为 20s，然后运行仿真，得到的结果如图 25-25 所示。

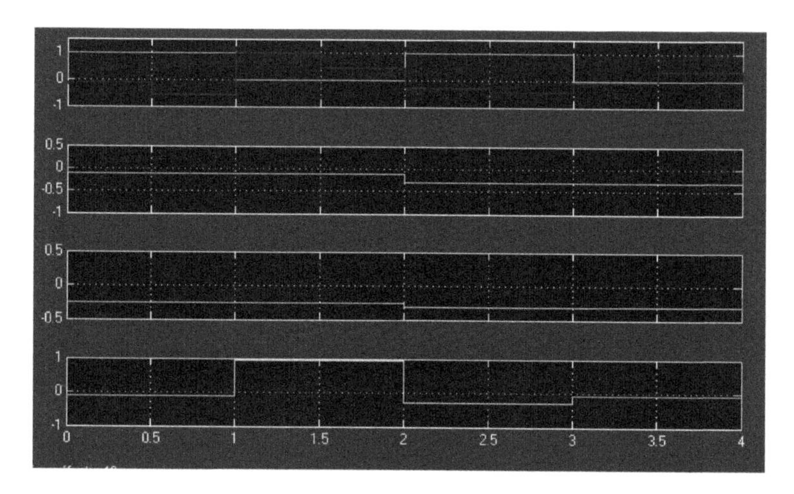

图 25-25　仿真结果

3. 触发使能子系统

还有一种条件执行子系统包含两种条件执行类型，称为触发使能子系统。这样的子系统是使能子系统和触发子系统的组合。

触发使能子系统既包含使能输入端口，又包含触发输入端口，在这个子系统中，Simulink 等待一个触发事件，当触发事件发生时，Simulink 会检查使能输入端口是否为0，并求取使能控制信号。

如果它的值大于 0，则 Simulink 执行一次子系统，否则不执行子系统。如果两个输入都是向量，则每个向量中至少有一个元素是非零值时，子系统才执行一次。

此外，子系统在触发事件发生的时间步上执行一次，换言之，只有当触发信号和使能信号都满足条件时，系统才执行一次。

注意：Simulink 不允许一个子系统中有多于一个的 Enable 端口或 Trigger 端口。尽管如此，如果需要几个控制条件组合，用户可以使用逻辑操作符将结果连接到控制输入端口。

用户可以通过把 Enable 模块和 Trigger 模块从 Ports & Subsystems 模块库中复制到子系统中的方式来创建触发使能子系统，Simulink 会在 Subsystem 模块的图标上添加使能和触发符号，从而使能和触发控制输入。用户可以单独设置 Enable 模块和 Trigger 模块的参数值。图 25-26 为一个简单的触发使能子系统。

图 25-27 为触发使能子系统的结构框图。

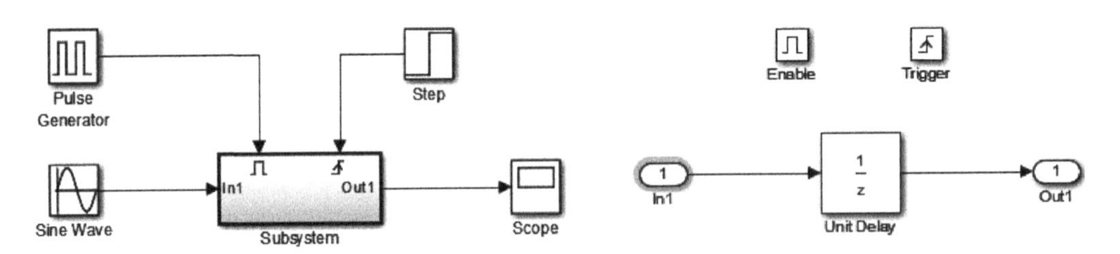

图 25-26　一个简单的触发使能子系统

图 25-27　触发使能子系统的结构框图

4. 交替创建执行子系统

用户可以用条件执行子系统与 Merge 模块相结合的方式创建一组交替执行子系统，它的执行依赖于模型的当前状态。Merge 模块是 Signal Routing 模块库中的模块，它具有创建交替执行子系统的功能。

图 25-28 所示为 Merge 模块的 Function Block Parameters 对话框。Megre 模块可以把模块的多个输入信号组合为一个单个的输入信号。

Function Block Parameters 对话框中的 Number of inputs 参数值可以任意指定输入信号端口的数目。模块输出信号的初始值由 Initial output 参数决定。

如果 Initial output 参数为空，而且模块又有超过一个以上的驱动模块，那么 Merge 模块的初始输出等于所有驱动模块中最接近于当前时刻的初始输出值，而且，Merge 模块在任何时刻的输出值都等于当前时刻其驱动模块所计算的输出值。

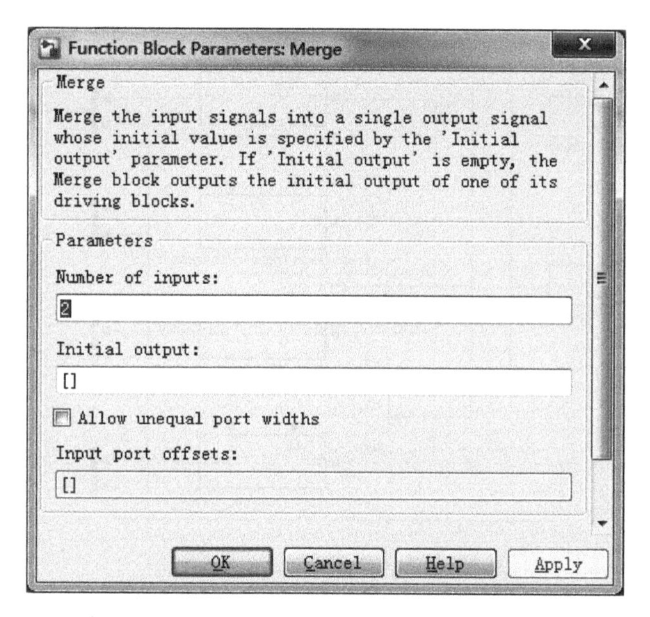

图 25-28　Merge 模块的参数窗口

Merge 模块不接收信号元素被重新排序。在图 25-29 中，Merge 模块不接收 Selector 模块的输出，因为 Selector 模块交替改变向量信号中的第一个元素和第三个元素。

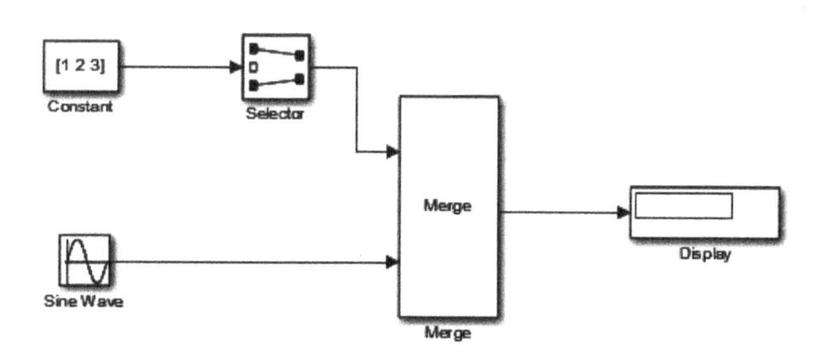

图 25-29　使用 Merge 模块模型

如果未选择 Allow unequal port widths 复选框，那么 Merge 模块只接收具有相同维数的输入信号，而且只输出与输入同维数的信号；如果选择了 Allow unequal port widths 复选框，那么 Merge 模块可以接收标量输入信号和具有不同分量数目的向量输入信号，但不接收矩阵信号。

选择 Allow unequal port widths 复选框后，Input port offsets 参数也将变为可用，用户可以利用该参数为每个输入信号指定一个相对于开始输出信号的偏移量，输出信号的宽度也就等于 max(w1+o1,w2+o2,…,wn+on)，此处，w1,…,wn 为输入信号的宽度，o1,…,on 为输入信号的偏移量。

【例 25-3】 建立触发使能子系统模型，效果如图 25-30 所示。

图 25-30 中采用了 4 个触发使能子系统进行组合，可以比较容易地看出触发使能子系统的功能，以及不同设置之间的差异。为了构造截然相反的输入控制信号，在此采用 Gain 模块、Pulse Generator 模块、Sine wave 模块及 Constant 模块。

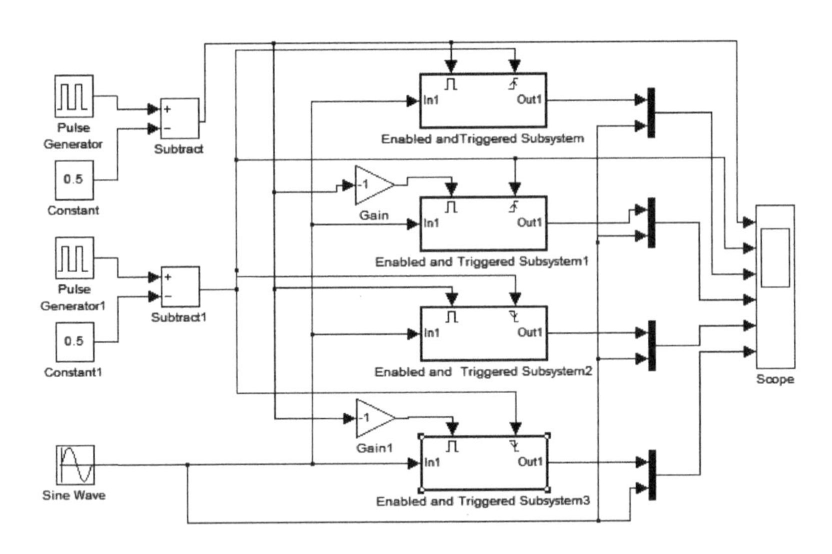

图 25-30　触发使能子系统模型框图

(1) 设置模块参数。

双击 Pulse Generator 模块,在弹出的对话框中设置 Amplitude 为 1,Period 为 1,Pulse Width 为 50,Phase delay 为 0。

双击 Pulse Generator1 模块,在弹出的对话框中设置 Amplitude 为 1,Period 为 0.5,Pulse Width 为 50,Phase delay 为 0。

双击 Sine Wave 模块,在弹出的对话框中设置 Amplitude 为 1,Bias 为 0,Frequency 为 1,Phase 为 0,Sample time 为 0。

双击 Constant 及 Constant1 模块,在弹出的对话框中均设置 Constant value 为 0.5。

双击 Gain 及 Gain1 模块,在弹出的对话框中均设置 Gain 为−1。

双击图 25-30 中的 Triggered 模块,弹出如图 25-31 所示的对话框,在 Triggered Type 下拉列表框中选择 rising 选项。接着双击图 25-30 中的 Enable 模块,弹出如图 25-32 所示的对话框,在 States when enabling 下拉列表框中选择 held 选项。

Main　Signal Attributes
Trigger type: rising
States when enabling: held
Show output port
Output data type: auto
Sample time type: triggered
Sample time:
1
Enable zero-crossing detection

图 25-31　Trigger 参数设置对话框

双击 Enabled and Triggered Subsystem2 模块及 Enabled and Triggered Subsystem3 模块,它们参数设置与 Enabled and Triggered Subsystem 模块参数设置基本相同,在

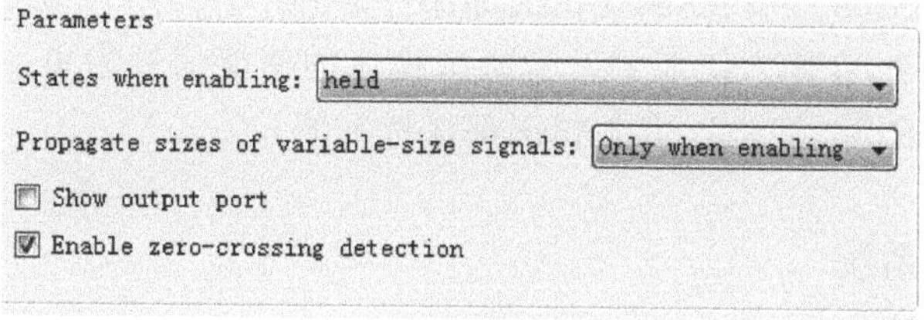

Parameters
States when enabling: held
Propagate sizes of variable-size signals: Only when enabling
Show output port
Enable zero-crossing detection

图 25-32　Enable 参数设置对话框

图 25-31 所示对话框中的 Triger type 下拉列表框中选择 falling 选项。

(2) 运行仿真及分析。

模型系统参数采用默认值，在仿真模型窗口中单击按钮 ▶ 进行仿真，其效果如图 25-33 所示。

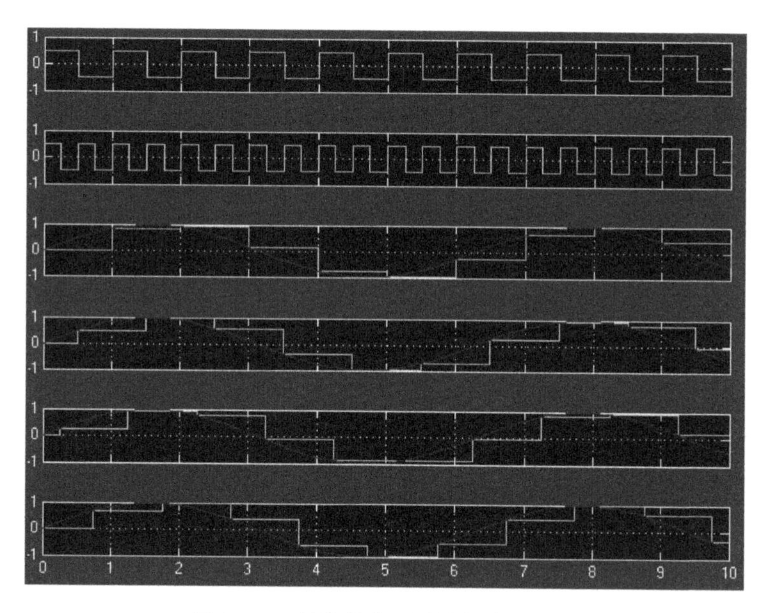

图 25-33　触发使能子系统仿真效果图

在图 25-33 中，第一幅子图是使能控制信号；第二幅子图是触发控制信号；第三幅子图和第四幅子图分别表示使能信号直接输入和取反输入时，并且触发控制信号为上升沿的情况下，使能触发模型系统的仿真结果；第五幅子图和第六幅子图分别表示使能信号直接输入和取反输入时，并且触发控制信号为下降沿的情况下，使能触发模型系统的仿真结果。

由图 25-33 可以得出以下基本结论。

第三幅子图表明，在输入使能触发子系统模块的使能信号为正，并且触发信号为上升沿触发信号时，输出才会变化，其他情况都保持常值。

第四幅子图表明，在输入使能触发子系统模块的使能信号为负，并且触发信号为上升沿触发信号时，输出才会变化，其他情况都保持常值。

第五幅子图表明，在输入使能触发子系统模块的使能信号为正，并且触发信号为下降沿触发信号时，输出才会变化，其他情况都保持常值。

第六幅子图表明，在输入使能触发子系统模块的使能信号为负，并且触发信号为下降沿触发信号时，输出才会变化，其他情况都保持常值。

25.1.4 控制流系统

控制流模块用来在 Simulink 中执行类似 C 语言的控制流语句。控制流语句包括 for 语句、if-else 语句、switch 语句、while 语句(包括 while 和 do-while 控制流)。

虽然以前所有的控制流语句都可以在 Stateflow 中实现，但 Simulink 中控制流模块的作用是想为 Simulink 用户提供一个满足简单逻辑要求的工具。

1. if-else 控制流

Ports & Subsystems 模块库中的 If 模块和包含 Action Port 模块的 If Action Subsystem 模块可以实现标准 C 语言的 if-else 条件逻辑语句。图 25-34 中的模型说明了 Simulink 中完整的 if-else 控制流语句。

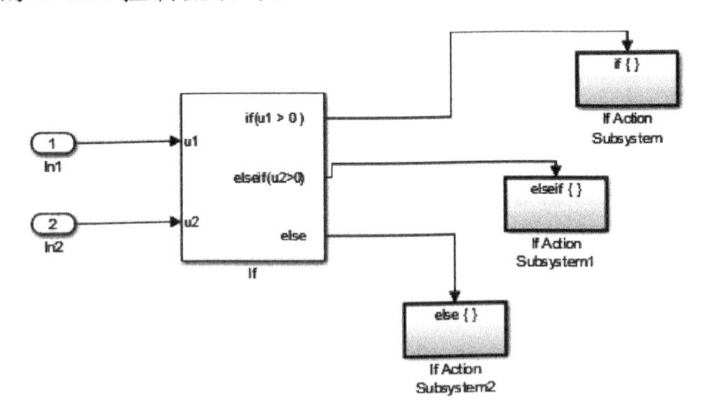

图 25-34 Simulink 中完整的 if-else 控制流语句

在这个例子中，If 模块的输入决定了表示输出端口的条件值，每个输出端口又输入到 If Action Subsystem 子系统模块，If 模块依次从顶部开始求取条件值，如果条件为真，则执行相应的 If Action Subsystem 子系统。

这个模型中执行的 if-else 控制流语句为：

```
if (u1 > 0)
    {
        Action subsystem1
    }
elseif (u2 > 0)
    {
        Action subsystem2
    }
else
    {
        Action subsystem3
    }
```

构造 Simulink 中 if-else 控制流语句的步骤如下。

(1) 在当前系统中放置 If 模块，为 If 模块提供数据输入以构造 if-else 条件。If 模块的输入在 If 模块的属性对话框内设置。这些输入在模块内部被指定为 u1，u2，…，并用来构造输出条件。

(2) 打开 If 模块的参数对话框，为 If 模块设置输出端口的 if-else 条件，如图 25-35 所示。

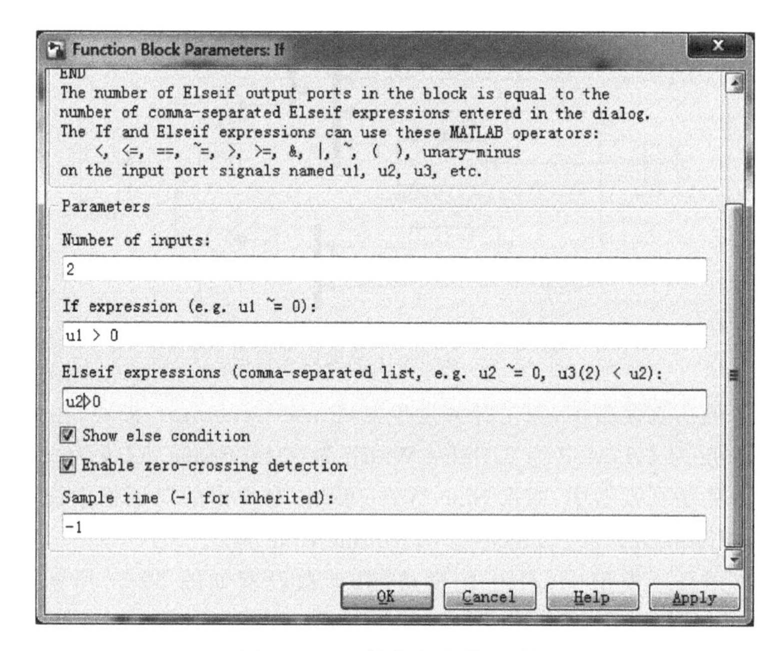

图 25-35　If 模块的参数对话框

- 在 Number of inputs 参数文本框内输入 If 模块的输入数目，用来控制 if-else 控制流语句的条件，向量输入中的各元素可以使用(行，列)变量的形式实现判断条件。例如，可在 If expression 或 Elseif expressions 参数文本框中指定向量 u2 中的第三个元素的判断条件为 u2(3)＞0。
- 在 If expression 参数文本框内输入 if-else 控制流语句中的 if 条件，这就为 If 模块中标签为 if()的端口创建了一个条件输出端口。
- 在 Elseif expression 参数文本框内输入 if-else 控制流语句中的 elseif 条件，并使用逗号分隔各个条件。这些条件为 If 模块中标签为 elseif()的端口创建一个条件输出端口。elseif 端口是可选的，而且不要求对 If 模块进行操作。

(3) 在系统中添加 If Action Subsystem 子系统。

选择 Show else condition 复选框，可在 If 模块上显示 else 输出端口。else 端口是可选的，而且不要求对 If 模块进行操作，If 模块上的 if、elseif 和 else 为条件输出端口。这些子系统内包含 Action Port 模块，当在子系统内放置 Action Port 模块时，这些子系统就成为原子子系统，并带有一个标签为 Action 的输入端口，它的动作有些类似于使能子系统。

(4) 把 If 模块上的 if、elseif 和 else 条件输出端口连接到 If Action Subsystem 子系

统的 Action 端口。在建立这些连接时，If Action Subsystem 子系统上的图标被重新命名为所连接的条件类型。如果 If 模块上的 if、elseif 和 else 条件输出端口为真，则执行相应的子系统。

(5) 在每个 If Action Subsystem 子系统中添加执行相应条件的 Simulink 模块。

【例 25-4】 建立如图 25-36 所示的 if-else 子系统。

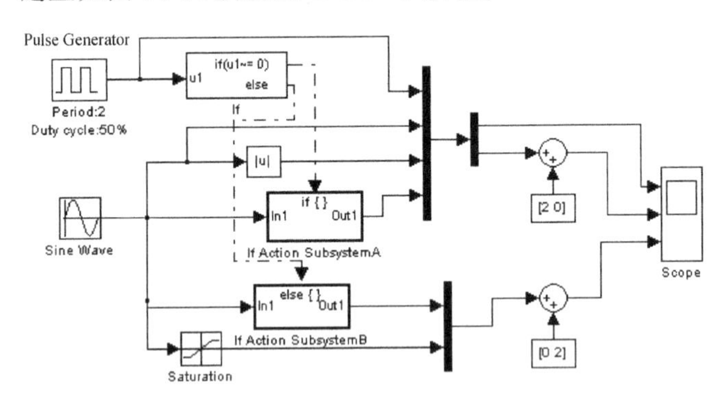

图 25-36 if-else 子系统仿真模型

在图 25-36 的仿真模型中，双击脉冲发生器(Pulse Generator)模块，在弹出的对话框中设置 Amplitude 为 1，Period 为 2，Pulse Width 为 50%，Phase delay 为 0。

在图 25-36 的仿真模型中，双击 Sine Wave 模块，在弹出的对话框中设置 Amplitude 为 1，Bias 为 0，Frequency 为 2，Phase 为 0，Sample time 为 0。

在图 25-36 的仿真模型中，双击 If 模块，其参数设置如图 25-37 所示，模型仿真如图 25-38 所示。

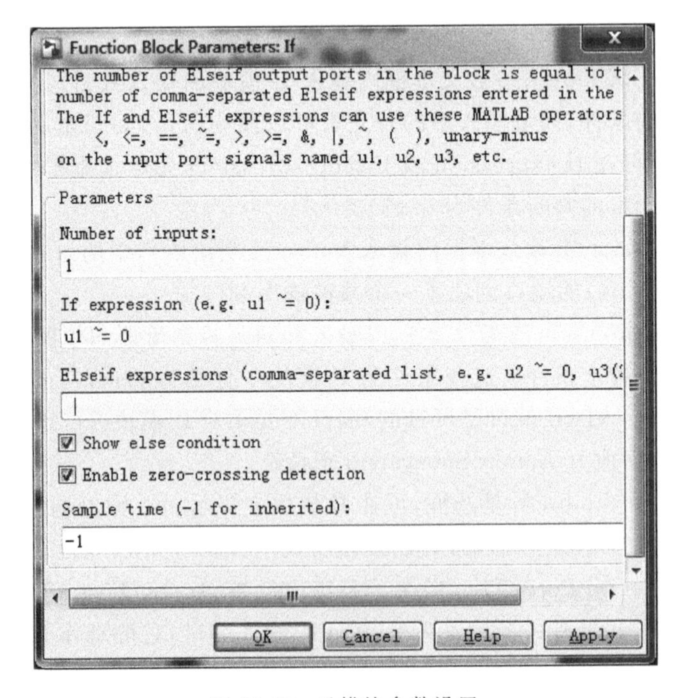

图 25-37 If 模块参数设置

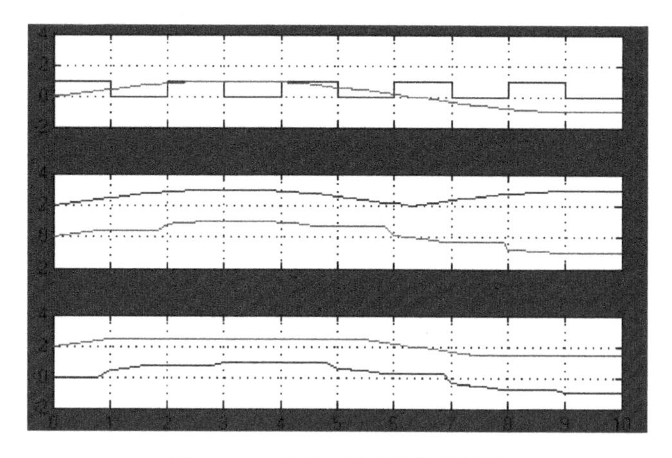

图 25-38 if-else 子系统仿真结果

从仿真结束后的波形图(见图 25-38)中可以看出，当使能信号为正时，输出值随着时间变化；而当使能信号为负时，输出信号维持不变。

2. Switch 控制流

Ports & Subsystem 模块库中的 Switch Case 模块和包含 Action Port 模块的 Switch Case Action Subsystem 模块，可以实现标准 C 语言的 switch 条件逻辑语句。Switch Case 模块接收单个输入信号，它用来确定执行子系统的条件。

Switch Case 模块中每个输出端口的 case 条件与 Switch Case Action Subsystem 子系统模块连接，该模块依次从顶部开始求取执行条件，如果 case 值与实际的输入值一致，则执行相应的 Switch Case Action Subsystem 子系统。这个模型中执行的 switch 控制流语句为

```
switch ((u1))
{
case [u1 = 1]:
    Action Subsystem1;
break;
case [u1 = 2 or u1 = 3];
    Action Subsystem2;
    break;
    default;
    Action Subsystem3;
}
```

构造 Simulink 中 Switch 控制流语句步骤如下。

(1) 在当前系统中放置 Switch Case 模块，并为 Switch Case 模块的变量输入端口提供输入数据。标签为 u1 的输入端口的输入数据是 switch 控制流语句的变量，这个值决定了执行的 case 条件，这个端口的非整数输入均被四舍五入。

(2) 打开 Switch Case 模块的 Function Block Parameters 对话框，在对话框内设置模块的参数，如图 25-39 所示。

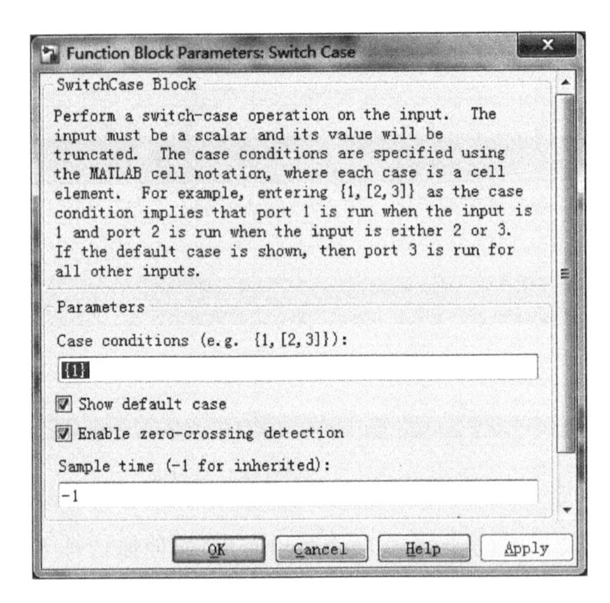

图 25-39　Switch Case 模块参数对话框

- Case conditions：在该参数文本框内输入 case 值，每个 case 值可以是一个整数或一个整数组，用户也可以添加一个可选的默认 case 值。如，输入{2,[7 10 1]}，表示当输入值是 2 时，执行输出端口 case[1]；当输入值是 7、10 或 1 时，执行输出端口 case[7 10 1]。用户也可以用冒号指定 case 条件的执行范围。例如，输入{[1:5]}，表示输入值是 1、2、3、4 或 5 时，执行输出端口 case[1 2 3 4 5]。
- Show default case：选择该复选框，将在 Switch Case 模块上显示默认的 case 输出端口。如果所有的 case 条件均为否，则执行默认的 case 条件。
- Enable zero-crossing detection：选择该复选框后，表示启动过零检测。
- Sample time(−1 for inherited)：指定模块的采样时间，如果设置为−1，则表示使用继承采样时间。

(3) 向系统中添加 Switch Case Action Subsystem 子系统模块。Switch Case 模块的每个 case 端口与子系统连接，这些子系统内包含 Action Port 模块，当在子系统内放置 Action Port 模块时，这些子系统就成为原子子系统，并带有标签为 Action 的输入端口。

(4) 把 Switch Case 模块中的每个 case 输出端口和默认输出端口与 Switch Case Action Subsystem 子系统模块中的 Action 端口相连，被连接的子系统就成为一个独立的 case 语句体。

(5) 在每个 Switch Case Action Subsystem 子系统中添加执行相应 case 条件的 Simulink 模块。

【例 25-5】 对于如图 25-36 示的 if-else 子系统仿真模型，同样可以用 switch-case 子系统来完成。其效果图如图 25-40 所示。

工作原理可以描述为：脉冲发生器产生 0,1 的脉冲信号，如果脉冲信号为 1，那么执行 case[1]对应的子系统，如果脉冲信号为 0，则执行 case[0]所对应的子系统。Switch Case 模块参数设置如图 25-41 所示，模型仿真效果如图 25-42 所示。

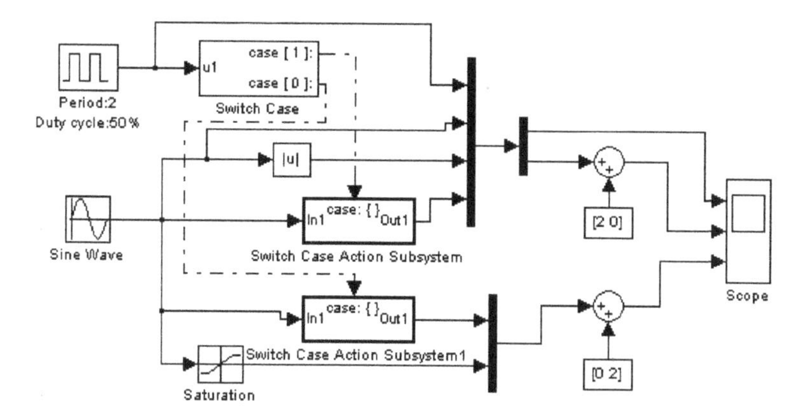

图 25-40　Switch Case 子系统仿真模型

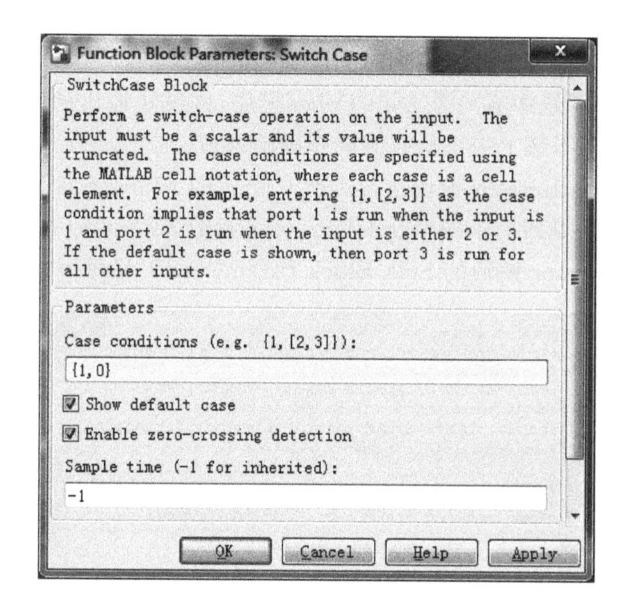

图 25-41　Switch Case 子系统属性设置

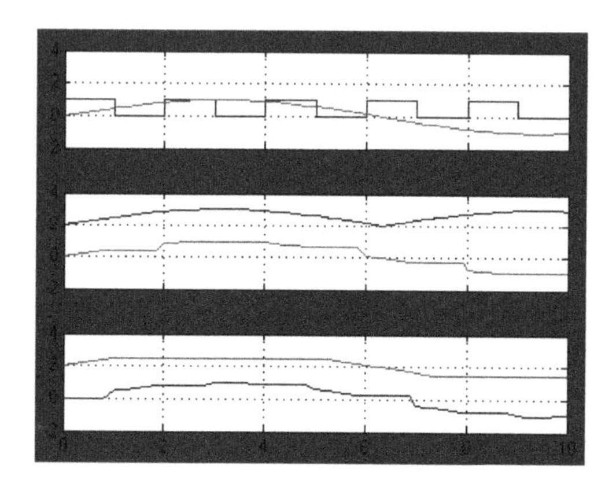

图 25-42　Switch Case 子系统模型仿真结果

3. While 控制流

用户可以使用 Ports & Subsystems 模块库中的 While Iterator 模块创建类似 C 语言的循环控制流语句。

在 Simulink 的 While 控制流语句中，Simulink 在每个时间步上都要反复执行 While Iterator Subsytem 中的内容，即原子子系统中的内容，直到满足 While Iterator 模块指定的条件。

而且，对于每一次 While Iterator 模块的迭代循环，Simulink 都会按照同样的顺序执行 While 子系统中所有模块的更新方法和输出方法。

Simulink 在执行 While 子系统的迭代过程中，仿真时间并不会增加。但是，While 子系统中的所有模块会把每个迭代作为一个时间步进行处理，因此，在 While 子系统中，带有状态的模块的输出取决于上一时刻的输入。这种模块的输出反映了在 while 循环中上一次迭代的输入值，而不是上一个仿真时间步的输入值。

假设在 While 子系统中有一个 Unit Delay 模块，该模块输出的是在 while 循环中上一次迭代的输入值，而不是上一个仿真时间步的输入值。

用户可以用 While Iterator 模块执行类似 C 语言的 while 或 do-while 循环，而且，利用 While Iterator 模块对话框中的 While loop type 参数，用户可以选择不同的循环类型。图 25-43 是 While Iterator 模块的 Sink Block Parameters 对话框。

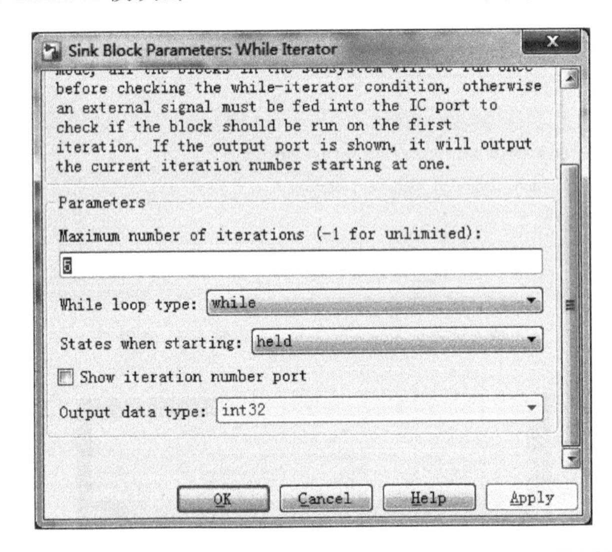

图 25-43 While Iterator 模块 Sink Block Parameters 对话框

1) do-while

在这个循环模式下，While Iterator 模块只有一个输入，即 while 条件输入，它必须在子系统内提供。在每个时间步内，While Iterator 模块会执行一次子系统内的所有模块，然后检查 while 条件输入是否为真。如果输入为真，则 While Iterator 模块再执行一次子系统内的所有模块，只要 while 条件输入为真，而且循环次数小于或等于 While Iterator 模块对话框中的 Maximum number of iterations 参数值时，这个执行过程会一直继续下去。

2）while

在这个循环模式下，While Iterator 模块有两个输入：while 条件输入和初始条件(IC)输入。初始条件信号必须由 While 子系统外提供。

在仿真时间步开始时，如果 IC 输入为真，那么 While Iterator 模块会执行一次子系统内的所有模块，然后检查 while 条件输入是否为真，如果输入为真，则 While Iterator 模块会再执行一次子系统内的所有模块。只要 while 条件输入为真，而且循环次数小于或等于 While Iterator 模块对话框中的 Maximnum number of iterations 参数值时，这个执行过程会一直继续下去。

如果在仿真时间步开始时 IC 输入为假，那么在该时间步内 While Iterator 模块不执行子系统中的内容。

While Iterator 模块参数对话框中的 Maximum number of iterations 变量用来指定允许的最大重复次数。如果该变量指定为－1，那么不限制重复次数，只要 while 条件的输入为真，那么仿真就可以永远继续下去。在这种情况下，如果要停止仿真，唯一的方法就是终止 MATLAB 过程。因此，除非用户能够确定在仿真过程中 while 条件为假，否则应该尽量避免为该参数指定－1 值。

(1) 在 While Iterator Subsystem 子系统中放置 While Iterator 模块，这样子系统变成了 While 控制流语句，标签也更换为 while{…}。这些子系统的动作类似触发子系统，对于想用 While Iterator 模块执行循环的用户程序，这个子系统是循环主程序。

(2) While Iterator 模块为初始条件数据输入端口提供数据输入。因为 While Iterator 模块在执行第一次迭代时需要提供初始条件数据(标签为 IC)，因此必须在 While Iterator Subsystem 子系统外给定，当这个值为非零时，Simulink 才会执行第一次循环。

(3) While Iterator 模块为条件端口提供数据输入。标签为 cond 的端口是数据输入端口，维持循环的条件被传递到这个端口，这个端口的输入必须在 While Iterator Subsystem 子系统内给定。

(4) 用户可以通过 While Iterator 模块的参数对话框来设置该模块输出的循环值，如果选择了 Show iteration number port 复选框(默认值)，则 While Iterator 模块会输出它的循环次数。对于第一次循环，循环值为 1，以后每增加一次循环，循环值加 1。

(5) 用户可以通过 While Iterator 模块的参数对话框把 While loop type 循环类型参数改变为 do-while 循环控制流，这会把主系统的标签改变为 do{…}while。使用 do-while 循环时，While Iterator 模块不再有初始条件(IC)端口，因为子系统内的所有模块在检验条件端口(标签为 cond)之前只被执行一次。

如果用户选择了 Show iteration number port 复选框，那么 While Iterator 模块会输出当前的循环次数，循环起始值为 1。默认不选择这个复选框。

【例 25-6】 如图 25-44 所示为 while 子系统仿真模型，分别使用了 do-while 循环类型和 while 循环。do-while 子系统和 while 子系统模型及其属性参数设置分别如图 25-45 及图 25-46 所示。

在 while 子系统仿真模型运行开始后，while 子系统自动设置迭代起始值为 1，于是如图 25-44 所示的 while 子系统仿真模型实现了 1～15 的累加。用 MATLAB 语言可以

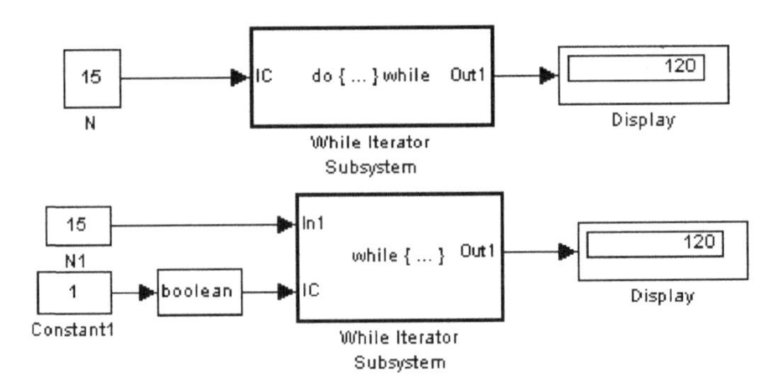

图 25-44　while 与 do-while 子系统仿真模型

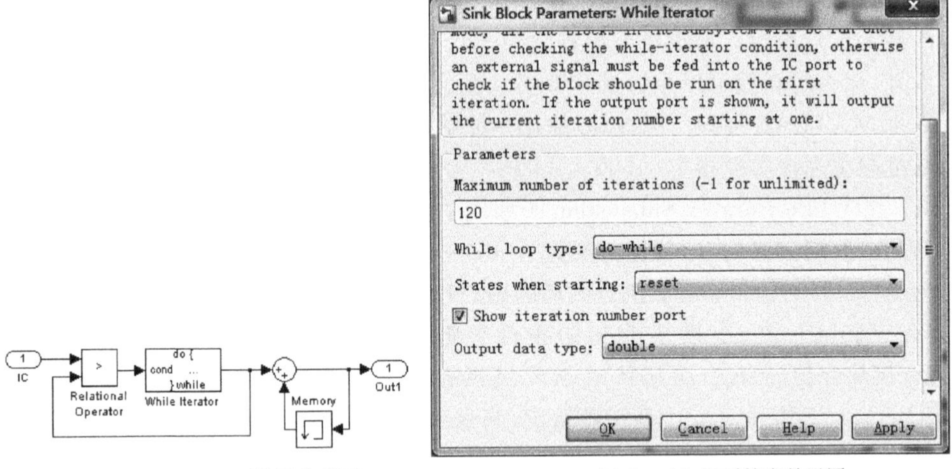

(a) do-while子系统结构模型　　　　(b) do-while子系统参数设置

图 25-45　do-while 子系统结构模型及其参数设置

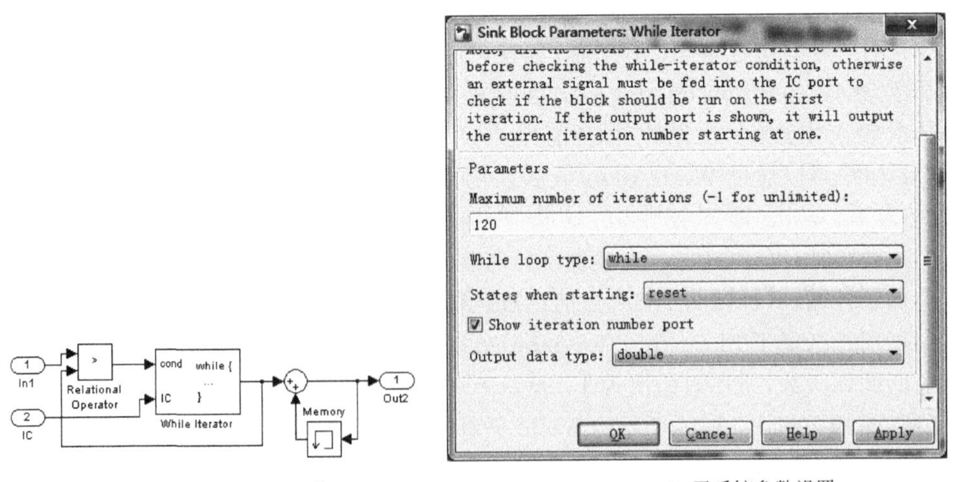

(a) while子系统结构模型　　　　(b) while子系统参数设置

图 25-46　while 子系统结构模型及其参数设置

描述如图 25-46 所示的仿真模型为：

```
>> sum = 0;
i = 0;
Muxstep = 15;
while(i < Muxstep)
    i = i + 1;
    sum = sum + i;
end
sum
```

注意：通常情况下，除了用户能够肯定条件输入会出现假逻辑时，一般应该给 while 子系统设置最大的迭代次数，以避免 while 子系统陷入列循环。

4. For 控制流

Ports & Subsystems 模块中的 For Iterator Subsystem 子系统模块可以实现标签 C 语言的 For 循环语句，For Iterator Subsystem 子系统内包含 For Iterator 模块。

在 Simulink 的 For 控制流语句中，只要把 For Iterator 模块放置在 For Iterator Subsystem 子系统内，那么 For Iterator 模块将在当前时间步内循环 For Iterator Subsystem 子系统中的内容，这个循环过程会一直继续，直到循环变量超过指定的限制值。

For Iterator 模块允许用户指定循环变量的最大值，或从外部指定最大值，并为下一个循环值指定可选的外部源。如果不为下一个循环变量指定外部源，那么下一个循环值可由当前值加 1 来确定，即 in＝1＝in＋1。

For Iterator Subsystem 子系统是原子子系统，对于 For Iterator 模块的每一次循环，For Iterator Subsystem 子系统将执行子系统内的所有模块。

构造 Simulink 中 For 控制流语句的步骤如下。

(1) 从 Ports & Subsystems 模块库中将 For Iterator Subsystem 子系统模块放置到用户模型中。

(2) 在 For Iterator 模块的参数对话框内设置模块参数。图 25-47 为 For Iterator 模块的 Source Block Parameters 对话框。

如果希望 For Iterator Subsystem 子系统在每个时间步内的第一次循环之前将系统状态重新设为初始值，则应把 States when starting 参数设置为 reset；否则，把 States when starting 参数设置为 held(默认值)，这会使得子系统从每个时间步内的最后一次循环到下一个时间步开始一直保持状态值不变。

Iteration limit source 参数用来设置循环变量。如果设置该参数值为 internal，那么 Iteration limit 文本框内的参数值将决定循环次数，每增加一次循环，循环变量为 1，这个循环过程会一直进行下去，直到循环变量超过 Iteration limit 参数值。

如果设置该参数值为 external，那么 For Iterator 模块上 N 端口中的输入信号将决定循环次数，循环变量的下一个值将从外部输入端口读入，这个输入必须在 For Iterator Subsystem 子系统的外部提供。

如果选择了 Show iteration variable 复选框(默认值)，那么 For Iterator 模块会输出循环值，对于第一次循环，循环值为 1，以后每增加一次循环，循环值加 1。

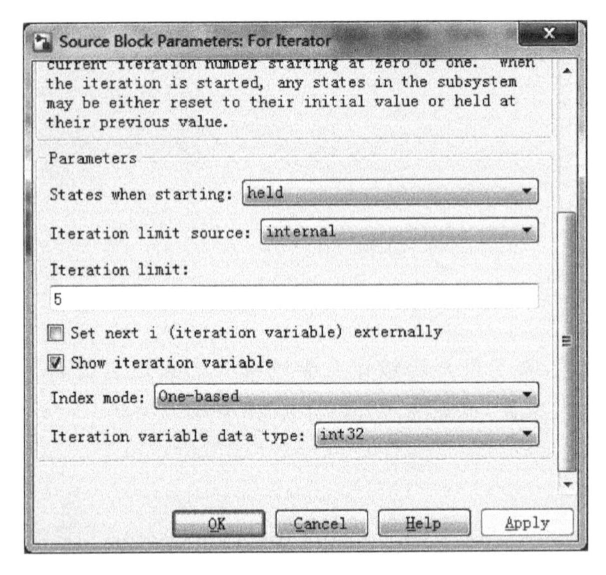

图 25-47　For Iterator 模块的 Source Block Parameters 对话框

只有选择了 Show iteration variable 复选框，才可以选择 Set next i（iteration variable）externally 参数。如果选择这个选项，则 For Iterator 模块会显示一个附加输入，这个输入用来连接外部的循环变量，当前循环的输入值作为下一个循环的循环变量值。

【例 25-7】 如图 25-48 所示为 for 子系统实现 1～15 累加的仿真模型。图 25-49 为 for 子系统结构模型及其参数设置。

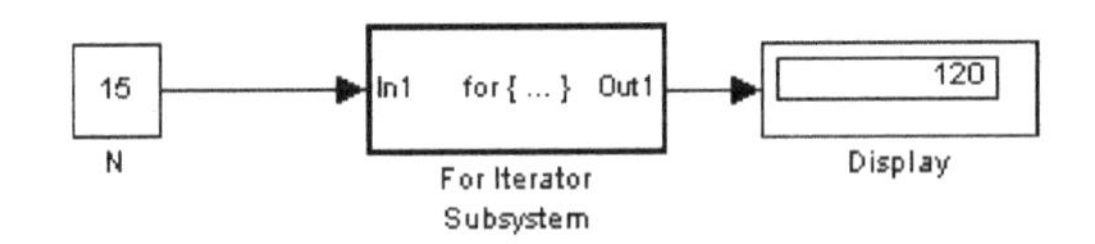

图 25-48　for 子系统仿真模型

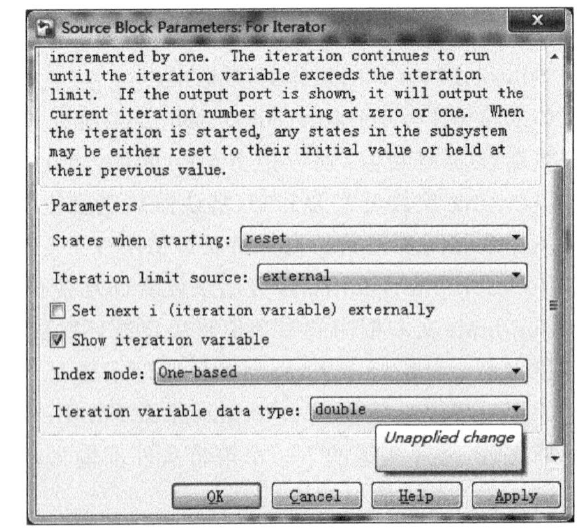

(a) for子系统结构模型　　(b) for子系统参数设置

图 25-49　for 子系统结构模型及其参数设置

25.2 子系统封装

封装子系统与建立子系统是两个不同的概念。建立子系统是将一组完成相关功能的模块包含到一个子系统当中,用一个模块来建立,主要是为了简化 Simulink 模型,增强 Simulink 模型的可读性,便于仿真与分析。在仿真前,需要打开子系统模型窗口,对其中的每个模块分别进行参数设置。虽然增强了 Simulink 模块的可读性,但并没有简化模型的参数设置。当模型中用到多个这样的子系统,并且每个子系统中模块的参数设置都不相同时,这就显得很不方便,而且容易出错,并且每个子系统中模块的参数设置都不集合在一起,对其中经常要设置的参数设置为变量,然后封装,使得其中变量可以在封装系统的参数设置对话框中统一进行设置。这就大大地简化了参数的设置,而且不容易出错,非常有利于进行复杂的大型系统仿真。

封装后的子系统可以作为用户的自定义模块,作为普通模块一样添加到 Simulink 模型中应用,也可添加到模块库中以供调用。封装后的子系统可以定义自己的图标、参数与帮助文档,完全与 Simulink 其他普通模块一样。双击封装子系统模块,弹出对话框,进行参数设置,如果有任何问题,可单击"帮助"按钮,不过这些帮助都是要创建者自己进行编写的。

总的来说,采用封装子系统的方法有如下优点。

(1) 将子系统内众多的模块参数对话框集成为一个单独的对话框。用户可以在该对话内输入相同子系统中不同模块的参数值。

(2) 可以将个别模块的描述或帮助集成在一起,这样能有效地帮助用户了解该定制的模块(子系统)。

(3) 可以制作该子系统的 Icon 图标,来直观地表示模块的用途。

(4) 使用定制的参数对话框,避免由于不小心修改了不可改变的参数。

以上优点为模型设计带来了很大的方便,具体如下。

(1) 将子系统作为一个黑匣子,用户不必了解其中的具体细节而可直接使用。

(2) 子系统中模块的参数通过对话框进行设置,十分方便。

(3) 保护知识产权,防止篡改。

在 Simulink 中,创建子系统的一般步骤如下。

(1) 先创建子系统。

(2) 选择需要封装的子系统,然后右击,在弹出的快捷菜单中选择 Mask→Create Mask 选项,打开封装编辑框。

(3) 在封装编辑框中,设置封装子系统的参数属性、模块描述与帮助文字、自定义的图标标识等,关闭编辑器就可得到新建的封装子系统。

(4) 如果需要编辑封装子系统,可以选中子系统,然后选择 Edi→Edit Mask 选项,打开 Mask editor 对话框,重新设置相应的属性。

【例 25-8】 用 Simulink 创建一个简单的封装子系统,该子系统实现 mx－n 的功能。

建立的封装子系统如图 25-50 所示。模型中的子系统 mx－n 为 Subsystem 模块,它实现的是线性方程 y＝mx－n。

双击图 25-50 中的 mx－n 模块，可打开该子系统，子系统内部结构的模型如图 25-51 所示。

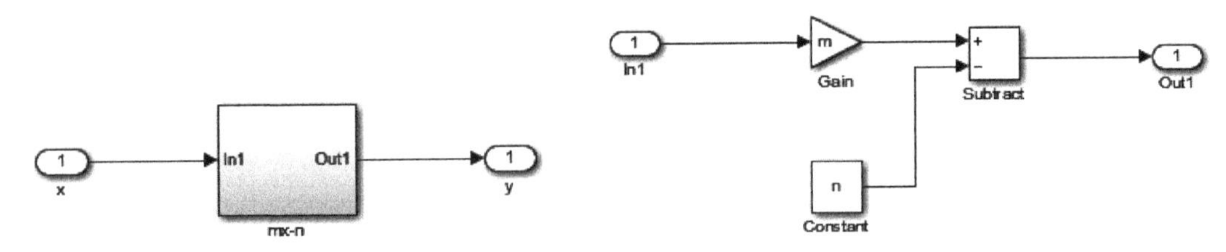

图 25-50　建立的封装子系统模型　　　　图 25-51　封装子系统内部结构图

通常，当双击 Subsystem 模块时，该子系统会打开一个独立的窗口来显示子系统内的模块。mx－n 子系统包含一个 Gain 模块，它的 Gain 参数被指定为变量 m；还有一个 Constant 模块，它的 Constant value 参数被指定为 n。这两个参数分别表示线性方程的斜率和截距。

在该例中为子系统创建一个用户对话框和图标，对话框包含 Gain 参数和 Constant 参数的提示，双击图标可打开封装对话框，mx－n 子系统模块的参数对话框如图 25-52 所示。

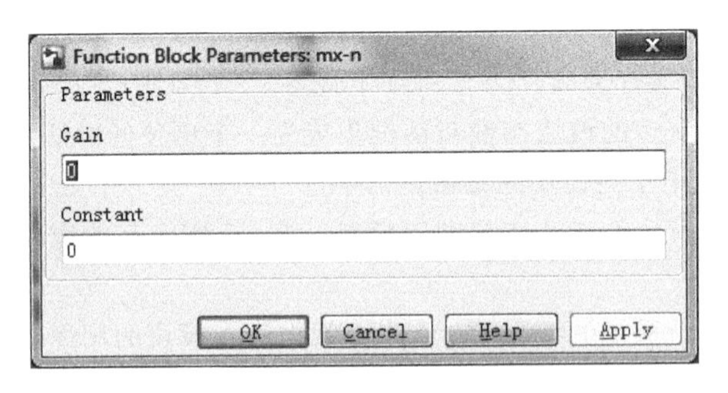

图 25-52　封装子系统模块的参数对话框

用户可在封装对话框内输入 Slope 和 Intercept 参数的数值，在子系统下的所有模块都可以使用这些值。子系统内的所有特性均被封装在一个新的接口内，这个接口具有图标界面，并包含了内嵌的 Simulink 模块。

对于这个例子的系统，需要执行以下封装操作。

(1) 为封装对话框中的参数指定提示。在这个例子中，封装对话框为 Slope 参数和 Intercept 参数指定提示。

(2) 指定用来存储每个参数值的变量名称。

(3) 输入模块的文档，该文档中包括模块的说明和模块的帮助文本。

(4) 指定创建模块图标的绘制命令。

具体的封装步骤如下：

(1) 创建封装对话框提示。为了对这个子系统进行封装，首先在模型中选择 Subsystem 模块，然后右击，在弹出的快捷菜单中选择 Mask→Create Mask 命令。这个例子主要用 Mask Editor 对话框中的 Parameters 选项卡来创建被封装子系统的对话框，如图 25-53 所示。

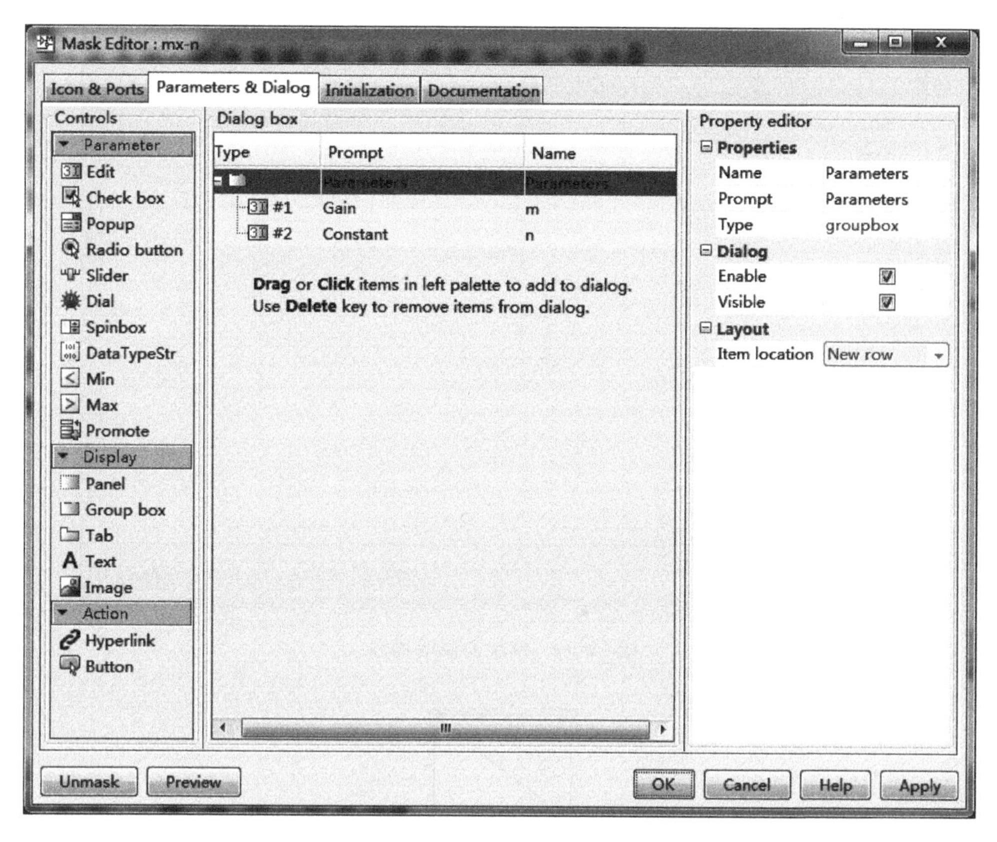

图 25-53　封装系统 Mask Editor 对话框 Parameters & Dialog 选项卡

选择 Mask Editor→Parameters & Dialog→Control 页面下 Parameters 对应的控件，即可创建对应的控件变量。

Mask Editor 对话框中的 Parameters & Dialog 选项卡的 Dialog box 页面指定封装参数含义为：

- Type：用来显示定义变量的序号。
- Prompt：描述参数的文本标签。
- Name：变量的名称。

Mask Editor 对话框中的 Parameters & Dialog 选项卡的 Parameters editor 页面主要用于为定义的变量设置对应的属性。

通常，用参数的提示来查询被封装参数是很方便的。在该实例中，与斜率关联的参数是 Slope 参数，与截距关联的参数是 Intercept 参数。

(2) 创建模块说明和帮助文本。封装类型、模块说明和帮助文本被定义在 Documentation 选项卡内。其中，模块的说明描述如图 25-54 所示。

(3) 创建模块图标。到目前为止，已为 mx－n 子系统创建了一个自定义对话框，但是，Subsystem 模块仍然显示的是通常的 Simulink 子系统图标。在此，想把封装后模块的图标设计为一条显示直线斜率的图形，以表现用户图标的特色。例如，当斜率为 3 时，图标如图 25-55 所示。

对该实例，Mask Editor 对话框内 Icon & Ports 选项卡的定义如图 25-56 所示。

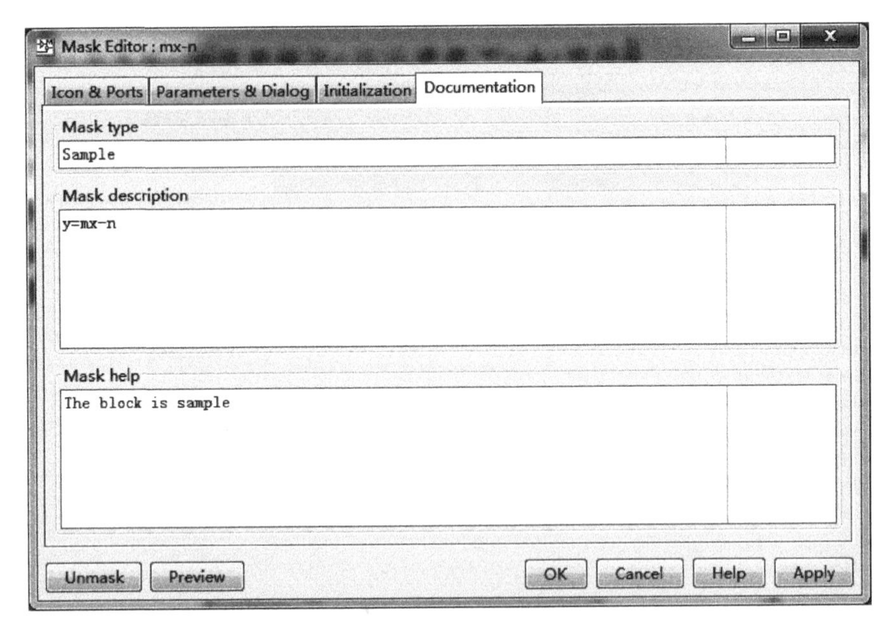

图 25-54　模块的说明描述

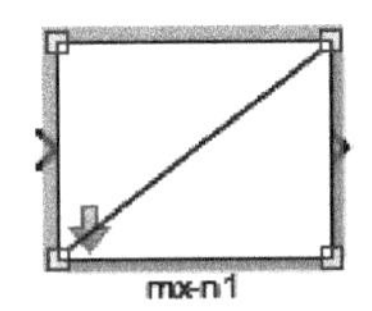

图 25-55　斜率为 3 的图标

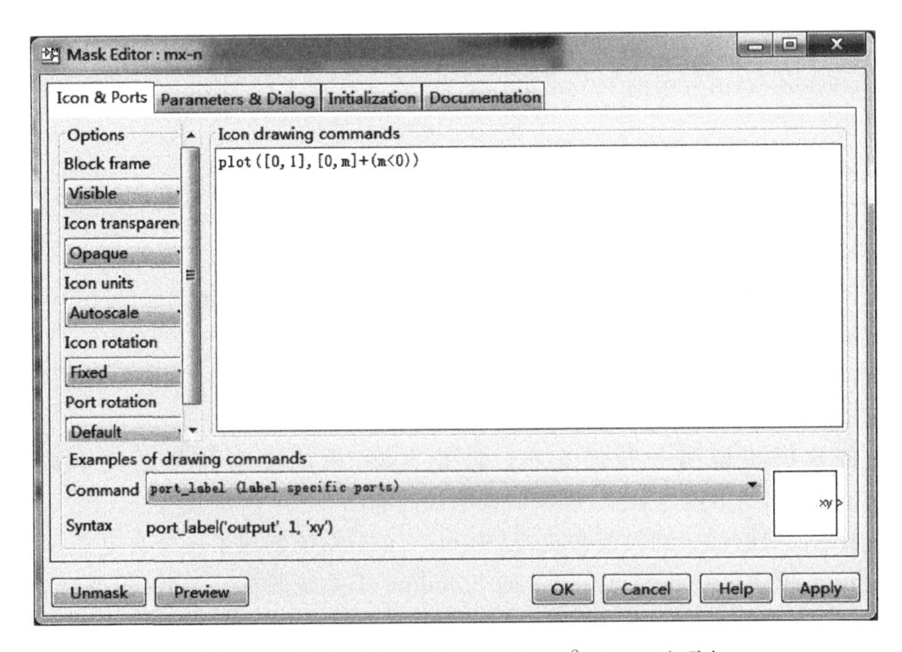

图 25-56　Mask Editor 对话框内 Icon & Ports 选项卡

Icon drawing commands 区域内的绘制命令 plot([0,1,[0 m]+(m<0)])绘制的是从点(0,0)到点(1,m)的一条直线,如果斜率为负,则 Simulink 会把直线向上平移 1 个单位,以保证直线显示在模块的可见绘制区域内。

绘制命令可以存取封装工作区中的所有变量,当输入不同的斜率值时,图标会更新直线的斜率。Options 选项卡内的 Icon Units 参数表示绘制坐标,在此选择 Normalized,它表示图标中的绘制坐标定位在边框的底部,图标在边框内绘制,图标中左下角的坐标为(0,0),右上角的坐标为(1,1)。

(4) 初始化设置。在 Initialization 页面中右方的 Initialization commands 文本框中可以输入初始化命令,这些命令将在开始仿真、更新模块框图、载入模型与重新绘制封装子系统的图标时被调用。所以,适当的设置有十分重要的作用,设置界面如图 25-57 所示。

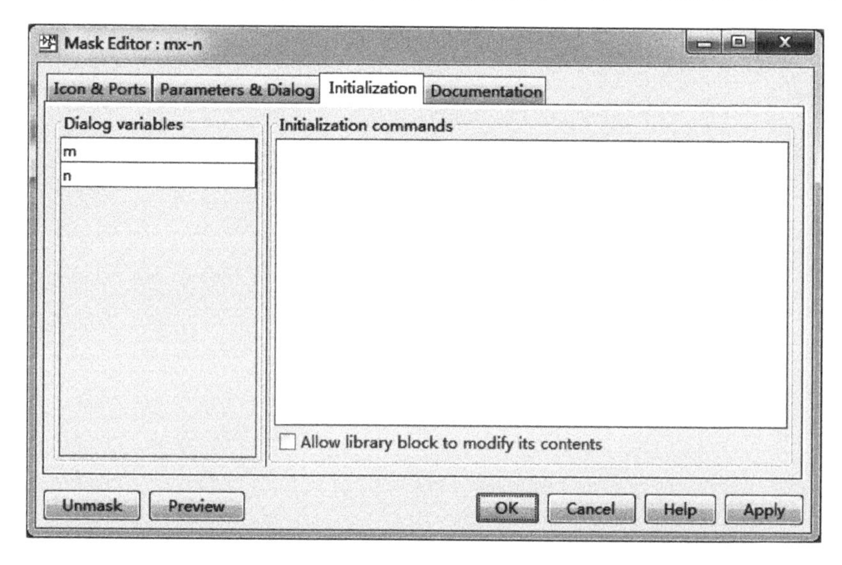

图 25-57 Initialization 选项卡

在 Initialization 选项卡中包括以下几个控制选项。

- Dialog variables 选项:此列表中显示了与封装子系统参数相关的变量名。用户可以从这个列表中复制参数名到 Initialization commands 框中。也可以使用这个列表来更改参数变量,双击相应的变量就可以更改了,然后按 Enter 键确定。
- Initialization commands 选项:在 Initialization commands 中输入初始化命令,也可以是任何的 MATLAB 表达式,如 MATLAB 函数、运算符及在封装模块空间中的变量等,但是初始化命令不能够是基本工作空间的变量。初始化命令要用分号来结尾,避免在 MATLAB 命令窗口中出现回调结果。
- Allow library block to modify its contents 复选框:该复选框仅当封装子系统存在于模块库中才可用。选中这个复选框允许模块的初始化代码修改封装子系统的内容。例如,可以允许初始化代码增加与删除模块,还可以设置模块的参数。否则,当试图通过模块库中的模块修改其中的内容时,Simulink 仿真就会出现错误。不过这个还可以在 MATLAB 命令窗口中实现,选中要修改内部模块的封装子系统模块,然后在命令窗口中输入:

```
>> set_param(gcb,'MaskSelfModifiable','on');
```

之后保存这个模块。

用户可以通过以下几种方法来调试初始化命令。

- 在命令的结尾不使用分号，以便能够在 MATLAB 命令窗口中直接查看相关命令运行结果。
- 在命令中间设定一些键盘控制命令，如中断、键盘输入参数等，可以实现人机交互，这样就可以清楚地了解每一步运行的结果。
- 可以在 MATLAB 命令窗口中输入：

```
>> dbstop if error
>> dbstop if warning
```

这些命令可以在初始化命令发生错误时停止执行，然后用户就可以检查封装子系统的工作空间。

第26章 通信系统滤波器设计的MATLAB实现

26.1 滤波器简介

滤波，本质上是从被噪声畸变和污染了的信号中提取原始信号所携带的信息的过程。

根据滤波器实现中所使用的综合方法的特征不同，可将其划分为巴特沃斯型、切比雪夫Ⅰ型、切比雪夫Ⅱ型、椭圆(Elliptic)型等。

在此仅介绍如何使用 MATLAB-Simulink 的函数或模块来设计这些滤波器。不同类型的滤波器设计参数有所不同。

模拟滤波器设计的 4 个重要参数如下。

(1) 通带拐角频率(Passband Corner Frequency)f_p(Hz)：对于低通或高通滤波器，分别为高端拐角频率或低端拐角频率；对于带通或带阻滤波器，则为低拐角频率和高拐角频率两个参数。

(2) 阻带起始频率(Stopband Corner Frequency)f_s(Hz)：对于带通或带阻滤波器，则为低起始频率和高起始频率两个参数。

(3) 通带内波动(Passband Ripple)R_p(dB)：通带内所允许的最大衰减。

(4) 阻带内最小衰减(Stopband Attenuation)R_s(dB)：阻带内所允许的最小衰减。

对于数字滤波器，在设计时需要将以上参数中的频率参数根据采样频率转换为归一化频率参数，设采样频率为 f_N，则：

- 通带拐角归一化频率 w_p(Hz)：$w_p = f_p(f_N/2)$，其中 $w_p \in [0, 1]$，$w_p = 1$ 时对应于归一化角频率 π。
- 阻带起始归一化频率 w_s(Hz)：$w_s = f_s(f_N/2)$，其中 $w_s \in [0, 1]$。

所谓滤波器设计，就是根据设计的滤波器类型和参数计算出满足设计要求的滤波器的最低阶数和相应的 3dB 截止频率(Cutoff Frequency)，然后进一步求出对应的传递函数的分子和分母系数。

模拟波滤器的设计是根据给定的滤波器设计类型、通带拐角频率、阻带起始频率、通带内波动和阻带最小衰减来进行的。数字滤波器则还须考虑采样频率参数，并常以通带截止归一化频率和阻带起始归一化频率来计算。

MATLAB 专门提供了滤波器设计工具箱，而且还通过图形化界面向用户提供更为方便的滤波器分析和设计工具 FDATool。在 MATLAB 命令窗口中输入 fdatool 将打开滤波器分析和设置界面，如图 26-1 所示。相应的 Simulink 模块是 DSP Blockset 中的 Digital Filter Design 模块，不过 Digital Filter Design 还具有滤波器的实现功能。

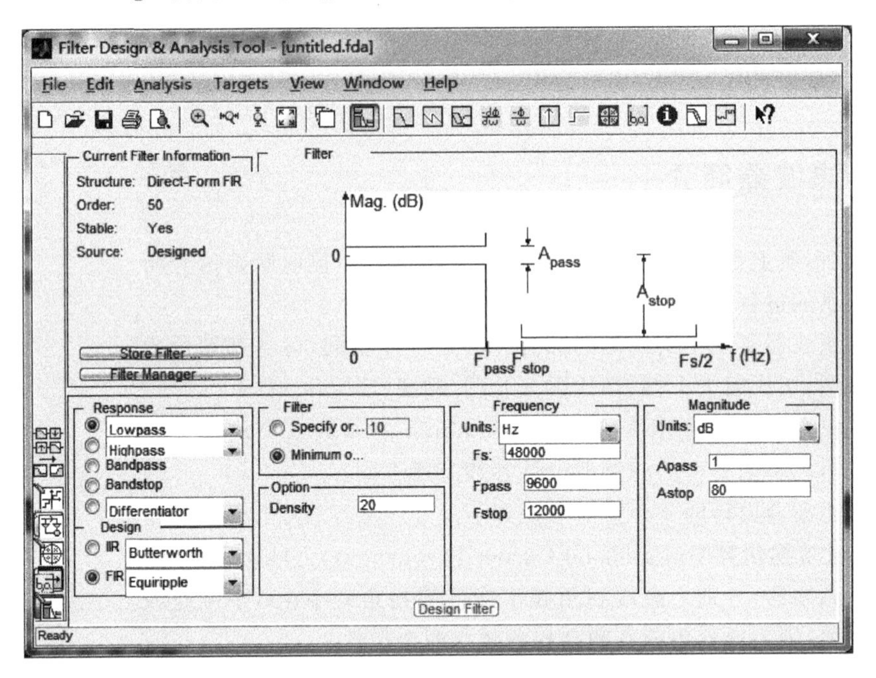

图 26-1　滤波器分析和设置界面

在 FDATool 图形界面下，可以选择滤波器类型、设计模型、滤波器阶数、采样频率、通带、阻带频率、幅度特性等一系列参数，然后单击 Design Filter 按钮进行设计运算，通过图形显示滤波器的幅频响应、相频响应、群时延失真、冲激响应、阶跃响应、零极点图、滤波器系数等。Digital Filter Design 模块将实现设计结果。

在通信系统中，有两种滤波器类型，一种为模拟滤波器，另一种为数字滤波器，下面分别对这两个滤波器结构作介绍。

26.2　模拟滤波器结构

一个 IIR 滤波器的系统函数为

$$H(z)=\frac{B(z)}{A(z)}=\frac{\sum_{m=0}^{M}b_m z^{-m}}{\sum_{n=0}^{N}a_n z^{-n}}=\frac{b_0+b_1z^{-1}+\cdots+b_Mz^{-M}}{1+a_1z^{-1}+\cdots+a_Nz^{-N}},\quad a_0=1 \tag{26-1}$$

式中：b_m 和 a_n 是滤波器的系数。不失一般性，假设 $a_0=1$。如果 $a_N\neq 0$，这时 IIR 滤波器阶数为 N。IIR 滤波器的差分方程为

$$y(n)=\sum_{m=0}^{M}b_m x(n-m)-\sum_{n=0}^{N}a_n y(n-m) \tag{26-2}$$

在工程实际中通过3种结构来实现IIR滤波器：直接形式、级联形式和并联形式，下面分别对它们进行说明。

1. 直接形式

直接形式是用延时器、乘法器和加法器以给定的形式直接实现差分方程式(26-2)。为了具体说明，设$M=N=4$，那么差分方程为

$$\begin{aligned}y(n)=&b_0x(n)+b_1x(n-1)+b_2x(n-2)+b_3x(n-3)+b_4x(n-4)\\&-a_1y(n-1)-a_2y(n-2)-a_3y(n-3)-a_4y(n-4)\end{aligned}$$

在MATLAB中，直接形式结构由两个行向量描述，$\boldsymbol{b}$包含$\{b_n\}$系数，$\boldsymbol{a}$包含$\{a_n\}$系数。它可以直接由MATLAB提供的filter()函数来实现。

2. 级联形式

在这种形式中，系统函数$H(z)$写成实系数二阶子系统的乘积形式。首先把分子、分母多项式的根解出，然后把每一对共轭复根或任意两个实根组合在一起，得到二阶子系统。假设N为偶数，于是式(26-1)可转化为

$$\begin{aligned}H(z)&=\frac{b_0+b_1z^{-1}+\cdots+b_Mz^{-M}}{1+a_1z^{-1}+\cdots+a_Nz^{-N}}\\&=b_0\frac{1+\frac{b_1}{b_0}z^{-1}+\cdots+\frac{b_N}{b_0}z^{-N}}{1+a_1z^{-1}+\cdots+a_Nz^{-N}}\\&=b_0\prod_{k=1}^{K}\frac{1+B_{k,1}z^{-1}+B_{k,2}z^{-2}}{1+A_{k,1}z^{-1}+A_{k,2}z^{-2}}\end{aligned} \tag{26-3}$$

式中：$K=N/2$；$B_{k,1}$、$B_{k,2}$、$A_{k,1}$、$A_{k,2}$均为实数，表示二阶子系统的系数。二阶子系统为

$$H_k(z)=\frac{Y_{k+1}(z)}{Y_k(z)}=\frac{1+B_{k,1}z^{-1}+B_{k,2}z^{-2}}{1+A_{k,1}z^{-1}+A_{k,2}z^{-2}},\quad k=1,\cdots,K \tag{26-4}$$

式中的参量满足

$$Y_1(z)=b_0X(z),\quad Y_{k+1}(z)=Y(z) \tag{26-5}$$

在工程实际中，一般把如式(26-4)所示的结构称为二阶环节，它的输入是第$(k-1)$个双二阶环节的输出，同时第k个双二阶环节的输出为第$(k+1)$个双二阶环节的输入，而整个滤波器由双二阶环节的级联形式实现。

3. 并联形式

在这种形式中，系统函数用部分分式展开式(PFE)写成二阶子系统的和的形式

$$\begin{aligned}H(z)=\frac{B(z)}{A(z)}&=\frac{b_0+b_1z^{-1}+\cdots+b_Mz^{-M}}{1+a_1z^{-1}+\cdots+a_Nz^{-N}}\\&=\frac{\hat{b}_0+\hat{b}_1z^{-1}+\cdots+\hat{b}_{1-N}z^{1-N}}{1+\hat{a}_1z^{-1}+\cdots+\hat{a}_Nz^{-N}}+\sum_{k=0}^{M-N}C_Kz^{-k}\end{aligned}$$

$$= \sum_{k=1}^{K} \frac{B_{k,0} + B_{k,1} z^{-1}}{1 + A_{k,1} z^{-1} + A_{k,2} z^{-2}} + \sum_{k=0}^{M-N} C_K z^{-k} \tag{26-6}$$

式中：$K=N/2$；$B_{k,1}$、$B_{k,2}$、$A_{k,1}$、$A_{k,2}$均为实数，表示二阶子系统的系数，而且只有当$M \geqslant N$时才有后面的FIR部分（即多项式和）。二阶子系统为

$$H_k(z) = \frac{Y_{k+1}(z)}{Y_k(z)} = \frac{B_{k,0} + B_{k,1} z^{-1}}{1 + A_{k,1} z^{-1} + A_{k,2} z^{-2}}, \quad k = 1, \cdots, K \tag{26-7}$$

式中的参量满足

$$Y_k(z) = H_k(z) X(z), \quad Y(z) = \sum Y_k(z), \quad M < N \tag{26-8}$$

在工程实际中，一般把式(26-6)所示的结构称为双二阶环节，滤波器的输入对所有双二阶环节均有效，同时，若$M \geqslant N$(FIR部分)，它也是多项式部分的输入，这些环节的和构成了滤波器的输出。

【例26-1】 已知直接形式的滤波器的系数$\{b_n\}$和$\{a_n\}$，假设并联形式的滤波器结构为b_0、$B_{k,i}$和$A_{k,i}$，要求编写将直接形式转化为级联形式的函数。

由于需要，自定义一个dir2par.m函数，用于将直接形式转换为并联形式，代码如下：

```
function [C,B,A] = dir2par(b,a)
%直接型到并联形式的转换
%[C,B,A] = dir2par(b,a)
%C为当b的长度大于a时的多项式部分,B为包含各bk和K乘二维实系数矩阵
%A为包含各ak和K乘三维实系数矩阵,b为直接形式分子多项式系数
%a为直接形式分母多项式系数
M = length(b);
N = length(a);
[r1,p1,C] = residuez(b,a);
p = cplxpair(p1,10000000 * eps);
x = cplxcomp(p1,p);
r = r1(x);
K = floor(N/2);
B = zeros(K,2);
A = zeros(K,3);
if K * 2 == N,
    for i = 1:2:N - 2,
        br = r(i:1:i + 1,:);
        ar = p(i:1:i + 1,:);
        [br,ar] = residuez(br,ar,[]);
        B(fix((i + 1)/2),:) = real(br');
        A(fix((i + 1)/2),:) = real(ar');
    end
    [br,ar] = residuez(r(N - 1),p(N - 1),[]);
    B(K,:) = [real(br') 0];
    A(K,:) = [real(ar') 0];
else
    for i = 1:2:N - 1,
        br = r(i:1:i + 1,:);
        ar = p(i:1:i + 1,:);
        [br,ar] = residuez(br,ar,[]);
        B(fix((i + 1)/2),:) = real(br);
```

```
            A(fix((i+1)/2),:) = real(ar);
        end
    end
```

以上代码中调用了自定义的 cplxcomp()函数，由于进行滤波器形式转换时需要把极点-留数对按复共轭极点-留数对、实极点-留数对的顺序进行排列，而 MATLAB 内置的 cplxpair()函数可以做到这一点，它可以把复数数组分类为复共轭对，但由于连续两次调用此函数(一次为极点，一次为留数)，不能保证极点和留数的互相对应，因此编制一个新的 cplxcomp()函数，它把两个混乱的复数数组进行比较，返回一个数组的下标，用它重新给另一个数组排序。

cplxcomp()函数的代码如下：

```
function I = cplxcomp(p1,p2)
% I = cplxcomp(p1,p2)
% 比较两个包含同样标量元素但(可能)有不同下标的复数对
% 本程序必须用在 cplxpair()程序之后,以便重新排序频率极点向量及其相应的留数向量
% p2 = cplxpair(p1)
I = [];
for i = 1:length(p2)
    for j = 1:length(p1)
        if(abs(p1(j) - p2(i))<0.0001)
            I = [I,j];
        end
    end
end
I = I';
```

26.3 数字滤波器结构

一个具有有限持续时间冲激响应的滤波器的系统函数为

$$H(z)=b_0+b_1z^{-1}+\cdots+b_{M-1}z^{1-M}=\sum_{n=0}^{M-1}b_nz^{-n} \tag{26-9}$$

则其冲激响应为

$$h(n)=\begin{cases}b_n, & 0\leqslant n\leqslant M\\ 0, & \text{其他}\end{cases} \tag{26-10}$$

其差分方程可以描述为

$$y(n)=b_0x(n)+b_1x(n-1)+\cdots+b_{M-1}x(n-M+1) \tag{26-11}$$

FIR 滤波器也有 4 个结构：直接形式、级联形式、线性相位形式和频率采样形式。由于频率采样形式及复数运算在工程实际中应用较少，所以本节只介绍其他 3 种形式。

1. 直接形式

这种形式与 IIR 滤波器的直接形式类似，只是没有反馈回路，因此它由抽头延时线实现。设 $M=3$(即二阶 FIR 滤波器)，则其差分方程为

$$y(n)=b_0x(n)+b_1x(n-1)+b_2x(n-2)$$

在 MATLAB 中，FIR 结构的直接形式由一个行向量描述，$\boldsymbol{b}$ 为包含$\{b_n\}$系数。它可以直接由 MATLAB 提供的 filter()函数来实现，把向量 $\boldsymbol{a}$ 设为 1，其用法在前面章节已经介绍过，请读者参考。

2. 级联形式

这种形式与 IIR 形式类似。把系统函数 $H(z)$转换成具有实系数的二阶子系统的乘积，子系统以直接形式实现，整个滤波器用二阶子系统的级联实现。从式(26-9)可以得到

$$\begin{aligned}H(z)&=b_0+b_1z^{-1}+\cdots+b_{M-1}z^{1-M}\\&=b_0\left(1+\frac{b_1}{b_0}z^{-1}+\cdots+\frac{b_{M-1}}{b_0}z^{-M+1}\right)\\&=b_0\prod(1+B_{k,1}z^{-1}+B_{k,2}z^{-2})\end{aligned}\tag{26-12}$$

式中：$K=[M/2]$；实数 $B_{k,1}$、$B_{k,2}$表示二阶子系统的系数。

FIR 级联形式的实现可以使用 IIR 的级联函数 dir2cas()，这里需要把分母向量设置为 1。类似地，用 cas2dir()函数也可以把 FIR 滤波器从级联形式转换为直接形式。

3. 线性相位形式

在工程实际中，通常希望选项滤波器(如低通滤波器)得到线性相位，即要求系统函数的相位为频率的线性函数，满足

$$\angle H(\mathrm{e}^{\mathrm{j}\omega})=\beta-\alpha\omega,\quad -\pi<\omega\leqslant\pi\tag{26-13}$$

式中：$\beta=0$ 或$\pm\pi/2$；α 为一个常数，对于线性时不变因果性的 FIR 滤波器，它的冲激响应在区间$[0, M-1]$上。线性相位条件式(26-13)表明了 $h(n)$有如下所示的对称性

$$h(n)=h(M-1-n),\quad \beta=0,\quad 0\leqslant n\leqslant M-1\tag{26-14}$$

$$h(n)=-h(M-1-n),\quad \beta=\pm\pi/2,\quad 0\leqslant n\leqslant M-1\tag{26-15}$$

满足条件式(26-14)的冲激响应称为对称冲激响应，满足条件式(26-15)的冲激响应称为反对称冲激响应。这些对称条件可以在称为线性相位的结构中使用。

若差分方程(26-11)具有(26-14)中的对称冲激响应，即满足

$$\begin{aligned}y(n)&=b_0x(n)+b_1x(n-1)+\cdots+b_{M-1}x(n-M+1)\\&=b_0[x(n)+x(n-M+1)]+b_1[x(n-1)\\&\quad+x(n-M+2)]+\cdots\end{aligned}\tag{26-16}$$

显然这种结构比直接形式所需的乘法次数少 50%，对反对称冲激响应同样可以有类似的结构。

线性相位结构在本质上仍然为直接形式，它只是缩减了乘法计算量，因此，在 MATLAB 实现上，线性相位结构等同于直接形式。

【例 26-2】 已知 FIR 滤波器由下面的系统函数描述

$$H(z)=1+8.125z^{-3}+z^{-6}$$

求出并画出直接形式、线性相位形式和级联形式的结构。

(1) 直接形式的差分方程为

$$y(n)=x(n)+8.125x(n-3)+x(n-6)$$

(2) 线性相位形式的差分方程为

$$y(n)=[x(n)+x(n-6)]+8.125x(n-3)$$

(3) 级联形式的结构可以用下面的 MATLAB 语句求得。

```
>> clear all;
b = [1 0 0 8.125 0 0 1];
[b0,B,A] = dir2cas(b,1)
```

运行程序,输出如下:

```
b0 =
     1
B =
    1.0000   - 0.5000   0.2500
    1.0000   - 2.0000   4.0000
    1.0000     2.5000   1.0000
A =
    1   0   0
    1   0   0
    1   0   0
```

在程序中调用的自定义 dir2cas 函数的代码如下:

```
function [b0,B,A] = dir2cas(b,a)
% 直接形式到级联形式的转换
% [b0,B,A] = dir2cas(b,a)
% a 为直接形式的分子多项式系数,b 为直接形式的分母多项式系数,b0 为增益系数
% B 为包含各 bk 的 k 乘二维实系数矩阵,A 为包含各 ak 的 k 乘三维实系数矩阵
% 计算增益系数
b0 = b(1);
b = b/b0;
a0 = a(1);
a = a/a0;
b0 = b0/a0;
M = length(b);
N = length(a);
if N > M
    b = [b,zeros(1,N - M)];
elseif
    a = [a,zeros(1,M - N)];
    N = M;
else
    NM = 0;
end
k = floor(N/2);
B = zeros(k,3);
A = zeros(k,3);
if k * 2 == N
    b = [b,0];
    a = [a,0];
end
```

```
broots = cplxpair(roots(b));
aroots = cplxpair(roots(a));
for i = 1:2:2 * k,
    br = broots(i:1:i + 1,:);
    br = real(poly(br));
    B(fix((i+1)/2),:) = br;
    ar = aroots(i:1:i + 1,:);
    ar = real(poly(ar));
    A(fix((i+1)/2),:) = ar;
End
```

第27章 故障信号检测的MATLAB实现

信号的奇异点能够通过对信号进行小波变换后在不同尺度上的综合表现,来反映信号的突变或者瞬态特征。在分析电力系统暂态故障信号的奇异性和小波变换奇异性检测基本原理的基础上,得出电力系统暂态故障信号奇异性的特殊性,提出了利用小波变换进行故障暂态信号奇异性检测的方法。由于不同的小波类型对突变信号的检测有不同的效果,故提出了一种选择小波类型的方法。

27.1 故障信号检测的理论分析

如果一个函数 f 在 t_0 点不可微,则说它在 t_0 点是奇异的。现将 Lipschitz 指数引申到 $0\leqslant\alpha<1$,用以度量函数的奇异性。

定义 1 令 $0\leqslant\alpha<1$,如存在一个常数 C,使

$$\forall t\in R,\ |f(t)-f(t_0)|\leqslant C|t-t_0|^{\alpha} \tag{27-1}$$

成立,则称 f 在点 t_0 是 Lipschitzα 的。若对所有的 $t_0\in[a,b]$和一个与 t_0 无关的常数 C,使得式(27-1)成立,则称 f 在区间$[a,b]$是一致 Lipschitzα 的。α 的上界值称为 Lipschitz 奇异性。

若 f 在点 t_0 可微,则其 Lipschitz 指数至少为 1,粗略地说,若 $\alpha=1$,则式(27-1)可改写为 $\left|\frac{f(t)-f(t_0)}{t-t_0}\right|\leqslant C$,当 t 趋近于 t_0 时,不等式的左面实际上就是 f 在 t_0 点的一阶导数 $f'(t_0)$,取 $C\geqslant|f'(t_0)|$,则式(27-1)成立。

如 f 在点 t_0 不连续但在 t_0 的邻域有界,或者说它在 t_0 有有限跃度,则其 Lipschitz 指数为 0。当 $\alpha=0$ 时,式(27-1)成为$|f(t)-f(t_0)|\leqslant C$,左面最多等于 f 在 t_0 点的跃度,取 C 等于或大于跃度,则式(27-1)成立。

还可以将 Lipschitz 指数推广到为负数的情况:若 f 的原函数在 t_0 点的 Lipschitz 指数为 α,则 f 在该点的 Lipschitz 指数为 $\alpha-1$。例如,$\delta(t-t_0)$的原函数为一单位阶跃,它在 t_0 的 Lipschitz 指数为 0,故 $\delta(t-t_0)$在 t_0 点的 Lipschitz 指数为 -1。现在可以清楚地看到,Lipschitz 指数确实能在更一般的意义下定量地描述函数的奇异性。

为了能用小波变换准确检测故障信号的位置,希望小波有小的支

集，即希望小波在时域快速衰减，这意味着对任意衰减指数 $m\in N$，存在 C_m，使得

$$\forall t \in R, \quad |\psi(t)| \leqslant \frac{C_m}{1+|t|^m} \tag{27-2}$$

若小波有 K 阶消失距，则它与直到 $K-1$ 次的多项式正交，如函数 f 在 t_0 点足够正则，那么小波变换将取决于函数的 K 阶导数。下述定理明确指出，小波变换确实相当于一个微分算子。

定理 1 快速衰减的小波 ψ 具有 K 阶消失距，当且仅当在快速衰减的函数 θ，使得

$$\psi(t) = (-1)^K \frac{\mathrm{d}^K}{\mathrm{d}t^K}\theta(t) \tag{27-3}$$

从而

$$Wf(s,t) = s^K \frac{\mathrm{d}^K}{\mathrm{d}t^K}(f * \bar{\theta}_s)(t) \tag{27-4}$$

式中：$\bar{\theta}_s(t)=s^{-1/2}\theta(-t/s)$。而且 ψ 具有不超过 K 阶的消失距当且仅当 $\int_{-\infty}^{+\infty}\theta(t)\mathrm{d}t \neq 0$。

式(27-4)意味着小波变换等于用 $\bar{\theta}_s(t)$ 平滑信号后求 K 阶导数，所以它相当于一个多尺度微分算子，式中小波变换为通常使用的相关型小波变换，而且本章都假定小波是实的，即

$$Wf(s,t) = \frac{1}{\sqrt{s}}\int_{-\infty}^{+\infty} f(\tau)\psi\left(\frac{\tau-t}{s}\right)\mathrm{d}\tau = f * \bar{\psi}_s(t) \tag{27-5}$$

式中：$s\in \mathbf{R}^+$ 为尺度参数；$t\in\mathbf{R}$ 为平移参数；$\bar{\psi}_s(\tau)=s^{-1/2}\psi(-\tau/s)$。

由于 θ 的积分不等于零，所以它是一个平滑函数。例如，高斯函数就是一个经常用到的平滑函数，其数学表达式为

$$\theta(t) = \frac{1}{\sqrt{\pi}}\mathrm{e}^{-t^2}$$

式中：常数 $1/\sqrt{\pi}$ 是使 $\int_{-\infty}^{+\infty}\theta(t)\mathrm{d}t = 1$。高斯函数的 1 阶导数和 2 阶导数分别为

$$\psi^1(t) = -2\left(\frac{2}{\pi}\right)^{\frac{1}{4}} t\mathrm{e}^{-t^2}, \quad \psi^2(t) = -\frac{2}{\sqrt{3}}\left(\frac{2}{\pi}\right)^{\frac{1}{4}}(1-2t^2)\mathrm{e}^{-t^2}$$

上列两式中的常数项是使其范数等于 1。

定理 2 设 $f(t)\in L^2(\mathbf{R})$ 在区间$[a,b]$是一致 Lipschitz$\alpha\leqslant K$ 的，总存在 $A>0$ 使得

$$\forall (s,t) \in \mathbf{R}^+\times[a,b], \quad |Wf(s,t)| \leqslant As^{\alpha+1/2} \tag{27-6}$$

反之，若 f 有界且对某一非整数的 $\alpha<K$，$Wf(s,t)$ 满足式(27-6)，则对 $\forall\varepsilon>0$，f 在 $[a+\varepsilon,b-\varepsilon]$ 上是一致 Lipschitzα 的。

式(27-6)中的小波变换是相关型小波变换。在 Mallat 早期关于奇异性检测的文章中，用的是卷积型小波变换，这时式(27-6)的右边修改为 As^α 即可。

上述定理实际上是 $s\to 0$ 时，$|Wf(s,t)|$ 衰减速度与 Lipschitz 指数的关系，对大尺度，Cauchy-Schwarz 不等式指出小波变换是有界的，即：

$$|Wf(s,t)| = |\langle f,\psi_{s,t}\rangle| \leqslant \|f\| \cdot \|\psi\|$$

这时小波变换的模将不受式(27-6)的约束。

上述定理是关于区间 Lipschitz 指数的，下述定理则将一点的 Lipschitz 指数与小波变换的衰减速度联系起来。

定理 3　设 $f(t)\in L^2(\mathbf{R})$ 在 t_0 点是 Lipschitz$\alpha \leqslant K$ 的，总存在 $A>0$ 使得

$$\forall (s,t)\in \mathbf{R}^+\times\mathbf{R},\quad |Wf(s,t)|\leqslant As^{\alpha+1/2}\left(1+\left|\frac{t-t_0}{s}\right|^{\alpha}\right) \tag{27-7}$$

反之，设非整数的 $\alpha<K$，且存在 A 和 $\alpha'<\alpha$ 使得

$$\forall (s,t)\in \mathbf{R}^+\times\mathbf{R},\quad |Wf(s,t)|\leqslant As^{\alpha+1/2}\left(1+\left|\frac{t-t_0}{s}\right|^{\alpha'}\right) \tag{27-8}$$

则 f 在点 t_0 是 Lipschitzα 的。

如果 ψ 是紧支的，支集为$[-c,c]$，则 $s^{-1/2}\psi(t/s)$ 的支集为$[-sc,sc]$。在时间-尺度平面上，当时间平移量 t 满足

$$|t-t_0|\leqslant cs \tag{27-9}$$

时，分析小波的支集才包含 t_0 点。式(27-9)规定了时间-尺度平面上的一个锥形区域，称为 t_0 点的影响锥。在影响锥内，有 $|t-t_0|/s\leqslant c$，这时条件式(27-7)和式(27-8)可写成

$$|Wf(s,t)|\leqslant A's^{\alpha+1/2}$$

因为幅值较大的小波系数落在奇异点的影响锥内，所以用小波变换度量 Lipschitz 指数时，定理 3 与定理 2 的一致 Lipschitz 条件完全相同。

上面两个定理指出，随着尺度越来越精细，小波变换模将呈指数衰减，Lipschitz 指数越大，衰减越快。这样，就可以由小变换的衰减速度来度量 Lipschitz 指数。

定理 4　设 ψ 是紧支的 C^K 函数，且 $\psi=(-1)^K\theta^{(K)}$，$\int_{-\infty}^{+\infty}\theta(t)\mathrm{d}t\neq 0$，设 $f\in L^1[a,b]$，若存在 $s_0>0$，以致 $t\in[a,b]$及 $s<s_0$ 时 $|Wf(s,t)|$ 没有局部极大，则对任意 $\varepsilon>0$，函数 f 在$[a-\varepsilon,b+\varepsilon]$上是一致 Lipschitz$K$ 的。

定理 4 并不保证出现模极大线的点就一定是奇异点，实际情况也确定是这样。所以在出现模极大线的情况下，应进一步计算 Lipschitz 指数，从而判断该点是否奇异，如果该点确实是奇异点，则可用 Lipschitz 指数衡量该点奇异的性质。

27.2　实验结果与分析

27.2.1　利用小波分析检测传感器故障

电力系统在线监测信号含有大量的现场背景噪声，给传统方式的数据采集与故障诊断带来很大的困难，将以处理瞬态信号、含宽带噪声信号等见长的小波分析应用于电力系统在线监测是大有前途的。

采集的电力负载信号波形如图 27-1(a)所示，从图 27-1(a)中可以看出在两个黑圆圈之间的信号出现异常，这是由传感器故障造成的，为了更清楚地显示这种故障，利用 Daubechies 3 小波对其进行 3 层分解，得到 1～3 层的细节信号。可以看出，细节信号图 27-1(b)、图 27-1(c)和图 27-1(d)都显示了在 $t=2400$ 和 $t=3600$ 之间的信号由于传感器故障而引入了传感器误差噪声。第一层分解的 d1 高频系数重构的图像比 d2 和 d3 高频系数重构的图像更清楚地确定了故障信号所在位置。

【**例 27-1**】　利用小波分析检测传感器故障。

```
%装载采集的信号 leleccum.mat
load leleccum;
```

```
%将信号中第 2200～3600 个采样点赋给 s
index = 2200:3600;
s = leleccum(index);
%画出原始信号
figure;
plot(index,s);
title('(a)电力负载信号波形');
%用 db3 小波进行 5 层分解
[c,l] = wavedec(s,5,'db3');
%重构第 1～5 层细节系数
d5  =  wrcoef('d',c,l,'db3',5);
d4  =  wrcoef('d',c,l,'db3',4);
d3  =  wrcoef('d',c,l,'db3',3);
d2  =  wrcoef('d',c,l,'db3',2);
d1  =  wrcoef('d',c,l,'db3',1);
%显示细节系数
figure;
plot(index,d3,'LineWidth',2);
title('(b)细节信号波形 d3');
figure;
plot(index,d2,'LineWidth',2);
title('(c)细节信号波形 d2');
figure;
plot(index,d1,'LineWidth',2);
title('(d)细节信号波形 d1');
```

程序运行结果如图 27-1 所示。

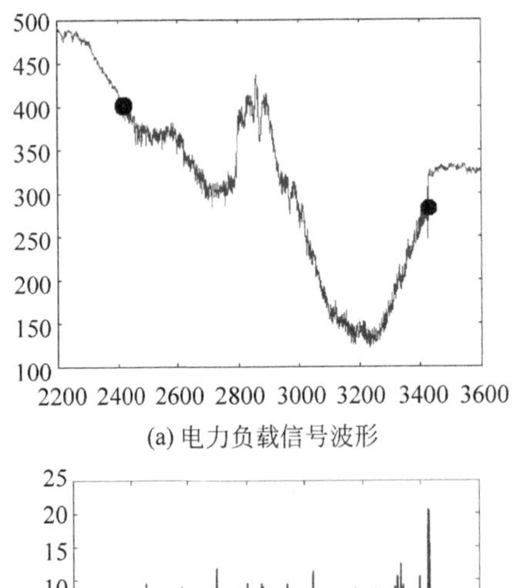

(a) 电力负载信号波形

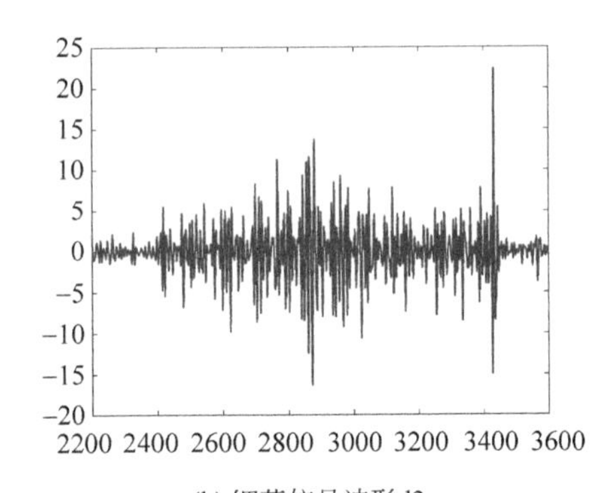

(b) 细节信号波形d3

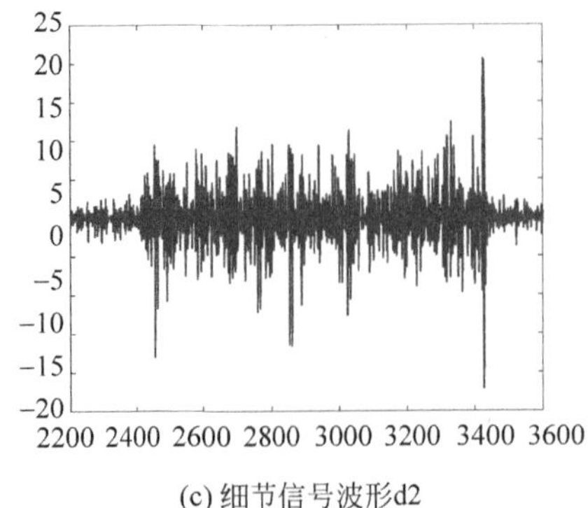

(c) 细节信号波形d2

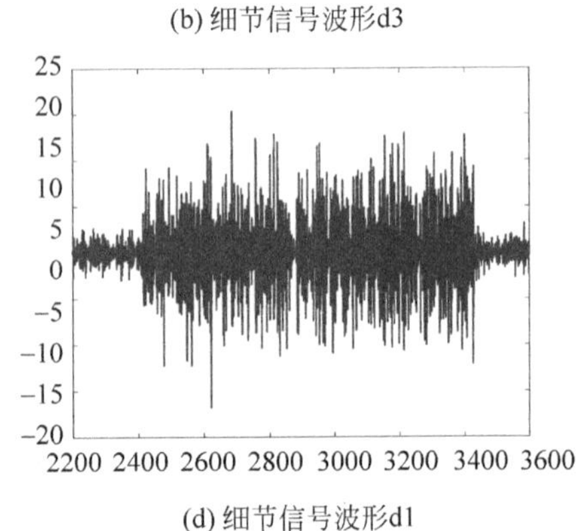

(d) 细节信号波形d1

图 27-1　小波变换检测传感器故障示意图

【例 27-2】 某一正在工作的系统，其正常工作输出点的采样信号应为蠕变信号，当系统出现故障时，输出信号将会出现一突变信号（主要表现在幅度和频率的突变），现给出该系统从正常到出现故障的一采样序列，请利用小波分析分析故障出现的时间点。

该问题是一个检测突变点（或不连续点）的问题，利用小波分析可以精确地检测出信号突变的时间点。

利用小波分析检测信号的突变点的一般方法是，对信号进行多尺度分析，在信号出现突变时，其小波变换后的系数具有模量极大值，因而可以通过对模极大值点的检测来确定故障发生的时间点。

程序清单如下：

```
t = 0:pi/125:4 * pi;
s1 = sin(t);                              %设置一正常信号
s2 = sin(10 * t)                          %设置一故障信号，表现在频率的突变
s3 = sin(t)                               %设置一正常信号
s = [s1,s2,s3];                           %整个信号
subplot(421);plot(s)
title('原始信号');
ylabel('s');
[c,l] = wavedec(s,6,'db3');               %采用db3小波并对信号进行六层分解
apcmp = wrcoef('a',c,l,'db3',6);
subplot(422);plot(apcmp);
ylabel('ca6');
for i = 1:6
    decmp = wrcoef('d',c,l,'db3',7 - i);
    subplot(4,2,i + 2);
    plot(decmp);
    ylabel(['d',num2str(7 - i)]);
end
```

输出结果如图 27-2 所示。

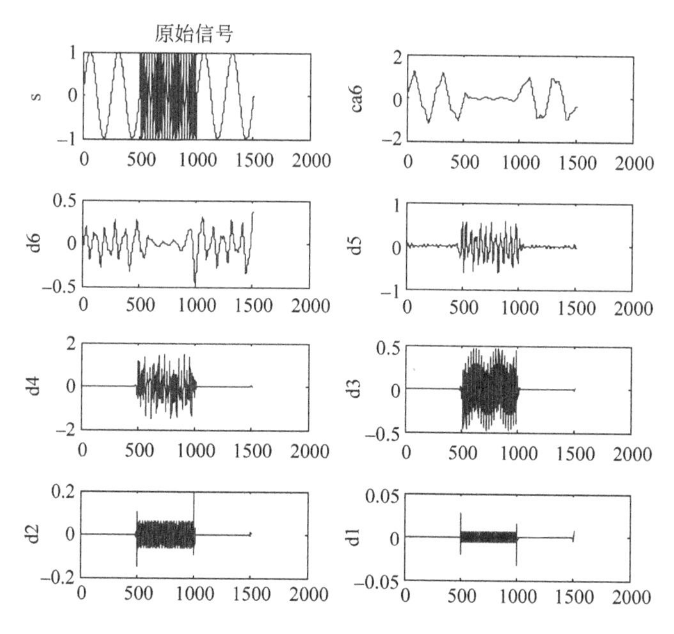

图 27-2 检测第一种类型的间断点

从图 27-2 中的小波分解的层系数可以明显看出，在 $t=500$ 时，系统工作出现了异常情况，在 $t=1000$ 时，系统工作又恢复了正常。

这是一个利用小波分析检测信号突变点的典型实例。从该例可以看出，小波分析在检测信号突变点（奇异点）上具有傅里叶变换无法比拟的优越性，利用小波分析可以精确地检测出信号突变的时间点。

27.2.2 小波类型的选择对于检测突变信号的影响

不同的小波类型对突变信号的检测有不同的效果，对图 27-3(a)所示的突变信号分别采用 Haar 和 Daubechies 5 小波对信号进行处理，可以得到不同的效果。其中图 27-3(b)、图 27-3(c)和图 27-3(d)是用 Haar 小波处理后得到的高频信号；图 27-3(f)、图 27-3(g)和图 27-3(h)是用 Daubechies 5 小波处理后得到的高频信号，图 27-3(e)是用 Daubechies 5 小波处理后的近似信号。

【例 27-3】 小波类型的选择对于检测突变信号的影响。

```
clear;
load nearbrk;
whos;
figure;
plot(nearbrk);
title('(a) 频率突变信号');
[c,l] = wavedec(nearbrk,3,'haar');
a3 = wrcoef('a',c,l,'haar',3);
d3 = wrcoef('d',c,l,'haar',3);
d2 = wrcoef('d',c,l,'haar',2);
d1 = wrcoef('d',c,l,'haar',1);
[c,l] = wavedec(nearbrk,3,'db5');
aa3 = wrcoef('a',c,l,'db5',3);
dd3 = wrcoef('d',c,l,'db5',3);
dd2 = wrcoef('d',c,l,'db5',2);
dd1 = wrcoef('d',c,l,'db5',1);
% figure;
% plot(a3);
% title('(a) 近似信号 a3');
figure;
plot(d3);
title('(b) 细节信号 d3');
figure;
plot(d2);
title('(c) 细节信号 d2');
figure;
plot(d1);
title('(d) 细节信号 d1');
figure;
plot(aa3);
title('(e) 近似信号 a3');
figure;
plot(dd3);
title('(f) 细节信号 d3');
```

```
figure;
plot(dd2);
title('(g) 细节信号 d2');
figure;
plot(dd1);
title('(h) 细节信号 d1');
```

程序运行结果如图 27-3 所示。

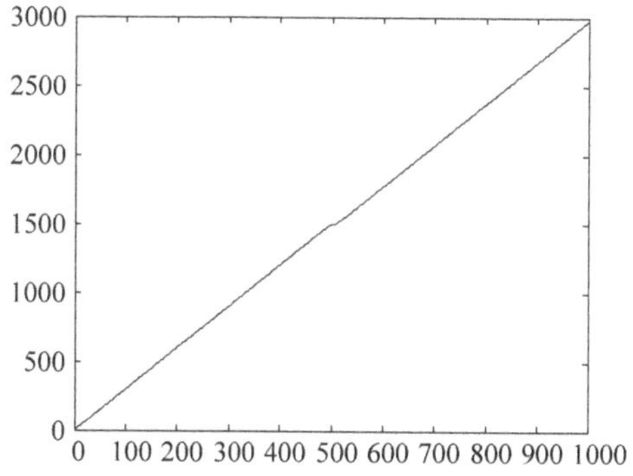

(a) 频率突变信号

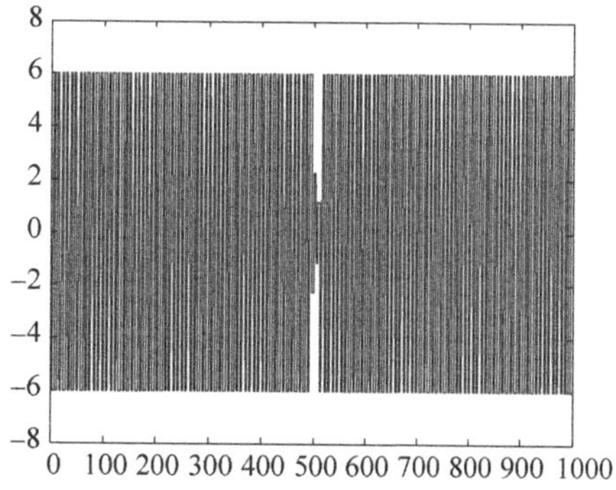

(b) 细节信号d3

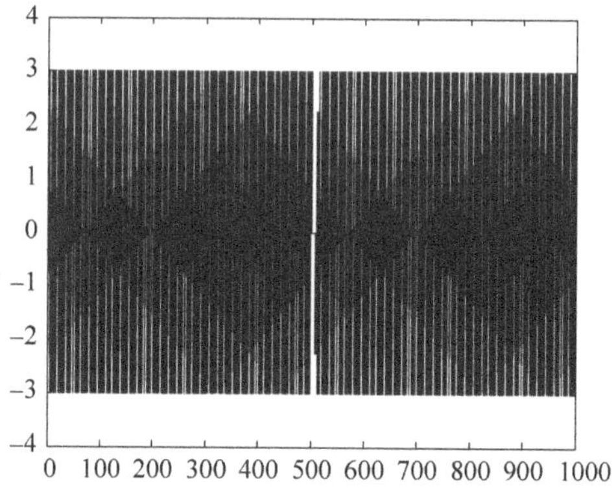

(c) 细节信号d2

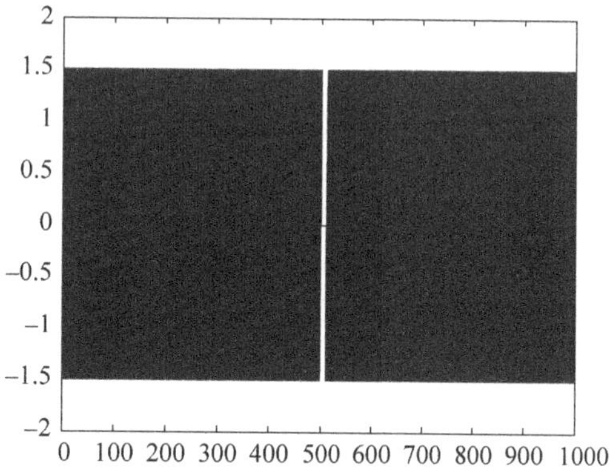

(d) 细节信号d1

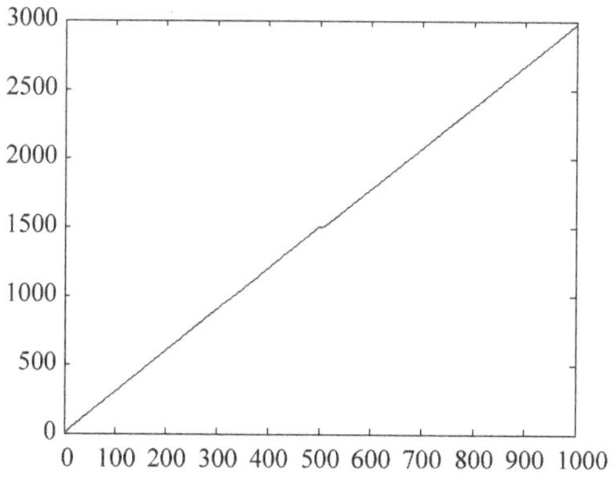

(e) 近似信号a3

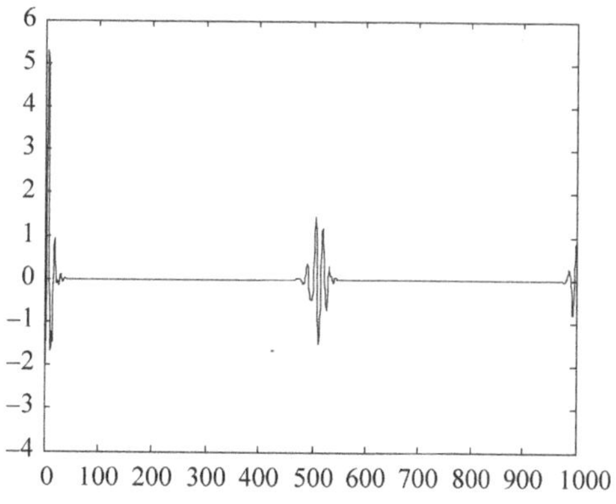

(f) 细节信号d3

图 27-3　不同的小波类型检测突变信号的对比图

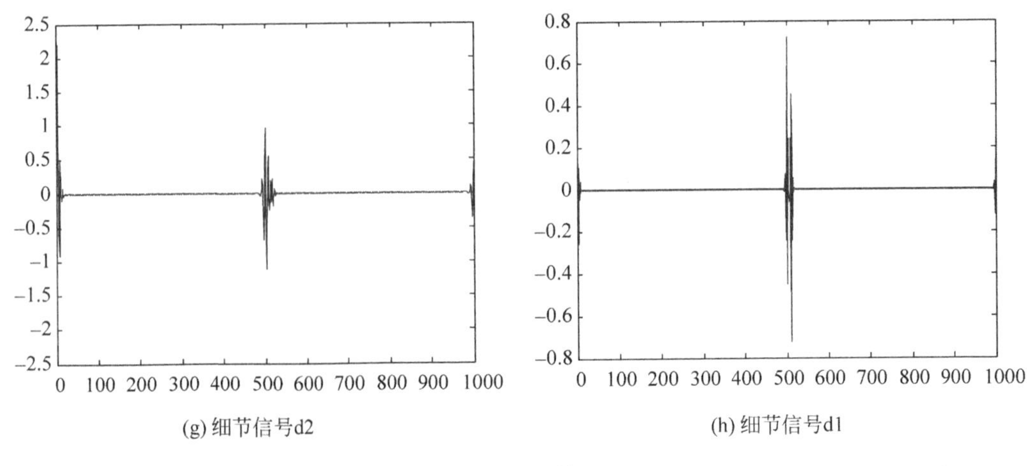

(g) 细节信号d2　　(h) 细节信号d1

图 27-3 （续）

由图 27-3 可见，Daubechies 5 小波分解后的 3 层高频系数重构图形可清楚地确定突变点的位置在 $t=500$，而 Haar 小波却没有这种能力。观察图 27-3(b)、图 27-3(c)和图 27-3(d)可以发现，由于在 $t=500$ 点的系数值为零，所以不能判断间断点的位置，黑色的阴影说明小波系数在这段区间剧烈地振荡。这些振荡的结果是原始信号与近似系数的差值，因为 Haar 小波是分段的常数，所以与连续信号相减的时候就会产生振荡。由图 27-3 同样可以看出，Daubechies 5 第一层分解的 d1 高频系数重构的图像比 d2、d3 高频系数重构的图像更清楚地确定了信号的突变点的位置。

【例 27-4】 给定一信号，请利用 db3 和 db1 小波进行分析。

程序清单如下：

```
load noispol;                                   % 装入要分析的信号
s = noispol; ls = length(s);
[c,l] = wavedec(s,4,'db3');                     % 用 db3 小波分解信号到第四层
figure(1);
subplot(5,1,1); plot(s);
title('原始信号及用 db3 小波分解其各层高频信号重构图');
ylabel('s');
% 对分解结构[c,l]中各高频部分进行重构,并显示结果
for i = 1:4
    decmp = wrcoef('d',c,l,'db3',5 - i);
    subplot(5,1,i + 1);
    plot(decmp)
    ylabel(['d',num2str(5 - i)]);
end
% 下面用 db1 小波进行对照分析
[c,l] = wavedec(s,4,'db1');                     % 用 db1 小波分解信号到第四层
figure(2);
subplot(5,1,1); plot(s);
title('原始信号及用 db1 分解其各层高频信号重构图');
ylabel('s');
% 对分解结构[c,l]中各高频部分进行重构,并显示结果
for i = 1:4
```

```
    decmp = wrcoef('d',c,l,'db1',5 - i);
    subplot(5,1,i + 1);
    plot(decmp);
    ylabel(['d',num2str(5 - i)]);
end
```

输出结果如图27-4所示。

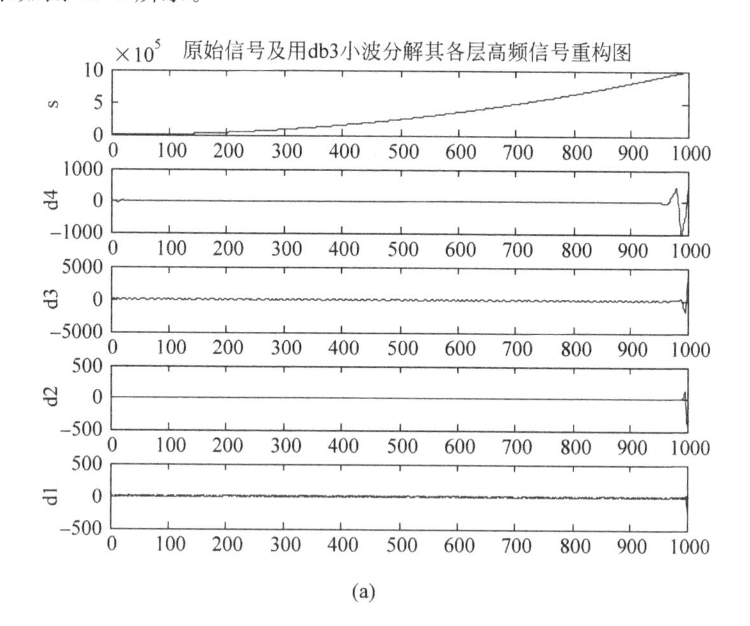

(a)

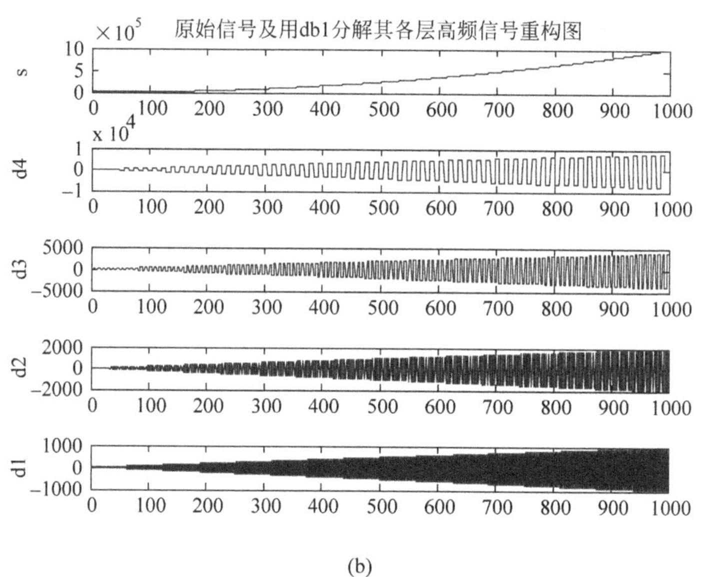

(b)

图27-4 利用db3和db1小波进行分析比较

从db3小波和db1小波的对照分析可以看出，由于db3小波有三个过零点，而db1小波没有过零点，其分解的高频系数表现出明显不同的特性。

27.3 小波类型选择

在小波类型选择上应注意如下。

(1) 小波变换用于信号的突变点的检测，无论采用小波变换系数的模极大点还是过零点方法，都应在多尺度上做综合分析和判断，才能够准确地确定突变点的位置。通常，较小尺度下的小波变换能够减小频率混叠现象，判断突变点位置的准确度较高。

(2) 如何选择小波函数目前还没有一个理论标准，但是小波变换的小波系数为如何选择小波函数提供了依据。小波变换后的小波系数表明了小波与被处理信号之间的相似程度，如果小波变换后的小波系数比较大，就表明了小波和信号的波形相似程度较大；反之则比较小。另外还要根据信号处理的目的来决定尺度的大小。如果小波变换仅仅要反映信号整体的近似特性，往往选用较大的尺度，反映信号细节上的变换则选用尺度较小的小波。

第28章 MATLAB在电信工程实际问题中的应用

28.1 工具箱提供的信号函数

MATLAB 信号处理工具箱提供了很多的信号产生函数，分别用于产生三角波、方波、sinc 函数、Dirichlet 函数等函数波形。

1. 产生锯齿波或三角波信号的函数 sawtooth

调用格式如下：

x=sawtooth(t)：产生周期为 2π，幅值为 −1～1 的锯齿波。在 2π 的整数倍处值为 −1～1，这一段波形斜率为 1/π。

x=sawtooth(t, width)：产生三角波，width 范围为 0～1。

【例 28-1】 产生周期为 0.02 的三角波。

在 M 文件编辑器中输入以下代码：

```
clear;
Fs = 10000;t = 0:1/Fs:1;
x1 = sawtooth(2 * pi * 50 * t,0);
x2 = sawtooth(2 * pi * 50 * t,1);
subplot(211),
plot(t,x1),axis([0 0.2 -1 1]);
subplot(212),
plot(t,x2),axis([0 0.2 -1 1]);
```

运行程序，效果如图 28-1 所示。

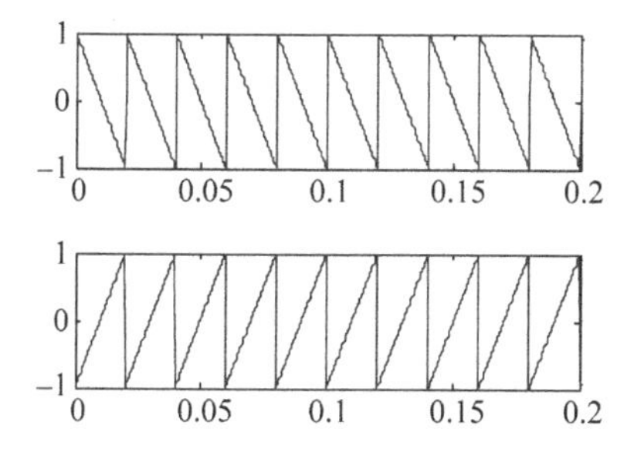

图 28-1　三角波波形

2. 产生方波信号的函数 square

调用格式如下：

x＝square(t)：产生周期为 2π，幅值为－1～1 的方波。

x＝square(t, duty)：产生指定周期的方波，duty 为正半周期的比例。

【例 28-2】 产生周期为 0.02 的方波。

在 M 文件编辑器中输入以下代码：

```
clear;
Fs = 10000;t = 0:1/Fs:1;
x1 = square(2 * pi * 50 * t,30);
x2 = square(2 * pi * 50 * t,90);
subplot(211),
plot(t,x1),axis([0 0.2 - 1.5 1.5]);
subplot(212),
plot(t,x2),axis([0 0.2 - 1.5 1.5]);
```

运行程序，效果如图 28-2 所示。

3. 产生 sinc 函数波形的函数 sinc

调用格式如下：

y＝sinc(x)：用于计算 sinc 函数，即

$$\text{sinc}(t)=\begin{cases}1, & t=0\\ \dfrac{\sin(\pi t)}{\pi t}, & t\neq 0\end{cases}$$

sinc 函数十分重要，它的傅里叶变换正好是幅值为 1 的矩形脉冲。

【例 28-3】 产生 sinc 函数波形。

在 M 文件编辑器中输入以下代码：

```
x = linspace( - 5,5);
y = sinc(x);
plot(x,y,'r + ')
```

运行程序，效果如图 28-3 所示。

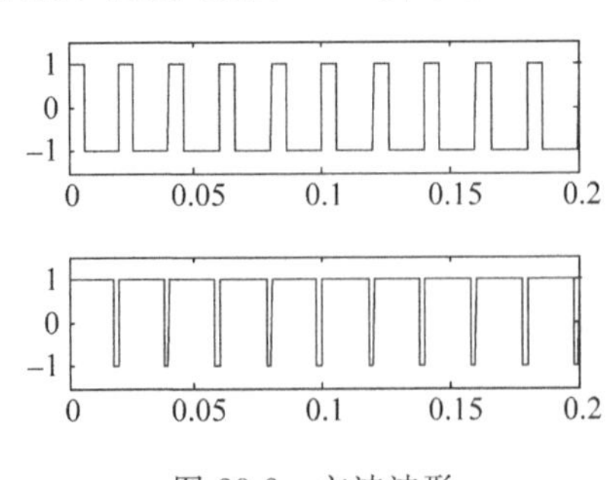

图 28-2 方波波形

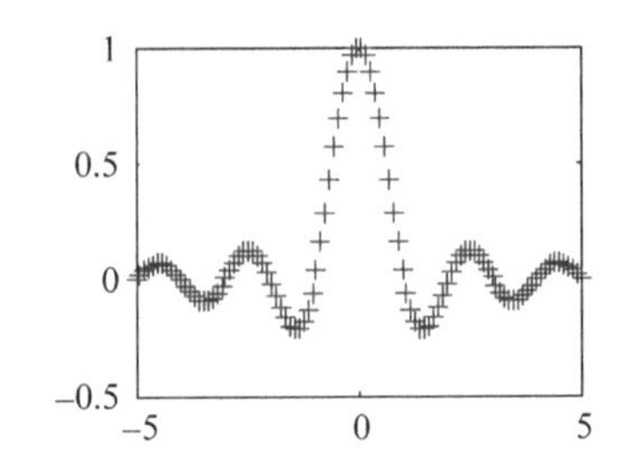

图 28-3 sinc 函数波形

4. 产生非周期方波信号的函数 rectpuls

调用格式如下：

y=rectpuls(t)：产生非周期方波信号,方波的宽度为时间轴的一半。

y=rectpuls(t,w)：产生指定宽度为 w 的非周期方波。

【例 28-4】 产生非周期方波信号。

在 M 文件编辑器中输入下代码：

```
clear;
t = 0:0.015:1.5;
y1 = rectpuls(t);
y2 = rectpuls(t,0.5);
subplot(211),
plot(t,y1),grid on;
subplot(212),
plot(t,y2),grid on;
```

运行程序,效果如图 28-4 所示。

5. 产生非周期三角波信号的函数 tripuls

调用格式如下：

y=tripuls(t)：产生非周期三角波信号,三角波的宽度为时间轴的一半。

y=tripuls(t,w,s)：产生指定宽度为 w 的非周期方波,斜率为 $s(-1<s<1)$。

【例 28-5】 产生非周期三角波。

在 M 文件编辑器中输入以下代码：

```
clear;
t = 0:0.015:1;
y1 = tripuls(t);
y2 = tripuls(t,0.6);
subplot(211);
plot(t,y1); grid on;
subplot(212);
plot(t,y2,' + ');grid on;
```

运行程序,效果如图 28-5 所示。

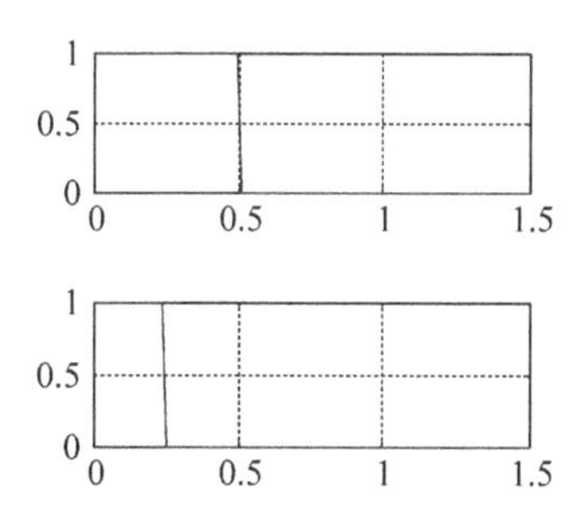

图 28-4 非周期的方波波形

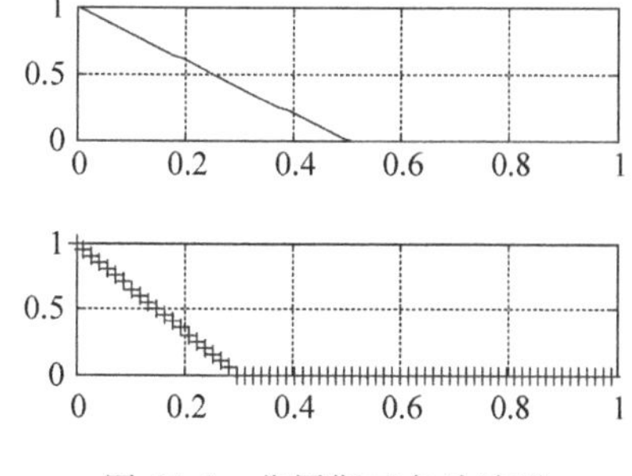

图 28-5 非周期三角波波形

6. 产生线性调频扫频信号的函数 chirp

调用格式如下：

y=chirp(t,f0,t1,f1)：产生一个线性扫频（频率随时间线性变化）信号，其时间轴的设置由数组 t 定义。时刻 0 的瞬时频率为 f0，时刻 t1 的瞬时频率为 f1。默认情况下，f0=0Hz，t1=1，f1=100Hz。

y=chirp(t,f0,t1,f1,'method')：指定改变扫频的方法。可用的方法有'linear'（线性调频）、'quadratic'（二次调频）和'logarithmic'（对数调频）；默认时为'linear'。注意：对于对数扫频，必须有 f1>f0。

y=chirp(t,f0,t1,f1,'method', phi)：指定信号的初始相位为 phi（单位为度），默认时 phi=0。

【例 28-6】 绘制一线性调频信号。

在 M 文件编辑器中输入以下代码：

```
clear;
t = 0:0.001:2;                        % 采样时间为 2s,采样频率为 1000Hz
y = chirp(t,0,1,150);                 % 产生线性调频信号
plot(t,y,'r');
axis([0 0.5 0 1]);
```

运行程序，效果如图 28-6(a)所示。

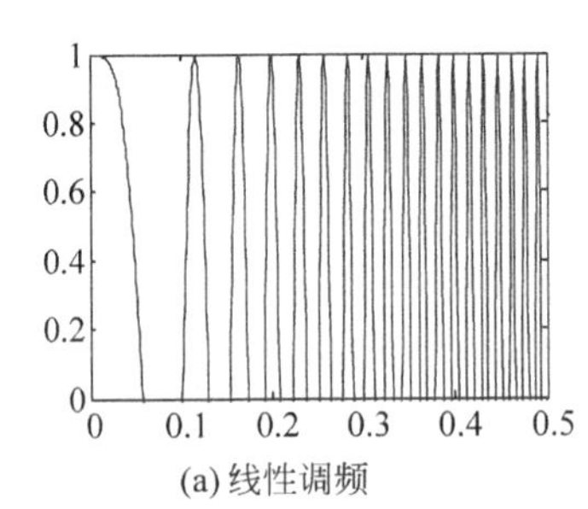

(a) 线性调频

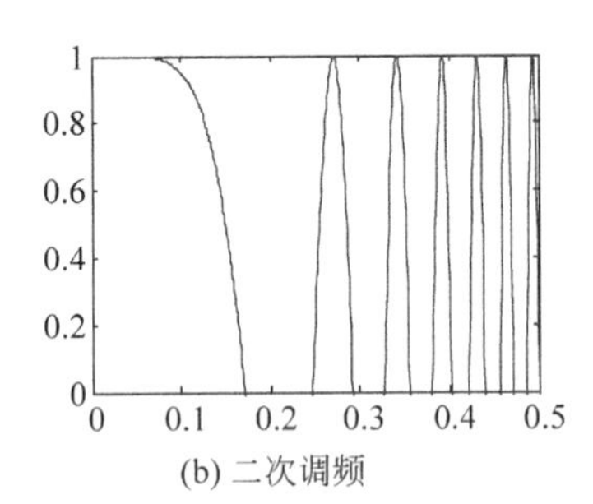

(b) 二次调频

图 28-6 线线调频信号效果显示

如果把语句 y=chirp(t,0,1,150)改为 y=chirp(t,0,1,150,'quadratic')，即产生二次调频效果如图 28-6(b)所示。

7. 产生冲激串信号的函数 pulstran

调用格式如下：

y=pulstran(t,d,'func')：在指定的时间范围 t，对连续函数 func，按向量 d 提供的平移量进行平移后采样生成冲激信号 y=func(t−d(1))+func(t−d(2))+…。其中函数 func 必须是 t 的函数，且可用函数句柄形式调用，即 y=pulstran(t,d,@func)。

【例 28-7】 产生一不对称的锯齿冲激串信号，要求锯齿宽度为 0.2s，波形间隔为 2/3s。

在 M 文件编辑器中输入以下代码：

```
clear;
t = 0:0.2:2;                          % 采样频率 2kHz,连续时间 1s
d = 0:2/3:2;                          % 3Hz 重复频率
y = pulstran(t,d,'tripuls',0.2, - 1); % 调用 tripuls 函数实现冲激串
plot(t,y);
```

运行程序，效果如图 28-7 所示。

8. 产生 Dirichlet 信号的函数 diric

调用格式如下：

y=diric(x, n)：用于产生 x 的 dirichlet 函数，即：

$$\text{dirichlet}(x)=\begin{cases}(-1)^{k(n-1)}, & x=2\pi k, k=0,\pm 1,\pm 2,\cdots \\ \sin(nx/2)/[n\sin(x/2)], & \text{其他}\end{cases}$$

9. 产生高斯正弦脉冲信号的函数 gauspuls

调用格式如下：

yi=gauspuls(T,FC,BW,BWR)：返回持续时间为 T，中心频率为 FC(Hz)，带宽为 BW 的幅度为 1 的高斯正弦脉冲(RF)信号的采样。脉冲宽度是指信号幅度下降(相对于信号包络峰值)取 BWR(dB)时所对应宽度的 100 * BW%。注意 BW>0，BWR<0，默认时，FC=1000Hz，BW=0.5，BWR=－6dB。

TC=gauspuls('cutoff',FC,BW,BWR,TPE)：返回按参数 TPE(dB)计算所对应的截断时间 TC。参数 TPE(TPE<0)是指脉冲拖尾幅度相对包络最大幅度的下降程序，默认时 TPE=－60dB。

【例 28-8】 产生频率为 60kHz，宽度为 65%的高斯 RF 脉冲信号。要求在脉冲包络幅度下降到 50dB 处截断，采样频率为 1.5MHz。

在 M 文件编辑器中输入以下代码：

```
clear;
tc = gauspuls('cutoff',60E3,0.65,[], - 50);      % 计算截断时间,参数 BWR 用空[]替代
t = - tc:1e - 6:tc;                              % 按采样频率,对时间 t 赋值
yi = gauspuls(t,60E3,0.65);                      % 按要求产生高斯脉冲信号
plot(t,yi);
```

运行程序，效果如图 28-8 所示。

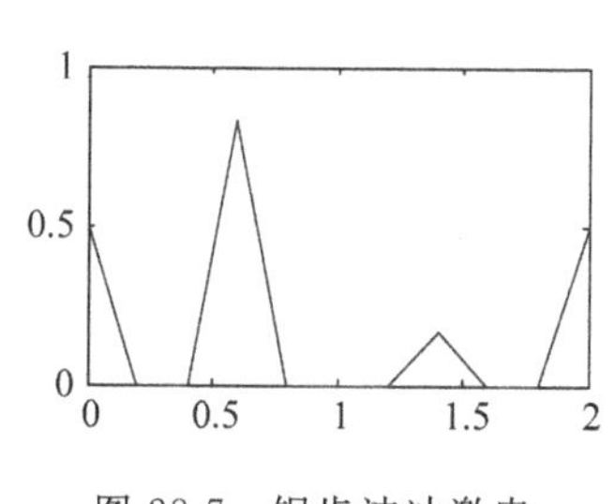

图 28-7　锯齿波冲激串

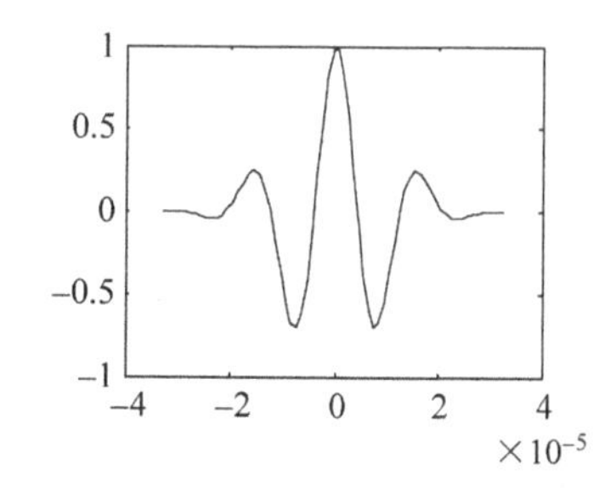

图 28-8　高斯正弦脉冲信号

10. 产生高斯单脉冲信号的函数 gmonopuls

调用格式如下：

y=gmonopuls(t, fc)：返回最大幅值为 1 的高斯单脉冲信号，时间数组由 t 给定，

fc 为中心频率(单位为 Hz)。默认情况下,fc＝1000Hz。

y＝gmonopuls('cutoff', fc):返回信号的最大值和最小值之间持续的时间。

【例 28-9】 产生一个 2.5GHz 的高斯单脉冲信号,采样频率为 105GHz。

在 M 文件编辑器中输入以下代码:

```
clear;
fc = 2.5e9;
fs = 105e9;
tc = gmonopuls('cutoff',fc);
t = -2 * tc:1/fs:2 * tc;
y = gmonopuls(t,fc);
plot(t,y);
```

运行程序,效果如图 28-9 所示。

11. 电压控制振荡器函数 vco

调用格式如下:

y＝vco(x, fc, fs):产生一个采样频率为 fs 的振荡信号。其振荡频率由输入向量或数组 x 指定。fc 为载波或参考频率,如果 x＝0,则 y 是一个采样频率为 fs(Hz)、幅值为 1、频率为 fc(Hz)的余弦信号。x 的取值范围为－1～1。如果 x＝－1,输出 y 的频率为 0;如果 x＝0,输出 y 的频率为 fc;如果 x＝1,输出 y 的频率为 2×fc。输出 y 和 x 的维数一样,默认情况下,fs＝1, fc＝fs/4。如果 x 是一个矩阵,vco 函数按列产生一个振荡信号矩阵,它与 x 列对应。

y＝vco(x,[fmin, fmax], fs):可调整频率调制的范围,使得 x＝－1 时产生频率为 fmin (Hz)的振荡信号;x＝1 时产生频率为 fmax(Hz)的振荡信号。为了得到最好的结果,fmin 和 fmax 的取值范围应该为 0～fs/2。

【例 28-10】 产生一个时间为 2s,采样频率为 10kHz 的信号,它的瞬时频率是时间的三角函数。

在 M 文件编辑器中输入以下代码:

```
clear;
fs = 10000;
t = 0:1/fs:2;
y = vco(sawtooth(2 * pi * t,0.75),[0.1 0.4] * fs,fs);
specgram(y,512,fs,kaiser(256,5),220);
```

运行程序,效果如图 28-10 所示。

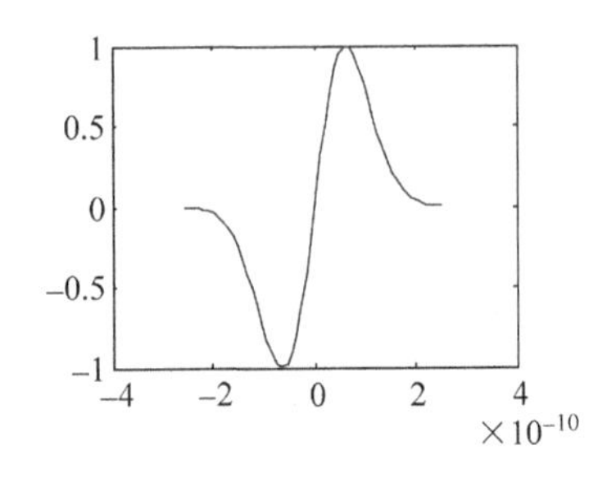

图 28-9 高斯单脉冲信号

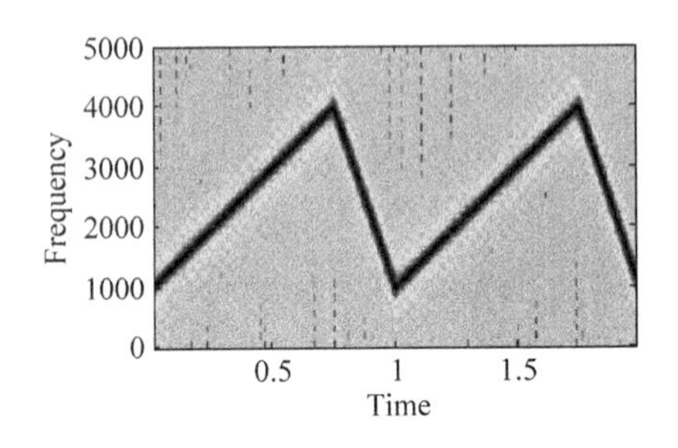

图 28-10 振荡信号的相频特性

28.2 离散时间信号

信号可以粗略地分为模拟信号和数字信号两大类，模拟信号用 $x(t)$表示，其中变量 t 可以表示任何物理量，一般假定它代表以秒为单位的时间；离散信号用 $x(n)$表示，其中变量 n 为整数并代表时间的离散时刻。在工程实际中，一个序列一般如下所示：

$$x(n)=\{x(n)\}=\{\cdots,x(-1),\overline{x(0)},x(1)\cdots\}$$

式中：信号上画线表示在 $n=0$ 处的取样。

在 MATLAB 中，一般用一个列向量来表示有限长度的序列。然而这样一个向量并没有包含采样位置的信息，因此序列 $x(n)$一般用两个向量来表示，一个表示采样时刻，一个表示采样值。例如，$x(n)=\{2,6,1,2,\underline{0},3,4,5,6\}$，就应该用以下 MATLAB 语句来表示：

```
n=[-4  -3  -2  -1  0  1  2  3  4];
x=[2  6  1  2  0  3  4  5  6];
```

当不需要采样位置信息或这个信息是多余的时候(如序列从 $n=0$ 开始)，用户可以只使用 x 向量来表示序列。由于有限的内存，MATLAB 无法表示一个任意无限序列。

下面通过一些具体的工程示例来进一步讨论离散信号的实现。

【例 28-11】 编写产生单位采样序列、单位阶跃序列的函数。

在 M 文件编辑中编写名为 impaeq. m 文件代码：

```
function [x,n] = impseq(n0,n1,n2)
% Generate x(n) = delta(n - n0);n1 <= n <= n2;
n = [n1:n2];
x = [(n - n0) == 0];
```

在 M 文件编辑中编写名为 stepqeq. m 文件代码：

```
function [x,n] = stepqeq(n0,n1,n2)
% Generate x(n) = u(n - n0);n1 <= n <= n2;
n = [n1:n2];
x = [(n - n0)> = 0];
```

【例 28-12】 编写序列相加、相乘、位移和反褶的函数。

在 M 文件编辑中编写名为 sigadd. m 文件代码：

```
function [y,n] = sigadd(x1,n1,x2,n2)
% 实现序列相加,即 y(n) = x1(n) + x2(n)
% n1 可以不等于 n2
% 初始化 y(n)的长度
n = min(min(n1),min(n2)):max(max(n1),max(n2));
y1 = zeros(1,length(n));
y2 = y1;                                                % 初始化序列
y1(find((n>= min(n1))&(n<= max(n1)) == 1)) = x1;        % 具有 y(n)长度的 x1
y2(find((n>= min(n2))&(n<= max(n2)) == 1)) = x2;        % 具有 y(n)长度的 x2
y = y1 + y2;
```

在 M 文件编辑中编写名为 sigmult. m 文件代码：

```
function [y,n] = sigmult(x1,n1,x2,n2)
% 实现序列相乘 y(n) = x1(n) * x2(n)
% n1 可以不等于 n2
n = min(min(n1),min(n2)):max(max(n1),max(n2));          % 初始化 y(n)的长度
y1 = zeros(1,length(n));
y2 = y1;                                                 % 初始化序列
y1(find((n >= min(n1))&(n <= max(n1)) == 1)) = x1;       % 具有 y(n)长度的 x1
y2(find((n >= min(n2))&(n <= max(n2)) == 1)) = x2;       % 具有 y(n)长度的 x2
y = y1. * y2;
```

在 M 文件编辑中编写名为 sigshift. m 文件代码：

```
function [y,n] = sigshift(x,m,n0)
% 实现 y(n) = x(n - n0)
n = m + n0;
y = x;
```

在 M 文件编辑中编写名为 siffold. m 文件代码：

```
function [y,n] = siffold(x,n)
% 实现 y(n) = x( - n)
y = fliplr(x);
n = - fliplr(x);
```

例 28-11 和例 28-12 中所编写的函数是进行 DSP 处理的一些基本函数，在本章后面内容中将直接调用这些函数。

【例 28-13】 产生如下复数信号

$$x(n) = e^{(-0.3+0.1j)n}, \quad -15 \leqslant n \leqslant 15$$

要求绘制出该信号的幅度、相位、实部和虚部的图形。

在 M 文件编辑中输入以下代码：

```
clear;
n = - 15:15;
alp = - 0.3 + 0.1j;
x = 1.5 * exp(alp * n);
subplot(221),
stem(n,real(x));
title('实部');
xlabel('n');
subplot(222),
stem(n,imag(x));
title('虚部');
xlabel('n');
subplot(223),
stem(n,abs(x));
title('幅度');
xlabel('n');
subplot(224),
stem(n,(180/pi) * angle(x));
```

```
title('相位');
xlabel('n');
```

运行程序,效果如图 28-11 所示。

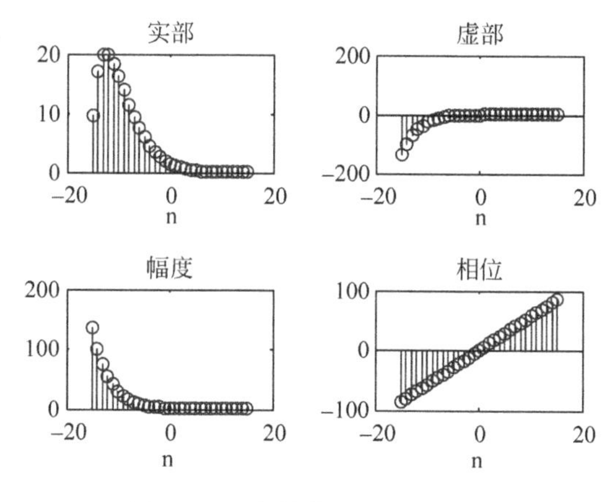

图 28-11　复数序列的性能曲线

28.2.1　离散系统的卷积和相关

一个离散时间系统可以用一个算子来描述,即 $T[\cdot]$。它取得一个序列 $x(n)$(工程上称之为"激励")并将它变换为另一个序列 $y(n)$(工程称为"响应"),即

$$y(n)=T[x(n)]$$

在 DSP 中,一般认为系统将输入信号处理为输出信号。离散系统可以大致分为线性系统和非线性系统两类,在此只讨论线性系统。

1. 卷积

一个线性系统一般应该满足

$$y(n)=\mathrm{LTI}[x(n)]=\sum_{k=-\infty}^{\infty}x(k)h(n-k)$$

由 DSP 理论可知,线性系统的脉冲响应即为 $h(n)$,上式一般称为线性卷积,并一般表示为

$$y(n)=x(n)*h(n)$$

如果任意序列是无限长度的,就不能用 MATLAB 来直接计算卷积。MATLAB 提供了一个内部函数 con()来计算两个限长度序列的卷积。conv()假定两个序列都从 $n=0$ 开始,调用格式为

```
y = conv(x, h)
```

【例 28-14】 已知某系统的输入和冲激响应为

$$x(n)=n(u(n)-u(n-15))$$
$$h(n)=(0.4)^n(u(n)-u(n-10))$$

求系统的响应。

在 M 文件编辑器中输入以下代码：

```
clear;
n=1:20;
%初始化向量
x=zeros(1,20);
h=zeros(1,20);
h1=zeros(1,20);
x=n.*(stepqeq(0,0,19)-stepqeq(15,0,19));
h1=stepqeq(0,0,19)-stepqeq(10,0,19);
h=0.4.*n.*h1;
%求卷积
y=conv(x,h);
n=length(y);
%扩展输入与冲激响应的长度
x=[x,zeros(1,n-length(x))];
h=[h,zeros(1,n-length(h))];
n=1:n;
subplot(311),
stem(n,x);
title('输入');
subplot(312),
stem(n,h);
title('冲激响应');
subplot(313),
stem(n,y);
title('输出');
```

运行程序，效果如图 28-12 所示。

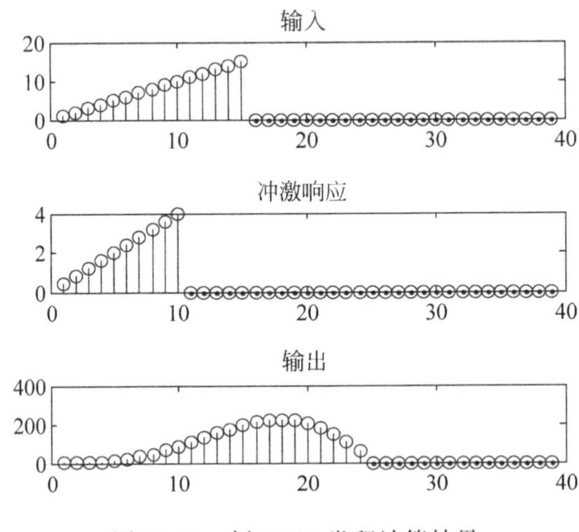

图 28-12　例 28-14 卷积计算结果

MATLAB 提供的内部函数 conv()只能计算从 0 时刻开始的序列的卷积，而在工程实际中往往会遇到一些不是从 0 时刻开始的序列，这样就需要对原有的 conv()函数进行扩展。

在 M 文件编辑器中输入扩展 conv()函数代码，名为 conv_n.m：

```
function [y,ny] = conv_n(x,nx,h,nh)
%
% DSP 的改进卷积程序
% [y,ny]为卷积结果
% [x,nx]为第一个信号
% [x,nh]为第二个信号
%
nyb = nx(1) + nh(1);
nye = nx(length(x)) + nh(length(nh));
ny = [nyb:nye];
y = conv(x,h);
```

这个卷积函数才是工程实际当中比较实用的函数，本章后面内容直接调用此函数。

【例 28-15】 已知离散系统的输入和冲激响应为

$$x(n) = [1,4,3,5,\bar{1},2,3,5]$$

$$h(h) = [4,2,4,\bar{0},4,2]$$

要求求出系统的响应，并绘制出系统的响应图。

在 M 文件编辑器中输入以下代码：

```
clear;
% 输入两个序列
x = [1 4 3 5 1 2 3 5];
nx = - 4:3;
h = [4 2 4 0 4 2];
nh = - 3:2;
[y,ny] = conv_n(x,nx,h,nh)                          % 求卷积
% 扩展输入和冲激响应序列
n = length(ny);
x1 = zeros(1,n);
h1 = zeros(1,n);
x1(find((ny >= min(nx))&(ny <= max(nx)) == 1)) = x;
h1(find((ny >= min(nh))&(ny <= max(nh)) == 1)) = h;
subplot(311),
stem(ny,x1);
title('输入');
subplot(312),
stem(ny,h1);
title('冲激响应');
subplot(313),
stem(ny,y);
title('输出')
```

运行输出结果为：

```
y =
4  18  24  42  30  48  40  60  36  30  16  26  10
ny =
  - 7  - 6  - 5  - 4  - 3  - 2  - 1  0  1  2  3  4  5
```

运行程序，效果如图 28-13 所示。

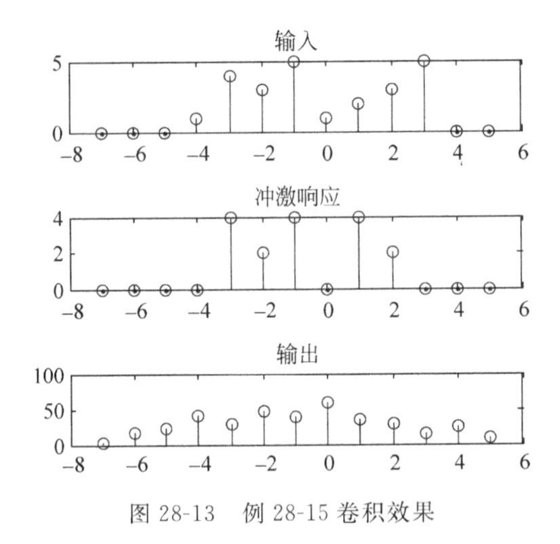

图 28-13　例 28-15 卷积效果

2. 相关

在工程实际当中，随机信号是 DSP 处理的主要内容，为了计算随机信号的功率谱和谱密度，DSP 理论引入了相关的概念。工程实际当中定义了互相相关的两个信号应该满足

$$r_{yx}(l) = y(l) * x(-l) \tag{28-1}$$

相应地，自相关定义为

$$r_{xx}(l) = x(l) * x(-l) \tag{28-2}$$

如果序列具有有限长度，计算序列的相关可以直接通过 conv()函数来实现。另外，MATLAB 还提供了 xcorr()函数来计算相关，但它也只能计算从 0 时刻开始的两个序列的互相关，因此并不建议使用此函数。

【例 28-16】 已知原型序列为

$$x(n) = [2,3,6,\bar{5},7,6,4]$$

令 $y(n)$为 $x(n)$加入噪声干扰并位移后的序列

$$y(n) = x(n-1) + v(n)$$

式中：$v(n)$为具有零均值和单位方差的高斯序列。要求计算 $x(n)$与 $y(n)$之间的互相关。

从 $y(n)$的结构可以看出它相似于 $x(n-1)$，因而它们之间的相关在 $n=1$ 处应该显示出最强。为了测试这一点，用两个不同的噪声来验证这一点。

在 M 文件编辑器中输入以下代码：

```
clear;
%噪声序列 1
x = [2 3 6 5 7 6 4];
nx = [ - 3:3];
[y,ny] = sigshift(x,nx,1);
w = randn(1,length(y));
nw = ny;
[y,ny] = sigadd(y,ny,w,nw);
```

```
[x,nx] = siffold(x,nx);
[nrxy,rxy] = conv_n(y,ny,w,nw);
subplot(211),
stem(nrxy,rxy);
xlabel('延时量 1'); ylabel('rxy');
title('噪声序列 1 的互相关');
%噪声序列 2
x = [2 3 6 5 7 6 4];
nx = - 3:3;
[y,ny] = sigshift(x,nx,1);
w1 = randn(1,length(y));
nw = ny;
[y,ny] = sigadd(y,ny,w1,nw);
[x,nx] = siffold(x,nx);
[nrxy,rxy] = conv_n(y,ny,w1,nw);
subplot(212),
stem(nrxy,rxy);
xlabel('延时量 2'); ylabel('rxy');
title('噪声序列 2 的互相关');
```

运行后得到如图 28-14 所示的结果，从图中可以看出，互相关的峰值确实是在 $n=1$ 处附近，这说明 $y(n)$和 $x(n)$移位 1 后相似。这个方法在工程实际中常常被用在雷达信号处理中用以对目标进行识别和局部化。

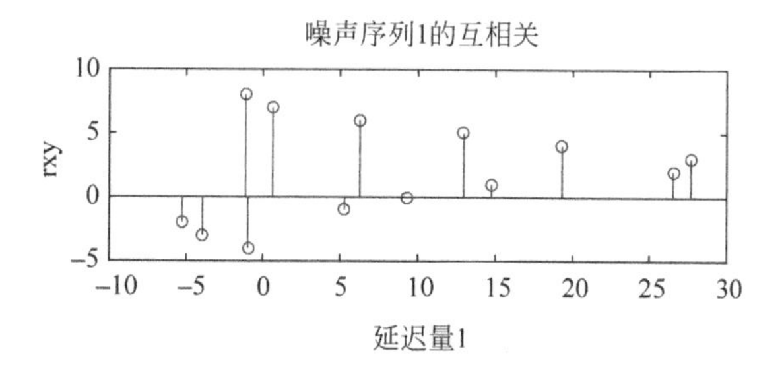

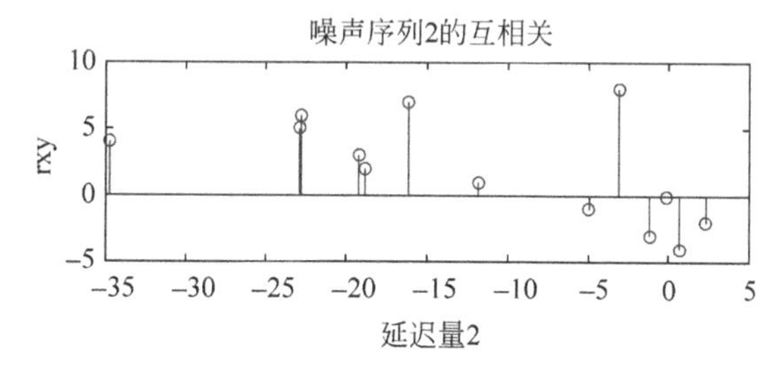

图 28-14　加入噪声后信号的互相关

28.2.2　离散系统的差分方程

线性时不变离散系统一般可以用如下形式的线性常系数差分方程来描述

$$\sum_{k=0}^{N} a_k y(n-k) = \sum_{m=0}^{M} b_m x(n-m), \quad \forall n \tag{28-3}$$

如果 $a_N \neq 0$,则此差分方程是 N 阶的。一般地,可以将式(28-3)写为

$$y(n) = \sum_{m=0}^{M} b_m x(n-m) - \sum_{k=0}^{N} a_k y(n-k) \tag{28-4}$$

于是该方程的解可以写为

$$y(n) = y_H(n) + y_P(n) \tag{28-5}$$

其中通解部分可以表示为

$$y_N(n) = \sum_{k=1}^{N} c_k z_k^n \tag{28-6}$$

式中:$z_k, k=1,\cdots,n,\cdots,N$ 是如下特征方程的 N 个根

$$\sum_{k=0}^{N} a_k z^k = 0 \tag{28-7}$$

特征方程在确定系统稳定性时是十分重要的。如果系统的所有特征根满足

$$|z_k| < 1, \quad k = 1,2,\cdots,N \tag{28-8}$$

则由式(28-4)描述的因果系统是稳定的。系统方程的特征解部分由式(28-3)右端的部分决定。

MATLAB 提供了函数 filter()来求解给定差分方程和输入的解,调用方式如下:

y=filter(b, a, x):其中 b, a 由式(28-4)的系数向量提供,x 为输入序列。

【例 28-17】 已知差分方程如下

$$y(n) - 0.4y(n-1) + 0.8y(n-2) = x(n) + 0.7x(n-1), \quad \forall n$$

(1) 计算并绘出冲激响应 $h(n)$和阶跃响应 $s(n)$,$n=-20,\cdots,60$。

(2) 判断由 $h(n)$描述的系统的稳定性。

首先计算差分方程的响应,其 MATLAB 代码为:

```
clear;
%输入差分方程的系数
b=[1 0.7];
a=[1 -0.4 0.8];
%计算并绘制冲激响应
x=impseq(0,-20,60);
n=-20:60;
h=filter(b,a,x);
subplot(211),
stem(n,h);
axis([-20 60 -1.1 1.5]);
title('冲激响应');
xlabel('n'); ylabel('h(n)');
%计算并绘制阶跃响应
x=stepqeq(0,-20,60);
n=-20:60;
s=filter(b,a,x);
subplot(212),
stem(n,s);
axis([-20 60 -0.1 2.5]);
title('阶跃响应');
xlabel('n'); ylabel('s(n)')
```

运行程序，效果如图 28-15 所示。

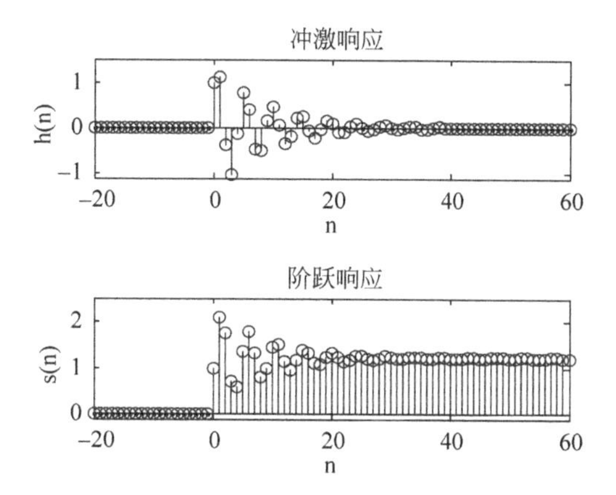

图 28-15　差分方程的冲激响应和阶跃响应

为判断由 $h(n)$ 描述的系统的稳定性，执行下面的 MATLAB 代码：

```
>> z = roots(a);
mg = abs(z)
```

运行后得到如下结果：

```
mg =  0.8944
      0.8944
```

由于两个根的模都小于 1，所以由式(28-8)可知，系统是稳定的。

28.3　信号参数的测量和分析

28.3.1　信号的能量和功率

时间连续信号 $f(t)$ 在时间 $t\in[t_1,t_n]$ 内的能量定义为将该信号视为电压或电流在 1Ω 电阻上所产生的能量，即

$$E=\int_{t_1}^{t_n}f^2(t)\,\mathrm{d}t \tag{28-9}$$

相应地，在时间 $t\in[t_1,t_n]$ 内的信号平均功率定义为

$$P_{\mathrm{av}}=\frac{1}{|t_n-t_1|}\int_{t_1}^{t_n}f^2(t)\,\mathrm{d}t \tag{28-10}$$

设信号 $f(t)$ 在均匀离散时间点 $t_k,k=1,\cdots,n$ 上的值为 $f(t_k)$，且相邻时间间隔为 $\Delta t_k=t_k-t_{k-1}$。当这些离散时间点间隔足够小时，以上积分可以近似表达为求和式

$$E=\sum_{k=1}^{n}f^2(t_k)\Delta t=\Delta t\sum_{k=1}^{n}f^2(t_k) \tag{28-11}$$

以及

$$P_{\mathrm{av}}=\frac{1}{(n-1)\Delta t}\sum_{k=1}^{n}f^2(t_k)\Delta t=\frac{1}{(n-1)}\sum_{k=1}^{n}f^2(t_k) \tag{28-12}$$

式(28-11)及式(28-12)就是计算离散时间信号的能量和平均功率的表达式。

28.3.2 信号直流分量和交流分量

信号的直流分量就是信号在相应时间段上的平均值，记为$\bar{f}$或f_{DC}。连续时间信号$f(t)$在时间$t\in[t_1,t_n]$上的直流分量为

$$\bar{f}=f_{\mathrm{DC}}=\frac{1}{|t_n-t_1|}\int_{t_1}^{t_n}f(t)\,\mathrm{d}t \tag{28-13}$$

对于离散时间序列$f(k)$，$k=1,2,\cdots,n$，其直流分量为

$$\bar{f}=f_{\mathrm{DC}}=\frac{1}{n}\sum_{k=1}^{n}f(k) \tag{28-14}$$

信号的交流分量值是信号中扣除直流分量之后的剩余部分，记为f_{AC}。对于连续时间信号，其交流分量为

$$f_{\mathrm{AC}}(t)=f(t)-\frac{1}{|t_n-t_1|}\int_{t_1}^{t_n}f(t)\,\mathrm{d}t=f(t)-f_{\mathrm{DC}} \tag{28-15}$$

对于离散时间信号，其交流分量为

$$f_{\mathrm{AC}}(k)=f(k)-\frac{1}{n}\sum_{k=1}^{n}f(k)=f(k)-\overline{f(k)} \tag{28-16}$$

因此，由式(28-12)可知，离散时间信号的交流分量功率为

$$P_{\mathrm{AC}}(k)=\frac{1}{n-1}\sum_{k=1}^{n}f_{\mathrm{AC}}^2(k)=\frac{1}{n-1}\sum_{k=1}^{n}(f(k)-\overline{f(k)})^2 \tag{28-17}$$

序列$[x_1,x_2,\cdots,x_n]$的均值和(修正)方差定义如下

$$\bar{x}=\frac{1}{n}\sum_{k=1}^{n}x_k \tag{28-18}$$

$$\sigma^2=\frac{1}{n-1}\sum_{k=1}^{n}(x_k-\bar{x})^2 \tag{28-19}$$

显然，离散时间序列的均值就是其直流分量，而序列的方差就是其交流功率。MATLAB 中使用命令 mean 求序列的均值，使用命令 var 求序列的方差。

28.3.3 离散时间信号的统计参数

离散时间信号的统计参数除了均值、方差之外，常用的还有标准差、相关系数、协方差矩阵、互相关系数、互协方差函数、中值、最小值、最大值等。

命令 s=std(x)用来求离散序列 x 的标准差，标准差即方差的平方根。C=cov(x, y)用来计算序列 x 和序列 y 的协方差矩阵。命令 R=corrcoef(x,y)用来计算序列 x 和序列 y 的互相关系数，而命令 c=xcorr(x,y)用于计算两个序列的互协方差函数。计算序列的中值、最小值、最大值分别采用命令 median、min 和 max 完成。这些命令的详细用法和计算方法请参考联机帮助文档。

在 Simulink 的 DSP Blockset 中也提供了统计库(Statistics)用来计算离散时间序列的统计参数，这些模块主要有：

- 自相关函数计算模块(Autocorrelation)。
- 互相关函数计算模块(Correlation)。
- 信号序列的最大值计算模块(Maximum)。
- 信号序列的均值计算模块(Mean)。
- 信号序列的中值计算模块(Median)。
- 信号序列的最小值计算模块(Minimum)。
- 信号序列的均方根值计算模块(RMS)。
- 信号序列的标准差计算模块(Standard Deviation)。
- 信号序列的方差计算模块(Variance)。
- 信号序列的统计直方图计算模块(Histogram)。

【例 28-18】 产生一个信号 $f(t)=1+\sin 2\pi 100t+2\cos 2\pi 153t, t\in[0, 10]$s。用统计库(Statistics)中的模块估计该信号的直流功率、交流功率、最大值和最小值。

理论计算：该信号的直流分量为1,故直流功率为1W,交流分量有2个,频率分别是100Hz和153Hz。可计算出交流总功率为2.5W,故信号总功率为3.5W。信号的最大值为4,最小值为-2。

下面以仿真模型验证它,由于统计库(Statistics)模块是针对离散时间信号的,所以需要对输入信号进行采样,设采样频率为10 000Hz。

测试模型和仿真结果如图28-16所示。

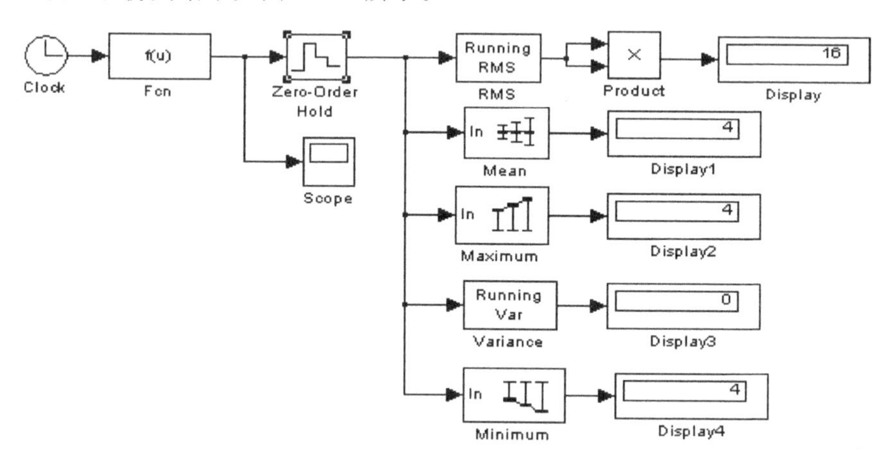

图 28-16 信号参数的测试模型和仿真结果

在模型中,采用了Clock模块和Fcn模块结合的方法来产生所需信号。Clock模块输出当前仿真时间,并作为自变量输入Fcn模块,Fcn模块设置计算函数为

$$1+\sin(2*\mathrm{pi}*100*\mathrm{u})+2*\cos(2*\mathrm{pi}*153*\mathrm{u})$$

因此就可输出所需信号。可见,信号源的设计方法是十分灵活的。

通过零阶保持模块以模拟信号采样,根据题设要求,采样频率设置为10 000Hz。仿真算法和步长可用默认参数。统计模块均设置为running模式,即对从仿真开始到当前时刻的全部输入数据进行统计计算并输出结果。

通过RMS模块计算信号的均方根值,即 $y=\sqrt{\frac{1}{n}\sum_{k=1}^{n}f^2(k)}$,因此均方根值的平方

根即为信号总功率,仿真得出的值为 3.502W。而用 mean 模块得出的信号直流分量为 1.002。信号最大值通过 Maximum 模块得出,为 4,最小值通过 Minimum 模块得出,为 −2。信号的交流总功率通过 Variance 模块得出,仿真结果为 2.499W,与理论值相符。由于是统计计算,随着仿真的执行,输出数据不断修正,理论上,当仿真时间达到无穷大时,统计结果将趋近于理论值。

【例 28-19】 产生一个均值为 2、方差为 3 的高斯信号,用统计模块测试该信号的直流分量、交流功率、信号中值,并画出分布的归一化直方图。设信号采样频率为 1000Hz,仿真时间为 10s。

系统仿真测试模型和执行结果如图 28-17 所示。模型中,采用通信模块库中的高斯噪声发生器 Gaussian Noise Generator 来产生高斯噪声,设置其均值为 2,方差为 3,采样时间间隔为 1/1000s。利用 Histogram 模块进行直方图统计,设置其统计范围为 −10～10,统计分段为 100,即每段宽度为 0.2,并选择 Normalized 和 Running histogram 模式,这样将在各仿真时刻上输出归一化的累计直方图统计值。将输出值转换为一维数据格式后通过 To Workspace 模块送入工作空间,变量名设置为 histdata,To workspace 模块的 Limit data ponist to last 栏设置为 1,即只输出最后仿真时刻的结果到工作空间。对于直流分量和交流分量功率的统计则很简单,只需要将 Mean 模块和 Variance 模块均设置为 running 模式即可。计算中值模块要求输出为帧格式数据,并统计帧中数据的中值。将仿真时间段设置为 10s,数据采样频率为 1000Hz,因此共产生 10 001 个信号样值点,可设置缓存区大小为 10 000。最后,通过如下程序执行仿真并作出信号样值的归一化频度直方图,如图 28-18 所示。

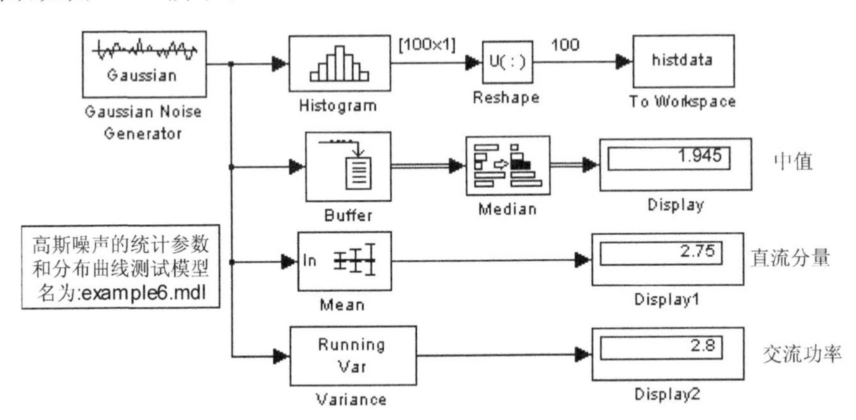

图 28-17　高斯噪声的统计参数测试模型和仿真结果

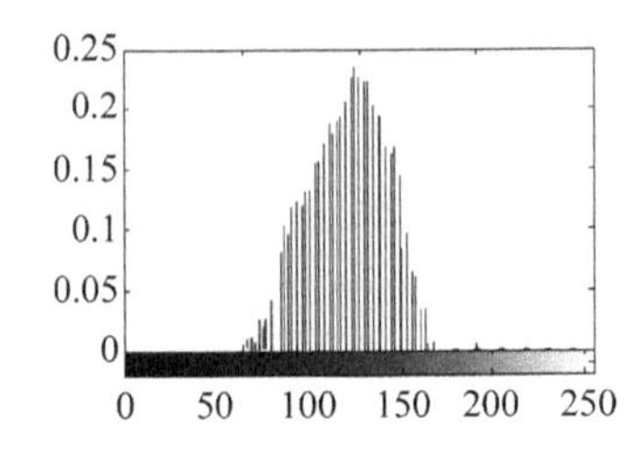

图 28-18　仿真执行后得到的高斯噪声样值的归一化频度直方图

程序代码：

```
sim('example6.mdl');
bar([-10:1/5:10-1/5]);                          %作出归一化统计直方图
```

28.3.4 信号的频域参数

1. 信号频谱分析的原理

对于时间连续信号 $f(t)$，其频域分析可以通过连续时间傅里叶变换(CTFT)来进行，即

$$f(t) \Leftrightarrow F(\omega) \tag{28-20}$$

其中，傅里叶正变换为

$$F(\omega) = \int_{-\infty}^{\infty} f(t) e^{-j\omega t} dt \tag{28-21}$$

傅里叶反变换为

$$f(t) = \frac{1}{2\pi} \int_{-\infty}^{\infty} F(\omega) e^{j\omega t} d\omega \tag{28-22}$$

连续时间傅里叶变换特别适合于对时间连续信号的理论分析(如信号与系统课程中的内容)，但是，由于函数 $f(t)$ 与 $F(\omega)$ 都是连续函数，不能够直接用计算机来处理，因此在进行数值计算时必须将其离散化，然后利用离散傅里叶变换(DFT)实现近似计算。

离散傅里叶变换的定义：对于 N 点离散序列 $f(n)$，其离散傅里叶变换(DFT)也是 N 点离散序列，设为 $F(k)$，则

$$f(n) \Leftrightarrow F(k) \tag{28-23}$$

其中，DFT 正变换定义为

$$F(k) = \sum_{n=0}^{N-1} f(n) e^{-j\frac{2\pi}{N}kn}, \quad k = 0,1,\cdots,N-1 \tag{28-24}$$

反变换为

$$f(n) = \frac{1}{N} \sum_{k=0}^{N-1} F(k) e^{j\frac{2\pi}{N}kn}, \quad n = 0,1,\cdots,N-1 \tag{28-25}$$

通过连续时间傅里叶变换与离散傅里叶变换之间的关系，可以利用离散傅里叶变换来近似计算连续时间傅里叶变换。

设对连续时间信号 $f(t)$ 的截取时间段长度为 L，对其进行离散化的采样时间间隔为 T，那么采样输出的离散时间序列 $f(nT)$ 中的信号样值点数 N 为

$$N = \left\lfloor \frac{L}{T} \right\rfloor + 1 \tag{28-26}$$

例如，若信号 $f(t)$ 的大部分能量集中于频率段 $[0, f_m]$ 和时间段 $[t_0, t_1]$ 上，那么就可以根据采样定理选取采样时间间隔为 $T \leqslant 1/(2f_m)$，并选取截取时间段长度为 $L \geqslant t_1 - t_0$。这样就在离散时间点序列 $t=nT, n=0,1,\cdots,N-1$ 上对连续时间信号进行了离散化。对 $f(t)$ 的连续时间傅里叶变换中的积分进行近似求和计算，即将式(28-21)近似计算为

$$
\begin{aligned}
F(\omega) &= \int_{-\infty}^{\infty} f(t)\mathrm{e}^{-\mathrm{j}\omega t}\mathrm{d}t \\
&\approx \int_{t_0}^{t_1} f(t)\mathrm{e}^{-\mathrm{j}\omega t}\mathrm{d}t \qquad (28\text{-}27)\\
&\approx T\sum_{n=0}^{N-1} f(nT)\mathrm{e}^{-\mathrm{j}\omega nT}
\end{aligned}
$$

但是,这样计算出来的结果 $F(\omega)$ 仍然是连续函数,计算机不能直接进行处理。为了实现数值计算,还需要对 $F(\omega)$ 进行离散化处理。将频率段 $0\sim 1/T$Hz 划分为 N 个计算频率点,这 N 个离散频率点以角频率表示为

$$
\omega = k\omega_0 = k\frac{2\pi}{NT},\quad k = 0,1,\cdots,N-1 \qquad (28\text{-}28)
$$

将式(28-28)代入(28-27)中,并将离散序列 $f(nT)$ 简写为 $f(n)$,即得到离散频率点上的近似计算式

$$
\begin{aligned}
F(\omega)\Big|_{\omega=k\omega_0=k\frac{2\pi}{NT}} &\approx T\sum_{n=0}^{N-1} f(nT)\mathrm{e}^{-\mathrm{j}k\frac{2\pi}{N}n} \\
&= T\sum_{n=0}^{N-1} f(n)\mathrm{e}^{-\mathrm{j}k\frac{2\pi}{N}n} \qquad (28\text{-}29)
\end{aligned}
$$

对比 DFT 计算式(28-24),显然有

$$
F(\omega)\Big|_{\omega=k\omega_0=k\frac{2\pi}{NT}} \approx T\cdot \mathrm{DFT}[f(n)] = T\cdot F(k) \qquad (28\text{-}30)
$$

该式表明,利用 DFT(FFT)计算连续时间傅里叶变换的频谱时,除了计算时域样点的离散傅里叶变换的频谱 $F(k)$,还要将 $F(k)$ 乘以取样时间间隔 T,才能得出结果。

MATLAB 中计算离散快速傅里叶变换正变换和反变换的命令分别是 fft 和 ifft。

fft 函数调用格式如下:

y=fft(x):若 x 为 1 行 N 列或 N 行 1 列序列,则计算 N 点 DFT。

y=fft(x,n):计算 n 点 DFT。

若 x 序列的点数小于 n,则自动在 x 序列后补零;若 x 序列的点数大于 n,则自动对 x 序列截断。

ifft 函数调用格式如下:

y=ifft(x):若 x 为 1 行 N 列或 N 行 1 列序列,则计算 N 点 DFT。

y=ifft(x,n):计算 n 点 DFT。

若 x 序列的点数小于 n,则自动在 x 序列后补零;若 x 序列的点数大于 n,则自动对 x 序列截断。

Simulink 的 DSP Blockset 中的 Transform 模块库中也给出了 FFT 变换模块,它们是正变换模块 FFT、反变换模块 IFFT 以及正变换幅度输出模块 Magnitude FFT 等。这些模块的输入信号可以是基于采样的并行信号,也可以是基于帧的,由于模块采用了基 2-FFT 算法,所以需要输入信号的帧长度或并行信号数目为 2 的幂次,下面举例说明。

【例 28-20】 已知时间连续信号 $f(t)=\mathrm{e}^{-t}u(t)$,其中 $u(t)$ 为单位阶跃信号。求信号的傅里叶变换理论解,然后用 FFT 进行近似数值求解并对比理论结果。

根据连续信号傅里叶变换的公式(式(28-21))可知,计算信号的频谱为

$$F(\omega)=\int_0^{\infty} e^{-t}e^{-j\omega t}dt=\frac{1}{1+j\omega}$$

据此编写程序作出信号的时域波形和频谱(幅度频率响应和相位频率响应)。程序代码如下,所得出的曲线如图 28-19 所示。

在 M 文件编辑器中输入以下代码:

```
clear;
t = -1:0.01:10;                                    %计算时间波形
f_t = exp(-t).*(t>0);
subplot(311);
plot(t,f_t);                                       %时域波形
axis([-1 10 -0.1 1.1]); title('时域波形');
xlabel('time(sec)');
w = -40:0.1:40;                                    %频谱理论结果
f_w = 1./(1+j*w);                                  %频谱理论结果
subplot(312);
plot(w,abs(f_w));
axis([-40 40 0 1.1]); title('幅度频谱');
xlabel('freq(rad/s)');
subplot(313);
plot(w,angle(f_w));                                %频域相位谱
axis([-40 40 -pi/2 pi/2]); title('相位频谱');
xlabel('freq(rad/s)');
```

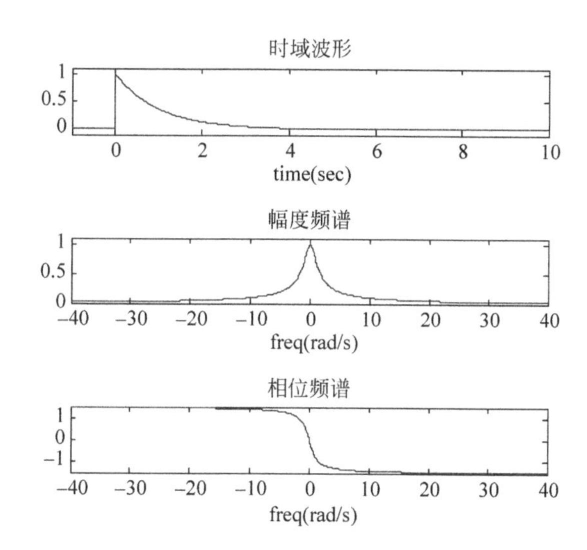

图 28-19 理论计算的信号 $f(t)=e^{-t}u(t)$的时域波形和频谱

接下来再用 FFT 进行数值计算。从图 28-19 中可知,该信号在时域中是无限长的,其频谱也是无限宽的,因此离散化的时候必须对其进行时域截断和频域截断。当时间大于 5s 后波形值近似为零,而频率大于 40rad/s 的部分幅度谱值也接近零。严格来说,应该选取大于 95%或 99%的总能量时域和频域部分加以截断。

这样,可以选取时域截断区为 $t\in[0, 5]$,频域截断区为 $\omega\in[0, 40]$(单边),相应的采样时间间隔 T 为

$$T=\frac{1}{2f_{\max}}=\frac{2\pi}{2\omega_{\max}}=\frac{\pi}{40}$$

采样点数为

$$N=\left\lfloor\frac{L}{T}\right\rfloor+1=\left\lfloor\frac{5}{\pi/40}\right\rfloor+1$$

据此编写计算程序如下：

```
clear;
w_n = 40;                                      % 截断频率
T = pi/w_n;                                    % 采样间隔
L = 5;
t = 0:T:L;                                     % 时域截断
x_t = exp( - t). * (t > 0);                    % 信号序列
N = length(x_t);                               % 序列长度(点数)
%
x_k = fft(x_t);                                % FFT 计算
%
w0 = 2 * pi/(N * T);                           % 离散频率间隔
kw = 2 * pi/(N * T). * [0:N - 1];              % 离散频率样点
x_kw = T. * x_k;                               % 乘以 T 得到连续傅里叶变换频谱的样值
%
subplot(211);
plot(kw,abs(x_kw),'.','MarkerSize',15);        % 作出数值计算的幅度谱点
axis([ - 40 90  - 0.1 1.1]);
xlabel('freq(rad/s)');
title('幅度频谱');
hold on;                                       % 保持前面作图曲线不被擦除
w = - 40:0.1:40;
x_w = 1./(1 + j * w);                          % 理论计算频谱表达式
plot(w,abs(x_w));                              % 作图对比
subplot(212);
plot(kw,angle(x_kw),'.','MarkerSize',15);      % 作出数值计算的相位频谱点
xlabel('freq(rad/s)');
axis([ - 40 90  - pi pi]);
title('相位频谱');
```

程序执行后，得出数值计算的幅频、相频结果和理论结果对比曲线，如图 28-20 所示。图中，连续曲线为理论计算的频谱结果，小点表示 DFT 的数值计算结果。值得注意的是，FFT 计算频率点序列对应的频率范围是$[0, 2\omega_{\max}]$，其幅度谱以截断频率 $\omega_{\max}$ 为轴对称，而其相位谱则以截断频率 $\omega_{\max}$ 为中心对称，理论计算结果对应的频率范围是$[-\omega_{\max}, \omega_{\max}]$。另外，利用命令 fftshift 可以将 fft 的计算输出零频搬移到输出中心，从而与理论结果的范围匹配。由图 28-20 可知，这里利用 DFT(FFT)估计出的连续时间信号的幅度频谱精度较高，而估计出的相位频谱在频率接近时将出现较大误差。为了减小这一误差，可进一步提高计算所选取的截断频率。

【例 28-21】 求信号 $f(t)=2\sin(2\pi 100t)+\cos(2\pi 180t)$的近似频谱，要求计算频谱范围为 0～500Hz，频率分辨率(即频率点间隔)$\Delta f\leqslant 5$Hz。用程序实现计算。

由题意知，对连续信号的采样频率为 $f_s=2\times 500$Hz，因此 FFT 的计算序列点数 N 为

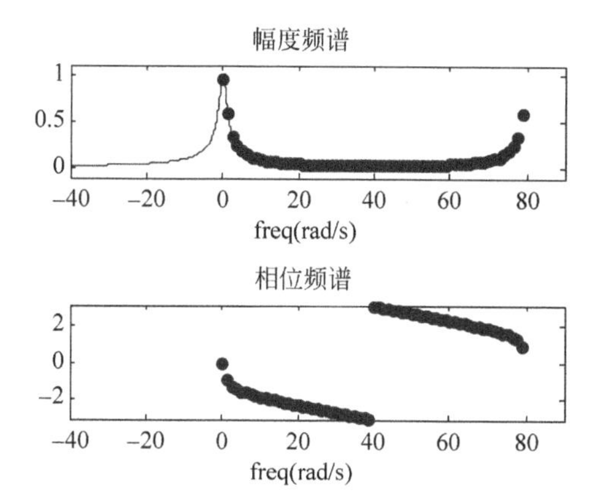

图 28-20　信号 $f(t)=e^{-t}u(t)$的频谱：理论结果与数值计算的近似结果对比

$$N \geqslant \frac{f_s}{\Delta f} = \frac{1000}{5} = 200$$

据此编写程序如下。程序中，用 fftshift 命令计算频谱的中心位移到零频率处，即输出频率范围为[−500, 500]Hz。程序执行后得到信号的幅度频谱如图 28-21 所示。

在 M 文件编辑器中输入以下代码：

```
clear;
df = 5;                                            % 频率间隔
f_s = 2 * 500;                                     % 采样频率
N = f_s/df;                                        % 序列点数
t = 0:1./f_s:(N - 1)./f_s;                         % 计算时间段
freq = 0:df:(N - 1) * df;                          % 计算频率段
f_t = 2 * sin(2 * pi * 100 * t) + cos(2 * pi * 180 * t);% 信号
F_f = 1/f_s * fft(f_t,N);                          % 用 FFT 计算频谱
plot(freq - f_s/2,abs(fftshift(F_f)));             % 将零频率移动到 FFT 中心
xlabel('频率(Hz)'); ylabel('幅度谱');
```

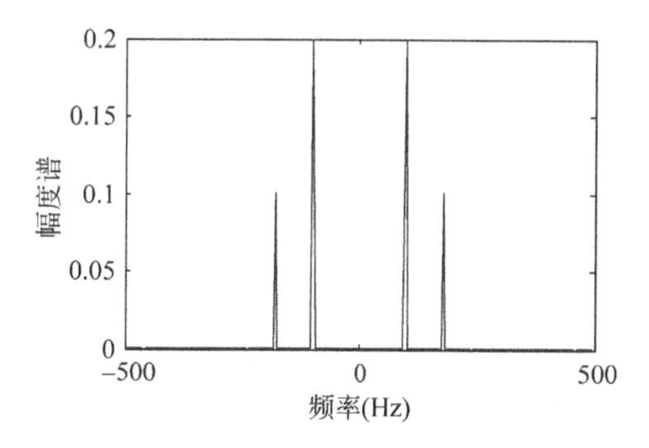

图 28-21　信号 $f(t)=2\sin(2\pi 100t)+\cos(2\pi 180t)$的近似频谱，频率分辨率为 5Hz

2. 信号的时域频域能量和功率关系——帕斯瓦尔定理

连续时间信号的帕斯瓦尔能量定理：对于连续时间信号及其傅里叶变换 $f(t)\leftrightarrow F(\omega)$，

其在时域中计算的信号能量等于频域中计算的信号能量，即

$$E=\int_{-\infty}^{\infty}|f(t)|^2\mathrm{d}t=\frac{1}{2\pi}\int_{-\infty}^{\infty}|F(\omega)|^2\mathrm{d}\omega$$
$$=\int_{-\infty}^{\infty}|F(2\pi f)|^2\mathrm{d}f$$

离散时间信号的帕斯瓦尔定理：对于 N 点的离散序列及其离散傅里叶变换 $f(n)\leftrightarrow F(k)$，其时域能量等于频域能量，即

$$E=T\sum_{n=0}^{N-1}|f(n)|^2=\frac{T}{N}\sum_{k=0}^{N-1}|F(k)|^2$$

时域和频域的平均功率关系为

$$P_{\mathrm{av}}=\frac{E}{L}=\frac{E}{NT}=\frac{1}{N}\sum_{k=0}^{N-1}|f(n)|^2=\frac{1}{N^2}\sum_{k=0}^{N-1}|F(k)|^2 \tag{28-31}$$

式中：T 为采样时间间隔；N 为离散时间序列的点数；$L=NT$ 为离散时间序列的时间长度。

下面以示例进行验证。

【例 28-22】 设有时间连续信号为

$$s(t)=2+\sin 2\pi 50t$$

试求其功率，并在时域和频域对其功率进行数值计算，验证帕斯瓦尔定理。

显然，该信号是由幅度为 2 的直流分量以及幅度为 1 的 50Hz 正弦交流分量构成，其平均功率的理论计算结果为

$$P_{\mathrm{av}}=2^2+\left(\frac{1}{\sqrt{2}}\right)^2=4.5$$

验证模型和仿真运行结果如图 28-22 所示。其中用 Clock 模块和 Fcn 模块产生所需信号 $s(t)$，然后通过 Zero-Order Hold 采样得出离散时间信号以便进行离散傅里叶变换。由于信号的最高频率为 50Hz，根据采样定理，只要采样频率大于 100Hz 即可，因此本示例将零阶保持器的采样时间间隔设置为 1/200s。选择 FFT 变换的帧长度为 512，因此 Buffer 模块的缓存区大小设置为 512。以 Abs 模块、乘法器模块、Mean 平均模块以及增益模块等实现对式(28-31)的计算。其中，Mean 平均模块设置为对输入向量进行平均的模式。运行仿真后，在 FFT 模块前后(即时域和频域)计算的平均功率输出显示均为 4.5，与理论结果符合。

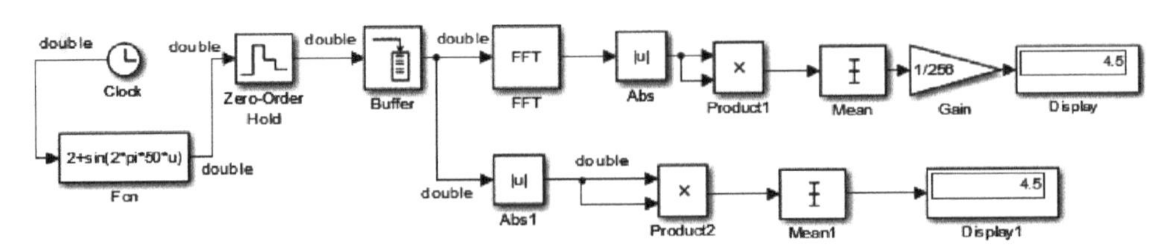

图 28-22 帕斯瓦尔定理的验证模型和仿真运行结果

3. 频谱分析的若干问题讨论

通过以上分析可知，连续非周期信号频谱的数值计算必须首先对信号进行时域取

样，得到时间离散化的信号，时域取样必须满足或近似满足取样定理。根据时域频域的对应关系，时域取样将导致所得的采样信号频谱周期化。然而，为了使周期化后的采样信号频谱便于计算机处理，还必须再将其进行频域离散化，方法是对该频谱进行频域采样。根据时域频域的对应关系，频域离散化将对应于时域信号的周期化。因此，对连续非周期信号的频谱进行数值计算时，应确定如何截取信号的时间段，如何选择时域采样频率，以及在时间段上对信号进行截取的方式。截取信号的时间段长度决定了时域周期化的周期，对应于频域采样的频率间隔，即频率分辨率；时域采样频率决定了频域周期化的周期，即频谱数值计算的范围；而在某时间段上对信号进行截取的方式，即不同窗函数的应用，决定了信号频谱估计的精度和有效范围。

设要分析连续时间非周期信号 $f(t)$ 在频率范围 $[0, f_m]$ 内的频谱，且要求分析的频率分辨率（数值计算的频率间隔）为 ΔfHz，则首先应根据信号频率范围确定采样频率，再根据所要求的频率分辨率确定截取时间长度，从而计算出所需计算 FFT 的序列长度（点数），最后，根据信号时域波形特征选择使用不同的窗函数。

（1）根据分析的信号频率范围确定采样频率。

要分析信号 $f(t)$ 在频率范围 $[0, f_m]$ 内的频谱，则采样频率 f_s 必须满足采样定理，即

$$f_s \geqslant 2f_m$$

相应地，采样时间间隔 T_s（也称为时间分辨率）满足

$$T_s = \frac{1}{f_s} \leqslant \frac{1}{2f_m}$$

（2）根据频率分辨率要求确定分析信号 $f(t)$ 的截取时间段长度。

要使所分析的频率分辨率达到 Δf，即每隔 Δf 计算一个频率点，那么对信号的截取时间长度 L 必须满足

$$L \geqslant \frac{1}{\Delta f}$$

根据截取时间长度 L 和采样时间间隔 T_s 就可以计算出截取时间信号离散化之后的序列点数 N，也可由计算采样频率 f_s 和频率间隔 Δf 来等价计算出序列点数，即

$$N = \left\lfloor \frac{L}{T_s} \right\rfloor + 1 = \left\lfloor \frac{f_s}{\Delta f} \right\rfloor + 1$$

（3）根据信号时域波形的特征来应用不同的窗函数。

使用窗函数可以控制频谱主瓣宽度、旁瓣抑制度等参数，从而更好地进行波形频谱分析和滤波器参数的设计。将窗函数与信号的时域波形或频谱进行相乘的过程，就称为对信号做时域加窗和频域加窗。不同窗函数与信号时域波形相乘就是以不同窗函数对时间无限长的连续时间信号 $f(t)$ 进行时间段截取。

MATLAB 信号处理工具箱中计算窗函数的指令是 window，其用法如下。

```
window
w=window(fhandle, n)
w=window(fhandle, n, winopt)
```

其中，window 指令用于打开一个窗函数的设计图形化界面，如图 28-23 所示。在打开的对话框中可以选择窗函数类型、数据长度等来进行设计，同时可观察设计结果的时域和

频域曲线。

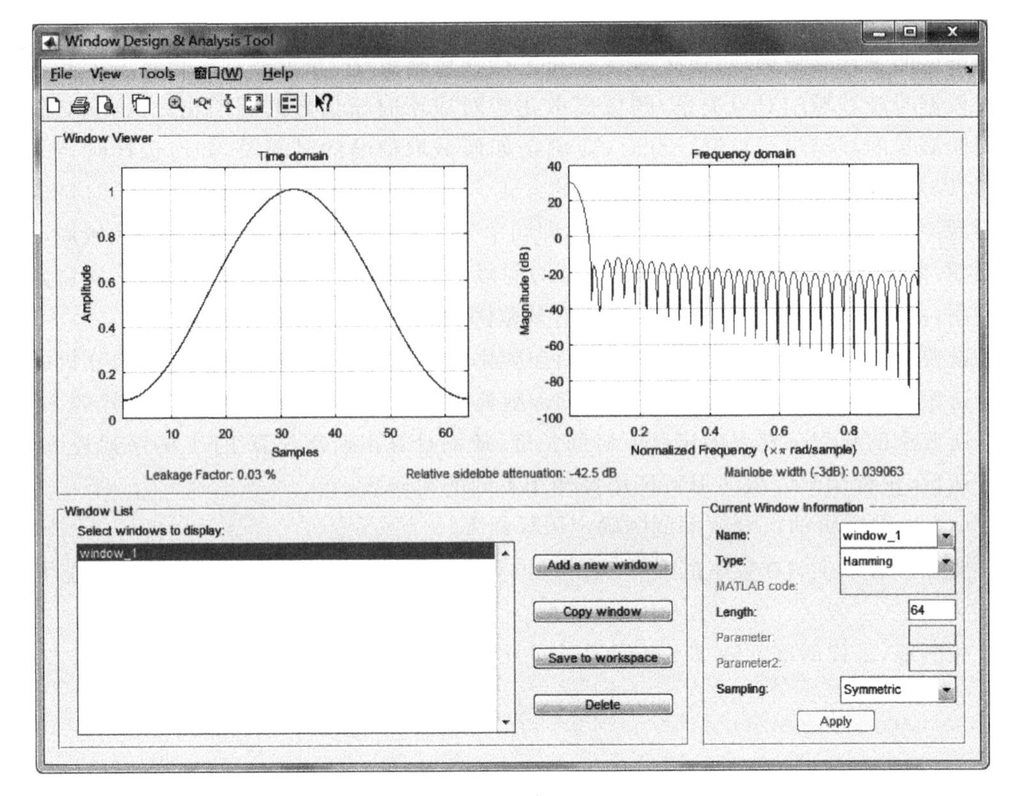

图 28-23 window 指令打开的窗函数设计工具

指令 w=window(fhandle, n)和 w=window(fhandle, n, winopt)用于返回 fhandle 指定的 n 点窗函数值,参数 winopt 是相应窗函数的参数选项。

常用的窗函数参数 fhandle 如表 28-1 所示。fhandle 参数均以@符号开头。另外,MATLAB 也提供了以 fhandle 参数名(去掉@符号)为指令的窗函数。例如,矩形窗函数可通过命令 w=window(@rectwin, n)得到,也可以通过命令 w=rectwin(n)得到。各窗函数的数学定义以及参数选项情况参见相关联机帮助文档。

表 28-1 常用的窗函数参数 fhandle

窗函数名称	fhandle	窗函数名称	fhandle
修正巴特利特-汉宁窗	@ barthannwin	海明窗	@ hamming
巴特利特窗	@ bartlett	汉宁窗	@ hann
布莱克曼窗	@ blackman	凯瑟窗	@ kaiser
最小 4 项布莱克曼哈里斯窗	@ blackmanharris	Nuttall 窗	@ nuttallwin
Bohman 窗	@ bohmanwin	Parzen(dela Valle-Poussin)窗	@ parzenwin
切比雪夫窗	@ chebwin	矩形窗	@ rectwin
平顶加权窗	@ flattopwin	三角窗	@ triang
高斯窗	@ gausswin	图基窗	@ tukeywin

此外，设计完成的窗函数数据可以采用 wvtool 指令来显示时域波形和频域特性，例如使用 wvtool(hamming(64)，hann(64)，gausswin(64))可以得到 64 点的海明窗、汉宁窗和高斯窗的时域频域特性对比，如图 28-24 所示。

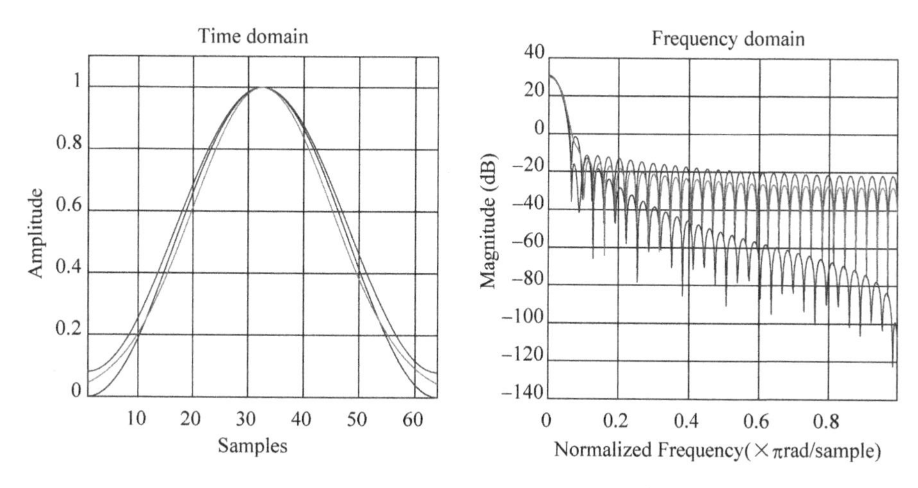

图 28-24　wvtool 指令显示的 3 种窗函数曲线对比

在时域中，信号加窗就是将信号与窗函数相乘，即以窗函数作为加权函数对时域波形进行时间段截取。显然，信号经过窗函数处理后的功率将发生变化。在对信号频谱进行分析中，用户一般希望加窗后信号功率保持不变，为此，需要对窗函数进行功率归一化处理。设窗函数为 $w(t),t\in[0,L]$，在窗口内的平均功率为 P_w，并设窗函数离散化之后得到 N 点序列 $w(n)$，则对信号 $f(t)$ 及其离散序列 $f(n)$ 进行时域加窗并作功率归一化的结果是

$$f_w(t)=\frac{1}{\sqrt{P_w}}f(t)w(t)=\frac{f(t)w(t)}{\sqrt{\frac{1}{L}\int_0^L|w(t)|^2\mathrm{d}t}}$$

相应地，功率归一化加窗输出的离散序列为

$$f_w(n)=\frac{f(t)w(t)}{\sqrt{\frac{1}{N}\sum_{i=0}^{N-1}|w(i)|^2}}$$

【例 28-23】 对比不同的加窗方式对信号频谱估计的影响。试对一个频率为 50Hz、振幅为 1 的正弦波以及频率为 75Hz、振幅为 0.7 的正弦波的合成波形进行频谱分析，要求分析的频率范围为 0～100Hz，频率分辨率为 1Hz。

根据所要求的分析频率范围可以确定信号的采样频率为 $f_s=200\text{Hz}$，采样时间间隔(时间分辨率)为 $T=1/f_s=5\text{ms}$，而根据要求的频率分辨率可以得出信号时域截断长度为 $L=1/\Delta f=1\text{s}$。因此，对截断信号的采样点数为

$$N=\left\lfloor\frac{L}{T_s}\right\rfloor+1=\left\lfloor\frac{f_s}{\Delta f}\right\rfloor+1=201$$

现分别用矩形窗、海明窗和汉宁窗进行时域加窗，然后观察幅度谱曲线，程序代码如下：

```
clear;
fs = 200;                                        % 采样频率
dta_f = 1;                                       % 频率分辨率
T = 1/fs;                                        % 时间分辨率
L = 1/dta_f;                                     % 时域截取长度
N = floor(fs/dta_f) + 1;                         % 计算截断信号的采样点数
t = 0:T:L;                                       % 截取时间段和采样时间点
freq = 0:dta_f:fs;                               % 分析的频率范围和频率分辨率
f_t = (sin(2 * pi * 50 * t) + 0.7 * sin(2 * pi * 75 * t))';
% 在截取范围内的分析的信号时域波形
f_t_re = rectwin(N). * f_t./sqrt(sum(abs(rectwin(N).^2))./N);
% 矩形窗功率归一化
f_t_hm = hamming(N). * f_t./sqrt(sum(abs(hamming(N).^2))./N);
% 海明窗功率归一化
f_t_hn = hann(N). * f_t./sqrt(sum(abs(hann(N).^2))./N);
% 汉宁窗功率归一化
f_w_re = T. * fft(f_t_re,N);
% 进行 N 点 FFT,并乘以采样时间间隔 T 得到的频谱
f_w_hm = T. * fft(f_t_hm,N);                     % 加海明窗的频谱
f_w_hn = T. * fft(f_t_hn,N);                     % 加汉宁窗的频谱
figure(1);
subplot(221);
plot(t,f_t); title('原始信号');
subplot(222);
plot(t,f_t_re); title('矩形窗');
subplot(223);
plot(t,f_t_hm); title('海明窗');
subplot(224);
plot(t,f_t_hn); title('汉宁窗');
figure(2);
subplot(311);
plot(freq,10 * log10(abs(f_w_re)));
title('矩形窗频谱');
   ylabel('幅度 dB');axis([0 200 - 50 0]);
   grid on;
   subplot(312);
plot(freq,10 * log10(abs(f_w_hm)));
title('海明窗频谱');
   ylabel('幅度 dB');axis([0 200 - 50 0]);
   grid on;
   subplot(313);
plot(freq,10 * log10(abs(f_w_hn)));
title('汉宁窗频谱');
   ylabel('幅度 dB');axis([0 200 - 50 0]);
   grid on;
   p_original_signal = var(f_t)                  % 计算原始信号的平均功率
   p_hannwindowed = sum((abs(f_w_hn/T)).^2)/(N^2)  % 计算加窗后的信号功率
```

运行 MATLAB 窗口输出结果如下：

```
p_original_signal = 0.7450
p_hannwindowed = 0.7450
```

其中采用了功率归一化的加窗方式，以保证窗内的信号和输出信号的平均功率相等，如以上输出结果显示。执行程序后，得出的原始信号以及加窗后信号的时域波形和幅度频谱如图 28-25 所示。事实上，加矩形窗等价于截取时不作加窗处理。从图 28-25 的 3 种加窗后的幅度谱估计曲线来看，应用海明窗和汉宁窗后都比应用矩形窗(等价于不加窗)的估计精度要高。

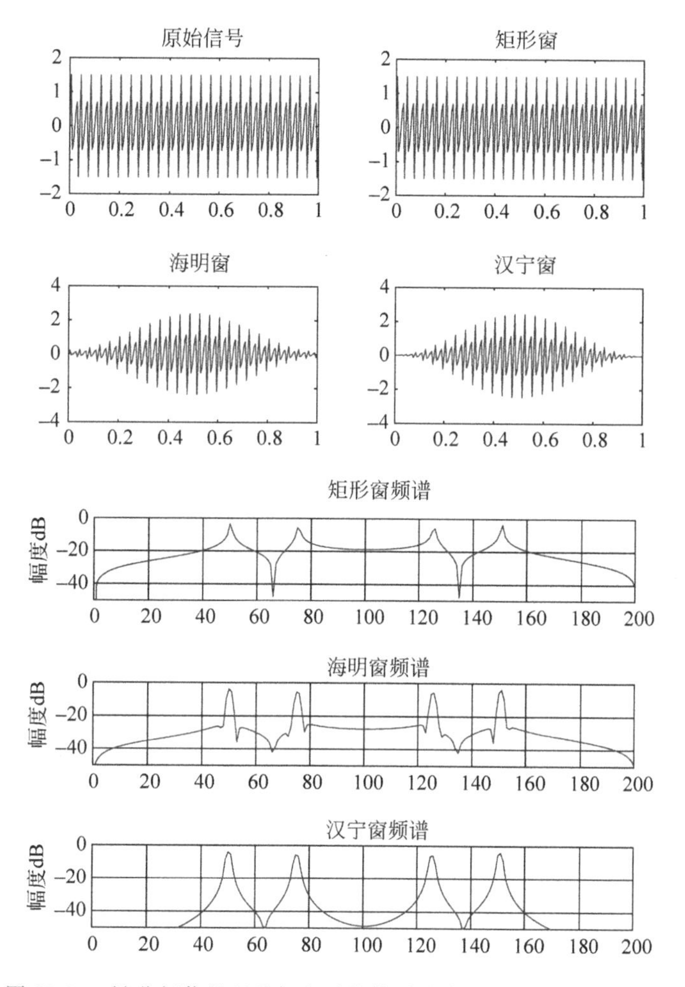

图 28-25 被分析信号以及加窗后的信号时域波形和相应幅度频谱

4. 随机信号的功率谱密度估计方法

在通信系统中，往往需要研究具有某种统计特性的随机信号。由于随机信号是一类持续时间无限长，具有无限大能量的功率信号，它不满足傅里叶变换条件，而且也不存在解析表达式，因此就不能够应用确定信号的频谱计算方法去分析随机信号的频谱。然而，虽然随机信号的频谱不存在，但其相关函数却是确定的。如果随机信号是平稳的，那么其相关函数的傅里叶变换就是它的功率谱密度函数，简称功率谱。功率谱反映了单位频带内随机信号的功率大小，它是频率的函数，其物理单位是 W/Hz。随机信号功率谱估计就是根据随机信号的一个样本信号来对该随机过程的功率谱密度函数作出估计。对功率谱估计的最简单方法是：通过样本信号的离散傅里叶变换得出样本信号的频谱，然后将其取模值后平方。这种直接根据样本信号的离散傅里叶变换取模值后平方的功率谱估计方法称为周期图法。

设采样时间间隔为 T，则采样频率为 $f_s=1/T$。又设连续时间随机信号的一个样本信号为 $f(t)$，在时间段$[0, L]$内其采样输出的 N 点随机样本序列为 $f(n)$，则由式(28-30)知，其频谱序列 $F(k\Delta f)$可计算为

$$F(k\Delta f) = T \cdot \mathrm{DFT}(\int(n)), \quad k = 0,\cdots,N-1$$

式中：$\Delta f=\frac{1}{NT}$为频率分辨率。用周期图法将信号功率谱密度函数的离散序列 $P(k\Delta f)$估计为

$$\begin{aligned} P(k\Delta f) &= \frac{\Delta f}{NT} \left| F(k\Delta f) \right|^2 \\ &= \frac{1}{N^2} (\mathrm{DFT}(f(n)))^2, \quad k = 0,\cdots,N-1 \end{aligned}$$

根据离散时间信号的帕斯瓦尔定理(式(28-31))，通过信号的功率谱密度函数序列 $P(k\Delta f)$来计算信号的平均功率 P_{av}时，只需对 $P(k\Delta f)$序列求和即可，即

$$P_{av} = \sum_{k=0}^{N-1} P(k\Delta f)$$

【例 28-24】 已知随机信号为

$$x(t) = \sin 2\pi 50t + 2\sin 2\pi 130t + n(t)$$

式中：$n(t)$是零均值方差为 1 的高斯噪声。试用周期图法估计其功率谱密度，要求估计的频率范围为[0, 250]Hz，估计的频率分辨率为 1Hz。

根据题意，系统采样频率应为 $f_s=500$Hz。由要求的频率分辨率可计算得到样本序列长度为 1s，即 501 样点，据此编写程序代码如下：

```
clear;
fs = 500;                                   %采样频率
df = 1;                                     %频率分辨率
N = floor(fs/df) + 1;                       %计算的序列点数
t = 0:1/fs:(N-1)/fs;                        %截取信号的时间段
f = 0:df:fs;                                %功率谱估计的频率分辨率和范围
%截取时间段上的离散信号样本序列
xt = sin(2 * pi * 50 * t) + 2 * sin(2 * pi * 130 * t) + randn(1,length(t));
Px = abs(fft(xt)).^2/(N^2);                 %功率谱估计
Pav_tm = sum(xt.^2)/N;                      %在时域计算信号功率
Pav_fn = sum(Px);                           %通过功率谱计算信号功率
%作出功率谱密度图
plot(f,10 * log10(Px));
```

```
xlabel('频率(Hz)'); ylabel('功率谱(dB)');
```

程序中，通过式(28-31)在时域计算信号功率，而以式(28-50)通过功率谱序列计算信号功率，两种计算结果是相等的。程序运行结果如图 28-26 所示。

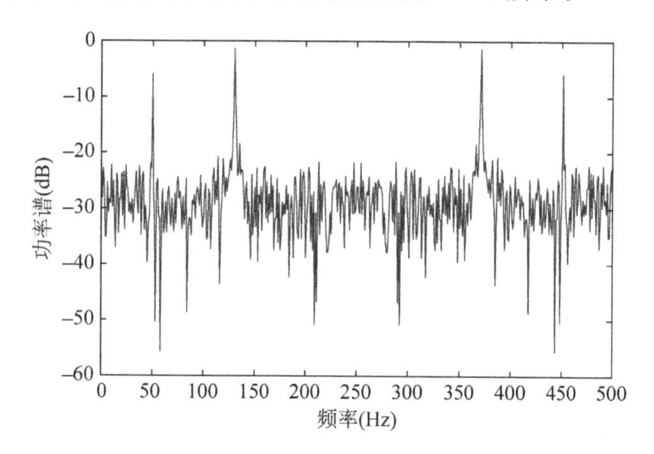

图 28-26 周期图法得出的功率谱估计

随着采样点数的增加，该估计是渐近无偏的。从图中可以看出，采用周期图法估计得出的功率谱很不平滑，相应的估计协方差比较大。而且采用增加采样点的办法也不能使周期图变得更加平滑，这是周期图法的缺点。

对周期图法进行改进的思想是将信号分段进行估计，然后再将这些估计结果进行平均，从而减小估计的协方差，使估计功率谱图变得平滑。例如，将以上 501 点的信号分为 3 段，分别作周期图法估计，然后加以平均。程序代码如下：

```
clear;
fs = 500;                         % 采样频率
df = 1;                           % 频率分辨率
N = floor(fs/df) + 1;             % 计算的序列点数
t = 0:1/fs:(N - 1)/fs;            % 截取信号的时间段
f = 0:df:fs;                      % 功率谱估计的频率分辨率和范围
% 截取时间段上的离散信号样本序列
xt = sin(2 * pi * 50 * t) + 2 * sin(2 * pi * 130 * t) + randn(1,length(t));
% 功率谱估计
Px = (abs(fft(xt(1:167))).^2 + abs(fft(xt(168:334))).^2 + abs(fft(xt(335:501))).^2)/3/
((N/3)^2);
Pav_tm = sum(xt.^2)/N;            % 在时域计算信号功率
Pav_fn = sum(Px);                 % 通过功率谱计算信号功率
% 作出功率谱密度图
plot(0:3:fs,10 * log10(Px));
xlabel('频率(Hz)'); ylabel('功率谱(dB)');
```

功率谱估计结果如图 28-27 所示。与图 28-26 对比，估计的功率谱曲线显然平滑了一些。

增加分段数可以进一步降低估计的协方差，然而若每段中的数据点太少，就会使估

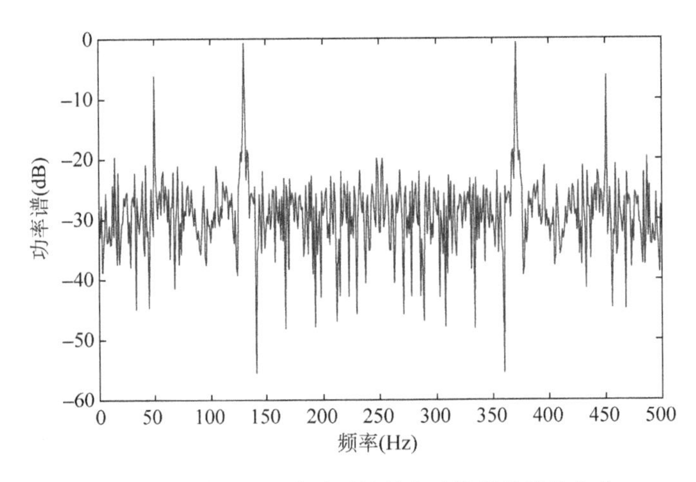

图 28-27　采用分段估计平均的方法降低估计协方差

计的频率分辨率下降很多。在样本信号序列总点数一定的条件下，可以采用使分段相互重叠的方法来增加分段数，从而保持每段中信号点数不变，这样就在保证频率分辨率的前提下进一步降低了估计的协方差。程序代码如下：

```
clear;
fs = 500;                                   %采样频率
df = 1;                                     %频率分辨率
N = floor(fs/df) + 1;                       %计算的序列点数
t = 0:1/fs:(N-1)/fs;                        %截取信号的时间段
f = 0:df:fs;                                %功率谱估计的频率分辨率和范围
%截取时间段上的离散信号样本序列
xt = sin(2 * pi * 50 * t) + 2 * sin(2 * pi * 130 * t) + randn(1,length(t));
%功率谱估计
Px = (abs(fft(xt(1:167))).^2 + ...
    abs(fft(xt(83:249))).^2 + ...
    abs(fft(xt(168:334))).^2 + ...
    abs(fft(xt(250:416))).^2 + ...
    abs(fft(xt(335:501))).^2)/5/((N/3)^2);
Pav_tm = sum(xt.^2)/N;                      %在时域计算信号功率
Pav_fn = sum(Px);                           %通过功率谱计算信号功率
%作出功率谱密度图
plot(0:3:fs,10 * log10(Px));
xlabel('频率(Hz)'); ylabel('功率谱(dB)');
```

程序中，从分段长度的一半处进行分段重叠，这样将 501 点的信号总共划分为 5 段，每段 167 点，相邻段之间重叠 83 个点。程序执行得到的功率谱估计结果如图 28-28 所示。与图 28-27 对比，功率谱估计曲线进一步得到平滑。

另外，采用窗函数对时域信号进行预处理也可以降低估计的协方差，这也是窗函数的一个应用。在计算周期图法之前，对数据分段并加非矩形窗(如海明窗、汉宁窗或凯瑟窗等)，然后再采用分段长度一半的混叠率，就能够大大降低估计方差。这种方法

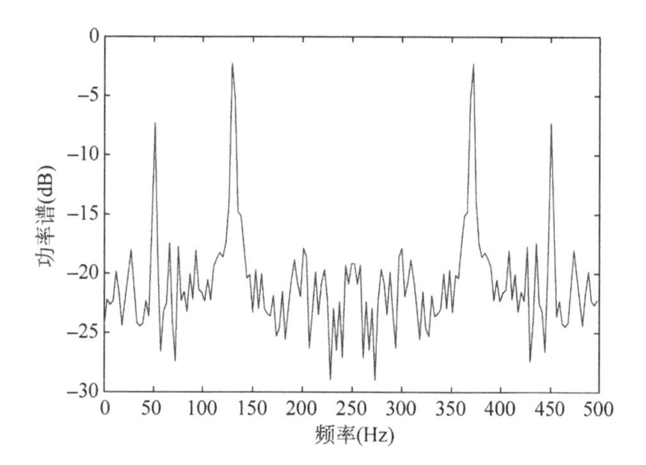

图 28-28　采用重叠分段增加分段数从而进一步降低估计协方差

称为 Welch 平均修正周期图法，简称 Welch 法。下面是采用汉宁窗的 Welch 法的程序。

```
clear;
fs = 500;                                           % 采样频率
df = 1;                                             % 频率分辨率
N = floor(fs/df) + 1;                               % 计算的序列点数
t = 0:1/fs:(N - 1)/fs;                              % 截取信号的时间段
f = 0:df:fs;                                        % 功率谱估计的频率分辨率和范围
% 截取时间段上的离散信号样本序列
xt = sin(2 * pi * 50 * t) + 2 * sin(2 * pi * 130 * t) + randn(1,length(t));
w = hanning(167)';                                  % 汉宁窗
% 使汉宁窗与矩形窗等能量,即加窗后不对信号功率产生影响
w = w * sqrt(167/sum(w. * w));
% 功率谱估计
Px = (abs(fft(w. * xt(1:167))).^2 + ...
    abs(fft(w. * xt(83:249))).^2 + ...
    abs(fft(w. * xt(168:334))).^2 + ...
    abs(fft(w. * xt(250:416))).^2 + ...
    abs(fft(w. * xt(335:501))).^2)/5/((N/3)^2);
Pav_tm = sum(xt.^2)/N;                              % 在时域计算信号功率
Pav_fn = sum(Px);                                   % 通过功率谱计算信号功率
% 作出功率谱密度图
plot(0:3:fs,10 * log10(Px));
xlabel('频率(Hz)'); ylabel('功率谱(dB)');
```

程序执行后得出的功率谱估计如图 28-29 所示。与图 28-28 对比，显然加窗 Welch 方法得出的功率谱估计的平滑性更好。

MATLAB 提供了多种估计功率的算法，最常用有 psd 及 pwelch。它们都使用 Welch 平均修正周期图法来进行谱估计，但其使用方法稍有不同。

psd 函数调用格式如下：

Px=psd(x, nfft, fs, window, noverlap)

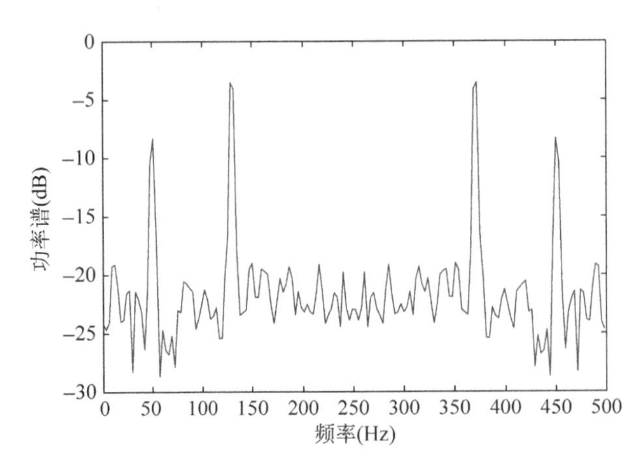

图 28-29　采用汉宁窗的 Welch 平均修正周期图法得出的功率谱估计

[Px, f]=psd(x, nfft, fs, window, noverlap)

其中,Px 是功率谱密度(纵轴); f 为频率(横轴),f 的点数是 nfft 的一半; x 是样本信号序列; nfft 是进行 FFT 的点数(默认为 256); fs 为指定的采样频率(默认为 2); window 是窗函数(默认为海明窗 256 点); noverlap 是分段混叠的点数(默认为 0)。

需要注意的是,psd 函数的计算结果没有以 FFT 的点数进行归一化。所以进行归一化处理时需要再除以 FFT 点数的一半即由功率谱密度结果序列 Px 来计算信号功率的方法为

$$\text{信号功率} = \text{sum(Px)./(FFT 点数的一半)}$$

例如,对信号序列 xt 采用 512 点 FFT,采样频率为 500Hz,并使用汉宁窗 256 点,分段混叠点数为 128 点的 Welch 平均修正周期图法估计频谱的计算程序如下:

```
clear;
fs = 500;                                   %采样频率
df = 1;                                     %频率分辨率
N = floor(fs/df) + 1;                       %计算的序列点数
t = 0:1/fs:(N-1)/fs;                        %截取信号的时间段
f = 0:df:fs;                                %功率谱估计的频率分辨率和范围
%截取时间段上的离散信号样本序列
xt = sin(2 * pi * 50 * t) + 2 * sin(2 * pi * 130 * t) + randn(1,length(t));
[Px,f] = psd(xt,512,500,hanning(256),128);
plot(f,10 * log10(Px/(512/2)));
xlabel('频率(Hz)'); ylabel('功率谱(dB)');
Pav = sum(Px/(512/2))                       %通过功率谱计算信号功率
```

运行程序 MATLAB 窗口输出:

```
Pav  =  3.6202
```

得出功率谱估计如图 28-30 所示。

指令 pwelch 也采用 Welch 法进行功率谱估计,但其默认参数和调用方法与 psd 指令有所不同。其调用格式为

```
[Px, f]=pwelch(x, window, noverlap, nfft, fs)
```

其中,Px是功率谱密度(纵轴);f为频率(横轴),f的点数是nfft的一半;x是样本信号序列;window是窗函数(默认为海明窗256点,并将样本信号序列x分为8段);noverlap是分段混叠的点数(默认混叠为分段点数的一半);nfft是进行FFT的点数(默认256);fs为指定的采样频率(默认为1Hz)。如果window,noverlap采用默认值,需在相应位置填入空矩阵。

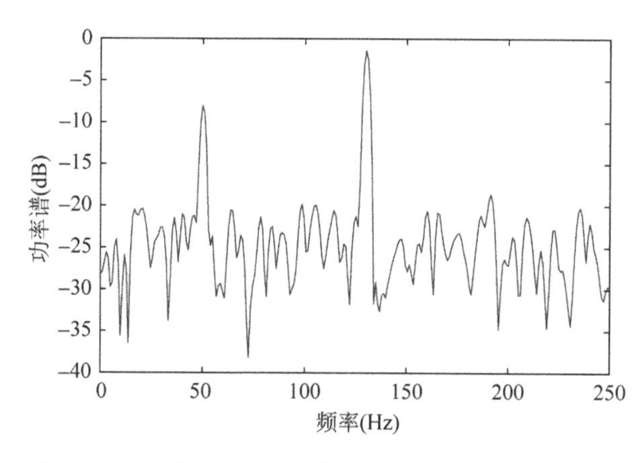

图28-30 采用MATLAB的psd指令得出的功率谱估计

附录 MATLAB R2016a安装说明

首先要下载 MATLAB R2016a 及其破解文件，将下载的 MATLAB R2016a 及其破解文件解压放到文件夹中。图 A-1 是 MATLAB R2016a 启动界面。

(1) 下载软件，得到 Matlab_R2016a_win64.iso 和 Matlab_R2016a_破解文档.RAR 两个文件。

图 A-1 MATLAB R2016a 启动界面

(2) 解压 Matlab_R2016a_win64.iso 和 Matlab_R2016a_破解文档.RAR 两个文件得到 Matlab_R2016a_win64 和 Matlab_R2016a_破解文档两个文件夹，并运行 Matlab_R2016a_win64 文件夹中的 setup.exe 开始安装，安装方法选择"使用文件安装秘钥，不需要 Internet 连接"，如图 A-2 所示，单击"下一步"按钮。

(3) 选择"是"接受许可协议，如图 A-3 所示。

(4) 选择"我已有我的许可证的文件安装密钥"，并输入 09806-07443-53955-64350-21751-41297，如图 A-4 所示，单击"下一步"按钮。

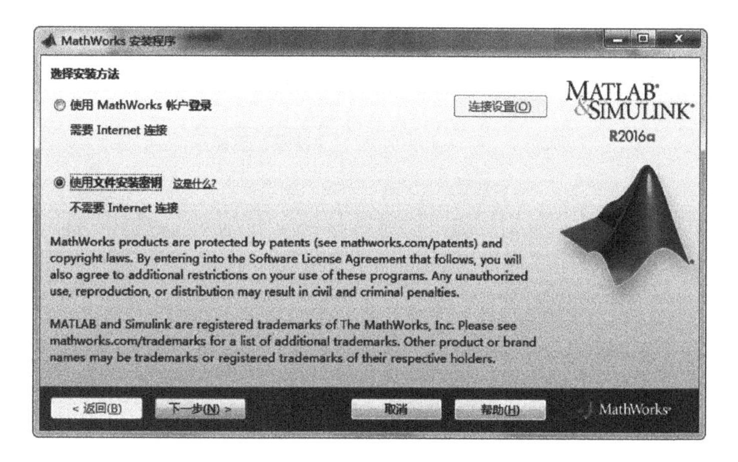

图 A-2　选择安装方法

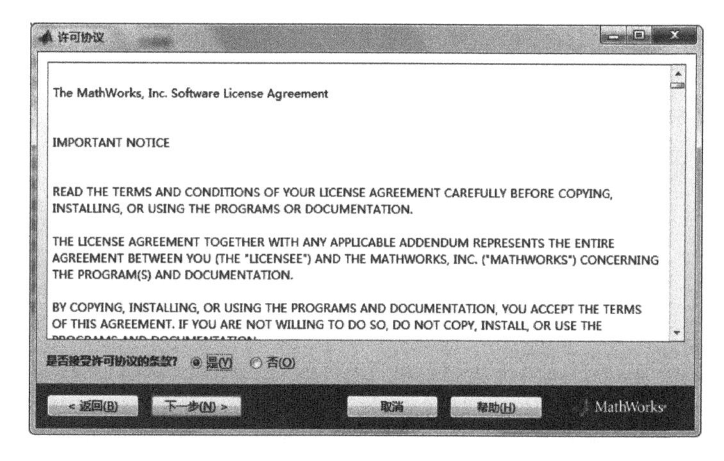

图 A-3　许可协议的条款

图 A-4　提供文件安装秘钥

(5) 默认安装路径为 C:\Program Files\MATLAB\R2016a,如图 A-5 所示,单击“下一步”按钮。

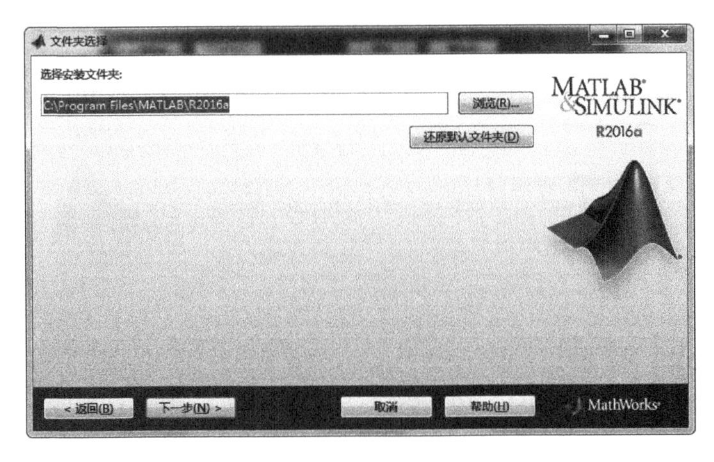

图 A-5 选择安装文件

(6) 选择要安装的产品，如图 A-6 所示，可全部选择，单击“下一步”按钮。

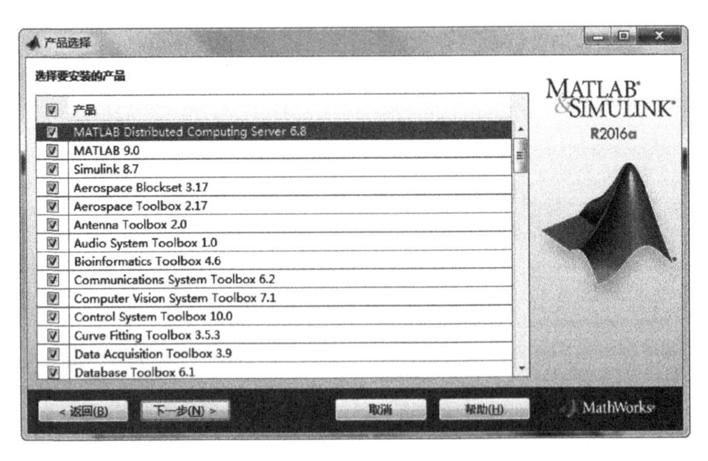

图 A-6 选择要安装的产品

(7) 单击“安装”按钮进行安装，如图 A-7 所示。

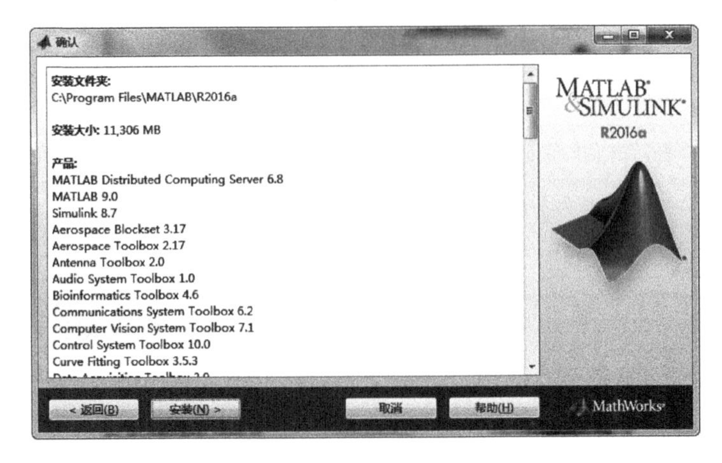

图 A-7 安装的产品

(8) 如图 A-8 所示,安装时间根据机器配置不同而不同,需要一段时间。

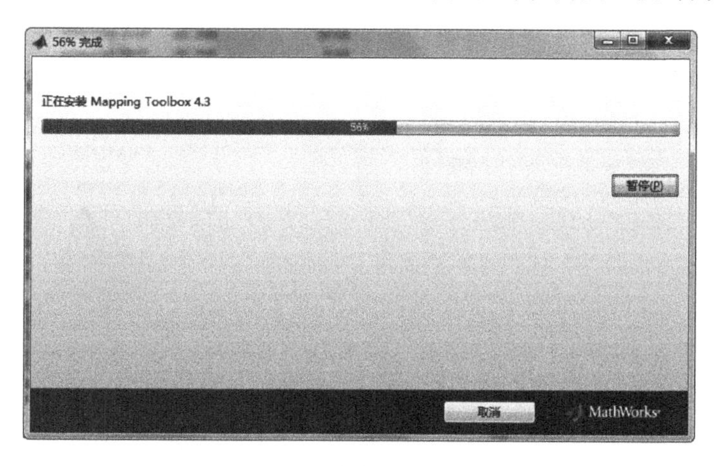

图 A-8 安装进度显示

(9) 安装完成,弹出产品配置说明,如图 A-9 所示,单击"下一步"按钮。

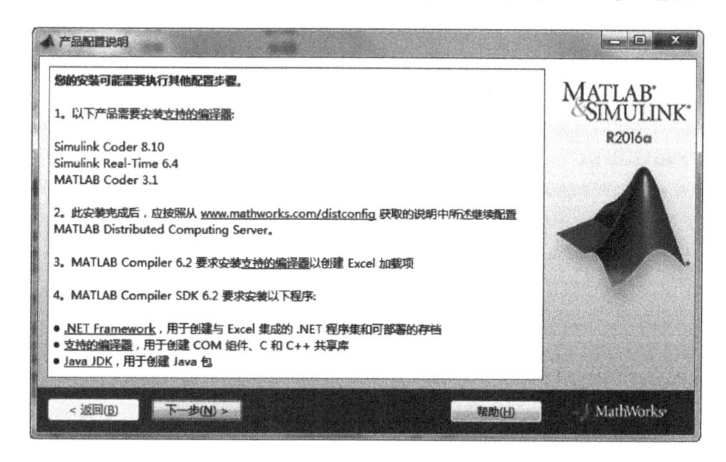

图 A-9 产品配置说明

(10) 安装完成的界面如图 A-10 所示。

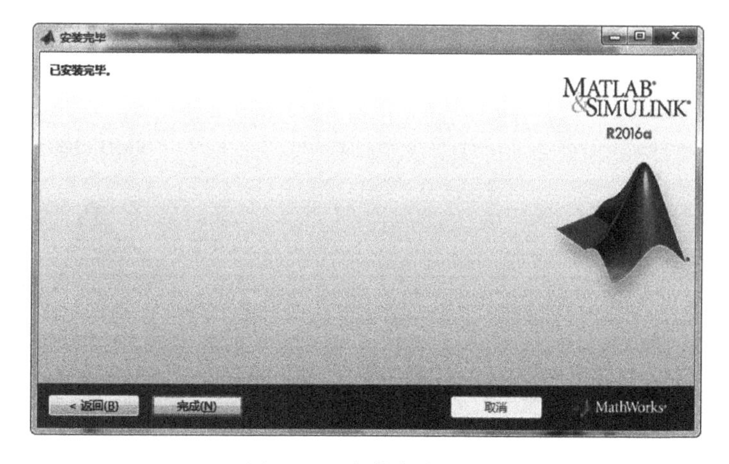

图 A-10 安装完毕画面

(11) 安装完成后,打开 C:\Program Files\MATLAB\R2016a\bin,单击 matlab. exe 进行激活,选择"在不使用 Internet 的情况下手动激活",如图 A-11 所示,单击"下一步"按钮。

图 A-11 选择激活方法

(12) 浏览找到 Matlab_R2016a_破解文档文件夹下的 license_standalone. lic 文件,如图 A-12 所示。单击"下一步"按钮,完成激活。

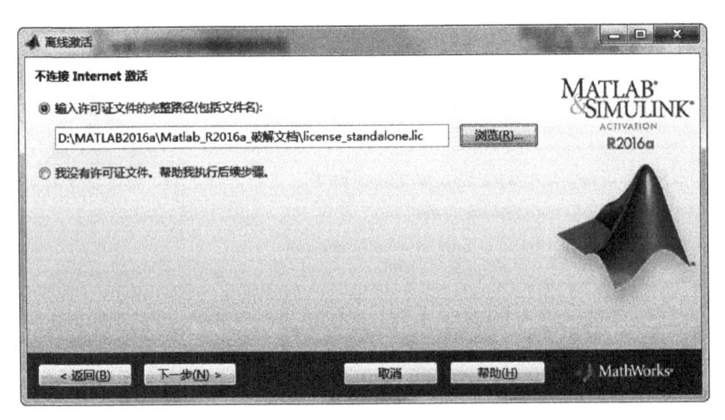

图 A-12 选择激活文件

(13) 成功完成激活的画面,如图 A-13 所示。

图 A-13 激活完成

(14) 下面的操作是成功运行 MATLAB R2016a 很重要的一步。如果 Matlab_R2016a_破解文档文件夹存放在 D 区,那么要复制 D:\MATLAB2016a\Matlab_R2016a_破解文档\R2016a 下的两个文件夹 bin 和 toolbox 覆盖 C:\Program Files\MATLAB\R2016a 下的两个文件夹 bin 和 toolbox,此时才可正常运行 C:\Program Files\MATLAB\R2016a\bin 下的 matlab. exe 文件,如图 A-14 所示。

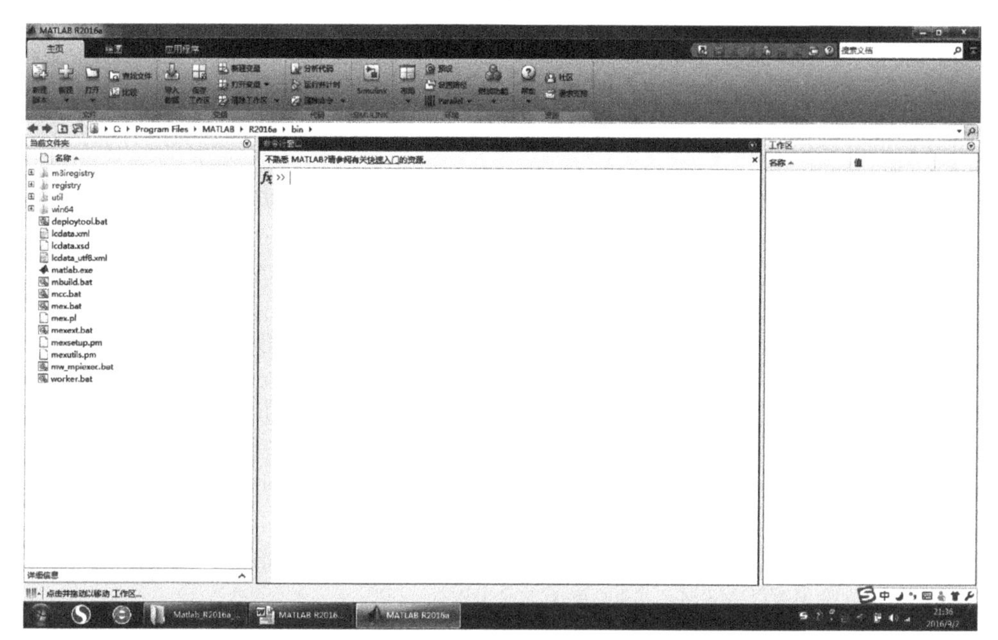

图 A-14 MATLAB R2016a 工作界面

至此安装完毕,可以使用 MATLAB R2016a 了。

参考文献

[1] 黄文梅,等.系统仿真分析与设计——MATLAB语言工程应用[M].长沙:国防科技大学出版社,2001.

[2] 邓华,等.MATLAB通信仿真及其工程应用[M].北京:人民邮电出版社,2003.

[3] 曾兴雯,刘乃安,孙献璞.扩展频谱通信及其多址技术[M].西安:西安电子科技大学出版社,2004.

[4] 陈怀琛,吴大正,高西全.MATLAB语言及其在电子信息工具中的应用[M].北京:清华大学出版社,2004.

[5] 王正林,王胜开,陈国顺.MATLAB/Simulink与控制系统仿真[M].北京:电子工业出版社,2005.

[6] 王华,李有军,刘建存.MATLAB电子仿真与应用教程[M].北京:国防工业出版社,2006.

[7] 邵玉斌.MATLAB/Simulink通信系统建模与仿真实例分析[M].北京:清华大学出版社,2008.

[8] 邵佳,董辰辉.MATLAB/Simulink通信系统建模与仿真实例精读[M].北京:电子工业出版社,2009.

[9] MATLAB技术联盟,石良臣.MATLAB/Simulink系统仿真超级学习手册[M].北京:人民邮电出版社,2014.

[10] 谢仕宏.MATLAB R2008控制系统动态仿真实例教程[M].北京:化学工业出版社,2008.

[11] 葛哲学.精通MATLAB[M].北京:电子工业出版社,2008.

[12] 夏玮,李朝晖,常春藤.MATLAB控制系统仿真与实例详解[M].北京:人民邮电出版社,2008.

[13] 姚俊,马松辉.Simulink建模与仿真[M].西安:西安电子科技大学出版社,2008.

[14] 陈泽,占海明.详解MATLAB在科学计算中的应用[M].北京:电子工业出版社,2011.

[15] 王江,付文利.基于MATLAB/Simulink系统仿真权威指南[M].北京:机械工业出版社,2013.

[16] 隋思涟,王岩.MATLAB语言与工程数据分析[M].北京:清华大学出版社,2009.

[17] 景振毅,张泽兵,董霖.MATLAB 7.0实用宝典[M].北京:中国铁道出版社,2008.

[18] 刘卫国.MATLAB程序设计与应用[M].2版.北京:高等教育出版社,2006.

[19] 杨发权.MATLAB通信系统建模与仿真[M].北京:清华大学出版社,2015.

图书资源支持

感谢您一直以来对清华版图书的支持和爱护。为了配合本书的使用，本书提供配套的资源，有需求的读者请扫描下方的“书圈”微信公众号二维码，在图书专区下载，也可以拨打电话或发送电子邮件咨询。

如果您在使用本书的过程中遇到了什么问题，或者有相关图书出版计划，也请您发邮件告诉我们，以便我们更好地为您服务。

我们的联系方式：

地　　址：北京海淀区双清路学研大厦 A 座 707

邮　　编：100084

电　　话：010－62770175－4604

资源下载：http://www.tup.com.cn

电子邮件：weijj@tup.tsinghua.edu.cn

QQ：883604（请写明您的单位和姓名）

资源下载、样书申请

书圈

用微信扫一扫右边的二维码，即可关注清华大学出版社公众号“书圈”。